HENRI MARÉCHAL

L'ÉCLAIRAGE A PARIS

PARIS

BAUDRY & Cie ÉDITEURS

L'ÉCLAIRAGE A PARIS

L'ÉCLAIRAGE A PARIS

ÉTUDE TECHNIQUE

DES DIVERS MODES D'ÉCLAIRAGE EMPLOYÉS A PARIS

SUR LA VOIE PUBLIQUE, DANS LES PROMENADES ET JARDINS,
DANS LES MONUMENTS, LES GARES, LES THÉATRES, LES GRANDS MAGASINS, ETC.
ET DANS LES MAISONS PARTICULIÈRES

GAZ, ÉLECTRICITÉ, PÉTROLE, HUILE, ETC.

USINES ET STATIONS CENTRALES, CANALISATIONS ET APPAREILS D'ÉCLAIRAGE
ORGANISATION ADMINISTRATIVE ET COMMERCIALE
RAPPORTS DES COMPAGNIES AVEC LA VILLE ; TRAITÉS ET CONVENTIONS
ÉCLAIREMENT DES VOIES PUBLIQUES, CALCUL
ET PRIX DE REVIENT

PAR

HENRI MARÉCHAL

INGÉNIEUR DES PONTS ET CHAUSSÉES ET DU SERVICE MUNICIPAL
DE LA VILLE DE PARIS

---

211 Figures dans le texte.

PARIS

LIBRAIRIE POLYTECHNIQUE BAUDRY ET Cie, ÉDITEURS

15, RUE DES SAINTS-PÈRES, 15

MAISON A LIÈGE, 7, RUE DES DOMINICAINS

1894

PRÉFACE

Paris est, à bien des titres, une ville unique au monde. Mais, ce qui contribue surtout à lui donner son éclat et sa gaieté, c'est l'intensité et l'harmonieuse variété qui président à l'éclairage de ses grandes voies publiques.

Le besoin de lumière n'est pas spécial à la rue. Il a bouleversé également les antiques procédés de l'éclairage privé. Nous voulons aujourd'hui dans nos appartements une véritable profusion de lumière et nos ancêtres, qui n'avaient pour éclairer leurs veillées que la lueur d'une fumeuse chandelle, seraient fort étonnés s'ils voyaient nos foyers à gaz aux formes si variées et notre lumière électrique si saine, si intense et si décorative.

Bien que l'art de l'éclairage ne soit le monopole d'aucun pays, d'aucune capitale, il est certain que c'est à Paris qu'il doit principalement son essor.

C'est à Paris, en effet, que furent exécutés les premiers essais d'éclairage public et le fameux édit de 1667, qui organisa l'éclairage des rues, servit de point de départ aux autres grandes villes de l'Europe, pour l'établissement d'une réglementation analogue.

Un siècle plus tard, apparaissaient les réverbères à huile. C'est encore à Paris qu'ils furent expérimentés, à la suite d'un concours ouvert sous les auspices du gouvernement, par l'Académie des Sciences.

C'est enfin à Paris que Lebon fit ses premières expériences sur la fabrication du gaz et c'est dans un atelier parisien qu'a été réalisée, par M. Gramme, la première machine électrique réellement pratique et industrielle.

En matière d'éclairage Paris s'est donc toujours maintenu à l'avant-garde du progrès. Jamais les autres capitales n'ont pu l'égaler et les étrangers admirent sans restriction nos lignes de feux si heureuses et nos superbes candélabres, toujours entretenus avec une propreté parfaite.

L'éclairage, qui joue dans la vie de la grande cité un rôle aussi considérable, a nécessité la construction d'usines énormes, dans lesquelles s'engouffrent, chaque jour, des trains entiers de charbon. Sous le sol d'immenses canalisations ont été posées. Quant aux appareils producteurs de lumière ils ont crû, dans des proportions incroyables, et en nombre et en intensité.

Parmi les industries qui concourent à l'éclairage de Paris celle du gaz a su, depuis longtemps, se tailler la plus large place. Il est peu de sociétés industrielles aussi puissantes, aussi bien organisées que la *Compagnie Parisienne du Gaz*. Elle occupe 9.000 personnes, possède 9 usines, 878 fours, distille par an plus d'un million de tonnes de houille et distribue le gaz, non seulement à Paris mais encore aux communes suburbaines, par une canalisation de 2.332 kilomètres.

L'industrie électrique, beaucoup plus récente, a fait, dans ces dernières années, des progrès excessivement rapides. De nombreuses sociétés ont été autorisées à distribuer aux habitants l'énergie électrique; la Ville, elle-même, a donné l'exemple en construisant des usines municipales; avant peu toutes les voies principales seront canalisées.

Alors que nos usines à gaz mettent en œuvre des procédés de production absolument identiques, la plus grande variété se manifeste, au contraire, dans les grandes usines productrices d'électricité.

C'est, d'abord, que l'énergie électrique peut se produire et se distribuer selon bien des systèmes ; c'est que nous assistons, ensuite, aux débuts d'une industrie et que l'on a commencé à fabriquer de l'électricité sans savoir exactement quelles étaient les meilleures méthodes à appliquer.

On rencontre donc à Paris l'électricité sous ses principales formes : courants continus à basse et haute tension, courants alternatifs, courants provenant directement des machines, courants distribués par des accumulateurs, etc...

Les canalisations électriques présentent aussi des différences capitales. Ici, l'on emploie des câbles nus supportés par des isolateurs dans des caniveaux en maçonnerie ; là, on a posé directement dans le sol des câbles fortement isolés et protégés par une armature métallique ; une autre société se sert de câbles isolés, logés dans des caniveaux en fonte.

Cette grande diversité dans la production et la distribution de l'électricité, si elle n'est pas très compatible avec un rendement économique, est en revanche excessivement instructive. Elle permet des comparaisons très utiles, grâce auxquelles il est possible de déterminer quelles sont, pour une grande ville, les meilleures conditions d'une exploitation électrique.

Le gaz et l'électricité ne sont pas les seuls modes d'éclairage usités à Paris. C'est d'abord l'huile minérale (pétrole et essence), dont l'emploi progresse avec une grande rapidité. Nous rencontrons ensuite l'huile végétale, la bougie et même jusqu'à l'antique chandelle. Mais ces trois dernières matières n'offrent plus aujourd'hui qu'un intérêt assez minime. On en brûle de moins en moins et c'est à peine si elles produisent les quatre centièmes de la lumière artificielle consommée par la capitale.

La grande importance de l'éclairage à Paris justifie la publication de cet ouvrage. Non seulement il renseignera complètement les Parisiens sur les détails d'une organisation dont ils doivent être fiers ; mais il ne sera pas sans intérêt, du moins nous l'espérons, pour tous ceux qui s'intéressent à l'art de l'éclairage ou à ses applications. Dans ce but nous avons très souvent élargi notre cadre et, par des considérations d'ordre général, nous nous sommes efforcé d'aboutir à des conclusions susceptibles d'être appliquées partout.

Le plus grand nombre de nos chapitres est naturellement consacré au gaz et à l'électricité. Nous envisageons successivement leur production, leur distribution et leur utilisation. Les grosses questions se rattachant au monopole de la Compagnie Parisienne du gaz et aux difficultés auxquelles a donné lieu l'interprétation de son cahier des charges offrent de l'intérêt, non seulement pour les Parisiens, mais encore pour les municipalités qui sont liées d'une façon analogue avec des Sociétés d'éclairage. Nous leur consacrons un chapitre spécial. Nous examinons de même, avec détail, la situation administrative des Compagnies d'électricité. Enfin, après avoir passé en revue les procédés d'éclairage autres que le gaz et l'électricité, nous étudions spécialement l'éclairage des voies publiques au point de vue de la répartition de la lumière sur le sol. C'est là une considération qui a son importance, surtout avec les gros foyers intenses employés depuis peu.

Ainsi limité notre travail eût été incomplet. Nous avons tenu, par un historique rapide, à mettre sous les yeux du lecteur la série des progrès accomplis. Comme on le verra, le pas franchi est immense. Il est peu d'arts, en somme, où le génie parisien se soit manifesté avec autant d'éclat.

H. M.

L'ÉCLAIRAGE A PARIS

CHAPITRE PREMIER

HISTORIQUE

Paris jadis. — Premiers essais d'éclairage. — L'éclairage sous Louis XIV. — Les réverbères. — La découverte du gaz. — Le gaz en Angleterre. — Le gaz à Paris. — La Compagnie Parisienne. — Les nouveaux appareils d'éclairage. — L'électricité et la lumière électrique. — Premiers essais d'éclairage électrique. — Les Sociétés d'éclairage électrique. — Le gaz et l'électricité. — Huiles et bougies. — La situation actuelle de l'éclairage.

Paris jadis. — Le progrès se mesure en comparant le présent au passé. A ce titre, rien ne peut mieux nous faire saisir toutes les améliorations introduites dans l'art de l'éclairage, que de rechercher comment l'ancien Paris s'éclairait.

Pendant bien des siècles l'éclairage a pour ainsi dire été ignoré des habitants de la capitale. Il est vrai qu'ils n'en ressentaient pas, comme nous, toute la nécessité. Chacun était sur pied de très grand matin. A peine le soleil était-il levé que les rues s'emplissaient d'une foule bruyante, affairée ; les tribunaux, les administrations publiques fonctionnaient dès la première heure et l'on cite des visites de lieux que le Parlement commençait à six et même quatre heures du matin. A dix heures on dînait. Le souper avait lieu vers quatre heures, c'est-à-dire au jour. A huit ou à neuf heures, selon les saisons, le couvre-feu sonnait et la ville entière devenait sombre et silencieuse.

Il était peu prudent, d'ailleurs, de se hasarder, la nuit dans les rues. D'abord, elles étaient très tortueuses et l'on risquait de s'y casser le cou à chaque pas, grâce aux inégalités du sol et aux saillies de toutes sortes qui empiétaient sur la voie publique ; ensuite elles étaient envahies, dès le soir, par les *mauvais garçons*, rôdeurs de l'époque, qui assommaient et détroussaient le passant attardé.

Il est vrai que Saint Louis (1254) avait accordé aux bourgeois *pour la sûreté de leurs biens et pour remédier aux périls, aux maux et accidents qui survenaient toutes les nuits dans Paris par feu, vol, larcins, violences, rapts, enlèvements de meubles par les locataires* le droit de faire le guet. Mais cette police, par trop primitive, était forcément impuissante, au milieu des ténèbres qui enveloppaient la vieille cité et qui protégeaient les malfaiteurs.

Premiers essais d'éclairage. — En 1318, les meurtres étaient devenus si communs aux environs du Châtelet, que Philippe V ordonna qu'une chandelle serait entretenue, pendant toute la nuit, à la porte du palais.

Pendant plus de deux siècles, l'éclairage public est réduit à cette unique et insuffisante chandelle[1].

Enfin, par un arrêt du 29 août 1558, le Parlement ordonna que des falots ou pots de poix seraient placés au coin de chaque rue, de 10 heures du soir à 4 heures du matin ; et, *où lesdites rues seront si longues que lesdits falots ne puissent éclairer d'un bout à l'autre, il en sera mis un au milieu desdites rues ou places selon la longueur d'icelles.*

Deux mois plus tard (29 octobre 1558), ces falots, qui devaient facilement être éteints par la pluie ou par le vent, étaient remplacés par des lanternes contenant de la chandelle.

Ce n'était pas encore bien satisfaisant. Mais il convient de remarquer qu'à cette époque les procédés de l'éclairage, tant public que privé, étaient fort limités. En dehors de la chandelle, dont la fabrication industrielle paraît avoir été imaginée au XIe siècle, on n'employait guère que l'antique lampe romaine, formée d'un récipient en poterie ou en métal, rempli d'huile et sur le bord duquel se recourbait une mèche s'imbibant d'huile par capillarité. Elle ne donnait qu'un filet de lumière. Par contre, elle produisait abondamment une fumée âcre et étouffante.

Pour être exact il nous faut aussi ajouter les *bougies* que l'on fabriquait alors avec de la cire d'abeille.[2] Mais elles coûtaient excessivement cher et, parmi les nobles, les plus opulents, seuls, en faisaient usage. Les bougies stéariques, si répandues aujourd'hui et si commodes, étaient totalement inconnues[3].

[1] Nous laissons intentionnellement de côté un arrêt du Parlement, de 1524, qui enjoignait aux habitants de mettre devant leurs fenêtres donnant sur la rue et, dès neuf heures du soir, une lanterne avec chandelle allumée. C'est qu'en effet les habitants n'en tinrent aucun compte.

[2] Le mot *bougie* apparaît, pour la première fois, dans une ordonnance de Philippe-le-Bel de 1313.

[3] Les bougies stéariques datent de 1831.

L'ordonnance du 29 octobre 1558, qui laissait, d'ailleurs, les frais de l'éclairage à la charge des riverains, fut fort mal exécutée.

Il en fut de même d'une ordonnance de police du 30 septembre 1594 qui obligeait les habitants à établir des lanternes dans chaque section de quartier.

Il s'ensuivit que Paris devint le théâtre d'une série ininterrompue de brigandages qui ne firent que s'accentuer pendant les troubles qui précédèrent l'avènement de Louis XIV.

L'éclairage sous Louis XIV. — Aidé d'administrateurs émérites, Louis XIV, qui avait pris à cœur de régulariser les rues si encombrées de Paris et d'en transformer la voirie, concéda d'abord à un sieur Laudati Caraffe[1] le privilège d'établir dans les rues un éclairage volant que ledit sieur Laudati Caraffe, pour employer le langage du temps, devait mettre à la disposition des passants, moyennant un tarif approuvé.

« *Les vols, meurtres et accidents qui arrivent journellement en nostre bonne ville de Paris, faute de clarté suffisante dans les rues, et, d'ailleurs, la plupart des bourgeois et gens d'affaire n'ayant pas les moyens d'entretenir des valets pour se faire éclairer la nuit pour vaquer à leurs affaires, n'osant pour lors se hasarder d'aller et venir par les rues et, sur ce, notre bien aimé le sieur Laudati Caraffe nous a fait entendre que, pour la commodité publique, il serait nécessaire d'établir en nostre ville et faubourg de Paris et autres villes de nostre royaume des porte-flambeaux et porte-lanternes pour conduire et éclairer ceux qui voudront aller et venir par les rues......*

Ainsi s'expriment les lettres patentes du 26 août 1662 qui ont réglé les conditions de la concession accordée à Laudati Caraffe.

Il devait y avoir des porte-flambeaux tous les huit cents pas. On les payait soit au quart d'heure, soit d'après l'usure des flambeaux. Dans le premier cas, le porteur, en se mettant en route, renversait un sablier qui servait de compteur. Pour l'application du second, on divisait les flambeaux en parties égales, correspondant chacune à une dépense de cinq sols. Au quart d'heure, la dépense était également de cinq sols.

Malgré cette originale tentative, le problème de l'éclairage public était loin d'être résolu. Une amélioration capitale, due au lieutenant de police La Reynie, fut introduite en 1667. Un édit du 5 septembre imposa aux bourgeois de chaque quartier la charge d'entretenir dans les rues et carrefours des lanternes éclairées avec des chandelles de quatre à la livre. L'éclairage, d'abord fixé à quatre mois par hiver, dut peu après commencer le 20 octobre et finir le 31 mars (Arrêt du parlement du 23 mai 1671). Le signal de l'allu-

[1] Il s'appelait en réalité Caraffa et était originaire de Naples.

mage était donné par des sonneurs qui parcouraient les rues en agitant une petite cloche. Réglementairement les chandelles devaient brûler jusqu'à deux heures du matin.

L'effet obtenu fut très satisfaisant, grâce à la fermeté de la police, et les gravures du temps nous représentent l'étonnement et la joie des habitants, lors de l'installation des premières lanternes. Il y en eut bientôt près de 5000[1]. A la fin du XVIIe siècle on en comptait 6500 brûlant par nuit 1625 livres de chandelles[2].

Paris était d'ailleurs devenu une très grande ville contenant 600 rues ou places, 22.000 maisons et 500.000 habitants. Cette extension de la capitale nécessitait un service d'éclairage plus régulier que celui que l'édit de 1667 avait confié aux habitants. En 1704, il fut directement assuré par l'Etat et le matériel racheté aux prestataires. Ceux-ci, qui se trouvaient exonérés à perpétuité de l'entretien des lanternes en service, durent payer à l'Etat une subvention de 5.400.000 francs. Les frais d'entretien annuel furent fixés d'abord à 300.000 francs. Plus tard (1729), Louis XV les porta à 450.000 francs. A cette occasion une nouvelle contribution fut imposée aux habitants.

Les réverbères. — Nous ne trouvons plus de nouveaux progrès jusqu'à l'arrivée au poste de lieutenant de police de M. de Sartine.

Les inconvénients des chandelles — faible éclairage, obligation de couper fréquemment les mèches — frappaient tout le monde. Le nouveau lieutenant de police promit une récompense à l'inventeur qui trouverait un mode d'éclairage plus satisfaisant. Les appareils devaient être examinés par l'Académie des Sciences qui disposerait d'un prix de 2000 livres.

Le prix fut remporté par Bourgeois de Chateaublanc (1765), inventeur d'un réverbère à huile.

L'appareil présenté était réellement remarquable par son rendement et

[1] Cet exemple fut bientôt suivi par les villes d'Amsterdam, (1669) de La Haye (1678), de Hambourg (1675), de Berlin (1682), de Vienne (1687), etc.....

[2] Le nouvel éclairage, fort apprécié des habitants, frappait aussi très vivement les étrangers. Le célèbre docteur Martin Lister, après avoir visité Paris, en 1698, écrit dans la relation de son voyage : « Les rues sont éclairées tout l'hiver, aussi bien quand il fait clair de lune que pendant le reste du mois, et je le remarque surtout à cause du sot usage où l'on est, à Londres, d'éteindre les lanternes durant la moitié du mois, comme si la lune était bien sûre de briller assez pour éclairer les rues, et qu'il fût sans exemple de voir, en hiver, le ciel nébuleux. Les lanternes sont suspendues ici au beau milieu des rues, à vingt pieds en l'air et à une vingtaine de pas de distance. Elles sont garnies de verres d'environ deux pieds en carré, recouvertes d'une large plaque de tôle et la corde, qui les soutient, passe par un tube de fer fermant à clef et noyé dans le mur de la maison la plus voisine. Dans les lanternes sont des chandelles de quatre à la livre, qui durent jusqu'après minuit. Ceux qui les briseraient seraient passibles des galères ; trois jeunes gens de bonne maison qui, par plaisanterie, s'étaient amusés à en casser récemment, furent mis en prison et ne furent relâchés au bout de plusieurs mois que grâce à la sollicitation des bons amis qu'ils avaient à la Cour. »

sa simplicité. « *La lumière qu'il donne,* écrivait au roi M. de Sartine, *ne permet pas de penser que l'on puisse jamais rien trouver de mieux.* »

Des industriels se mirent aussitôt en mesure d'exploiter la découverte de Chateaublanc. Celui-ci ne fit, en réalité, que tirer les marrons du feu pour un financier, nommé Tourtille Segrain, qui obtint, en 1769, la concession de l'éclairage des rues, pour une durée de vingt années.

Les 8.000 lanternes à chandelle, qui existaient alors, furent successivement remplacées par des réverbères à un ou plusieurs becs. Il fallut moins de réverbères, puisqu'ils avaient une intensité lumineuse plus grande. On en comptait 1200 en 1782 [1], 4112 en l'an V et 5437 en 1834. Le prix du bec-heure qui était de 0f,025 en l'an V était tombé à 0f,01647 en 1834.

La période des réverbères est le triomphe de l'éclairage à l'huile. La révolution que la découverte de Bourgeois de Chateaublanc introduisit dans l'art de l'éclairage public eut d'ailleurs sa répercussion dans l'art de l'éclairage privé. C'est, en effet, en 1787, que la lampe à double courant d'air, avec cheminée en verre, fut inventée par Argand. Mais Argand partagea sensiblement la destinée de Bourgeois de Chateaublanc. Sa découverte fut subtilisée par Quinquet, lampiste-pharmacien assez obscur qu'elle enrichit et conduisit à la célébrité [2].

Les réverbères firent rapidement leur tour de France. Ils constituaient un système d'éclairage excellent, à une époque où le pétrole était inconnu, industriellement parlant, et où la main-d'œuvre n'était pas chère. Mais on conçoit qu'un grand service public ne pouvait s'accommoder de ces mille foyers indépendants, produisant d'ailleurs la lumière à un prix élevé et exigeant un entretien très dispendieux [3]. Bien qu'on les eût améliorés très

[1] Nous trouvons ce chiffre de 1200 dans le *Tableau de Paris* par Mercier, édition de 1782.

« Autrefois, dit-il, huit mille lanternes avec des chandelles mal posées, que le vent éteignait ou faisait couler éclairaient mal et ne donnaient qu'une lumière pâle, vacillante, incertaine, entrecoupée d'ombres mobiles et dangereuses : aujourd'hui on a trouvé le moyen de procurer une plus grande clarté à la ville et de joindre à cet avantage la facilité du service. Les feux combinés de douze cents réverbères jettent une lumière égale, vive et durable ».

Le même auteur ajoute : « l'huile des réverbères est une huile de tripes qui se fabrique, lors de la cuisson, dans l'île des Cygnes. »

[2] Quinquet tenait boutique, à Paris, dans le quartier des Halles. Son nom devint rapidement très populaire, mais il n'échappa pas à la malice des écrivains, comme le montre le quatrain suivant :

> Voyez-vous cette lampe, où muni d'un cristal,
> Brille un cercle de feu qu'anime l'air vital?
> Tranquille avec éclat, ardente sans fumée,
> Argand la mit au jour, et Quinquet l'a nommée.

[3] M. Maxime du Camp, dans son savant ouvrage *Paris, ses organes, ses fonctions et sa vie* rappelle plaisamment les inconvénients des anciens réverbères. « Ils se balançaient, dit-il, au-dessus des ruisseaux, qui alors coulaient au milieu des voies publiques. Des hommes embrigadés par la préfecture de police, à laquelle le service d'éclairage de Paris appartint jusqu'au décret du 10 octobre 1859, qui le fit passer dans les attributions de la

sensiblement, en 1821, en leur appliquant la cheminée d'Argand il fallait trouver mieux.

Ce *mieux* fut l'éclairage au gaz dont il faut faire remonter la découverte à l'Ingénieur des Ponts et Chaussées, Philippe Lebon.

La découverte du gaz. — Les premières recherches de Philippe Lebon datent de 1791.

On savait déjà que le bois, ainsi que quelques combustibles minéraux chauffés en vases clos produisaient des vapeurs susceptibles de brûler au contact de l'air. Mais personne n'avait eu l'idée de les utiliser à l'éclairage.

Le premier brevet de Lebon (28 septembre 1799) concerne « les nouveaux moyens d'employer les combustibles plus utilement et à la chaleur et à la lumière et d'en recueillir les divers produits ».

L'inventeur avait opéré en distillant de la sciure de bois. Le gaz obtenu, principalement composé d'hydrogène protocarboné et d'hydrogène, dégageait beaucoup de chaleur mais était peu éclairant.

Lebon, qui avait indiqué que l'on pouvait également employer la houille comme matière première, perfectionna ses appareils et, en 1801 [1], il construisit des « *Thermolampes ou poëles qui chauffent, éclairent avec économie et offrent, avec plusieurs produits précieux, une force motrice applicable à toute espèce de machines* ».

Ces *produits précieux* étaient ce que nous appelons maintenant les sous-produits. Lebon avait ainsi entrevu toutes les applications que l'on pouvait retirer de son nouveau système d'éclairage, et nul doute que, s'il eût vécu, il n'eût lui-même posé les premières assises de la grande industrie qui s'étaya plus tard sur sa découverte. Mais il mourut brusquement à Paris, le 2 décembre 1804 [2].

préfecture de la Seine, et qu'on nommait les *allumeurs*, étaient exclusivement chargés des soins à donner aux réverbères. Protégés par une serpillière qui garantissait leurs vêtements contre les taches d'huile, coiffés d'un chapeau très plat sur lequel ils portaient une vaste boîte de zinc, contenant leurs ustensiles indispensables, ils ouvraient chaque matin la serrure qui fermait le tube de fer où glissait la corde de suspension. Le réverbère descendait avec un bruit désagréable et arrivait à hauteur d'homme. On le nettoyait alors, on récurait la plaque des réflecteurs, on essuyait les verres, on coupait la mèche, et dans le récipient on versait la ration d'huile de navette ou de colza ; puis chaque soir, à la tombée de la nuit, on les allumait. C'était sale, lent et fort incommode pour les voitures qui étaient obligées d'attendre que la toilette de la lanterne fût terminée. »

[1] Il était alors à Paris où il avait été appelé comme Ingénieur du *pavé* en 1800. Ses thermolampes furent exposés dans l'ancien hôtel Seignelay, rue Saint-Dominique-Saint-Germain.

[2] Quelques auteurs prétendent qu'il fut assassiné et que son cadavre a été retrouvé, troué de coups de couteau, au milieu des Champs-Elysées. Le fait est inexact. Lebon souffrait gravement de la goutte, si bien que, dans l'impossibilité de se déplacer, il avait envoyé sa femme surveiller une usine à goudron qu'il exploitait dans la forêt domaniale de Rouvray près du Hâvre, où le Gouvernement lui avait accordé une concession. (Tarbé de Saint-Hardouin. — Notices biographiques sur les Ingénieurs des Ponts et Chaussées.)

Lebon, subissant le sort de bien des inventeurs, a été méconnu de ses contemporains. Il avait pourtant fait preuve d'un véritable désintéressement patriotique en refusant de vendre son brevet au prince Dolgorouki, qui voulait l'exploiter en Russie.

Notre époque a été moins injuste pour Lebon qui possède maintenant une statue à Chaumont, ville près de laquelle il est né, en 1767.

Le gaz en Angleterre. — Pendant que Lebon étudiait, en France, les produits de la distillation du bois, Murdoch en Angleterre, le pays de la houille par excellence, opérait avec le charbon de terre.

Il obtient du gaz en 1792.

En 1798, son procédé est suffisamment amélioré pour lui permettre d'éclairer partiellement au gaz les ateliers de l'usine Boulton, Watt et Cie à Soho, près de Birmingham, où l'on construisait les premières machines à vapeur. Murdoch perfectionne son procédé, et, en 1803, les anciennes lampes à huile étaient définitivement chassées de l'usine.

Malgré le succès de cet éclairage et les améliorations apportées à la fabrication du gaz par Samuel Cleeg, le célèbre élève de Murdoch, il est probable que l'industrie du gaz ne se serait que péniblement développée, si la spéculation ne s'en était mêlée.

L'instigateur de ce mouvement fut un nommé Winsor, qui n'était anglais que de nom, et qui, sous son vrai nom de Winzler, avait été conseiller aulique en Moravie. Winsor était venu à Paris étudier la découverte de Lebon. Voyant tout le parti qu'il en pourrait tirer en Allemagne, il s'était hâté de regagner ce pays, muni de thermolampes qu'il faisait fonctionner dans des conférences avec entrées payantes. Son but était d'exploiter en grand la découverte de Lebon. Mais, ne trouvant chez les Allemands que méfiance et que froideur pour ses projets, il passa en Angleterre et, pour attirer l'attention, il se prétendit bruyamment l'inventeur du gaz.

Cet habile aventurier, dit le Docteur Schilling, dépourvu de connaissances théoriques et pratiques, mais ayant l'expérience du monde, rempli d'audace et d'impudence, doué d'une faculté de persuasion et d'une patience rares, conçut le projet d'exploiter la nouvelle invention au sud de l'Angleterre, tandis que Murdoch et ses disciples faisaient progresser la pratique de cette industrie avec des succès rapides.

En 1805, il parvient à fonder une société par actions. Dans ses prospectus il promet des merveilles. Les actionnaires toucheront 11.000 livres pour 100 livres et le gouvernement percevra 11 millions de livres en droits sur la houille. Le premier capital social est englouti. Il en obtient un second, multiplie les conférences, les brochures et réussit enfin à se faire accorder par le Parlement, en 1810, le privilège de l'éclairage de Londres. La Compagnie formée prit le nom de *London and Westminster Chartered gas light and coke Company*.

Le gaz à Paris. — Les événements de 1814 ayant rétabli les communications entre la France et l'Angleterre, Winsor vint à Paris, pour appliquer le nouveau système d'éclairage. Le gaz avait chez nous de nombreux et violents détracteurs. On lui reprochait son odeur, ses propriétés toxiques et explosives. Néanmoins Winsor parvient à éclairer, en 1817, le passage des Panoramas [1].

La Compagnie qu'il forme est bientôt obligée de liquider. Le même sort atteint une seconde Société organisée par Pauwels.

L'Administration se décide alors à intervenir. Le Comte de Chabrol, préfet de la Seine, ancien élève de l'école Polytechnique, est un partisan résolu du gaz. Il commence d'abord (1818) par faire installer, sur un terrain dépendant de l'hôpital Saint-Louis, une petite usine modèle avec laquelle il éclaire tout l'hôpital et qui lui sert à démontrer la supériorité du nouveau système d'éclairage. Bientôt, même, il obtient la construction, aux frais de la maison du Roi, d'une usine plus importante avec laquelle on éclaire le palais du Luxembourg et le théâtre de l'Odéon (1820).

Ainsi encouragées des Compagnies se constituent. Une première installe une usine dans le faubourg Poissonnière (Cie Française). D'autres suivent. Finalement nous voyons entrer en ligne les six Compagnies suivantes :

1820, Cie Française. (Larrieu, Brunton, Pilté et Cie).
1821, Cie Anglaise. (Manby, Wilson et Cie).
1834, Cie de Belleville. (Payn et Cie).
1834, Cie Lacarrière.
1836, Cie Parisienne. (Dubochet, Pauwels et Cie).
1839, Cie de l'Ouest. (Gosselin et Cie).

Ces six Compagnies, agissant en vertu d'autorisations particulières qui n'avaient eu pour but que de réglementer les conditions d'ouverture des tranchées nécessitées par la pose des canalisations, s'étaient partagé la superficie de Paris. Aux points de contact, des conflits surgissaient. L'Administration dut intervenir et un arrêté du 30 novembre 1839 fixa un périmètre distinct pour chaque Compagnie. Un peu plus tard (1844) il fut décidé que les Compagnies paieraient, pour occupation du sous-sol des voies publiques par leurs canalisations, une redevance annuelle de 200.000 francs.

Les autorisations accordées aux Compagnies n'avaient été délivrées qu'à titre précaire et révocable. Celles-ci arguaient que de telles conditions rendaient leur développement à peu près impossible. Comme l'Administration

[1] Les candélabres n'apparurent que 12 ans plus tard. Les lanternes de la rue de la Paix, la première rue éclairée au gaz, ne furent, en effet, allumées que le 31 décembre 1829.

désirait vivement obtenir, pour l'éclairage public, des prix plus avantageux que ceux payés par les particuliers, elle se décida, d'accord avec le Conseil municipal, à consolider la situation des Compagnies par un traité.

Ce traité, qui fut signé le 12 décembre 1846 et approuvé par ordonnance royale du 13 décembre 1846, accorda aux six Compagnies le droit exclusif de conserver et d'établir des tuyaux pour la conduite du gaz d'éclairage dans les périmètres déterminés par l'arrêté du 30 novembre 1839. La concession devait prendre fin le 31 décembre 1863.

Le prix du mètre cube de gaz était fixé comme il suit : [1]

Services publics	0f,244	pour 3 Compagnies.		
	0f,35		d°.	
Particuliers. . .	0f,49	en	1847	
	0 48	»	1848	
	0 47	»	1849	
	0 46	»	1850	
	0 45	»	1851	
	0 44	»	1852	
	0 43	»	1853	
	0 42	»	1854	
	0 41	»	1855	
	0 40	»	1856	et au-delà.

Ces prix n'étaient avantageux ni pour le public, ni pour la Ville. En somme, les consommateurs payaient le surcroît de frais généraux occasionné par des états-majors trop nombreux et par une fabrication trop morcelée.

La nécessité d'une fusion était évidente. Les Compagnies elles-mêmes, malgré les susceptibilités personnelles qu'une telle opération devait mettre en jeu, comprirent que c'était là aussi leur intérêt et, en 1855, elles se réunirent pour former la *Compagnie Parisienne d'éclairage et de chauffage par le Gaz* [2]. Un prix unique fut fixé pour l'éclairage public (0f,15); quant aux particuliers, ils obtinrent une diminution sensible, abaissant le prix du mètre cube à 0f,30 [3].

[1] Avant de signer le traité de 1846 l'Administration s'était préoccupée d'établir le prix de revient du gaz. Une Commission, nommée en 1845, avait été chargée de ce travail. Elle se composait de MM. Arago, Combes, Darcet, membres de l'Institut; Emery, Fresnel, Mary, ingénieurs des Ponts et Chaussées, d'un conseiller municipal, d'un architecte, de 2 chefs de division et d'un conducteur des Ponts et Chaussées. La Commission conclut que le prix de revient du gaz, à la sortie des brûleurs, était de 0f,244 le mètre cube.

[2] La fusion se fit également au profit de MM. Emile et Isaac Péreire qui avaient obtenu la concession du chauffage par le gaz.

[3] La fixation du prix du mètre cube de gaz donna lieu à une expérience intéressante. On émettait, alors, au sujet du prix de revient du gaz les assertions les plus contradictoires. L'empereur chargea une commission de déterminer expérimentalement le prix de revient de la fabrication, déduction faite de la valeur des sous-produits. Cette Commission, composée de MM. Regnault, Chevreul, Morin et Peligot, membres de l'Institut, fit

La Compagnie Parisienne. — C'est encore cette Compagnie qui fonctionne aujourd'hui. Nous étudierons plus loin les trois traités de 1855, 1861 et 1870 qui ont réglé successivement les conditions de son monopole. Nous nous bornerons dans le présent chapitre à l'examen de ses développements.

Au moment de la fusion les usines en activité étaient les suivantes :

Usine de Vaugirard, (Cie Française);
Usine Poissonnière, (Cie Française);
Usine d'Ivry, (Cie Parisienne);
Usine de Passy, (Cie de l'Ouest);
Usine de Belleville, (Cie de Belleville);
Usine des Ternes, (Sté Margueritte et Cie), (ancienne Cie Anglaise);
Usine Trudaine (Sté Margueritte et Cie), (ancienne Cie Anglaise);
Usine de la Tour, (Cie Lacarrière).

La Compagnie commença par supprimer les usines Poissonnière, Trudaine et de la Tour qui étaient trop près du centre[1] et à les remplacer par une immense usine située à la Villette, à proximité du chemin de fer du Nord et de l'Est. Paris s'étant agrandi, en 1860, en annexant les communes suburbaines, elle achète à ce moment les usines de Boulogne, de Saint-Mandé, de Saint-Denis et des Batignolles. En 1863, elle construit une nouvelle usine à Maisons-Alfort. Elle fabrique alors 100.833.258 mètres cubes de gaz. L'industrie du Gaz est en pleine prospérité. Chaque année la consommation croît de 7 à 8 millions de mètres cubes. Aussi malgré les moyens d'action dont elle dispose, la Compagnie est-elle obligée de nouveau à s'agrandir. En 1880, elle fonde à Clichy une grande usine où elle applique les procédés de fabrication les plus perfectionnés. Enfin, en 1889, elle allume les premiers fours de l'usine du Landy, véritable installation modèle où la main-d'œuvre est réduite au minimum.

Les usines des Batignolles, de Belleville, des Ternes et de Saint-Denis ayant été supprimées, le nombre des usines de la Compagnie Parisienne se trouve être maintenant de 9, savoir : Vaugirard, Ivry, Passy, la Villette, Boulogne, Saint-Mandé, Maisons-Alfort, Clichy, le Landy.

La production qui s'élevait à peine, en 1855, à 41 millions de mètres cubes dépasse actuellement 300 millions de mètres cubes. Les canalisations atteignent un développement de 2332 kilomètres et le personnel employé par la Compagnie représente un effectif d'environ 9.000 personnes.

Ces chiffres ont leur éloquence. Ils montrent l'importance de la Compa-

construire à Sèvres une petite usine. Ses conclusions furent que le prix de revient de la fabrication était d'environ 2 centimes pour un mètre cube. Ce prix ne fut pas admis par les Compagnies qui lui opposèrent celui de 7 centimes 91 résultant de leurs bilans. Nous verrons plus loin qu'aujourd'hui le prix de la fabrication est sensiblement égal à la moyenne des deux prix précédents.

[1] Cette suppression était d'ailleurs imposée par l'article 7 du cahier des charges de 1855.

gnie Parisienne et le rôle prépondérant qui lui est échu dans la vie de la grande cité.

Les nouveaux appareils d'éclairage. — L'usage de plus en plus général du gaz devait forcément entraîner l'amélioration des appareils, becs ou brûleurs permettant de l'employer à la production de la lumière.

On est cependant frappé de voir combien les appareils imaginés presque au début de l'industrie ont eu de peine à faire place à des becs plus perfectionnés.

Il a fallu le stimulant de l'éclairage électrique pour que les appareilleurs se missent en frais d'un peu d'imagination et c'est dans ces dernières années, seulement, qu'ils ont cherché à obtenir, soit des foyers à grande intensité lumineuse, soit des foyers économiques.

Les anciens becs étaient : le bec bougie, le bec papillon, le bec Manchester et les becs circulaires tels que les becs Bengel et d'Argand.

Ces becs, surtout les premiers, n'ont pas un rendement très satisfaisant. En outre, ils se prêtent peu à l'obtention de foyers très intenses, comme il en faut pour l'éclairage des rues si fréquentées de Paris. Aussi, la Compagnie Parisienne a-t-elle été amenée à expérimenter, en 1879, dans la rue du Quatre-Septembre, un bec spécial intensif, donnant 7 ou 13 carcels, suivant le débit, et auquel la population parisienne a fait un excellent accueil. Ce bec, connu sous le nom de bec du Quatre-Septembre, est essentiellement décoratif. Malheureusement, il consomme beaucoup de gaz. On s'est par suite préoccupé d'obtenir de nouveaux appareils, au moins aussi intenses que le bec du Quatre-Septembre, quoique plus économiques. Les becs à récupération, qui utilisent la chaleur dégagée par les brûleurs, satisfont à cette double condition. L'économie réalisée sur la consommation de gaz atteint au moins 40 0/0. Tels sont les becs *Parisien*, *Industriel*, etc...

La récupération n'a pas été seulement appliquée aux becs de l'éclairage public. Elle a motivé la création d'un grand nombre de becs, tels que les becs Wenham, Cromartie, Danichewski, etc... que l'on rencontre dans les magasins, les cafés, les appartements élevés et dont les flammes ont été avec juste raison renversées vers le sol, afin de mieux utiliser les radiations des brûleurs.

Enfin, nous devons citer un bec qui jouit aujourd'hui d'un succès incontestable. C'est le bec Auer, que fabrique en si grandes quantités la *Société française d'incandescence par le gaz*. On peut dire, sans exagération, que l'économie qu'il procure était inespérée. C'est un auxiliaire fort opportun pour l'industrie du gaz à un moment où l'électricité, dont il nous faut maintenant parler, oppose aux becs de gaz qui vicient toujours un peu l'air, sa belle et saine lumière.

L'électricité et la lumière électrique. — L'électricité peut produire de la lumière de deux façons : soit en jaillissant entre deux charbons et formant alors ce que l'on appelle l'arc voltaïque, soit en portant des corps solides à l'incandescence.

L'arc voltaïque a été découvert, en 1808, par Davy qui fit passer le courant produit par une pile Volta de 2000 éléments à travers deux baguettes de charbon de bois éteint dans du mercure et situées dans le prolongement l'une de l'autre. Les baguettes s'usaient rapidement et il fallait les rapprocher à la main pour obtenir la permanence de l'arc.

En 1846, Foucault remplace avec succès les baguettes de charbon de bois par des tiges de charbon de cornue, et, en 1849, il construit un régulateur produisant le rapprochement automatique des charbons, au fur et à mesure de leur usure.

Ces découvertes, malgré leur intérêt, n'étaient pas encore susceptibles d'applications industrielles. La production de l'électricité par la pile nécessite, en effet, un matériel dispendieux et encombrant, qui rend son prix de revient inacceptable.

Mais, du moment où l'on eut découvert une machine produisant de l'électricité dans des conditions d'économie satisfaisantes, on put utiliser avec fruit le courant électrique pour l'éclairage.

La première machine industrielle fabriquée le fut par la Société l'Alliance. C'était une machine magnéto-électrique à courants alternatifs composée d'aimants et de bobines se déplaçant dans le champ d'action de ces aimants. Elle servit à l'éclairage du phare de la Hève, près du Havre (1863).

Quand une bobine tourne dans un champ magnétique, le courant produit est d'autant plus intense que le champ lui-même est plus intense. Les aimants ont l'inconvénient de donner des champs magnétiques relativement faibles. M. Gramme, utilisant la découverte des électro-aimants, faite par Ampère et Arago à la suite des expériences d'Œrstedt, construisit, en 1869, une machine à courants continus, composée de bobines tournant entre deux électro-aimants. La machine de M. Gramme est une merveille de rusticité, de rendement et de précision mécanique. Elle aurait immédiatement résolu le problème de l'éclairage électrique, si l'on avait eu de bons régulateurs et, surtout, si la lampe à incandescence n'avait pas encore été à créer.

Premiers essais d'éclairage électrique. — Nous avons dit que les régulateurs avaient pour but de rapprocher les charbons usés par le passage du courant électrique. Avec des courants alternatifs, ces charbons s'usent de quantités égales. M. Jablochkoff, ancien officier de l'armée russe, eut par suite l'idée (1876) d'accoler les charbons en les séparant par une matière isolante (colombin). Ce procédé supprimait complètement l'emploi du régulateur. C'était là une remarquable simplification. Malheureusement les machines de l'Alliance ne pouvaient alimenter que trois foyers (ou trois bougies comme les appelait leur inventeur). M. Gramme ayant construit une machine à courants alternatifs pouvant alimenter 16 bougies, le procépé Jablochkoff devint tout à fait pratique et une Société se forma pour l'exploiter.

On en fit un premier essai, pendant l'Exposition de 1878, sur la place et l'avenue de l'Opéra et sur la place du Théâtre-Français. L'électricité était produite par quatre petites usines de 20 chevaux. La Ville payait 1f,25 par foyer-heure.

L'expérience fut continuée en 1879 et étendue à un pavillon des Halles et à la place de la Bastille. Mais la Ville ne voulut plus payer que le prix du gaz.

L'essai devait être terminé le 15 janvier 1880. Il fut prolongé jusqu'au 28 février 1880 date à laquelle l'éclairage fut limité à l'avenue de l'Opéra au prix de 0f,30 par foyer-heure. Cet éclairage disparut lui-même, en 1882, la Société qui en avait été chargée n'ayant pas voulu renouveler un traité fort onéreux pour elle[1].

Les bougies Jablochkoff ont un inconvénient. A lumière égale elles absorbent plus d'énergie que les lampes à arcs et à régulateur. En fait, l'économie qui résulte de leur simplicité de construction est plus que compensée par les conditions un peu défectueuses de leur fonctionnement. Aussi cherchait-on, de toutes parts, à établir, à un prix abordable, des régulateurs réellement pratiques.

L'attention fut appelée sur quatre foyers à régulateur, de 300 carcels, que la Société Lontin avait été autorisée, à l'occasion de la fête du 14 juillet 1880, à suspendre aux quatre angles de la balustrade de la colonne de la Bastille. Cette expérience concluante engagea l'Administration à confier à la Société Lontin l'éclairage de la place du Carrousel (18 novembre 1881) puis celui de la cour du Louvre (12 janvier 1882).

Entre temps avait eu lieu l'exposition d'électricité de 1881. On se rappelle le vif intérêt qu'elle présenta et l'énorme succès qu'y remporta Edison avec ses procédés d'éclairage par l'incandescence. La lampe Edison se compose d'un filament de bambou carbonisé à l'abri de l'air et contenu dans une petite ampoule en verre où l'on a fait le vide. Elle ne nécessite aucun appareil de réglage, s'allume et s'éteint par la simple manœuvre d'un interrupteur et se prête à toutes les fantaisies de la décoration.

Les installations isolées d'éclairage par l'incandescence se développèrent avec une rapidité extraordinaire. L'Hôtel-de-Ville fut, en particulier, éclairé en 1883. Il s'ensuivit que l'éclairage public fut pendant quelques années laissé un peu de côté.

[1] D'après M. Fontaine les dépenses annuelles d'exploitation étaient supérieures d'environ 30.000f aux recettes.

Cependant, nous devons signaler l'éclairage du parc Monceau réalisé, le 1er décembre 1882, avec 12 foyers Jablochkoff et celui du parc des Buttes-Chaumont qui est obtenu avec 46 foyers Brush (14 juillet 1884).

Les Sociétés d'éclairage électrique. — A l'étranger et même en province l'électricité continuait sa marche ascendante. Les premières canalisations électriques de Berlin datent de 1886. Saint-Etienne passe également en 1886 un traité avec la Société continentale Edison. Il ne s'agit encore que de courants continus. Mais, à Tours, on aborde les courants alternatifs avec transformateurs Gaulard et Gibbs, abaissant la tension de 825 volts à 50 volts.

Paris ne pouvait rester plus longtemps en arrière. L'Exposition nationale de 1889 approchait et l'électricité était tout indiquée pour rajeunir la parure de la Cité[1].

Mais quel système devait-on adopter ? La distribution de l'électricité est loin d'être aussi simple que celle du gaz. On peut produire l'électricité et la transporter de bien des manières. Fallait-il construire, *extra-muros*, de grandes usines à proximité des chemins de fer et des voies de navigation et fabriquer, alors, des courants à tension très élevée, sauf à l'abaisser sur les branchements des abonnés à l'aide de transformateurs ? Devait-on, au contraire, se résigner à élever des usines dans Paris même, afin de se réserver le bénéfice des courants continus ? L'expérience ne permettait pas de trancher en faveur de l'un ou l'autre système.

On était également dans l'incertitude relativement au meilleur mode de canalisation à adopter. On proposait, soit des câbles nus dans des caniveaux, soit des câbles isolés et armés qui pouvaient alors se poser directement en tranchée.

Pour toutes ces raisons, il eût été très imprudent de consentir une concession unique.

Aussi le Conseil Municipal décida-t-il de diviser Paris en secteurs et de confier l'exploitation de chacun d'eux à des Compagnies, aux conditions d'un cahier des charges type qui, tout en les mettant sous le contrôle de l'Administration, leur laissait de grandes latitudes pour la production et la canalisation de l'électricité.

Ce cahier des charges a été approuvé dans les séances des 29 décembre 1888 et 25 février 1889. En même temps le Conseil décidait l'établissement, dans

[1] Un grand mouvement s'était d'ailleurs produit en faveur de l'électricité, à la suite de l'incendie de l'Opéra-Comique survenu le 27 mai 1887. L'Administration avait même été amenée à accorder à MM. Mildé, Clerc et Cie l'autorisation d'exploiter une petite station centrale de 1500 lampes établie rue du Faubourg-Montmartre, 8. L'autorisation n'était que provisoire, et, à ce titre, on avait toléré l'emploi de câbles aériens, passant par dessus les toits.

les sous-sols des Halles Centrales, d'une usine municipale destinée à éclairer les Halles et quelques rues adjacentes. On devait employer des courants à haute et basse tension, en sorte que l'Administration aurait la possibilité de comparer les deux systèmes.

Tous les secteurs de Paris sont maintenant concédés.

Voici la liste des Compagnies exploitantes : [1]

1° Rive droite.

1° *Compagnie Parisienne de l'air comprimé* (entre la Seine, à l'amont de Paris et la Villette).

2° *Société anonyme d'Eclairage et de Force* (entre la Villette et Montmartre).

3° *Compagnie Continentale Edison* (entre Montmartre et le secteur suivant).

4° *Secteur de la place de Clichy.*

5° *Secteur des Champs-Elysées.*

2° Rive gauche

Compagnie électrique du secteur de la rive gauche (Iles de la Cité, de Saint-Louis, et toute la rive gauche).

Les cinq premiers secteurs sont en plein fonctionnement. Quant au sixième, après des débuts assez pénibles, il s'organise avec une grande rapidité.

Pendant l'Exposition, toute la ligne des grands boulevards, jusqu'à la place de la République, a été éclairée à l'électricité. Cet éclairage exceptionnel a été maintenu et amélioré. Plusieurs autres voies publiques ont subi également une transformation d'éclairage. Nous citerons l'avenue de Clichy, les boulevards Barbès, Ornano, les quais de Jemmapes et de Valmy, la place des Pyrénées, etc...

Les foyers employés sont généralement des lampes à arc de 10 ampères.

Des essais d'éclairage avec des lampes à incandescence ont bien été tentés aux abords des Halles et dans la rue Auber, mais ils ont été abandonnés, le prix de revient de l'éclairage étant, avec ces appareils, beaucoup plus élevé qu'avec le gaz. On n'éclaire plus à l'incandescence que les galeries du Palais-Royal.

En revanche, la plus grande partie du courant distribué par les secteurs à leurs abonnés particuliers, alimente des lampes à incandescence.

Le gaz et l'électricité. — On voit que Paris qui, avant 1889, s'était laissé quelque peu distancer par les capitales étrangères, a fait, dans son éclairage, une large part à l'électricité.

[1] Voir Chapitre VI, fig. 66, la carte des secteurs.

Cette part augmentera-t-elle encore de manière à amener le remplacement définitif du gaz par l'électricité ?

Bien qu'il soit toujours imprudent de chercher à expliquer l'avenir, on peut, sans trop s'avancer, émettre à ce sujet, les considérations suivantes.

Actuellement, le prix moyen de l'électricité vendue par les secteurs aux particuliers est de 12 centimes l'hectowatt-heure. Cela met la carcel-heure, frais d'usure des lampes à incandescence compris, à 4 centimes 4. Avec le gaz, à 30 centimes le mètre cube, la carcel-heure revient au contraire à 3 centimes 15 et, avec les nouveaux becs Auer, elle s'abaisse même à 0 centime 8[1].

L'éclairage au gaz est donc beaucoup plus économique que l'éclairage électrique par l'incandescence.

La différence, si notable qu'elle soit, entre les deux genres d'éclairage n'a pas empêché l'électricité de progresser à Paris, puisque l'on y compte maintenant au moins 280.000 lampes à incandescence. Mais, c'est que la lumière électrique a des avantages spéciaux qui compensent largement sa cherté. C'est, en somme, une lumière de luxe, comme on l'a qualifiée bien souvent, s'adressant à une clientèle de luxe et que les intérieurs modestes sont encore obligés de s'interdire.

Pour eux la question de prix domine la question d'hygiène et de commodité et ils ne feront appel à l'électricité que le jour où elle sera au prix du gaz.

On est donc amené à se demander si les prix actuels de l'électricité sont réductibles.

Or, dans le prix moyen de vente de l'électricité, soit 12 centimes l'hectowatt-heure, les frais de fabrication n'entrent que pour 2 à 3 centimes. Des perfectionnements importants, réduisant même ces frais de 40 à 50 0/0, n'auraient par suite qu'une influence très peu sensible sur le prix de vente de l'électricité. Dans l'état actuel de la science de tels perfectionnements sont d'ailleurs peu probables. D'abord, les dynamos productrices d'électricité ont des rendements courants de 90 à 95 0/0 difficiles à améliorer. Ensuite, les machines à vapeur qui les actionnent ne peuvent guère recevoir que des perfectionnements de détail. Il faudrait, pour arriver à abaisser notablement le prix de fabrication de l'électricité, soit trouver des appareils autres que les dynamos, produisant l'électricité à bas prix, sans l'intermé-

[1] Ces prix ont été calculés en supposant qu'une lampe à incandescence de 10 bougies, consommant 35 watts, durant 1000 heures et coûtant 2 francs, donne une intensité lumineuse égale à une carcel.

Avec le gaz on a admis 105 litres à l'heure pour une carcel, ce qui correspond aux becs genre Argand ou Bengel. Un bec Auer de 85 litres à l'heure donne 4 carcels. La mèche coûte 3 francs. Nous avons estimé sa durée à 500 heures, chiffre qui est souvent dépassé, mais que nous prenons intentionnellement faible afin de tenir compte des ruptures accidentelles.

diaire de la machine à vapeur, soit substituer à la machine à vapeur, dont le rendement final est faible [1], des moteurs nouveaux beaucoup plus économiques.

Les grosses économies à réaliser ne peuvent porter, par suite, que sur les $0^{f},09$ à $0^{f},10$ qui représentent la différence entre le prix de vente et les prix de fabrication. Cette différence, déduction faite des bénéfices, comprend les frais de distribution, les frais généraux et les frais d'amortissement.

Tous ces frais sont réductibles. Ils sont aujourd'hui particulièrement élevés parce que les sociétés sont trop nombreuses et qu'elles doivent amortir leur capital de premier établissement sur un nombre d'années assez limité. Mais cette situation n'est que temporaire et il sera facile de l'améliorer le jour où, profitant des expériences faites, la Ville voudra s'engager soit indirectement, soit par elle-même, dans une exploitation en grand de l'électricité.

Il va sans dire que la situation serait tout autre si l'on trouvait des appareils plus satisfaisants que les lampes à incandescence actuelles, c'est-à-dire donnant plus de lumière pour une même quantité d'électricité.

A la vérité ces appareils existent. Ce sont les puissantes lampes à arc voltaïque de nos grandes voies publiques [2]. Mais, si elles y sont très bien à leur place, ainsi que dans les magasins spacieux, les ateliers élevés, les halls majestueux des chemins de fer, elles sont inacceptables dans les appartements ordinaires, généralement fort exigus.

Les recherches qui sont faites dans cet ordre d'idées sont trop peu avancées pour que nous nous hasardions à les escompter. Mais nous avons assisté, depuis plusieurs années, à tant de merveilleuses découvertes, qu'il est bien permis d'espérer en de nouvelles et utiles applications de l'électricité.

Huiles et bougies. — Le gaz et l'électricité sont nos gros fournisseurs de lumière. Mais Paris en a de plus modestes.

Citons, en première ligne, l'*huile minérale* (pétrole et essence) qui, bien que ne possédant pas une longue histoire, fait une concurrence de plus en plus sérieuse à ses puissants rivaux. C'est en 1858 qu'eut lieu, en Pensylvanie (Etats-Unis d'Amérique), le fameux *forage* de Drake, qui mit à jour une source jaillissante d'huile minérale. Dès 1863 nous recevions nos premiers barils de pétrole [3]. Quelques années après l'importation dépassait plusieurs millions de

[1] La machine à vapeur ne donne en énergie que 8 à 10 0/0 de l'énergie que représente le charbon brûlé dans les chaudières.

[2] Nous verrons plus loin, Chapitre XIV, que l'éclairage des voies publiques par arc voltaïque est notablement plus économique, à éclairement égal, que l'éclairage au gaz. Cependant, l'éclairage électrique a toujours entraîné une augmentation considérable de dépenses. C'est qu'on l'a fait coïncider, partout, avec une amélioration générale de l'éclairage.

[3] Une certaine huile minérale était cependant connue à Paris depuis longtemps. C'est l'huile de schiste que l'on extrait, encore aujourd'hui, de schistes bitumineux existant dans la région d'Autun. La production de cette huile n'a jamais été bien considérable.

kilogrammes et aujourd'hui nous consommons, rien que dans Paris, plus de 24 millions de kilogrammes d'huile minérale.

L'huile minérale que nous brûlons est surtout de provenance américaine. Mais il est une région où cette huile naturelle se rencontre également avec une abondance réellement prodigieuse. C'est la province de Bakou, dans la Russie du Caucase. Nul doute que nous ne bénéficiions, à bref délai, de la lutte qui ne manquera pas de s'établir entre les deux grands centres producteurs.

L'emploi des huiles minérales aurait progressé encore plus rapidement dans Paris, sans les droits énormes de douane et d'octroi qui les frappent et qui triplent environ leur valeur. L'année dernière, l'Etat a sagement accordé une diminution très sensible des droits de douane. Il serait à désirer que la Ville de Paris suivît cet exemple et consentît à abaisser le droit excessif de 21f,60 qu'elle perçoit actuellement par hectolitre.

L'*huile végétale* qui, naguère encore, était d'un emploi des plus répandus est maintenant en baisse très accentuée. L'introduction du pétrole lui a porté un coup funeste et, de 1872 à 1893, la consommation a diminué de 4.774.000 kilogrammes.

La *bougie* est stationnaire, avec une légère tendance à la baisse. On en consomme, par an, environ 4 millions de kilogrammes.

Quant à la *chandelle* qui, pendant tant d'années, a été la plus haute expression de l'art de l'éclairage, elle aura, avant peu, totalement disparu de Paris.

La situation actuelle de l'éclairage. — On a pu juger, par cet historique rapide, des progrès successifs réalisés dans l'éclairage de Paris. Aujourd'hui la lumière est pour la Capitale d'une nécessité primordiale, à l'égal de l'air ou de l'eau. C'est aussi une de ces coquetteries et nous tenons, sans le dire trop haut, à ce que nos rues soient les plus superbement éclairées du monde.

Rien de plus merveilleux, d'ailleurs, que Paris, le soir, lorsque s'allument les mille lanternes de ses larges voies publiques. Les magasins étincellent, inondant les trottoirs de lumière; les rampes des théâtres, des concerts, des cafés jettent çà et là leur note gaie et claire; sur la chaussée d'innombrables voitures tracent tout un fouillis de lignes multicolores et, au milieu de ce débordement de lumière, circule une foule active, intense, flot inépuisable si spécial à Paris.

Quelques chiffres traduisent éloquemment la situation exceptionnelle que Paris s'est créée en matière d'éclairage.

Nous trouvons, en effet, que ses rues et ses promenades sont éclairées par près de 53.000 lanternes à gaz et par 461 foyers électriques. Dans les maisons brûlent 2 millions de becs divers, 280.000 lampes à incandescence et 9.000 lampes à arc. Chaque année nous consommons au moins 263 millions de mètres cubes de gaz, et nous absorbons, pour notre éclairage électrique, une force motrice de plus de 30.000 chevaux.

La lumière produite par tous les procédés d'éclairage employés dans Paris et qui atteignait déjà 442 millions de carcels-heure en 1855, 1.338 millions en 1877 et 2.644 millions en 1889, s'élève, aujourd'hui, à 3.283 millions de carcels-heure. C'est environ 1.300 carcels-heure par habitant.

Que de chemin parcouru depuis la pauvre et solitaire chandelle de Philippe V !

Quand on songe aux efforts accomplis, à leur action bienfaisante, au renom qu'ils ont valu à notre pays, n'est-il pas permis de s'écrier : honneur à Paris !

CHAPITRE II

PRODUCTION DU GAZ

Situation générale de la production. — Houilles distillées. — Produits de la distillation. — Cornues. — Fours ordinaires et à récupération. — Chauffage des cornues. — Colonne montante et barillet. — Collecteur et condensation à chaud. — Jeu d'orgue et condensation à froid. — Extracteurs. — Condensateur Pelouze et Audoin. — Epuration chimique. — Compteurs d'usine. — Gazomètres. — Régulateur d'émission. — Sous-produits de la fabrication. — Prix de revient de la fabrication. — La nouvelle usine du Landy : (*a*) Dispositions générales. — (*b*) Voies ferrées. — (*c*) Ateliers.

Situation générale de la production. — Le gaz distribué par la Compagnie Parisienne provient uniquement de la distillation de la houille.

Etant donné que la fabrication annuelle dépasse 300 millions de mètres cubes de gaz et qu'une tonne de houille produit environ 300 mètres cubes de gaz, on voit que la Compagnie doit acheter, chaque année, et transporter dans ses usines plus d'un million de tonnes de houille. Il lui faut également pourvoir à l'utilisation ou à l'évacuation de 19 millions d'hectolitres de coke et des divers sous-produits. Aussi, en matière de production, la question des transports et des manutentions intérieures joue-t-elle un rôle considérable.

Il en résulte que les dispositions générales de toute usine bien organisée doivent comprendre un réseau intérieur de voies ferrées combiné de manière à la relier aux grandes lignes de chemins de fer ou aux voies de navigation du territoire.

De vastes emplacements sont également nécessaires. Alors que deux ou trois cents mètres carrés suffisent à une station centrale électrique, l'usine à gaz exige pour le développement de ses longues lignes de fours, de ses vastes salles d'épuration, de ses volumineux gazomètres, des surfaces énormes. C'est par hectares que se chiffre la superficie des grandes usines de la Compagnie Parisienne. L'usine du Landy, à elle seule, occupe une surface de 45 hectares.

Les usines actuellement exploitées se répartissent comme il suit :

Dans Paris : La Villette, Passy, Vaugirard, Ivry et Saint-Mandé.
Hors Paris : Boulogne, Maisons-Alfort, Clichy et le Landy[1].

Parmi ces usines quelques-unes, déjà fort anciennes et que la Compagnie a dû conserver, faute d'un emplacement plus favorable, ne présentent pas des dispositions générales toujours très satisfaisantes. Mais, au point de vue de la fabrication du gaz proprement dite, toutes ont subi les perfectionnements que, peu à peu, l'expérience a enseignés et qu'une direction unique a permis d'appliquer, de suite, à l'ensemble de l'industrie.

Décrire toutes ces usines nous entraînerait à des répétitions sans intérêt. Il est préférable d'exposer les procédés généraux de fabrication du gaz adoptés par la Compagnie Parisienne, sauf à revenir ensuite, d'une façon spéciale, sur l'usine la plus récente de la Compagnie : celle du Landy. Cette usine est d'ailleurs destinée à être le centre de production le plus puissant de la Compagnie.

Les usines les plus importantes sont, actuellement, celles de la Villette et de Clichy. Chacune produit environ 70 millions de mètres cubes de gaz par an. Passy, Vaugirard, Ivry, St-Mandé, le Landy fabriquent entre 30 et 40 millions de mètres cubes. Les usines de Boulogne et Maisons-Alfort sont bien moins puissantes ; elles n'interviennent que pour un peu plus de 3 millions de mètres cubes.

Houilles distillées. — Suivant son origine et sa nature, la houille produit des quantités bien différentes de gaz d'éclairage. Le pouvoir éclairant du gaz est très variable également.

Quelques charbons spéciaux comme le cannel-coal donnent un gaz abondant et lumineux. Mais ils coûtent cher et ne sont employés que comme *coupages*, quand on est amené à distiller des houilles de qualité un peu inférieure.

Les houilles les plus recherchées sont celles dites *grasses et sèches à longue flamme* ou houilles demi-grasses analogues à celles que produisent le Pas-de-Calais, la Belgique, la région de Newcastle (Angleterre) et le bassin de la Sarre (Allemagne).

Actuellement la Compagnie achète principalement ses houilles dans le bassin du Pas-de-Calais. Le cannel vient du Nord de l'Angleterre ou de l'Ecosse.

Les houilles du Pas-de-Calais, qui donnent parfois un gaz un peu faible, au point de vue du pouvoir éclairant, et qui, sous ce rapport, sont assuré-

[1] On peut se demander pourquoi la Compagnie a conservé cinq usines dans Paris, alors qu'elle eût trouvé de bien plus grandes commodités extérieurement aux fortifications. La principale raison est qu'elle n'est pas libre d'installer toutes ses usines dans la banlieue. Le cahier des charges, article 9, paragraphe 3 contient en effet la clause suivante :
« *La Compagnie devra toujours conserver dans Paris des usines ayant une production* « *suffisante pour alimenter l'éclairage public de la Ville et le tiers de l'éclairage parti-* « *culier.* »

ment inférieures à d'autres houilles françaises, comme celles de Commentry et de la Loire ont, en revanche, le grand avantage de provenir de mines peu éloignées de Paris. Elles arrivent, soit par chemin de fer, soit par bateau.

Il y a intérêt à n'employer que des houilles sèches et de fraîche extraction. On a remarqué, en effet, que l'air et l'eau exerçaient une action sensible sur la houille, au détriment du rendement en gaz et du pouvoir éclairant.

Il n'est pas toujours loisible à la Compagnie de distiller des houilles absolument fraîches et sèches, attendu que l'article 14 de son cahier des charges l'oblige à avoir constamment en magasin un approvisionnement de 15 jours.

On sait aussi que la houille abandonnée en tas peut prendre feu intérieurement. La Compagnie a parfois à lutter contre des combustions de cette nature. Elles ont le double inconvénient d'entraîner une perte sèche de matière et de diminuer notablement le rendement des parties simplement échauffées.

Grâce au choix judicieux de ses matières premières, et indépendamment, d'ailleurs, d'une bonne conduite des fours, qui est de règle, la Compagnie Parisienne arrive à obtenir, par tonne de houille distillée, un rendement en gaz sensiblement constant. Il est, en moyenne, de 300 mètres cubes comme l'indique le tableau suivant :

Années	GAZ produit par tonne de houille	Années	GAZ produit par tonne de houille
1880	301^{m3}91	1887	302^{m3}16
1881	299 71	1888	304 77
1882	295 59	1889	302 00
1883	294 87	1890	298 66
1884	298 92	1891	299 80
1885	296 73	1892	300 77
1886	299 04	1893	301 91

Produits de la distillation. — En distillant de la houille on obtient un mélange de gaz et de vapeurs condensables, d'aspect brunâtre et qui contient, pour 100 kilogr. de houille :

Gaz divers. . . . . de 29 à 31^{m3}.
Eaux ammoniacales . . . de 6 à 8 litres.
Goudron . . . . de 5 à 5 kilogr. 25.

Il reste, en outre, dans les appareils de distillation 190 litres de coke.

Les gaz produits se composent surtout d'hydrogène (45 à 50 °/₀), de gaz des marais, C^2H^4, et d'oxyde de carbone. Ces gaz, en brûlant, donnent peu de lumière. Le gaz d'éclairage doit son pouvoir éclairant à de petites quantités de carbures très riches, tels que la benzine, le toluène, le gaz oléfiant, l'amylène, etc..... Parmi ces carbures il en est un, l'acétylène, qui, d'après M. Berthelot, contribue en grande partie à donner au gaz d'éclairage sa fétidité.

En dehors des gaz que nous venons d'énumérer nous trouvons aussi de l'acide carbonique, gaz inerte, qui diminue le pouvoir éclairant et du gaz acide sulfhydrique, dont les inconvénients sont multiples : d'abord il sent horriblement mauvais, ensuite il noircit les peintures et les dorures ; enfin il produit en brûlant de l'acide sulfureux qui est dangereux à respirer et qui attaque les tissus.

Aussi le gaz ne peut-il être livré aux consommateurs dans l'état où il sort des cornues de distillation. Il doit être épuré, après que, d'ailleurs, il a été débarrassé des goudrons et des eaux ammoniacales par la condensation. Nous verrons plus loin la série des transformations qu'on lui fait subir.

Cornues. — La houille est distillée dans des cornues cylindriques et aplaties en terre réfractaire placées horizontalement dans des fours en brique.

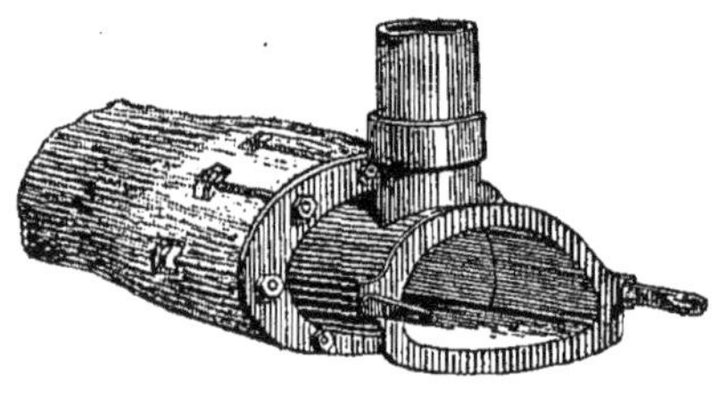

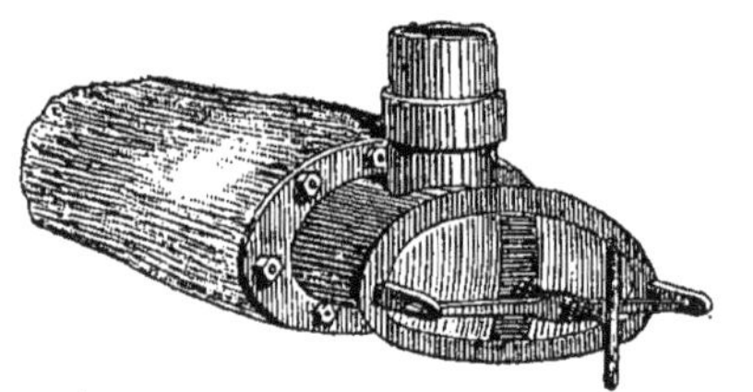

Figure 1.
Tête de cornue.

Chaque cornue a généralement 3m00 de longueur, 0m64 de largeur et 0m35 de hauteur, toutes ces dimensions étant mesurées intérieurement. Ces cornues sont pleines à une de leurs extrémités. A l'autre, elles font saillie en dehors des fours et se terminent par des têtes en fonte contre lesquelles viennent s'appliquer des tampons mus par des vis de pression. Autrefois on assurait exclusivement l'étanchéité du joint avec de la terre glaise. L'expérience a démontré qu'avec des têtes et des tampons bien dressés, on n'avait pas besoin de *luter* les cornues. Aussi la Compagnie Parisienne n'emploie-t-elle dans les cornues neuves que des tampons sans lut. Ces tampons se font en tôle emboutie. Le chargement des cornues s'effectuait autrefois à la pelle. Cette opération était longue, pénible et nécessitait une certaine adresse de la part des ouvriers chargeurs.

La Compagnie a remplacé dans toutes ses usines le chargement à la pelle par le chargement à la *cuiller*. Cet appareil a la forme d'une longue pelle demi-cylindrique en tôle. L'opération se fait de la manière suivante. La cuiller est posée sur le sol et remplie de charbon. Elle est ensuite soulevée par deux ouvriers à l'aide d'une barre en fer passée par dessous, tandis qu'un troisième ouvrier la dirige en agissant sur le manche. Ces trois hommes l'amènent devant la cornue préalablement détamponnée et la poussent rapidement dans l'intérieur. En la tournant de 180 degrés ils font tomber tout le chargement.

Le chargement à la cuiller présente le grand avantage de pouvoir être confié à des ouvriers quelconques. La Compagnie ne serait donc pas embarrassée pour assurer le service des fours, même en cas de grève.

Quelques industriels ont cherché à simplifier encore le chargement des cornues, soit en inclinant celles-ci de manière à pouvoir y laisser tomber la

Figure 2.
Cuiller pour le chargement des cornues.

houille suivant son talus naturel (système Coze), soit en employant des chargeurs mécaniques. La Compagnie estime que les avantages du système Coze ne sont pas assez marqués pour qu'elle transforme à grands frais tout son matériel. On peut en dire autant des chargeurs mécaniques, appareils bien compliqués et dont un essai a été fait il y a quelques années à l'ancienne usine de Belleville.

Il faut charger le plus possible les cornues en réservant, toutefois, un espace suffisant pour le foisonnement du coke. On emploie généralement de 130 à 140 kilogr. de houille par cornue.

Fours ordinaires et à récupération. — Les fours dans lesquels le chauffage des cornues s'effectue sont de deux sortes : Les uns sont chauffés au coke et contiennent 7 cornues ; on brûle alors le combustible dans l'intérieur du four même.

Les autres sont munis, en sous-sol, d'un générateur ou gazogène permettant d'obtenir des gaz combustibles qui viennent s'enflammer sous les cornues[1]. Indépendamment de l'économie que l'on réalise sur le chauffage proprement dit on a ainsi la possibilité d'installer une ou deux cornues de plus[2].

Les réactions utilisées dans les fours à gazogène sont les suivantes : De l'air passant sur du coke au rouge vif donne indépendamment de la proportion normale d'Azote qu'il contient de l'acide carbonique CO^2. Si, au-dessus, se trouve une couche de coke au rouge sombre, l'acide carbonique est décomposé et se transforme en oxyde de carbone CO. La formule de la réac-

[1] Les premiers fours avec générateurs ont été installés, en 1862, à l'usine de Vaugirard.

[2] Les fours à récupération de l'usine de Clichy sont à 8 cornues ; ceux de l'usine du Landy à 9 cornues.

tion est $$CO^2 + C = 2CO.$$ [1]

Cet oxyde de carbone est un gaz combustible. On l'amène sous les cornues, où il produit en brûlant une chaleur plus que suffisante pour effectuer la distillation. Toutefois il ne peut brûler que mélangé avec de l'air et l'on a soin, pour augmenter la température de combustion, de ne faire arriver que de l'air préalablement chauffé par l'une des deux méthodes suivantes. Ou bien on lui fait traverser une chambre précédemment intercalée sur le trajet des pro-

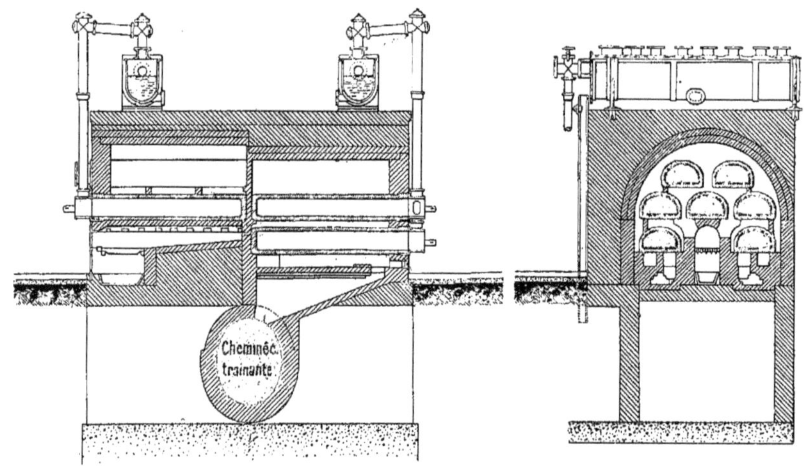

Figure 3.
Coupes longitudinale et transversale d'un four ordinaire.

duits de la combustion, ceux-ci traversant alors une seconde chambre, qui sera plus tard échangée avec la première ; ou bien on le fait passer à travers une série de petits conduits en brique léchés extérieurement par les fumées.

Dans le premier cas, les fours sont dits à *récupération alternative* ou *fours Siemens*, du nom de leur inventeur ; le second système est dit à *récupération continue*.

La Compagnie Parisienne emploie les deux méthodes. Elle donne cependant la préférence aux fours Siemens qui, d'après elle, sont plus robustes et plus réguliers que les fours à récupération continue [2].

L'installation d'un four Siemens est notablement plus onéreuse que celle d'un four à combustion directe. On estime que la cornue revient dans ce sys-

[1] Il se forme aussi de l'hydrogène dû à ce que, sous la grille, on maintient toujours une petite couche d'eau. Par rayonnement l'eau se vaporise et passant sur le coke donne de l'hydrogène et de l'oxygène. Ce dernier gaz se combine au charbon. La composition des gaz, à la sortie des générateurs, est ordinairement la suivante : Oxyde de carbone 26 0/0, hydrogène 9 0/0, Azote 59 0/0, Acide carbonique 6 0/0.

[2] Les quelques fours à récupération continue employés par la Compagnie Parisienne sont du système Lencauchez.

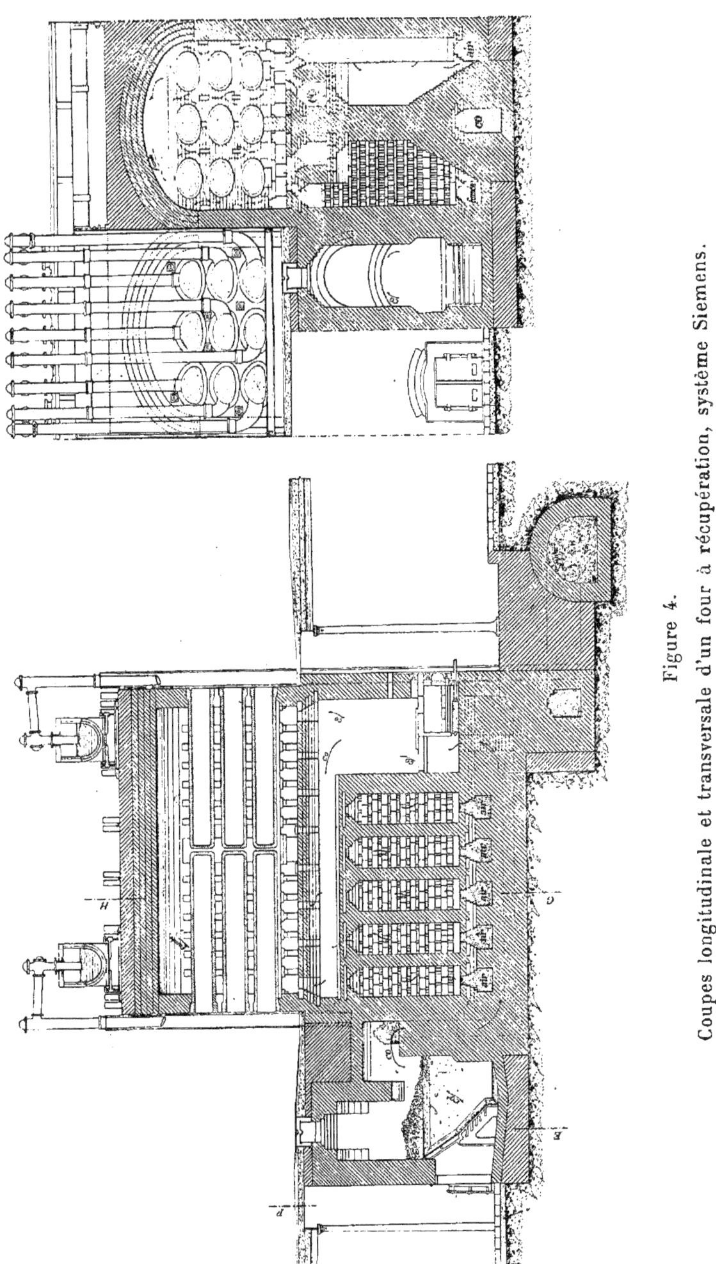

Figure 4.
Coupes longitudinale et transversale d'un four à récupération, système Siemens.

tème à 2.300f au lieu de 1.200f, prix obtenu dans les fours ordinaires. Mais, avec les fours Siemens, on économise, pour le chauffage des cornues, 50 kilogr.

de coke par tonne de houille distillée ce qui fait que, finalement, la Compagnie les préfère dans toutes ses nouvelles installations aux fours ordinaires[1].

Il est à remarquer, en outre, qu'avec les fours Siemens la conduite du feu est bien facilitée et que le décrassage des grilles n'est nécessaire que toutes les vingt-quatre heures. Les autres fours exigent, au contraire, des décrassages fréquents au cours desquels de l'air peut s'introduire entre les barreaux du foyer et provoquer un abaissement de température.

La substitution du chauffage par un courant de gaz chauds au chauffage à feu vif présente enfin cet avantage, que les cornues se détériorent moins rapidement.

Le tableau ci-après indique le nombre de fours et de cornues en service dans les différentes usines de la Compagnie :

USINES	FOURS ORDINAIRES		FOURS à RÉCUPÉRATION	
	Nombre de Fours	Nombre de Cornues	Nombre de Fours	Nombre de Cornues
La Villette	256	1.792	»	»
Passy	64	448	»	»
Vaugirard	78	590	16	128
Ivry	12	108	80	640
Saint-Mandé	48	336	48	384
Boulogne	12	84	»	»
Maisons-Alfort	12	84	»	»
Clichy	»	»	180	1.440
Le Landy	»	»	72	648
Total	482	3.442	396	3.240

Chauffage des cornues. — Le chauffage des cornues doit être mené de manière que la température du four soit d'environ 1200°. Autrefois on ne dépassait pas 900°. Mais, comme la distillation durait alors 8 heures au lieu de 4 heures, une partie du gaz, après un contact prolongé avec les parois chaudes des cornues, se décomposait et abandonnait du graphite, au détriment de son volume et de son pouvoir éclairant. Ce graphite, ou *charbon de cornues*, se dépose bien encore avec une distillation abrégée, mais en moins grande quantité.

Les procédés actuels de chauffage de la Compagnie ont augmenté sensible-

[1] Il en est de même à l'étranger. Mais les fours à récupération continue y sont plus en faveur que les fours Siemens.

ment le rendement, en gaz, de la houille. En 1856 on n'obtenait que 238$^{m^3}$, de gaz pour 1.000 kilogrammes de houille distillée. Aujourd'hui le rendement courant est généralement supérieur à 300$^{m^3}$. (Voir plus haut les rendements obtenus dans ces dernières années.)

Nous récapitulons dans le tableau ci-après les chiffres que nous venons de donner, en étudiant la distillation.

	FOURS ordinaires	FOURS à récupération
Nombre de cornues	7	8 ou 9
Houille distillée par cornue	130^{kg} à 140^{kg}	135^{kg} à 150^{kg}
Température de distillation	1200°	1200°
Durée de la distillation	4^{H}	4^{H}
Prix de revient d'une cornue	1200^{f}	2300^{f}
Gaz produits par 1000^{kg} de houille (Gaz non épuré).	de 29 à 31$^{m^3}$	de 29 à 31$^{m^3}$
Coke id. 1000^{kg} id	19 hect^{s}	19 hect^{s}
Coke brûlé par 1000^{kg} de houille	5 hect^{s} 28	4 hect^{s} 05

Colonne montante et barillet. — Le gaz produit dans des cornues se dégage par des tuyaux *verticaux* en fonte appelés *colonnes montantes* ou *pipes*, qui se retournent à leur partie supérieure pour plonger dans un collecteur horizontal établi au-dessus du massif des fours perpendiculairement aux cornues et qui est le *barillet*. Pour éviter que le gaz ne revienne dans les cornues en cas d'accident ou lorsqu'on les charge, les colonnes montantes plongent d'environ 30 millimètres dans une couche de goudron formant joint hydraulique. Le barillet constitue ainsi un premier condenseur pour le goudron et les eaux ammoniacales. Ces produits se rendent directement dans des citernes où ils se superposent par ordre de densité.

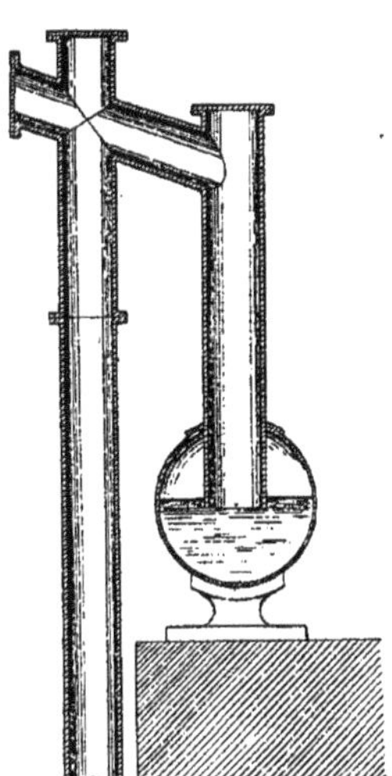

Figure 5.
Colonne montante et barillet.

Collecteur et condensation à chaud. — Les fours sont ordinairement disposés par batteries parallèles. Les barillets qui règnent au-dessus des têtes des cornues viennent aboutir dans un gros tuyau de 0^{m},800 de diamètre nommé *collecteur*, perpendiculaire à tous les massifs des fours et qui est établi dans le bâtiment même de distillation, afin de conserver une température d'environ 60°.

Cette température a été déterminée par les considérations suivantes :

Il résulte des expériences de M. Sainte-Claire Deville que les $^2/_3$ du pouvoir éclairant du gaz sont dus à des vapeurs de benzine et de toluène.

D'autre part on a constaté qu'il y avait un grand intérêt à se débarrasser de la naphtaline qui, bien qu'existant dans le gaz en quantités impondérables, se dépose sous forme de poussières cristallisées dans la canalisation et produit parfois des obstructions dans les tuyaux, surtout aux changements de section et dans les coudes.

Les vapeurs de benzine, de toluène et de naphtaline sont solubles dans le goudron. Mais la benzine et le toluène, d'ailleurs très volatils, s'y dissolvent d'autant moins que la température est plus voisine de leurs points d'ébullition soit 80°,5 pour la benzine et 111° pour le toluène.

La naphtaline ne bout, au contraire, qu'à 210°. Si donc on effectue la condensation à une température suffisamment chaude pour laisser au gaz une forte proportion de benzine et de toluène, tout en dissolvant dans le goudron le plus possible de naphtaline, on obtiendra un gaz très éclairant en même temps que l'on parera à l'obstruction des conduites. Cette température, qui doit être voisine de 80°,5, est abaissée dans la pratique à 60°, chiffre indiqué plus haut, afin d'assurer une élimination plus parfaite de la naphtaline.

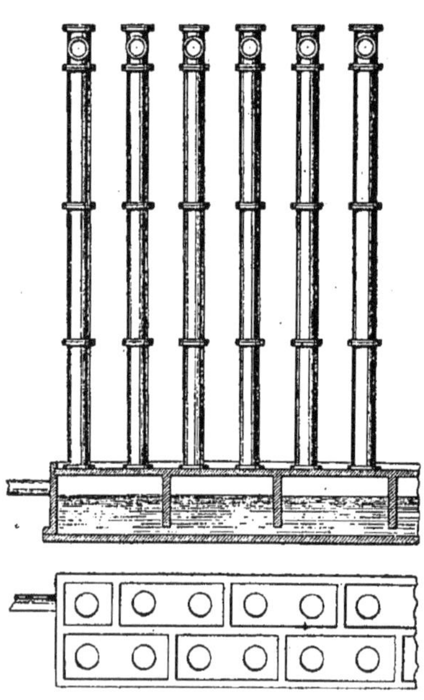

Figure 6.
Jeu d'orgue (Elévation et plan).

Le *collecteur* est en outre disposé de telle manière que la circulation du gaz et des goudrons ne s'y fasse que très lentement.

L'expérience prouve que, dans ces conditions, 94 °/₀ de la benzine restent en suspension dans le gaz. Le reste, soit 6 °/₀, donne aux goudrons la fluidité nécessaire à leur écoulement.

Jeu d'orgue et condensation à froid. — A la sortie du collecteur, le gaz contient encore des goudrons légers et des eaux ammoniacales à l'état de vapeurs.

On le refroidit d'abord dans le *jeu d'orgue*. On appelle ainsi une batterie de longs tuyaux verticaux de $0^m,15$ à $0^m,20$ de diamètre exposés à l'air et arrosés extérieurement avec de l'eau, quand la température ambiante s'élève.

Lorsque la disposition des lieux le permet cette eau est employée à l'extinction du coke.

Dans quelques usines on n'arrose qu'une partie des tuyaux. En procédant ainsi on prolonge la durée de la condensation à chaud et l'on obtient une élimination plus complète de la naphtaline.

Le *jeu d'orgue* abaisse la température du gaz de 60 degrés à 12 ou 20 degrés, suivant les saisons. Il faut pour cela que la surface de refroidissement constituée par la surface extérieure des tuyaux soit considérable. On estime qu'elle doit être de 14 à 20 mètres carrés par 1000 mètres cubes de gaz fabriqués en vingt-quatre heures. Il est nécessaire, en outre, que la vitesse du gaz dans les tuyaux ne dépasse pas 2 mètres par seconde.

Extracteurs. — Il y a grand intérêt à ce que la pression du gaz dans le barillet diffère aussi peu que possible de la pression atmosphérique ; car alors la pression du gaz dans les cornues ne dépasse la pression atmosphérique que de 3 à 4 centimètres d'eau, garde des plongeurs dans le barillet et l'on évite les pertes de gaz, la carburation des cornues et l'engorgement des colonnes montantes.

L'appareil qui permet d'obtenir ce résultat est une pompe aspirante appelée *extracteur*.

Les extracteurs sont mus par la vapeur. Ils se composent de trois corps de pompe accouplés et calés à 120 degrés de manière à supprimer tout à-coup dans l'aspiration. Leur vitesse doit être proportionnée à l'intensité de la fabrication. Dans ce but on fait commander l'admission de la vapeur dans les tiroirs du moteur par un levier relié à un petit gazomètre communiquant avec l'aspiration. Si la production augmente, le gazomètre s'élève et renforce l'admission ; la vitesse de l'extracteur s'accroît aussitôt. Quand le gaz arrive avec moins d'abondance, c'est l'inverse qui se produit.

La régularité de fonctionnement des extracteurs a, dans les usines à gaz, une importance considérable. S'ils débitent trop, ils peuvent produire un certain vide dans le barrillet et occasionner des rentrées d'air dans les cornues. Une aspiration insuffisante amène au contraire une surélévation de pression dans les cornues, d'où augmentation des fuites et des dépôts de graphite.

Nous avons vu que la pression du gaz dans les barillets devait être sensiblement égale à la pression atmosphérique. La pression à l'aspiration n'a à vaincre, par suite, que les pertes de charges qui se produisent dans le jeu d'orgue. Celles-ci ne dépassent pas ordinairement 8 millimètres d'eau.

La pression dans le tuyau de refoulement doit être égale à la pression dans les gazomètres, plus les pertes de charges qui se produisent : (*a*) dans le condensateur Pelouze et Audouin ; (*b*) dans les cuves d'épuration ; (*c*) dans les compteurs de fabrication.

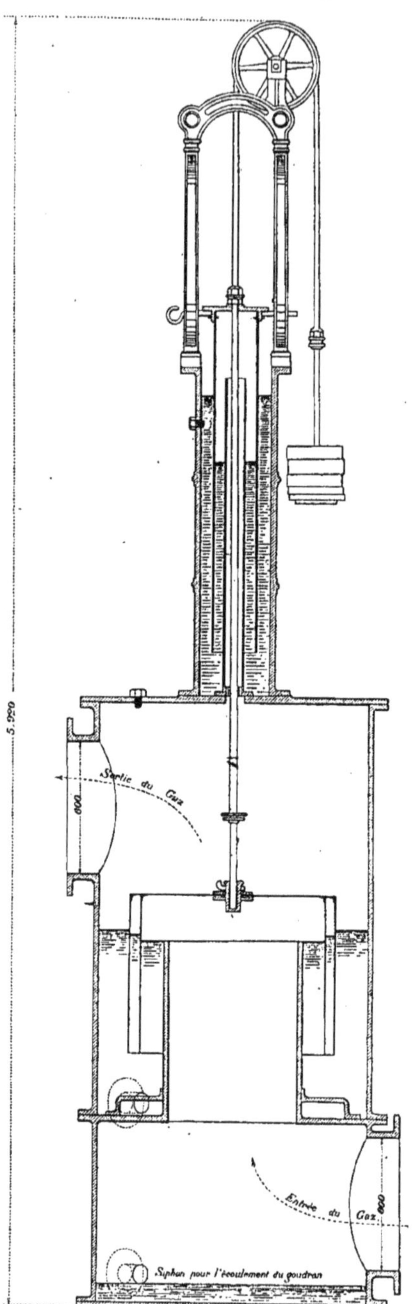

Figure 7.
Condensateur Pelouze et Audouin.

Plus le débit est grand et plus les pertes de charges (*a*), (*b*), (*c*) sont fortes. Voici quelques chiffres relevés, dans l'une des usines, pour une vitesse moyenne du gaz :

(*a*) pertes de charge dans le condensateur Pelouze et Audouin, 55 millimètres;

(*b*) pertes de charge dans les cuves d'épuration, 75 millimètres;

(*c*) pertes de charge dans les compteurs de fabrication, 35 millimètres.

La pression dans les gazomètres étant sensiblement constante et égale à 150 millimètres, on voit que la pression au refoulement atteint 315 millimètres. Pour être tout à fait exact, il faudrait en outre ajouter quelques petites pertes de charges occasionnées par la circulation du gaz dans les tuyaux de l'usine.

A la sortie du jeu d'orgue, le gaz n'est pas encore complètement débarrassé de ses goudrons. Ceux-ci lubrifient les extracteurs que l'on place, pour cette raison, avant le dernier appareil de condensation qui doit enlever toute trace de goudron et qui est le *condensateur Pelouze et Audouin*.

Condensateur Pelouze et Audouin. — Cet appareil, qui date de 1872, utilise la propriété que présente un mélange de gaz et de goudron, quand on le projette sur une paroi fixe, d'abandonner son goudron qui suinte le long de la paroi. La séparation est d'autant plus complète que les orifices d'écoulement du gaz sont plus étroits, la paroi plus rapprochée et la vitesse d'écoulement plus considérable.

Le condensateur Pelouze et Audouin est en réalité un condensateur à choc. Il donne des résultats excellents et permet, d'abord, de recueillir un excédent de goudron ; mais il a surtout l'avantage, en arrêtant les dernières molécules de goudron, d'empêcher l'agglutination de la sciure de bois mélangée à la matière épurante. Cette matière, en perdant de sa porosité, perd en effet beaucoup de son efficacité.

L'appareil imaginé par MM. Pelouze et Audouin consiste dans une cloche à double paroi en tôle, et dont chacune est percée de petits trous disposés de telle façon qu'à un trou de l'une des parois correspond un plein de l'autre et réciproquement. Il faut proportionner le nombre de trous au volume du gaz à écouler. Aussi la cloche est-elle suspendue à un régulateur mis en mouvement par le gaz lui-même. C'est une cloche allégée par un contre-poids et que le gaz soulève plus ou moins suivant sa pression. Le condensateur suit le mouvement, découvrant de nouveaux orifices quand le gaz devient abondant.

Le modèle courant de la Compagnie Parisienne débite 50.000 mètres cubes par 24 heures. C'est celui que représente la figure 7.

Épuration chimique. — A la sortie du condensateur Pelouze et Audouin, la condensation ou épuration physique est terminée. Il reste à débarrasser le gaz des dernières vapeurs d'eaux ammoniacales et de l'acide sulfhydrique. Il serait intéressant d'éliminer aussi le sulfure de carbone et l'acide carbonique. Mais, avec les charbons distillés par la Compagnie, la teneur en sulfure de carbone du gaz livré à la consommation est encore inférieure à celle du gaz distribué à Londres, même après épuration, en sorte que l'on n'enlève pas, à Paris, ce sulfure. Quant à l'acide carbonique, bien qu'il affaiblisse assez notablement le pouvoir éclairant, il n'est pas davantage enlevé par la Compagnie[1]. L'économie qu'elle trouverait à cette épuration, qui n'est pas d'ailleurs explicitement imposée par le cahier des charges, serait probablement inférieure aux frais d'épuration et à la perte qu'entraînerait la diminution du volume du gaz.

L'ammoniaque s'enlève en faisant passer le gaz à travers des caisses contenant de la sciure de bois humide sur une épaisseur de $0^m,40$ à $0^m,50$. Une surface d'un mètre carré de sciure suffit pour absorber l'ammoniaque contenue dans 1000 mètres cubes de gaz par 24 heures.

Pour l'acide sulfhydrique, on emploie une matière spéciale inventée par Laming.

On la prépare en dissolvant, dans de l'eau chaude, 350 kilogrammes de

[1] 1 0/0 d'acide carbonique affaiblit le pouvoir éclairant du gaz d'environ 3 0/0.

sulfate de fer; on imprègne de la dissolution 1 mètre cube de sciure de bois blanc que l'on brasse ensuite avec 180 kilogrammes de chaux éteinte[1]. La sciure n'intervient que pour donner de la porosité au mélange. La chaux réagit pendant l'opération sur le sulfate de fer et donne du sulfate de chaux et du sesquioxyde de fer.

Ce mélange de sesquioxyde de fer, de sulfate de chaux et de sciure de bois est placé sur une épaisseur de $0^m,50$ à $0^m,60$ dans des cuves en fonte au-dessus d'un plancher percé de trous. La cuve est recouverte par une calotte en tôle que l'on peut soulever à l'aide d'une grue mobile et qui plonge dans une gorge hydraulique. Le gaz arrive par le dessus de la cuve, traverse la matière Laming puis le fond en bois percé de trous et sort à la partie inférieure. Il se rend, ensuite, dans deux autres cuves semblables où il achève son épuration. Dans ce trajet il se débarrasse de son acide sulfhydrique attendu que ce gaz attaque le sesquioxyde de fer pour donner du sulfure de fer et de l'eau.

Les cuves les plus voisines de l'arrivée du gaz agissent naturellement avec le plus d'énergie. La dernière doit rester intacte. Elle sert comme témoin et permet d'affirmer que l'épuration a été parfaite.

A la sortie de la dernière cuve le gaz doit être tel qu'il ne noircisse pas, même très légèrement, un papier imprégné d'acétate de plomb[2].

Quand la matière Laming est épuisée on la revivifie en l'exposant à l'air. Elle est alors noirâtre. En se combinant avec l'oxygène de l'air, le sulfure de fer redonne du sesquioxyde de fer rougeâtre et du soufre. Celui-ci s'accumule à la longue dans la matière qui finit par ne plus pouvoir servir. A ce moment, elle contient jusqu'à 37 °/₀ de soufre[3].

On estime que 1 mètre cube de matière Laming peut épurer facilement 30.000 mètres cubes de gaz.

Le gaz obtenu est, à la suite de ces diverses opérations, en état d'être livré à la consommation. Sa composition moyenne en volume est alors la suivante :

Hydrogène	50,10
Gaz des marais	35,03
Oxyde de carbone	8,21
Acide carbonique	1,72
Benzine	1,06
Autres carbures	3,88
Total	100,00

[1] La sciure de bois blanc (peuplier) a l'avantage d'être moins fine que la sciure de sapin ou de tout autre bois plus dur.

[2] Parce que l'acide sulfhydrique forme avec l'acétate de plomb du sulfure noir de plomb.

[3] La matière épuisée n'est pas complètement perdue. Lessivée à grande eau elle donne

Compteurs de fabrication. — Pour se rendre compte de la marche de la production et du rendement des houilles distillées on mesure le gaz produit dans des *compteurs de fabrication*, appareils qui sont composés d'une grande caisse en fonte établie sur un massif en maçonnerie et contenant un tambour en tôle plombée, divisé en compartiments. Ce tambour, mobile autour d'un axe horizontal, est à moitié noyé dans de l'eau et disposé de telle façon que chaque compartiment s'emplisse successivement de gaz en donnant

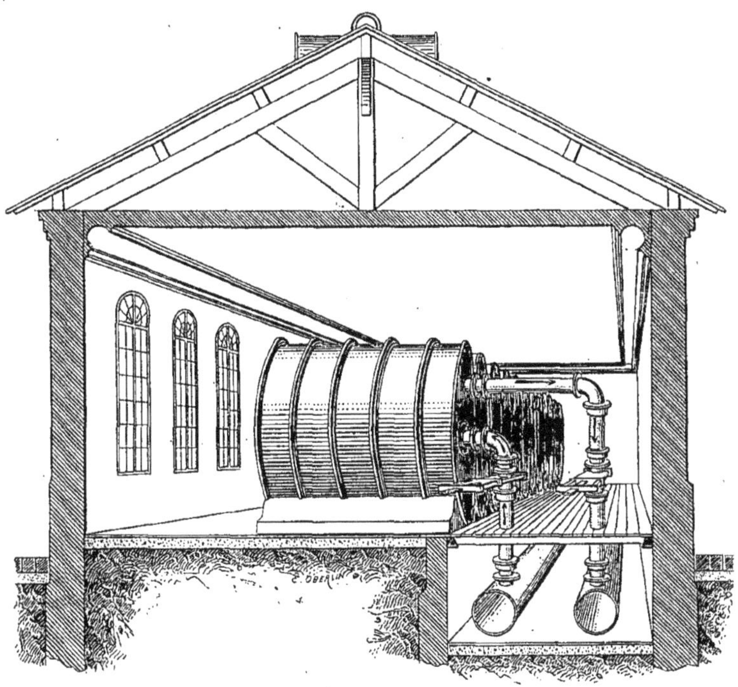

Figure 8.
Compteurs de fabrication.

au tambour un mouvement de rotation autour de son axe. Le mouvement de rotation se communique, par une roue dentée, à une série d'autres roues dentées donnant le volume de gaz passé en mètres cubes, dizaines de mètres cubes, centaines de mètres cubes, etc.... Les compteurs les plus usuels débitent 30000^{m^3} ou 40000^{m^3} par jour.

La pression du gaz mesuré est égale à celle exercée par les gazomètres, soit 150 millimètres[1].

des produits ammoniacaux que la Compagnie traite dans ses usines. Le résidu est vendu à des industriels qui en retirent du bleu de Prusse.

[1] En réalité la pression du gaz dans un gazomètre n'est pas tout à fait constante. Elle est égale, en effet, à celle qui est due au poids total de la tôle, moins la perte de poids due

Gazomètres. — On n'a plus qu'à emmagasiner le gaz dans des *gazomètres*, afin de pouvoir le distribuer suivant les besoins de la consommation.

Ces gazomètres se composent d'une grande cuve cylindrique en maçonnerie établie en déblai, pleine d'eau et d'une cloche en tôle rivée, plongeant dans l'eau de la cuve.

Les plus forts gazomètres de la Compagnie Parisienne ont une capacité de 33000 mètres cubes. Leurs dimensions sont alors considérables (diamètre de la cuve 56m,00, hauteur 14m,40). Dans ces conditions les cuves doivent être établies avec tout le soin qu'on apporte à la construction des gros murs de soutènement. Un radier est en outre nécessaire afin d'empêcher toute communication entre l'eau infecte du gazomètre et les nappes souterraines du voisinage.

La cloche d'un gazomètre de 33000 mètres cubes pèse 412000 kilogrammes. Certaines précautions sont à prendre pour faire supporter par le radier une aussi forte charge, lorsque le gazomètre vient à se vider. A cet effet on dispose

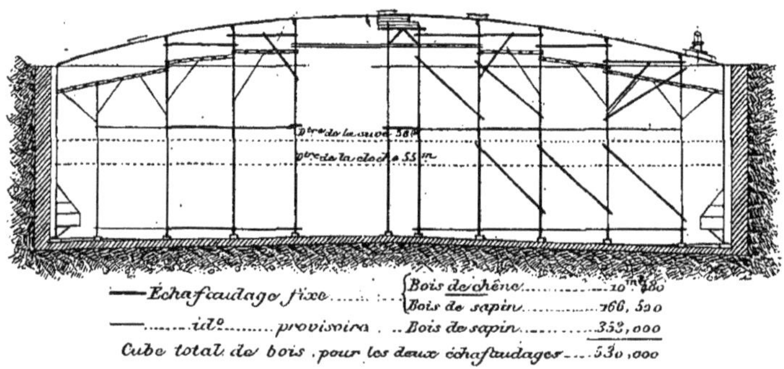

Figure 9.
Coupe d'un gazomètre de 33.000 mètres cubes avec sa charpente intérieure.

à l'aplomb des parois de la cloche un certain nombre de dés en maçonnerie qu'il est plus commode de niveler que le radier lui-même et qui laissent d'ailleurs, entre la cloche et le radier, une revanche de quelques centimètres ; cette revanche est ménagée en vue de la chute accidentelle de corps étrangers dans la cuve. C'est sur ces dés que vient s'appuyer la partie cylindrique de la cloche. Quant à la calotte elle est supportée par une forte charpente établie pendant le montage de la cloche. Il entre dans un gazomètre de 33000 mètres jusqu'à 177 mètres cubes de bois. Le prix de revient du gazomètre entier dépasse d'ailleurs 800000 francs.

à la poussée de l'eau sur la tôle immergée, moins encore la perte de poids occasionnée par la poussée du gaz. Mais ces deux derniers facteurs n'ont, relativement au premier, qu'une importance très faible. Dans la pratique, on peut les négliger et admettre comme pression du gaz celle due au poids du gazomètre, quantité constante.

Exceptionnellement, lorsque la place fait défaut, la Compagnie emploie des gazomètres télescopiques, composés de deux cloches s'élevant successivement.

La plus élevée est munie d'une gouttière remplie d'eau dans laquelle plonge la partie supérieure, recourbée, de l'autre cloche[1].

Dans leur mouvement ascensionnel les cloches sont guidées par des galets glissant entre deux bandes de fer scellées dans la maçonnerie de la cuve et adossées à l'air libre à des colonnes en fonte reliées par des entretoises. Le gaz arrive à la partie supérieure des gazomètres par des conduites articulées qui se prêtent aux différents mouvements de la cloche. Cette disposition est de beaucoup préférable à l'ancienne qui consistait à faire arriver le gaz par le radier des cuves.

Les gazomètres doivent être soigneusement entretenus. On comprend en effet qu'il soit nécessaire d'empêcher toute oxydation des tôles. A cet effet la surface extérieure de la cloche est d'abord peinte au minium, puis recouverte de plusieurs couches de goudron. L'intérieur de la cloche se maintient de lui-même en bon état puisque le métal est soustrait à l'action oxydante de l'air. La charpente intérieure se trouve également dans d'excellentes conditions de conservation.

La Compagnie Parisienne dispose, dans ses diverses usines, de 62 gazomètres, représentant un volume total de 1 069 242 mètres cubes.

Cette réserve est plus que suffisante pour parer aux nécessités de la consommation.

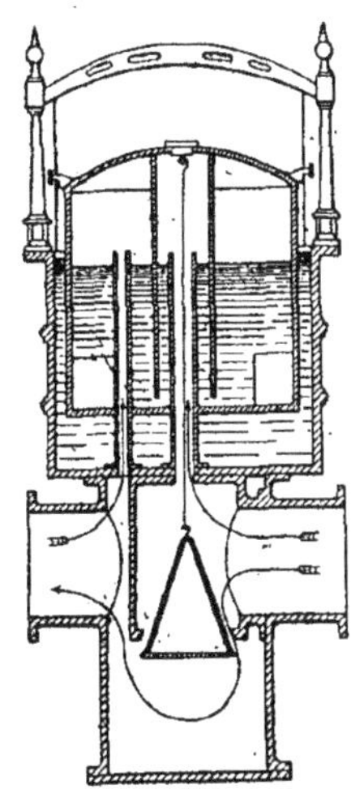

Figure 10.
Coupe d'un régulateur d'émission.

Régulateur d'émission. — La pression du gaz dans les gazomètres est, ainsi que nous l'avons vu, constante et égale au poids des gazomètres (150$^{m}/_{m}$). Cette pression, convenable pour les heures de grande consommation, est beaucoup trop forte pendant la journée et les dernières heures de la nuit. Il est nécessaire, par suite, de la régler à la sortie des gazomètres, à la demande de la consommation. On pourrait se servir de robinets que l'on ouvrirait plus ou moins, selon la pression à obtenir. Mais on produirait des changements brusques de pression qui feraient vaciller les

[1] Les gazomètres télescopiques sont une exception pour la Compagnie Parisienne. A l'étranger, au contraire, ces gazomètres jouissent d'une certaine faveur, malgré les accidents auxquels quelques appareils de ce système ont donné lieu. En France on a surtout à redouter la gelée de l'eau contenue dans les gouttières.

Il existe en Angleterre de grands gazomètres télescopiques de 250000 mètres cubes de capacité et à quatre levées. Dans les usines de Berlin on emploie exclusivement des gazomètres télescopiques à trois levées. Leur capacité varie de 37000 à 94000 mètres cubes. Ces gazomètres sont placés dans des maisons fermées, chauffées à la vapeur.

flammes. En outre il serait bien difficile de suivre exactement les variations de la consommation.

On obtient un résultat très satisfaisant avec un régulateur à cône. Cet appareil se compose d'une cloche flottant dans une cuve contenant de l'eau et soutenant un cône qui, selon que la cloche descend ou monte, ouvre plus ou moins l'orifice d'arrivée du gaz. La cloche est, d'autre part, en communication avec le gaz des gazomètres et avec celui des conduites en sorte que ses mouvements correspondent aux variations de la pression du gaz. Quand on veut augmenter la pression du gaz distribué, on n'a qu'à charger la cloche.

On voit que l'on ne règle ainsi que la pression du gaz à la sortie du régulateur. Mais, à l'aide de relevés faits en différents points de la canalisation, on détermine la pression qu'il faut atteindre à l'usine pour qu'en ces points

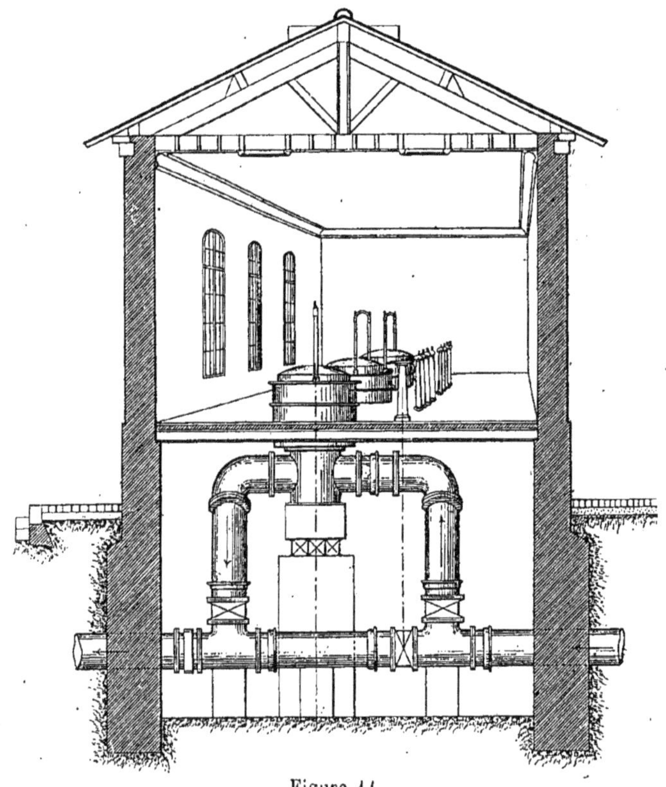

Figure 11.
Bureau d'émission.

la pression du gaz atteigne une valeur donnée ; en sorte que l'on n'a pas besoin de tuyaux de retour analogues aux fils fins qui, dans les distributions électriques, indiquent le voltage de la canalisation. Chaque jour la Compagnie dresse, d'après la situation du gaz en magasin et l'importance de la consommation présumée, le diagramme des pressions à suivre dans chaque usine. L'ouvrier chargé de la manœuvre des régulateurs ajoute ou retranche des poids en conséquence.

Au moment de la grande consommation le régulateur devient inutile et l'on ouvre les tuyaux en grand. Dans les usines où le départ se fait par des tuyaux de 1 mètre de diamètre on facilite l'opération en substituant, sur une faible longueur, à chacun de ces tuyaux quatre tuyaux de $0^m,50$. Dans chacun de ces groupes les régulateurs ne commandent qu'un tuyau, les autres pouvant être ouverts ou fermés à l'aide de valves. Pendant la journée, le gaz passe exclusivement par les régulateurs. Le soir venu on met successivement en ligne les autres tuyaux dont on lance le débit directement dans les conduites de sortie.

Les régulateurs et les engrenages commandant les valves sont installés et réunis dans des locaux spéciaux appelés *bureaux d'émission*. Leur contrôle et leur maniement sont alors plus faciles.

Sous-produits de la fabrication. — Nous étudierons dans le chapitre suivant la canalisation et la distribution du gaz. Il nous reste à parler encore des sous-produits.

Ces sous-produits sont le coke, les goudrons et les eaux ammoniacales.

Le coke, avons-nous dit, reste dans les cornues après le dégagement du gaz ; on le retire encore rouge et on le transporte dans des cours pavées où on l'éteint en l'arrosant à grande eau. Il est alors trop volumineux pour être livré à la consommation. On le casse d'abord à l'aide de broyeurs mécaniques, formés de deux cylindres tournant en sens contraire l'un de l'autre et armés de lames coupantes. Puis on le classe à l'aide d'*écureuils*, cylindres inclinés dont les parois sont formées par des toiles métalliques, à mailles de dimensions variables. Le broyage produit en outre du poussier de coke, qui, entre autres usages, peut servir à fabriquer des agglomérés ; on le mélange alors avec 10 °/₀ de brai.

Ainsi que nous l'avons vu, la Compagnie Parisienne emploie une grande partie de son coke au chauffage des fours ou à l'alimentation des gazogènes. Elle vend ou expédie le reste au mieux de ses intérêts. Le coke est de beaucoup le plus important des sous-produits de la fabrication du gaz. Son prix de vente a, sur le prix de revient du gaz, une influence prépondérante.

Le goudron recueilli pendant la distillation pourrait être vendu brut, ainsi que cela se passe dans les usines de province. Mais, comme il contient un certain nombre de substances faciles à écouler, on préfère le soumettre à un traitement spécial.

En le chauffant de 50° à 180° on obtient des *huiles légères* (5 kilogr. pour 100 kilogr. de goudron) qui donnent de la benzine et du toluène.

De 180° à 350° se dégagent des *huiles lourdes* (25 kilogr. pour 100 kilogr. de goudron). Une partie est vendue à l'industrie, qui s'en sert pour créosoter les bois et fabriquer des produits très variés, principalement de l'acide phénique, des couleurs d'aniline, de la naphtaline, etc.... Le reste est traité directement par la Compagnie qui en retire de l'*anthracène*. Cette substance donne une magnifique matière colorante, l'alizarine, base de la belle couleur rouge que l'on obtient avec de la garance.

Au-delà de 350°, il reste une masse noirâtre, visqueuse que l'on refroidit en l'écoulant dans des chambres de refroidissement, puis dans des fosses. C'est le *brai*. A la température ordinaire le brai est solide. On le casse et on l'expédie par wagon. Le brai est employé dans la fabrication des agglomérés (briquettes de houille, de coke, etc...).

Les eaux ammoniacales condensées en même temps que les goudrons étant plus légères que ceux-ci s'en séparent naturellement dans les citernes. On les chauffe après les avoir mélangées avec de la chaux éteinte en poudre. L'ébullition chasse le gaz ammoniac tenu en dissolution dans l'eau, tandis que la chaux met en liberté l'ammoniaque contenue dans les sels ammoniacaux. On fait passer le gaz dans des récipients d'eau et l'on obtient alors de l'*alcali volatil*. On peut, au contraire, produire du *sulfate d'ammoniaque* en recevant l'ammoniaque dans de l'acide sulfurique.

Le sulfate d'ammoniaque est, comme on le sait, très employé en agriculture. Il agit par son azote facilement assimilable et par son soufre. Il convient principalement aux céréales et aux prairies.

Prix de revient de la fabrication. — Le prix de revient du gaz à sa sortie des usines est bien différent du prix de revient du gaz, rendu dans les compteurs des abonnés. Celui-ci s'obtient en ajoutant au prix de revient de la fabrication les frais de distribution, les frais généraux, les charges, etc.. et en retranchant les sous-produits. Nous le déterminerons dans le prochain chapitre.

En prenant la moyenne des quatre dernières années écoulées, on trouve que la dépense de fabrication proprement dite, rapportée à un mètre cube de gaz, a été la suivante :

(Moyenne des années 1890-91-92-93).

	centimes	
Charbon distillé.	7	13
Chauffage des fours.	1	50
Personnel des usines, main-d'œuvre.	1	57
Entretien des usines, fours, etc.	0	63

Frais accessoires de distillation	0	55
Epuration	0	16
Total	11 centimes	54

Il est intéressant de comparer ce prix de revient à ceux des années antérieures et particulièrement à ceux qui ont été donnés par les dernières Commissions quinquennales, nommées en vertu de l'article 48 du cahier des charges. Nous trouvons dans les procès-verbaux de ces Commissions les chiffres suivants :

Commission de 1885.

(Moyenne des années 1880-81-82-83-84).

Charbon distillé	7 centimes	80
Chauffage des fours	1	60
Personnel des usines, main-d'œuvre	1	41
Entretien des usines, fours, etc.	0	80
Frais accessoires de distillation	0	57
Epuration	0	15
Total	12 centimes	33

Commission de 1890.

(Moyenne des années 1885-86-87-88-89).

Charbon distillé	7 centimes	07
Chauffage des fours	1	55
Personnel des usines, main-d'œuvre	1	41
Entretien des usines, fours, etc.	0	75
Frais accessoires de distillation	0	54
Epuration	0	14
Total	11 centimes	46

L'examen de ces divers tableaux montre que l'article le plus important, et de beaucoup, de chaque sous-détail, est celui qui se rapporte au *charbon distillé*. Comme le rendement en gaz d'une tonne de houille est sensiblement constant[1] et que d'autre part la fabrication est arrivée à un état de perfection tel, que ce rendement ne paraît pas susceptible d'être augmenté, on peut dire que le prix de revient de la fabrication du gaz dépend surtout d'un élément étranger au système proprement dit de fabrication, à savoir la valeur commerciale des charbons distillés.

Les autres articles n'ont subi que des variations relativement négligeables. On constate cependant que la Compagnie a réalisé une petite économie sur le *chauffage des fours*. Elle est due à la mise en service des fours à récu-

[1] Nous avons vu que ce rendement était d'environ 300 mètres cubes.

pération des usines de Clichy et du Landy[1]. En revanche nous voyons 0cent,16 d'augmentation sur la *main-d'œuvre*. Dans ces dernières années le surenchérissement de la main-d'œuvre a été général à Paris. La Compagnie du Gaz, malgré les taux élevés des salaires qu'elle accordait à ses ouvriers, n'a pu rester étrangère à ce mouvement.

Les frais d'*entretien des usines* sont en légère décroissance. Quant aux deux derniers articles *(frais accessoires de distillation et épuration)*, ils sont restés à peu près stationnaires. Remarquons, en passant, combien est faible la dépense correspondant à l'épuration. Si une amélioration quelconque pouvait être réalisée de ce côté, elle aurait bien peu d'influence sur le prix de revient total.

Souvent on calcule le prix de revient de la fabrication, déduction faite de la valeur des sous-produits. Ces sous-produits sont : le *coke*, le *goudron* et ses dérivés (brai, anthracène, etc...), les *eaux ammoniacales*. Comme le charbon, ces diverses matières ont des cours assez variables. Le coke de cornue a à lutter contre le coke métallurgique, fabriqué à proximité des mines de houille ; le goudron, utilisé surtout pour ses dérivés, croît en valeur ou décroît comme eux. Quant aux eaux ammoniacales, elles suivent surtout les variations des engrais azotés.

Nous avons représenté par un graphique (figure 12) la valeur des divers sous-produits par mètre cube de gaz fabriqué, depuis 1855. On voit qu'un maximum très sensible s'est produit de 1872 à 1878. A cette époque le coke avait de très hauts cours : en outre, un débouché nouveau avait été offert aux goudrons par suite de leur utilisation à la fabrication de l'anthracène. De 1878 à maintenant, sauf en 1893, les oscillations ont été peu importantes.

Si l'on prend la moyenne pour les quatre dernières années écoulées, de la valeur des sous-produits rapportés à un mètre cube de gaz on trouve :

(Moyenne des années 1890-91-92-93).

Coke	5 centimes	29
Goudron et ses dérivés	0	74
Eaux ammoniacales	0	43
Total	6 centimes	46

Le prix de revient du mètre cube de gaz ressort alors à

11centimes54 — 6centimes46 = 5centimes08.

Ainsi donc le prix de revient de la fabrication, déduction faite de la valeur des sous-produits est d'environ 5 centimes. Il serait évidemment plus bas si les sous-produits étaient plus chers ; mais la Compagnie n'est pas

[1] Le coke employé pour le chauffage des fours a des cours assez variables ; mais, pour l'évaluation des frais de *chauffage des fours*, la Compagnie donne au coke brûlé un prix conventionnel et fixe de 1 franc l'hectolitre.

maîtresse du marché. Tout ce qu'elle peut faire, c'est d'écouler les divers sous-produits au moment le plus favorable.

Cette analyse est instructive. Elle montre qu'en tout état de cause les améliorations qui pourront être apportées à la fabrication *proprement dite* ne feront jamais baisser le prix du gaz de plus de 5centimes08. Mais, comme ces

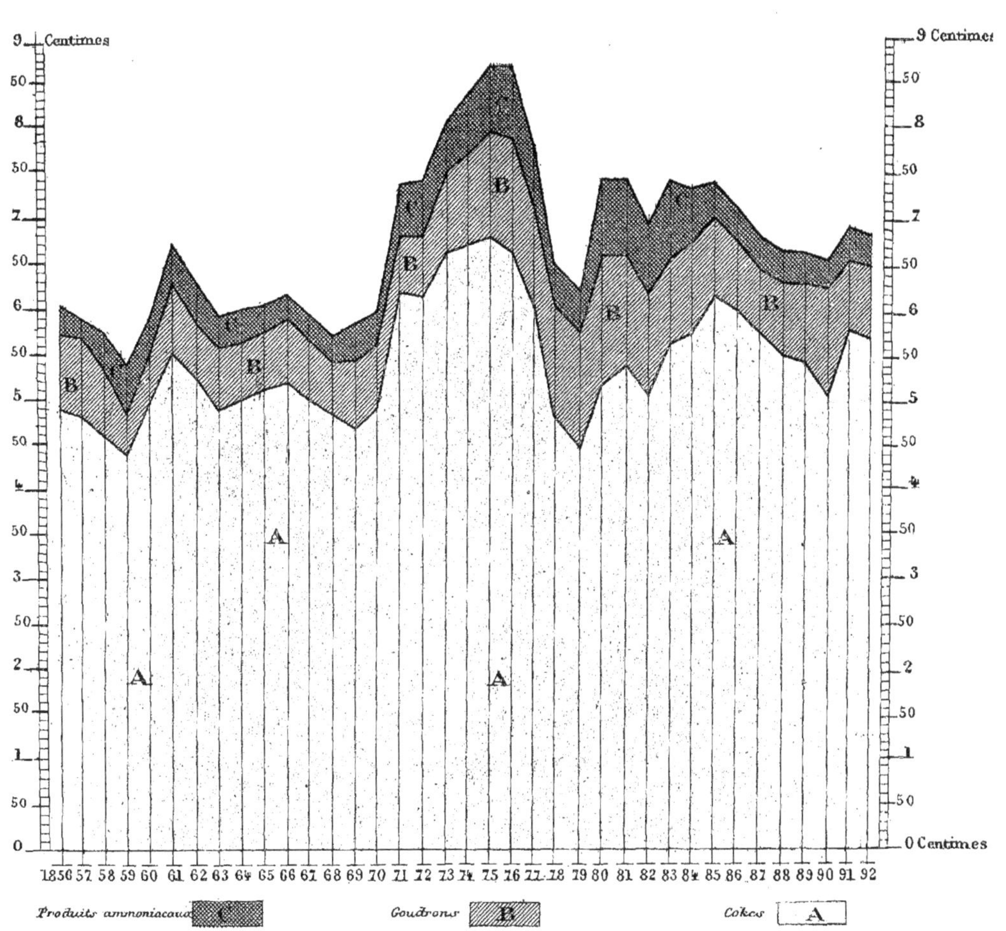

Figure 12.
Valeur des sous-produits par mètre cube de gaz fabriqué[1].

améliorations sont improbables — tel est du moins l'avis de la Commission de 1890 — on arrive à conclure que le prix de revient du gaz est intimement

[1] Chiffres de 1893 : Coke 4centimes74, Goudron 0centime64, Produits ammoniacaux 0centime43. Total 5centimes81, chiffre notablement inférieur à celui des années antérieures.

lié au cours des charbons et au cours des sous-produits. — En d'autres termes le procédé de fabrication disparaît devant la question commerciale.

C'est là vraisemblablement ce qu'aura encore à constater la Commission de 1895.

La nouvelle usine du Landy. — (*a*) **Dispositions générales.** — L'usine du Landy est située dans la commune de Saint-Denis, à deux kilomètres de la porte de La Chapelle.

Elle s'élève sur un vaste terrain de 45 hectares de superficie longeant, sur près d'un kilomètre, les lignes de la Compagnie des Chemins de fer du Nord [1]. Elle est d'ailleurs peu éloignée du canal de Saint-Denis auquel elle peut accéder par la route de Paris à Calais et par la route de la Révolte.

Les dispositions générales ont été étudiées dans le but de réduire les manutentions à bras d'homme au strict minimum. A cet effet l'usine a été reliée au chemin de fer du Nord par deux embranchements permettant aux trains chargés de houille d'arriver, sans rompre charge, devant les bâtiments de distillation. Tout un réseau de voies ferrées a été également combiné pour assurer le transport rapide du coke à l'atelier de concassage et l'évacuation par wagon du coke non vendu sur place.

La question des transports intérieurs présente, au Landy, un intérêt prépondérant. L'usine est en effet prévue pour une production d'un million de mètres cubes de gaz par jour, c'est-à-dire pour la distillation d'environ 34.000 tonnes de houille par jour, soit le chargement de 17 trains de 20 wagons. Le coke produit représentera de son côté 2.500 tonnes sur lesquelles 1.800 tonnes devront être expédiées par voie ferrée.

Les dispositions finales de l'usine comprendront deux parties symétriques d'égale puissance. Chacune d'elles est d'ailleurs fractionnable par tiers en sorte que l'on pourra, au besoin, n'atteindre la production finale de 1 million de mètres cubes qu'en six étapes successives, correspondant, chacune, à un accroissement de puissance égal au sixième de la puissance finale.

Actuellement le premier sixième de l'usine est complètement terminé.

(*b*) **Voies ferrées.** — L'embranchement Sud sert particulièrement d'accès aux trains de charbon. La ligne gagne ensuite, en pente douce, un grand terre-plein établi à 6 mètres au-dessus du niveau des cours de l'usine et suffisamment vaste pour permettre la manœuvre et le garage des trains.

Du terre-plein se détachent deux estacades métalliques. L'une dessert les ateliers de distillation, l'autre pénètre dans les cours affectées aux réserves de charbon.

Des dispositions spéciales ont été prises pour assurer le chargement rapide des camions servant à amener le charbon devant les cornues de distil-

[1] C'est sur ce terrain que se trouvait, au moyen-âge, la célèbre foire du Lendit.

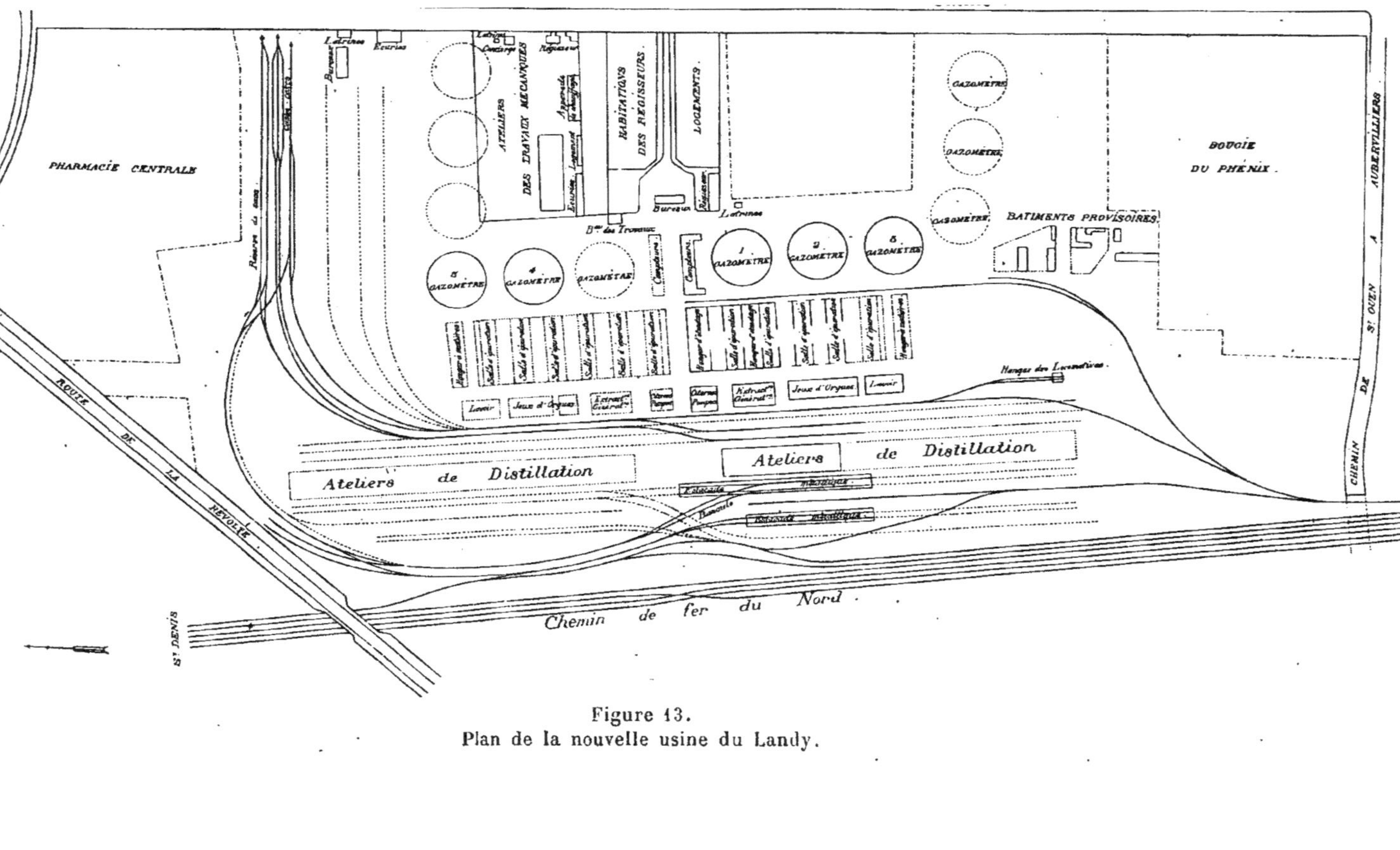

Figure 13.
Plan de la nouvelle usine du Landy.

lation. Elles consistent dans l'installation, sous la première estacade, de vastes trémies s'ouvrant par des goulottes immédiatement au-dessus des camions[1]. Le déchargement des wagons se fait avec une grande facilité, grâce à une modification apportée par la Compagnie du Chemin de fer du Nord à son matériel roulant. Les nouveaux wagons à charbon sont, en effet, munis de ventelles de fond laissant tomber le charbon immédiatement dans les trémies. Le déchargement se fait dans ces conditions trois fois plus vite qu'avec les wagons ordinaires.

Parallèlement aux estacades métalliques, mais de l'autre côté des bâtiments de distillation, court une double voie destinée à l'enlèvement du coke. L'atelier de cassage est situé à l'angle Nord-Est de l'usine. La voie se développe en courbe et gravit une rampe assez raide qui amène les wagons à 7 mètres au-dessus du sol. De là le coke est jeté dans les appareils de cassage et de classement, d'où il tombe sur un quai de chargement bordant les deux faces de l'atelier. Le quai Sud, qui se trouve dans la cour principale du chantier, est affecté aux livraisons par voitures ; le quai Nord est bordé par un faisceau de voies ferrées dont le niveau est réglé de manière à ce que le chargement du coke puisse s'effectuer sans relevage. Ces voies ont un développement suffisant pour permettre l'enlèvement du coke par trains complets.

Au-dessous de la plate-forme supérieure de l'atelier et des voûtes de la rampe d'accès au casse-coke, est déposé le coke classé et ensaché. Cette réserve, qui occupe un espace important, permet d'assurer la régularité des livraisons.

Des dispositions sont également prises en vue de la mise en dépôt du coke en excès. Celui-ci est remonté à 7 mètres au-dessus du sol et basculé de part et d'autre des voies.

Le réseau est enfin complété par des voies de service desservant les ateliers secondaires et le hangar des locomotives.

(*c*) **Ateliers.** — L'atelier de distillation actuellement construit comprend six batteries de 6 fours doubles à récupération établies perpendiculairement aux façades des ateliers. Chaque four contenant 9 cornues, on dispose d'un total de 648 cornues pouvant chacune distiller, par jour, 900 kilogrammes de houille. Toutes les cornues sont munies de tampons sans lut, en tôle emboutie.

L'une des batteries est chauffée par des foyers à récupération continue système Lencauchez ; les cinq autres sont munies de foyers Siemens. Les

[1] Les trémies sont doubles et permettent de mélanger très rapidement, dans les proportions voulues, les charbons à grand pouvoir éclairant et ceux qui fournissent un coke de bonne qualité tout en donnant un gaz moins riche.

foyers Lencauchez n'ont pour ainsi dire été établis qu'à titre d'expérience. Il est probable que lorsque l'on aura à compléter l'usine, on n'emploiera plus que des foyers Siemens, analogues à ceux qui sont déjà construits.

Les dispositions générales des fours Siemens sont celles que nous avons précédemment décrites. A la sortie des générateurs, la composition moyenne du gaz est la suivante :

Acide carbonique. . .	6 volumes	
Azote	59	
Oxyde de carbone . .	26	gaz combustibles.
Hydrogène.	9	
Total . .	100 volumes.	

Sur 100 volumes de gaz on a donc 35 volumes de gaz combustibles.

A la sortie des fours on trouve :

Acide carbonique. . .	17 volumes
Oxygène	3
Azote	80
Total . .	100 volumes.

Par rapport aux fours de l'usine de Clichy les fours Siemens de l'usine du Landy présentent les avantages suivants : hauteur de récupérateur réduite de $3^m,75$ à $2^m,95$; remplacement des deux conduits de dégagement de l'oxyde de carbone par un seul.

Le gaz d'éclairage produit passe ensuite dans le barillet, puis dans le collecteur, où il séjourne longtemps au contact du goudron sans se refroidir. C'est là où il abandonne sa naphtaline.

L'épuration du gaz se fait au Landy suivant les procédés ordinaires. Nous trouvons d'abord toute une batterie de réfrigérents à jeu d'orgue établis au-dessus de cuves cimentées qui recueillent les eaux d'arrosage. Celles-ci servent à l'extinction du coke.

Les extracteurs comprennent deux machines à trois cylindres pouvant extraire chacune de 80.000 à 100.000 mètres cubes de gaz par 24 heures.

L'épuration chimique se fait dans deux ateliers contenant chacun deux rangées de 16 cuves. L'épuration complète du gaz nécessitant son passage à travers 4 cuves, on dispose ainsi de 8 séries de cuves épurantes.

En tête de chaque rangée de cuves se trouve un condensateur à choc, système Pelouze et Audouin.

Les hangars pour la révivification de la matière Laming sont à proximité.

Nous rencontrons ensuite, dans une salle spéciale, quatre compteurs de fabrication. Chaque appareil peut mesurer 40.000 mètres cubes en 24 heures.

L'usine dispose actuellement de cinq gazomètres. Ils sont du plus fort type de la Compagnie (33.000 mètres cubes). Les cuves ont 56 mètres de diamètre et une profondeur de $14^m,40$. Elles sont en maçonnerie de ciment. L'épaisseur de la maçonnerie, uniforme sur toute la hauteur, atteint $1^m,40$.

Le bureau d'émission marque la dernière étape du gaz. Il sort ensuite de l'usine par une conduite de 1 mètre de diamètre, suivant la route de Paris à Calais. L'émission de l'usine complète exigera six conduites semblables.

« Les explications qui précèdent montrent que le nouvel établissement du Landy est en mesure de faire face à toutes les exigences d'une augmentation de consommation même imprévue, comme celle qui pourrait résulter d'un abaissement du prix de vente du gaz. Il rend possible la concentration en une seule de plusieurs des usines placées à l'intérieur de Paris.

Les dispositions prises assurent d'ailleurs le développement lent ou rapide de l'usine suivant les circonstances et sans que le service en soit jamais entravé. Elle arrivera ainsi, un jour, à prendre, par son importance, un des premiers rangs parmi les établissements de ce genre, créés dans ces derniers temps en Europe et dans le monde entier. » [1].

[1] Compte-rendu de la Société technique de l'Industrie du gaz pour l'année 1889.

CHAPITRE III

DISTRIBUTION DU GAZ

Pertes de pression dans la canalisation. — Nature de la canalisation. — Tuyaux Chameroy. — Pose des tuyaux. — Ballons obturateurs. — Coudes et raccordements. — Branchements. — Siphons. — Drainage des conduites et des branchements. — Anneaux-vannes. — Robinets d'arrêt. — Conduites montantes. — Canalisations intérieures. — Instructions pour l'emploi du gaz. — Evaluation du gaz ; compteurs. — Entretien des conduites. — Fuites. — Obstruction des conduites. — Pression du gaz. — Variations de la distribution. — Prix de revient du gaz distribué.

Pertes de pression dans la canalisation. — Le gaz, à sa sortie des usines, est lancé dans la canalisation et transporté jusqu'aux limites du périmètre de distribution. Il faut qu'en ces points, sa pression soit au moins égale à $20^{m}/^{m}$ d'eau, minimum imposé à la Compagnie. Il est donc nécessaire, étant donnée la pression d'émission, que la perte de charge occasionnée par la canalisation ne soit pas supérieure à cette pression diminuée de $20^{m}/^{m}$.

Quand du gaz s'écoule par un tuyau horizontal, la perte de charge dépend de la vitesse d'écoulement du gaz et de la constitution de la matière qui compose le tuyau. Elle est en outre directement proportionnelle à la longueur du tuyau et inversement proportionnelle au diamètre [1].

D'après ces données, M. Arson, Ingénieur à la Compagnie du Gaz, a calculé des tables qui permettent d'obtenir, sans calcul, le diamètre d'une conduite, quand on connaît son débit et qu'on se donne la perte de charge maxima à atteindre.

[1] La formule générale de la perte de charge est

$$\frac{4L}{D} \times \frac{1.3}{1\,000}\,\delta(\alpha v + \beta v^2)$$

dans laquelle L est la longueur du tuyau, D le diamètre, δ la densité du gaz par rapport à l'air (environ 0.41), v la vitesse d'écoulement du gaz, α et β des coefficients numériques, variables avec la matière qui constitue le tuyau et avec D.

Nous en extrayons, pour la *fonte*, les chiffres suivants :

Diamètres des conduites	Pertes de charge ou de pression par 1.000 mètres de conduite exprimées en m/m									
	3	5	8	10	15	20	25	30	35	40
	Volumes de gaz écoulés par heure, en mètres cubes									
0m054	»	»	»	»	3,04	»	»	5,6	»	7,3
0 081	3,4	»	7,5	»	12 »	15,»	17,»	»	21,3	25 »
0 108	8 »	15,»	18 »	21,»	28 »	34 »	39 »	44 »	47 »	54 »
0 135	16 »	25 »	34 »	40 »	54 »	64 »	73 »	83 »	90 »	100 »
0 162	29 »	43 »	61 »	72 »	97 »	109 »	124 »	139 »	153 »	167 »
0 189	50 »	70 »	99 »	112 »	146 »	168 »	197 »	220 »	239 »	260 »
0 216	77 »	109 »	149 »	170 »	219 »	259 »	296 »	326 »	356 »	386 »
0 250	126 »	178 »	234 »	270 »	334 »	397 »	453 »	503 »	542 »	586 »
0 300	234 »	307 »	408 »	465 »	580 »	680 »	762 »	845 »	915 »	982 »
0 400	596 »	790 »	1.000 »	1.140 »	1.390 »	1.603 »	1.800 »	1.970 »	2.120 »	2.300

Ainsi, une conduite d'un kilomètre de longueur, débitant à l'heure 680 mètres cubes et ayant un diamètre de 0m,300, entraîne une perte de charge de 20 millimètres d'eau.

Une conduite de n kilomètres entraînerait une perte de charge n fois plus grande.

Enfin, comme le gaz est plus léger que l'air, il faut compter sur une augmentation de pression de 0m/m,8 d'eau par mètre de hauteur verticale dont on s'élève.

Les tuyaux en *tôle*, offrant une surface intérieure plus lisse que les tuyaux en fonte, entraînent une perte de charge moins considérable que ces derniers. Dans la pratique, on admet qu'à diamètre égal elle est moitié moindre.

Il convient de faire remarquer que les diamètres donnés par les tables sont des minima. Il faut toujours se tenir au-dessus, d'abord en vue des obstructions accidentelles que produisent la naphtaline et les condensations, ensuite pour parer aux augmentations possibles de la consommation.

Nature de la canalisation. — Les systèmes de canalisation généralement employés dans l'industrie du Gaz sont :

1° Les tuyaux en fonte avec joint à emboîtement et cordon.

2° Les tuyaux en tôle et bitume, système Chameroy, à joint précis.

La Compagnie Parisienne, libre, de par son cahier des charges, de choisir sa canalisation, n'emploie plus dans ses canalisations nouvelles que des tuyaux Chameroy. Elle leur trouve les avantages suivants : d'abord ils sont un peu plus économiques que les tuyaux en fonte ; puis, comme cela vient d'être indiqué dans le précédent paragraphe, à égalité de diamètre ils entraînent des pertes de charge moitié moindres. Enfin, ils se posent très rapidement, et ils constituent une canalisation peu oxydable, élastique et bien étanche.

Une grande élasticité des canalisations est, à Paris, d'une nécessité absolue. Le sol des rues est, en effet, généralement fort instable ; le plus souvent il a été fouillé puis remblayé ; à chaque instant de nouvelles fouilles y sont pratiquées. Le joint des tuyaux Chameroy se prête parfaitement à tous les petits mouvements qu'entraîne forcément un tel état du sol.

Avec les tuyaux en fonte, au contraire, le joint, dont l'étanchéité est surtout assurée par du plomb coulé et maté, n'a pas la moindre élasticité.

Il est vrai que l'on fait maintenant des tuyaux en fonte, avec joints en caoutchouc, qui ne présentent plus cet inconvénient. Mais, il y a peu de temps, ces tuyaux étaient encore très chers. Malgré les avantages qu'ils offrent aujourd'hui la Compagnie Parisienne s'en tient exclusivement aux tuyaux Chameroy. On conçoit d'ailleurs, qu'il n'y ait pas grande utilité à modifier un système de canalisation qui donne actuellement toute satisfaction.

Au 1er janvier 1894, la Compagnie Parisienne avait posé 2.154.654 mètres de tuyaux Chameroy. Sa canalisation se complétait par 141.840 mètres de conduites en fonte placées principalement au début de la concession, alors que l'on n'avait pas adopté franchement les tuyaux Chameroy, et par 35.608 mètres de conduites en plomb[1].

[1] Voici, d'ailleurs, la répartition, par zones, de la canalisation.

Nature des Conduites	PARIS Zone ancienne	PARIS Zone annexée	Zone extérieure	Totaux
Plomb	17.416m	14.271m	3.921m	35.608m
Fonte.	93.601	23.101	25.138	141.840
Tôle bitumée . . .	729.272	666.372	759.010	2.154.654
Totaux. . .	840.289m	703.744m	788.069m	2.332.102m

La classification, par diamètres, est indiquée dans le tableau ci-après :

Diamètres	Longueurs	Diamètres	Longueurs	Diamètres	Longueurs
27m/m	645m	162m/m	146.227m	350m/m	24.016m
34	4.321	189	14.636	400	19.992
41	8.405	216	87.326	500	42.558
54	190.511	250	26.943	600	663
81	583.706	270	23.663	700	49.589
108	928.457	300	20.859	800	3.691
135	111.241	325	16 078	1000	30.575

Tuyaux Chameroy. — Les tuyaux Chameroy, les seuls dont nous allons nous occuper, se livrent par tronçons de 4 mètres de longueur.

Ils sont formés de feuilles de tôle préalablement plombées, puis rivées suivant une des génératrices du cylindre et soigneusement étamées. La surface extérieure est protégée par un fourreau de bitume sablé, de 6 à 15 millimètres d'épaisseur. On passe d'autre part au goudron toute la surface intérieure.

Chaque tuyau est complété à l'une de ses extrémités (bout femelle) par une bague en plomb durci par de l'antimoine ; à l'autre (bout mâle) par un cylindre, également en plomb antimonieux, dont le diamètre extérieur est égal au diamètre intérieur de la bague. Ce cylindre est en outre muni d'une rainure dans laquelle, au moment de la pose, on enroule de la corde suifée.

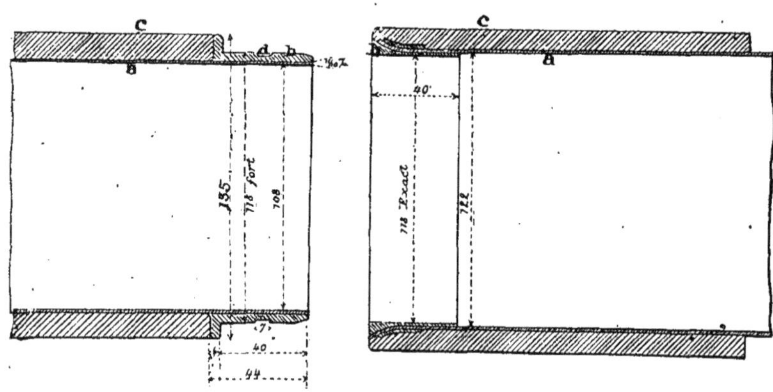

Figure 14.

Extrémités d'un tuyau Chameroy

a tôle ; *b* plomb antimonieux ; *c* bitume ; *d* rainure.

Pour réunir deux tuyaux il suffit d'enfoncer le bout à rainure de l'un dans le bout à bague de l'autre, après avoir, au préalable, graissé ces deux parties avec un mélange de saindoux et de plombagine.

L'expérience journalière prouve que le joint ainsi obtenu peut se déboîter de quelques millimètres, tout en conservant son étanchéité.

Les tuyaux Chameroy employés par la Compagnie Parisienne ont des diamètres variant de $0^m,042$ à 1 mètre. Les plus usités sont des tuyaux de $0^m,054$, $0^m,081$, $0^m,108$ et $0^m,162$. Les tuyaux de $0^m,108$ forment, à eux seuls, plus du tiers de la canalisation.

Pose des tuyaux. — Les tuyaux se posent dans le sol, à 1 mètre environ de profondeur.

Leur emplacement, en plan, est déterminé par l'Administration. Mais il est entendu que dans toutes les voies présentant une largeur supérieure à 14 mètres, ainsi que dans celles où le revêtement des chaussées repose sur une fondation en béton, (asphalte, pavage en bois, pavage maçonné) la Compagnie doit établir deux conduites : une sous chaque trottoir et à 1^{m},40 de l'alignement des maisons.

Dans les voies sans fondation, dont la largeur est inférieure à 14 mètres, on place la conduite sous l'un des trottoirs. On n'a pas ainsi à interrompre la circulation en cas de réparations à apporter à la canalisation. Quant aux branchements traversant la chaussée on les exécute en deux fois.

Pour établir une canalisation nouvelle on commence par faire une tranchée de 0^{m},70 de largeur et d'une profondeur suffisante, pour que la conduite une fois mise en place ait une pente minima de 5 millimètres par mètre. Il faut en effet pouvoir diriger les produits de la condensation vers des points bas, où ils se déversent dans des siphons. On réunit ensuite les tuyaux bout à bout comme il a été indiqué au paragraphe précédent. On accélère la pose en munissant l'extrémité libre de chaque tuyau à poser, d'un tampon en bois sur lequel on frappe à la masse ou avec un bélier, jusqu'à emboîtement complet.

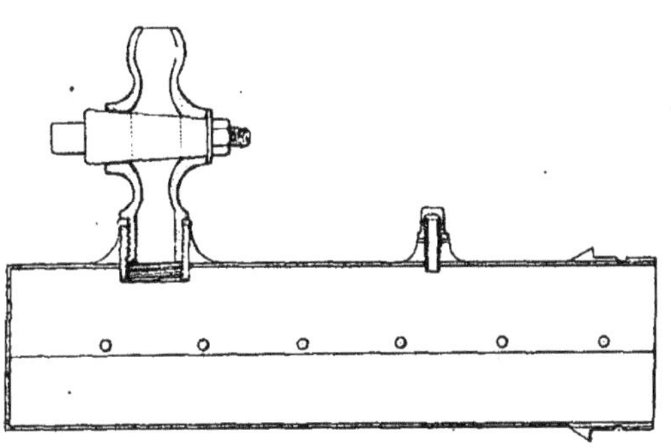

Figure 15.
Tampon d'extrémité pour l'essai des conduites.

Les joints étant terminés on tamponne la conduite à ses deux extrémités et on l'essaie. A cet effet le tampon extrême est formé par un bout de tuyau Chameroy ouvert d'un seul côté et muni de deux tubulures. Par l'une on comprime de l'air avec une pompe à air ou avec un soufflet ; sur l'autre on branche un manomètre-témoin. L'autre tampon est généralement formé par une petite murette en plâtre.

On reconnaît que la canalisation fuit aux variations du manomètre.

Il faut ensuite remblayer la tranchée avec soin, en veillant à ne pas laisser de pierres en contact avec les tuyaux. Elles pourraient, en effet, traverser la couche protectrice de bitume et mettre à nu l'enveloppe de tôle qui s'oxyderait très rapidement. D'autres réactions chimiques seraient également à craindre. Il existe en effet beaucoup de plâtras dans les sous-sols de Paris. Or, en présence de l'acide carbonique, qui ne manque pas non plus dans les remblais, et de l'eau, ils donnent de l'acide sulfhydrique, propre à former, avec la tôle des tuyaux, du sulfure de fer. Aussi, une bonne précaution consiste-t-elle à entourer les tuyaux d'une couche de sable. La Compagnie Parisienne opère toujours ainsi pour les tuyaux de grand diamètre.

Ballons obturateurs. — Quand il s'agit de prolonger une conduite en charge, il faut prendre des dispositions spéciales pour éviter toute déperdition de gaz.

A cet effet, la Compagnie emploie des ballons obturateurs en toile caoutchoutée, qui, en quelques secondes, permettent d'isoler très rapidement une conduite.

Voici comment on opère. — Soit une conduite à isoler. On commence d'abord par dégager la tôle du dernier tuyau, sur une surface de un à deux

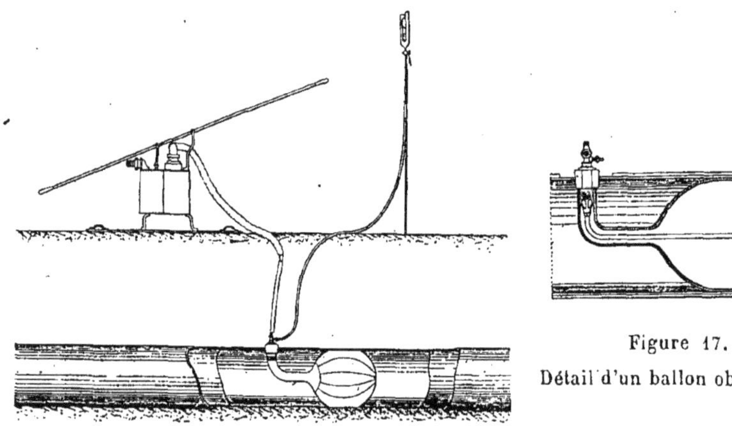

Fig. 16.
Ballon obturateur.

Figure 17.
Détail d'un ballon obturateur.

décimètres carrés. A l'aide d'un outil spécial on découpe dans cette surface un petit cercle de métal, dont le diamètre varie avec celui des tuyaux à obturer. L'outil est combiné de telle façon qu'il permet de retirer la tôle une fois découpée, au lieu de la laisser tomber dans le tuyau.

Cette opération terminée, on glisse rapidement un ballon vide d'air par l'orifice ainsi produit. On applique le col en bois de cet appareil bien exactement contre les bords de l'orifice et, sans perdre un instant, on le gonfle soit avec une pompe à air soit, plus simplement, avec un soufflet à main. Le ballon se remplit d'air et vient s'appliquer hermétiquement contre les parois du tuyau. On le ferme, alors, à l'aide d'un robinet, et l'on vérifie, au besoin, son étanchéité en le reliant, par une tubulure latérale, à un manomètre.

On remarquera sur la figure, une tige métallique terminée par une sphère qui facilite beaucoup l'introduction du ballon dans le tuyau.

Il faut aussi prendre la précaution de protéger le col du ballon par une garniture en cuir afin d'empêcher que les bords de l'entaille pratiquée dans le tuyau ne viennent couper la toile caoutchoutée.

Pour remettre la conduite en charge, on ouvre le robinet du ballon, qui se dégonfle et que l'on retire le plus vivement possible. On ferme aussitôt l'orifice pratiqué dans le tuyau par un disque de plomb découpé à l'avance, et, en attendant qu'un aide arrive avec de la soudure, on jointoie avec de la terre glaise.

On réfectionne finalement le tuyau en soudant le disque de plomb à la tôle et en recouvrant de bitume toute la partie dégarnie.

Les ballons obturateurs rendent de grands services à la Compagnie Parisienne. Grâce à eux et grâce aussi à la facilité avec laquelle s'entaillent les tuyaux Chameroy, on arrive à localiser les fuites et à isoler même des conduites de 1 mètre de diamètre, sans danger aucun pour le personnel et sans déperdition sensible de gaz. C'est l'outil de combat par excellence de l'armée d'ouvriers que la Compagnie prépose à la surveillance de son immense canalisation. Nous ne saurions trop insister sur le mérite de ces appareils, pourtant si simples et si maniables.

Coudes et raccordements. — Les tuyaux Chameroy étant rectilignes, il est nécessaire d'indiquer comment on réunit deux canalisations dont les directions se coupent suivant un angle.

La Compagnie Parisienne a renoncé complètement aux coudes et tuyaux obliques en tôle et bitume. Elle les remplace par des raccords en plomb qui, par leur flexibilité, se prêtent, beaucoup mieux que des pièces spéciales rigides, à toutes les exigences du tracé.

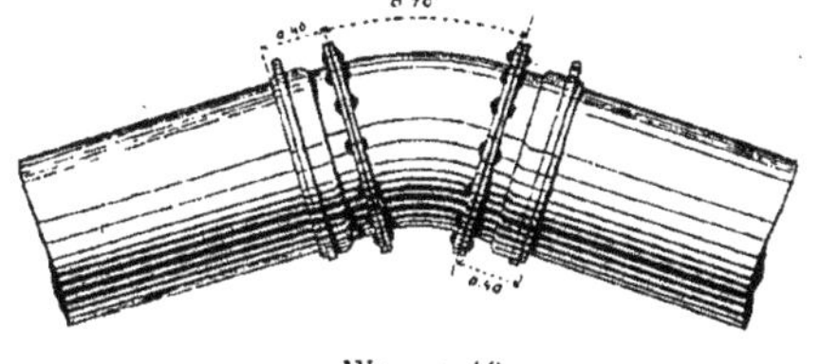

Figure 18.
Raccordement de grosses conduites formant un angle obtus.

Si l'angle formé par les conduites est obtus on procède de la manière suivante. On commence par mettre à nu, sur quelques centimètres de longueur la carcasse en tôle des deux tuyaux à réunir; puis on prend un tuyau de plomb de même diamètre, que l'on courbe de la quantité voulue et dont on évase les deux extrémités de manière à ce qu'elles puissent recouvrir les deux bouts dénudés des tuyaux

Chameroy. On soude ensuite le plomb et la tôle et l'on fait les raccords de bitume nécessaires.

Lorsque le diamètre des tuyaux dépasse 0m,135, au lieu d'employer des raccords en plomb que l'on évase sur place à la demande de la canalisation, on se sert de manchons en plomb préparés dans les ateliers de la Compagnie Parisienne (figure 18). Ces manchons présentent à leurs extrémités deux évasements coudés dans lesquels on engage les extrémités, préalablement dénudées, puis entourées d'une corde suifée, des tuyaux à jonctionner. Au moyen d'un outil spécial on repousse et l'on tasse la corde jusqu'au fond de l'emboîtement; on bat ensuite le plomb au marteau, de manière à bien l'appliquer sur la corde, et l'on termine le joint en glissant, entre le plomb et la tôle, une rondelle en caoutchouc de 0m,007 d'épaisseur et de 0m,02 de largeur. Un collier en fer, passé par dessus le plomb, serre hermétiquement la rondelle contre la tôle du tuyau d'une part et contre le manchon d'autre part.

S'il s'agit de réunir deux canalisations rectangulaires A et B le procédé est différent.

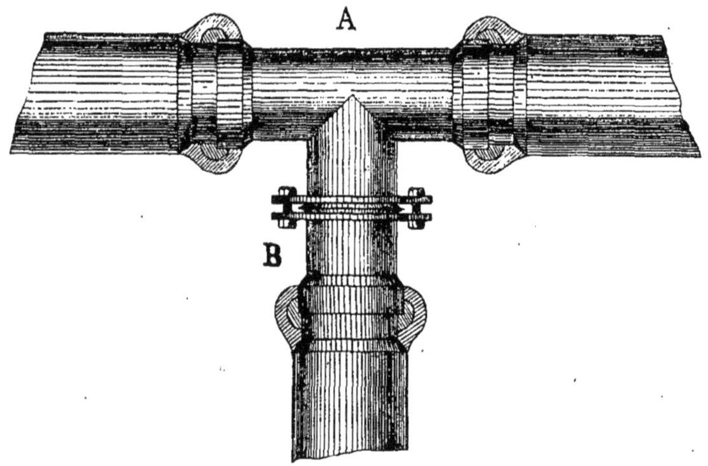

Figure 19.
Raccordement de deux conduites rectangulaires.

On isole d'abord les conduites avec des ballons obturateurs, puis on scie la conduite A, à laquelle on vient se raccorder sur une longueur de 0m,50. On dénude les extrémités des tuyaux et on les assemble avec un T en plomb en prenant les précautions indiquées plus haut pour les raccordements angulaires.

L'extrémité libre du T peut d'autre part se raccorder à l'aide d'un joint à brides avec un manchon en plomb de 0m,25 de longueur soudé à la canalisation B.

Le joint à brides, outre qu'il facilite beaucoup le raccordement des canalisations, permet aussi, en cas d'accident ou pour une réparation quelconque, d'isoler rapidement les deux canalisations par la simple interposition d'une feuille pleine en plomb, dans toute l'étendue du joint.

Lorsque la conduite B à réunir à la canalisation existante est de petit diamètre, il n'est pas nécessaire d'isoler la conduite A et de la couper.

On dénude simplement cette conduite sur quelques centimètres carrés et on lui soude un manchon en plomb de diamètre intérieur égal à celui de la canalisation B. On passe dans l'intérieur du manchon la tige d'un outil spécial qui permet de découper une petite rondelle dans la tôle du tuyau A et de la

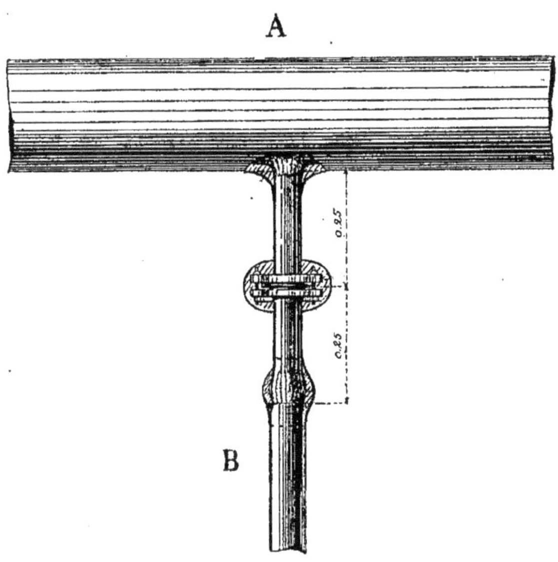

Figure 20.
Raccordement de deux conduites rectangulaires, dont l'une est de petit diamètre.

retirer, l'opération une fois terminée. On a d'autre part soudé au tuyau B un autre manchon en plomb du diamètre voulu ; il ne reste plus alors qu'à réunir les deux manchons par un joint à brides préparé à l'avance. Il faut naturellement refaire ensuite avec beaucoup de soin tous les raccords de bitume [1].

Branchements. — Les branchements se font en plomb. Ceux qui sont destinés à alimenter des lanternes publiques ont $0^m,027$ de diamètre inté-

[1] Les brides de ces divers joints sont en fer ; on a toujours soin, une fois posées, de les entourer de bitume afin de les préserver de l'oxydation.

rieur. Ce diamètre est plus que suffisant pour le débit des lanternes : mais on pare ainsi aux obstructions par la naphtaline et aux condensations.

Les branchements particuliers ont des diamètres variables selon le nombre de becs à alimenter[1]. Le diamètre minimum est de 0m,027.

Pour relier un branchement à la canalisation on commence par dégarnir de bitume la partie du tuyau sur laquelle on doit se brancher et l'on y soude un manchon en plomb, dont l'extrémité libre a été préparée pour un joint à brides. Le tuyau de branchement ayant été, lui aussi, muni d'une bride, on engage dans le manchon une mèche spéciale permettant de découper sur la conduite maîtresse une petite rondelle de tôle et de la retirer l'opération une fois terminée. On rapproche alors vivement les deux brides et l'on serre. On perd ainsi très peu de gaz.

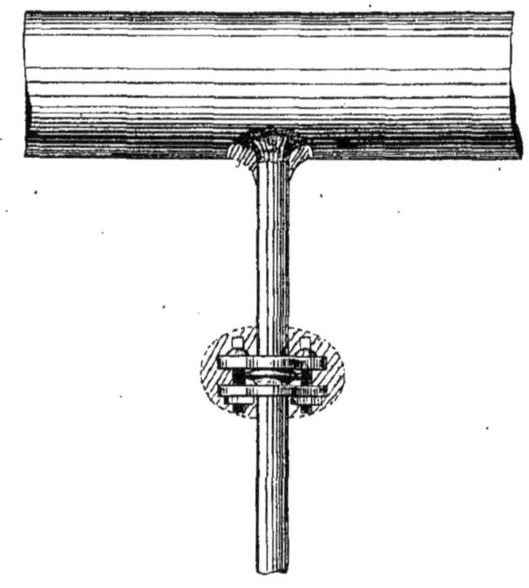

Fig. 21.
Branchement.

Comme précédemment on procède aux raccords de bitume nécessaires. On a soin d'appliquer du bitume non seulement sur toutes les parties de tôle dégarnies, mais aussi sur les brides du joint. Celles-ci, qui sont en fer, sont mises, de cette façon, à l'abri de toute oxydation.

Le joint à brides permet d'isoler provisoirement un branchement par l'interposition entre les brides d'une feuille de plomb pleine. S'il s'agit d'une suppression de branchement définitive on coupe l'amorce du branchement à 0m,05 de la conduite et l'on fait une soudure de tamponnage.

Les branchements sont exécutés par la Compagnie jusqu'aux façades des maisons. A partir de ce point, excepté toutefois pour la pose des compteurs, son intervention n'est plus obligatoire. Les abonnés peuvent s'adresser pour la distribution intérieure à tout appareilleur de leur choix.

Pour isoler la canalisation intérieure de celle établie sous la voie publique la Compagnie pose dans les murs de façade des robinets d'arrêt qu'elle fait

[1]

Nombre de becs	5 à 19	20 à 39	40 à 59	60 à 99	100 à 299	300 à 500
Diamètre des branchements	0m,027	0m,034	0m,041	0m,054	0m,081	0m,118

Le nombre des branchements dépasse 400.000

entretenir par ses agents, à un prix fixé par les polices d'abonnements. Il existe également des robinets d'arrêt sur les colonnes montantes dont nous nous occuperons un peu plus loin.

Siphons. — Les conduites sont posées, ainsi que nous l'avons vu, de manière à présenter une série de pentes et de contre-pentes, grâce auxquelles on peut recueillir, en certains points, les produits de la condensation (eau, goudron, eaux ammoniacales). Les appareils qui permettent de les évacuer, sans perte de gaz, sont des *siphons*.

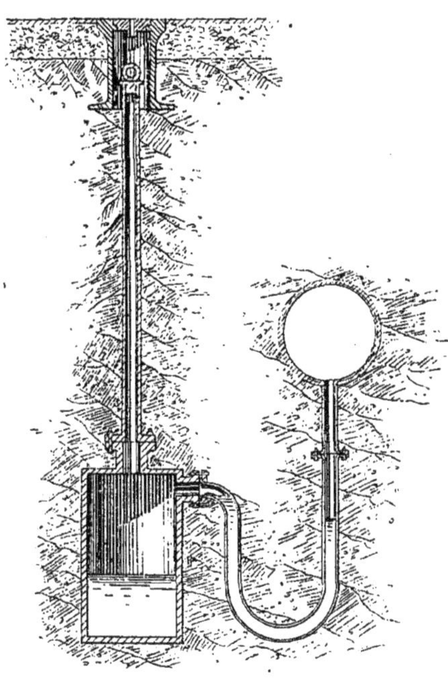

Figure 22.
Siphon.

Ils se composent :

1° d'un récipient cylindrique en fonte, d'une contenance de 10 à 25 litres suivant ses dimensions. Ce récipient est surmonté d'un tube en fer que l'on munit d'un bouchon libre ou à vis destiné à éviter l'introduction des terres dans l'intérieur de l'appareil. La partie supérieure de ce tube débouche d'ailleurs dans un petit regard en fonte, de $0^m,20$ de diamètre, placé au ras du sol et recouvert d'un tampon ;

2° d'un tuyau en plomb de $0^m,027$ ou $0^m,034$ recourbé en U et ayant une garde d'eau d'environ $0^m,50$. Ce tuyau est relié par des joints à brides d'une part, à un tuyau de plomb de même diamètre soudé à la conduite, d'autre part à un raccord en fonte faisant partie du récipient.

La vidange du récipient s'effectue à l'aide d'une pompe aspirante à laquelle est adapté un tube plongeant jusqu'au fond de l'appareil. L'air extérieur pénétrant dans le récipient, celui-ci peut être vidé complètement sans que la garde d'eau du tuyau en plomb soit modifiée.

Des siphons sont nécessaires, même lorsqu'il s'agit d'égoutter de très petites canalisations. C'est ainsi qu'on en place sur les branchements des lanternes publiques et sur les branchements des particuliers toutes les fois que, par suite de la disposition des lieux, on est obligé de descendre ces branchements au-dessous du niveau de la canalisation. Mais, naturellement, on prend des siphons moins volumineux.

Les siphons qui sont posés sur les conduites maîtresses doivent être visités et asséchés périodiquement. A Paris, on les passe en revue tous les mois.

Drainage des conduites et des branchements. — Autrefois on ne prenait aucune précaution pour garantir les racines des plantations contre les effets destructeurs du gaz.

Mais, instruite par les évènements, la Ville inséra dans le cahier des charges de 1861 la clause suivante :

Afin de garantir des effets du gaz les arbres des promenades publiques, la Compagnie exécutera le drainage des conduites à établir sous les voies plantées et entourera les branchements de drains en terre cuite.

Le drainage des conduites consistera à garnir les deux côtés et le dessus de la conduite de pierres cassées sur une épaisseur de 0^m,15 à 0^m,30, suivant le diamètre des conduites et à couvrir cet empierrement d'une enveloppe s'opposant à l'infiltration des sables et des terres dans les interstices des pierres.

Ces drains en pierres cassées n'ont pas donné de bons résultats. Il est, en effet, bien difficile de conserver à la couche de pierres cassées la porosité nécessaire pour un écoulement rapide des fuites. On établit maintenant, à quel-

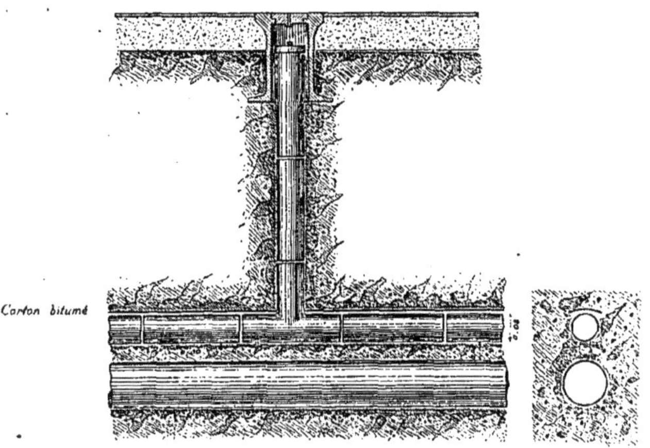

Figure 23.
Drainage d'une conduite.

ques centimètres au-dessus des conduites, des tuyaux en poterie de 0^m,08 de diamètre placés bout à bout et sans former joint. Tous les 50 mètres on intercale un tuyau en poterie ayant la forme d'un T renversé et dont la branche supérieure sert de cheminée de ventilation. Le T est surmonté de tuyaux droits, soutenus par les terres et que l'on fait aboutir dans un petit regard d'évent placé au ras du sol. On prend en outre la précaution de protéger la ligne horizontale des drains par une bande de carton bitumé qui empêche le sable ou la terre de pénétrer dans les tuyaux[1]. De même le tuyau débouchant dans le regard est obturé partiellement par un chapeau en poterie.

Lorsqu'il s'agit d'un branchement de candélabre, on pose le tuyau en

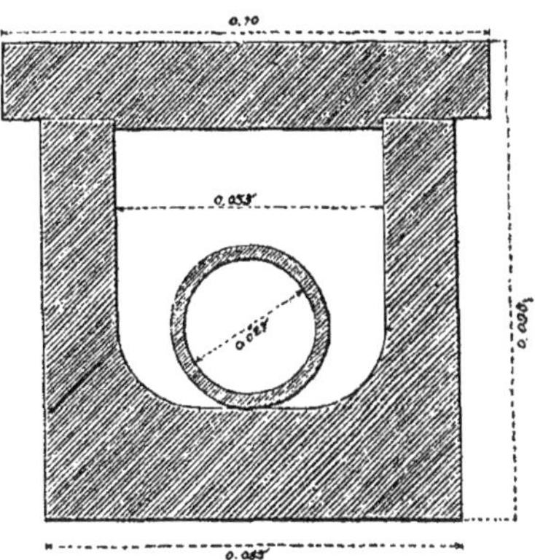

Figure 24.
Drainage d'un branchement.

plomb dans des drains en bois de sapin injecté de sulfate de cuivre. Ces drains de 2 mètres de longueur et de forme rectangulaire sont placés bout à bout et pourvus d'un couvercle à emboîtement. Le dernier drain, posé au pied du candélabre, est mis en communication avec l'air extérieur au moyen d'un tuyau en plomb de 0m,013 partant de l'intérieur de ce drain et aboutissant à une ventouse de 0m,03 de diamètre ménagée dans la borne du candélabre.

Le drainage d'un branchement d'abonné s'exécute de la même façon. Seulement on fait aboutir le plomb de 0m,013 à une ventouse placée dans le soubassement de la maison, au-dessous du robinet d'arrêt.

Anneaux-vannes. — Les anneaux-vannes permettent d'isoler rapidement les grandes artères de la distribution. Ils sont placés de distance en distance, en des points variables, suivant la disposition des conduites secondaires.

Un anneau-vanne se compose de deux tubulures en fonte comprenant entre elles une rainure dans laquelle on peut glisser une plaque en tôle, après

[1] On recourbe légèrement cette bande de carton de manière à lui faire former comme une petite voûte. On retient de cette façon le gaz qui pourrait s'échapper des tuyaux de drainage.

avoir relevé un couvercle qui, en temps ordinaire, est rabattu sur un siège bien dressé de manière à assurer l'étanchéité de l'anneau.

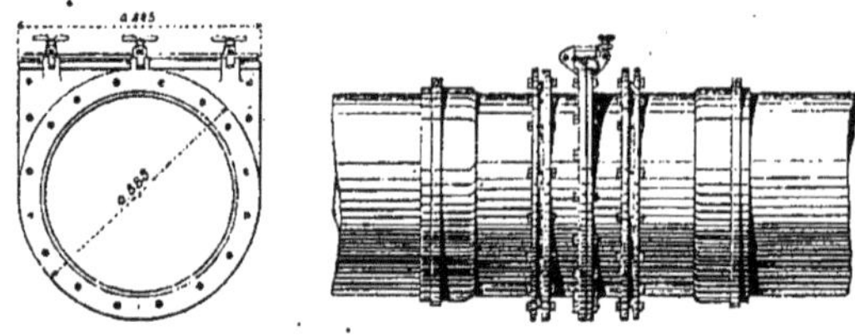

Coupe horizontale suivant l'axe

Figure 25.
Anneau-vanne.

L'anneau-vanne est relié à la conduite sur laquelle il est intercalé par deux manchons en plomb. Il est d'ailleurs logé dans une chambre en maçonnerie. La plaque en tôle est suspendue à la paroi afin que les ouvriers l'aient immédiatement sous la main.

Les anneaux-vannes ne sont utilisés que fort peu souvent; par exemple pendant un incendie, à la suite d'une explosion, etc...

Robinets d'arrêt. — Les branchements pour particuliers, décrits plus haut, amènent le gaz jusqu'aux façades des maisons.

Nous avons dit que pour pouvoir isoler rapidement les canalisations intérieures on terminait le branchement par un robinet d'arrêt dont la pose et l'entretien étaient assurés par la Compagnie Parisienne.

Ces robinets d'arrêt sont placés dans les soubassements des maisons ou dans l'épaisseur des murs.

Aux termes de l'arrêté du 2 avril 1868, ils doivent être contenus dans un petit coffre, disposé de telle sorte que le gaz qui s'y introduirait ne puisse s'échapper qu'en dehors du bâtiment. « *Le coffre*, est-il spécifié dans l'arrêté, « *sera fermé par une porte en métal dont les agents du service de l'Eclairage* « *et la Compagnie auront seuls la clé. Cette porte sera pourvue d'un appendice* « *disposé de telle sorte que le consommateur ne puisse pas ouvrir le robinet pour* « *faire circuler le gaz sans l'action préalable de la Compagnie, mais de ma-* « *nière, cependant, qu'il lui soit possible d'user du gaz à volonté ou d'en arrêter* « *l'introduction dès qu'il aura été mis à sa disposition par la Compagnie;* « *celle-ci lui remettra une clé à cet effet.*

« *Un signe extérieur placé sur le coffret, indiquera, d'ailleurs, si la Com-* « *pagnie a livré le gaz venant de ses conduites.* »

Nous donnons, figure 26, le dessin du robinet employé par la Compagnie Parisienne, pour un branchement de 27 millimètres.

L'ouverture *a* sert à la manœuvre d'un tampon de fermeture qui peut se rabattre exactement sur l'orifice d'arrivée du gaz. C'est par cette ouverture que l'abonné agit sur le robinet.

Lorsque, pour une cause quelconque, (non paiement de factures, changement de domicile, etc....) il convient de supprimer momentanément le gaz à

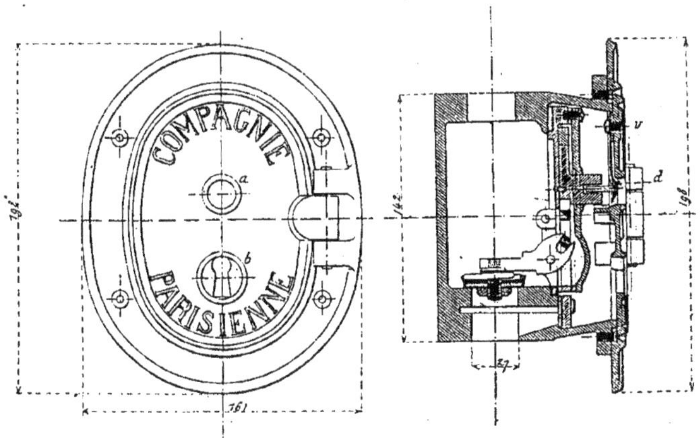

Figure 26.
Robinet d'arrêt.

un abonné, les agents de la Compagnie mettent celui-ci dans l'impossibilité de se servir du robinet de la manière suivante. Ils commencent d'abord par rabattre le tampon de fermeture, puis par l'ouverture *b* ils introduisent une clé spéciale qui leur permet d'ouvrir la porte du coffret. Ils amènent alors devant l'ouverture *a* un bouton en cuivre *d* porté par une tige tournant à frottement dur autour d'une vis *v*.

La porte étant ensuite refermée, on voit qu'il n'est plus possible à l'abonné d'utiliser la clé qu'il a entre les mains.

On rend le gaz en procédant à une opération inverse.

Conduites montantes. — Les branchements particuliers n'amènent le gaz que jusqu'au soubassement des façades.

A Paris, où les maisons contiennent généralement un très grand nombre d'étages, un tel système favorise peu le développement de la consommation.

Aussi la Compagnie Parisienne a-t-elle pris l'initiative d'établir à ses frais, généralement dans la cage des escaliers, des conduites montantes en plomb sur lesquelles peuvent se brancher les locataires.

Elle exige toutefois des propriétaires l'engagement de conserver ces conduites pendant dix ans ; en outre elle s'assure que les installations intérieures ou les polices d'abonnements lui garantissent une consommation suffisante.

Chaque branchement de locataire est commandé par un robinet identique à celui qui est placé dans les façades des maisons et dont nous avons indiqué plus haut le fonctionnement.

Les premières conduites montantes ont été posées en 1859. Leur nombre

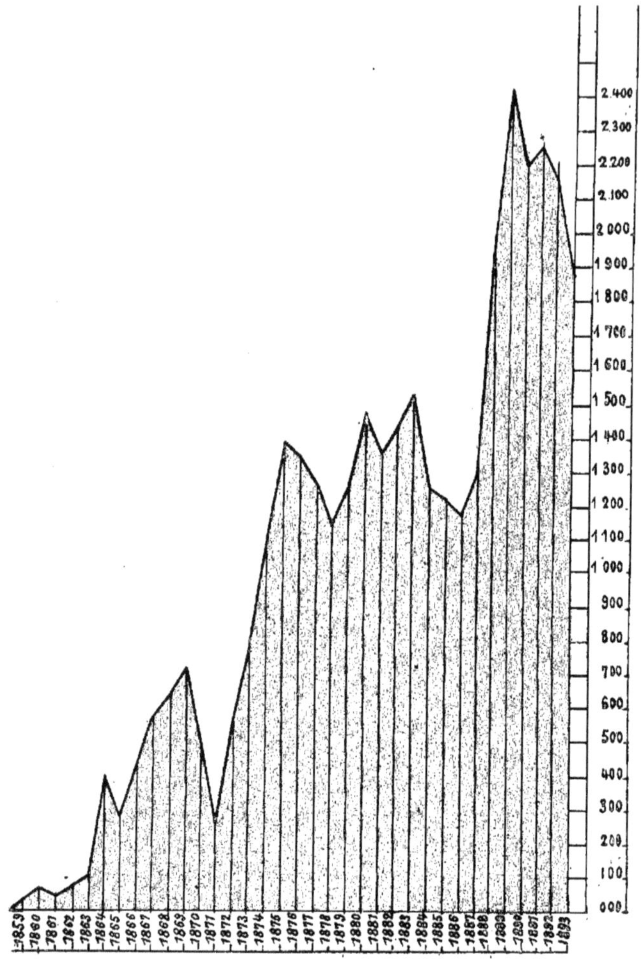

Figure 27.

Graphique représentant le nombre des conduites montantes posées chaque année.

a surtout augmenté de 1871 à 1875 et de 1887 à 1889, comme l'indique le graphique ci-après. Actuellement on pose environ 2.000 conduites nouvelles chaque année.

Les 36.444 conduites montantes existantes alimentent chacune, en moyenne, de 3 à 4 locataires.

Comme on compte à Paris près de 50.000 maisons susceptibles de recevoir des conduites montantes on voit que le développement de ce genre de canalisation n'est pas près de s'arrêter.

L'encouragement à la consommation qu'apporte l'installation des conduites montantes trouve d'ailleurs un adjuvant dans les primes d'installation qu'alloue la Compagnie.

Ainsi, lorsqu'un locataire veut prendre le gaz sur une colonne montante dans un appartement qui n'a jamais été canalisé, il peut recevoir une prime de 30f, tout en conservant la propriété de ses appareils.

Dans un ordre d'idées analogues la Compagnie accorde aux appareilleurs, agréés par elle, une prime de 50f pour toute installation nouvelle comprenant au moins deux becs.

Enfin, comme elle a un grand intérêt à augmenter la consommation de jour, elle prête gratuitement à ses abonnés un fourneau de cuisine comprenant deux brûleurs circulaires et une rampe pour grillades. Il existe actuellement 152.000 fourneaux de ce type en service.

Canalisations intérieures. — La Compagnie du Gaz n'intervient pas pour la pose des canalisations intérieures, sauf pour l'installation des compteurs, comme nous le verrons un peu plus loin.

Chaque abonné peut donc organiser son installation particulière comme il l'entend.

Toutefois l'Administration, en vertu des pouvoirs que lui ont conférés les lois de police, impose aux usagers une série de prescriptions édictées dans l'intérêt de la sécurité publique et dont elle fait vérifier l'exécution par les agents du service de l'éclairage.

Il n'est pas inutile de rappeler ici les principales de ces prescriptions.

Nécessité d'une autorisation pour l'établissement et l'emploi d'appareils à gaz. (Arrêté du 2 avril 1868, art. 1er.)

Nul ne pourra établir dans Paris, à l'intérieur des bâtiments et habitations, un ou plusieurs appareils destinés à l'éclairage ou au chauffage par le gaz, ni faire usage d'appareils déjà installés, en augmenter ou modifier notablement la forme ou les dimensions, sans en avoir, au préalable, demandé et obtenu l'autorisation du Préfet de la Seine. La demande, signée de la personne intéressée, devra, s'il s'agit de travaux à effectuer, indiquer le nom et la demeure de l'appareilleur qui en sera chargé.

La permission sera délivrée au nom du signataire de la demande ; celui-ci devra, en cas de cession des lieux où le gaz sera employé, informer l'Administration du nom de son successeur.

Conditions de délivrance de l'autorisation. (Ibid., art. 2.)

Aucun appareil ne pourra être mis en service avant la délivrance d'une autorisation écrite du Préfet de la Seine ou de son délégué. Toutefois, si la demande ne s'applique qu'à l'usage du gaz, avec des appareils déjà installés et vérifiés, un accusé de réception de cette demande tiendra lieu d'autorisation. Dans les autres cas, l'autorisation ne sera accordée qu'après la réception définitive des travaux par les agents du service municipal, après l'accomplissement des formalités qui seront énumérées ci-après.

Surveillance et réception des travaux. (Ibid., art. 3.)

L'exécution des travaux sera soumise à la surveillance des agents de l'Administration, qui donneront, s'il en est besoin, au pétitionnaire et à son appareilleur les indications nécessaires pour que les ouvrages soient mis en état de réception.

Dès que les travaux seront terminés, et trois jours au moins avant qu'il soit fait usage du gaz, le consommateur, ou son appareilleur, devra en faire parvenir l'avis au bureau de l'éclairage de l'arrondissement où ces travaux ont été entrepris, pour qu'il puisse être procédé à la réception des appareils.

Le pétitionnaire et son appareilleur seront prévenus, vingt-quatre heures au moins à l'avance, du jour et de l'heure de la visite de l'agent du service de l'éclairage chargé de la réception.

Cet agent visitera d'abord la canalisation et les appareils, afin de reconnaître s'ils sont établis conformément aux dispositions du présent arrêté ; il s'assurera ensuite qu'aucune fuite n'existe ; cette dernière vérification sera faite au moyen du compteur, sur lequel aura été adapté un manomètre, le tout aux frais de l'appareilleur.

Dans le cas où l'agent aura constaté que les appareils et la canalisation satisfont aux conditions réglementaires et que le manomètre ne révèle aucune fuite, il délivrera immédiatement une permission provisoire d'éclairage, qui sera valable pour quinze jours, et il pourra être fait, sans nouveau délai, usage du gaz.

Lorsqu'il existera des fuites peu importantes, mais que les conduites et appareils, sans satisfaire cependant à toutes les conditions réglementaires, ne présenteront pas de danger pour l'emploi momentané du gaz, il pourra être délivré, par l'inspecteur principal de l'éclairage, une permission de tolérance d'une durée égale à celle qui sera nécessaire pour mettre en état les conduites et appareils. A l'expiration du délai accordé, une nouvelle visite sera faite, à la diligence du consommateur, pour procéder, s'il y a lieu, à la réception définitive.

S'il existe, enfin, des fuites importantes et des défectuosités dangereuses dans les conduites ou appareils, il sera sursis à la délivrance de toute permission, et l'agent dressera procès-verbal de sa visite.

Le consommateur et l'appareilleur seront mis en demeure de signer ce procès-verbal et d'y ajouter les observations qu'ils jugeront à propos de présenter.

Il sera statué par l'Administration, qui, le cas échéant, fera connaître au pétitionnaire les travaux qu'il devra faire exécuter, afin de rendre possible la réception des appareils installés.

Après l'achèvement des travaux requis, il sera procédé, s'il y a lieu, à la réception dans les formes ci-dessus indiquées.

Tuyaux de distribution et de consommation. (Ibid., art. 7.)

Les tuyaux de conduite et les autres appareils servant à la distribution et à la consommation du gaz doivent rester apparents, sauf les exceptions relatives à la traverse des plafonds, planchers, murs, pans de bois, cloisons, placards, espaces vides intérieurs quelconques.

Toutes les fois que les tuyaux sont ainsi dissimulés, ils devront être placés dans un manchon continu, en fer forgé ou en cuivre. Ce manchon sera ouvert à ses deux extrémités, et dépassera d'un centimètre au moins les parements des murs, cloisons, planchers, etc., dans lesquels il sera encastré. Le diamètre intérieur de ce manchon aura au moins un centimètre de plus que le tuyau qu'il enveloppera.

Le manchon pourra toutefois être supprimé :

1° Dans les murs en pierre de taille, lorsque le tuyau ne traversera des murs ou cloisons que sur une longueur de moins de 0m,20 ;

2° Derrière les glaces, panneaux, etc., pourvu qu'il existe entre les murs et les panneaux un espace libre suffisant pour l'aération.

Si un tuyau est placé suivant son axe dans un mur, une cloison, un plafond, un parquet ou un plancher, le manchon du tuyau devra être terminé par un appareil à cuvette, assurant la ventilation de l'espace libre entre le tuyau et son manchon.

L'appareil de ventilation pourra comporter soit un tuyau droit enfermé dans le manchon, soit un tuyau à courbure ; mais, dans ce dernier cas, le diamètre extérieur de l'ouverture de la boîte de ventilation devra avoir au moins 0m,07, et sa profondeur ne pourra dépasser les deux tiers de ce diamètre. La partie courbe du tuyau devra avoir au moins 0m,10 de rayon, et le centre de cette courbe devra se trouver sur le plan passant par le fond de la cuvette, parallèlement à la surface du plafond.

Le raccord soutenant l'appareil à gaz devra être vissé à la cuvette et non fondu avec elle.

Les tuyaux de conduite et de distribution devront être construits en métal de bonne qualité, autre que le zinc, et parfaitement ajustés.

Brûleurs. (Ibid., art. 8.)

Chaque brûleur devra être muni d'un robinet d'arrêt dont les canillons seront disposés de manière à ne pouvoir être enlevés de leurs boisseaux, même par un violent effort.

Un taquet sera placé de manière à arrêter le canillon dans une position verticale, lorsque le robinet sera fermé.

Ventilation des pièces éclairées au gaz. (Ibid., art. 9.)

La ventilation ne sera pas obligatoire dans les salons, salles à manger, salles de billard, chambres à coucher de maîtres ni dans les appartements munis de cheminées d'appel spéciales, prenant l'air à la partie supérieure des pièces à ventiler et débouchant au-dessus de la toiture. Mais cette exception ne s'étendra pas aux arrière-boutiques, soupentes, entre-sols et sous-sols en communication directe et permanente avec les boutiques, magasins, bureaux et ateliers.

Ventilation des grandes salles et ateliers. (Ibid., art. 10.)

L'Administration, après avoir entendu les intéressés, déterminera dans chaque cas le mode de ventilation à adopter pour les pièces, salles ou ateliers, occupant un espace de plus de 1.000 mètres cubes, en tenant compte de la disposition des lieux, de l'importance de la consommation du gaz et des moyens de ventilation existant déjà pour d'autres besoins que ceux de l'éclairage.

Mode de ventilation des salles lumineuses et fermées. (Ibid., art. 11.)

Les montres, placards et autres espaces fermés, contenant des brûleurs ou traversés par des conduites, et les caissons renfermant les compteurs, lorsqu'ils sont établis, devront être ventilés par deux ouvertures de 50 centimètres carrés au moins chacune.

Ces ouvertures seront placées, l'une dans la partie haute, l'autre dans la partie basse du local à ventiler, et devront communiquer autant que possible l'une avec l'intérieur, l'autre avec l'extérieur des locaux éclairés.

Dans le cas où cette dernière disposition serait impraticable et où les deux ouvertures seraient établies à l'intérieur, la superficie de chacune devra être portée à un décimètre carré.

Visites des installations. (Ibid., art. 12.)

L'Administration fera visiter les installations de gaz par ses agents chaque fois qu'elle le jugera convenable. Dans leurs visites ces agents s'assureront du bon état de toutes les parties des appareils et des conduites et constateront, au moyen du manomètre adapté au compteur, s'il n'y a pas de fuite.

En cas de contravention et sur le vu du procès-verbal dressé par ses agents, l'Aministration fera au besoin suspendre l'emploi du gaz et prescrira les mesures nécessaires pour arrêter les fuites et réparer les conduites ou appareils.

La recherche des fuites par le flambage est formellement interdite, même en plein air ou dans les lieux parfaitement ventilés.

Répression des contraventions. (Arrêté du 2 avril 1868, art. 14.)

Les contraventions aux dispositions du présent arrêté seront constatées par des procès-verbaux qui seront déférés aux tribunaux compétents, sans préjudice des mesures administratives auxquelles ces contraventions pourront donner lieu, notamment la suppression des branchements particuliers, lesquels, dans ce cas, ne seront rétablis que sur une nouvelle autorisation.

Les poursuites pour infraction aux dispositions précédentes seront dirigées, à défaut de la déclaration prescrite par le paragraphe 2 de l'article 1er, contre ceux qui auront formé la demande ou obtenu l'autorisation exigée par le même article, nonobstant tout changement de propriétaire ou locataire.

Une copie de ces prescriptions est jointe à la lettre d'autorisation délivrée par l'Administration aux permissionnaires. Les principales précautions à prendre dans l'emploi du gaz leur sont en outre rappelées par l'instruction suivante :

Instructions relatives à l'Eclairage et au Chauffage par le Gaz ainsi qu'aux précautions à prendre dans son emploi.

Pour que l'emploi du gaz n'offre aucun inconvénient, il importe que les becs n'en laissent échapper aucune parcelle sans être brûlée.

On obtiendra ce résultat pour l'éclairage en maintenant la flamme à une hauteur modérée (8 centimètres au plus), et en la contenant dans une cheminée en verre de 20 centimètres de hauteur ; un régulateur de pression, permettant de régler automatiquement la dimension des flammes, rendra de réels services et diminuera la consommation.

Les lieux éclairés ou chauffés doivent être ventilés avec soin, même pendant l'interruption de la consommation, c'est-à-dire qu'il doit être pratiqué dans chaque pièce des ouvertures communiquant avec l'air extérieur, par lesquelles le gaz puisse s'échapper en cas de fuite ou de non-combustion.

Ces ouvertures, au nombre de deux, devront, autant que possible, être placées l'une en face de l'autre ; la première immédiatement au-dessous du plafond, et la seconde au niveau du plancher.

Sans cette précaution le gaz pourrait s'accumuler dans les appartements et occasionner de graves accidents.

Les robinets doivent être graissés intérieurement de temps à autre, afin d'en faciliter le service et d'en éviter l'oxydation.

Pour l'allumage, il est essentiel d'ouvrir d'abord le robinet principal et de présenter la lumière successivement à l'orifice de chaque bec, au moment même de l'ouverture de son robinet, afin d'éviter tout écoulement de gaz non brûlé.

Pour l'extinction, il convient d'abord de fermer chacun des brûleurs et ensuite le robinet principal intérieur, qu'il est indispensable d'avoir à l'entrée du gaz dans les appartements. En tenant ce robinet fermé, dès qu'on ne fait plus usage du gaz, on est à l'abri de tout accident.

Dès qu'une odeur de gaz donne lieu de penser qu'il existe une fuite, on peut, dans beaucoup de cas, déterminer le point où elle se trouve, en étendant, avec un linge ou un pinceau, un peu d'eau de savon sur les tuyaux ; là où il y a fuite, il se forme une bulle et, pour empêcher l'écoulement du gaz, il suffit de boucher le trou avec un peu de cire molle. Une réparation plus sérieuse doit, d'ailleurs, être faite le plus tôt possible.

Dans tous les cas il convient d'ouvrir les portes et les croisées pour établir un courant d'air et de fermer les robinets intérieur et extérieur ; de plus, on doit aussitôt en donner avis au Directeur des travaux, à l'appareilleur et à la Compagnie.

Le consommateur doit bien se garder de rechercher lui-même les fuites par le flambage, c'est-à-dire en approchant une flamme du lieu présumé de la fuite. Les fabricants d'appareils doivent également s'en abstenir.

Dans le cas où, soit par imprudence, soit accidentellement, une fuite de gaz aura été enflammée, il conviendra, pour l'éteindre, de fermer le robinet de prise extérieur.

Il arrive parfois que, par suite de contre-pentes dans les tuyaux de distribution, les condensations s'accumulent dans les points bas et interceptent momentanément le passage du gaz, dont l'écoulement devient intermittent ; les becs situés au delà de la portion engagée s'éteignent ; puis, si le gaz, par l'effet d'une augmentation de pression, parvient à franchir cet obstacle, il s'échappe des becs sans brûler et se répand dans les appartements, où il devient une cause de graves dangers.

Pour les prévenir, il importe d'établir à tous les points bas des moyens d'écoulement pour ces condensations.

Lorsqu'on exécute dans les rues des travaux d'égout, de pavage, de trottoirs ou de pose de conduite, les consommateurs qui habitent les maisons au-devant desquelles ces travaux s'exécutent feront bien de s'assurer que les branchements qui leur fournissent le gaz ne sont point endommagés ni déplacés par ces travaux, et, dans le cas contraire, d'en donner connaissance à la Compagnie d'éclairage et à l'Administration municipale.

Evaluation du gaz ; Compteurs. — Le cahier des charges de la Compagnie l'oblige à livrer le gaz aux particuliers soit au compteur, à raison de 0f,30 le mètre cube, soit au bec-heure, à un tarif convenu.

L'abonnement au bec-heure n'est employé que dans un très petit nombre de cas ; par exemple, pour des rampes d'illumination ou des foyers temporaires.

La règle générale est le compteur.

Tout compteur doit être accepté, vérifié et poinçonné par l'Administration [1]. Son intervention s'explique aisément : c'est d'abord une garantie pour le consommateur; ensuite c'est d'après les chiffres des compteurs que s'évalue le volume du gaz à frapper d'un droit d'octroi de 0f,02 par mètre cube. Le poinçonnage des compteurs se fait chez les fabricants. La Ville perçoit, pour cette opération, une taxe proportionnelle à la capacité des compteurs. Elle est de 9 centimes par bec de 140 litres. Chaque année 40.000 compteurs environ, sont soumis au poinçonnage. L'ensemble des taxes perçues est en moyenne de 30.000 francs.

Depuis l'arrêté du 20 décembre 1871, qui a interdit les compteurs secs, on ne fait plus usage, à Paris, que de compteurs à eau. Ces appareils sont trop connus pour qu'il soit nécessaire d'en donner la description. Ils ne sont pas d'ailleurs spéciaux à Paris et sont employés dans la plupart des autres villes.

Pour que ces appareils donnent des indications exactes, il faut qu'ils soient placés bien horizontalement et que le niveau de l'eau soit invariable. Leur pose doit donc être faite avec soin, de manière que les conditions ci-dessus requises puissent être aisément obtenues. Le cahier des charges a sagement prévu que la pose et le plombage des compteurs incomberaient à la Compagnie. L'opération est d'ailleurs faite à un prix convenu, variant de 7f,50 à 26f suivant le calibre du compteur.

Beaucoup d'abonnés, au lieu d'acheter directement leurs compteurs, les louent à la Compagnie. Le prix de location est payé par mois en même temps que celui du gaz [2]. Un compteur de 5 becs, qui est le type de beaucoup le plus répandu, coûte, en location, 1f,50 par mois. Ce prix est élevé. Il est assurément plus avantageux de faire immédiatement l'acquisition de l'appareil.

Le gaz brûlé pour l'éclairage public est payé de deux façons : à l'heure, quand il s'agit des appareils d'éclairage de la voie publique [3], au compteur et

[1] Article 42 du traité du 7 février 1870.

[2]

CALIBRE du COMPTEUR	PRIX MENSUEL de LOCATION ET D'ENTRETIEN	CALIBRE du COMPTEUR	PRIX MENSUEL de LOCATION ET D'ENTRETIEN
3 becs.	1f25	60 becs.	5f00
5 »	1 50	80 »	6 00
10 »	1 75	100 »	7 00
20 »	2 25	150 »	9 00
30 »	2 75	200 »	12 00
50 »	3 50	300 »	16 00

[3] Voir au chapitre suivant pour les prix de revient des appareils d'éclairage de la voie

à raison de 0f,15 le mètre cube, dans les bâtiments municipaux et dans un grand nombre d'autres désignés, à cet effet, par l'Administration Préfectorale [1].

Les compteurs installés dans ces bâtiments sont identiques aux compteurs d'abonnés. Le relevé en est fait tous les mois contradictoirement par les agents du service de l'éclairage et ceux de la Compagnie Parisienne.

Le gaz, en traversant un compteur, est obligé de vaincre certaines résistances qui se manifestent par une légère diminution de la pression. Mais celle-ci est toujours beaucoup plus forte qu'il ne le faut pour le bon fonctionnement des brûleurs. On la diminue en agissant sur les robinets.

Comme nous le verrons plus loin, la pression du gaz dans les conduites varie assez notablement en vingt-quatre heures. Des variations analogues se font sentir dans les canalisations des abonnés. C'est ce qui explique l'idée qu'ont eue certains appareilleurs de faire commander les installations intérieures par des régulateurs, abaissant la pression à une valeur donnée et constante. On bénéficie ainsi de l'excès de pression donné par la Compagnie. Malgré l'utilité évidente de ces appareils, ils sont encore très peu répandus. Il faut dire, d'ailleurs, que le fonctionnement des modèles existants laisse un peu à désirer.

Il convient de remarquer que le compteur à gaz est bien différent du compteur électrique qui mesure généralement la quantité d'énergie consommée. Le premier accuse un certain volume de gaz, mais sans indication aucune de sa pression. Or, bien que la pression du gaz ait, en matière de distribution de lumière, un rôle moins important que la tension électrique, il est certain, cependant, que l'évaluation usitée du gaz distribué manque un peu de précision. On s'en rend compte surtout quand, pour obtenir le volume des fuites par la canalisation, on compare la totalité du gaz consommé au gaz fabriqué par les usines. Les compteurs d'usine débitent du gaz à la pression des gazomètres, pression sensiblement constante et égale à 150 millimètres. La pression moyenne du gaz dans les compteurs d'abonné, pression d'ailleurs inconnue, est notablement inférieure. Les deux volumes ne sont donc pas comparables.

Ces considérations ont, dans la pratique, bien moins d'importance qu'elles ne paraîtraient devoir en comporter. D'abord, en effet, on ne peut songer à modifier le compteur actuel qui existe depuis des années et qui présente de telles garanties de fonctionnement que dans certains pays on l'a assimilé à une mesure légale. Ensuite, ce qui intéresse la Compagnie, c'est moins ce qui passe par le compteur que ce qu'il accuse. Or, l'expérience acquise dans

publique. Le gaz brûlé dans ces appareils est tarifé, comme celui qui est mesuré dans les compteurs, à 0f,15 le mètre cube.

[1] Article 15 du cahier des charges.

l'industrie du gaz montre qu'une canalisation est satisfaisante lorsque le total des volumes relevés sur les compteurs, *dans les conditions où ils fonctionnent*, ne diffère que de 5 à 6 % de celui qui est accusé par les compteurs d'usine. Plus la canalisation est défectueuse et plus l'écart est grand. Cet écart peut donc servir, jusqu'à un certain point, à mesurer l'état de la canalisation.

Mais dire que 5 à 6 % du gaz fabriqué disparaissent par les fuites est inexact. En ramenant la pression du gaz distribué à celle que présente le gaz dans les compteurs d'usine on trouverait évidemment un chiffre un peu plus considérable[1].

Entretien des conduites. — La canalisation doit toujours être maintenue en parfait état d'entretien. C'est une des obligations du cahier des charges (article 30). La Ville et la Compagnie ont d'ailleurs un intérêt évident à ce qu'il en soit ainsi : la Ville, parce que la canalisation lui reviendra de plein droit au 31 décembre 1905 ; la Compagnie, parce que toute fuite est une aggravation de charges pour son exploitation.

A Paris, en raison de la fréquence des fouilles ouvertes sur la voie publique, on a très souvent l'occasion de mettre à nu des conduites. L'état de ces conduites est alors noté par les agents du service de l'éclairage et reporté sur des registres statistiques tenus dans les bureaux des Ingénieurs du service municipal.

En particulier, toutes les fois que la Compagnie du Gaz fait une ouverture de fouille pour une réparation de fuites, elle en donne avis aux Ingénieurs de la Ville ; ceux-ci sont donc en mesure d'examiner les parties les plus mauvaises de la canalisation. Si l'état des conduites le nécessite, ils peuvent exiger le remplacement des parties avariées par une nouvelle canalisation.

L'entretien de la canalisation consiste surtout dans la réparation des fuites et dans le dégagement des obstructions.

Fuites. — Les fuites proviennent principalement de mauvais joints et d'usure de conduites.

[1] Le calcul est facile à faire. Le gaz est, dans les compteurs d'usine, à la pression atmosphérique (10.333 millimètres d'eau) augmentée de la pression relevée sur les manomètres (150 millimètres). En se plaçant dans le cas le plus défavorable (pression de 20 millimètres dans les conduites, plus également la pression atmosphérique) on voit que 1 mètre cube de gaz distribué représente dans les compteurs d'usine un volume x tel que

$$x^{m}(10333 + 150) = 1^{m}(10333 + 20). \qquad \text{D'où } x = 0^{m^3},987.$$

Par conséquent, si, pour 1000 mètres cubes de gaz fabriqué, on ne retrouve, comme gaz consommé, que 950 mètres cubes, la perte réelle n'est pas égale à 5 % du gaz fabriqué mais bien à

$$1000^{m} - 950^{m} \times 0,987 = 72, \qquad \text{soit} \qquad 7,2\,\%, \qquad \text{d'où une différence de } 2,2\,\%.$$

Dans la pratique cette différence, déjà faible, devient à peu près insignifiante, étant donné que la pression moyenne du gaz distribué est notablement supérieure à 20 millimètres.

On évalue généralement leur débit en retranchant du cube de gaz fabriqué le cube de gaz consommé, soit pour l'éclairage des voies publiques (évalué à l'heure), soit pour l'éclairage des maisons particulières et des bâtiments communaux (évalué au compteur). Mais il convient de remarquer que l'on fait ainsi entrer dans le volume des fuites :

1° Le gaz brûlé par la Compagnie dans ses bureaux, ses ateliers et ses usines. Le cube n'est pas négligeable, la Compagnie se servant du gaz non seulement pour son éclairage mais encore pour le chauffage et pour l'alimentation de quelques moteurs.

2° Le gaz brûlé en trop dans les lanternes publiques ; généralement, en effet, les flammes sont réglées avec des dimensions un peu supérieures à celles qui correspondent aux débits prescrits par le cahier des charges. Il est à remarquer, d'ailleurs, qu'il doit en être ainsi au moment de l'allumage, car, alors, la pression du gaz dans les conduites est notablement plus élevée que pendant le reste de la nuit.

3° Le gaz consommé par les particuliers et non enregistré par les compteurs, soit par suite de fraudes, soit par suite du mauvais fonctionnement des appareils.

Ces trois éléments de consommation sont inconnus. On ne peut donc avoir exactement le cube de gaz débité par les fuites ; mais il est certain que celles-ci constituent la plus grande partie, et de beaucoup, du gaz perdu par la Compagnie.

Quoi qu'il en soit, voici, depuis 1861, les différences existant entre les volumes de gaz sortis des usines et les volumes de gaz vendus par la Compagnie.

Emission et pertes depuis 1861[1]. *(Paris et communes suburbaines.)*

ANNÉES	GAZ ÉMIS en mètres cubes	GAZ CONSOMMÉ en mètres cubes	DIFFÉRENCE ou pertes en mètres cubes	PROPORTION des pertes relativement à l'émission
1861	84.230.676	72.037.499	12.193 177	14.48 %
62	93.076 220	81.995.630	11.080.590	11.91
63	100.833.258	90.749 586	10.083.672	10 00 %
64	109.610 003	98.891.080	10.718.923	9.78
65	116.171.727	104 759.176	11.412.551	9 82
66	122.334.605	111.563.258	10.771.347	8.80
67	136.569.762	123 191.185	13 378 577	9 80
68	138 797.811	124 303.029	14.494.782	10.44
69	145.199 424	132 738 469	12.460.955	8.58
1870	114.476.904	101.918 073	12.558.831	10.97
71	87.481.346	75.090.861	12.390 485	14.16

[1] De 1855 à 1861 les pertes ne sont pas connues exactement.

ANNÉES	GAZ ÉMIS en mètres cubes	GAZ CONSOMMÉ en mètres cubes	DIFFÉRENCE ou pertes en mètres cubes	PROPORTION des pertes relativement à l'émission
1872	147.668.331	132 010.750	15.657 581	10.60
73	154.397.118	139 988.229	14.408 889	9.33
74	160.652.202	146.812.621	13.839 581	8 61
75	175.938.244	159 006 253	16.931.991	9 62
76	189.209.789	168 723 753	20 486.036	10.83
77	191.197.228	175.850.140	15.347.088	8.03
78	211.949.517	176 595.733	15.353 784	7.24
79	218.813.875	202.187.289	16.626.586	7.60
1880	244 345.324	221.534.947	22.810 377	9 34
81	260.926.769	240.423 687	20.503.082	7.86
82	275.368.705	256.665 594	18 703.111	6.79
83	283.864.400	264.948 640	18.915.760	6 66
84	287.443.562	267 471 596	19 971 966	6.95
85	286.463.999	268.921 840	17.542.159	6.12
86	286 851.360	270.870 478	15.980 882	5.57
87	290.774.540	275.631 850	15.142 690	5 21
88	297.697.820	282.523.729	15.174 091	5.10
89	312 258 070	296 988.252	15.269.818	4.89
1890	307 861 880	290 034 325	17 827 555	5.79
91	311.929 550	292.367 244	19.562 306	6.27
92	308.976.930	292.252.423	16.724.507	5.41
93	303 486.850	287 093 841	16 403.009	5 40

Ce tableau montre combien la canalisation s'est améliorée depuis 1855. Ce fait est dû surtout à ce que les canalisations nouvelles ont été faites avec des tuyaux Chameroy.

Pour permettre d'embrasser d'un seul coup d'œil les variations annuelles des pertes de gaz et de leur proportion nous avons traduit par un graphique les divers éléments du tableau précédent. C'est celui que représente la figure 28.

La Compagnie ne procède pas à des recherches systématiques de fuites. Elle considère, en effet, que les multiples ouvrages établis sous les voies publiques forment comme un drainage qui révèle rapidement l'existence d'une fuite. Elle profite, d'ailleurs, des nombreuses tranchées qu'elle ouvre, chaque jour, soit qu'elle établisse de nouveaux branchements, soit qu'elle supprime des branchements existants, pour examiner si le sous-sol est souillé par des dégagements de gaz. Dès qu'une fuite est signalée, des terrassiers qu'elle tient en permanence dans ses bureaux de section, dégagent rapidement la partie de la canalisation supposée mauvaise, afin d'empêcher les accumulations de gaz. On élargit ensuite la fouille et le travail de plomberie nécessaire est fait par des ouvriers spéciaux, envoyés par le service des ateliers.

Les tuyaux Chameroy se prêtent beaucoup mieux que les tuyaux en fonte à la suppression rapide des fuites. C'est un nouvel avantage en leur faveur.

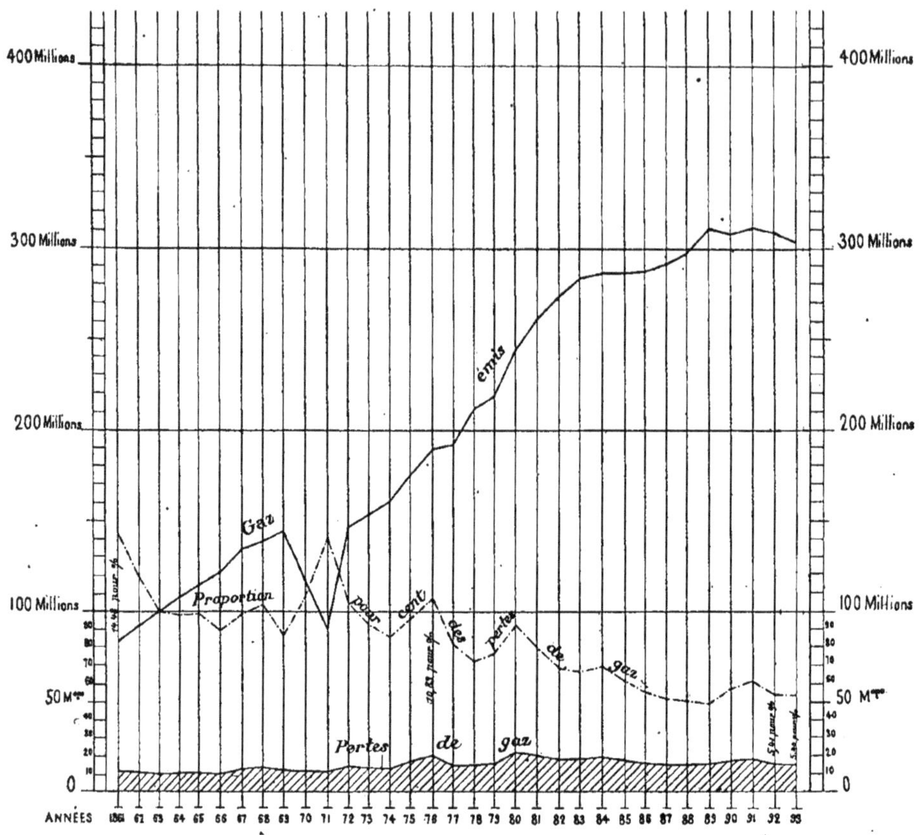

Figure 28.
Graphique représentant les pertes annuelles de gaz et leur proportion par rapport au gaz émis.

Obstructions des conduites. — Les conduites peuvent être obstruées, soit par des dépôts de naphtaline, soit par des eaux de condensation, soit par des rentrées d'eau dans les tranchées humides.

On s'aperçoit surtout de la présence de la naphtaline à une baisse anormale de la pression du gaz.

Lorsque l'on suppose qu'une conduite contient de la naphtaline, on la nettoie de la manière suivante : on perce en deçà et au-delà de la partie à dégorger deux ouvertures assez grandes pour pouvoir y passer la main. On arrête l'arrivée du gaz à l'aide de ballons obturateurs et l'on introduit par l'une des ouvertures une série de tringles en fer, que l'on peut visser bout à bout, de manière à atteindre l'autre orifice. A la dernière tringle, on attache une corde reliée, suivant l'importance présumée du dépôt, soit à un boulet en bois, soit à un hérisson analogue à celui dont se servent les ramoneurs de cheminées.

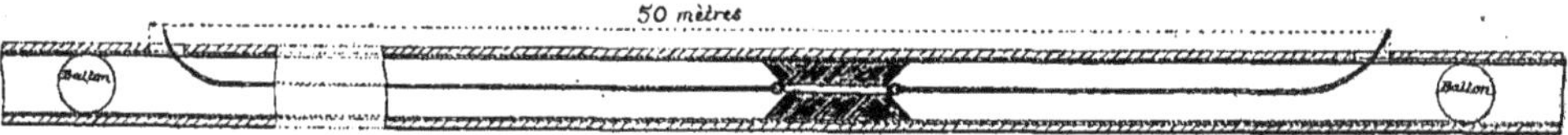

Figure 29.
Hérisson pour le dégorgement des conduites.

En retirant la tringle, puis la corde, on amène le boulet ou le hérisson dans l'intérieur de la conduite et, pour la dégorger, il suffit d'imprimer au système un mouvement de va-et-vient. La naphtaline est ainsi détachée, puis ramenée vers l'une des ouvertures par laquelle on la retire à l'aide d'une cuiller.

Pour les branchements ce procédé serait inapplicable. Il faut alors dissoudre la naphtaline en versant de l'alcool dans la canalisation. A l'aide d'un soufflet, on chasse alors le liquide dans la conduite publique qui le déverse à son tour dans les siphons [1].

Les obstructions par la naphtaline sont assez rares. Il s'en produit surtout dans le 16e arrondissement. La Compagnie attribue ce fait à la température du sous-sol, température qu'une nappe souterraine maintiendrait au-dessous de la moyenne et qui serait, par suite, très favorable à la formation des dépôts.

Les eaux de condensation se rencontrent à peu près partout. Elles sont d'autant plus considérables que la température du gaz à la sortie des usines est plus élevée, c'est-à-dire que la condensation des liquides qu'il tient en suspension, à l'état de vapeur, a été plus imparfaite. La pose de la canalisation, suivant un système de pentes et de contre-pentes, aux points d'intersection desquelles sont établis des siphons (voir figure 22), permet d'évacuer ces eaux de condensation au fur et à mesure de leur production. Elles sont en grande partie constituées par des eaux ammoniacales.

Quant à la troisième cause d'obstruction (eaux de rentrée), il faut, pour qu'elle puisse se produire sur une conduite, 1° que des fuites existent sur les tuyaux ; 2° que la conduite se trouve au milieu d'une nappe exerçant sur elle une certaine pression hydrostatique. Cette double condition ne se présente que très rarement.

[1] Cette méthode présente toutefois un inconvénient. C'est que l'air que l'on mélange ainsi au gaz diminue sensiblement son pouvoir éclairant.

Pression du gaz — Aux termes de l'article 13 du cahier des charges la pression du gaz dans les conduites doit être, au moins, de 20 millimètres.

Cette pression est supérieure à celle qu'il convient d'avoir dans les brûleurs pour obtenir une bonne combustion du gaz ; mais il faut tenir compte des pertes de charge qui se produisent dans les compteurs et dans les canalisations des abonnés. On sait d'ailleurs que le consommateur peut réduire cette pression, à sa guise, en agissant sur le robinet des brûleurs ou encore sur le robinet du compteur.

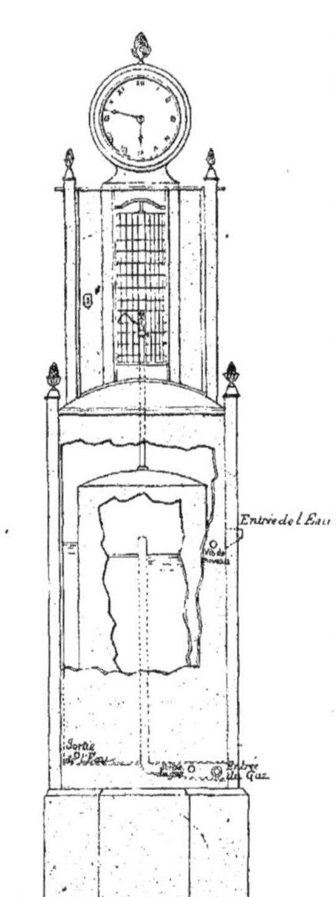

Figure 30.
Indicateur de pression.

Des manomètres enregistreurs placés en certains points de la canalisation et surveillés par les agents du service municipal de l'éclairage, relèvent, sous forme de graphiques, la pression dans les conduites à chaque instant du jour ou de la nuit. Ces appareils dits *indicateurs de pression* comportent un tambour vertical accomplissant, d'un mouvement régulier, une révolution complète en 24 heures. Il est recouvert d'une feuille de papier divisée par des lignes horizontales et verticales. Les premières correspondent aux pressions, les autres aux heures. Un style humecté de fuschine et relié à la cloche d'un petit gazomètre se meut le long de la feuille et trace une ligne dont les ordonnées représentent les pressions successives du gaz. Il est bon d'ajouter que le gazomètre communique directement avec les conduites de la voie publique afin d'éviter les pertes de charge qui se produiraient dans le compteur.

Nous donnons ci-joint deux de ces graphiques. Ils représentent la pression pour une journée d'hiver, l'un en un point voisin du centre de Paris (mairie du 4e arrondissement), l'autre dans une rue de la périphérie (rue Jacquemont, n° 11). Ils montrent qu'au moment du grand allumage la pression a atteint 105 et 115 millimètres pour redescendre ensuite progressivement jusqu'à 55 et 65 millimètres, pressions observées de 1 heure à 5 heures du matin.

On voit qu'aux points considérés les pressions données par la Compagnie sont bien supérieures à celle de 20 millimètres prévue par le cahier des charges[1]. Il en est de même dans les autres parties du réseau.

Un relevé général de la pression est fait par la Compagnie en décembre,

[1] Pour le centre de Paris ce résultat a été obtenu par l'établissement de grosses conduites allant jusqu'aux usines sans faire de service en route.

aux environs de Noël, c'est-à-dire au moment où la consommation est maxima. La pression est prise sur les robinets des appareils publics, ouverts en

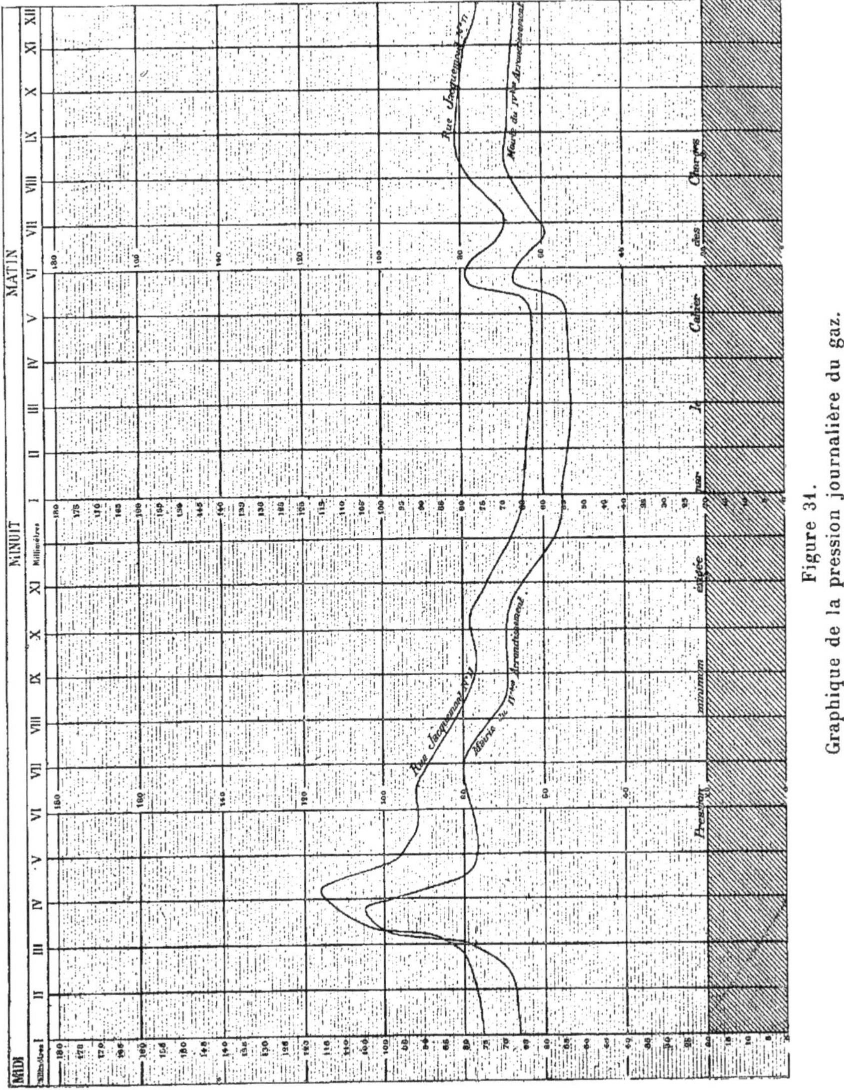

Figure 31.
Graphique de la pression journalière du gaz.

grand. Suivant l'altitude, suivant le diamètre des conduites et leur distance à l'usine, le chiffre observé est plus ou moins élevé. Il ne tombe jamais, au moment de la grande consommation, au dessous de 65 millimètres.

En réunissant sur un plan, par un trait continu, les points où la pression est minima, on délimite une série de secteurs correspondant chacun à une

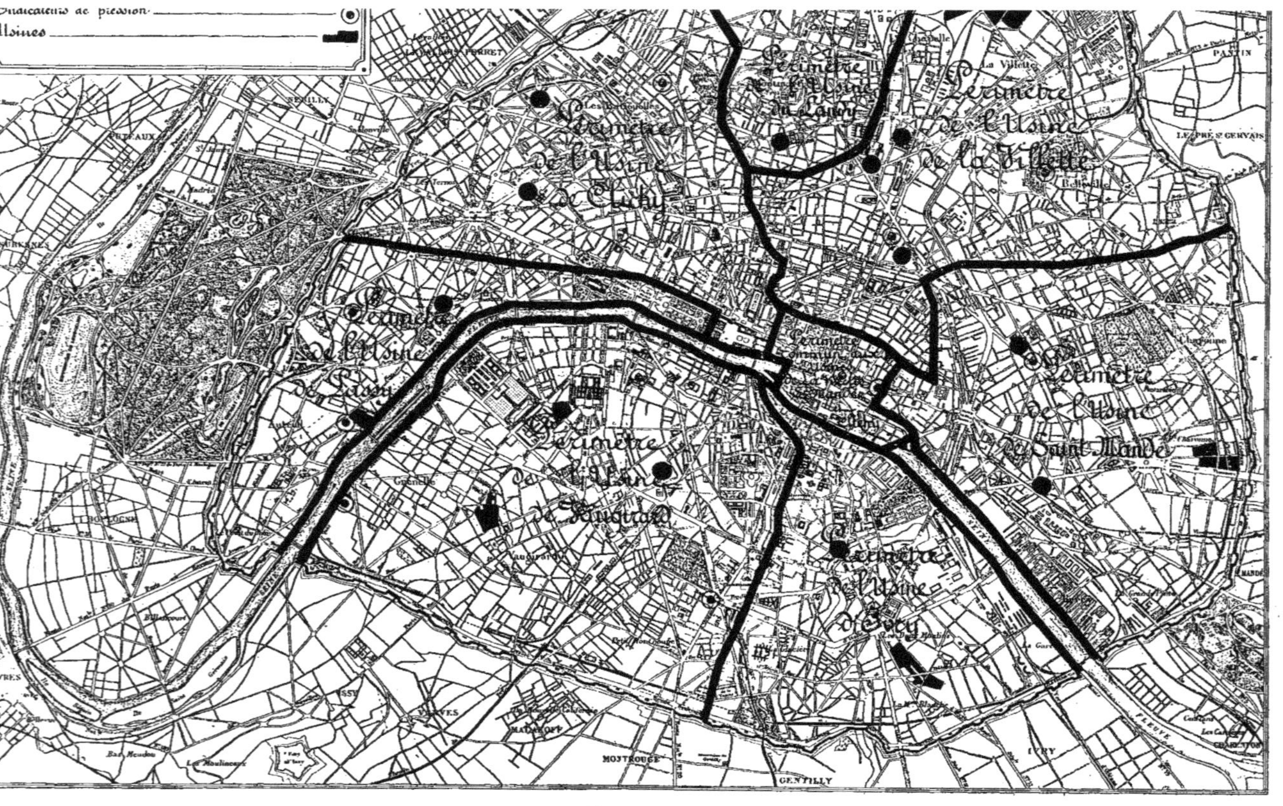

Figure 32.

Carte indiquant les zones alimentées par les diverses usines de la Compagnie Parisienne du Gaz.

usine déterminée (voir figure 32). On obtient ainsi la zone d'alimentation de chaque usine. Cette carte permet de dire quelle est, en un point donné, la provenance du gaz consommé.

Les limites de ces zones ne sont pas naturellement très stables. Il n'y a pas en effet une canalisation spéciale pour chaque usine. Tous les tuyaux communiquent entre eux et une usine quelconque peut être parfaitement secourue, le cas échéant, par les usines voisines.

Variations de la distribution. — Il est nécessaire de jeter un coup d'œil rapide sur les variations annuelles de la distribution pour se rendre compte de la situation actuelle de l'industrie du gaz à Paris.

Nous indiquons dans le tableau ci-après les volumes de gaz consommés depuis 1880 dans et hors Paris. La consommation dans Paris a été scindée en deux : zone ancienne et zone annexée. Cette division est nécessaire pour la détermination de la redevance à payer à la Ville par la Compagnie, pour occupation du sous-sol par les canalisations. Cette redevance, qui est actuellement de 200.000 francs par année, sera en effet portée à 250.000 francs, lorsque la consommation par mètre courant de conduite dans la zone annexée aura atteint 148 mètres cubes. Elle n'était que de 98 mètres 15 au 31 décembre 1893.

Gaz consommé par année.

ANNÉES	DANS PARIS				HORS PARIS		TOTAUX
	ZONE ANCIENNE		ZONE ANNEXÉE				
	Éclairage privé.	Éclairage public.	Éclairage privé.	Éclairage public.	Éclairage privé.	Éclairage public.	
1880	145 300.967	21.935 372	29.734.058	10.945.544	10.776 802	2.842.204	221.534.947
81	157.386.849	23 236.029	32.837.863	11.598 954	12.325 467	3.038.525	240.423.687
82	166.034 868	24.430 384	36.746 222	12.410.670	13.762.826	3.230.624	256.665.594
83	168.412.918	25.981.396	39.178.184	13.308.093	14.558.931	3.509.118	264.948 640
84	166.711.274	27.646.745	40.274.526	13.987 613	15.025.824	3.825.614	267.471.596
85	165.645.747	28 900.334	40 795.363	14.466.398	15.183.868	3.930.130	268.921.840
86	165.901.317	29.321.257	41 518.076	14.705 455	15 339.857	4.084.516	270.870.478
87	169.439.146	29 046.103	42.878.612	14.501.925	15.593 113	4.172.951	275.631.850
88	172.497.695	29.578 660	44.759.306	15.121.056	16.159 977	4.407.035	282.523.729
89	182.410.149	30.009.383	47.647.004	15.619.544	16 851.729	4.450.443	296.988 252
1890	174.177 746	29.520.944	48.821.941	15.920 841	17.122.660	4.470.193	290.034.325
91	173.400.034	29.851.099	50.410.581	16.204.118	17.810 560	4.690.852	292.367.244
92	170.459.689	29.779.247	52.306.730	16.264.796	17 489 145	5.952 816	292.252 423
93	164.582 009	29.449.111	52 758.335	16.311.687	17.789.234	6.203.465	287.093.841

La consommation hors Paris se rapporte à l'éclairage de 58 communes avec lesquelles la Compagnie Parisienne a passé des traités particuliers.

Alors que le prix du gaz est fixé comme nous l'avons vu dans Paris à 0f,30 pour l'éclairage privé et à 0f,15 pour l'éclairage public, nous trouvons hors Paris des prix variables: 0f,30, 0f,35, 0f,40 pour l'éclairage privé ; 0f,15, 0f,175, 0f,18 et 0f,20 pour l'éclairage public.

Le tableau montre que, dans la zone ancienne de Paris, la consommation du gaz est en légère décroissance. Ce fait tient aux améliorations récentes apportées dans le rendement des brûleurs[1], à la concurrence de l'éclairage électrique et à la dépopulation du centre, au profit des quartiers de la périphérie. Dans la zone annexée et hors Paris, la consommation suit au contraire une marche régulièrement croissante. Mais, en 1893, le gain a été notablement inférieur à la perte et la consommation totale qui, en 1892, était restée stationnaire, se présente, pour la dernière année, avec une diminution d'environ 5 millions de mètres cubes.

Le graphique ci-après résume les variations de la distribution depuis 1880.

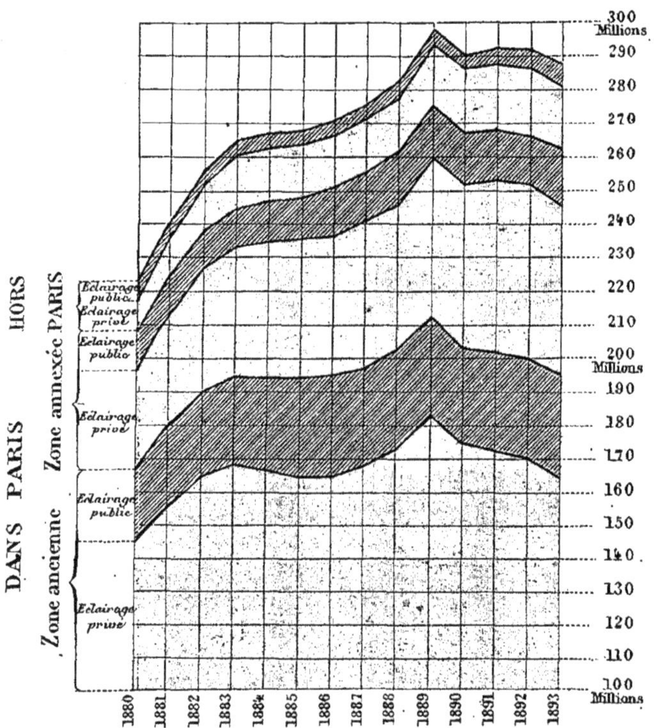

Figure 33.
Graphique représentant les variations annuelles du gaz distribué.

[1] Il s'agit principalement du bec Auer, pour l'éclairage privé, et des becs à récupération pour l'éclairage public.

Prix de revient du gaz distribué. — Le prix de revient du mètre cube de gaz à la sortie des usines a été établi dans le chapitre précédent. Nous avons vu qu'il était égal à 11centimes,54 pour la moyenne des quatre dernières années (1890-91-92-93) et qu'il s'abaissait à 5centimes,08 en en déduisant 6centimes,46 pour les sous-produits (coke, goudron, eaux ammoniacales).

Le prix de revient du gaz distribué doit tenir compte des frais de distribution, des frais généraux et des frais d'emprunt, des frais d'amortissement des actions, des charges, des pertes de gaz dans la canalisation, etc...

Il serait assez compliqué d'évaluer successivement chacun de ces facteurs. Il est beaucoup plus commode de calculer le prix de revient du gaz distribué en se servant des bilans annuels de la Compagnie. Nous extrayons des bilans de 1890-91-92 et 93, les chiffres suivants :

1° Dépenses.

	Année 1890	Année 1891	Année 1892	Année 1893
Frais de fabrication	34.873.563f,01	36.217.198f,02	36.059.767f,53	35.105.995f,46
Frais de distribution	3.263.348,22	3.278.694,20	3.489.746, »	3.810.454,81
Frais généraux	2.687.029,25	2.697.869,53	3 060.414,96	3.439.382,90
Emprunts (intérêts et amortissement)	15.405.425, »	16.244 450, »	16.998.422,75	17.724.869,52
Amortissement des actions	2.376.500, »	2.495.250, »	2.620.000, »	2.751.000, »
Charges envers l'Etat	1.091.162,26	1.117 117,91	1.077.153,46	1.150.204,76
Total	59.697.027f,74	62.050 579f,66	63.305.504f,70	63 981.907f,45

Les sous-produits et produits divers retirés de l'exploitation du gaz pendant la même période sont évalués dans le tableau ci-après :

2° Sous-produits et produits.

	Année 1890	Année 1891	Année 1892	Année 1893
Coke	15.751.885f,43	17.693.605f,16	17.329 801f,86	14.376.162f,97
Goudrons	2 520.849,26	2.366.557,86	2.360.009,08	1.943.476,87
Eaux ammoniacales	1.369.321,12	1 314 226,22	1.305.551,18	1.319.781,73
Location de compteurs, branchements et robinets	3.274.184,35	3.169.169,11	3.058.382,44	2 743 049,43
Produits divers	257.173,76	196 449,33	67.626,96	77.073,23
Intérêts et escompte	1.082.029,78	1 194.089,74	1 105 138,97	1.155.802,24
Total	24.255.443f,70	25.934.097f,42	25.226.510f,49	21.615.346f,47

Les dépenses, déduction faite des sous-produits et des produits, ressortent par suite à

35.441.584f,04 pour l'année 1890.
36.116.482f,24 pour l'année 1891.
38.078.994f,21 pour l'année 1892.
42.366.560f,98 pour l'année 1893.

Les volumes de gaz distribué ont atteint

290.034.425 mètres cubes en 1890.
292.367.244 mètres cubes en 1891.
292.252.423 mètres cubes en 1892.
287.093,841 mètres cubes en 1893.

Le prix de revient du mètre cube de gaz distribué non compris les charges municipales est donc de 0f,122 en 1890, 0f,124 en 1891, 0f,130 en 1892 et 0f,148 en 1893.

Les charges municipales n'affectent que le gaz consommé dans Paris. Elles ont été les suivantes :

3° Charges municipales.

	Année 1890	Année 1891	Année 1892	Année 1893
Redevance de 0f,02 par m³	5.368.829f,44	5.397.316f,64	5.376.209f,24	5.262.022f,84
Location du sous-sol des rues	200.000, »	200.000, »	200.000, »	200.000, »
Allumage, extinction et entretien des appareils de l'éclairage public, déduction faite de la rémunération que paie la Ville de Paris par appareil et par jour.	1.069.271,59	1.073.427,25	1.214.364,39	1.327.495,24
Total...	6.638.101f,03	6.670.743f,89	6.790.573f,63	6.789.518f,08

Les volumes de gaz correspondants (gaz consommé dans Paris) sont :

268.441.472 mètres cubes en 1890.
269.865.832 mètres cubes en 1891.
268.810.462 mètres cubes en 1892.
263.101.142 mètres cubes en 1893.

Le prix de revient du mètre cube de gaz consommé dans Paris est par suite de :

$0^f,122 + 0^f,025 = 0^f,147$ en 1890,
$0^f,124 + 0^f,025 = 0^f,149$ en 1891,
$0^f,130 + 0^f,025 = 0^f,155$ en 1892,
$0^f,148 + 0^f,026 = 0^f,174$ en 1893.

Si l'on admet, au contraire, que les charges municipales doivent se répartir sur l'ensemble de l'exploitation, on arrive aux chiffres suivants :

$0^f,122 + 0^f,023 = 0^f,145$ en 1890,
$0^f,124 + 0^f,023 = 0^f,147$ en 1891,
$0^f,130 + 0^f,023 = 0^f,153$ en 1892,
$0^f,148 + 0^f,024 = 0^f,172$ en 1893.

Bien que la consommation totale de gaz ait peu varié pendant ces quatre dernières années on voit que le prix de revient du gaz a subi une légère augmentation. Le fait est indépendant de la fabrication. Il est dû à l'accroissement continu des frais d'emprunts et d'amortissement et en outre, pour 1893, à une diminution anormale dans le rapport des sous-produits.

Les bénéfices perçus par mètre cube de gaz s'obtiennent en retranchant les prix de revient des prix moyens de vente. Or la vente du gaz a produit

79.069.442f,61 en 1890 soit 0f,272 par mètre cube.
79.606,949f,98 en 1891 soit 0f,272 par mètre cube,
79.540.685f,25 en 1892 soit 0f,272 par mètre cube,
78.009.633f,31 en 1893 soit 0f,272 par mètre cube.

Les bénéfices successifs par mètre cube ont donc été de 0f,127 en 1890, 0f,125 en 1891, 0f,119 en 1892 et 0f,100 en 1893. Ils sont en décroissance.

Conformément aux stipulations du cahier des charges une partie des bénéfices réalisés chaque année revient de droit à la Ville de Paris. C'est ainsi, qu'indépendamment du droit d'octroi de 0f,02 par mètre cube et de la redevance de 200.000 francs pour location du sous-sol des rues, celle-ci a touché

13.550.000f en 1888
14.150.000f en 1889 (Exposition)
12.750.000f en 1890
12.700.000f en 1891
11.600.000f en 1892
8.775.000f en 1893

Comme on le voit, ces bénéfices sont également en décroissance.

CHAPITRE IV

ÉCLAIRAGE AU GAZ

Principes de l'éclairage par le gaz. — Pouvoir éclairant du gaz. — Comparaison du gaz de Paris avec celui des pays voisins. — Eclairage public et privé. — Eclairage avec le bec papillon. — Lanternes publiques. — Allumage et entretien des lanternes. — Candélabres et consoles. — Cuivrage des candélabres. — Pose et prix de revient des candélabres. — Candélabres spéciaux. — Bec intensif du Quatre-Septembre. — Candélabres pour becs intensifs. — Becs à récupération. — Le Parisien et l'Industriel. — Becs divers à récupération. — Bec à récupération avec lanterne spéciale Oudry. — Candélabres pour becs à récupération. — Numéros lumineux. — Appareils pour illuminations. — Becs pour l'éclairage privé. — Becs à incandescence. — Bec à l'albo-carbon.

Annexes. — Instructions de Dumas et Regnault pour la détermination du pouvoir éclairant et la vérification de la bonne épuration du gaz. — Heures d'allumage et d'extinction des lanternes de la voie publique.

Principes de l'éclairage par le gaz. — La quantité de lumière que peut produire du gaz, en brûlant, dépend de sa composition, de la forme du brûleur et de sa vitesse d'échappement.

Nous avons vu que la composition moyenne du gaz, tel qu'il est livré par la Compagnie Parisienne, est la suivante :

Hydrogène	50.10
Gaz des marais	35.03
Oxyde de carbone	8.21
Acide carbonique	1.72
Benzine	1.06
Autres carbures	3.88
Total	100.00

Parmi ces produits, les plus intéressants, au point de vue du pouvoir éclairant, sont la benzine et les carbures. Leur proportion doit être sensiblement constante, ce que l'on obtient en mélangeant à la houille d'origine, qui en contient plus ou moins, des charbons donnant un gaz très éclairant, tels que le cannel coal.

Pour se rendre compte de l'influence de la forme du brûleur et de la pression, il est nécessaire de se rappeler ce qui se passe, quand du gaz brûle au contact de l'air.

L'hydrogène, le gaz des marais, l'oxyde de carbone donnent, en se combinant avec l'oxygène, de la vapeur d'eau et de l'acide carbonique. La flamme que produisent ces gaz, en brûlant, est peu éclairante ; mais elle est chaude et suffisante pour décomposer la benzine et les carbures. Du carbone est mis en liberté et est porté à l'incandescence. Il se transforme à son tour en acide carbonique à la périphérie de la flamme.

Plus le carbone est incandescent et plus la flamme est lumineuse. Autrement dit, plus la flamme est chaude, et plus elle est lumineuse. Il faut donc faciliter, autant que possible, la combinaison des gaz combustibles avec l'oxygène de l'air, d'où l'emploi de becs papillons ou de becs cylindriques, tels que le bec Bengel et le bec d'Argand.

Quant à la pression du gaz, elle influe en ce sens, que, plus elle est forte et plus le mélange avec l'oxygène de l'air se fait rapidement. La combustion du carbone est alors précipitée et la durée du rayonnement des particules abrégée. Il s'ensuit que la pression des gaz, à la sortie des brûleurs, doit toujours être faible. On la règle avec des robinets.

Pouvoir éclairant du gaz. — A Paris, le gaz doit être tel que 105 litres brûlés pendant une heure, dans un bec Bengel, sous une pression de 2 à 3 millimètres d'eau[1], donnent autant de lumière qu'une lampe Carcel brûlant 42 grammes d'huile de colza épurée à l'heure.

La vérification du pouvoir éclairant du gaz intéresse au plus haut point non seulement la Ville, mais encore toute la population parisienne. Aussi, est-elle faite, chaque soir, dans douze chambres noires réparties de manière à ce que les essais portent sûr les gaz produits par les différentes usines[2]. Le cahier des charges stipule que la vérification doit être faite de huit heures à onze heures du soir ; c'est, en effet, à ce moment que la consommation présente son maximum d'intensité. Néanmoins, sur la demande du Conseil Municipal, on procède également, depuis 1887, à des essais *non réglementaires* du pouvoir éclairant, à des heures variables du jour et de la nuit.

[1] Cette pression de 2 à 3 millimètres correspond au rendement lumineux maximum du bec Bengel.

[2] Les emplacements de ces chambres noires sont indiqués sur la carte des périmètres correspondant aux diverses usines. (Voir Chapitre III, figure 32.)

L'appareil avec lequel on compare les éclairements produits par la lampe Carcel et le bec Bengel est le photomètre de Foucault. Il se compose d'une lunette et d'un écran circulaire, en verre amidonné, divisé en deux parties égales par une cloison verticale. On place la lampe type et le bec Bengel à

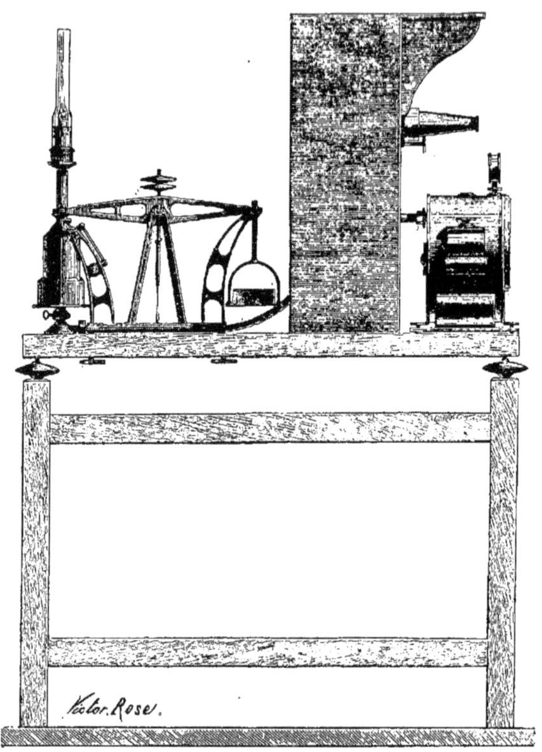

Figure 34.
Appareil pour la vérification du pouvoir éclairant du gaz
(Vue de côté.)

un mètre de l'écran et symétriquement par rapport à la cloison. On fait ensuite mouvoir celle-ci de telle façon que chaque source lumineuse éclaire exactement l'une des moitiés de l'écran. Si le titre du gaz est bien celui du cahier des charges l'éclairement de l'écran doit être uniforme.

L'expérience se fait pratiquement pendant tout le temps nécessaire à la combustion de 10 grammes d'huile, c'est-à-dire pendant environ 14 minutes 17 secondes. A cet effet, la lampe Carcel est suspendue à l'un des fléaux d'une balance que l'on équilibre par une tare et que l'on surcharge ensuite de 10 grammes. On relie d'autre part le Bengel à un compteur de précision communiquant directement avec la conduite publique et on règle la sortie du gaz à l'aide d'un robinet à vis. Pendant toute la durée de l'expérience, on agit sur ce robinet de manière à maintenir l'éclairement de l'écran bien uniforme. Quand les 10 grammes d'huile ont été brûlés, le fléau bascule et met en mouvement un timbre qui indique que l'essai est terminé. Soit 24 litres 5

Figure 35.
Appareil pour la vérification du pouvoir éclairant du gaz
(Vue par l'arrière).

le volume de gaz débité pendant l'expérience. On obtient le volume débité pendant une heure en effectuant l'opération

$$\frac{24,5 \times 42}{10} = 102^{\text{lit}},9.$$

Ce calcul suppose toutefois que l'huile consommée est telle, que le pouvoir éclairant de la lampe reste proportionnel à sa consommation. Or, ce fait se produit tant que la consommation horaire est comprise entre 38 et 44 grammes. On vérifie que l'on est bien dans ces conditions en relevant sur un compteur à secondes la durée de l'essai. Soit 15 minutes 1/2 le temps observé. Pendant une heure, la lampe brûlera $\frac{10 \times 60}{15,5} = 38$ gr. 7. Donc l'essai est bon.

Toutes les précautions à prendre pour la marche de l'expérience sont d'ailleurs indiquées en détail dans une instruction rédigée, en 1860, par Dumas et Regnault, et que l'on trouvera aux annexes[1].

On fait trois essais par soirée, à une demi-heure d'intervalle chaque, et l'on en prend la moyenne. Celle-ci ne doit jamais être supérieure à 27 litres 50. La moyenne mensuelle doit être de 25 litres — correspondant à 105 litres à l'heure — en nombre rond.

Les résultats suivants ont été obtenus en 1890, 1891, 1892 et 1893 :

ESSAIS RÉGLEMENTAIRES DU SOIR

ESSAIS	1890	1891	1892	1893
1er Trimestre : moyenne	24l,94	24l,96	24l,95	24l,97
2e — —	24,97	24,96	24,95	24,97
3e — — ...	24,97	24,95	24,95	24,96
4e — —	24,96	24,96	24,96	24,96
Moyenne annuelle	24l,96	24l,9575	24l,9525	24l,965

ESSAIS NON RÉGLEMENTAIRES

ESSAIS	1890	1891	1892	1893
1er Trimestre : moyenne	25l,65	25l,40	25l,70	25l,65
2e — —	25,60	25,65	25,53	25,33
3e — — ...	25,72	25,57	25,51	25,56
4e — — ...	25,59	25,50	25,63	25,36
Moyenne annuelle	25l,6475	25l,53	25l,5925	25l,475

Ces derniers résultats sont un peu moins satisfaisants que ceux obtenus pendant les essais réglementaires. Le fait tient vraisemblablement à ce que les essais non réglementaires sont effectués alors que le gaz circule dans les conduites avec une vitesse suffisamment faible pour qu'il perde en route quelques hydrocarbures condensables. L'écart devra s'atténuer au fur et à mesure que la consommation de jour augmentera, ce que la Compagnie Pari-

[1] La même instruction indique la règle à suivre pour vérifier la bonne épuration du gaz. Cette vérification ne porte que sur la teneur en *acide sulfhydrique*. Le gaz doit être tel qu'il ne noircisse pas, même très faiblement, une bande de papier non collé imprégné d'une dissolution au centième d'acétate neutre de plomb.

sienne cherche à obtenir en poussant à l'emploi du gaz comme moyen de chauffage dans les cuisines[1].

En matière de vérification du pouvoir éclairant du gaz l'exactitude du compteur, par lequel se trouve mesuré le gaz débité par le bec Bengel, doit être indiscutable. Pour qu'il n'y ait pas de contestations possibles on procède tous les huit jours, en présence d'un agent de la Compagnie du Gaz, à une vérification de cet appareil. A cet effet on emploie le gazomètre représenté sur le côté droit de la figure 35. C'est un cylindre dont on peut chasser 25 litres de gaz en y faisant écouler 25 litres d'eau, préalablement versés dans un réservoir supérieur. Le gaz ainsi chassé du gazomètre passe par le compteur et celui-ci doit accuser un débit de 25 litres, à moins de 1 °/₀ près.

On trouvera encore tous les détails de l'opération dans l'instruction de Dumas et Regnault donnée aux annexes.

Comparaison du gaz de Paris, avec le gaz des pays voisins. — Le titre du gaz varie suivant les pays. On commettrait donc une erreur en comparant les différents prix de vente du gaz, abstraction faite des pouvoirs éclairants.

Il convient également de faire entrer en ligne de compte le rendement lumineux des brûleurs types employés dans les essais.

Voyons, par exemple, ce qui se passe à Londres.

Le bec type est le « *London Argand n° 1 de Sugg* ». Tous les mesurages officiels sont effectués pour une consommation de gaz de 142^{lit} à l'heure.

Le London Argand doit donner dans ces conditions autant de lumière que 16 bougies anglaises de spermaceti. Or, d'après Schilling, le London Argand a un rendement supérieur de 17 °/₀ à celui du Bengel. On peut donc établir le calcul suivant, en admettant que la Carcel vaut 9,6 bougies anglaises :

105 litres de gaz de Paris brûlés dans un Bengel donnent. 9.6 bougies.
142 — — 13.0 —
142 — brûlés dans le London Argand donnent. . . . . 15.2 —

Le gaz de Londres produisant un éclairement de 16 bougies est donc supérieur de 5,3 °/₀ au gaz de Paris. La différence est en réalité un peu moins forte, car le titre du gaz de la Compagnie Parisienne est légèrement supérieur à celui qu'impose le cahier des charges.

La supériorité du gaz anglais croît à mesure que l'on se rapproche de l'Ecosse où existent des mines abondantes de cannel.

En Allemagne, il n'y a pas d'étalon fixe. On emploie généralement le bec

[1] La consommation de jour, en 1893, a atteint 28,71 0/0 de la consommation totale. Elle n'était que de 26 0/0 en 1890.

d'Argand fabriqué par la maison Elster. Ce bec est, comme le London Argand, supérieur au Bengel ; en sorte qu'il faut faire subir aux résultats obtenus une réduction analogue à celle que nous avons calculée plus haut. D'après MM. de Mont-Serrat et Brisac[1] le gaz de Paris serait de 6 °/₀ supérieur au gaz de Berlin.

En Italie, en Espagne et en Belgique on évalue généralement le pouvoir éclairant du gaz en suivant les prescriptions de Dumas et de Regnault.

Eclairage public et privé. — On a déjà pu juger, par les chiffres précédemment indiqués (chapitres II et III), de l'importance exceptionnelle de l'éclairage au gaz, dans Paris.

Il ne faudrait pas croire, cependant, que le gaz règne sans conteste chez les particuliers. Il a en effet à lutter, d'une part contre le pétrole dans les petits logements ou dans les maisons d'ouvriers, d'autre part contre l'électricité dans les magasins, les hôtels et les appartements luxueux.

Le nombre des abonnés de la Compagnie Parisienne dépasse aujourd'hui 260.000. Il s'accroîtrait assurément avec une grande rapidité, si le prix du gaz était abaissé, et si les frais dits *accessoires*, comme ceux de location et d'entretien de branchements, de robinets d'arrêt, de compteurs, etc... étaient ramenés à des chiffres plus acceptables[2]. C'est surtout par l'élévation de ces derniers frais qu'il faut expliquer le grand nombre de branchements actuellement improductifs. On est assez surpris de constater que, sur les 400.000 branchements de la Compagnie il n'y en ait que 60 °/₀ de productifs.

L'éclairage public comprend, comme nous l'avons vu, l'éclairage des bâtiments communaux ou assimilés et l'éclairage des voies publiques.

Il n'y a qu'un nombre excessivement restreint de bâtiments communaux ou de rues éclairés à l'électricité. En matière d'éclairage public, le gaz a donc à Paris un rôle des plus étendus et qui, d'ailleurs, se traduit par une dépense annuelle dépassant actuellement 6.750.000 francs[3].

L'éclairage des rues offre évidemment un intérêt extrême. Paris ne peut s'éclairer comme une bourgade et il n'est pas de Service Municipal qui doive être assuré avec autant de soin et de régularité. Ce n'est pas une petite affaire que d'entretenir les milliers d'appareils qui brûlent chaque nuit sur les voies

[1] De Mont-Serrat et Brisac. — *Le gaz et ses applications...*

[2] Voir, Chapitre V, les récentes propositions faites, dans cet ordre d'idées, par la Compagnie du gaz.

[3] Dépensés constatées en 1892 :

Fourniture de gaz dans les bâtiments communaux	1.227.569.65
Entretien des appareils dans les bâtiments communaux	240.870.33
Fourniture de gaz pour l'éclairage des voies publiques	4.075.541.32
Entretien des appareils servant à l'éclairage des voies publiques . .	1.206.027.47
TOTAL	6.750 008.77

publiques. Le choix des becs, des candélabres, l'emplacement des foyers donnent lieu également à de véritables problèmes, en sorte que, finalement, l'éclairage des rues nécessite une étude beaucoup plus approfondie que celui des bâtiments communaux ou des particuliers.

Il est par suite naturel, dans l'examen que nous allons maintenant entreprendre des divers appareils de l'éclairage au gaz, de donner la priorité à ceux par lesquels l'éclairage des voies publiques se trouve assuré.

Eclairage avec le bec papillon. — Le bec généralement employé pour l'éclairage des voies de Paris est un bec papillon débitant 140 litres à l'heure. Il se compose d'un petit tube en fer, de 4m/m,5 de diamètre intérieur, terminé par un bouton fendu verticalement. La largeur de la fente est de 0m/m,6. Elle résulte d'une série de très intéressantes expériences faites par MM. Audouin et Bérard sur le fonctionnement des becs papillons. Il a été démontré que les becs du type adopté par la Ville de Paris avaient un rendement lumineux maximum lorsque la fente du papillon était de 0m/m,7 et que le gaz s'échappait avec une pression de 2 à 3 millimètres d'eau. Pratiquement on a pris une fente de 0m/m,6 afin d'obtenir une flamme un peu raide et susceptible de résister aux courants d'air. La pression du gaz dans le brûleur doit être alors de 3m/m,5 d'eau.

La pression du gaz dans les branchements est bien supérieure à 3m/m,5. On la réduit de la quantité voulue dans le brûleur même en étranglant le passage du gaz à l'aide d'un robinet. On pourrait employer aussi des régulateurs, comme cela se fait dans un grand nombre de villes ; mais le fonctionnement de ces appareils laisse parfois à désirer. A Paris on les a systématiquement écartés.

Comment vérifier que la pression du gaz dans le brûleur est bien de 3m/m,5 ? Simplement par l'inspection de la flamme. Avec un bec bien réglé, en effet, la flamme présente des dimensions parfaitement déterminées. Ce sont 7 centimètres pour la largeur et 6 centimètres pour la hauteur.

Le règlement de la flamme incombe aux allumeurs de la Compagnie. Comme des dimensions trop faibles donnent lieu à l'application d'amendes, le personnel de la Compagnie du Gaz a plutôt tendance à donner des flammes fortes que des flammes faibles. Aussi la consommation réglementaire de 140 litres à l'heure est-elle souvent dépassée.

Exceptionnellement, pour l'éclairage des colonnes-affiches on emploie un bec papillon de 100 litres à l'heure. Les dimensions de la flamme sont : largeur 5 centimètres, hauteur 4 centimètres.

Le cahier des charges de la Compagnie prévoit enfin, pour l'éclairage des voies publiques, un bec papillon de 200 litres. Mais un tel bec n'a jamais été employé.

Il existe actuellement en service 50.000 becs papillons de 140 litres et 1.500 becs papillons de 100 litres pour colonnes-affiches.

Lanternes publiques. — Les becs papillons sont placés dans des lanternes vitrées en laiton, ornées d'un chapiteau[1]. Celles-ci sont ou carrées ou rondes. Le premier modèle est surtout employé pour les candélabres en

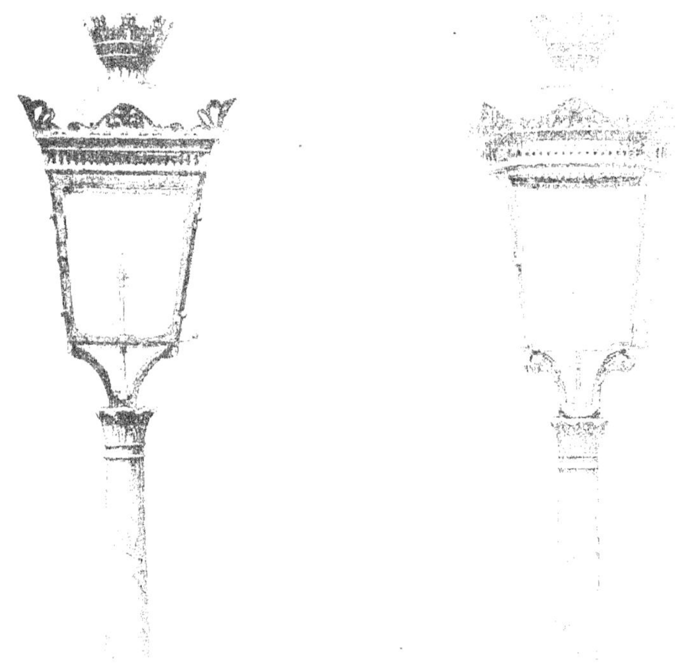

Figure 36.
Lanterne carrée pour bec papillon.

Figure 37.
Lanterne ronde pour bec papillon.

fonte simplement peints. La lanterne ronde, qui est plus décorative et qui assure une meilleure répartition de la lumière, est réservée pour les candélabres cuivrés.

Ces lanternes sont à quatre panneaux, dont l'un est mobile pour le nettoyage. Le chapiteau est percé d'ouvertures verticales par lesquelles s'échappent les produits de la combustion. La fermeture inférieure est en verre. Un *trapillon*, ménagé dans cette partie, permet l'introduction, dans l'intérieur, de la lampe des allumeurs. Ce trapillon, suivant que la lanterne est carrée ou

[1] Ce laiton est composé de 67 parties de cuivre rouge pour 33 parties de zinc. Une lanterne ronde ordinaire (verres et raccords non compris) pèse 12kg,360.

ronde, consiste soit dans un petit triangle en toile métallique que l'on peut faire tourner autour d'un de ses côtés, soit dans un secteur en verre, mobile autour d'un axe vertical.

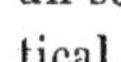

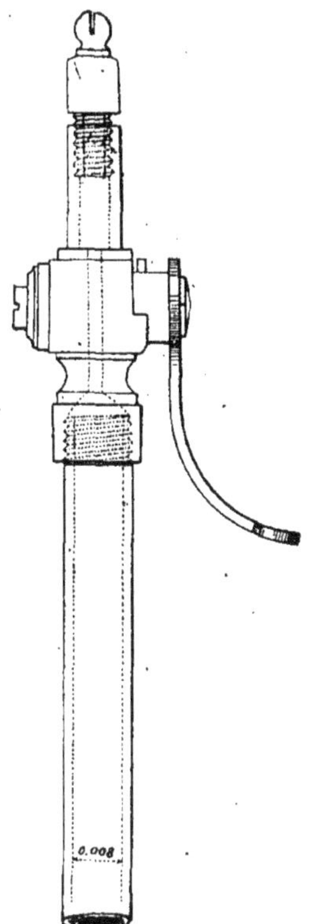

Figure 38.
Bec papillon.

Le bec est placé au milieu de la lanterne et orienté de manière que la flamme soit perpendiculaire aux façades des maisons. Il est muni, dans l'intérieur même de la lanterne, d'un robinet que l'on peut manœuvrer à l'aide d'une bascule. Quand le robinet est fermé, la bascule est horizontale. De cette façon les trépidations du sol ont plutôt tendance à ouvrir qu'à fermer le robinet.

Dans beaucoup de villes les robinets sont extérieurs à la lanterne. A Paris on préfère les mettre à l'intérieur, car, de cette façon, ils se réchauffent un peu et échappent aux obstructions par la naphtaline.

On a reconnu que la présence de réflecteurs dans les lanternes, augmentait assez sensiblement la quantité de lumière projetée sur le sol. Aussi toutes les lanternes nouvelles sont-elles munies de réflecteurs en porcelaine.

Les lanternes, quel que soit leur modèle, sortent toujours des magasins de la Ville de Paris. Elles sont posées par la Compagnie du Gaz, à un prix convenu.

Allumage et entretien des lanternes. — L'allumage et l'entretien des lanternes de la voie publique incombent à la Compagnie Parisienne.

Moyennant une redevance de 0f,03 par lanterne et par jour, elle doit assurer l'allumage et l'extinction de tous les becs de la voie publique suivant un horaire arrêté par le Préfet (1). Toutefois, une certaine tolérance est accordée. C'est ainsi que l'allumage peut être commencé vingt minutes avant l'heure indiquée et ne se terminer que vingt minutes après [2]. Pour l'extinc-

[1] Voir cet horaire aux annexes.

[2] Surtout maintenant que nous sommes habitués à l'instantanéité de l'allumage des lanternes électriques, cette latitude paraît un peu excessive. Lorsque l'allumeur arrive aux dernières lanternes l'obscurité est souvent complète. On ne ressent pas cet inconvénient dans les rues très fréquentées dont les magasins allument de bonne heure et contribuent pour une bonne part à l'éclairage public, mais il est très sensible dans les quartiers éloignés et un peu déserts.

tion, qui exige moins de temps que l'allumage, puisque l'allumeur n'a plus à régler de flamme, le cahier des charges n'admet qu'une tolérance de dix minutes avant ou après l'heure du tableau. La Compagnie dispose, pour cette double manœuvre, d'un personnel de 1.200 allumeurs suivant chacun un itinéraire approuvé par l'Administration. Cette petite armée, dans laquelle doit régner une discipline et une exactitude parfaites, est divisée en sections et en brigades. Chaque brigade a un lieu de rendez-vous où l'on fait l'appel et d'où elle s'éparpille dans les rues qui lui sont dévolues.

Dans beaucoup de villes on éteint par économie la moitié des becs à minuit, quelquefois même, lorsque la lune est supposée devoir apporter à l'éclairage des rues le concours de sa pâle lumière, on n'allume qu'une très petite partie des appareils. Un tel système est évidemment inapplicable à Paris. La seule réduction que l'on se permette, c'est de restreindre le débit des becs intensifs et des becs à récupération. Ces divers becs, que nous étudierons plus loin, sont tous munis d'un papillon de 140 litres qui reste seul en service après minuit et demi[1].

Les becs permanents brûlent, par an, pendant 3.737^{heures},92 ; les becs variables pendant 2.069^{heures},17.

L'entretien des lanternes consiste surtout dans leur nettoyage journalier et dans le remplacement des verres fêlés ou cassés. La somme que la Compagnie touche par jour pour cet entretien est de 1 centime pour les lanternes carrées et de 3 centimes 1/2 pour les lanternes rondes. Ces prix comprennent le renouvellement de la peinture des supports.

L'Administration fait faire de fréquentes tournées pour s'assurer que la Compagnie exécute strictement ses obligations. Et, pour qu'il n'y ait pas de contestation possible sur l'appréciation des infractions constatées, des allumeurs de la Compagnie accompagnent les agents du service de l'éclairage dans leurs tournées. Toute infraction donne lieu à l'application d'amendes, suivant un tarif inséré dans le cahier des charges.

Candélabres et consoles. — Les lanternes sont supportées par des candélabres, des candélabres-consoles ou des consoles. Exceptionnellement, comme sous les arcades de la rue de Rivoli, elles sont suspendues directement aux maçonneries. Tous ces appareils sont fournis, comme les lanternes, par la Ville de Paris, qui traite, pour leur acquisition, avec des entrepreneurs spéciaux. Ils sont mis en place et entretenus par la Compagnie Parisienne à un prix convenu.

[1] Nous devons cependant expliquer que, dans quelques rues à éclairage très chargé, comme la rue de Rivoli, on éteint à partir de minuit et demi un certain nombre de lanternes. On ne maintient aussi qu'un seul bec en service après minuit et demi sur la plupart des candélabres à 3 et à 5 lumières.

Les consoles sont posées directement sur les maisons, à 5 mètres environ au-dessus du sol. Le tuyau d'alimentation est noyé dans l'épaisseur même

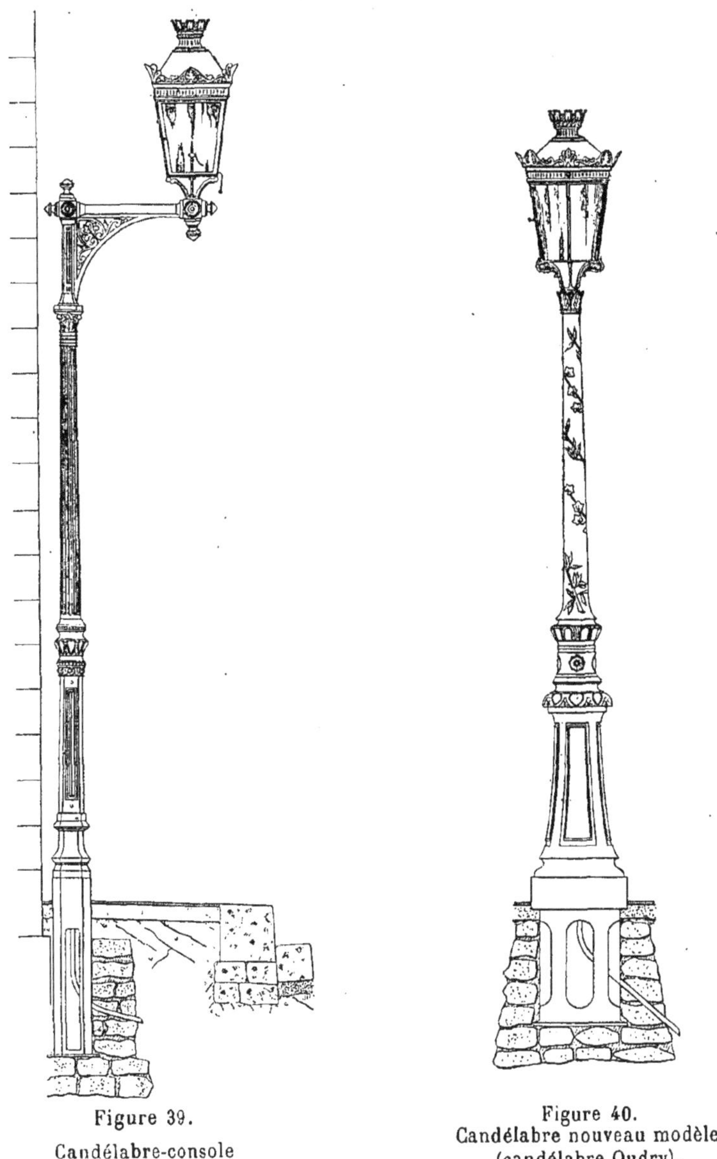

Figure 39.
Candélabre-console

Figure 40.
Candélabre nouveau modèle
(candélabre Oudry).

des murs de façade, ce qui n'est pas toujours très bien accepté par les propriétaires. On peut craindre également que des infiltrations de gaz, ne se répandent, en cas de fuite, dans les maisons voisines. Aussi, maintenant, renonce-t-on complètement aux consoles. On les remplace par des candélabres-consoles que l'on pose à quelques centimètres des façades des maisons, et qui en sont absolument indépendants.

Les candélabres sont employés dans toutes les rues où les trottoirs ont $2^m,40$ de largeur et plus. L'ancien modèle est assez disgracieux. Il existe surtout dans les quartiers excentriques. Le candélabre nouveau modèle est d'un aspect réellement satisfaisant. Il est en fonte bronzée au pinceau ou cuivrée par le procédé Oudry[1]. Il comprend trois parties : le socle, qui est enfoui dans le sol, la borne et le fût.

L'entretien des candélabres, candélabres-consoles et consoles incombe à la Compagnie Parisienne. Cet entretien comporte principalement le renouvellement des peintures, le lavage des candélabres, au moins une fois par mois, et le cirage mensuel des candélabres cuivrés.

Afin de se reconnaître très rapidement au milieu des milliers d'appareils qui éclairent les voies publiques, on munit chacun d'eux d'une petite plaque indicative. Celle-ci contient le numéro de l'arrondissement et un numéro d'ordre. Rien n'est plus facile, dans ces conditions, que de signaler ou de retrouver un appareil quelconque.

Cuivrage des candélabres. — Le cuivrage d'un candélabre ordinaire coûte 112 francs. Cette somme est élevée; mais les candélabres y gagnent un air de propreté et d'élégance qui contribue beaucoup à leur effet décoratif.

Le cuivrage des candélabres s'effectue dans les établissements électro-métallurgiques de la maison Durenne, à Auteuil. On commence d'abord par recouvrir le candélabre intérieurement et extérieurement d'une couche de minium et d'un vernis résineux qui rend les surfaces mauvaises conductrices de l'électricité. Puis on enduit de plombagine toutes les parties qui doivent recevoir un dépôt de cuivre. On plonge alors l'appareil dans un bain de sulfate de cuivre que l'on décompose par le courant d'une batterie de piles. L'un des pôles est relié au candélabre. Sous l'influence du courant, le cuivre se dépose sur toutes les parties rendues bonnes conductrices par la plombagine.

L'épaisseur du cuivre doit être au minimum d'un demi-millimètre ; elle atteint même un millimètre dans les saillies. On est obligé de lui donner cette importance pour augmenter sa résistance. Malgré cette précaution, comme elle ne repose pas immédiatement sur la fonte, elle se déchire assez aisément. C'est un inconvénient du système, mais il paraît difficile de l'éviter,

[1] Nous devons citer aussi un modèle intermédiaire : le candélabre Lacarrière.

car, lorsque le cuivre et la fonte sont en contact immédiat, il se forme, sous l'influence de l'humidité de l'air, un élément de pile. L'eau est décomposée et son oxygène détruit la fonte très rapidement.

Quand les déchirures sont peu étendues, on peut les réparer sur place avec un enduit de copal et de cuivre appliqué à chaud. Si la réparation est importante on dépose les candélabres et on les retourne à l'usine.

Les candélabres ne sont jamais posés dans l'état où ils sortent des bains galvanoplastiques. On les enduit de cire dissoute dans de l'essence de térébenthine et on les frotte avec un chiffon de laine. Ils prennent ainsi un aspect moins criard ; en même temps la couche de cire s'oppose à l'altération du métal.

L'entretien du cuivrage d'un candélabre ordinaire coûte 0f,0049 par jour.

On fait également des candélabres-consoles cuivrés. La dépense de cuivrage est de 84f ; celle de l'entretien du cuivrage de 0f,0049 par jour.

Pose et prix de revient des candélabres. — Les candélabres sont placés à une distance minima de 0m,55 de l'arête extérieure des bordures de trottoirs. Il sont scellés dans un massif de maçonnerie présentant 1m,00 de largeur, 1m,00 d'épaisseur et 0m,70 de hauteur.

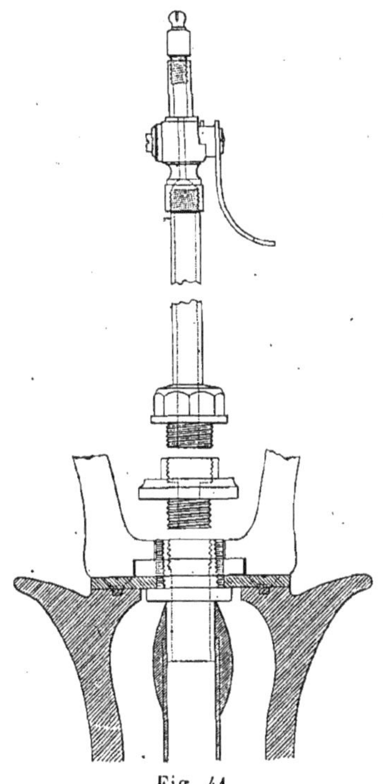

Fig. 41.
Raccord du bec papillon avec la tête d'un candélabre.

Le tuyau de branchement qui est, comme nous l'avons vu (page 56), en plomb de 27 millimètres, pénètre dans le candélabre par une des ouvertures du socle et remonte dans la borne et le fût jusqu'à la tête. On préfère ce système à celui qui consiste à se servir du fût comme conduite de gaz, car il serait bien difficile, alors, d'éviter des fuites. Le raccord du branchement et du bec se fait par l'intermédiaire :

1° D'un raccord de plomberie, pièce en cuivre qui traverse une plaque circulaire en cuivre vissée sur la tête du candélabre et dite *plaque-crapaudine*. Une bague serre fortement le raccord contre la plaque crapaudine.

2° D'un raccord qui vient se visser sur le raccord de plomberie et qui est lui-même muni intérieurement d'un pas de vis. Un renflement ménagé dans la partie inférieure du raccord permet de serrer contre la plaque-crapaudine les croisillons de la lanterne.

3° D'une chandelle, tube en cuivre dans lequel est vissé le bec papillon proprement dit.

Par le socle pénètre également un tuyau de 0m,013 en plomb qui communique avec le drain du branchement. On le fait aboutir à une petite ventouse de 0m,03 pratiquée dans la borne. Le tuyau d'évent n'est placé que dans les voies plantées.

Un candélabre Oudry (fût de 1m,85) muni de sa lanterne revient, mis en place, à 270 francs, comprenant :

Candélabre	39 francs.
Cuivrage du candélabre	112 »
Lanterne ronde	47 »
Pose (en moyenne)	72 »
Total	270 francs.

Il est intéressant de donner la décomposition du prix de pose, afin de renseigner sur les prix élémentaires appliqués à Paris.

DÉCOMPOSITION DU PRIX DE POSE D'UN CANDÉLABRE[1]

	Quantités	Prix élémentaires	Produits partiels
Fouille pour scellement	1m3	2f57	2f57
Fouille pour branchement (au mètre linéaire)	5	1,58	7,90
Enlèvement des terres	1	4,90	4,90
Massif en moellons neufs	0m3,500	21,51	10,76
Fourniture et pose de voliges	5m,00	0,40	2,00
Transport de candélabre	1	6,00	6,00
Vitrage et masticage de la lanterne	1	0,88	0,88
Fourniture et pose de plomb de 0m,027	8m,30	2,55	21,17
Soudure de 0m,027 sur cuivre	1	1,29	1,29
Collets battus	2	0,25	0,50
Paire de brides en fer de 0m,027	1	1,00	1,00
Empatement en bitume	1	0,40	0,40
Prise de gaz	1	4,67	4,67
Pose de robinet-chandelle	1	0,15	0,15
Fourniture et pose de plaque du numéro	1	1,33	1,33
Montage du candélabre	1	3,30	3,30
Mise à plomb	1	1,20	1,20
Pose de porte de candélabre	1	0,85	0,85
Pose de la lanterne ronde	1	0,83	0,83
Nettoyage de la lanterne	1	0,25	0,25
		TOTAL	71f95
		SOIT	72f00

[1] En supposant un branchement de 5m de longueur.

Un candélabre-console cuivré, avec lanterne ronde, revient un peu moins cher que le candélabre ordinaire.

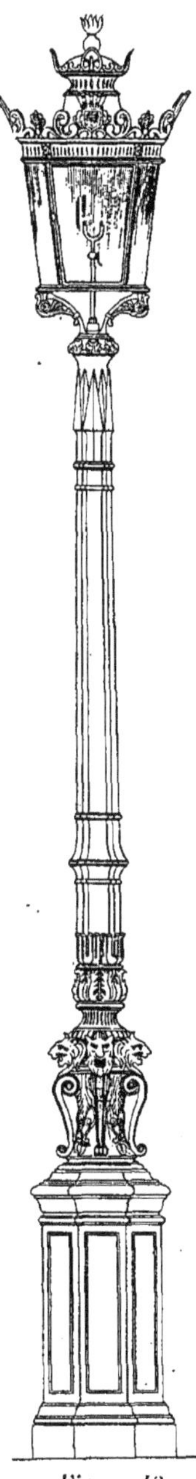

Figure 42. Candélabre modèle de la Place de l'Etoile.

La dépense peut être évaluée à 247 francs se décomposant en

Candélabre-console.	42 francs.
Cuivrage du candélabre-console.	84 »
Lanterne ronde	47 »
Pose (en moyenne).	74 »
Total . . .	247 francs.

Avec une lanterne carrée le prix est de 241 francs.

Candélabres spéciaux. — Pour faire contribuer davantage les candélabres à la décoration des voies publiques on a été amené, dans certains cas, à remplacer le candélabre type, par des candélabres plus volumineux ou plus luxueux.

Nous pouvons citer particulièrement ceux de la place de l'Etoile (figure 42) et des Champs-Elysées (figure 45).

La place de la Concorde si belle, si grandiose est exclusivement éclairée par des candélabres spéciaux. C'est d'abord une grande profusion de candélabres, modèle des Champs-Elysées, formant de belles lignes qui encadrent les chaussées accessibles aux voitures; puis, symétriquement disposées et prolongeant la balustrade qui fait le tour de la place, de belles colonnes rostrales à deux lanternes (figures 46 et 47).

Ailleurs, pour renforcer l'éclairage, on a posé des candélabres à trois et à cinq branches (figures 43 et 44). Ce dernier modèle, dont le fût est en bronze, comporte un socle en pierre de taille. Il sert surtout pour l'éclairage des refuges.

Il existe encore à Paris un très grand nombre de candélabres spéciaux. Ils ont été principalement combinés pour compléter la décoration d'ouvrages servant à la circulation comme les ponts, les escaliers, etc...., ou de bâtiments ayant un caractère d'utilité publique.

Ces candélabres ont des formes plus ou moins heureuses. Nous nous bornerons à indiquer les candélabres du pont de la Concorde (figure 48) et les superbes colonnes rostrales qui éclairent le pourtour de l'Opéra (figure 49).

Signalons, enfin, que l'emploi de foyers lumineux très puissants a néces-

Figure 43.
Candélabre à trois branches.

Figure 44.
Candélabre à cinq branches.

sité la création de quelques types spéciaux tels que le candélabre pour

Figure 45.
Candélabre modèle des Champs-Élysées.

Figure 46.
Colonne rostrale de la Place de la Concorde.

Figure 47.
Eclairage de la Place de la Concorde.

Figure 48.
Candélabre du Pont de la Concorde.

Figure 49.
Colonne rostrale du pourtour de l'Opéra.

refuge, avec socle en fonte, et le candélabre pour bec intensif ou pour lanterne à récupération. Nous en reparlerons plus loin.

Bec intensif du Quatre-Septembre. — Les becs papillons de 140 litres employés pour l'éclairage des voies publiques n'ont qu'une intensité horizontale de 1 carcel[1]. C'est insuffisant dès que l'on a à éclairer de grands espaces, comme des places et des carrefours. On a d'abord été conduit à mettre deux becs dans une même lanterne[2]; puis, ainsi que nous venons de le voir, à installer des candélabres à trois et à cinq branches. Mais ces derniers, excellents au point de vue décoratif, sont loin de donner, en raison des ombres portées, des intensités lumineuses proportionnelles au nombre de becs employés.

La Compagnie du Gaz a été amenée, par suite, à créer deux types de lanternes intensives de 1400 et 875 litres de débit à l'heure, et produisant respectivement, suivant l'horizontale, 13 carcels et 7 carcels.

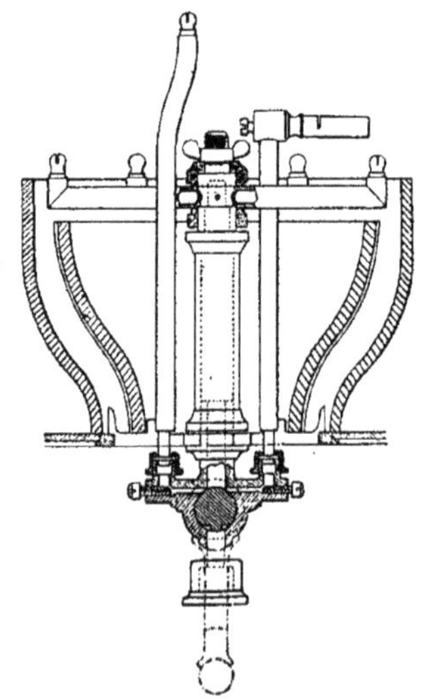

Figure 50.
Bec intensif du Quatre-Septembre de 1400 litres.

Les premiers essais ont été faits, en 1878, dans la rue du Quatre-Septembre. Le bec intensif de la Compagnie Parisienne est, pour cette raison, connu sous le nom de bec du Quatre-Septembre.

[1] L'intensité du bec papillon à feu nu est de 1carcel,1. Le vitrage de la lanterne la réduit de 10 %.

[2] Exemple : les candélabres de la place de l'Etoile.

Le bec de 1400 litres se compose de 6 becs papillons à fente de six dixièmes de millimètre, également répartis suivant une circonférence et disposés de manière que les fentes soient perpendiculaires aux rayons. Deux coupes en cristal situées au-dessous des becs déterminent deux courants d'air, l'un intérieur aux flammes, l'autre extérieur. Dans ces conditions, la combustion du gaz se fait mieux que dans le papillon à air libre, ce qui explique le meilleur rendement du bec (1 carcel 3 pour 140 litres au lieu de 1 carcel). L'allumage ne se fait pas à la lampe, car la lanterne n'a pas de trapillon. On allume le bec à l'aide d'une veilleuse de 15 à 20 litres à l'heure.

La couronne est surmontée d'un bec papillon de 140 litres, dit bec de minuit, qui reste seul allumé après minuit et demi.

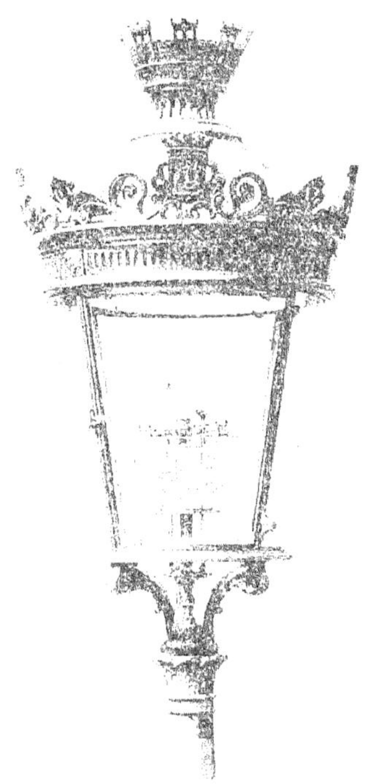

Figure 51.
Lanterne pour bec intensif.

Le bec de 875 litres ressemble au bec de 1400 litres, mais les coupes de verre sont verticales et le nombre des becs de la couronne est réduit à 5.

En raison de leurs dimensions les becs de 875 litres et de 1400 litres n'ont pu être logés dans les lanternes rondes ordinaires pour bec papillon de 140 litres. On a construit, pour les recevoir, deux lanternes spéciales un peu plus volumineuses.

Les becs, type du Quatre-Septembre, sont très décoratifs. Aussi ont-ils été accueillis avec une faveur marquée par le public et par le Conseil Municipal. On en demanda bientôt dans tous les quartiers et, en quelques années, l'administration dut en faire placer plus de 2000.

L'entretien du bec proprement dit est assuré par la Compagnie Parisienne qui perçoit par appareil et par jour une somme de 0f,05 pour le type de 875 litres et une somme de 0f,06 pour le type de 1400 litres. Ces redevances sont indépendantes de celle de 0f,065 qu'elle touche pour l'allumage, l'extinction et l'entretien de la lanterne.

Les dépenses totales journalières, moins toutefois la dépense de gaz afférente au bec de minuit, sont résumées pour l'un et l'autre type dans le tableau ci-après.

DÉBITS	ALLUMAGE, extinction et entretien DE LA LANTERNE	ENTRETIEN du BEC	DÉPENSE MOYENNE de gaz PAR JOUR (5h,67)	DÉPENSE TOTALE	DÉPENSE par carcel et PAR JOUR
875 litres	0f,065	0f,050	0f,744	0f,859	0f,123
1400 »	0, 065	0, 060	1, 191	1, 315	0, 101

Un bec intensif de 1400 litres coûte, sans sa lanterne, 30f,50. Celui de 875 litres ne coûte que 24f,75. Avec lanterne les becs coûtent respectivement 155f,80 et 75f.

Candélabres pour bec intensif. — La théorie indique, ainsi que nous le démontrerons plus loin, qu'il y a intérêt à surélever les candélabres qui portent de gros foyers lumineux. On a été conduit, pour cette raison, à placer les lanternes intensives sur un candélabre spécial, dit de carrefour, que l'on a installé surtout sur des refuges. Ce candélabre est en fonte cuivrée[1]. Ailleurs on s'est contenté simplement de surélever le candélabre de 140 litres à l'aide d'un socle cylindrique. Mais le résultat obtenu n'est pas à recommander. Le candélabre perd à cette transformation toutes ses proportions et devient très disgracieux. Depuis peu on emploie un candélabre spé-

[1] Ce candélabre coûte 295f,25 dont 100,62 pour le candélabre proprement dit et 194f,63 pour le cuivrage.

cial, dont les dispositions générales rappellent celles du candélabre de

Figure 52.
Candélabre de carrefour pour bec intensif.

Figure 53.
Candélabre pour bec intensif, avec socle en pierre.

140 litres et qui est beaucoup plus satisfaisant d'aspect que le candélabre surélevé.

Figure 54.
Candélabre pour bec intensif
(modèle de la place de la République).

Des becs de 1400 litres ont été également placés sur des candélabres à 5 branches type de refuge avec socle en pierre. On s'est généralement borné à transformer la lanterne centrale. Le plus souvent même, pour éviter les ombres portées par les bras des lanternes, on a supprimé complètement les quatre lanternes latérales. Le candélabre n'a plus à supporter, alors, que la lanterne de 1400 litres.

En 1883, on a réalisé un magnifique éclairage sur la place de la République avec des becs de 1400 litres. Les candélabres sont en bronze d'un modèle spécial avec lanterne riche. Ils constituent l'élément capital de la décoration de la place et produisent, le soir, un effet réellement merveilleux. On a là une preuve palpable du concours que l'on peut demander à l'art de l'éclairage, pour la décoration des voies publiques.

Becs à récupération. — Le rendement lumineux des becs intensifs est malheureusement faible. Aussi ont-ils été détrônés dans ces derniers temps par les becs à récupération qui, pour une même quantité de lumière, consomment beaucoup moins de gaz (environ moitié moins).

Nous avons vu que le rendement lumineux des brûleurs augmentait avec la température de la flamme et par suite avec la température de l'air de combustion. Dès 1836, Chaussenot, utilisant ce principe, avait construit un bec formé d'un bec d'Argand avec double cheminée. L'air d'alimentation passait entre les deux cheminées et se réchauffait au contact du verre de la cheminée centrale. On améliorait de cette façon le rendement lumineux de 33 °/₀, par rapport aux becs ordinaires et l'on *récupérait*, ainsi en lumière, une partie de la chaleur produite par la combustion du gaz.

Chaussenot obtint, dans son temps, un prix de 2000 francs, de la Société d'Encouragement. Son appareil n'eut cependant aucun succès et jusqu'en 1879, la récupération fut complètement négligée. A cette époque Frédéric Siemens construisit un nouveau bec à récupération. Quelques essais effectués à Paris, en 1881 sur la place du Carrousel, en 1882 sur la place du Palais-Royal, et en 1883 dans la rue Royale ne furent pas très satisfaisants. Le réglage des flammes s'obtenait difficilement; en outre, les lanternes étaient disgracieuses et d'un entretien dispendieux.

Les premiers becs à récupération réellement satisfaisants ont été introduits à Paris en 1886. Ce sont les becs Schülke qui, modifiés plus tard, ont donné naissance au bec *Parisien* actuellement en usage. Un autre bec, également très satisfaisant, a été imaginé en 1888 par MM. Cordier et Lacaze. Il est connu sous le nom de l'*Industriel*. Enfin divers autres appareils, utilisant la récupération, ont été acceptés ou essayés par la Ville.

Le Parisien et l'Industriel. — Le bec *Parisien* se compose d'une série de becs en stéatite répartis suivant une circonférence et disposés de manière que les fentes soient inclinées sur la circonférence. Ces becs sont alimentés par un chandelier central qui est terminé lui-même par un bec papillon destiné à ne fonctionner qu'après minuit.

Le récupérateur est constitué par un cône en nickel plissé dont la section droite est en forme d'étoile. Les produits de la combustion s'échappent par ce cône. Un obturateur les rejette contre le plissage qu'ils échauffent et portent au rouge. L'air d'alimentation arrive de haut en bas, extérieurement au récupérateur. A son contact il se réchauffe et parvient au bec à une température d'environ 500°. Pour empêcher son mélange avec l'air froid de la lanterne on entoure le bec d'une verrine ou coupe, en verre, qui vient serrer fortement contre un joint en amiante. L'air d'alimentation s'introduit par des ouvertures pratiquées dans le chapiteau et dans le dôme de la lanterne.

La présence de la coupe oblige à maintenir constamment en service, pour l'allumage du bec, une petite veilleuse de 25 litres à l'heure.

Le chandelier est muni d'un régulateur qui s'impose, parce que le bec exige, pour bien fonctionner, une pression sensiblement constante. Un robinet permet soit d'éteindre le bec, soit d'allumer toute la couronne, soit d'allumer seulement le bec de minuit.

La haute température à laquelle est portée la coupe nécessite des dispositions spéciales destinées à empêcher l'introduction de l'eau dans la lanterne.

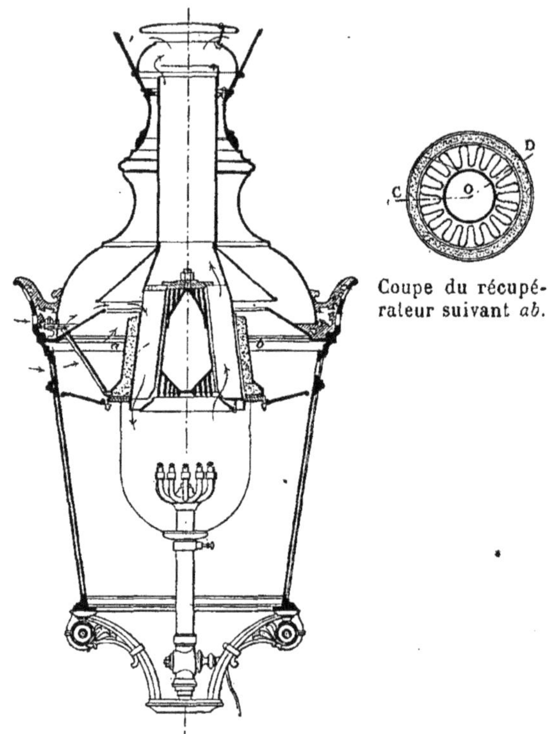

Figure 55.
Bec à récupération, *Le Parisien*.

Tel est le but de deux cônes qui sont reliés au dôme de la lanterne. Malgré cela et surtout en temps de neige les coupes se cassent assez fréquemment.

Le récupérateur a été fait en nickel, parce que ce métal est peu oxydable aux hautes températures. Néanmoins, comme dans les appareils courants la combustion du gaz amène une élévation de température de 800 à 900 degrés, on ne peut guère conserver un récupérateur plus de 4 à 5 ans. On constate également que le métal subit, à la longue, des modifications moléculaires qui diminuent probablement sa conductibilité et qui affaiblissent sensiblement le rendement lumineux des appareils.

L'*Industriel* diffère du *Parisien* en ce que les produits de la combustion, au lieu de s'échapper verticalement, sortent du récupérateur par une série de petits tubes horizontaux que lèche en descendant l'air d'alimentation. Il y a peut-être ainsi moins de chaleur perdue. Mais, comme ces petits tubes sont

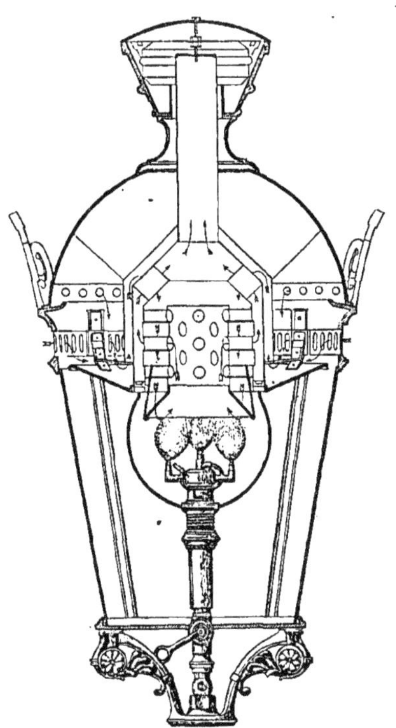

Figure 56.
Bec à récupération, l'*Industriel*.

simplement emboutis, les rivures finissent par jouer assez rapidement et l'air vicié, qui a toujours tendance à s'échapper verticalement, peut se mélanger avec l'air d'alimentation, au détriment du rendement lumineux. Les constructeurs estiment néanmoins que le courant d'air s'établit avec une rapidité suffisante pour que ce mélange ne soit pas à redouter.

A l'avantage de l'*Industriel* nous devons citer : 1° la forme cylindrique du récupérateur et la suppression de l'obturateur, dispositions qui permettent surtout d'éviter les coups de feu ; 2° la forme sensiblement sphérique de la coupe en verre. De cette façon les flammes sont un peu plus éloignées du verre que dans le *Parisien* et les coupes se cassent moins souvent.

Il existe actuellement en service 686 becs du type *Parisien* et 1.280 becs du type l'*Industriel*.

Le rendement lumineux de ces appareils s'élève avec le débit. On peut admettre[1], comme *valeur moyenne* de la radiation horizontale traversant une lanterne vitrée, les intensités ci-après :

INTENSITÉS DES BECS A RÉCUPÉRATION

DÉBITS A L'HEURE	INTENSITÉS LUMINEUSES horizontales DANS UNE LANTERNE VITRÉE	CONSOMMATION par carcel ET PAR HEURE
350 litres	4 carcels	87 litres
430	6	72
550	8,50	65
750	13	58
1000	19	53
1200	24	50.

Les becs les plus répandus sont ceux de 550, 750, 1000 et 1.200 litres. Les deux premiers sont surtout d'un usage courant. Ils sont les équivalents des becs intensifs de 875 litres et 1.400 litres.

Depuis quelques mois les becs à récupération en usage sur la voie publique sont entretenus à forfait par la Compagnie Parisienne moyennant une redevance de 0f,11 par jour et par bec. En ajoutant les autres dépenses d'entretien et celles qui sont relatives au gaz consommé on obtient les chiffres ci-après :

DÉPENSE D'ENTRETIEN DES BECS A RÉCUPÉRATION

(moins la dépense de gaz afférente au bec de minuit)

DÉBITS	ALLUMAGE, extinction et entretien DE LA LANTERNE	ENTRETIEN du BEC	DÉPENSE MOYENNE de gaz par jour (5h,67 en moyenne)	DÉPENSE TOTALE PAR JOUR	DÉPENSE par carcel et PAR JOUR
550 litres	0f,065	0f,110	0f,468	0f,643	0f,076
750	0, 065	0, 110	0, 638	0, 813	0, 062
1000	0, 065	0, 110	0, 850	1, 025	0, 054
1200	0, 065	0, 110	1, 021	1, 196	0, 050

[1] D'après des essais faits sur des lanternes en service.

La supériorité des becs à récupération sur les becs du Quatre-Septembre ressort de la comparaison des dépenses d'entretien rapportées à la carcel. Elle est telle que le service de l'éclairage de la Ville de Paris a pu remplacer un grand nombre de becs intensifs de 1.400 litres et 875 litres par des becs à récupération, sans augmentation de crédit et en payant les dépenses de premier établissement avec les économies réalisées sur le gaz consommé.

Un bec à récupération coûte, non compris la lanterne :

150f	pour un débit de.	550 litres.
170f	—	750 —
195f	—	1.000 —
210f	—	1.200 —

Les lanternes employées sont celles des becs du Quatre-Septembre, convenablement modifiées. Les prix précédents tiennent compte de ces modifications.

Becs divers à récupération. — Depuis l'installation des becs Parisiens

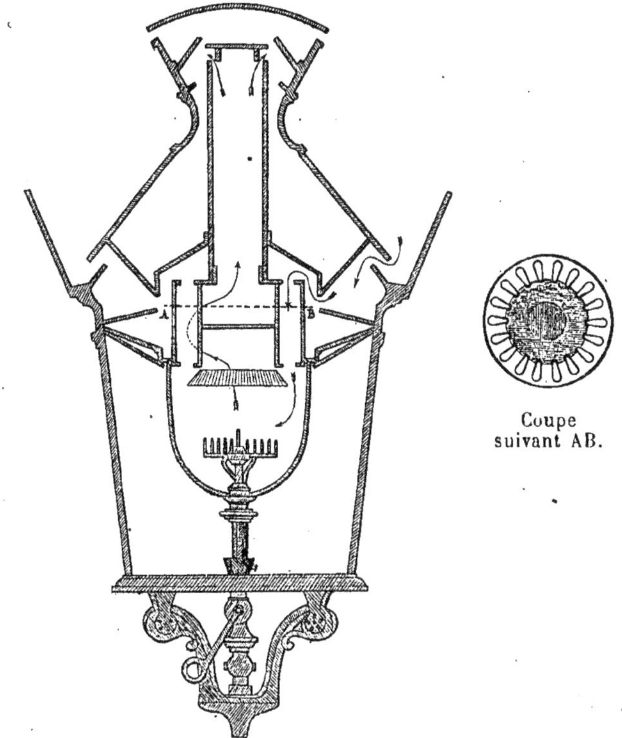

Figure 57.
Bec à récupération dit *Bec Moderne*.

[1] Voir plus haut celles qui correspondent aux becs intensifs de 1.400 et 875 litres.

et Industriels le service de l'éclairage a expérimenté un assez grand nombre d'autres becs à récupération.

Nous devons d'abord citer deux becs qui ont été agréés pour l'éclairage des voies publiques.

L'un, connu sous le nom de *bec moderne* est construit par la maison Sevestre. Le récupérateur est en nickel. Il se compose d'une série de tubes ovoïdes contre lesquels remontent les produits de la combustion, tandis que l'air d'alimentation descend dans les tubes mêmes.

L'autre est construit par M. *Mortimer Sterling*. Le récupérateur est formé par un cylindre vertical en nickel traversé par des lames de même métal.

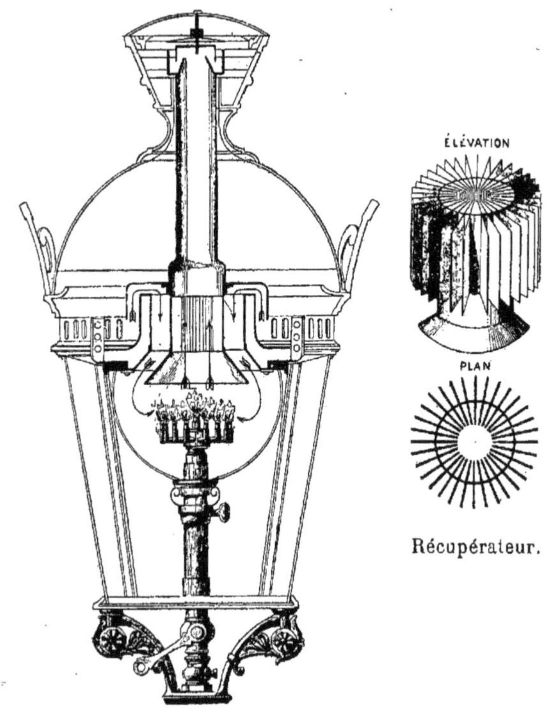

Figure 58.
Bec à récupération Mortimer Sterling.

Les produits de la combustion s'échappent par l'intérieur du cylindre. En s'élevant ils lèchent les parties de lames intérieures au cylindre et les portent au rouge. La chaleur se propage par conductibilité extérieurement au cylindre et est employée dans cette zone à réchauffer l'air d'alimentation.

Ce bec l'avantage de présenter une surface de chauffe considérable (60 décimètres carrés pour le type de 700 litres). En outre, comme il est d'une construction très simple on peut donner aux diverses pièces du récupérateur une épaisseur suffisante pour les mettre à l'abri d'une oxydation trop rapide. Aussi le constructeur estime-t-il que le récupérateur peut durer au moins cinq ans.

Un point délicat du système est le joint des lames et du cylindre. Cependant, comme les produits de la combustion s'élèvent ici verticalement, il est probable que, même si ce joint fuyait, il ne se produirait pas de mélange par trop gênant avec l'air d'alimentation. Les lames et le cylindre sont d'ailleurs réunis par une soudure ne fondant qu'à 1.500 degrés c'est-à-dire à une température supérieure d'au moins 500 degrés à celles qu'atteint le récupérateur.

Le rendement lumineux des becs *Moderne* et *Mortimer Sterling* est sensiblement le même que celui du *Parisien* et de l'*Industriel* (à débit égal). Les dépenses que nécessite leur entretien ne sont pas encore exactement connues. Cependant la Compagnie Parisienne a accepté de les entretenir aux prix précédemment indiqués pour le *Parisien* et pour l'*Industriel.* Les récupérateurs sont livrés par les fabricants aux prix de ces deux derniers becs.

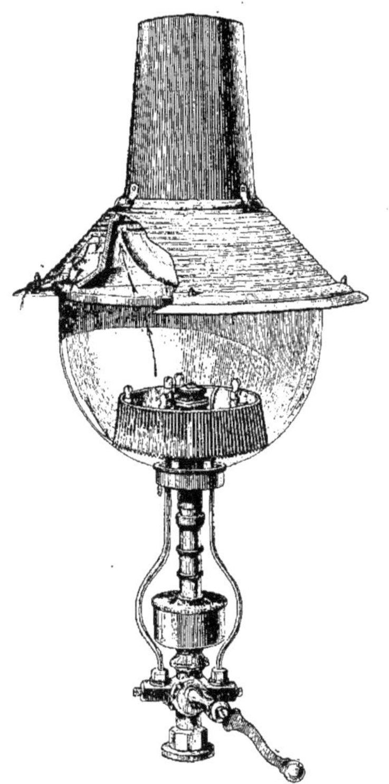

Figure 59.
Bec à récupération Guibout-Giroud.

Il existe actuellement en service 76 becs « Moderne » et 62 becs Mortimer Sterling.

Citons encore, parmi les appareils essayés :

1° le *bec tubulaire*[1] qui n'est autre qu'un *Parisien* dans lequel le plissé a été remplacé par une série de tubes verticaux cylindriques à travers lesquels passe l'air d'alimentation ;

2° le *bec Guibout-Giroud* dont quelques échantillons sont installés sur la place du Théâtre-Français. Dans ce bec les brûleurs sont disposés comme ceux du foyer de 1.400 litres, type du Quatre-Septembre. Ils sont entourés d'un cylindre en cristal cannelé et enfermés dans une coupe en verre. Le récupérateur, très simple, est formé par une demi-sphère en terre réfractaire entourée d'une cheminée tronconique également en terre réfractaire. Les produits de la combustion s'échappent par l'espace compris entre la demi-sphère et la cheminée. La récupération

[1] Ce bec est construit par la maison Lacarrière.

s'effectue de la façon suivante : autour de la cheminée règne une double enveloppe métallique. L'air d'alimentation remonte d'abord dans cette enveloppe puis il redescend par le vide existant entre l'enveloppe et la cheminée. Le nombre des becs Guibout-Giroud en service est de 22. Ils débitent 550 litres à l'heure. Le laboratoire du service de l'éclairage n'a essayé qu'un bec débitant 900 litres à l'heure. On a obtenu la carcel pour 86 litres 6.

3° Le *bec Delmas* et un *bec à carburation* présenté par M. Bénard. Nous ne citons ces deux becs que pour mémoire car il n'existe en service, sur la voie publique, qu'un seul échantillon de l'un et l'autre système.

Bec à récupération avec lanterne spéciale Oudry. — Les divers becs à récupération que nous venons de décrire ont l'inconvénient de nécessiter une coupe et une lanterne extérieure. Les radiations lumineuses, qui perdent déjà de leur intensité en traversant la coupe, perdent encore de 10 à 15 °/₀ en traversant les verres de la lanterne extérieure.[1]

Figure 60.
Bec à récupératton avec lanterne spéciale Oudry.

Pour obvier à cet inconvénient M. Oudry a construit un type spécial de lanterne à récupération qui supprime complètement l'entourage extérieur.

Deux appareils de ce système placés à l'entrée de la rue Royale ont donné de bons résultats. Malheureusement, pour mieux protéger la coupe, M. Oudry a été conduit à cacher partiellement le bec dans le dôme de la lanterne, ce qui nuit à l'effet décoratif[2]. Mais on étudie un nouvel appareil dans lequel un cylindre de verre, extérieur aux rayons lumineux incidents, arrêtera la pluie ou la neige. On pourra ainsi placer les becs aussi bas que dans les lanternes à récupération ordinaires.

Si le bec sans lanterne tient ce qu'il promet, il conviendra évidemment d'en généraliser l'emploi. Ce sera d'autant plus facile qu'on peut appliquer ce système à tous les divers becs à récupération en usage sur la voie publique.

Candélabres pour becs à récupération. — Sur un très grand nombre de points, les becs

[1] Le chiffre de 10 0/0 peut être admis quand la lanterne est bien propre.
[2] Dans un modèle récent cet inconvénient a été en grande partie supprimé.

à récupération ont été simplement substitués à des becs intensifs déjà existants. Il a été alors possible de les loger dans les lanternes, type du Quatre-Septembre, en usage, sans qu'il fût également nécessaire de modifier les candélabres correspondants.

On n'a pas été amené, par suite, à créer un candélabre spécial pour les becs à récupération.

Les foyers en bordure de la voie publique sont donc supportés par des candélabres ordinaires, pour les débits de 550 litres, et par des candélabres surélevés, pour les débits de 700 litres et au-delà.

Pour l'éclairage des refuges, les anciens candélabres ont été également conservés. Toutefois on ne pose plus maintenant que des candélabres avec socle en fonte, à l'exclusion du candélabre avec socle en pierre de taille. Ce dernier est en effet encombrant et il est très difficile de tenir la pierre constamment propre.

Un candélabre-refuge en fonte, avec bec à récupération de 700 à 750 litres, revient, mis en place, à 693 francs, savoir :

Candélabre	101	francs.
Cuivrage du candélabre	195	»
Lanterne ronde.	128	»
Récupérateur	170	»
Pose (en moyenne)	99	»
Total	693	francs.

Numéros lumineux. — Il est souvent difficile de lire, pendant la nuit, les numéros des immeubles situés en bordure de la voie publique. Il serait par suite fort utile que toutes les maisons fussent munies de numéros lumineux, visibles non seulement pour les passants qui suivent les trottoirs, mais encore pour les cochers qui circulent sur la chaussée.

La Ville de Paris donne l'exemple, en signalant de cette façon les immeubles municipaux. Elle exige, en outre, que les maisons élevées sur des terrains communaux, vendus à des particuliers, soient aussi munies de numéros lumineux.

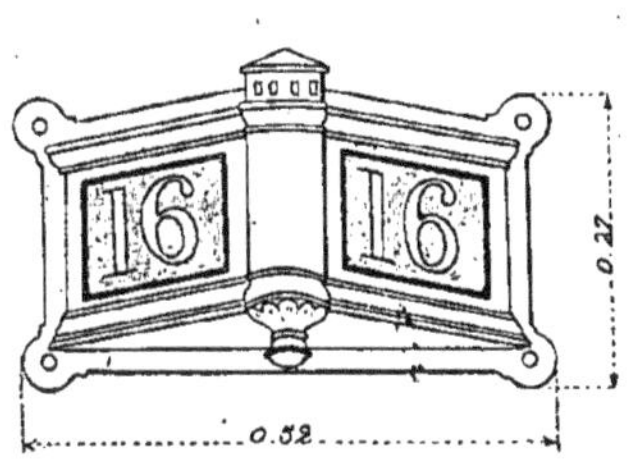

Figure 61.
Numéro lumineux.

L'appareil en usage a la forme d'une lanterne triangulaire. Un des côtés s'applique sur la façade. Les deux autres forment un angle plus ou moins aigu, suivant que le numéro est à 2 ou 3 chiffres. Le numéro est reproduit sur chacune des deux faces apparentes. Il se détache en blanc sur fond bleu, comme les numéros non lumineux ordinaires. On obtient ce résultat en découpant les numéros dans une plaque rectangulaire en tôle émaillée en bleu et en recouvrant intérieurement les numéros par une plaque de verre blanc dépoli.

La lumière est produite par un petit bec papillon de 25 litres à l'heure.

Une lanterne pour numéro lumineux, en bronze, y compris ses accessoires coûte 70 francs.

Le service de la lanterne, allumage, extinction et entretien est organisé de la façon suivante :

1° Batiments communaux. — La Compagnie Parisienne se charge de l'allumage, de l'extinction et de l'entretien de la lanterne moyennant une redevance de 0f,04 par lanterne et par jour. Toutefois le remplacement des plaques émaillées est à la charge exclusive de la Ville. Le gaz est payé à l'heure ou au compteur. Le premier mode de règlement est appliqué aux bâtiments qui ferment la nuit, tels que les écoles, justices de paix, etc... Dans ce cas le bec de la lanterne est branché sur la conduite du bâtiment un peu avant le compteur. Au contraire pour les postes de police, de pompiers, etc... qui restent ouverts toute la nuit le branchement est pris après le compteur et la dépense de gaz se confond avec celle de l'établissement.

2° Maisons particulières. — La Compagnie Parisienne traite avec les particuliers de trois façons différentes :

(*a*) Si la lanterne est alimentée par un branchement spécial, avec robinet d'ordonnance, la Compagnie se charge de la fourniture de gaz, de l'allumage, de l'extinction et de l'entretien de l'appareil pour la somme de 42 francs par an. Le propriétaire a, en outre, à payer l'entretien du branchement et du robinet extérieur qui est de 0f,60 par mois.

(*b*) Si la lanterne est alimentée par un tuyau dépendant de la canalisation intérieure de la maison et pris avant le compteur, la Compagnie Parisienne ne se charge pas de l'entretien de la lanterne ni de ses accessoires ; mais elle fait le service de l'allumage, de l'extinction et la fourniture de gaz, le tout moyennant la somme de 38f,35 par an.

(*c*) Si le tuyau alimentant la lanterne est pris après le compteur, la Compagnie se charge de l'allumage et de l'extinction au prix de 10f,95 par an.

Il existe actuellement en service 737 numéros lumineux, dont 512 sont apposés sur des bâtiments communaux et 225 sur des maisons particulières.

Appareils pour illuminations. — Le gaz se prête merveilleusement à l'illumination des édifices. Sa lumière vive, mobile, aux tons chauds en fait un élément de décoration incomparable.

On emploie alors des rampes lumineuses, formées de petits becs papillons très rapprochés et à fente étroite, afin de donner à la flamme une raideur qui lui permette de résister au vent et aux courants d'air. Exceptionnellement,

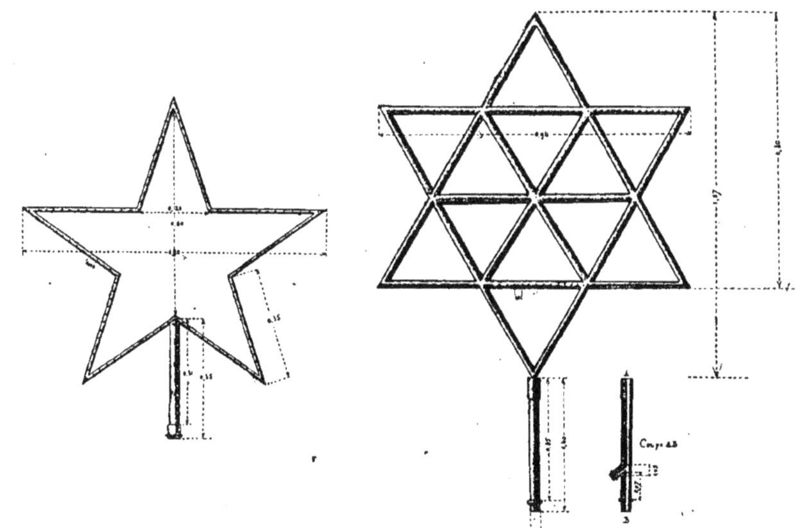

Figure 61.
Etoiles pour illuminations.

quand on veut obtenir beaucoup de lumière ainsi que des lignes de feu bien

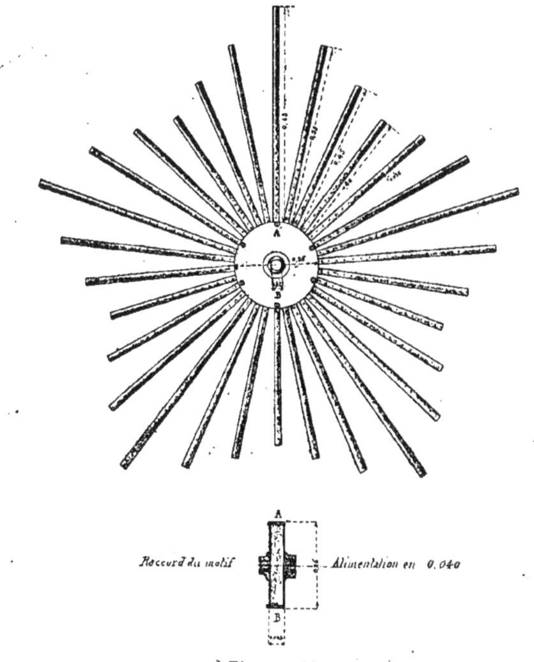

Figure 62.
Soleil pour illuminations.

fournies, on entoure les becs de globes dépolis, et, dans ce cas, on leur donne un plus grand débit. Telle est la disposition des grandes guirlandes de la place de la Concorde et de l'avenue des Champs-Elysées.

Comme les rampes ne fonctionnent qu'à de rares intervalles, on paie généralement le gaz consommé à l'heure, en se guidant sur une expérience préalable.

Figure 63.
Autre modèle de Soleil pour illuminations.

Il faut rattacher aux rampes d'illumination les motifs lumineux que l'on place sur certaines grandes avenues ou sur de grandes places.

Les plus usités sont en forme d'étoiles, de soleils, de feuillages, etc. Les motifs n'ont, en réalité, aucun caractère d'originalité bien tranché. Ils font tous très bon effet.

Becs pour l'éclairage privé. — Les becs employés à Paris pour l'éclairage des particuliers ne sont pas spéciaux à la capitale. On les rencontre dans toutes les villes où les directeurs d'usines à gaz savent, par des démonstrations pratiques et par une réclame intelligente, convaincre les consommateurs et forcer leurs portes aux innovations.

Les becs les plus employés sont des becs à double courant d'air avec cheminée, se rattachant au type Bengel ou Argand. Leur rendement moyen est de 105 litres à l'heure, par carcel.

Les becs papillons sont aussi très usités. Et non seulement on les rencontre dans les cuisines, les escaliers, les couloirs... c'est-à-dire dans des locaux où l'on n'a pas besoin d'un éclairage aussi soigné que dans un bureau ou une salle à manger, par exemple, mais ils peuvent être employés avec succès dans les lustres et les girandoles. Leur flamme vive, animée est incontestablement très décorative. Tous ces becs papillons consomment environ 140 litres de gaz par heure et par carcel.

Les becs bougies se placent surtout dans les suspensions riches de salle à manger, comme accompagnement du bec central. L'intérêt du consommateur est de les éliminer le plus possible, en raison de leur mauvais rendement (200 litres par carcel.)

Enfin nous devons signaler toute une série de becs à récupération avec flamme horizontale tels que les becs Wenham, Danichewski, Cromartie, etc. et trop connus maintenant pour qu'il soit nécessaire de les décrire. Le rendement lumineux de ces appareils atteint de 35 à 50 litres par carcel, suivant le calibre[1]. Ils présentent en outre l'avantage de pouvoir servir à la ventilation des pièces.

La Compagnie Parisienne en a fait une expérience pratique très concluante dans ses magasins de la rue Condorcet. Il a été démontré que non seulement on pouvait évacuer complètement les produits de la combustion[2], mais encore que la chaleur dégagée par le gaz, en brûlant, permettait de produire un tirage suffisant pour renouveler complètement l'air de ces magasins en deux heures.

Le système consiste à monter les lampes au-dessous de fausses poutres courant le long du plafond et formant un canal d'évacuation. Ce canal est en communication directe avec les cheminées des lampes; d'autre part il aspire par un petit tube débouchant sous le plafond l'air des couches supérieures qui sont naturellement les plus chaudes. L'air frais s'introduit par des vasistas.

M. Lévy, ingénieur de la Compagnie du Gaz, qui a dirigé cette installation ainsi que plusieurs autres fort intéressantes a résumé, comme il suit[3], les avantages que procure la récupération combinée avec la ventilation.

1° La température des locaux n'est influencée par les lampes à récupération

[1] Il s'agit du rendement lumineux mesuré suivant le rayon d'intensité maxima (45° environ). Le rendement comparé à l'intensité moyenne sphérique est moins satisfaisant.

[2] Un mètre cube de gaz produit en brûlant 800 litres d'acide carbonique.

[3] Revue technique de l'Exposition Universelle de 1889.

et à ventilation que dans une infime proportion, et cela, par le rayonnement seul dont l'effet est négligeable à une certaine distance des lampes. On se trouve dans des conditions comparables à celles de l'éclairage électrique par lampe à incandescence ;

2° La composition chimique ou hygiénique de l'air est plutôt améliorée à partir de l'allumage ;

3° Le renouvellement de l'air est très sensible ; il dépend toutefois des conditions suivantes : facilité d'entrée de l'air frais, longueurs, coudes, sections, conduits d'évacuation des produits gazeux (gaz brûlé et air appelé). Suivant les hypothèses plus ou moins favorables, l'effet utile final, au point de vue de la ventilation obtenue avec un mètre cube de gaz, varie entre 120 et 1.200 mètres cubes d'air frais appelé par heure ;

4° Les produits de la combustion ne se répandent plus dans les locaux ; il n'y a plus à craindre la détérioration des peintures et des décorations.

Ces divers avantages ne sont pas à dédaigner. Aussi les becs à récupération et à ventilation paraissent-ils tout indiqués pour l'éclairage des salles appelées à contenir un grand nombre de personnes, comme les salles d'études dans les écoles actuellement éclairées au gaz.

Becs à incandescence. — Dans tous les becs que nous avons étudiés la lumière est produite par des particules de carbone incandescent, en suspension dans la flamme.

On construit maintenant d'autres becs utilisant directement la lumière produite par certains corps autres que le carbone, portés à l'incandescence. Dans ces becs le gaz n'intervient que comme agent de chauffage. Il doit alors, pour produire le plus de chaleur possible, être mélangé à un excès d'air comme dans les fourneaux de cuisine ou dans les becs Bunsen de laboratoire. Le difficile est de trouver des corps qui puissent être portés au blanc très rapidement et qui soient en outre inoxydables ou indécomposables par la chaleur.

Dans le *bec Sellon* on emploie une mèche en toile de platine iridiée.

Le *bec Clamond*, amélioré, comporte une corbeille de magnésie suspendue sous un récupérateur de chaleur, analogue à celui des lampes à récupération.

Ces deux becs ont un bon rendement lumineux, mais ils nécessitent un entretien dispendieux.

Le *bec Auer*, au contraire, est d'un fonctionnement très satisfaisant. Il se compose d'un bec brûlant un mélange d'air et de gaz dans la proportion de 1 volume de gaz pour 2,88 volumes d'air et d'un petit treillage très léger en forme de manchon, que la chaleur dégagée par la combustion porte à l'incandescence.

Le bec proprement dit est simplement un bec Bunsen ordinaire surmonté d'une petite chambre dans laquelle se fait le mélange de l'air et du gaz dans les proportions voulues.

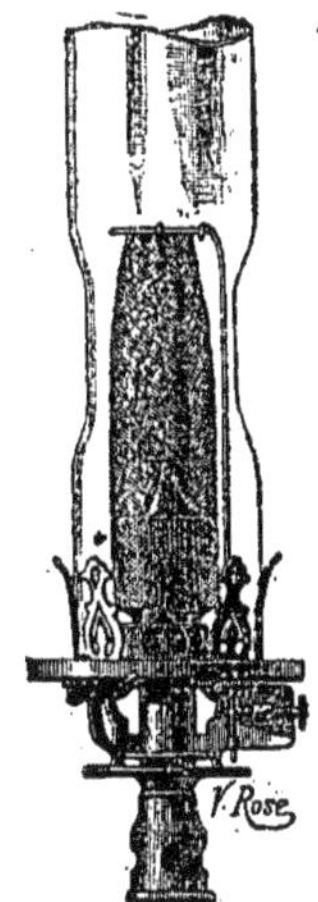

Figure 64.
Bec Auer.

Le manchon se fabrique de la manière suivante : on commence par couper dans de longues mèches en très bon coton tressé à la machine à main, des morceaux de $0^m,15$ de longueur. Chaque morceau doit donner plus tard un manchon. On le renforce à l'une de ses extrémités avec un morceau de tulle et on le nettoie à vif, d'abord avec une solution ammoniacale, puis avec une solution très étendue d'acide chlorhydrique, puis enfin avec de l'eau distillée. On le plonge ensuite dans une dissolution incolore d'azotates métalliques (Thorium, Zircone, Yttrium, etc...) et, quand il en a été bien imprégné, on le retire avec des gants en caoutchouc. Cette précaution est nécessaire, car la dissolution attaque la peau. On passe dans un petit laminoir en caoutchouc afin de bien exprimer le liquide en excès et l'on sèche au-dessus d'une rampe de gaz. Un fil d'amiante est alors passé dans le tube et permet de suspendre le manchon à une tige en nickel. On donne au manchon une forme conique en l'enfonçant dans un moule en bois, et il n'y a plus qu'à procéder à l'opération la plus délicate qui consiste dans l'incinération du coton et dans la réduction des azotates en oxydes. On obtient ce résultat en exposant le manchon pendant quelques minutes à une flamme très chaude, produite par un jet de gaz comprimé à la pression de 1 mètre 1/2 d'eau.

Il ne reste alors qu'un tissu très léger composé exclusivement de matières minérales.

Le rendement lumineux du bec Auer est excellent. Il est de 20 à 25 litres à l'heure, par Carcel[1]. Le bec dégage en outre peu de chaleur et il vicie beaucoup moins l'air que les becs ordinaires.

Malheureusement il est d'une fragilité excessive[2]. On ne peut, pour cette raison, l'allumer brutalement et il faut se servir d'un allumoir spécial, constitué ordinairement par une petite mèche de coton imbibée d'alcool que l'on place à la partie inférieure du verre. En allumant le bec par le haut, comme un bec Bengel, on pourrait craindre que la petite explosion, que produit dans

[1] On obtiendrait, paraît-il, des résultats encore plus satisfaisants en employant du gaz sous pression.

[2] Il est difficile de fixer dans ces conditions une durée moyenne du bec. Un bec bien entretenu, bien soigné et *dont le verre ne casse pas* peut parfaitement durer de 800 à 1.200 heures.

tous les becs à cheminée un tel mode d'allumage, ne fit tomber le manchon en poussière[1].

Les ateliers de la *Société française d'incandescence par le gaz* (151, Rue de Courcelles) sont installés pour pouvoir livrer près de 5.000 becs par jour. On fabrique principalement deux modèles : l'un de 85 litres à l'heure, l'autre de 120 litres. La Société estime qu'il existe déjà dans Paris au moins 150.000 becs Auer.

Des becs Auer sont employés à Berlin et à Stuttgard pour l'éclairage des voies publiques. On procède en ce moment, à Paris, à des essais de ce genre.

Bec à l'albo-carbon. — Il faut enfin que nous disions un mot d'un bec dont un assez grand nombre de commerçants se servent pour éclairer leurs magasins.

Nous voulons parler du bec dit à *l'albo-carbon*. Le principe est d'enrichir le gaz, tel qu'il est livré par la Compagnie, en le chargeant de vapeurs susceptibles d'augmenter la teneur en carbone de la flamme.

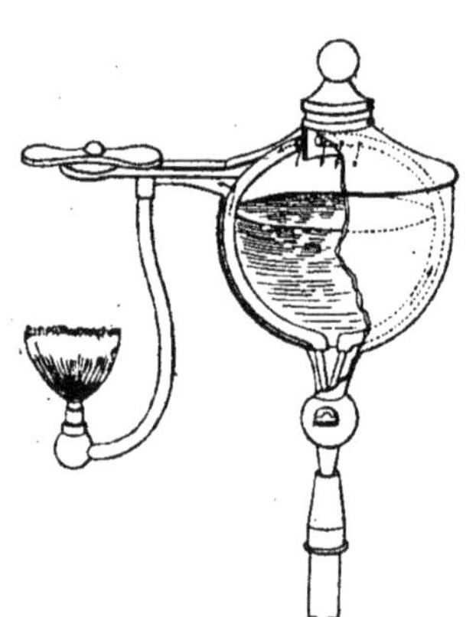

Figure 65.
Bec à l'albo-carbon.

On se sert de la naphtaline.

Cet hydrocarbure, dont nous nous sommes déjà occupé en parlant de la fabrication et de la distribution du gaz, est solide à la température ordinaire. Pour augmenter sa température et par suite sa tension de vapeur on le renferme dans un récipient ovoïde, ordinairement nickelé et muni d'une saillie qui s'étale juste au-dessus du bec. Le gaz, en brûlant, chauffe cette saillie qui, à son tour, réchauffe le récipient par conductibilité. Le gaz n'arrive au bec qu'après s'être mélangé aux vapeurs de naphtaline comme le montre la figure 65.

On obtient une carcel pour une consommation horaire de 30 litres de gaz et de 2 grammes de naphtaline. La flamme est blanche, fixe et d'un très bel éclat. On fait aussi des becs à plusieurs branches, donnant une grande quantité de lumière.[2]

[1] Pour faciliter l'allumage on installe souvent, dans l'intérieur du bec, une petite veilleuse brûlant environ 4 litres de gaz à l'heure. Le bec s'allume alors de lui-même, dès que l'on tourne le robinet d'arrivée du gaz.

[2] Des becs à albo-carbon, à grand débit et à branches multiples, ont été présentés au laboratoire municipal. Leur rendement a été trouvé un peu inférieur à celui des appareils à bec unique.

Ce bec ne paraît pas néanmoins susceptible d'un très grand avenir. Il faut en effet compléter assez fréquemment la provision de naphtaline, sujétion qui rappelle les lampes à huile ou à pétrole.

En outre, il est assez difficile d'éviter que de la vapeur de naphtaline, dont l'odeur est loin d'être agréable, ne se répande dans l'atmosphère.

Enfin il convient de remarquer que le pouvoir lumineux indiqué n'est obtenu qu'au bout de 40 à 50 minutes de fonctionnement. Il faut, en effet, que la chaleur dégagée par la combustion du gaz ait le temps de réchauffer et de faire fondre la naphtaline.

ANNEXES

Instructions de Dumas et Regnault pour la détermination du pouvoir éclairant et la vérification de la bonne épuration du gaz.

VÉRIFICATION DU POUVOIR ÉCLAIRANT

La flamme de la lampe Carcel prise pour type et celle du bec de gaz normal sont amenées et maintenues à une égale intensité sous le rapport du pouvoir éclairant. Quand la lampe a brûlé 10 grammes d'huile, le bec doit avoir brûlé 25 litres de gaz, s'échappant sous la pression de 2 à 3 millimètres d'eau.

1° DESCRIPTION DES APPAREILS

LAMPE CARCEL

Diamètre extérieur du bec	23mm5
Diamètre intérieur du bec (ou du courant d'air intérieur).	17 »
Diamètre du courant d'air extérieur	45, 5
Hauteur totale du verre	290 »
Distance du coude à la base du verre	61 »
Diamètre extérieur au niveau du coude.	47 »
Diamètre extérieur du verre pris au haut de la cheminée.	34 »
Epaisseur moyenne du verre	2 »

CONDITIONS DE LA MÈCHE

Mèche moyenne, dite mèche des phares. La tresse est composée de 75 brins. Le décimètre de longueur pèse 3 gr. 6. Les mèches doivent être conservées dans un endroit sec, ou, si le local est humide, dans une boîte contenant de la chaux vive dans un double fond ; cette chaux sera renouvelée avant sa complète extinction.

CONDITIONS DE L'HUILE

On emploiera de l'huile de colza épurée.

BEC A GAZ

Le bec d'essai est un bec Bengel, en porcelaine, à trente trous, avec panier et sans cône.

Hauteur totale du bec	80mm	»
Distance de la naissance de la galerie au sommet du bec	31	»
Hauteur de la partie cylindrique du bec	36	»
Diamètre extérieur du cylindre en porcelaine	22	5
Diamètre du courant d'air intérieur	9	»
Diamètre du cercle sur lequel sont percés les trous	16	»
Diamètre moyen des trous	0	6
Hauteur du verre	200	»
Epaisseur du verre	3	»
Diamètre extérieur du verre { en haut	52	»
Diamètre extérieur du verre { en bas	49	»
Nombre de trous percés dans le panier	109	»
Diamètre des trous du panier	3	»

Les becs qui seront employés aux essais devront avoir été préalablement comparés aux becs types conservés sous scellés.

2° PRÉPARATION DE L'ESSAI

L'essai comprend l'allumage et les mesures.

ALLUMAGE DE LA LAMPE

Mettre une mèche neuve.

La couper à fleur du porte-mèche.

Remplir la lampe exactement d'huile, jusqu'à la naissance de la galerie.

Monter la lampe.

L'allumer en maintenant d'abord la mèche à 5 ou 6 millimètres de hauteur.

Placer le verre.

Pour régler la dépense, on élève la mèche à une hauteur de 10 millimètres et le verre de telle sorte que le coude soit à une hauteur de 2 millimètres au-dessus du niveau de la mèche.

Pour obtenir ces conditions, on fait affleurer la pointe inférieure du petit appareil qui est adapté au porte-mèche avec la mèche elle-même, et la pointe inférieure avec un trait au diamant marqué sur le col du verre.

La lampe doit consommer 42 grammes d'huile à l'heure, et il importe de la régler à ce chiffre. Quand la consommation descend au-dessous de 38 grammes ou qu'elle s'élève au-dessus de 46 grammes, l'essai est annulé.

ALLUMAGE DU BEC

On allume le bec, en ayant soin de faire porter la partie inférieure du verre sur la base de la galerie.

On le laisse brûler, ainsi que la lampe, une demi-heure avant de commencer l'opération.

On mesure la pression sur le manomètre adapté au porte-bec. Elle doit être de 2 à 3 millimètres d'eau.

MESURES

Tarer la lampe. Pour cela, la placer dans le cylindre fixé à un des plateaux de la balance, et établir l'équilibre au moyen de grenailles de plomb.

Ajouter, sur le plateau où se trouve la lampe, un petit poids supplémentaire (A).

Etablir la communication du fléau avec le timbre.

S'assurer, au moyen des mires, que la flamme de la lampe et celle du bec sont à la même hauteur et à une même distance de l'écran.

Ramener au zéro l'aiguille mobile sur l'axe du compteur à gaz et celle du compteur à secondes.

3° ESSAI

Se placer derrière la lunette.

Pour obtenir des lumières égales dans les deux moitiés de l'écran, on fait varier la dépense du gaz au moyen du robinet à vis placé sur le compteur. Il est commode, pour apprécier plus sûrement les intensités relatives des deux lumières, de se servir de petites lampes mobiles au moyen d'une vis qui sert à diminuer le champ de l'instrument.

Quand le marteau frappe sur le timbre, on fait partir l'aiguille du compteur en tirant à soi le levier qui met en mouvement les deux aiguilles.

Accrocher le poids B au plateau dans lequel se trouve la lampe.

Rétablir la communication du fléau avec le timbre.

Pendant tout le temps que dure l'essai, on doit observer dans la lunette si l'égalité des deux lumières se maintient; au besoin on la rétablit en réglant l'arrivée du gaz à l'aide du robinet à vis.

Au moment où le marteau frappe de nouveau sur le timbre, on presse sur le levier pour arrêter les deux aiguilles.

4° RÉSULTAT DE L'ESSAI. — CALCUL

Lire la dépense sur le cadran du compteur.

Lire la pression sur le manomètre adapté au porte-bec.

EXEMPLE DU CALCUL

Le compteur marque . . . . 24 litres 5

Comme le poids B pèse . . . . 10 gr.

$$2{,}45 \times 42 = 102 \text{ litres } 9.$$

Cet essai sera répété trois fois, de demi-heure en demi-heure. La lampe et les becs allumés au commencement de l'opération serviront, dans les mêmes conditions, pour le reste de l'expérience.

On prendra la moyenne des trois résultats.

La consommation normale de la lampe étant de 42 grammes d'huile à l'heure, pour brûler 10 grammes d'huile il faudra 14′ 17″.

Ainsi le compteur à secondes permet de déterminer, dans chaque expérience, la consommation d'huile que la lampe fait par heure et de reconnaître si l'on est dans les limites indiquées plus haut.

Par exemple, le compteur à secondes marque 15′ 30″, soit 15,5.

D'après la proportion suivante, on aura :

$$10 : 15,5 : : x : 60.$$

$x = 38$ grammes 7, consommation d'huile de la lampe par heure.

5° VÉRIFICATION DU COMPTEUR

Elle doit être faite tous les huit jours, en présence d'un agent de la Compagnie.

PRÉPARATION DE L'EXPÉRIENCE

Remplir d'eau le gazomètre.

Y introduire le gaz. Pour cela, on ouvre le robinet qui donne accès au gaz, et en même temps celui qui laisse écouler l'eau.

Recueillir dans un vase l'eau qui s'échappe et l'introduire dans le réservoir supérieur.

Le gazomètre étant plein de gaz, fermer le robinet inférieur.

On doit s'assurer, alors, s'il n'y a pas de fuite dans l'ensemble des appareils. Pour cela, on ferme le robinet du porte-bec, on ouvre le robinet qui met en communication le gazomètre et le compteur, ainsi que le robinet à vis. On fait couler un peu d'eau du réservoir dans le gazomètre jusqu'à ce que le manomètre marque une pression de 0^m050 d'eau. Si cette pression n'a pas varié au bout de 5 minutes, il n'y a pas de fuite dans l'appareil.

EXPÉRIENCE

Ramener au zéro l'aiguille du compteur.

Ouvrir en plein le robinet du compteur et celui du porte-bec.

Faire écouler l'eau du réservoir dans le gazomètre, au moyen du robinet disposé à cet effet.

On règle l'écoulement de l'eau au moyen de ce robinet, de telle sorte que la pression indiquée par le manomètre ne dépasse pas 0^m003.

Quand le niveau de l'eau dans le gazomètre se trouve au zéro de l'échelle, faire partir l'aiguille mobile du compteur.

Quand le niveau de l'eau arrive dans le gazomètre au degré 25, on arrête l'aiguille du compteur.

On lit la division marquée par cette aiguille ; si ces deux nombres sont d'accord, le compteur est exact.

Dans le cas où le nombre de litres représentés par la marche du compteur et celui qui serait indiqué par le gazomètre ne seraient pas d'accord, on répétera l'expérience trois fois chaque jour pendant toute la semaine, et on prendra la moyenne.

Si la dépense du compteur, mesurée au gazomètre, présente des variations qui dépassent 1 °/₀, c'est-à-dire 0 litre 25, ou bien 2,5 divisions pour 25 litres du compteur, celui-ci doit être mis en réparation et remplacé.

VÉRIFICATION DE LA BONNE ÉPURATION DU GAZ

L'appareil consiste en un bec de porcelaine, semblable à celui qui est adopté pour la détermination du pouvoir éclairant. Il est monté sur un petit réservoir à gaz, muni d'un manomètre à eau. Le bec traverse un plateau sur lequel on pose une cloche tubulée en verre. La tubulature communique avec un tube de plomb, qui déverse le gaz au dehors ou dans une cheminée.

1° PRÉPARATION DU PAPIER D'ÉPREUVE

Plonger des feuilles de papier blanc, non collé, dans une dissolution d'acétate neutre de plomb dans l'eau distillée, contenant 1 de ce sel pour 100 d'eau.

Sécher ces feuilles de papier à l'air, les couper en bandes de 1 centimètre de large sur 5 centimètres de long et les conserver dans un flacon à l'émeri, à large goulot.

2° ESSAI

Suspendre une bande de papier ainsi préparée dans la cloche.

Ouvrir le robinet pour y faire arriver le gaz. Le manomètre doit indiquer une pression de 2 à 3 millimètres d'eau pendant la durée de l'expérience.

Laisser la bande de papier dans le courant du gaz pendant la durée de l'un des essais relatifs au pouvoir éclairant, c'est-à-dire pendant un quart d'heure.

Retirer la bande.

Ecrire sur la bande le numéro du bureau et la date.

La bande de papier ne doit pas brunir par l'action du gaz. Si elle ne s'est pas colorée, l'essayeur la renferme dans un flacon à l'émeri à large goulot, où il conserve toutes les bandes d'un même trimestre.

Si la bande de papier imprégnée d'acétate de plomb brunit ou noircit par son séjour dans la cloche, on réitère l'essai.

L'une des bandes, numérotée et datée, est conservée dans le flacon à l'émeri.

L'autre bande, également numérotée et datée, et de plus revêtue de la signature de l'essayeur, est envoyée, sous pli cacheté, à M. le Directeur de la voie publique de la Ville de Paris.

Paris, le 12 décembre 1860.

V. REGNAULT,
Administrateur de la manufacture impériale de Sèvres, Membre de l'Académie des sciences.

J. DUMAS, sénateur,
Membre de l'Académie des sciences, Président du Conseil municipal.

Tableau des heures d'Allumage et d'Extinction des lanternes de la voie publique.

Jours du mois	Heures de l'allumage (soir)	Heures de l'extinction (matin)	Durée de l'éclairage	Jours du mois	Heures de l'allumage (soir)	Heures de l'extinction (matin)	Durée de l'éclairage
JANVIER				**FÉVRIER**			
1er au 2	4h . 55m	7h . 15m	14h 20m	1er au 2	5h . 35m	6h . 50m	13h 15m
2 au 3	4 . 55	7 . 15	14 20	2 au 3	5 . 35	6 . 50	13 15
3 au 4	4 . 55	7 . 15	14 20	3 au 4	5 . 35	6 . 50	13 15
4 au 5	4 . 55	7 . 15	14 20	4 au 5	5 . 35	6 . 50	13 15
5 au 6	4 . 55	7 . 15	14 20	5 au 6	5 . 40	6 . 50	13 10
6 au 7	5 . »	7 . 15	14 15	6 au 7	5 . 40	6 . 50	13 10
7 au 8	5 . »	7 . 15	14 15	7 au 8	5 . 40	6 . 50	13 10
8 au 9	5 . »	7 . 15	14 15	8 au 9	5 . 45	6 . 40	12 55
9 au 10	5 . »	7 . 15	14 15	9 au 10	5 . 45	6 . 40	12 55
10 au 11	5 . »	7 . 15	14 15	10 au 11	5 . 45	6 . 40	12 55
11 au 12	5 . 05	7 . 15	14 10	11 au 12	5 . 45	6 . 40	12 55
12 au 13	5 . 05	7 . 15	14 10	12 au 13	5 . 50	6 . 40	12 50
13 au 14	5 . 05	7 . 15	14 10	13 au 14	5 . 50	6 . 40	12 50
14 au 15	5 . 05	7 . 15	14 10	14 au 15	5 . 55	6 . 40	12 45
15 au 16	5 . 10	7 . 10	14 »	15 au 16	5 . 55	6 . 30	12 35
16 au 17	5 . 10	7 . 10	14 »	16 au 17	5 . 55	6 . 30	12 35
17 au 18	5 . 10	7 . 10	14 »	17 au 18	6 . »	6 . 30	12 30
18 au 19	5 . 15	7 . 10	13 55	18 au 19	6 . »	6 . 30	12 30
19 au 20	5 . 15	7 . 10	13 55	19 au 20	6 . »	6 . 30	12 30
20 au 21	5 . 15	7 . 10	13 55	20 au 21	6 . »	6 . 30	12 30
21 au 22	5 . 15	7 . 05	13 50	21 au 22	6 . 05	6 . 15	12 10
22 au 23	5 . 15	7 . 05	13 50	22 au 23	6 . 05	6 . 15	12 10
23 au 24	5 . 20	7 . 05	13 45	23 au 24	6 . 05	6 . 15	12 10
24 au 25	5 . 20	7 . 05	13 45	24 au 25	6 . 10	6 . 15	12 05
25 au 26	5 . 25	7 . 05	13 40	25 au 26	6 . 10	6 . 15	12 05
26 au 27	5 . 25	7 . »	13 35	26 au 27	6 . 10	6 . 15	12 05
27 au 28	5 . 25	7 . »	13 35	27 au 28	6 . 15	6 . 15	12 »
28 au 29	5 . 25	7 . »	13 35	28 au 29	6 . 15	6 . 05	11 50
29 au 30	5 . 30	7 . »	13 30	29 au 1er	6 . 15	6 . 05	11 50
30 au 31	5 . 30	7 . »	13 30				366 10
31 au 1er	5 . 30	7 . »	13 30				
			433 25				

Jours du mois	Heures de l'allumage (soir)	Heures de l'extinction (matin)	Durée de l'éclairage
MARS			
1er au 2	6h . 20m	6h . 05m	11h 45m
2 au 3	6 . 20	6 . 05	11 45
3 au 4	6 . 20	6 . 05	11 45
4 au 5	6 . 20	6 . 05	11 45
5 au 6	6 . 25	6 . 05	11 40
6 au 7	6 . 25	6 . 05	11 40
7 au 8	6 . 30	5 . 55	11 25
8 au 9	6 . 30	5 . 55	11 25
9 au 10	6 . 30	5 . 55	11 25
10 au 11	6 . 30	5 . 55	11 25
11 au 12	6 . 35	5 . 55	11 20
12 au 13	6 . 35	5 . 55	11 20
13 au 14	6 . 35	5 . 55	11 20
14 au 15	6 . 40	5 . 35	10 55
15 au 16	6 . 40	5 . 35	10 55
16 au 17	6 . 45	5 . 35	10 50
17 au 18	6 . 45	5 . 35	10 50
18 au 19	6 . 45	5 . 35	10 50
19 au 20	6 . 50	5 . 35	10 45
20 au 21	6 . 50	5 . 35	10 45
21 au 22	6 . 55	5 . 25	10 30
22 au 23	6 . 55	5 . 25	10 30
23 au 24	6 . 55	5 . 25	10 30
24 au 25	6 . 55	5 . 25	10 30
25 au 26	7 . »	5 . 25	10 25
26 au 27	7 . »	5 . 25	10 25
27 au 28	7 . 05	5 . 15	10 10
28 au 29	7 . 05	5 . 15	10 10
29 au 30	7 . 05	5 . 15	10 10
30 au 31	7 . 05	5 . 15	10 10
31 au 1er	7 . 05	5 . 15	10 10
			339 30
AVRIL			
1er au 2	7h . 10m	5h . »m	9h 50m
2 au 3	7 . 15	5 . »	9 45
3 au 4	7 . 15	5 . »	9 45
4 au 5	7 . 15	5 . »	9 45
5 au 6	7 . 20	5 . »	9 40
6 au 7	7 . 20	5 . »	9 40
7 au 8	7 . 20	5 . »	9 40
8 au 9	7 . 25	4 . 45	9 20
9 au 10	7 . 25	4 . 45	9 20
10 au 11	7 . 25	4 . 45	9 20
11 au 12	7 . 25	4 . 45	9 20
12 au 13	7 . 30	4 . 45	9 15
13 au 14	7 . 30	4 . 45	9 15
14 au 15	7 . 30	4 . 45	9 15
15 au 16	7 . 35	4 . 30	8 55
16 au 17	7 . 35	4 . 30	8 55
17 au 18	7 . 40	4 . 30	8 50
18 au 19	7 . 40	4 . 30	8 50
19 au 20	7 . 40	4 . 30	8 50
20 au 21	7 . 45	4 . 15	8 30
21 au 22	7 . 45	4 . 15	8 30
22 au 23	7 . 50	4 . 15	8 25
23 au 24	7 . 50	4 . 15	8 25
24 au 25	7 . 50	4 . 15	8 25
25 au 26	7 . 50	4 . »	8 10
26 au 27	7 . 55	4 . »	8 05
27 au 28	7 . 55	4 . »	8 05
28 au 29	7 . 55	4 . »	8 05
29 au 30	8 . »	4 . »	8 »
30 au 1er	8 . »	4 . »	8 »
			268 10

Jours du mois	Heures de l'allumage (soir)	Heures de l'extinction (matin)	Durée de l'éclairage
MAI			
1er au 2	8h . 05m	3h . 45m	7h 40m
2 au 3	8 . 05	3 . 45	7 40
3 au 4	8 . 05	3 . 45	7 40
4 au 5	8 . 05	3 . 45	7 40
5 au 6	8 . 05	3 . 45	7 40
6 au 7	8 . 10	3 . 30	7 20
7 au 8	8 . 10	3 . 30	7 20
8 au 9	8 . 15	3 . 30	7 15
9 au 10	8 . 15	3 . 30	7 15
10 au 11	8 . 15	3 . 30	7 15
11 au 12	8 . 20	3 . 30	7 10
12 au 13	8 . 20	3 . 30	7 10
13 au 14	8 . 20	3 . 30	7 10
14 au 15	8 . 20	3 . 30	7 10
15 au 16	8 . 25	3 . 15	6 50
16 au 17	8 . 25	3 . 15	6 50
17 au 18	8 . 30	3 . 15	6 45
18 au 19	8 . 30	3 . 15	6 45
19 au 20	8 . 30	3 . 15	6 45
20 au 21	8 . 35	3 . 05	6 30
21 au 22	8 . 35	3 . 05	6 30
22 au 23	8 . 35	3 . 05	6 30
23 au 24	8 . 35	3 . 05	6 30
24 au 25	8 . 40	3 . 05	6 25
25 au 26	8 . 40	3 . 05	6 25
26 au 27	8 . 45	2 . 45	6 »
27 au 28	8 . 45	2 . 45	6 »
28 au 29	8 . 45	2 . 45	6 »
29 au 30	8 . 45	2 . 45	6 »
30 au 31	8 . 45	2 . 45	6 »
31 au 1er	8 . 45	2 . 45	6 »
			212 10
JUIN			
1er au 2	8h . 50m	2h . 45m	5h 55m
2 au 3	8 . 50	2 . 45	5 55
3 au 4	8 . 50	2 . 45	5 55
4 au 5	8 . 55	2 . 45	5 50
5 au 6	8 . 55	2 . 45	5 50
6 au 7	8 . 55	2 . 45	5 50
7 au 8	8 . 55	2 . 45	5 50
8 au 9	9 . »	2 . 45	5 45
9 au 10	9 . »	2 . 45	5 45
10 au 11	9 . »	2 . 45	5 45
11 au 12	9 . »	2 . 45	5 45
12 au 13	9 . »	2 . 45	5 45
13 au 14	9 . »	2 . 45	5 45
14 au 15	9 . »	2 . 45	5 45
15 au 16	9 . 05	2 . 30	5 25
16 au 17	9 . 05	2 . 30	5 25
17 au 18	9 . 05	2 . 30	5 25
18 au 19	9 . 05	2 . 30	5 25
19 au 20	9 . 05	2 . 30	5 25
20 au 21	9 . 05	2 . 30	5 25
21 au 22	9 . 05	2 . 30	5 25
22 au 23	9 . 05	2 . 30	5 25
23 au 24	9 . 05	2 . 30	5 25
24 au 25	9 . 05	2 . 30	5 25
25 au 26	9 . 05	2 . 30	5 25
26 au 27	9 . 05	2 . 45	5 40
27 au 28	9 . 05	2 . 45	5 40
28 au 29	9 . 05	2 . 45	5 40
29 au 30	9 . 05	2 . 45	5 40
30 au 1er	9 . 05	2 . 45	5 40
			169 15

JUILLET

Jours du mois	Heures de l'allumage (soir)	Heures de l'extinction (matin)	Durée de l'éclairage
1er au 2	9h . 05m	2h . 45m	5h 40m
2 au 3	9 . 05	2 . 45	5 40
3 au 4	9 . 05	2 . 45	5 40
4 au 5	9 . 05	2 . 45	5 40
5 au 6	9 . »	2 . 45	5 45
6 au 7	9 . »	2 . 45	5 45
7 au 8	9 . »	2 . 45	5 45
8 au 9	9 . »	2 . 45	5 45
9 au 10	9 . »	2 . 45	5 45
10 au 11	9 . »	2 . 45	5 45
11 au 12	8 . 55	3 . »	6 05
12 au 13	8 . 55	3 . »	6 05
13 au 14	8 . 55	3 . »	6 05
14 au 15	8 . 55	3 . »	6 05
15 au 16	8 . 55	3 . »	6 05
16 au 17	8 . 50	3 . »	6 10
17 au 18	8 . 50	3 . »	6 10
18 au 19	8 . 50	3 . »	6 10
19 au 20	8 . 50	3 . »	6 10
20 au 21	8 . 45	3 . »	6 15
21 au 22	8 . 45	3 . »	6 15
22 au 23	8 . 45	3 . »	6 15
23 au 24	8 . 40	3 . 15	6 35
24 au 25	8 . 40	3 . 15	6 35
25 au 26	8 . 40	3 . 15	6 35
26 au 27	8 . 40	3 . 15	6 35
27 au 28	8 . 35	3 . 15	6 40
28 au 29	8 . 35	3 . 15	6 40
29 au 30	8 . 35	3 . 15	6 40
30 au 31	8 . 35	3 . 15	6 40
31 au 1er	8 . 35	3 15	6 40
			190 40

AOUT

Jours du mois	Heures de l'allumage (soir)	Heures de l'extinction (matin)	Durée de l'éclairage
1er au 2	8h . 30m	3h . 30m	7h »m
2 au 3	8 . 30	3 . 30	7 »
3 au 4	8 . 25	3 . 30	7 05
4 au 5	8 . 25	3 . 30	7 05
5 au 6	8 . 20	3 . 30	7 10
6 au 7	8 . 20	3 . 30	7 10
7 au 8	8 . 20	3 . 30	7 10
8 au 9	8 . 15	3 . 30	7 15
9 au 10	8 . 15	3 . 30	7 15
10 au 11	8 . 15	3 . 30	7 15
11 au 12	8 . 10	3 . 45	7 35
12 au 13	8 . 10	3 . 45	7 35
13 au 14	8 . 05	3 . 45	7 40
14 au 15	8 . 05	3 . 45	7 40
15 au 16	8 . 05	3 . 45	7 40
16 au 17	8 . »	3 . 45	7 45
17 au 18	8 . »	3 . 45	7 45
18 au 19	7 . 55	3 . 45	7 50
19 au 20	7 . 55	3 . 45	7 50
20 au 21	7 . 50	4 . »	8 10
21 au 22	7 . 50	4 . »	8 10
22 au 23	7 . 50	4 . »	8 10
23 au 24	7 . 45	4 . »	8 15
24 au 25	7 . 45	4 . »	8 15
25 au 26	7 . 40	4 . »	8 20
26 au 27	7 . 40	4 . 15	8 35
27 au 28	7 . 35	4 . 15	8 40
28 au 29	7 . 35	4 . 15	8 40
29 au 30	7 . 30	4 . 15	8 45
30 au 31	7 . 30	4 . 15	8 45
31 au 1er	7 . 30	4 . 15	8 45
			242 15

SEPTEMBRE

Jours du mois	Heures de l'allumage (soir)	Heures de l'extinction (matin)	Durée de l'éclairage
1er au 2	7h . 25	4 . 35m	9h 10m
2 au 3	7 . 25	4 . 35	9 10
3 au 4	7 . 20	4 . 35	9 15
4 au 5	7 . 20	4 . 35	9 15
5 au 6	7 . 15	4 . 35	9 20
6 au 7	7 . 15	4 . 35	9 20
7 au 8	7 . 10	4 . 35	9 25
8 au 9	7 10	4 . 35	9 25
9 au 10	7 . 05	4 . 35	9 30
10 au 11	7 . 05	4 . 35	9 30
11 au 12	7 . »	4 . 35	9 35
12 au 13	7 . »	4 . 45	9 45
13 au 14	6 . 55	4 45	9 50
14 au 15	6 . 55	4 . 45	9 50
15 au 16	6 . 55	4 . 45	9 50
16 au 17	6 . 50	4 . 45	9 55
17 au 18	6 . 50	4 . 45	9 55
18 au 19	6 . 45	5 . »	10 15
19 au 20	6 . 45	5 . »	10 15
20 au 21	6 . 40	5 . »	10 20
21 au 22	6 . 40	5 . »	10 20
22 au 23	6 . 35	5 . »	10 25
23 au 24	6 35	5 . »	10 25
24 au 25	6 . 35	5 . 10	10 35
25 au 26	6 . 30	5 . 20	10 50
26 au 27	6 . 30	5 . 20	10 50
27 au 28	6 . 25	5 . 20	10 55
28 au 29	6 . 25	5 . 20	10 55
29 au 30	6 . 20	5 . 20	11 »
30 au 1er	6 . 20	5 . 20	11 »
			300 05

OCTOBRE

Jours du mois	Heures de l'allumage (soir)	Heures de l'extinction (matin)	Durée de l'éclairage
1er au 2	6h . 15m	5h . 30m	11h 15m
2 au 3	6 . 15	5 . 30	11 15
3 au 4	6 . 10	5 . 30	11 20
4 au 5	6 . 10	5 . 30	11 20
5 au 6	6 . 05	5 . 30	11 25
6 au 7	6 . 05	5 . 30	11 25
7 au 8	6 . »	5 . 30	11 30
8 au 9	6 . »	5 . 40	11 40
9 au 10	5 . 55	5 . 40	11 45
10 au 11	5 . 55	5 . 40	11 45
11 au 12	5 . 55	5 . 40	11 45
12 au 13	5 . 50	5 . 40	11 50
13 au 14	5 . 50	5 . 40	11 50
14 au 15	5 . 45	5 . 40	11 55
15 au 16	5 . 45	5 . 50	12 05
16 au 17	5 . 40	5 . 50	12 10
17 au 18	5 . 40	5 . 50	12 10
18 au 19	5 . 40	5 . 50	12 10
19 au 20	5 . 35	5 . 50	12 15
20 au 21	5 . 35	5 . 50	12 15
21 au 22	5 . 35	6 . »	12 25
22 au 23	5 . 30	6 . »	12 30
23 au 24	5 . 30	6 »	12 30
24 au 25	5 . 25	6 . »	12 35
25 au 26	5 25	6 . »	12 35
26 au 27	5 . 25	6 . »	12 35
27 au 28	5 . 20	6 . »	12 40
28 au 29	5 . 20	6 . 10	12 50
29 au 30	5 . 20	6 . 10	12 50
30 au 31	5 . 15	6 . 10	12 55
31 au 1er	5 . 15	6 . 10	12 55
			374 25

Jours du mois	Heures de l'allumage	Heures de l'extinction	Durée de l'éclairage	Jours du mois	Heures de l'allumage	Heures de l'extinction	Durée de l'éclairage
NOVEMBRE				**DÉCEMBRE**			
1er au 2	5h . 15m	6h . 10m	12h 55m	1er au 2	4h . 45m	6h . 55m	14h 10m
2 au 3	5 . 15	6 . 10	12 55	2 au 3	4 . 45	6 . 55	14 10
3 au 4	5 . 10	6 . 10	13 »	3 au 4	4 . 45	6 . 55	14 10
4 au 5	5 . 10	6 . 20	13 10	4 au 5	4 . 40	6 . 55	14 15
5 au 6	5 . 10	6 . 20	13 10	5 au 6	4 . 40	7 . »	14 20
6 au 7	5 . 05	6 . 20	13 15	6 au 7	4 . 40	7 . »	14 20
7 au 8	5 . 05	6 . 20	13 15	7 au 8	4 . 40	7 . »	14 20
8 au 9	5 . 05	6 . 20	13 15	8 au 9	4 . 40	7 . 05	14 25
9 au 10	5 . »	6 . 20	13 20	9 au 10	4 . 40	7 . 05	14 25
10 au 11	5 . »	6 . 20	13 20	10 au 11	4 . 40	7 . 05	14 25
11 au 12	5 . »	6 . 20	13 20	11 au 12	4 . 40	7 . 05	14 25
12 au 13	4 . 55	6 . 20	13 25	12 au 13	4 . 40	7 . 05	14 25
13 au 14	4 . 55	6 . 20	13 25	13 au 14	4 . 40	7 . 05	14 25
14 au 15	4 . 55	6 . 30	13 35	14 au 15	4 . 40	7 . 10	14 30
15 au 16	4 soir 55	6 matin 30	13 35	15 au 16	4 soir 40	7 matin 10	14 30
16 au 17	4 . 55	6 . 30	13 35	16 au 17	4 . 40	7 . 10	14 30
17 au 18	4 . 50	6 . 30	13 40	17 au 18	4 . 40	7 . 10	14 30
18 au 19	4 . 50	6 . 30	13 40	18 au 19	4 . 45	7 . 10	14 25
19 au 20	4 . 50	6 . 30	13 40	19 au 20	4 . 45	7 . 10	14 25
20 au 21	4 . 50	6 . 30	13 40	20 au 21	4 . 45	7 . 10	14 25
21 au 22	4 . 50	6 . 30	13 40	21 au 22	4 . 45	7 . 10	14 25
22 au 23	4 . 50	6 . 40	13 50	22 au 23	4 . 45	7 . 10	14 25
23 au 24	4 . 45	6 . 50	14 05	23 au 24	4 . 45	7 . 15	14 30
24 au 25	4 . 45	6 . 50	14 05	24 au 25	4 . 45	7 . 15	14 30
25 au 26	4 . 45	6 . 50	14 05	25 au 26	4 . 45	7 . 15	14 30
26 au 27	4 . 45	6 . 50	14 05	26 au 27	4 . 50	7 . 15	14 25
27 au 28	4 . 45	6 . 50	14 05	27 au 28	4 . 50	7 . 15	14 25
28 au 29	4 . 45	6 . 50	14 05	28 au 29	4 . 50	7 . 15	14 25
29 au 30	4 . 45	6 . 50	14 05	29 au 30	4 . 50	7 . 15	14 25
30 au 1er	4 . 45	6 . 50	14 05	30 au 31	4 . 50	7 . 15	14 25
			407 20	31 au 1er	4 . 50	7 . 15	14 25
							446 20

TOTAL DES HEURES : 3.749 heures 45 minutes.

Le service variable (extinction à minuit et demi) correspond à 2.075 heures 25 minutes.

Ces chiffres s'appliquent à une année bissextile. Pour une année ordinaire ils s'abaissent respectivement à 3.737 heures 55 minutes et 2.069 heures 10 minutes.

CHAPITRE V

LA VILLE DE PARIS ET LA COMPAGNIE PARISIENNE DU GAZ

Traité de 1855. — Traité de 1861. — Traité de 1870. — Premières tentatives d'abaissement du prix du gaz. — Commission de 1880. — Projet de convention Martial Bernard. — Projet Floquet. — Procès de 1883. — Expertise de 1883. — Arrêt du Conseil d'Etat. Commissions quinquennales de 1885 et de 1890. — Nouvelles combinaisons ; projet Sauton.

Annexes. — Traité du 7 février 1870 entre la Ville de Paris et la Compagnie Parisienne du Gaz.

Traité de 1855. — Nous avons vu qu'en 1855 les six Compagnies gazières, qui se partageaient, alors, l'éclairage de Paris, avaient fusionné pour former la *Compagnie Parisienne d'Eclairage et de Chauffage par le gaz.*

Aux termes du traité du 23 juillet 1855, cette Compagnie obtint le droit exclusif de conserver et d'établir des tuyaux pour la conduite du gaz d'éclairage et de chauffage sous les voies publiques, conformément aux arrêtés du Préfet de la Seine.

La concession était accordée pour une durée de cinquante années commençant le 1er janvier 1856 et finissant le 31 décembre 1905.

La Compagnie s'engageait :

1° A abaisser le prix du gaz à 0f,30 le mètre cube pour les particuliers et à 0f,15 pour les services publics ;

2° A payer à la Ville, comme droit de location du sous-sol des voies publiques occupé par les canalisations, une somme fixe et annuelle de 200.000 francs ;

3° A payer également à la Ville un droit d'octroi de 0f,02 par mètre cube de gaz consommé.

4° A partager avec la Ville et par moitié, mais seulement à partir du 1er janvier 1872, les bénéfices dépassant 10 °/o d'un capital de 55 millions.

La Compagnie devait en outre étendre ses canalisations à la demande de l'Administration et développer la puissance de ses usines de manière à faire face à tous les besoins de la consommation. D'un autre côté la Ville se réservait le droit de faire déplacer et même enlever aux frais de la Compagnie concessionnaire et sans aucune indemnité les tuyaux de conduite de gaz toutes les fois que l'intérêt public l'exigerait.

L'article 51 spécifiait qu'à l'expiration de la concession la Ville de Paris deviendrait propriétaire de la canalisation au prix, fixé à forfait, de 2 millions. Mais c'était là une erreur.

Une annexe au traité, en date du 4 octobre 1855, a rectifié l'article 51 comme il suit :

A l'expiration de la concession, la Ville de Paris deviendra propriétaire de plein droit et entrera en possession sans indemnité des tuyaux, robinets, siphons, regards, valves et autres accessoires qui existeront alors sur la voie publique.

La même annexe a réglé les conditions d'acquisition des usines, conditions qui avaient été omises dans le traité du 23 juillet. Il fut convenu qu'à la fin de la concession la Ville deviendrait propriétaire des usines, moyennant un prix fixé à *dire d'expert.*

L'Administration avait dû se préoccuper des améliorations que le temps apporterait aux conditions de la production du gaz de l'éclairage. Il fallait aussi prévoir les applications possibles de la lumière électrique, bien qu'elle ne constituât alors qu'une simple expérience de laboratoire. L'article 11 qui réserve, à ce double point de vue, les droits de la Ville est très important et, comme il a servi de base, plus tard, aux nombreuses contestations soulevées relativement à l'abaissement du prix du gaz, nous allons le reproduire en entier.

ART. 11 DU TRAITÉ DU 23 JUILLET 1855.

Si, par suite du progrès de la science, l'Administration, de l'avis du Conseil Municipal, jugeait convenable d'imposer à la Société l'emploi de procédés étrangers au système actuel de fabrication du gaz, celle-ci serait tenue de se conformer aux prescriptions de l'Administration.

Dans le cas où l'emploi de ces nouveaux procédés aurait pour résultat un abaissement notable dans le prix de revient du gaz la Société serait obligée de faire profiter l'éclairage public et particulier de cet abaissement de prix, dans les proportions déterminées par l'Autorité administrative, toujours de l'avis du Conseil Municipal.

Il en serait de même pour le cas où, sans attendre l'intervention adminis-

trative, la Société aurait pris l'initiative de l'application de procédés nouveaux.

Ces stipulations ne seront applicables que par périodes de cinq ans.

Dans les derniers mois de chaque période tous les procédés étrangers au système actuel de fabrication qui seraient jugés de nature à constituer un progrès seront examinés par une Commission qui sera désignée par le Ministre de l'Intérieur et qui indiquera ceux des perfectionnements ou celles des inventions qui lui paraîtront pouvoir recevoir une application industrielle et manufacturière.

En cas de découverte d'un mode d'éclairage autre que l'éclairage par le Gaz, l'Administration se réserve le droit de concéder toute autorisation nécessaire pour l'établissement du nouveau système d'éclairage, sans être tenue à aucune indemnité envers la Société actuelle.

Ce dernier paragraphe affranchissait la Ville de la Compagnie du Gaz dans le cas de l'application de l'électricité à la production de la lumière. C'est une clause utile et sage que beaucoup de villes ont cependant négligé d'insérer dans leurs traités.

Traité de 1861. — Au moment de l'annexion, il fallut pourvoir à l'éclairage de la zone annexée. Cette zone était éclairée déjà en partie par la Compagnie Parisienne ainsi que par les Compagnies du Nord et de l'Est[1]. Ces deux dernières Compagnies ayant cédé leurs droits et intérêts à la Compagnie Parisienne, celle-ci put être chargée de l'éclairage par le gaz, pour la totalité de Paris. Mais, comme elle était dans l'obligation d'augmenter sa production et de canaliser un territoire encore peu habité, elle demanda à la Ville des avantages particuliers qui lui ont été accordés par le traité du 25 janvier 1861.

D'abord, l'éclairage de la zone annexée devait faire l'objet d'une régie intéressée se soldant en perte ou en bénéfice au détriment ou au profit de la Ville. En cas de perte, les déficits annuels se cumuleraient avec intérêts à 6 °/₀ jusqu'en 1872, époque à laquelle la Ville affecterait au remboursement de sa dette la part qui lui reviendrait dans les bénéfices de la Compagnie. Le traité de 1855 stipulait que le partage des bénéfices ne commencerait qu'après un intérêt de 10 °/₀ servi à un capital de 55 millions. En vue des travaux d'extension nécessaires pour éclairer la zone annexée, la Compagnie était autorisée à porter ce capital à 84 millions. La Compagnie pouvait, en outre, avant tout partage des bénéfices, prélever les sommes nécessaires pour

[1] La Compagnie du Nord éclairait les communes de Batignolles, Montmartre, La Chapelle, Clichy, Saint-Denis ; celle de l'Est, les communes de Charonne, Saint-Mandé, Vincennes, Bercy, Charenton, Maisons-Alfort, Saint-Maurice.

amortir les actions et obligations émises ou à émettre et pour maintenir la réserve statutaire au chiffre de 2 millions.

Comme conséquence, l'article qui règle ces dispositions expliquait que, *en fin de concession et par l'effet même de l'action complète de l'amortissement des actions et obligations, le produit de l'actif mobilier et immobilier de la Compagnie et le montant de la réserve feraient partie des bénéfices à partager.*

L'article 51 du traité de 1855, rectifié par l'annexe du 4 octobre 1855 (canalisations et usines en fin de concession), était d'ailleurs intégralement conservé.

Il fut entendu également que la redevance pour occupation du sous-sol par les conduites, précédemment fixée à 200.000 francs, serait portée à 250.000 francs, le jour où la consommation par mètre courant de conduite de la zone annexée atteindrait celle de Paris.

Enfin, deux points sur lesquels le traité de 1855 n'avait pas assez insisté furent réglés au mieux des intérêts de la Ville. Le premier concerne la vérification du pouvoir éclairant et de la bonne épuration du gaz qui dut, dorénavant, être menée conformément aux instructions de Dumas et Regnault. En second lieu, la Compagnie fut mise dans l'obligation de drainer les conduites sous les voies plantées, en se conformant à des règlements précis de l'Administration.

Le traité de 1861 devait évidemment entraîner un accroissement de la consommation de gaz et par suite accroître les droits d'octroi que la Ville percevait à raison de 0f,02 par mètre cube. Mais, d'abord, la Compagnie avait obtenu qu'elle n'exécuterait que 182 kilomètres de canalisation jusqu'au 31 décembre 1872. Ensuite elle avait la faculté de remplacer la redevance de 0f,02 par un droit d'octroi appliqué à la houille distillée, ce qui enlevait au fisc municipal tout le volume dû à l'amélioration de la distillation. Des difficultés survinrent bientôt et comme, d'autre part, la Ville était très désireuse d'avancer le moment de sa participation aux bénéfices, en même temps que de donner satisfaction aux nombreuses demandes de canalisation qui se produisaient dans la zone annexée, il devint necessaire d'élaborer un nouveau traité.

Traité de 1870. — Ce traité est celui du 7 février 1870[1]. Il supprime la différence que le traité de 1861 avait établie entre la zone ancienne et la zone annexée, sauf en ce qui concerne la redevance pour location du sous-sol qui est fixée comme précédemment. Mais il est entendu que la redevance de

[1] Voir le texte complet du traité aux annexes.

200.000 francs sera portée à 250.000 francs quand la consommation du gaz par mètre courant, dans la zone annexée, atteindra 148 mètres cubes [1].

Les droits d'octroi seront perçus exclusivement sur la quantité de gaz consommé, à raison de 0f,02 par mètre cube. Il est spécifié que les usines de la Compagnie seront considérées comme des entrepôts réels s'appliquant aux approvisionnements en charbon de terre, ainsi qu'aux produits et sous-produits de la distillation. Par suite, en ce qui concerne ces diverses matières, la Compagnie n'aura à payer de droits d'octroi que pour les quantités livrées dans Paris à la consommation locale.

La grosse question des canalisations nouvelles est réglée comme il suit :

La Ville peut exiger 500 mètres de canalisation par jour ; les voies ayant une largeur de 14 mètres et au-dessus recevront une double canalisation sous trottoir ; il en sera de même des voies asphaltées, quelle que soit leur largeur [2].

Le traité de 1861 avait stipulé que le partage des bénéfices n'aurait lieu qu'à partir du 1er janvier 1872, après intérêt de 10 % servi à un capital de 84 millions.

Celui de 1870 permet à la Ville de toucher sa part de bénéfice dès le 1er janvier 1869 après toutefois qu'il aura été prélevé :

1° les sommes nécessaires pour annuités d'amortissement des actions et obligations émises ou à émettre ;

2° la retenue destinée à maintenir au chiffre de 2 millions la réserve prévue par les statuts ;

3° une somme, pour intérêts et dividendes des actions, fixée à 12.400.000f jusqu'en 1887 inclusivement et à 11.200.000f du 1er janvier 1888 à la fin de la concession (31 décembre 1905).

L'article 11 du traité de 1855, que nous avons reproduit intégralement, figure également sans changement à l'article 48 du traité de 1870 ; mais il est précédé d'un titre ainsi libellé : *procédés étrangers au système actuel de fabrication.*

Quant à l'article 51 il a été modifié comme il suit :

Article 51 des traités de 1855 et de 1861.	*Article 51 du traité de 1870.*
A l'expiration de la concession la Ville de Paris deviendra propriétaire de plein droit et entrera en possession sans indemnité des tuyaux, robinets, siphons, re-	A l'expiration de ladite concession, la Ville de Paris deviendra propriétaire de plein droit et entrera de suite en possession

[1] Elle a été de 98m,15 en 1893.

[2] D'un commun accord, cette clause a été étendue, depuis, à toutes les voies comportant, sous le revêtement des chaussées, une fondation en béton (pavage en bois, pavage maçonné, etc...)

gards, valves et autres accessoires qui existeront alors sous les voies publiques.

Elle deviendra également propriétaire des usines moyennant un prix fixé à dire d'experts.

des tuyaux, robinets, siphons, regards, valves et généralement de tout le matériel qui existera sous les voies publiques[1].

Nous verrons plus loin que la Ville et la Compagnie sont en contestation relativement à l'interprétation du nouvel article 51.

Premières tentatives d'abaissement du prix du gaz. — Les effets du traité de 1870 furent très appréciés, au début, par la Ville et les Parisiens. En particulier, la Ville vit les droits et bénéfices qu'elle retirait de l'industrie du gaz passer de 7.678.922f en 1869, à 11.201.770f en 1875.

L'Administration, estimant que, de 1870 à 1875, la Compagnie n'avait employé aucun procédé nouveau susceptible d'amener un abaissement notable dans le prix de revient du gaz, ne réunit pas alors la Commission quinquennale, prévue par l'article 48.

Il en résulte que le prix du gaz resta fixé à 0f,15 pour la Ville et à 0f,30 pour les particuliers.

Mais on commençait à trouver ces prix exagérés. Le public était persuadé que, grâce à l'exploitation des sous-produits, la Compagnie pourrait donner le gaz pour *rien*, tout en distribuant à ses actionnaires le revenu ordinaire des Sociétés industrielles. En outre, on citait l'exemple des capitales étrangères où le gaz était vendu : 0f,18 à Berlin ; 0f,20 à Bruxelles ; 0f,25 à Amsterdam ; 0f,24 à Vienne ; 0f,11 à 0f,15 à Londres[2].

[1] On voit que l'article 51 du traité de 1870 est muet relativement aux usines. La question est implicitement traitée dans l'article 6, paragraphe 7 : « A la fin de la concession et par l'effet même de l'action complète de l'amortissement des actions et obligations, le produit de l'actif mobilier et immobilier de la Compagnie et le montant de la réserve statutaire de 2 millions de francs feront partie des bénéfices à partager. »

[2] **Le gaz en Angleterre.** — L'exploitation du gaz à Londres était, avant 1870, entre les mains de treize Compagnies. Chacune d'elles exploitait un district déterminé.

A la suite de divers groupements effectués depuis 1870, il n'existe plus maintenant que trois grandes Compagnies, savoir :

1° la *Chartered Gas light and Coke Company* qui date de 1810 et qui est, de beaucoup, la plus importante ;

2° la *Commercial Gas light Company*;

3° la *South Metropolitan Gas light Company.*

Chaque Compagnie éclaire une zone propre, mais sans monopole. Les autorisations en vertu desquelles les Compagnies se sont constituées ont une durée indéterminée. En fait, c'est comme si elles avaient une durée illimitée. Il en résulte que les Compagnies n'ont pas, comme à Paris, à faire face à de lourds amortissements. Il n'est rien prélevé non plus, comme partage de bénéfices. Aussi le prix du gaz est-il particulièrement bas.

D'abord, il ne doit jamais dépasser 0f,1676 pour les deux premières Compagnies et 0f,1565 pour la dernière.

Ensuite, les prix qui précèdent subissent une réduction de 0f,00353 toutes les fois que

Une campagne fut entreprise par la presse contre la Compagnie. Elle eut surtout de l'acuité en 1879. Dans le feu de la discussion bien des erreurs furent imprimées et répandues. Elles eurent une vive influence sur le public qui naturellement, en tant que consommateur, prit parti contre la Compagnie.

Une pétition portant l'adhésion de 28 chambres syndicales et plus de 2.000 signatures fut remise au Conseil Municipal.

Celui-ci, voulant d'abord user des moyens que lui réservait le cahier des charges, prit, à la date du 24 décembre 1879, la délibération suivante :

Le Conseil,

Considérant que, depuis la mise en vigueur du traité passé le 7 février 1870 entre la Ville et la Compagnie Parisienne du Gaz, des recherches pratiques et des inventions scientifiques ont eu pour effet de procurer à diverses industries les moyens d'étendre, sur une très large mesure, les applications industrielles des produits auxiliaires ou résidus autres que le gaz provenant de la fabrication de la Compagnie ;

Considérant que la mise en vente de ces produits auxiliaires a augmenté les recettes de la Compagnie du Gaz et a, par suite, incontestablement apporté une réduction notable dans les frais de la fabrication et dans le prix de revient du gaz, tel qu'il est fabriqué aujourd'hui,

Délibère :

Il y a lieu de provoquer la désignation par M. le Ministre de l'Intérieur, de la Commision prévue à l'article 48 du traité passé le 7 février 1870 entre la Ville de Paris et la Compagnie du Gaz.

Commission de 1880. — La Commission de 1880 se composa de MM.

Rolland, membre de l'Institut, Directeur général des manufactures de l'État ;

Debray, membre de l'Institut ;

Troost, professeur de Chimie à la Faculté des sciences ;

le dividende distribué subit un accroissement de 1/4 °/₀ en plus de 10 °/₀ des capitaux à rémunérer.

Les prix ne sont, par suite, jamais fixes. Mais, dans l'état actuel de l'industrie, ils sont généralement inférieurs aux maxima de 0f,1676 et 0f,1565. En 1890, ils se sont même abaissés à 0f,10.

Beaucoup de villes anglaises ont préféré exploiter le gaz en régie. Leurs prix diffèrent peu de ceux de Londres. Exemple : Birmingham, 0f,1067 ; Manchester, 0f,1110 ; Glascow, 0f,1110. Ces prix se rapportent à l'année 1890.

Le gaz à Bruxelles. — C'est également une exploitation en régie que nous trouvons à Bruxelles. Le gaz est vendu aux particuliers à raison de 0f,10 pendant le jour et de 0f,15 pendant la nuit ; ces prix, déjà très bas, permettent, en outre, à la Ville de gagner tout son éclairage public. (*Voir, pour plus de détails, un rapport de M. Sauton, président du Conseil Municipal de la Ville de Paris, du 27 octobre 1891.*)

Aimé Girard, professeur de Chimie industrielle au Conservatoire des Arts et Métiers;

Friedel, membre de l'Institut, conservateur à l'école des Mines;

Lan, Ingénieur en Chef des Mines, professeur à l'école des Mines.

Elle admit, d'abord, que ses investigations ne devaient pas remonter au-delà de 1870, date du dernier traité, et que les améliorations dues au traitement des sous-produits ne tombaient pas sous le coup de l'article 48.

Dans l'esprit de la Commission, le traitement des sous-produits devait être considéré comme une opération annexe de la production du gaz, non obligatoire pour la Compagnie, celle-ci pouvant tout aussi bien vendre ses sous-produits à des industriels qu'en tirer parti elle-même.

La Commission, passant en revue les divers perfectionnements apportés par la Compagnie à la fabrication du gaz, constata :

1° que 100 kilogr. de houille qui donnaient 29 mètres cubes 53 de gaz en 1870, produisaient 30 mètres cubes 20 en 1879, mais que cette amélioration était due à des tours de main usités, d'ailleurs, avant 1870 ;

2° que l'emploi des fours Siemens était antérieur à 1870 et que d'ailleurs l'économie réalisée avec ces fours était inférieure à l'intérêt à 6 °/₀ de l'excédent de dépenses qu'ils occasionnaient ;

3° qu'en 1874 on avait employé le condensateur Pelouze et Audouin et que cet appareil avait procuré un supplément de goudron correspondant à une économie de 0f,00023 par mètre cube de gaz, économie qui ne pouvait être considérée comme notable.

A titre de renseignements la Commission estima que les sous-produits (*coke, eaux ammoniacales, goudrons*) avaient une valeur de 0f,0747 par mètre cube de gaz en 1869, valeur qui avait atteint 0f,1047 en 1875 pour retomber à 0f,0786 en 1879 et ce, malgré la production d'une substance nouvelle, l'*anthracène*[1].

La Commission prit finalement les conclusions suivantes :

Si l'on met en parallèle le système suivi en 1870 par la Compagnie Parisienne pour la fabrication du gaz destiné à l'éclairage et au chauffage et le système suivi par cette Compagnie en 1880, on est conduit à reconnaître :

1° que du fait de la *distillation du charbon*, la Compagnie a réalisé des améliorations importantes, mais que ces améliorations sont dues à de simples tours de main et non pas à des procédés étrangers au système suivi en 1870 ;

2° que, du fait de l'adoption du *condensateur de MM. Pelouze et Audouin*, elle a réalisé, par un procédé nouveau, une amélioration qui correspond à un abaissement de 0f,00023 par mètre cube de gaz fabriqué, c'est-à-dire à un abaissement qui ne peut pas être considéré comme notable ;

[1] Ainsi que nous l'avons expliqué, chapitre 2, page 39, l'anthracène sert à fabriquer l'alizarine, base de la garance.

3° que l'*épuration chimique* d'une part, l'*emmagasinage du gaz* d'autre part ont lieu par les mêmes procédés qu'autrefois ;

4° que le *traitement des sous-produits* ne doit pas être considéré comme faisant partie des opérations qu'a entendu viser l'article 48, qu'il n'appartient pas à la fabrication du gaz proprement dite telle que le traité l'entend, qu'il constitue une fabrication annexe et que, dès lors, il n'y a pas lieu de tenir compte, au point de vue de l'article 48, des améliorations qui ont été réalisées dans ce travail, améliorations qui, d'ailleurs, ne résultent pas de l'adoption de procédés nouveaux.

D'où la Commission, tout en reconnaissant combien il serait désirable de voir le prix du gaz livré à la population parisienne subir une diminution sérieuse, se trouve amenée à cette conclusion : que l'application de l'article 48 du traité intervenu en 1870, entre la Ville de Paris et la Compagnie Parisienne, n'offre aucun élément sur lequel cette diminution puisse être basée, puisque, dans le système suivi en 1880 par la Compagnie Parisienne pour la fabrication du gaz, on ne voit figurer aucun procédé nouveau ou étranger au système suivi par elle en 1870, qui soit de nature à déterminer un abaissement notable dans le prix de revient de ce produit.

Projet de convention Martial Bernard. — Le rapport de la Commission de 1880 fut attaqué avec la plus grande vigueur. Ce n'était pas là ce que le public attendait et, malgré la grande valeur des hommes qui composaient la Commission, il ne pouvait se résigner à abandonner les chiffres si satisfaisants que l'on avait fait briller à ses yeux.

On trouva un nouvel élément de résistance dans la décision prise, par la Commission, d'arrêter ses investigations au traité de 1870 et non à celui de 1855.

L'Administration, cependant, ne pouvait agir qu'avec la plus grande prudence. Aussi, dans l'incertitude où l'on était des droits respectifs des parties, on s'ingénia à trouver les bases d'un arrangement.

M. Hérold, Préfet de la Seine, chargea une Commission mixte[1] d'élaborer un projet de convention. Ce projet est connu sous le nom de projet *Martial Bernard*. Il admettait un prolongement de concession de 40 années avec abaissements successifs du prix du gaz de 0f,30 à 0f,25, de 1881 à 1883. De nouvelles réductions devaient intervenir à partir du 1er janvier 1885 sous forme de partage de bénéfices entre la Compagnie et les consommateurs.

[1] MM. Cernesson, Martial Bernard, Jacques, Jules Roche, de Hérédia, conseillers municipaux; Alphand, directeur des Travaux ; Huet, Allard, ingénieurs en Chef; Margueritte, président du Conseil d'Administration de la Compagnie du Gaz ; Sainte-Claire Deville, vice-président ; Payen, Pelouze, Preschez, administrateurs ; Camus, directeur ; de Beauvoir, chef du bureau de l'éclairage, secrétaire.

Le projet de M. Martial Bernard déposé le 27 décembre 1880 vint en discussion, au Conseil Municipal, le 3 janvier 1881. A cette même séance un amendement signé par 37 Conseillers Municipaux, demanda la nomination d'une Commission à l'effet de dire si, de **1855** à 1880, la Compagnie Parisienne du Gaz avait employé des procédés nouveaux et des perfectionnements ayant eu pour résultat un abaissement notable dans le prix de revient du gaz.

Après un important discours dans lequel M. Alphand, Directeur des Travaux, tout en se montrant partisan du projet de la Commission mixte, reconnaissait que le Conseil n'avait pas eu le temps matériellement nécessaire pour l'examiner et demandait, puisque les pouvoirs du Conseil allaient expirer dans quelques jours, de laisser aux futurs élus le soin de trancher une question aussi grave, l'ajournement pur et simple du projet Martial Bernard fut voté.

Le renouvellement du Conseil eut lieu le 9 janvier 1881. La question du gaz avait été vivement discutée dans les programmes. Un mouvement évident s'était produit contre le projet de convention. Il fut souligné, le jour des élections, par l'échec significatif de M. Martial Bernard.

L'Administration se rendit compte que, dans ces conditions, elle ne pourrait faire aboutir le projet préparé et elle se décida à l'abandonner.

Projet Floquet. — La 3e Commission du nouveau Conseil aborda à son tour la question de l'abaissement du prix du gaz. Conformément aux conclusions du rapporteur (M. Cochin) le Conseil invita le Préfet à entrer en négociation avec la Compagnie pour obtenir une diminution immédiate du prix du gaz et, au besoin, à imposer une réduction par arrêté. (Séance du 7 Avril 1882.)

Les considérants portaient :

Considérant.... qu'il y a lieu au point de vue des diminutions corrélatives du prix de revient et du prix de vente du gaz de tenir compte de tous les perfectionnements survenus depuis **1855** *soit dans la fabrication du gaz, soit dans l'exploitation des sous-produits*, etc.

Le Conseil décidait, ainsi, qu'il n'admettait pas les conclusions de la Commission de 1880 relativement à la limitation des effets de l'article 46 du cahier des charges à l'année 1870 et à l'élimination des sous-produits.

M. Floquet, Préfet de la Seine, se mit alors d'accord avec la Compagnie sur les bases suivantes :

Le prix du gaz serait immédiatement abaissé de 0f,30 à 0f,25 pour l'éclairage et à 0f,20 pour la force motrice. A partir du 1er janvier 1886, la partie des bénéfices qui dépasserait 39.750.000f serait en outre affectée à de nouveaux abaissements du prix du gaz. La durée de la concession était prolongée de

40 années, mais la Ville se réservait, à des conditions déterminées, le droit de rachat.

Ce projet vint en discussion le 9 Août 1882. Sur la demande de M. Floquet lui-même il fut ajourné après les vacances du Conseil, ce qui permit, dans l'intervalle, d'obtenir de la Compagnie que la concession serait seulement prolongée de 27 années. Néanmoins il fut repoussé par le Conseil.

Une résolution grave fut prise (Séance du 22 Février 1883). Le Préfet était invité :

1° à réduire immédiatement par un arrêté le prix du gaz de 0f,30 à 0f,25 pour les particuliers et de 0f,15 à 0f,125 pour les services publics ;

2° à prendre, au besoin, les mesures de rigueur prévues par le cahier des charges.

Un arrêté conforme fut signé le 21 mars 1883. M. Floquet avait, au préalable, dégagé sa responsabilité morale et matérielle du vote émis par le Conseil.

Procès de 1883. — C'était un procès.

La Compagnie du Gaz refusa d'exécuter l'arrêté et porta l'affaire devant le Conseil de Préfecture de la Seine. Celui-ci, par un arrêt du 16 juillet 1883, décida :

1° que le système de fabrication dont il est parlé dans l'article 48 du traité du 27 février 1870 devait signifier le système de fabrication en vigueur à l'origine de la concession et que, par suite, c'était à ce point de départ c'est-à-dire au 1er janvier 1856 qu'il y avait lieu de remonter pour la recherche des progrès accomplis ;

2° que par ces mots *procédés étrangers au système actuel de fabrication du gaz*, *procédés nouveaux*, *perfectionnements ou inventions* contenus dans les divers paragraphes dudit article, il y avait lieu d'entendre tous les procédés nouveaux, perfectionnements ou inventions susceptibles d'amener un abaissement notable dans le prix de revient du gaz ;

3° qu'au point de vue de ce prix de revient les procédés nouveaux, perfectionnements ou inventions survenus depuis 1855 s'appliquaient aussi bien à la fabrication proprement dite du gaz et de ses produits qu'à la production et à l'exploitation de tous les sous-produits fabriqués par la Compagnie.

Le Conseil confia, en outre, à trois experts le soin de rechercher si, dans les périodes qui s'étaient écoulées depuis le 1er janvier 1856 jusqu'au 1er janvier 1883, il y avait eu des procédes nouveaux, perfectionnements ou inventions dont la Compagnie aurait pris l'initiative s'appliquant, soit à la production du gaz proprement dite et de ses produits directs, soit à l'exploitation de tous les sous-produits et constituant des améliorations de nature à amener un abaissement *notable* dans le prix de revient du gaz.

Cet arrêt avait été pris contrairement aux conclusions du Commissaire du Gouvernement (M. Lavallée) qui était d'avis que le traité de 1855 avait été implicitement abrogé par celui de 1870 et que, par suite, c'était au 7 février 1870 seulement qu'il fallait remonter pour calculer l'abaissement du prix de revient.

Le Commissaire du Gouvernement concluait en outre que, dans l'évaluation de l'abaissement du prix de revient, il n'y avait pas lieu de faire entrer en ligne de compte les sous-produits, traités par la Compagnie comme ils pourraient l'être par toute autre entreprise industrielle.

Expertise de 1883. — Les experts choisis par le Conseil furent :

MM. Rozat de Mandres, Inspecteur Général des Ponts et Chaussées en retraite ;
De Bazire, Ingénieur en Chef des Ponts et Chaussées ;
Jousselin, Ingénieur civil.

Leur rapport forme un véritable volume et constitue un ensemble de documents très intéressants à consulter sur la situation comparative du gaz en 1855 et en 1883.

MM. Rozat de Mandres, de Bazire et Jousselin ont successivement examiné toutes les phases de la fabrication et de la distribution du gaz. Contrairement aux membres de la Commission de 1880, ils ont reconnu que l'emploi des fours Siemens avait procuré à la Compagnie des économies assez sensibles ainsi que le montre le tableau ci-après qui se rapporte à *une tonne de houille distillée*.

ANNÉES 1880-81-82	Fours ordinaires	Fours Siemens
Gaz produit	299^{m3}	299^{m3}
Coke —	19$^{Hect.}$	19$^{Hect.}$
Coke brûlé pour la distilation, en volume .	5$^{Hect.}$28	4$^{Hect.}$05
Coke brûlé pour la distillation, en poids. .	211$^{Kilg.}$20	162$^{Kilg.}$
	Différence 49$^{Kilg.}$20 soit 50$^{Kilg.}$ (en faveur des fours Siemens).	

Cette économie est, en réalité, un peu moins forte, car les fours Siemens coûtent plus cher que les fours ordinaires. En tenant compte de cette particularité et en admettant 24f,10, pour prix de la tonne de coke, les experts ont finalement trouvé une économie de 0f,00103, par mètre cube de gaz.

En ce qui concerne les sous-produits, les experts ont montré que la Compagnie avait renoncé à fabriquer de l'aniline et de l'acide phénique, en présence de l'avilissement des prix, mais que, d'autre part, elle avait livré au commerce pour 1.042.320f,66 d'anthracène en 1882. Ils ont reconnu que les sous-produits avaient rapporté, en 1882, par mètre cube de gaz, une somme de 0f,06767 se décomposant en :

coke	0f,04833
goudron	0,00787
anthracène	0,00378
produits ammoniacaux	0,00769
Total	0f,06767

Ce chiffre est inférieur à celui de la Commission de 1880, mais il ne faut pas oublier que celle-ci avait indiqué une marche décroissante dans le rapport des sous-produits.

Finalement MM. Rozat de Mandres, de Bazire et Jousselin, répondant spécialement à la mission qui leur avait été confiée par le Conseil de Préfecture, ont conclu que de 1855 à 1883 la Compagnie avait, grâce à des perfectionnements ou des procédés nouveaux, réalisé par mètre cube de gaz les économies suivantes :

PERFECTIONNEMENTS OU PROCÉDÉS NOUVEAUX	DATE de la 1re application	ÉCONOMIE par M3 de gaz
Fours Siemens	1863	0f00103
Chauffage des fours ordinaires	1860-1861	0,00041
Rendement en gaz	1863	0,00870
Briquettes de coke	1872	0,00014
Dérivés des goudrons, non compris l'anthracène	sans date précise	0,00070
Eaux ammoniacales	do	0,00519
Condensateur Pelouze et Audouin	1872	0,00017
Anthracène	1873	0,00380
TOTAL		0f02014

Les experts avaient, en outre, constaté que les fuites, qui atteignaient 14,95 °/o en 1856, étaient tombées à 6,79 °/o en 1882.

Arrêt du Conseil d'Etat. — La Compagnie n'avait pas attendu les résultats de l'expertise pour déférer l'arrêt du Conseil de Préfecture au Conseil d'Etat.

Elle prétendait que, pour déterminer l'abaissement du prix du gaz, on ne devait pas remonter au-delà de 1870 et qu'il n'y avait pas à tenir compte des sous-produits.

Elle eut, cette fois, gain de cause.

Par arrêt du 5 avril 1884 le Conseil d'Etat décida

1° qu'il n'y avait pas lieu de remonter au-delà du 7 février 1870 pour la recherche des progrès accomplis dans la fabrication du gaz ;

2° qu'il y avait lieu d'entendre, par les diverses expressions contenues dans l'article 48, tous procédés nouveaux, perfectionnements ou inventions introduits dans la fabrication du gaz et susceptibles d'amener un abaissement notable dans le prix de revient ;

3° qu'il n'y avait pas lieu de comprendre dans la fabrication du gaz la transformation industrielle en produits dérivés, des produits accessoires et immédiats que fournit la distillation de la houille, sauf ceux de ces produits dérivés qui seraient utilisés dans la fabrication du gaz.

Le Conseil de Préfecture dut réformer son arrêt, et, faisant application du rapport des experts qu'il avait alors entre les mains, il décida (4 juillet 1884) qu'il *n'y avait pas lieu à abaissement du prix du gaz* [1].

Commissions quinquennales de 1885 et de 1890. — Dans ces conditions la Ville de Paris ne pouvait espérer obtenir un abaissement notable du prix du gaz, sans accorder une compensation correspondante à la Compagnie. On y renonça provisoirement et l'Administration se borna à convoquer régulièrement la Commission quinquennale.

Celle de 1885 [2] reconnut que les procédés actuels de fabrication pouvaient être perfectionnés mais qu'il ne paraissait pas que l'ensemble des perfectionnements à réaliser entraînerait une économie suffisante pour motiver un abaissement du prix du gaz.

Dans l'esprit de la Commission les perfectionnements devaient principalement porter sur l'emploi des cornues inclinées facilitant le chargement de la houille soumise à la distillation. Des cornues ainsi disposées, fonctionnaient, d'ailleurs, à Reims, dans une usine dirigée par l'inventeur, M. Coze.

La Commission de 1890 [3] visita plusieurs usines de France et de l'étranger. Elle vit fonctionner les cornues de M. Coze et eut à examiner un système proposé par M. Dinsmore pour augmenter le pouvoir éclairant, en distillant une partie du goudron condensé en présence du gaz sortant des cornues. Ses conclusions furent les suivantes :

[1] En se reportant, en effet, au tableau de la page 146, on voit que les économies réalisées depuis 1870, n'ont atteint que 4 millimes par mètre cube. Ce n est pas là évidemment une économie *notable*.

[2] MM. Darcel, H. Le Châtelier, Bérard, Coze, Schutzenberger, Violle.

[3] MM. Bochet, Cornuault, Potier, Vieille, Lippmann, de Luynes.

La Commission arrive à conclure, de l'étude à laquelle elle s'est livrée :

Que, parmi les procédés visés par l'article 48 qu'elle a dû examiner, elle ne voit à indiquer, comme lui paraissant susceptible d'application industrielle et manufacturière, que le procédé A. Coze pour fours à cornues inclinées, procédé qui a subi depuis 1855 des modifications intéressantes, bien qu'il n'ait encore reçu la sanction de l'expérience que dans des proportions restreintes.

Ce procédé, qui n'a été, de la part de la Compagnie que l'objet d'essais préliminaires, est signalé au point de vue de l'allègement qu'il semble pouvoir, apporter au travail de l'ouvrier dans les opérations du chargement et du déchargement, toutes réserves étant faites sur l'économie qui pourrait résulter de son emploi et la Commission n'estimant pas, d'ailleurs, qu'il puisse être imposé à la Compagnie du Gaz[1].

La Commission ajouta que l'analyse attentive du prix de revient du gaz démontrait nettement l'influence prépondérante de la question commerciale sur celle du procédé de fabrication et que, étant donné l'état auquel était arrivée l'industrie du gaz, un abaissement notable du prix de revient ne pouvait être rationnellement attendu que de faits indépendants du procédé de fabrication proprement dit.

Nouvelles combinaisons; projet Sauton. — Les rapports des diverses Commissions quinquennales ont singulièrement éclairci la question de l'abaissement du prix du gaz. En fait, et dans l'état des traités qui lient la Ville et la Compagnie, cet abaissement paraît à peu près irréalisable sans conventions nouvelles.

Un grand intérêt s'attache cependant à l'adoucisssement des prix actuels et le Conseil, pour répondre au désir général, a demandé, dans sa séance du 2 juin 1890, l'étude par sa 3e Commission[2] de combinaisons permettant d'arriver à ce résultat.

Des propositions de l'Administration tendant à un abaissement du prix du gaz de 0f,30 à 0f,25 pour le chauffage et l'éclairage et de 0f,30 à 0f,20 pour la force motrice moyennant une prorogation de monopole de 25 années, avec faculté de rachat à partir de 1905, n'ont pas été admises par la 3e Commission.

Celle-ci, par l'organe de son vice-président, M. Sauton, a préparé à son tour un projet de convention supprimant toute prolongation de monopole.

[1] Depuis 1890, la Compagnie n'a pas modifié son système de cornues (cornues horizontales).

[2] MM. Rousselle, *Président*, Sauton, *Vice-Président*, Maurice Binder, Paul Brousse, Caron, Caumeau, Cochin, Deschamps, Gamard, Lyon-Alemand, Patenne, Perrichont, Albert Pétrol, Rouanet, Thuillier.

La Ville aurait, au contraire[1], la faculté d'imposer à la Compagnie, en 1906, la continuation de son exploitation jusqu'au 31 décembre 1930. Le prix du gaz serait, comme dans le projet de l'Administration, abaissé de 0f,30 à 0f,25 et 0f,20. Comme compensation la Compagnie pourrait, après avoir converti ses obligations 5 °/₀ en obligations 4 °/₀, en suspendre l'amortissement jusqu'au 1er janvier 1906. A cette date, elle en assumerait l'amortissement si la continuation de l'exploitation lui était imposée. Si, au contraire, la Ville reprenait l'exploitation pour son compte ou la concédait à une autre Société c'est la Ville elle-même qui opérerait le remboursement des obligations en capital et intérêts.

Quelques chiffres sont nécessaires pour bien faire comprendre l'économie du projet. Nous les extrayons des tableaux statistiques fournis par M. Sauton, dans un mémoire très étudié, joint à l'appui de son projet de convention.

On peut admettre, surtout avec les réductions de prix proposées, que la consommation du gaz augmentera, d'environ 6 millions de mètres cubes par an[2]. Dans ces conditions, la Compagnie sera, dès 1896, dans l'obligation d'étendre ses canalisations et ses usines et de contracter un nouvel emprunt. Cet emprunt sera de 25 millions. Comme il existe actuellement[3] pour 167.334.000f d'obligations non amorties, on voit qu'en 1906 la Ville aura à rembourser à la Compagnie, si celle-ci ne continue pas son exploitation, une somme de 192.334.000f.

On se demande de suite, pourquoi M. Sauton impose une charge aussi lourde aux consommateurs en 1906. C'est que ceux-ci auront droit, d'après ses calculs, à une somme de 182.033.928f,32, se décomposant en :

1° canalisation	43.151.824f,49
2° moitié de l'actif immobilier.	137.882.103f,83
3° moitié de la réserve statutaire.	1.000.000f,00
Total	182.033.928f,32

Ils ne perdront donc que 10.300.071f,68, somme peu considérable en présence des résultats à obtenir et qu'il sera facile d'amortir, sans modifier de plus d'un cinquième de centime le prix de vente du gaz.

Voyons, maintenant, quelles seront les conséquences de ces dispositions pour la Compagnie. Elle économisera sur les amortissements une somme de 165.387.655f[4]. Mais, d'un autre côté, elle perdra sur la vente du gaz une somme de 164.905.000f. La différence soit 482.655f constituera le gain qu'elle retirera de l'opération. Cette somme est négligeable et l'on peut dire que, pour elle, le gain compensera la perte.

[1] Amendement de M. Cochin.
[2] Ce chiffre a été déterminé par la Commission et la Compagnie.
[3] Au 30 juin 1892.
[4] D'après les tableaux dressés par M. Sauton.

Telle sera la situation, si la consommation suit sa marche normale ascendante et prévue de 6 millions de mètres cubes par an. Mais si, comme il est probable, l'abaissement du prix du gaz entraîne une consommation plus grande, la Compagnie sera amenée à augmenter ses installations et à emprunter plus de 25 millions. En fin de concession, elle retrouvera la moitié de cette dépense supplémentaire dans le partage de l'actif immobilier. Ce serait là un bénéfice qui ne doit pas forcément lui revenir. Aussi le projet Sauton prévoit-il que l'actif, qui sera réalisé avec les emprunts excédant 25 millions de francs, reviendra en entier à la Ville.

Le projet Sauton vint en discussion le 26 octobre 1892. Il donna lieu à des débats fort intéressants au cours desquels plusieurs modifications ou additions furent demandées. On se préoccupa, en particulier, d'élucider les conditions dans lesquelles se ferait la prise de possession des usines, en 1906. Devrait-on attendre la liquidation complète des comptes et, quant à ces comptes eux-mêmes, faudrait-il les établir d'après le bilan de la Compagnie ou bien s'en rapporter à une expertise ?

Le Préfet estimait qu'une expertise était de droit et qu'en cas de difficulté sur le montant de la part revenant à la Compagnie, dans le partage, la Ville n'en reprendrait pas moins l'exploitation, à charge par elle de payer à la Compagnie, jusqu'à parfait règlement, les intérêts à 4 °/₀ de sa part calculés provisoirement d'après les chiffres du bilan au 31 décembre 1905.

La Compagnie se refusa à accepter ce mode d'interprétation du traité de 1870 et, dans une lettre du 5 décembre 1892, elle déclara, que, d'après ses conseils, la Ville n'avait pas le droit de reprendre les usines ; qu'elle devait seulement toucher en fin de concession la part qui lui reviendrait dans l'actif et qu'en ce qui concernait la canalisation, elle ne pouvait en devenir propriétaire sans indemnité.

En présence de cette lettre, qui mettait en litige un point qui paraissait acquis, à savoir le retour à la Ville et sans indemnité de la canalisation au 31 décembre 1905, toutes négociations furent interrompues (délibération du 9 décembre 1892.)

Quelques jours après (26 décembre 1892), sur la proposition de M. Sauton, le Conseil invitait l'Administration à lui présenter un projet de reprise par la Ville de l'exploitation du monopole municipal du gaz.

Ce projet n'a pas encore été discuté.

ANNEXES

Traité du 7 Février 1870
Entre la Ville de Paris et la Compagnie Parisienne du Gaz

I. — DÉCRET

NAPOLÉON, par la grâce de Dieu et la volonté nationale, Empereur des Français, à tous présents et à venir, Salut ;

Sur le rapport de notre Ministre Secrétaire d'État au Département de l'Intérieur ;

Vu les traités passés entre la Ville de Paris et la Compagnie Parisienne du Gaz, les 23 juillet 1855 et 25 janvier 1861, pour l'éclairage public et particulier de ladite Ville ;

La loi du 25 juillet 1867 (art. 16 et 17) ;

Notre Conseil d'État entendu,

Avons décrété et décrétons ce qui suit :

Article premier. — La Ville de Paris est autorisée à substituer aux traités susvisés un nouveau traité conforme au projet adopté par le Conseil municipal dans sa séance du 3 août 1869.

Une expédition de ce nouveau traité demeurera ci-annexée.

Art. 2. — Notre Ministre Secrétaire d'État au Département de l'Intérieur est chargé de l'exécution du présent décret.

Fait au palais des Tuileries, le 15 janvier 1870.

NAPOLÉON

Par l'Empereur :

Le Ministre Secrétaire d'État au Département de l'Intérieur,

Chevandier de Valdrome.

II. — TRAITÉ

Entre les soussignés :

M. Henri Chevreau, Sénateur, Grand-Officier de l'ordre impérial de la Légion d'honneur, Préfet du département de la Seine, stipulant au nom de la Ville de Paris, en vertu de deux délibérations du Conseil municipal de ladite Ville, en date des 3 août et 29 octobre 1869, et d'un décret impérial en date du 14 janvier 1870,

D'une part ;

Et : 1° M. Vincent Dubochet, officier de la Légion d'honneur, demeurant rue du Faubourg-Poissonnière, n° 175, à Paris ;

2° M. Hippolyte Payn, secrétaire du Conseil d'administration de la Compagnie parisienne, demeurant à Rubelles, près Melun (Seine-et-Marne) ;

3° M. Émile Mayniel, ancien capitaine du génie, officier de la Légion d'honneur, demeurant rue d'Argenson, n° 3, à Paris ;

4° M. Eugène-Joseph de Gayffier, ingénieur en chef des Ponts et Chaussées en retraite, chevalier de la Légion d'honneur, demeurant rue Condorcet, n° 6, à Paris ;

Président et membres du Conseil d'administration, et directeur de la Compagnie Parisienne d'Éclairage et de Chauffage par le Gaz, Société anonyme formée, suivant acte passé devant Me Mocquart et Me Lavocat, son collègue, notaires à Paris, le 19 décembre 1855, dûment enregistré et publié, dont les statuts ont été autorisés par un décret impérial, en date du 25 décembre 1855, et dont le siège est à Paris, rue Condorcet, n° 6 ;

Agissant collectivement, en vertu des deux délibérations du Conseil d'administration, en date des 1er juillet et 12 août 1869, et de la délibération de l'Assemblée générale extraordinaire des actionnaires, en date du 23 septembre suivant, dont extraits sont annexés aux présentes,

D'autre part ;

Il a été exposé :

1° Que la Ville de Paris, en vue d'associer plus promptement et plus complètement la zône annexée aux avantages de l'éclairage au gaz, veut jouir, dès aujourd'hui, pour cette zône, du bénéfice d'une canalisation plus étendue, à laquelle elle n'a droit, par les traités ci-après énoncés, qu'à compter du 1er janvier 1873 ;

2° Que, de plus, elle veut avoir le droit de faire poser, dans l'intérêt de la viabilité, une double canalisation dans toutes les voies à canaliser ayant 14 mètres de largeur et au-dessus, et dans les voies à asphalter quelle que soit leur largeur ;

3° Que la Compagnie, de son côté, estime qu'il y a opportunité et convenance à avancer l'époque du partage des bénéfices avec la Ville, fixée à l'année 1872, par les traités sus-énoncés, et, par suite, à liquider, dans la nouvelle détermination de ce partage, les sommes qui pourraient être dues par la Ville, ou que la Compagnie pourrait lui devoir, avant toute attribution de bénéfices au profit de la Ville ;

4° Qu'en outre des constatations sont encore pendantes, devant la justice, sur l'interprétation des conventions actuelles ; que les parties sont d'accord pour mettre fin à ces contestations ;

5° Qu'il en résulte la nécessité de modifier certaines dispositions des traités des 23 juillet 1855 et 25 janvier 1861 ;

6° Que les modifications arrêtées entre les parties ont pris place dans les divers articles du présent acte auxquels elles se réfèrent ;

7° Enfin, que les parties reprennent et résument définitivement dans la rédaction suivante, toutes les conventions qui les lient et continueront à les lier.

CHAPITRE Ier. — *Dispositions préliminaires.*

Article premier. — La concession faite à la Compagnie Parisienne d'Éclairage et de Chauffage par le Gaz, par les deux traités passés avec la Ville de Paris, les 23 juillet et 25 janvier 1861, du droit exclusif de conserver et d'établir des tuyaux, pour la conduite du gaz d'éclairage et de chauffage sous les voies publiques, conformément aux arrêtés de M. le Préfet de la Seine, continue de subsister aux clauses, charges et conditions ci-après.

Art. 2. — Cette concession, dont la durée est fixée par le traité du 23 juillet 1855 à cinquante années, qui ont commencé le 1er janvier 1856, finira le 31 décembre 1905.

Art. 3. — La Ville se réserve le droit de faire déplacer, et même enlever, aux frais des concessionnaires et sans aucune indemnité, les tuyaux de conduite, toutes les fois qu'elle jugera que l'intérêt public l'exige.

La Compagnie sera avertie de ces déplacements deux jours à l'avance au moins, sauf les cas de force majeure qui ne permettraient pas d'observer ce délai.

Les avaries causées aux conduites de gaz par les ouvriers des entrepreneurs de la Ville seront réparées aux frais de ces derniers, mais sans garantie de la Ville. La constatation de ces dégradations sera faite par les agents du Service municipal.

Art. 4. — Pendant toute la durée de la concession, l'administration aura également le droit d'autoriser des essais d'éclairage et de chauffage par tous les systèmes qui pourront se produire, dans une limite de 1.000 mètres de longueur de voie publique par chaque essai, sans que l'exercice de ce droit puisse donner lieu à aucune indemnité en faveur des concessionnaires.

Art. 5. — Le droit de location des parties du sous-sol de la voie publique occupées par les tuyaux de la Compagnie, établi par l'arrêté du Préfet de la Seine, en date du 30 octobre 1844, est fixé, à titre d'abonnement, à la somme de 200.000 francs, pour chacune des cinquante années de la concession, et cela indépendamment de la redevance de 2 centimes stipulée à l'article 8 ci-après.

Cet abonnement sera porté à 250.000 francs lorsque la consommation par mètre courant de conduite, dans la zône annexée, sera reconnue égale à celle qui existait dans l'ancien Paris au 1er janvier 1869, qui est de 148 mètres cubes par mètre courant de conduite.

Il sera tenu, à cet effet, une comptabilité pour les consommateurs de l'ancien Paris et pour ceux de la zône annexée.

Art. 6. — La Compagnie ne pourra demander d'augmenter son capital en actions au delà de 84 millions de francs qu'après avis du Préfet de la Seine et du Conseil municipal.

A dater du 1er janvier 1869, la Ville de Paris a droit, par anticipation sur l'époque fixée par les traités ci-dessus rappelés, mais après les prélèvements dont il va être parlé, à la moitié des bénéfices réalisés par la Compagnie.

Le compte de ces bénéfices sera réglé conformément aux statuts de la Société.

Avant tout partage de bénéfices, il sera prélevé :

1° Les sommes nécessaires pour annuités d'amortissement des actions et obligations émises ou à émettre ;

2° La retenue actuellement fixée pour la réserve par les statuts ;

3° Une somme pour dividende et intérêts des actions, fixée a 12.400.000 francs jusqu'en 1887 inclusivement, et à 11.200.000 francs du 1er janvier 1888 à la fin de la concession.

Dans le cas où les bénéfices d'une année seraient inférieurs au prélèvement attribué à la Compagnie, elle supporterait le déficit et ne pourrait en exiger le rappel sur les bénéfices des exercices suivants.

A la fin de la concession, et par l'effet même de l'action complète de l'amortissement des actions et obligations, le produit de l'actif mobilier et immobilier de la Compagnie et le montant de la réserve statutaire de 2 millions de francs feront partie des bénéfices à partager.

Il est entendu que les sommes payées par la Compagnie antérieurement à l'année 1869, pour l'amortissement de ses obligations, ainsi que le prélèvement opéré par la constitution de la réserve, ne peuvent donner lieu à aucune répétition contre la Ville de Paris, à l'époque du partage.

La Ville de Paris demeure complètement quitte et libérée des sommes à sa charge pour l'éclairage de la zône annexée, les articles 4, 5 et 6 du traité du 25 janvier 1861 étant annulés à dater du 1er janvier 1869.

Art. 7. — Toute entreprise accessoire, actuellement exploitée par la Compagnie, de même que les entreprises nouvelles qui devront être autorisées par le Préfet de la Seine, seront l'objet d'une comptabilité distincte et leurs résultats annuels se confondront avec les résultats de l'entreprise principale.

Il en sera de même des fournitures de gaz qui seront faites en dehors de l'enceinte fortifiée, et qui ne pourront être augmentées, en dehors des traités actuels. sans autorisation du Préfet de la Seine.

Art. 8. — Les usines à gaz et les usines annexes de la Compagnie qui se trouvent comprises dans les limites de Paris, et notamment celles qui servent au traitement des goudrons, des eaux ammoniacales et produits chimiques, des cokes et de la briqueterie, ou les entreprises nouvelles qui y seront établies avec l'autorisation du Préfet de la Seine, seront considérées comme entrepôt réel, pendant toute la durée de la concession, c'est-à-dire qu'elles se trouveront dans le même cas que si elles étaient situées en dehors des limites de l'octroi, en tout ce qui concerne les objets ci-dessus spécifiés.

En conséquence il est convenu :

1° Que l'entrepôt dont il s'agit se rapporte aux approvisionnements de charbon de terre, de cannel-coal, de schistes bitumeux et de toute matière servant à la fabrication du gaz, ainsi qu'aux goudrons introduits dans les usines, et enfin aux produits et sous-produits soumis aux taxes ou qui le seraient à l'avenir, qui pourraient provenir des matières ci-dessus transformées par la distillation, ou de toute autre manière.

2° Que, par suite de leur admission successive en entrepôt, ces divers produits, composés de houille, coke, goudron, brai, naphtaline, huiles lourdes ou essentielles, essence de houille, produits ammoniacaux de toute nature, et généralement tous les dérivés et sous-produits extraits desdits objets, n'auront à supporter l'application des taxes d'octroi que pour les quantités livrées dans Paris à la consommation locale.

3° Que la Compagnie versera à la Caisse municipale une redevance de 0f,02 c. par mètre cube de gaz consommé dans Paris. Sauf les réductions qui interviendraient sur les taxes qui frappent les huiles employées à l'éclairage, cette redevance ne pourra subir de modification, quels que soient les changements apportés aux taxes d'octroi, et même dans le cas de suppression des octrois.

En tout cas, la Compagnie sera affranchie du paiement de tout droit d'octroi sur toutes les parties des matières désignées dans le paragraphe deuxième qui précède, employées ou consommées comme combustibles, n'importe à quel usage, ou comme matières premières pour la fabrication d'autres sous-produits, soit dans les usines à gaz, soit dans les établissements annexes de la Compagnie, celle-ci conservant, d'ailleurs, le droit de transfert desdits objets, d'une usine à l'autre, à l'état d'entrepôt de sortie de Paris en passe-debout et de livraisons aux entrepositaires sous régime d'entrepôt ; il ne pourra rien être réclamé à la Compagnie pendant toute la durée de la concession, et sous quelque forme que ce soit, pour toutes les parties des matières ainsi employées.

4° Que tous les comptes à régler avec l'Administration de l'Octroi, pour les années 1867-68-69, le seront conformément aux stipulations du présent traité.

5° Que pour assurer l'exécution de ce qui précède et pour exercer dans les usines de la Compagnie, ainsi admises comme entrepôts réels, la surveillance légalement imposée aux établissements de cette nature, il sera placé dans chaque usine, un poste d'octroi composé de tel nombre d'employés que l'Administration le jugera nécessaire.

La Compagnie fournira, pour l'établissement de chacun de ces postes, le local qui sera reconnu indispensable ; mais elle restera étrangère à toute dépense du chef du personnel de ces postes.

6° Les quantités de gaz consommées dans Paris, donnant lieu à la redevance ci-dessus stipulée, seront constatées ainsi qu'il suit :

Les recettes afférentes à l'éclairage public, divisées par 15 centimes, donnent le volume de gaz consommé dans Paris par cet éclairage ; celles de l'éclairage particulier au compteur, divisées par 30 centimes, et celles de l'éclairage à l'heure, divisées par la moyenne de vente d'un mètre cube de gaz, donnent le volume de gaz consommé par les particuliers.

Le décompte de cette redevance sera réglé chaque mois par le Directeur de la Voie publique, et devra être acquitté par la Compagnie dans le courant du mois suivant.

Art. 9. — Il ne pourra être fabriqué de gaz, dans les usines établies ou à établir dans Paris, que pour la consommation de Paris et des communes suburbaines dans lesquelles le gaz est actuellement installé en vertu de traités approuvés par l'autorité compétente.

La Compagnie ne pourra établir d'usines à gaz dans l'intérieur des anciennes limites de Paris ; mais pour assurer en même temps l'alimentation de la ville, elle pourra conserver et établir les usines nécessaires à l'exploitation de l'éclairage et du chauffage par le gaz et au traitement des divers produits de la fabrication, soit dans la zone annexée, soit à l'extérieur des fortifications.

La Compagnie devra toujours conserver dans Paris des usines ayant une production suffisante pour alimenter l'éclairage public de la ville et le tiers de l'éclairage particulier.

Art. 10. — La Société s'engage à fournir le gaz, pendant les cinquante années de la concession, dans toute l'étendue de la Ville de Paris, tant pour l'éclairage public et particulier que pour le chauffage, aux conditions indiquées au chapitre suivant.

CHAPITRE II. — *Dispositions commmunes à l'éclairage public et particulier.*

Art. 11. — L'éclairage sera fait par le gaz extrait de la houille.

Il ne pourra être employé d'autre gaz sans le consentement formel et par écrit du Préfet de la Seine, après délibération du Conseil municipal.

Le gaz sera parfaitement épuré et son pouvoir éclairant devra être tel que sous la pression de 2 à 3$^m/^m$ d'eau, l'éclat d'une lampe Carcel brûlant 42 grammes d'huile de colza épurée à l'heure puisse être obtenu avec une consommation de 105 litres de gaz à l'heure en moyenne.

La Compagnie sera tenue de fournir les appareils et les locaux nécessaires à la constatation du pouvoir éclairant et à la vérification de l'épuration, qui s'effectueront chaque jour de la manière suivante :

Les expérimentateurs prendront pour type du brûleur de gaz le bec Bengel, en porcelaine, à trente trous, brûlant sous 2 à 3$^m/^m$ d'eau de pression, avec un verre de 0^m,20 de haut et de 0^m,49 de diamètre en bas et 0^m,052 en haut. Ils en régleront la flamme pour avoir une lumière d'une valeur égale à celle de la lampe Carcel brûlant 42 grammes d'huile à l'heure, sous les conditions spécifiées dans l'instruction de MM. Dumas et Regnault, annexée au présent traité [1].

Les deux flammes ayant été maintenues bien exactement égales en intensité, pendant le temps nécessaire pour brûler 10 grammes d'huile, les expérimentateurs mesureront le gaz consommé, qui devra s'élever, en moyenne, à 25 litres, la consommation devant être, en moyenne, de 105 litres de gaz pour 42 grammes d'huile.

Les essais du pouvoir éclairant de la bonne épuration du gaz se feront au moyen des appareils décrits, et suivant le mode indiqué dans l'instruction de MM. Dumas et Regnault, en date du 12 décembre 1860, et qui est annexée au présent traité. Chaque appareil devra être reçu par les ingénieurs de la Ville de Paris, et il ne sera mis en service qu'après avoir été vérifié, contradictoirement, par les agents de la Ville et ceux de la Compagnie.

Les appareils d'essai seront placés dans les bureaux de section de la Compagnie, ou à proximité desdits bureaux, dans une pièce dont les agents de la Ville auront seuls la clef ; ceux de ces bureaux destinés aux essais seront choisis, d'accord avec la Compagnie, vers la région moyenne du réseau alimenté par l'usine à laquelle correspondra le bureau. Il y aura autant de bureaux d'essai qu'il conviendra à l'Administration municipale d'en établir, mais au moins un par chaque usine à gaz, et deux pour les usines importantes.

[1] Cette instruction a été donnée en annexe au Chapitre IV.

Les essais seront effectués de huit à onze heures du soir. Les expérimentateurs feront trois essais à une demi-heure d'intervalle, et ils prendront la moyenne. Chaque jour, la feuille de service, remise par le Directeur de la Voie publique de la Ville de Paris aux essayeurs, désignera les bureaux où les essais devront être effectués.

Le nombre d'essais devra être le même pour chaque usine. Le chef de section, ou l'un des ingénieurs de la Compagnie, est autorisé à assister à l'essai et à prendre note des résultats; mais il n'intervient en rien dans la conduite de l'opération, dont l'essayeur reste seul maître et responsable.

Si la consommation du gaz, qui, dans les essais, doit être égale à 25 litres, comme il est dit ci-dessus, dépassait 27 litres 50, il en serait donné immédiatement connaissance à M. le Préfet de la Seine et à la Compagnie.

La moyenne des essais de chaque mois devra être égale à 25 litres en nombre rond.

Pour calculer cette moyenne, il sera attribué à chaque usine, au commencement de chaque année, un coefficient proportionnel à la fraction moyenne qui représente la part du service de l'usine dans l'éclairage public total.

Quand la moyenne d'un mois sera inférieure ou supérieure au type, il sera fait report, au mois suivant du même trimestre, de la compensation due par la Compagnie ou par la Ville ; à la fin de chaque trimestre, le compte de la compensation proportionnelle entre toutes les usines, sera arrêté, et s'il y a déficit, la Compagnie payera à la Ville la valeur de la lumière manquante, en prenant pour base le prix de l'éclairage public, sous la déduction du droit d'octroi, et la moyenne de consommation mensuelle de l'éclairage de la voie publique correspondant à chaque mois du trimestre.

Pour une même année, la Compagnie solde le compte en déficit des deux premiers trimestres en payant la valeur de la lumière qui n'aura pas été fournie, ainsi qu'il vient d'être dit. Si les déficits se représentaient, pour un ou deux trimestres du second semestre de la même année, la Compagnie payerait, respectivement pour chacun d'eux, deux fois la valeur de la lumière qui n'aurait pas été livrée.

Les dispositions des deux paragraphes qui précèdent ne s'appliquent qu'au cas prévu où la lumière en déficit ne dépassera pas 10 %, ce qui correspond à une consommation de gaz qui, dans l'appareil d'essai, ne dépasse pas 27 litres 50 pour 10 grammes d'huile brûlée.

Dans ce cas, l'abonné n'aura droit à aucune réduction sur le prix du gaz qui lui aura été fourni.

Si ces chiffres sont dépassés dans les essais de deux soirées consécutives, il sera procédé, après un délai de cinq jours, à des expériences contradictoires, en présence des agents de la Ville et de ceux de la Compagnie.

En cas de désaccord entre les agents des deux services sur le résultat des expériences, il sera immédiatement fait appel à un ingénieur de l'Etat, tiers expert désigné d'avance, à cet effet, par le Conseil de préfecture, au commencement de chaque année.

A partir du jour où le déficit, en dehors des tolérances de 10 %, aura été dénoncé par la Ville à la Compagnie, s'il se reproduit pendant dix jours de suite, ou pendant quinze jours non continus dans un même mois, la Compagnie sera tenue de payer cinq fois la valeur de la lumière manquante, au prix de l'éclairage public, réduit comme il est dit ci-dessus.

Dans ce cas, l'abonné aura droit au remboursement du prix de la consommation excédant la tolérance de 10 %. Ce remboursement sera effectué, pour chaque trimestre, par voie de déduction, sur la facture qui suivrait la publication du résultat des vérifications du pouvoir éclairant.

Si le déficit en dessous des tolérances ne s'est pas produit pendant dix jours de suite, ou pendant quinze jours en un mois, la Compagnie sera autorisée à en faire la compensation, comme si ce déficit avait eu lieu dans la limite de la tolérance.

La compensation sera admise aussi pour le cas de force majeure ; mais lorsque la Compagnie aura prévu ou constaté quelque cas de force majeure pouvant modifier le pouvoir éclairant du gaz, elle sera tenue de le notifier immédiatement à M. le Préfet de la Seine.

La bonne épuration du gaz sera constatée avec des bandes de papier blanc, non collé, préalablement préparées en les plongeant dans une dissolution d'acétate neutre de plomb dans l'eau distillée contenant 1 de ce sel pour 100 d'eau.

Ces bandes de papier resteront dans le courant de gaz pendant la durée de l'un des essais relatifs au pouvoir éclairant. Si elles ne brunissent pas, l'épuration est bonne. Cet essai sera fait d'ailleurs conformément à l'instruction précitée de MM. Dumas et Regnault.

Le résultat des procès-verbaux de vérification du pouvoir éclairant du gaz, tant journalier que contradictoire, sera rendu public quatre fois par an, par le mode que déterminera M. le Préfet de la Seine.

Art. 12. — Au commencement de chaque année, l'Administration remettra à la Compagnie un état d'indication approximative des canalisations à faire, pendant cette année, dans toute l'étendue de la Ville ; mais, dans cette période, celle-ci continuera les canalisations qui auraient été demandées antérieurement.

La Compagnie ne pourra être requise de commencer la canalisation que deux mois après la remise de cet état ; les réquisitions devront être faites au moins cinq jours d'avance, à moins de cas de force majeure ; auquel cas le délai sera fixé par l'Administration.

Il ne pourra être exigé plus de 500 mètres de canalisation par jour.

L'Administration, après avoir entendu la Société, pourra prescrire, soit dans la direction des conduites, soit dans la dimension des tuyaux, toutes les modifications successives que lui paraîtra exiger la bonne exécution du service.

La Compagnie sera tenue de poser deux conduites sous les trottoirs, dans toutes les voies à canaliser ayant 14 mètres de largeur et au-dessus, et dans celles qui recevront une chaussée en asphalte comprimé, quelle qu'en soit la largeur.

Afin de garantir des effets du gaz les arbres des promenades publiques, la Compagnie exécutera le drainage des conduites à établir sous les voies plantées et entourera les branchements de drains en terre cuite.

Le drainage des conduites consistera à garnir les deux côtés et le dessus de la conduite de pierres cassées, sur une épaisseur de $0^m,15$ à $0^m,30$, suivant le diamètre des conduites, et à couvrir cet empierrement d'une enveloppe s'opposant à l'infiltration des sables et des terres dans les interstices des pierres.

Le prix de réfection des chaussées et trottoirs à payer à la Ville, pour les conduites et branchements de toute nature à établir ou à réparer, est fixé à 3 francs par mètre carré.

Art. 13. — Pendant la durée de l'éclairage et pendant toute la durée du jour, dans les quartiers où l'état de la canalisation et le nombre des consommateurs le permettront, le gaz devra être tenu dans les conduites sous une pression de $0^m,020$, afin qu'il arrive aux becs en quantité suffisante, même dans le cas où il aurait à traverser un compteur.

Les vérifications auxquelles pourrait donner lieu l'exécution de cette prescription seront faites, à la diligence du Préfet, au moyen de manomètres qui seront posés à demeure sur tous les points indiqués par l'Administration et aux frais de la Société.

Art. 14. — Pour assurer les services public et particulier dont elle est chargée, la Société aura constamment, en magasin ou en cours de transport, un approvisionnement d'un mois en matières premières destinées à la fabrication du gaz.

Cet approvisionnement pourra être réduit à quinze jours, avec l'autorisation du Préfet de la Seine, en proportion de la quantité de gaz que la Société aura à fabriquer.

A cet effet, la Société fournira chaque mois, à l'Administration, les états de ces approvisionnements et les quantités de gaz qu'elle aura fabriquées dans le mois précédent.

Ces approvisionnements et les quantités de gaz fabriquées seront vérifiés toutes les fois que l'Administration l'exigera et par les moyens qu'elle jugera convenables.

CHAPITRE III. — *Eclairage public.*

Art. 15. — Cet éclairage comprend :

Toutes les voies publiques existantes et celles qui pourront être créées, les bureaux de voitures, les urinoirs et les kiosques ;

Les galeries et cours du Palais-Royal livrées au public ;

Les rues et passages particuliers livrés journellement à la circulation des voitures et des piétons ;

Les fournitures du gaz des illuminations au compte de la Ville, en totalité ou en partie ;

L'Hôtel de Ville, la Préfecture de police, les Mairies, les Commissariats et Postes de police, les Corps de garde, les Casernes municipales, les Bureaux des employés, les Théâtres appartenant à la Ville, les Etablissements scolaires, les Marchés, les Halles, les Abattoirs, les Parcs et Squares, les Promenades appartenant à la Ville, situés dans l'enceinte des fortifications ou hors Paris, lorsque les abords seront déjà canalisés par la Compagnie et que l'éclairage des appareils n'exigera que les branchements ; les édifices consacrés au Culte, les établissements de l'Assistance publique et généralement toutes les propriétés de la Ville et tous les établissements municipaux dans l'enceinte de la Ville qui seront désignés comme tels à la Compagnie par le Préfet de la Seine, pendant la durée du présent traité.

La Compagnie ne pourra refuser d'éclairer, aux prix et conditions de l'éclairage public, les divers établissements énumérés aux paragraphes précédents, même lorsque les frais de cet éclairage seront supportés en tout ou en partie par des particuliers ; seulement l'éclairage sera réglé et payé à la Compagnie par la Ville, sauf à l'Administration municipale à en recouvrer le montant sur qui de droit.

Il est bien entendu que l'éclairage public ne comprend pas l'éclairage des logements et boutiques loués à des particuliers dans les propriétés de la Ville.

L'éclairage public comprend, en outre, les établissements départementaux et les établissements militaires situés dans Paris, qui seront désignés comme tels à la Compagnie par le Préfet de la Seine.

Art. 16. — Il y aura trois séries de becs :

La 1re série consommant 100 litres à l'heure ;

La 2e série consommant 140 litres à l'heure ;

La 3e série consommant 200 litres à l'heure ;

Le prix est fixé par heure :

Pour les becs de la 1re série, à 0f,015 ;

Pour les becs de la 2e série, à 0f,021 ;

Pour les becs de la 3e série, à 0f,030.

Lorsque le gaz sera livré au compteur, il sera payé à raison de 0f,15 c. le mètre cube.

L'Administration reste libre de donner aux ouvertures des becs telle largeur qu'elle jugera nécessaire, sans toutefois qu'il en résulte une augmentation de consommation du gaz ; les dimensions en largeur et en hauteur des flammes seront déterminées par le Préfet de la Seine, conformément aux expériences contradictoires entre les Ingénieurs de la Ville de Paris et ceux de la Compagnie.

Art. 17. — Lorsque l'Administration voudra employer des becs d'une dimension supérieure au bec le plus fort ou intermédiaire entre les becs ci-dessus désignés, la Société s'engage à les fournir à des prix fixés proportionnellement à ceux qui viennent d'être établis.

Art. 18. — Les modèles des brûleurs employés seront déterminés par le Préfet de la Seine, qui, seul, aura le droit des les faire changer, sans toutefois qu'il en résulte une augmentation dans la consommation du gaz.

Art. 19. — L'éclairage public est divisé en éclairage permanent et en éclairage variable.

L'éclairage permanent fonctionne du soir au matin, sans interruption.

L'éclairage variable est subordonné au besoin des localités.

La nature de l'éclairage sera fixée par le Préfet de la Seine, qui aura toujours le droit de la modifier.

Art. 20. — Les heures d'allumage et d'extinction des becs permanents seront déterminées par un tableau dressé, au commencement de chaque année, par le Préfet de la Seine, et imprimé aux frais de l'Administration.

Les heures d'allumage et d'extinction des becs variables seront fixées par des décisions particulières du Préfet de la Seine.

Art. 21. — L'allumage sera fait en 40 minutes au plus, c'est-à-dire qu'il pourra commencer vingt minutes avant l'heure du tableau, et qu'il devra être terminé, au plus tard, 20 minutes après cette heure.

L'extinction sera faite en 20 minutes au plus, c'est-à-dire qu'elle pourra commencer 10 minutes au plus avant l'heure du tableau, et sera terminée 10 minutes après cette heure.

Art. 22. — La Société soumettra, chaque trimestre, les itinéraires des allumeurs à l'Administration qui pourra prescrire, au besoin, des changements auxquels la Société sera tenue de se conformer.

Lorsque ces itinéraires auront été arrêtés par le Préfet de la Seine, la Société ne pourra les modifier sans le consentement de l'Administration.

Art. 23. — Lorsqu'il surviendra des brouillards ou des événements imprévus, la durée de l'éclairage pourra recevoir telle extension que les circonstances rendront nécessaire.

La Société exécutera d'urgence tous les ordres qui lui seront donnés à cet égard par le Préfet de la Seine, et elle ne pourra exiger que le prix du gaz consommé par suite de la prolongation de l'éclairage ou de l'augmentation du nombre des becs.

Art. 24. — La Société fournira jusqu'à concurrence de 20 allumeurs, pour accompagner les Inspecteurs de l'Administration dans leurs rondes, soit de nuit, soit de jour.

Ces allumeurs devront être munis d'une lanterne allumée, de clefs de robinets et de tous les autres objets nécessaires au service des rondes, et même d'échelles, s'ils en sont requis.

Une plaque ou médaille sera remise, par l'Administration, aux frais de la Société, à tous les allumeurs, ouvriers ou autres employés du service actif, afin qu'ils puissent être reconnus dans leur service.

Cette plaque aura un numéro d'ordre et sera toujours portée d'une manière ostensible, même pendant le service de jour.

La Société fera déposer, dans les lieux qui lui seront indiqués par l'Administration, le nombre d'échelles, clefs de robinets et autres objets que l'Administration jugera nécessaires au service des rondes.

Art. 25. — La Société fournira, chaque mois, un état indicatif des noms et demeures des personnes employées au service actif.

Cet état, ainsi que les itinéraires indiqués par l'article 22, devra être transmis à l'Administration le premier de chaque mois.

Art. 26. — Le Préfet de la Seine aura le droit d'ordonner le renvoi soit définitif, soit temporaire, des allumeurs et de tous les autres employés du service actif, toutes les fois que ces employés donneront lieu, à l'occasion du service ou pour toute autre cause, à des plaintes qu'il jugera fondées.

Art. 27. — Les lanternes, ainsi que les candélabres et les consoles qui doivent les supporter, seront fournies par l'Administration à la Société, qui les mettra en place et les fera peindre d'après les tons de couleur indiqués par le Préfet de la Seine.

La Société fournira et établira tous les tuyaux d'embranchements, tubes intérieurs, robinets, brûleurs, et tous les accessoires qui constituent l'ensemble d'un appareil à gaz.

Art. 28. — Tous les travaux exécutés et toutes les fournitures livrées par la Compagnie, en vertu de l'article précédent, se feront à prix de règlement, sur les bases d'un bordereau de prix arrêté, chaque année, par le Préfet et accepté par la Compagnie. Les comptes, réglés chaque mois par les ingénieurs de l'éclairage public et approuvés par le Préfet, seront soldés dans la forme en usage pour les entrepreneurs du service municipal de Paris.

Art. 29. — La Société sera tenue de placer les appareils qui lui seront demandés et de mettre en service de nouveaux becs dans le délai fixé par le Préfet de la Seine, après qu'elle aura été entendue.

Art. 30. — La Société entretiendra en bon état tout le matériel qui sera établi par elle.

Elle fera réparer immédiatement les fuites qui se manifesteront dans les tuyaux, robinets et autres accessoires.

Elle fera remplacer immédiatement, et au plus tard sur le premier avis qui lui en sera donné par l'Administration, les verres brisés et tous les objets hors de service.

Les verres fêlés et altérés devront être remplacés par la Société à la première réquisition qui lui en sera faite.

La Société sera responsable, sauf les cas de force majeure, de tous les accidents et dégradations qui pourront arriver à ce matériel ; elle sera même responsable des vols dont ce matériel pourrait être l'objet lors même qu'elle justifierait que tous les moyens possibles ont été employés pour les prévenir.

Les procès-verbaux qui seront dressés à ce sujet par les fonctionnaires et agents de l'Administration serviront, s'il y a lieu, de titre à la Société pour réclamer les frais de remplacement contre les auteurs ou fauteurs de dommages, sans que l'Administration puisse jamais être recherchée.

La Société fera chaque jour, nettoyer complètement les lanternes.

Ce nettoiement devra toujours être terminé une heure au moins, avant l'allumage.

Elle fera laver, du 25 au 30 de chaque mois, les candélabres dans toute leur hauteur, et laver et cirer les appareils bronzés de manière à les tenir toujours en état de propreté.

Art. 31. — Les numéros des lanternes et les signes distinctifs du service seront inscrits sur une plaque dont le modèle sera déterminé par le Préfet de la Seine.

La Société entretiendra les peintures et renouvellera au besoin les plaques, qui devront toujours être en bon état ; les inscriptions seront toujours lisibles.

Art. 32. — La Société renouvellera, lorsqu'elle en sera requise par le Préfet de la Seine, la peinture des candélabres et des consoles suivant les tons de couleur qui lui seront indiqués.

Art. 33. — Tous les frais résultant de l'exécution des articles 24, 30, 31 et 32, seront à la charge de la Société.

L'Administration lui paiera, pour toute indemnité, 4 centimes par jour et appareil du modèle ordinaire en place.

Le prix de 4 centimes se décompose de la manière suivante :

1° Allumage et extinction. . . . . 0 fr. 0300

Lorsque dans la même lanterne il y aura plusieurs becs, il sera alloué 1 centime par chaque bec, en sus du premier, pour allumage, extinction et entretien.

2° Nettoyage et entretien de propreté des lanternes . . .	0	0032
3° Remplacement des verres cassés, entretien et renouvellement des peintures et appareils, consoles et candélabres. .	0	0068
TOTAL ÉGAL	0 fr.	0400

Pour les appareils de nouveau modèle, en fonte bronzée, le chiffre ci-dessus sera augmenté de 2 centimes 1/2, non compris l'entretien du cuivrage.

L'Administration reste libre de prendre à sa charge tout ou partie de l'entretien des appareils, pour une portion ou pour la totalité de l'éclairage public ; dans ce cas, le prix de 4 centimes subira les réductions résultant de la décomposition qui précède, et la Compagnie ne pourra être chargée, de nouveau, de l'entretien des appareils repris par la Ville que d'un commun accord.

Art. 34. — La Compagnie exécutera toutes les suppressions et tous les déplacements d'appareils dans les délais qui lui sont prescrits par le Préfet de la Seine.

Les frais de ces suppressions et déplacements seront avancés par la Société et remboursés par l'Administration sur le règlement qui en sera fait d'après le mode indiqué par l'article 28.

Les objets supprimés seront déposés dans les magasins de l'Administration.

Art. 35. — Faute par la Société de se conformer aux dispositions des articles 27, 30, 31, 32 et 34, et aux réquisitions qui lui seront faites à ce sujet, il pourra y être pourvu d'office et à ses frais, par les soins de l'Administration, le tout indépendamment des retenues fixées par l'article 37.

CHAPITRE IV. — *Retenues.*

Art. 36. — La Société s'engage à exécuter ponctuellement ses obligations, sous peine de dommages-intérêts.

Dans les cas ci-après déterminés, les dommages-intérêts seront supportés par forme de retenue, et imputés sur les sommes revenant chaque mois à la Société.

Art. 37. — Ces retenues sont fixées ainsi qu'il suit :

1° Pour chaque bec dont la flamme n'aurait pas la dimension prescrite, il sera fait une retenue de 0 fr. 50 c. (art. 16). Chaque retenue sera réduite de moitié lorsque la défectuosité dans les becs aura été rectifiée dans la première heure du service et qu'il en aura été justifié.

2° Pour chaque brûleur qui ne serait pas du modèle déterminé par le Préfet de la Seine la retenue sera de 15 francs (article 18).

3° Lorsque l'allumage n'aura été fait dans aucune des parties de la Ville dont le service est confié à la Société aux heures prescrites par le tableau d'éclairage, et conformément à l'article 20, la retenue sera pour chaque demi-heure de retard de 2 francs par bec. Elle sera de 1 franc, par bec et par demi-heure, si le retard a lieu pour deux ou pour un plus grand nombre de becs établis à la suite les uns des autres.

Lorsque le retard apporté dans l'allumage n'aura lieu que pour des becs isolés, la retenue sera, pour chaque bec et par demi-heure, de 50 centimes.

La retenue sera de 1 franc pour tout bec non allumé pour cause d'engorgement; elle sera de 50 centimes pour tout bec qui s'éteindra dans le service, pour la même cause, sans pouvoir être rallumé.

En outre, la Société ne sera responsable des extinctions prématurées et des flammes faibles que pour les appareils qu'elle aura établis ou acceptés.

Les mêmes retenues auront lieu, et dans les mêmes proportions, pour chaque demi-heure d'extinction prématurée.

Cependant, elles seront réduites de moitié toutes les fois que les becs éteints prématurément auront été rallumés et qu'il en aura été justifié.

4° La retenue sera de 1 franc par chaque allumeur qui ne suivrait pas l'itinéraire déterminé (art. 22).

5° Si, dans les cas prévus par l'article 23, la Société ne se conformait pas aux ordres d'urgence qui lui seront donnés, elle supporterait, pour chaque bec qui ne serait pas mis en service aux heures prescrites, une retenue du double du prix de service de ce bec pendant toute la nuit.

6° Il sera fait une retenue de 3 fr. 50 c. par chaque allumeur qui n'aurait pas été mis à la disposition des agents de l'Administration, ainsi que le prescrit l'article 24.

Si les allumeurs n'étaient pas munis des objets désignés audit article, ils seraient considérés comme non fournis et la retenue serait appliquée; elle serait également appliquée si les allumeurs n'avaient pas de plaque ou s'ils ne la portaient pas ostensiblement.

7° Par chaque jour de retard dans l'envoi des itinéraires et des états du personnel actif, la retenue sera de 5 francs (article 25).

8° Elle sera de 5 francs par chaque employé qui ferait le service après que son exclusion aura été prononcée, conformément à l'article 26.

9° La Société supportera une retenue de 5 francs par appareil et par chaque jour de retard non justifié qu'éprouverait la mise en service des appareils passé le délai qui aura été fixé pour le placement de ces appareils, conformément à l'article 29.

10° La Société supportera une retenue de 1 franc par jour pour chaque appareil ayant des verres cassés ou dans les tuyaux duquel se seraient manifestées des fuites qui n'auraient pas été réparées après avertissement donné à la Société (art. 30).

11° La retenue sera également de 1 franc par jour pour les cas ci-après :

Pour chaque lanterne qui ne serait pas nettoyée aux heures fixées par l'article 30.

Pour chaque plaque manquant, ou en mauvais état, ou dont l'inscription effacée, illisible ou incomplète, n'aura pas été repeinte, après avertissement préalable, ainsi que le prescrit l'article 31.

Pour chaque candélabre ou console dont la peinture ne serait pas renouvelée, après avertissement préalable, conformément à l'article 32.

12° Pour chaque jour et chaque usine où le gaz ne serait pas parfaitement épuré, comme il est dit à l'article 11, la Compagnie supportera une retenue de 25 francs.

13° Lorsque la Société sera mise en demeure d'exécuter tout ou partie des dispositions contenues dans l'article 12, elle supportera une retenue de 50 francs par jour et par 100 mètres courants de conduites ou d'embranchements non placés aux époques portées audit article, ou non établis conformément à ces dispositions.

Art. 38. — Toutes ces retenues seront prononcées par M. le Préfet de la Seine, d'après les procès-verbaux des employés de l'Administration et pour chaque contravention constatée.

La Société pourra, chaque jour, les dimanches et fêtes exceptés, faire prendre connaissance et même copie des procès-verbaux.

Les procès-verbaux constatant l'insuffisance de la flamme des becs devront énoncer, autant que possible, l'importance du déficit.

Art. 39. — Le montant des sommes revenant à la Société, pour le prix de son service d'éclairage, sera fixé, soit sur le nombre d'heures pendant lesquelles aura brûlé chaque bec, soit sur les quantités de gaz livrées aux compteurs ; à ces sommes on ajoutera les frais d'entretien d'appareils alloués par l'article 33.

Le montant de ces sommes, réglé et arrêté par le Directeur de la Voie publique, sera payé par douzièmes, de mois en mois, déduction faite des retenues pour infraction aux dispositions du présent cahier des charges et des frais d'exécution d'office.

Art. 40. — Les sommes dues à la Société pour travaux d'établissement, de suppression et de déplacement d'appareils, et pour tous autres travaux donnant lieu à présentation de mémoire, lui seront payées dans le mois qui suivra le règlement définitif desdits mémoires, opéré dans la forme prescrite par l'article 28.

Ce règlement sera fait, au plus tard, trois mois après la présentation des mémoires.

Chapitre V. — *Eclairage particulier.*

Art. 41. — La Société sera tenue de fournir le gaz, à Paris, dans les localités où il existera des conduites, à tout consommateur qui aura contracté un abonnement de trois mois au moins, et qui se sera d'ailleurs conformé aux dispositions des règlements concernant la pose des appareils.

Les polices en vertu desquelles sont souscrits les abonnements devront être conformes à un modèle approuvé par l'Administration.

Les abonnements au bec et à l'heure pourront être faits pour tous les jours sans exception, en en exceptant les dimanches et les fêtes.

Aucun abonnement ne pourra être refusé, mais la Société sera en droit d'exiger que le paiement se fasse par mois et d'avance.

L'abonné prendra livraison du gaz au moyen d'un branchement sur la conduite principale. Ce branchement, les travaux et fournitures relatifs à l'appareil extérieur et intérieur, sont à la charge de l'abonné.

Le tuyau d'embranchement et le robinet extérieur destiné à mettre le gaz en communication avec les appareils intérieurs seront fournis, posés et entretenus par la Compagnie, aux frais de l'abonné, aux prix fixés par la police d'abonnement.

Art. 42. — Le gaz sera fourni soit au compteur, soit au bec et à l'heure, à la volonté des abonnés.

Un modèle de chaque système de compteur, accepté par la Compagnie et approuvé par l'Administration, sera déposé à la Préfecture de la Seine.

Les compteurs seront à la charge des abonnés, qui auront la faculté de les prendre parmi les systèmes acceptés et autorisés, comme il est dit au paragraphe précédent, sauf les droits des fabricants brevetés.

Ils ne pourront être mis en service qu'après avoir été vérifiés et poinçonnés par l'Administration.

Ils seront soumis, quant à leur exactitude et à la régularité de leur marche, à toutes les vérifications que l'Administration pourra prescrire, sans préjudice de celles que les abonnés ou la Société voudraient faire effectuer par les voies de droit.

La pose et le plombage des compteurs seront faits par la Compagnie, de même que la fourniture et le scellement de la plate-forme, aux prix fixés sur la police d'abonnement approuvée par l'Administration.

L'entretien des compteurs agréés par la Compagnie sera fait, par elle, aux prix mensuels fixés par la police d'abonnement approuvée par l'Administration.

Les abonnés au compteur auront la libre disposition du gaz comme bon leur semblera, soit à l'extérieur, soit à l'intérieur de leur domicile, sans que dans le cas où le nombre de becs éclairés dépasserait celui indiqué sur le compteur, il puisse en résulter aucune action contre la Société à raison de la faiblesse de l'éclairage.

Art. 43. — Le prix du mètre cube de gaz, vendu au compteur, est fixé à 0f,30 c. pour les cinquante années de la concession, sauf le cas de réduction prévu par les articles 8 et 48.

La Compagnie aura le droit d'abaisser ce prix en faveur d'une industrie déterminée, en accordant la même réduction à tous les industriels exerçant la même industrie.

Elle sera tenue de fournir en location des compteurs d'un système de son choix à tous ceux de ses abonnés qui lui en demanderont et qui contracteront un abonnement d'une année au prix indiqué sur la police d'abonnement approuvée par l'Administration.

Art. 44. — Les prix de vente du gaz, livré à l'heure au moyen des becs cylindriques à double courant d'air, dits d'Argant, seront débattus, de gré à gré, entre la Société et les abonnés.

La Société devra, pour tous les consommateurs qui le demanderont, convertir immédiatement les abonnements à l'heure en abonnements au compteur.

Art. 45. — Pendant toute la durée de la concession, le prix de tout autre bec que celui qui est déterminé dans l'article précédent, ou d'un éclairage qui aurait lieu hors des heures de service, sera débattu, de gré à gré, entre la Société et les abonnés.

Il en sera de même pour les becs cylindriques percés de 20 trous qui seraient placés à l'extérieur.

Art. 46. — Les abonnés ne pourront exiger d'éclairage, soit au compteur, soit au bec, que pendant le temps où les conduites de la Société seront en charge pour le service ordinaire; les conditions des livraisons de gaz qui devront avoir lieu en dehors de ce temps seront réglées, de gré à gré, entre la Société et ses abonnés, sauf le cas prévu par l'article 13.

Chapitre VI. — *Chauffage.*

Art. 47. — En ce qui concerne l'application du gaz au chauffage, la Société se conformera à toutes les dispositions qui lui seront prescrites par l'Administration municipale, sans toutefois que celle-ci puisse lui imposer des prix autres que ceux qui sont fixés pour le gaz d'éclairage dans les articles 16 et 43.

Chapitre VII. — *Procédés étrangers au système actuel de fabrication ; mode d'éclairage autre que par le gaz.*

Art. 48. — Si, par suite du progrès de la science, l'Administration, de l'avis du Conseil municipal, jugeait convenable d'imposer à la Société l'emploi de procédés étrangers au système actuel de fabrication du gaz, celle-ci serait tenue de se conformer aux prescriptions de l'Administration.

Dans le cas où l'emploi de ces nouveaux procédés aurait pour résultat un abaissement notable dans le prix de revient du gaz, la Société serait obligée de faire profiter l'éclairage public et particulier de cet abaissement de prix, dans les proportions déterminées par l'autorité administrative, toujours de l'avis du Conseil municipal.

Il en serait de même pour le cas où, sans attendre l'intervention administrative, la Société aurait pris l'initiative de l'application de procédés nouveaux.

Ces stipulations ne seront applicables que par période de cinq ans et après le rapport de la Commission dont il sera parlé au paragraphe suivant.

Dans les derniers mois de chaque période, tous les procédés étrangers au système actuel de fabrication qui seraient jugés de nature à constituer un progrès seront examinés par une commission qui sera désignée par le Ministre de l'Intérieur et qui, après avoir entendu les délégués de la Compagnie, indiquera ceux des perfectionnements ou celles des inventions qui lui paraîtront pouvoir recevoir une application industrielle et manufacturière.

En cas de découverte d'un mode d'éclairage autre que l'éclairage par le gaz, l'Administration se réserve le droit de concéder toute autorisation nécessaire pour l'établissement du nouveau système d'éclairage, sans être tenue à aucune indemnité envers la Société actuelle.

Chapitre VIII. — *Dispositions générales.*

Art. 49. — Si, pendant le cours des cinquante années de la concession, la Société, par un motif quelconque, venait à cesser son exploitation ou était hors d'état de la continuer, elle serait déchue de plein droit du bénéfice du présent traité.

Dans ce cas, l'Administration serait mise immédiatement en possession provisoire du matériel d'exploitation et pourvoirait au service par tel moyen qu'elle jugerait convenable.

Art. 50. — La présente concession pourra être retirée à la Société, si elle ne se conforme pas aux dispositions des articles 11 (§ 1er), 12, 13, 41, 43, 44, 47 et 48, et dans ce cas l'Administration sera chargée de pourvoir aux services public et particulier, et elle entrera dans l'exercice des droits qui lui sont dévolus par l'article précédent.

Art. 51. — A l'expiration de ladite concession, la Ville de Paris deviendra propriétaire de plein droit et entrera de suite en possession des tuyaux, robinets, siphons, regards, valves, et généralement de tout le matériel qui existera sous les voies publiques.

Art. 52. — L'Administration emploiera les moyens qu'elle jugera convenables pour garantir l'observation exacte de tous les articles du traité dont le mode de contrôle ou de vérification n'est pas réglé.

Art. 53. — Comme conséquence du présent traité, les litiges et difficultés qui existaient entre la Ville de Paris et la Compagnie du Gaz sont définitivement éteints et amortis.

Les parties reconnaissent n'avoir aucune demande ni réclamation à se faire pour quelque cause que ce soit, et notamment en ce qui concerne les retenues à l'occasion du pouvoir éclairant antérieurement à 1861.

Les frais des procès pendants seront supportés par les parties contractantes, chacune pour ce qui la concerne.

Fait double à Paris, le 7 février 1870.

Approuvé l'écriture ci-dessus et d'autre part :
Signé : Henri CHEVREAU.

Approuvé l'écriture ci-dessus et d'autre part :
Signé : DUBOCHET.

Approuvé l'écriture ci-dessus et d'autre part :
Signé : PAYN.

Approuvé l'écriture ci-dessus et d'autre part :
Signé : MAYNIEL.

Approuvé l'écriture ci-dessus et d'autre part :
Signé : DE GAYFFIER.

CHAPITRE VI

SECTEURS ÉLECTRIQUES ET STATIONS CENTRALES

Situation générale de la production électrique. — Eléments principaux d'une station centrale : (*a*) Production de la vapeur ; (*b*) Moteurs ; (*c*) Dynamos ; (*d*) Distribution de l'électricité. — Classification des secteurs et stations centrales. — Secteurs de la Société anonyme d'éclairage et de force : (*a*) Physionomie générale et système de distribution ; (*b*) Accumulateurs ; (*c*) Usine de Saint-Ouen ; (*d*) Usine du faubourg Saint-Denis ; (*e*) Usine du boulevard Barbès ; (*f*) Usines de la rue des Filles-Dieu, de la rue de Bondy et de la Villette. — Secteur Edison : (*a*) Physionnomie générale et système de distribution ; (*b*) Usine du faubourg Montmartre ; (*c*) Usine de l'avenue Trudaine ; (*d*) Station secondaire de la rue Saint-Georges. — Réseau et Usine du Palais-Royal.

Situation générale de la production électrique. — Nous avons vu que l'éclairage électrique de Paris avait été concédé à six Sociétés, exploitant chacune un secteur dont nous avons donné les limites générales[1].

Nous avons dit également que le Conseil Municipal avait fait installer dans les sous-sols des Halles Centrales une grande usine exploitée en régie et destinée à alimenter une certaine zône du centre constituant le *réseau municipal*.

Pour faire connaître exactement la situation de Paris au point de vue de la production électrique il nous reste à signaler, d'abord la station centrale du Palais-Royal, puis, un certain nombre d'installations éclairant soit des jardins et des bâtiments communaux, soit des théâtres et des bâtiments appartenant à des Compagnies ou à des particuliers.

C'est ainsi que le parc des Buttes-Chaumont et le parc Monceau sont alimentés chacun par une usine spéciale. Il en est de même des jardins du Champ-de-Mars, bien que l'éclairage y soit intermittent.

[1] Voir Chapitre Premier, page 15.

L'Hôtel-de-Ville est le premier établissement municipal qui ait été pourvu d'une usine d'électricité. Comme nous le verrons par la suite, des usines ont été également créées aux Entrepôts de Bercy et aux Abattoirs de la Villette.

Tous les grands théâtres de Paris sont maintenant éclairés à l'électricité ; mais bien peu ont conservé leurs propres machines, installées à la hâte, au lendemain de la catastrophe de l'Opéra-Comique. Les directeurs, au moins pour les installations modestes, ont eu un intérêt évident à s'adresser aux secteurs dès qu'ils ont pu se brancher sur les canalisations publiques. — La plus importante des installations actuelles est celle de l'Opéra ; sa puissance dépasse 1.000 chevaux.

Parmi les gares, celles de Lyon, de l'Est, d'Orléans, ainsi que les deux gares de la Compagnie de l'Ouest (Saint-Lazare et Montparnasse), sont éclairées à l'aide d'usines importantes, spéciales à chacune de ces gares. La gare du Nord reçoit au contraire son courant de l'un des secteurs de Paris, celui de la Société anonyme d'éclairage et de force.

Il existe enfin un certain nombre de grands magasins tels que : le Louvre, le Bon Marché, le Printemps, etc.... ou de grands hôtels (Continental, Grand Hôtel, Terminus, etc.....) qui n'ont pas hésité à remplacer le gaz par l'électricité, en établissant dans leurs caves ou leurs sous-sols de vastes usines, comparables, par leur importance, à de véritables stations centrales.

Quant aux petites installations particulières, elles étaient, il y a peu de temps, encore très nombreuses. Beaucoup de commerçants fabriquaient en effet, directement, à l'aide de moteurs à gaz, l'électricité nécessaire à l'éclairage de leurs magasins. Toutes ces petites installations sont destinées à disparaître, au fur et à mesure de l'extension du réseau public d'électricité.

En fait, à part quelques centres de consommation très importants, comme les gares, l'Opéra, les grands magasins, quelques hôtels, etc.... qui ont économie à s'éclairer eux-mêmes, on peut dire que l'éclairage électrique de Paris est assuré par les six secteurs, y compris l'usine du Palais-Royal et par le réseau municipal[1].

C'est déjà une simplification et une amélioration. Mais il n'en est pas moins évident que le système actuel, qui a été établi, par prudence, à une époque où l'on ne pouvait dire quels étaient les meilleurs procédés de production et de canalisation de l'électricité présente encore bien des inconvénients. Ceux-ci résultent surtout de la multiplicité des usines productrices d'électricité, situation peu compatible en effet avec des rendements économiques, et de l'importance relative des frais généraux.

Nous allons examiner successivement les divers secteurs et les stations

[1] Nous omettons à dessein un petit réseau aérien exploité dans les 3e et 4e arrondissements, par MM. Tschiéret et Fuchs. C'est que le nombre des abonnés desservis est très limité. L'autorisation accordée est d'ailleurs essentiellement précaire et révocable.

centrales de Paris. Nous retrouverons plus loin les autres installations, en nous occupant des éclairages qu'elles ont permis de réaliser.

Eléments principaux d'une station centrale. — Pour pouvoir apprécier plus rapidement les qualités respectives des diverses usines de Paris, il est bon de déterminer comment devrait être organisée, maintenant, une station centrale type.

On sait que, dans l'état actuel de nos connaissances scientifiques, il n'existe qu'un seul moyen industriel de fabriquer l'électricité. C'est de mettre en mouvement des dynamos, — soit avec des moteurs à vapeur ou à gaz, soit avec des moteurs hydrauliques.

Les moteurs hydrauliques ne peuvent être employés à Paris attendu qu'il n'y existe pas de chutes d'eau disponibles.

Quant aux moteurs à gaz, malgré tous les perfectionnements qu'on leur a fait subir, ils ne sont pratiques et économiques que pour la production de petites forces[1]. Ils n'ont donc pas leur place dans une station centrale où l'on doit pouvoir développer plusieurs milliers de chevaux.

Il ne reste en définitive à la disposition des électriciens que l'emploi des moteurs à vapeur[2].

Une station centrale comprend, par suite, comme éléments principaux :

1° des chaudières qui fabriquent de la vapeur ;

2° des machines qui transforment la force élastique de la vapeur en travail mécanique ;

3° des dynamos qui transforment le travail mécanique ainsi produit en énergie électrique.

Nous allons examiner successivement ces trois étapes de la production du courant électrique.

(*a*) **Production de la vapeur.** — La vapeur s'obtenant en chauffant de l'eau avec du charbon de terre, il est nécessaire que le prix de ce combustible soit aussi bas que possible.

On a donc intérêt à avoir de grandes usines, afin de pouvoir passer de forts marchés et à les placer dans le voisinage immédiat d'un chemin de fer ou d'une voie navigable. On peut alors amener le charbon directement aux chaudières et économiser des frais souvent considérables de manutention et de camionnage. Ces conditions ne se réalisent guère qu'à la périphérie de Paris, extérieurement aux fortifications.

[1] Avec du gaz à 0f,30 le mètre cube, prix payé par les particuliers à Paris.

[2] Les machines à vapeur ont l'inconvénient de n'utiliser que 8 à 10 °/o de la chaleur dégagée par les combustibles employés au chauffage des chaudières. Il n'est pas impossible que l'on arrive à fabriquer des machines ayant un rendement thermique plus satisfaisant. Nous devons citer dans cet ordre d'idées les recherches faites par divers constructeurs sur le remplacement de la vapeur par de l'air chaud.

On pourrait faire remarquer que, dans ce dernier cas, on a encore l'avantage de ne pas payer de droits d'octroi sur les charbons (7f,20 par tonne). Mais nous verrons plus loin que cette économie ne peut entrer que partiellement en ligne de compte, attendu qu'alors le prélèvement de 5 °/₀ opéré par la Ville sur les produits bruts de la concession est augmenté de 1 °/₀.

Il faut, en second lieu, que l'eau d'alimentation des chaudières puisse être obtenue abondamment et à bon marché. C'est donc une mauvaise opération, par exemple, de se placer en un point où l'on n'a à sa disposition que l'eau, fort chère, des conduites de la Ville.

Quant aux chaudières, elles doivent satisfaire aux deux conditions suivantes: produire beaucoup de vapeur pour un poids donné de charbon ; être telles que l'on puisse rapidement les mettre en pression, afin de parer aux variations brusques de la consommation. Ces variations sont assez fréquentes ; il s'en produit par exemple lorsque des brouillards ou de gros nuages bas passent tout à coup sur Paris.

Il existe beaucoup de bonnes chaudières à vapeur satisfaisant à ces conditions. On obtient couramment en employant des réchauffeurs ou des économiseurs[1] 9 kilogrammes de vapeur à 7 atmosphères pour 1 kilogramme de charbon.

Les chaudières produisant de la vapeur à 10 et 15 atmosphères sont un peu plus économiques[2] ; mais leur emploi n'est pas toujours possible. Elles sont généralement d'une conduite plus difficile que celles à basse pression.

Quel que soit leur système, les chaudières doivent être établies conformément au décret du 30 avril 1888. Aussi, a-t-on été amené fréquemment à adopter pour les usines situées dans l'intérieur de Paris, des chaudières multitubulaires, qui offrent de grandes garanties de sécurité.

(b) **Machines à vapeur**. — Une machine à vapeur a un rendement d'autant plus satisfaisant qu'elle est plus puissante. Il faut donc adopter de grosses unités. Il est indispensable, dans ce cas, étant donnée la grande consommation de vapeur, d'employer des condenseurs[3]. Ceux-ci absorbant, pour leur fonctionnement, d'énormes quantités d'eau (environ 80 fois le poids de la vapeur à condenser), il est nécessaire que l'usine soit à proximité de puits abondants ou mieux d'un canal ou d'une rivière.

[1] Le principe de ces appareils est d'utiliser la chaleur des fumées, avant l'évacuation de celles-ci par les cheminées, pour chauffer l'eau d'alimentation. On peut ainsi amener sa température, avant introduction dans les chaudières, à 100 et 130°.

[2] Exemple : si, pour produire un poids donné de vapeur à 5 atmosphères, il faut brûler 1.000 kilogrammes de charbon, il n'en faut que 1.650 pour avoir le même poids de vapeur, mais sous une pression de 10 atmosphères. Il en faudrait au contraire 2.000 si la proportion était conservée.

[3] Les condenseurs permettent de réaliser des économies de vapeur de 20 à 25 °/₀, suivant le type de machine.

Le choix entre les divers systèmes dépend des considérations suivantes :

Les dynamos exigent, pour bien fonctionner, des vitesses absolument régulières. Il faut donc que les machines à vapeur elles-mêmes tournent bien régulièrement pendant un temps donné, une minute par exemple, et de plus que, pendant un tour de volant, le mouvement soit bien uniforme.

Les machines à un seul cylindre *à simple effet*, dans lesquelles l'admission de la vapeur ne se fait que d'un seul côté du piston et dans lesquelles la vitesse du piston diminue par suite à mesure qu'il s'éloigne des orifices d'admission, doivent être proscrites.

Les machines à un seul cylindre mais *à double effet et à détente* produisent un mouvement plus régulier ; mais on a encore deux points morts correspondant aux changements de marche des pistons. On peut cependant régulariser la rotation en employant de forts volants. Toutefois on est ainsi conduit à mettre inutilement en mouvement des masses énormes.

Une excellente disposition consiste au contraire, à employer deux machines actionnant une même dynamo avec des manivelles calées à 90°. Dans ce cas les irrégularités de mouvement se détruisent.

On a l'avantage, en employant des machines à un seul cylindre, d'avoir des moteurs dont on peut régler la dépense de vapeur suivant les besoins de la consommation, sans que pour cela leur rendement subisse de diminution notable. Elles sont en outre très sensibles à l'action du régulateur, ce qui permet d'obtenir une vitesse de rotation bien constante, malgré les variations souvent considérables de la charge.

Les machines à un seul cylindre s'établissent horizontalement. C'est une disposition excellente, attendu que la surveillance et l'entretien des organes se font alors très aisément.

Comme dans les machines que nous étudierons plus loin les cylindres doivent être entourés d'enveloppes de vapeur. On évite ainsi leur refroidissement, et, par suite, toute condensation anticipée. L'économie réalisée sur le poids de vapeur est alors de 10 à 15 °/₀, économie qui permet d'amortir bien vite les dépenses de premier établissement des enveloppes.

Les machines *à double ou triple expansion* comportent deux ou trois cylindres accolés et disposés de telle façon que la vapeur se détende successivement en les traversant, avant de s'échapper au condenseur[1]. On étage ainsi la condensation, ce qui permet d'employer de la vapeur à haute pression et de mieux utiliser la force élastique de cette vapeur.

L'emploi de deux ou trois cylindres permet d'actionner les dynamos avec

[1] On fait aussi des machines à triple expansion à 4 cylindres. La vapeur entre d'abord à sa pression dans un petit cylindre, elle se détend ensuite dans un moyen cylindre, puis dans deux grands cylindres montés en tandem sur chacun des deux cylindres précédents. On n'a ainsi que deux manivelles.

des manivelles calées à 90° ou 120°. Dans ces conditions la vitesse de rotation est remarquablement régulière.

Le rendement des machines à double expansion et surtout de celles à triple expansion est très satisfaisant ; mais il ne se maintient constant que lorsque les machines marchent dans des conditions normales de charge. Elles ne conviennent donc pas lorsque l'on a à développer un travail variable. C'est par exemple le cas des stations pour courants alternatifs, car, pendant les instants où la consommation diminue, on n'a pas encore la ressource de charger des accumulateurs.

Les machines à double et triple expansion se montent généralement verticalement. C'est un avantage précieux dans les grandes villes comme Paris, où souvent la place est très mesurée. Mais une telle disposition ne laisse pas que de compliquer un peu la surveillance.

(*c*) **Dynamos.** — Les premières dynamos construites exigeaient une vitesse de rotation considérable. On était par suite obligé, pour passer du mouvement relativement lent de la machine à vapeur à celui de la dynamo, d'employer des poulies de renvoi et des courroies. Cette disposition qui est acceptable pour de petites installations, entraîne des inconvénients multiples dans les grandes usines. Aussi a-t-on cherché à actionner directement les dynamos par les moteurs.

On y est arrivé, d'une part en donnant aux machines toute la vitesse compatible avec une bonne utilisation de la vapeur, d'autre part en construisant des dynamos à allure lente.

Le problème peut être considéré actuellement comme résolu et l'on ne rencontre plus de courroies dans les nouvelles usines. Les machines verticales à double et triple expansion dans lesquelles les chutes de vapeur sont étagées, se prêtent particulièrement bien aux grandes vitesses. Quant aux dynamos, elles tournent d'autant moins vite que l'induit présente un plus grand développement. On en construit maintenant dont la vitesse de rotation est inférieure à 70 tours par minute et dont le rendement est supérieur à 90 %.

Le choix à faire entre les dynamos à haute et à basse tension dépend surtout de la distance de l'usine aux principaux centres de consommation.

On sait, que l'effet utile d'un courant électrique dépend de deux facteurs : l'intensité I du courant (qui s'évalue en *ampères*) et la tension E ou force électromotrice de ce courant (qui s'évalue en *volts*).

Un courant de 1000 ampères et de 100 volts représente autant d'énergie qu'un courant de 100 ampères et 1000 volts.

Plus généralement deux courants E, I et E', I', s'équivalent, au point de vue de l'énergie transportée, lorsque l'on a $E \times I = E' \times I'$. Le produit $E \times I$ est la valeur en *watts* du courant.

Or, quand un courant E, I passe à travers un conducteur de résistance R, il perd, d'après la loi de Ohm, une partie de sa tension égale à RI. Le nombre de watts disponibles à l'extrémité du conducteur n'est plus alors que

$$(E - RI) I = EI - RI^2.$$

La quantité d'énergie perdue RI^2 disparaît sous forme de chaleur. On voit qu'elle croît comme le carré de I. Par conséquent on perdra d'autant moins d'énergie dans un câble de section donnée que I sera plus petit, c'est-à-dire que E sera plus grand.

Ainsi un courant de 1000 ampères et 100 volts, passant dans un conducteur de résistance R, perdra un nombre de watts égal à 1.000.000 × R tandis qu'un courant équivalent de 100 ampères et 1000 volts, ne perdra qu'un nombre de watts égal à 10.000 R.

On a donc avantage à employer des courants à haute tension et, parmi ceux-ci, ceux qui se fabriquent et se transportent le plus aisément c'est-à-dire les courants alternatifs. Quant à la tension elle-même, étant donnée la topographie de Paris, elle ne paraît pas devoir dépasser 3.000 à 4.000 volts.

(*d*) **Distribution de l'électricité.** — Il est bien clair, cependant, que l'on ne peut songer à distribuer aux consommateurs des courants présentant une tension aussi élevée. S'il en était ainsi, le moindre accident serait mortel. En outre, on ne pourrait utiliser les appareils lumineux actuellement connus (lesquels ne demandent que 110 volts, au maximum) qu'en les mettant en série, ce qui serait inapplicable dans la plupart des appartements. Une transformation du courant est donc nécessaire.

Nous estimons que, si les *courants alternatifs à haute tension* sont plus commodes à produire et à transporter que les *courants continus à haute tension*, une distribution de *courants continus à basse tension* est, en revanche, bien préférable à une distribution de *courants alternatifs à basse tension*. Il suffit, en effet, de se rappeler que les courants continus à basse tension sont excessivement maniables, qu'ils peuvent être très facilement employés à la production de la force motrice et qu'ils permettent de charger des accumulateurs, le seul réservoir pratique d'électricité, inventé jusqu'ici.

Nous considérons donc comme une nécessité d'établir, à côté du réseau d'alimentation par courants alternatifs à haute tension (3 à 4.000 volts), un réseau de distribution par courants continus à basse tension.

Mais comment passer de l'un à l'autre?

Actuellement on sait très bien transformer un courant alternatif à haute tension en un courant alternatif à basse tension sans perdre plus de 3 à 5 °/₀ de l'énergie transformée. Les appareils employés, dits *transformateurs*, sont d'une simplicité admirable. Ils sont même si commodes, qu'ils ont pu faire passer jusqu'ici par dessus les inconvénients inhérents aux courants alternatifs à basse tension et que certains secteurs n'ont pas hésité à en faire la base même de leurs systèmes de distribution. Mais est-il donc impossible de les modifier de manière à leur faire engendrer des courants continus? N'oublions pas que nous sommes, pour ainsi dire, aux débuts de l'électricité. Peu à peu s'écarteront les voiles qui obscurcissent encore beaucoup de phénomènes. Cette force invisible et fugace n'échappera pas aux équations des mathématiciens et leurs conquêtes théoriques ne manqueront pas de fournir de nouvelles armes à ceux qui tournent plus modestement leurs efforts du côté de la pratique.

D'ailleurs, dans l'ordre d'idées où nous nous plaçons, des résultats très satisfaisants ont déjà été obtenus. Nous voulons parler d'un appareil imaginé par MM. Leblanc et Hutin qui, s'il tient ce qu'il promet, permettra de résoudre avantageusement le problème.

On est donc amené, finalement, à concevoir l'éclairage électrique de Paris comme réalisé par de puissantes usines réparties à sa périphérie et placées dans le voisinage de la Seine ou des canaux et d'un chemin de fer. Les courants produits seront des courants alternatifs à haute tension (probablement des courants polyphasés) dont le voltage ne paraît pas devoir dépasser 3 à 4.000 volts. Ces courants seront amenés dans certains centres de transformation d'où rayonneront des réseaux de distribution à courants continus et à basse tension. C'est dans ces centres de transformation que se trouveront les réservoirs d'électricité, auxiliaires indispensables de toute distribution électrique. Aujourd'hui ce seraient des accumulateurs. Demain, nous disposerons peut-être d'appareils plus perfectionnés, moins encombrants et échappant aux critiques méritées que l'on adresse aux accumulateurs relativement à leur faible rendement (50 à 70 %) et à leur dispendieux entretien.

Classification des secteurs et stations centrales. — Lorsqu'il s'est agi de la production du gaz nous avons dit qu'il suffisait de connaître les procédés généraux de fabrication de la *Compagnie parisienne*, attendu qu'on les retrouvait invariablement dans toutes les usines de la Compagnie.

En matière de production et de distribution électrique une telle simplification est malheureusement impossible. Autant de sociétés, autant de systèmes. Force est bien de les étudier tous.

Mais comment se reconnaître au milieu de ce dédale de machines, de dynamos, d'accumulateurs? Evidemment une première classification par secteurs ou réseaux s'impose. A chaque secteur ou réseau correspond, en effet, un système de distribution bien déterminé.

Dès lors, si le mode de distribution est une caractéristique pour chaque secteur ou réseau, rien de plus logique que de commencer par les systèmes les plus simples.

C'est ainsi que nous sommes amené à étudier, d'abord les distributions par courants continus à 2, 3 et 5 fils, puis les distributions par courants alternatifs et enfin les distributions mixtes par courants continus et par courants alternatifs.

Nous adopterons, par suite, la classification suivante :

1° *Secteur de la Société anonyme d'éclairage et de force.* — Distribution par courant continu et à 2 fils.

2° *Secteur Edison.* — Distribution par courant continu et à 3 fils.

3° *Réseau et usine du Palais-Royal.* — Distribution par courant continu et à 3 fils.

4° *Secteur de la place Clichy.* — Distribution par courant continu et à 5 fils.

5° *Secteur de la Compagnie parisienne de l'air comprimé.* — Distribution par courant continu à 2, 3 et 5 fils.

6° *Secteur des Champs-Elysées.* — Distribution par courant alternatif.

7° *Secteur de la rive gauche.* — Distribution par courant alternatif.

8° *Réseau municipal et usine des Halles.* — Distribution par courant continu et par courant alternatif.

Nous verrons plus loin quels sont les emplacements des diverses stations centrales. Dès à présent on peut se faire une idée de la répartition des usines électriques dans Paris en jetant un coup d'œil sur le plan que représente la figure 66. On y trouvera également indiquées les limites de chaque secteur.

Secteur de la Société Anonyme d'Eclairage et de Force. — (*a*) **Physionomie générale et système de distribution.** — Le Secteur de la *Société Anonyme d'Eclairage et de Force* est délimité : au *Nord* par les fortifications ; à l'*Est* par le quai Jemmapes et la rue d'Allemagne ; à l'*Ouest* par les boulevards Ornano, Barbès, Magenta et la rue du faubourg Saint-Denis ; au *Sud* par diverses rues qui le font pénétrer dans le Secteur de la *Compagnie Parisienne de l'air comprimé*, jusqu'à l'intersection de la rue Turbigo et de la rue Etienne-Marcel[1].

Le Secteur de la *Société Anonyme d'Eclairage et de Force*, bien que n'ayant pas une étendue excessive, est alimenté par six usines. Cette division de la production s'explique, jusqu'à un certain point, par le système de distribution adopté (en dérivation et à deux fils) et par la disposition du secteur qui présente certaines zones de consommation assez déterminées. (Grands boulevards. — Quartier de Clignancourt. — Quartier de La Chapelle et gare du Nord. — Quartier de la Villette.)

Il convient, en outre, de remarquer que l'une des usines ne concourt que d'une façon indirecte à l'éclairage du secteur. Son rôle se borne, en effet, à

[1] Voir la figure 66.

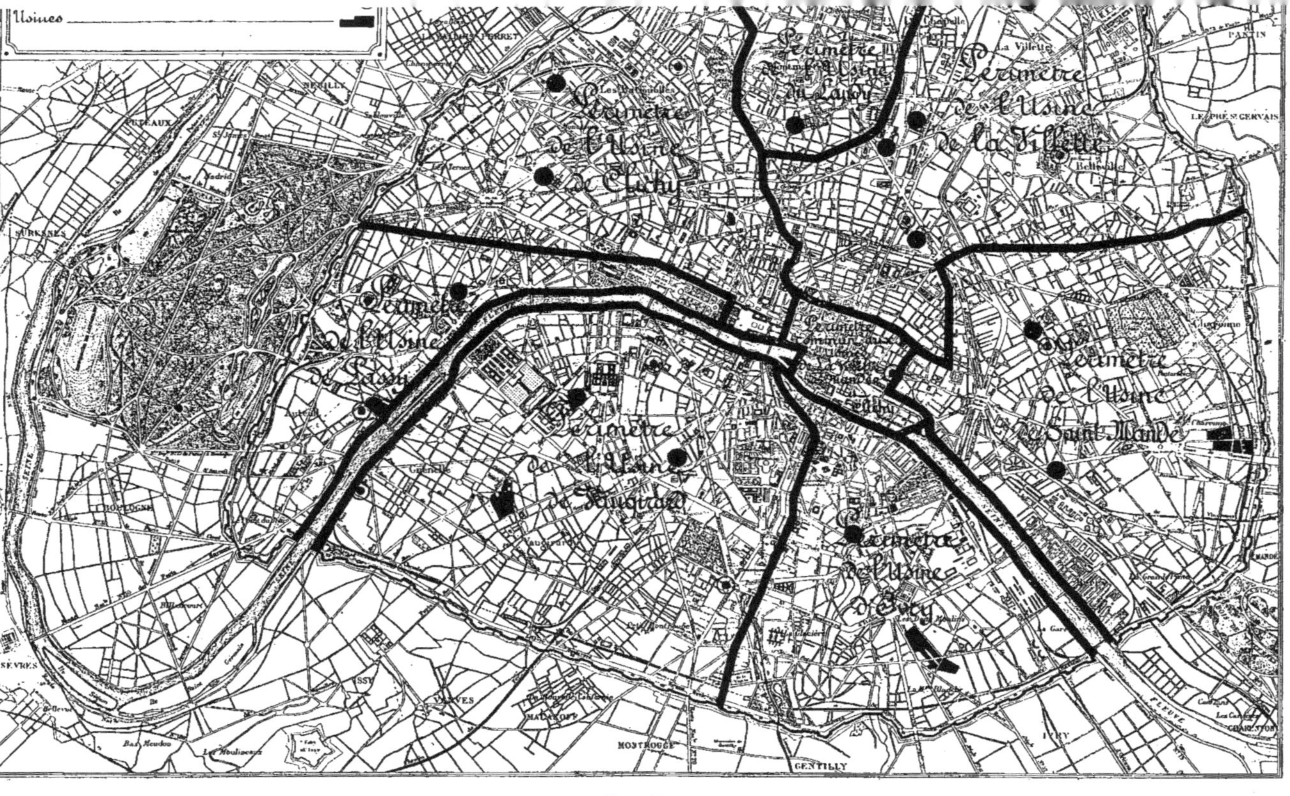

Figure 32.

Carte indiquant les zones alimentées par les diverses usines de la Compagnie Parisienne du Gaz.

transmettre de la force motrice à deux des usines et, pour cette raison, elle a pu être placée extérieurement à Paris, dans le voisinage de la Seine et à proximité d'un chemin de fer. C'est à Saint-Ouen-les-Docks que s'élève cette usine. Les deux usines auxquelles elle est reliée sont l'usine du boulevard Barbès (N° 11) et celle du faubourg Saint-Denis (N° 183). Ces usines reçoivent de Saint-Ouen du courant continu à 2400 volts et le transforment, à l'aide de réceptrices et de génératrices, en courant continu à 110 volts.

Les autres usines, savoir, celle de la rue de Bondy n° 70, celle de la rue des Filles-Dieu n° 13, et celle de la Villette (quai de la Loire n° 1) marchent exclusivement à la vapeur.

On peut se demander pourquoi le système de la transmission de la force n'a pas été appliqué à ces dernières usines. En ce qui concerne l'usine de la rue de Bondy, la question ne peut être discutée, puisqu'elle a été établie avant la constitution du secteur, spécialement pour l'éclairage des théâtres de la Renaissance, de la Porte-Saint-Martin, de l'Ambigu et des Folies-Dramatiques. Pour les deux autres, l'emploi de la vapeur se justifie par leur éloignement de l'usine productrice de force motrice. Au surplus, la production du courant par réceptrice et génératrice, telle qu'elle se fait sur le secteur de la *Société anonyme d'Eclairage et de Force*, est d'une économie discutable. Le rendement final paraît plutôt inférieur à celui que l'on obtient avec des machines à vapeur, et c'est probablement cette raison qui a décidé la Société à adjoindre, à l'usine du faubourg Saint-Denis, lorsqu'elle a dû l'agrandir, non des moteurs électriques, mais des machines à vapeur de 150 chevaux.

Le matériel employé dans les usines de Paris présente une uniformité satisfaisante. Les réceptrices sont du système Marcel Deprez, à double anneau ; elles actionnent chacune deux dynamos. Les moteurs à vapeur sont de belles machines verticales de 150 chevaux, à triple expansion, mettant en mouvement des dynamos Desroziers. Enfin les chaudières appartiennent toutes au même type. Ce sont des générateurs Belleville, pouvant produire chacun 1.500 kilogr. de vapeur à l'heure, à la pression de 15 kilogr. par centimètre carré.

La distribution se fait à deux fils par courant continu à 110 volts ; les câbles de distribution sont alimentés par des *feeders* qui les relient aux usines. Il n'y a pas un réseau distinct pour chaque usine. Le réseau forme un tout complet et les usines peuvent s'entr'aider mutuellement. Les canalisations sont formées par des câbles nus en cuivre, supportés par des isolateurs en porcelaine et logés dans des caniveaux en maçonnerie.

La transmission du courant continu à haute tension produit par l'usine de Saint-Ouen, aux deux usines du boulevard Barbès et du faubourg Saint-Denis est assurée par 3 feeders qui suivent les voies de la Compagnie des chemins de fer du Nord. Les câbles sont aériens et communs jusqu'à la rue

Ordener. A partir de ce point, où l'on a d'ailleurs établi une cabine de commutation, ils se dédoublent. L'une des ramifications continue à suivre les voies du Nord pour aboutir à l'usine du faubourg Saint-Denis. L'autre se dirige sous trottoir et dans un caniveau en maçonnerie jusqu'à l'usine du boulevard Barbès.

Les câbles aériens pour haute tension sont nus. Ceux que l'on a placés dans des caniveaux sont au contraire fortement isolés au caoutchouc. Ils reposent de plus sur des isolateurs en porcelaine.

(*b*) **Accumulateurs.** — La *Société anonyme d'éclairage et de force* a, dès l'origine, employé des accumulateurs. Ils lui servent à la fois comme appareils de réglage et comme réservoirs d'électricité. Les dispositions adoptées pour obtenir ce résultat sont les mêmes dans chaque usine. Elles sont

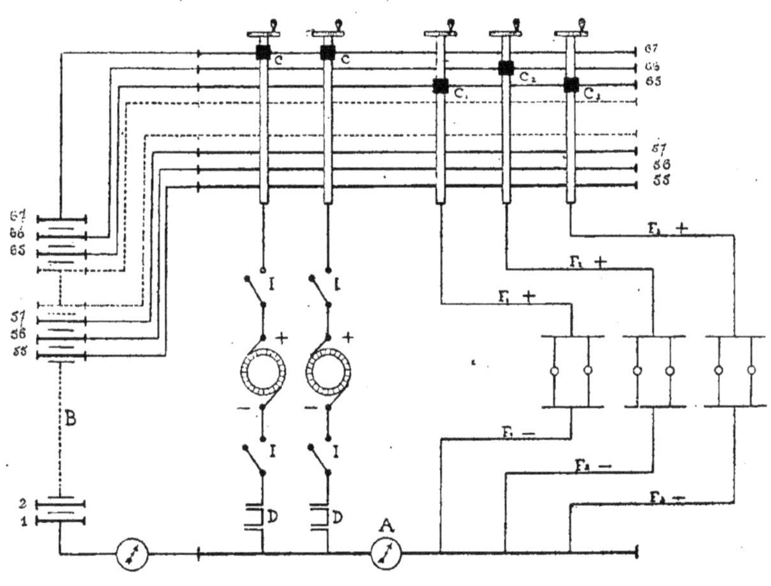

Figure 67.

Usines de la Société anonyme d'éclairage et de force.
Mode d'emploi des accumulateurs.

représentées schématiquement par la figure 67. Le tableau de distribution comprend 12 barres + numérotées de 55 à 67 et une seule barre —. La batterie d'accumulateurs est installée, en dérivation, entre les barres + et la barre — ; mais, à chaque barre +, correspond un nombre variable d'accumulateurs. Ainsi il y a 55 accumulateurs entre la barre — et la barre 55 ; 56

entre la barre — et la barre 56 et ainsi de suite jusqu'à la barre 67 qui peut être alimentée par 67 accumulateurs[1].

Si on suppose par suite qu'il y ait arrêt des machines (c'est le cas de la figure) et que le réseau soit exclusivement alimenté par les accumulateurs on voit que chacune des barres + sera à une tension différente.

Cela étant, rien n'est plus facile que d'obtenir dans les feeders F_1, F_2, et F_3 la tension correspondant aux diverses variations de la consommation. Il suffit de les relier à celles des barres + dont la tension est égale à celle qu'il faut obtenir.

Cette opération se fait très aisément à l'aide d'un appareil spécial appelé *commutateur de réduction* ou plus simplement *réducteur*. C'est une vis sans fin le long de laquelle se déplace un curseur en cuivre qui établit une communication, d'une part entre une barre de cuivre reliée aux feeders, et, d'autre part, avec les différentes barres +. En faisant tourner la vis on amène le curseur et par suite le feeder correspondant à communiquer avec l'une quelconque des barres du tableau.

Plus la consommation du réseau augmente et plus on relève les curseurs. Lorsque l'on est arrivé aux barres extrêmes il devient nécessaire de mettre une machine en route. Soit la machine de gauche. Cette machine peut communiquer par l'intermédiaire de l'interrupteur I avec un réducteur identique à ceux des feeders. On met le curseur sur la barre 67 et lorsque la force électromotrice de la dynamo est devenue égale à la tension de la barre 67 on ferme les interrupteurs. Deux cas peuvent alors se présenter :

1° *la machine débite plus que les feeders*. Il se fait alors sur la barre 67 un partage d'électricité. La quantité d'électricité qui devient disponible passe à gauche du curseur et charge les accumulateurs. S'il faut alors abaisser les curseurs des feeders on abaisse aussi le curseur de la machine afin que le courant puisse gagner directement les feeders sans passer par les accumulateurs ;

2° *la machine débite moins que les feeders*. C'est au contraire le courant des accumulateurs qui vient renforcer le courant de la machine.

Lorsque la machine et les accumulateurs deviennent insuffisants on met une nouvelle machine en route. Elle se groupe alors en quantité avec la première.

Deux ampèremètres donnent l'un le débit total du réseau, l'autre la quantité d'électricité débitée ou absorbée par les accumulateurs. Un disjoncteur automatique D protège chaque dynamo pour le cas où, à la suite d'un

[1] Le groupement est quelquefois différent. Ainsi, entre deux barres consécutives, on peut insérer deux ou trois éléments. Mais, le raisonnement est le même dans tous les cas.

affaiblissement de la force électromotrice, il se produirait un renversement du courant, sous l'action des accumulateurs.

Les diverses batteries d'accumulateurs en service dans les usines de la *Société anonyme d'Eclairage et de Force* peuvent fournir un débit de 40.000 ampères-heure. Elles sortent des ateliers de la *Société pour le Travail Electrique des Métaux.*

(*c*) **Usine de Saint-Ouen.** — L'usine de Saint-Ouen est édifiée sur un vaste terrain donnant sur la Seine et desservi par un embranchement du chemin de fer des Docks (Compagnie du Nord). Elle peut ainsi recevoir son charbon soit par bateau, soit par wagon ; elle trouve en même temps, dans le fleuve, l'eau nécessaire à la production et à la condensation de la vapeur. Toutefois, en ce point, l'eau est tellement souillée par l'égout collecteur d'Asnières qu'il faut décanter et filtrer avec soin, celle qui sert à l'alimentation des chaudières.

L'usine de Saint-Ouen ne doit pas seulement envoyer du courant continu à 2.400 volts aux stations du boulevard Barbès et du faubourg Saint-Denis. Elle dessert également, par transmission de force, les communes d'Asnières et de Saint-Denis et elle fournit de l'électricité à plusieurs établissements industriels situés dans son voisinage (*Société pour le travail électrique des métaux, Compagnie des Wagons-Lits,* etc...). Pour ce dernier service une distribution à deux fils et à 110 volts était tout indiquée. L'usine contient par suite deux sortes de dynamos. Mais, comme aux heures de faible consommation on n'a pas besoin de beaucoup de force motrice, on fait faire à chaque moteur un service mixte ; c'est-à-dire qu'il commande à la fois des dynamos à haute et à basse tension.

Tous les appareils (générateurs, moteurs, dynamos, etc...) sont installés dans un vaste bâtiment très clair et parfaitement aéré. A ce point de vue l'usine est bien supérieure aux usines parisiennes, dans lesquelles il règne presque toujours une chaleur suffocante. Nous ajouterons aussi que l'emplacement dont on dispose à Saint-Ouen permettra d'accroître autant qu'on le voudra la puissance de production de l'usine. C'est un avantage que l'on ne manquera pas d'apprécier plus tard.

Dynamos. — Les dynamos à haute tension sont à double anneau Gramme. Elles ont été imaginées par M. Marcel Deprez à l'occasion des expériences entreprises par ce physicien, sur le transport de la force entre Creil et Paris. Chaque dynamo peut développer à la vitesse de 600 tours par minute 28 ampères à 2.500 volts. On dispose ainsi de 100 volts pour les différentes pertes. Ces dynamos, très ramassées, sont bien équilibrées. Elles présentent en outre une grande sécurité de fonctionnement et sont très maniables. (Voir figure 69).

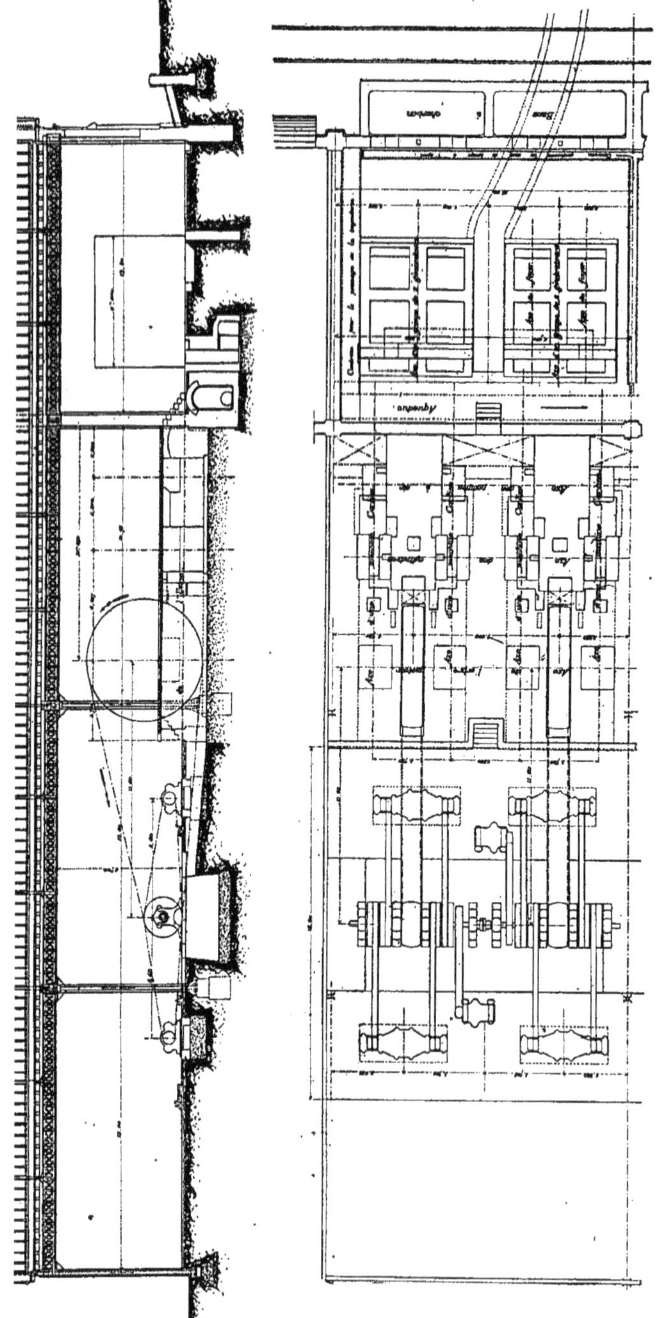

Figure 68.
Usine de Saint-Ouen. — Demi-plan et coupe longitudinale.

Les dynamos à basse tension sont des dynamos Hillairet de 250 ampères et 120 volts. Elles sont munies de balais en clinquant.

Il existe 8 dynamos Marcel Deprez et 4 dynamos Hillairet. Elles forment 4 groupes comprenant chacun 2 dynamos Marcel Deprez et 1 dynamo Hillairet.

Chaque groupe unitaire reçoit son mouvement d'un arbre horizontal que font tourner deux machines à vapeur accouplées sur cet arbre. La transmis-

Figure 69.
Dynamo à haute tension Marcel Deprez.

sion du mouvement des machines à l'arbre et de l'arbre aux dynamos se fait par courroies. Cette disposition peu recommandable, sera certainement abandonnée si, comme il en est question, la Société se décide à remanier son usine.

Nous ne nous arrêterons pas à examiner la façon dont se font le réglage et la distribution du courant à basse tension. Comme nous l'avons indiqué ce courant est consommé dans le voisinage de l'usine, c'est-à-dire hors Paris et, d'ailleurs, nous retrouverons les dispositions employées à Saint-Ouen, dans les usines parisiennes de la Société. Mais il est nécessaire de donner quelques détails sur le réglage des dynamos à haute tension et sur les manœuvres que comporte leur groupement en quantité.

Tout d'abord disons que les dynamos sont excitées par du courant émanant du réseau à basse tension. On restreint ainsi le courant à haute tension aux seuls anneaux induits et l'on peut procéder à l'excitation des dynamos avec autant de facilité et de sécurité que s'il s'agissait de dynamos à tension ordinaire.

Chaque dynamo porte à cet effet deux circuits distincts : l'un sur ses inducteurs qui n'est parcouru que par un courant à basse tension ; l'autre partant des anneaux induits et qui doit résister à une tension de 2.500 volts. Ces deux circuits se rendent à un tableau général de distribution sur lequel se font toutes les opérations de réglage, de mise en route ou d'arrêt. En arrière courent deux barres de cuivre correspondant à l'aller et au retour du courant à haute tension. Le courant d'excitation est, au contraire, amené par deux barres de cuivre placées sur le devant du tableau. A chaque machine correspond une section du tableau. Ces sections étant identiques, il suffit d'examiner l'une d'elles pour connaître l'ensemble du tableau. La figure 70 représente l'un de ces sous-tableaux. Parmi les appareils indiqués il en est

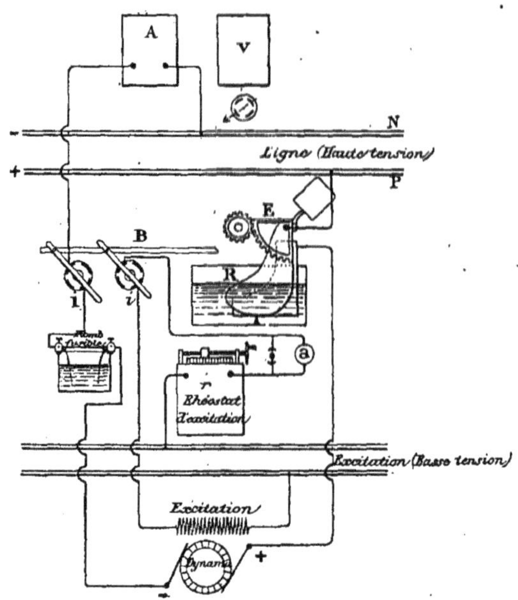

Figure 70.
Usine de Saint-Ouen. — Tableau de distribution.

un qui nécessite, de suite, quelques explications. C'est le rhéostat à liquide R. Nous en donnons une vue de détail dans la figure 71. Cet appareil, inventé lors des expériences de Creil, permet, lorsque l'on met une dynamo en route, de ne lancer dans la canalisation le courant produit que progressivement. Inversement, lorsque l'on veut rompre un circuit on peut, grâce à l'appareil, diminuer peu à peu l'intensité du courant. Ces précautions sont indispensables en raison du haut voltage des courants engendrés et pour éviter les effets de self-induction que ne manquerait pas de produire toute manœuvre trop brusque.

Le principe est le suivant : soient deux parties d'un circuit à réunir. Relions chaque extrémité à une lame de tôle plongeant dans un bac rempli d'eau. Plus les lames seront éloignées et plus sera grande la résistance intercalée sur le circuit et par conséquent moins il passera de courant. En rapprochant ou éloignant les lames on pourra faire varier à volonté l'intensité du courant. C'est de cette façon qu'agit le rhéostat liquide de l'usine de Saint-Ouen. Il se compose d'une auge en bois posée sur des isolateurs et doublée d'un revêtement intérieur en gutta-percha. Une électrode A formée de trois feuilles de tôle plongeant constamment dans le liquide est reliée à l'un des conducteurs. L'autre conducteur communique avec deux autres feuilles de tôle B, mobiles autour d'un axe horizontal et qui viennent s'insérer entre les feuilles de l'électrode A. On peut ainsi faire varier la résistance en enfonçant plus ou moins dans l'eau l'électrode B. Lorsqu'elle est à bout de course elle vient toucher une barre de cuivre reliée à l'électrode A et le courant passe alors sans traverser le liquide.

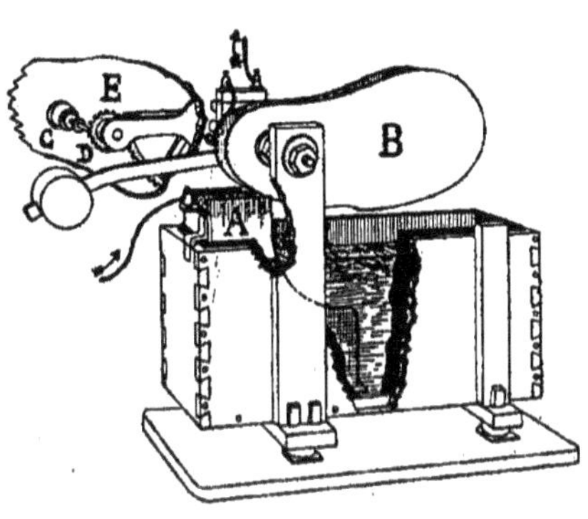

Figure 71.
Usine de Saint-Ouen. — Rhéostat à liquide.

La manœuvre de l'électrode A se fait à l'aide d'un engrenage E. On remarquera que cette électrode est munie d'un contrepoids qui tend toujours à la soulever et par conséquent à rompre le circuit. On la fixe en place en enfonçant une cheville C dans la roue dentée D qui commande l'engrenage.

Revenons maintenant au tableau de distribution. Nous y trouvons d'abord le circuit d'excitation avec son interrupteur i, son ampèremètre a et son rhéostat à contact glissant r. Quant au courant à haute tension il traverse avant d'arriver aux barres collectrices le rhéostat à liquide R. L'interrupteur I et l'ampèremètre A se trouvent sur le circuit de retour. Un voltmètre V permet d'avoir la différence de potentiel existant soit entre les barres + et —, soit entre les fils d'aller et de retour de la machine.

La mise en circuit d'une dynamo se fait de la façon suivante. On ouvre l'excitation en manœuvrant l'interrupteur i. En même temps, comme l'interrupteur i est relié à l'interrupteur I, on ferme le câble négatif de la machine. Dans cette manœuvre la barre B, qui relie les deux interrupteurs et qui était poussée sous l'engrenage E, de manière à empêcher tout abaissement de l'électrode mobile, a dégagé cet appareil. On note alors la différence de potentiel existant entre les barres + et — et l'on met en route. Lorsque la machine a atteint sa vitesse, on abaisse l'électrode mobile jusqu'à toucher l'eau. A ce moment le courant de la dynamo commence à circuler. On mesure sa force électromotrice et on l'amène à égaler la différence de potentiel précédemment observée, en agissant sur l'excitation. Quand ce résultat est obtenu, on manœuvre alors peu à peu le rhéostat liquide et on le ferme à bloc.

Pour arrêter une dynamo on effectue une manœuvre inverse.

Les appareils de sécurité sont de deux sortes. D'abord on dispose, pour empêcher toute élévation excessive de courant dans les machines, d'un coupe-circuit formé par des fils de plomb fusibles. Toutefois, comme il y aurait un grave inconvénient à ce que le courant fût subitement et complètement interrompu, dans le cas où le plomb viendrait à fondre, on a relié aux bornes du coupe-circuit deux lames de tôle plongeant dans une cuve remplie d'eau et entre lesquelles un courant très faible peut encore s'établir. Ensuite les machines sont protégées contre tout renversement de courant, comme il pourrait s'en produire dans le cas d'arrêt brusque ou de suppression de l'excitation, par un électro-relais formé d'un électro-aimant sur lequel passe le câble négatif de la machine et qui, au moment où le courant change de sens en passant par zéro, met en communication avec les barres d'excitation, un autre électro-aimant qui fait relever le rhéostat liquide[1]. Cet électro-aimant est excité par un circuit qui se greffe sur les barres à basse tension de l'usine.

Moteurs. — Vis-à-vis de chaque groupe de dynamos se trouvent 2 moteurs horizontaux Lecouteux et Garnier de 150 chevaux chacun et à détente Corliss. Leur vitesse normale est de 70 tours par minute. La vapeur est admise à la pression de 6 kilogr. par centimètre carré. Chaque moteur a son condenseur monté en tandem.

Chaudières. — Les chaudières, au nombre de 8, appartiennent au type Roser. Chacune peut produire par heure 2.000 kilogr. de vapeur à la pression de 12 kilogr. par centimètre carré. Un détendeur ramène la pression à 6 kilogr.

Accumulateurs. — L'usine ne possède qu'une petite batterie d'accumulateurs qui sert au réglage de la distribution du courant à basse tension.

[1] Ces appareils n'ont pas été représentés sur la figure 70 afin de ne pas l'embrouiller.

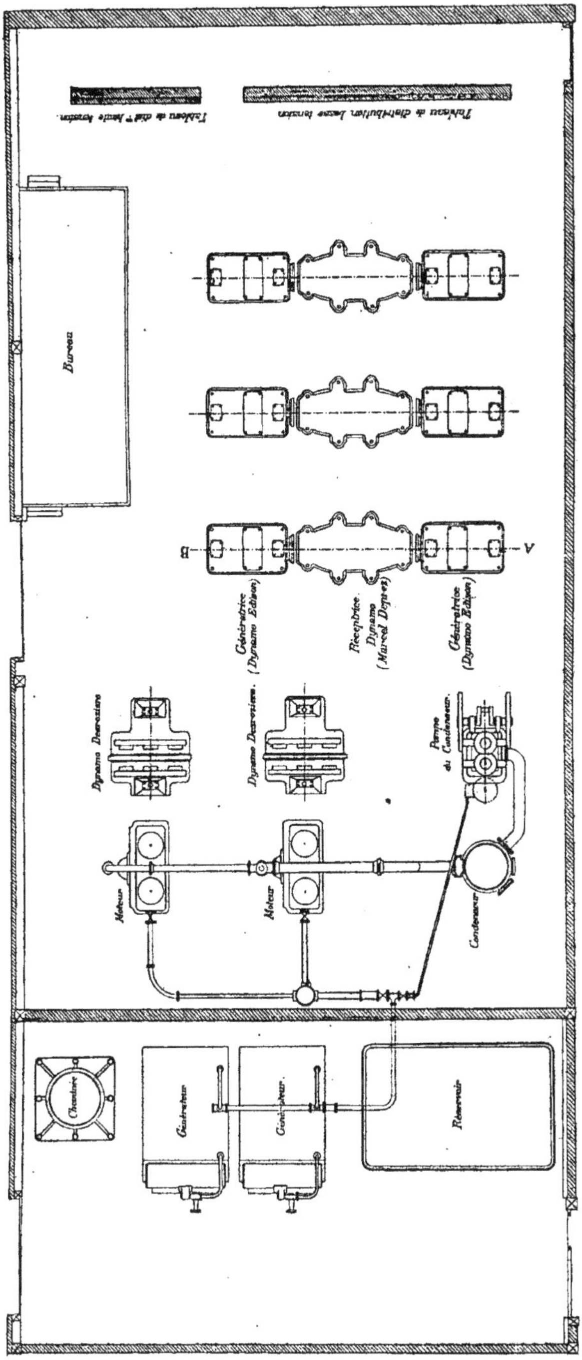

Figure 72.
Usine du faubourg Saint-Denis. — Plan.

(*d*) **Usine du Faubourg Saint-Denis.** — Nous commençons la description des usines parisiennes de la *Société Anonyme d'Eclairage et de Force* par celle de l'usine du faubourg Saint-Denis parce que cette usine contient à la fois des moteurs mécaniques et des moteurs électriques. Nous pourrons ainsi passer plus rapidement sur les autres usines puisque les appareils que nous y rencontrerons auront été déjà décrits.

L'usine du faubourg Saint-Denis touche d'un côté à la rue du Faubourg Saint-Denis, de l'autre à la gare du Nord. Cet emplacement se justifie par cette considération que l'usine doit assurer l'éclairage de la gare et de ses annexes, éclairage qui absorbe une grande partie du courant produit. Le bâtiment qui la renferme contient une salle pour les chaudières, une salle pour les moteurs et les dynamos et une salle pour la batterie d'accumulateurs.

L'électricité est produite par deux dynamos Desroziers de 750 ampères et 165 volts et 6 dynamos Edison de 250 ampères et 165 volts.

Les dynamos Desroziers sont commandées chacune par un moteur à vapeur. Comme elles ne tournent qu'à 160 tours par minute on a pu les accoupler directement aux moteurs par un plateau Raffard.

Les dynamos Edison sont au contraire mises en mouvement par des moteurs électriques. Il y a trois moteurs actionnant chacun directement deux dynamos Edison. Ces moteurs sont identiques aux dynamos à double anneau de l'usine de Saint-Ouen.

Chaque moteur électrique a, comme à Saint-Ouen, un tableau spécial. La disposition des divers appareils de réglage et de manœuvre est sensiblement la même (Voir figure 74). Le circuit d'excitation de la réceptrice alimenté par le courant à basse tension, est commandé par l'interrupteur *i* et complété par le rhéostat à touche *r* et l'ampèremètre *a*. Chaque génératrice prend ainsi son excitation sur les barres à basse tension. On en règle l'intensité avec les rhéostats *r*. Le courant à haute tension traverse d'abord un coupe-circuit à plomb fusible et à auge, puis un rhéostat à liquide. Sur le câble de retour se trouvent un interrupteur I, solidaire de l'interrupteur *i*, un ampèremètre A et un coupe-circuit. La manœuvre est analogue à celle que nous avons décrite en nous occupant de l'usine de Saint-Ouen. Il suffit de se la rappeler et d'examiner la figure 74 pour comprendre comment on opère dans l'usine du faubourg Saint-Denis.

Nous ne reviendrons pas non plus sur la façon dont se règle et se distribue le courant à basse tension. Nous l'avons indiquée plus haut, en parlant de l'emploi, par la Société, des batteries d'accumulateurs.

Les moteurs verticaux de 150 chevaux et à triple expansion sont au nombre de deux. Ils sortent de la maisons Weyher et Richemond. Ce sont de belles et bonnes machines. Malheureusement leur grande vitesse nécessite une surveillance assidue et conduit à des frais de graissage assez considé-

Figure 73.
Usine du Faubourg Saint-Denis. — Vue des moteurs à vapeur et des dynamos Desroziers.

rables. Le condenseur, type de la maison Weyher et Richemond, constitue un organe distinct des moteurs. Il est actionné par une pompe à vapeur.

La vapeur est fournie par deux chaudières Belleville pouvant produire 1.500 kilogr. de vapeur à l'heure à la pression de 15 kilogr. par centimètre carré. Un détendeur ramène la pression à 10 kilogr.

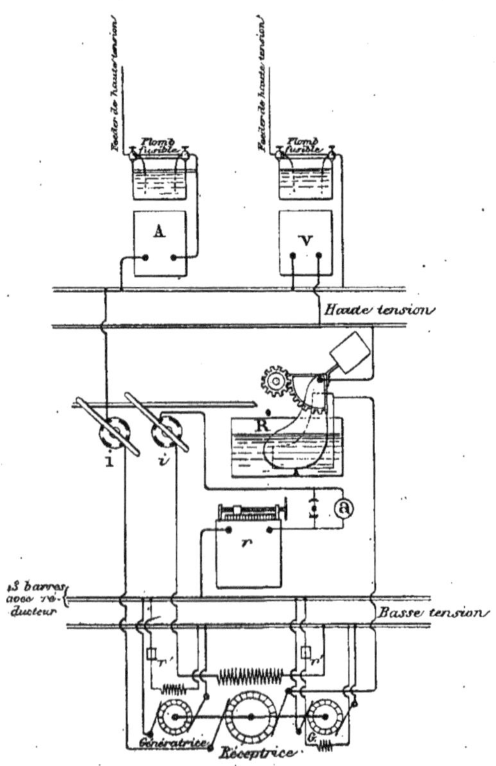

Figure 74.
Usine du Faubourg Saint-Denis. — Tableau de distribution.[1]

La batterie d'accumulateurs est susceptible de débiter 9.100 ampères-heure. Elle a été fournie par la *Société pour le Travail électrique des Métaux*.

(*e*) **Usine du boulevard Barbès.** — L'usine du boulevard Barbès (n° 11) ne contenant que des moteurs électriques a pu être logée complètement dans un sous-sol. C'est bien là, en se plaçant à un point de vue exclusivement municipal, la véritable usine idéale. Pas de bruit, pas de fumée, pas de trépidations gênantes pour les voisins. Tout se passe silencieusement, propre-

[1] Dans la figure le conducteur reliant le plomb fusible de droite au tableau doit être descendu jusqu'à la barre inférieure a haute tension.

ment, commodément. Plus de ces températures tropicales, comme en produisent le voisinage des chaudières et les tuyaux de transmission de la vapeur. Plus de charbon et aussi plus d'escarbilles.

Ces avantages sont très appréciables. Evidemment ils ont moins de valeur pour une Société qui se préoccupe avant tout de la question économique ; mais, n'est-il pas évident que ce sont surtout des usines de cette nature que les municipalités devraient encourager? Et, puisque l'intérêt public est si vivement intéressé à la production de l'électricité par des moteurs électriques, n'est-il pas permis de regretter que l'on n'ait pas songé à vulgariser leur emploi, dès l'origine, en stipulant, par exemple, une forte atténuation des charges municipales en faveur des usines exclusivement actionnées par des moteurs électriques?

L'usine du boulevard Barbès comporte 4 réceptrices Marcel-Deprez, type de Saint-Ouen (70 kilowatts). Chacune actionne directement deux dynamos. Ces dynamos sont de deux types. Quatre sortent des ateliers Bréguet et fournissent 250 ampères à 165 volts. Les quatre autres sont des dynamos Edison identiques à celles du faubourg Saint-Denis. (250 ampères à 165 volts.)

La distribution se fait comme dans les autres usines. Les accumulateurs, en dérivation sur les barres du tableau, peuvent débiter 3.300 ampères-heure avec un débit normal de 330 ampères à l'heure. Ils ont été fournis par la *Société pour le Travail électrique des Métaux.*

(*b*) **Usines de la rue des Filles Dieu, de la rue de Bondy et de la Villette.** — *L'usine de la rue des Filles-Dieu* (*n° 13*) s'élève sur un terrain excessivement rétréci. Aussi la Société a-t-elle dû la développer en hauteur, en réservant pour le rez-de-chaussée les moteurs et les appareils susceptibles de produire des vibrations importantes. Encore a-t-il fallu, dans ces derniers temps, établir sous les machines une plate-forme en caoutchouc, afin de satisfaire aux vives réclamations qui s'étaient produites dans le voisinage. Les chaudières sont supportées par un plancher en fer qui règne à la hauteur d'un premier étage. Cette disposition ne laisse pas que de compliquer notablement l'exploitation ; les inconvénients sont, il est vrai, un peu rachetés par les avantages que procure la situation excessivement centrale de l'usine.

Nous donnons (figure 75) une coupe des bâtiments. Evidemment de telles dispositions ne peuvent être recommandées. Mais nous avons jugé utile de les représenter pour montrer comment on peut, dans des cas analogues, combiner une installation électrique.

Les moteurs à vapeur (4 moteurs de 150 chevaux) et à triple expansion de la maison Weyher et Richemond actionnent chacun, par un accouplement Raffard, une dynamo Desroziers de 750 ampères et 165 volts. La vitesse de rotation est de 160 tours. Le condenseur appartient au type déjà rencontré dans l'usine du faubourg Saint-Denis. Les chaudières Belleville, au nombre de 4, produisent chacune 1.500 kilogr. de vapeur à l'heure à la pression de 15 kilogr. par centimètre carré.

La distribution se fait comme dans les autres usines de la Société. La batterie d'accumulateurs, de la *Société pour le Travail électrique des Métaux*,

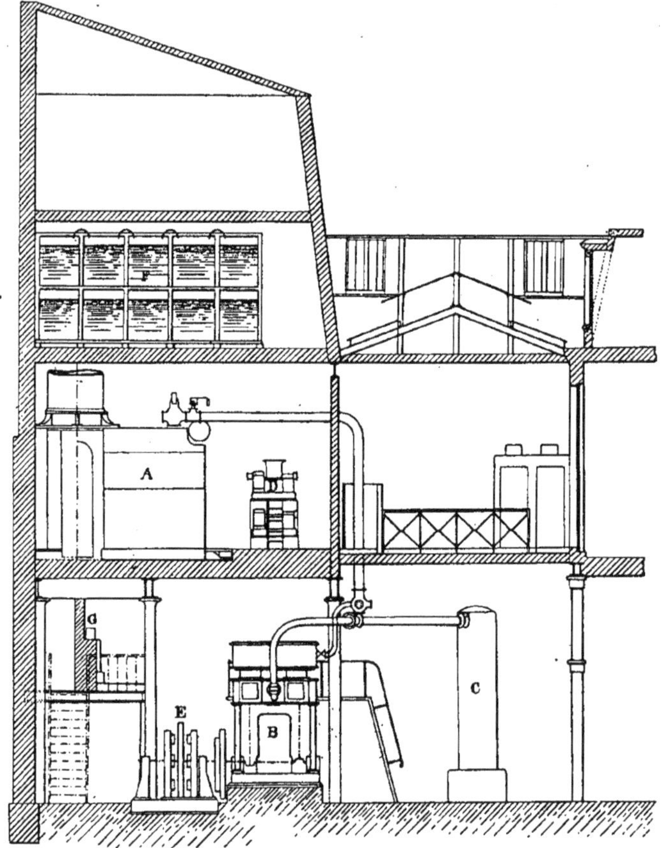

Figure 75.

Secteur de la rue des Filles-Dieu. — Coupe.

A. Chaudières. — B. Machines à vapeur. — C. Condenseurs. — D. Chevaux alimentaires. — E. Dynamos. — F. Accumulateurs. — G. Tableau de distribution.

peut débiter 10.670 ampères-heure au débit normal de 1.067 ampères par heure.

L'usine de la rue de Bondy (*n° 70*), la plus ancienne de la Société, contient 4 machines Weyher et Richemond de 150 chevaux actionnant chacune par *courroie* une dynamo Desroziers de 750 ampères et 165 volts. La transmission par courroie s'explique par ce fait qu'au moment de la construction de l'usine la maison Bréguet, qui fabrique les dynamos Desroziers, ne livrait que des dynamos tournant à 260 tours. Les moteurs tournant à 160 tours, une transmission par courroie était donc nécessaire.

Les chaudières, du type ordinaire, sont au nombre de 4. La batterie d'accumulateurs de la *Société pour le Travail électrique des Métaux*, peut débiter 11.000 ampères-heure, au débit normal de 1.100 ampères par heure.

L'usine de la Villette (quai de la Loire n° 1), fort bien installée, ne contient que deux moteurs verticaux de 150 chevaux, 2 dynamos de 750 ampères et 165 volts tournant à 160 tours par minute et actionnées directement par les moteurs à l'aide d'un plateau Raffard et deux chaudières Belleville de 1.500 kilogr. à l'heure. La batterie d'accumulateurs peut débiter 6.000 ampères-heure au débit normal de 600 ampères par heure.

Secteur Edison. — (*a*) **Physionomie générale et système de distribution.** — Le secteur Edison a pour limites générales : au *Nord* : les fortifications ; à l'*Est* : les rues de Clignancourt, Rochechouart, Bergère et d'Enghien ; au *Sud* : les boulevards entre la porte Saint-Denis et l'Opéra y compris le pâté de la Bourse ; à l'*Ouest* : la limite est du secteur de la place Clichy, à savoir : la rue de la Chaussée d'Antin, la rue de Clichy, l'avenue de Clichy et l'avenue de Saint-Ouen [1].

La partie de ce Secteur qui touche aux boulevards constitue une zone excessivement dense dans laquelle des théâtres, des hôtels, de nombreux cafés, de grands magasins, ont naturellement besoin de beaucoup de lumière. Il y avait là des clients assurés pour une entreprise d'éclairage électrique. Aussi avait-elle tenté plusieurs industriels et, avant qu'il ne fût question de l'organisation des secteurs, MM. Mildé, Clerc et Cie avaient-ils installé une petite station centrale rue du Faubourg-Montmartre 8, à peu près au centre de ce quartier [2]. L'Administration n'avait accordé qu'une autorisation absolument provisoire et, à ce titre, elle avait toléré l'emploi de câbles aériens, jetés par dessus les toits.

La *Compagnie Continentale Edison* a racheté cette usine et, bien que le terrain sur lequel elle s'élève soit excessivement rétréci elle a pu, en la transformant, lui donner une puissance suffisante pour alimenter tout le centre de son secteur.

Mais, pour faire face à la consommation toujours croissante, ainsi que pour

[1] Voir la carte des secteurs, figure 66.

[2] Cette usine avait été inaugurée le 20 juin 1887. Elle ne pouvait alimenter plus de 1.500 lampes. Le matériel se composait de 2 locomobiles de 60 chevaux et de 4 dynamos Gramme, type supérieur.

assurer l'éclairage des quartiers voisins de la périphérie du secteur, elle a dû créer une seconde usine, avenue Trudaine n° 9. Cette usine se trouve à quelques pas de la rue Rochechouart, limite *Est* du secteur. Son emplacement est donc défectueux. Mais on sait combien il est difficile de trouver, dans l'intérieur de Paris, des terrains convenables pour l'édification d'une usine.

Indépendamment de son Secteur, la *Compagnie Continentale Edison* éclaire tout l'îlot du Palais-Royal, y compris le Théâtre-Français et le Théâtre du Palais-Royal. Il s'agit là d'une concession spéciale, absolument indépendante de celle du secteur. Si nous en parlons, dès maintenant, c'est que depuis peu le réseau du Palais-Royal a été relié au réseau général du secteur. L'usine dite du Palais-Royal, joue donc, jusqu'à un certain point, le rôle d'usine de secours par rapport aux autres usines du secteur.

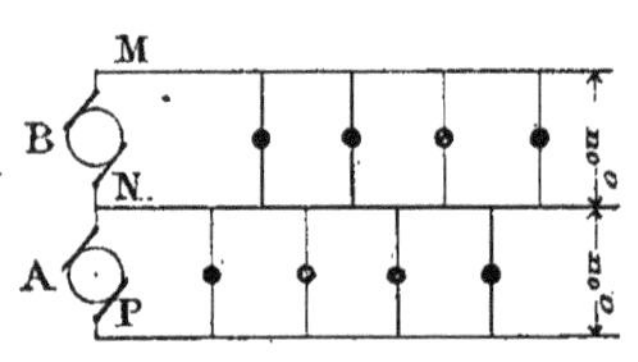

Figure 76.
Secteur Edison.
Distribution à trois fils.

La Compagnie Continentale Edison exploite des courants continus et emploie le système de distribution dit *à trois fils*. Il consiste à mettre deux dynamos A et B en série et à répartir les lampes de manière que les deux ponts MN et NP soient également chargés. Dans ces conditions, le fil compensateur N n'est parcouru par aucun courant. On dispose d'ailleurs entre chaque pont d'une chute de potentiel de 110 volts, soit 220 volts entre les fils extrêmes.

Comme les consommateurs sont absolument libres d'allumer leurs lampes quand ils le veulent, il arrive le plus souvent que les ponts sont inégalement chargés. Il passe alors une certaine quantité de courant dans le fil compensateur. Sa section ne peut donc pas être nulle. Pratiquement, on lui donne une section égale à la moitié de celle des conducteurs extrêmes [1].

La distribution de l'électricité ne se fait pas complètement comme l'indique la précédente figure. Le réseau comprend en réalité des câbles de dis-

[1] L'économie réalisée sur deux circuits en dérivation d'égale longueur, alimentés séparément par les dynamos A et B est facile à calculer. En effet, puisque le courant aura une tension de 110 volts seulement, les conducteurs devront avoir une section double de celle des conducteurs M et P, et, comme nous en aurons quatre, leur poids sera égal à huit fois celui d'un des conducteurs M et P ou à 16 fois celui du conducteur N. Le poids total des conducteurs MN et P étant égal à cinq fois celui du conducteur N, on voit que l'on fera sur le poids du cuivre une économie de 11/16.

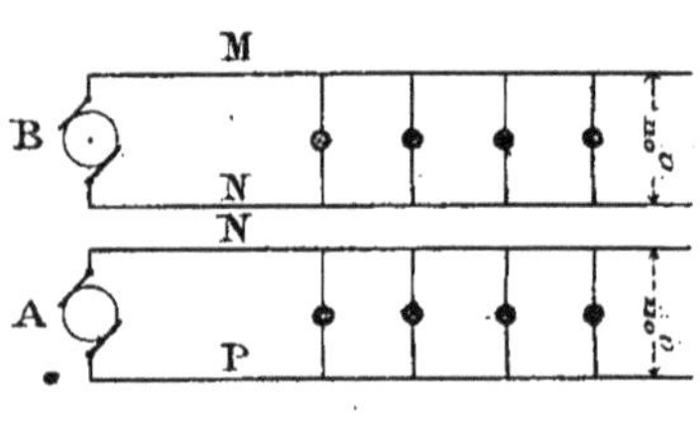

Figure 77.

tribution et des câbles d'alimentation dits *feeders*, qui partent des usines et qui doivent maintenir la tension constante aux points où ils se soudent aux câbles de distribution. Aucune prise de courant n'est faite en route sur les feeders.

Sur les grands boulevards, en raison du peu d'étendue des circuits à alimenter on a pu, en outre, s'arranger de manière à mettre toutes les lampes dans la même situation électrique par rapport à l'usine. On y est arrivé en employant des conducteurs à sections variables, ainsi que l'indique la figure 78, laquelle se rapporte à la partie du réseau qui se dirige vers

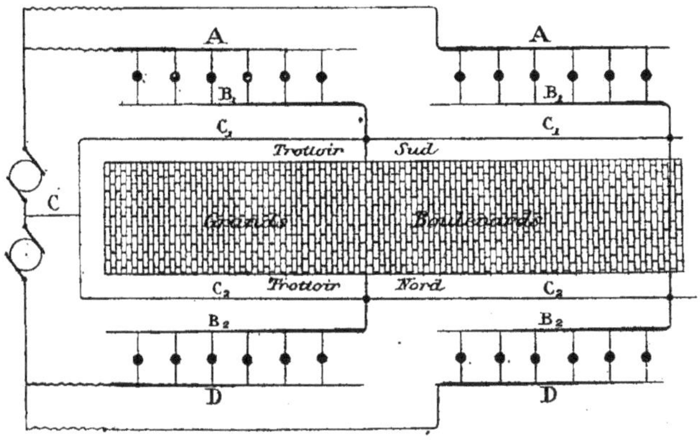

Figure 78.
Secteur Edison. — Distribution sur les Grands Boulevards.

l'Opéra. La répartition de l'électricité s'effectue de la manière suivante : le câble compensateur C se dédouble et envoie le câble C_1 sous le trottoir sud et le câble C_2 sous le trottoir nord. Les conducteurs d'aller A sont à section décroissante, résultat que l'on obtient pratiquement en plaçant sur les isolateurs un nombre décroissant de câbles. En regard, le câble compensateur C_1 se retourne en boucles B_1 à sections décroissantes. Sur le trottoir Nord la canalisation est symétrique. Le même système de distribution a été adopté pour la partie des boulevards qui se dirige vers la porte Saint-Denis.

Le système de distribution du Secteur Edison présente une particularité sur laquelle il faut que nous nous arrêtions un instant. C'est la mise à la terre du câble compensateur. De cette façon, lorsque, dans une installation d'abonné, des *terres* viennent à se produire simultanément sur le câble d'aller et sur le câble de retour, les installations voisines ne sont pas compromises. Les plombs fusibles de l'installation défectueuse sautent aussitôt et révèlent le mal.

Les Electriciens ne sont pas tous d'accord sur l'opportunité de la mise à la terre du câble compensateur. On conçoit, en effet, que si ce système est de nature à diminuer l'importance des fuites, il facilite, en revanche, leur production, puisqu'un seul contact à la terre, sur l'un quelconque des deux câbles extrêmes, suffit pour amener une déperdition d'électricité.

Jusque dans ces derniers temps, la Compagnie Edison n'avait pas été obligée de recourir à des accumulateurs. Mais, pour faciliter le service de ses usines et satisfaire à la consommation toujours croissante, elle a installé dans son usine du faubourg Montmartre une batterie de 3.000 ampères-heures.

En outre, afin de relever la tension sur une partie très chargée de son réseau elle a monté, rue Saint-Georges n° 38, une batterie de 2.800 ampères-heures. Celle-ci est en réalité une station secondaire et, à ce titre, nous lui consacrerons un paragraphe spécial.

(*b*) **Usine du faubourg Montmartre.** — L'usine du faubourg Montmartre remplace, ainsi que nous venons de le dire, une ancienne usine construite, avant la concession des secteurs, par MM. Mildé, Clerc et Cie pour l'éclairage du centre de Paris.

Son emplacement est excellent, en raison de sa proximité des principaux centres de consommation ; mais il laisse certainement à désirer au point de vue des manutentions intérieures, la place faisant un peu défaut.

Les dynamos employées sont au nombre de 10. Elles sont du type Edison et débitent chacune 800 ampères à la tension de 125 volts. Elles tournent à 350 tours. Leur rendement électrique est de 96,5 °/₀.

Huit de ces dynamos sont mises en mouvement, par couples de deux, à l'aide de moteurs spéciaux. Cette disposition est évidemment rationnelle, puisqu'il faut mettre deux machines en série pour pouvoir effectuer la distribution du courant suivant le système à trois fils. Les quatre moteurs correspondants sont :

(*a*) deux moteurs Corliss horizontaux, de 300 chevaux, tournant l'un à 43 tours et l'autre à 65 tours ;

(*b*) deux moteurs Weyher et Richemond, type pilon à triple expansion, de 300 chevaux, tournant à 135 tours.

Les deux dernières dynamos sont actionnées chacune par un moteur vertical Compound, Weyher et Richemond de 150 chevaux, tournant à 150 tours.

On voit que tous ces moteurs tournent beaucoup moins vite que les dynamos. Des transmissions par courroies sont par suite nécessaires.

La vapeur consommée par les moteurs Corliss est fournie, à la pression de 10 kilogr. par centimètre carré, par 4 chaudières Babcock et Wilcox. Un détendeur abaisse la pression à 8 kilogr. avant son admission dans les tiroirs. Trois de ces chaudières produisent 2.600 kilogr. de vapeur à l'heure ; la dernière peut donner jusqu'à 3.200 kilogr.

Les moteurs verticaux sont alimentés par 4 générateurs Belleville timbrés à 15 kilogr. et produisant chacun 1500 kilogr. de vapeur à l'heure. Un détendeur ramène la pression à 10 kilogr.

L'eau nécessaire à la condensation provient de deux puits de 73 mètres de profondeur. Celle d'alimentation est prise dans les conduites publiques.

Figure 79.
Usine du Faubourg Montmartre. — Dynamo Edison de 800 ampères.

Le tableau de distribution comprend trois barres auxquelles sont reliés les circuits du réseau et les appareils permettant : 1° de régler la tension dans chaque circuit, de manière à ce qu'elle ne dépasse pas 110 volts chez l'abonné ; 2° de faire varier la tension dans les barres suivant les nécessités du service ; 3° de lancer dans la canalisation le courant produit par les dynamos.

On est averti que, dans les circuits de distribution, la tension devient anormale par un voltmètre-balance formé d'un fléau suspendu sur couteaux et portant, à l'une de ses extrémités, un cylindre en fer plongeant dans un solénoïde. A l'aide d'un contre-poids suspendu à l'autre extrémité on règle la position du fléau de manière qu'il soit horizontal pour une tension normale. Dès que la tension se modifie le fléau s'incline ; dans son mouvement il vient toucher des contacts qui envoient un courant électrique dans une sonnerie et dans une lampe-témoin. L'attention du surveillant est alors éveillée et il règle la tension au moyen d'un rhéostat.

Le réglage de la tension dans les barres de distribution s'effectue par l'intermédiaire d'une balance-voltamétrique qui agit sur les champs magnétiques des dynamos.

Enfin l'insertion d'une dynamo sur l'un des ponts du tableau se fait à l'aide d'un verrou disposé de telle façon qu'il ne peut être manœuvré lorsque la dynamo n'est pas excitée.

On a récemment adjoint à l'usine une batterie d'accumulateurs pouvant, après une charge complète, débiter 1000 ampères à l'heure pendant 3 heures. Elle a été fournie et installée par la *Société pour le Travail électrique des Métaux*. Elle comprend, sur chaque pont du système à trois fils, 70 accumulateurs contenant chacun 460 kilogr. de plaque. Cette batterie est chargée en dérivation sur le réseau de distribution. Comme chaque élément doit être poussé jusqu'à 2 volts 5 on voit que, pour charger complètement chaque batterie, il faudrait disposer d'un courant de 175 volts. Or, la tension ordinaire, à l'origine du réseau, n'est que de 115 volts. On a été amené, par suite, à diviser chaque batterie en deux parties. Une première composée de 46 accumulateurs est simplement chargée en dérivation. Les 24 accumulateurs restants sont mis alors en série par 8 sur les câbles de départ et l'on pousse les dynamos de manière à porter la tension du courant produit à 135 volts.

Il est question de modifier cette disposition et d'adopter un système analogue à celui que nous rencontrerons plus loin dans la sous-station de la rue Saint-Georges.

(*c*) **Usine de l'avenue Trudaine**. — *Dispositions générales*. — L'usine de l'avenue Trudaine est bien supérieure, au point de vue des dispositions générales et de l'agencement intérieur, à celle du faubourg Montmartre.

Elle a d'ailleurs été créée de toutes pièces par la *Compagnie Continentale Edison* qui a pu en étudier les détails de manière à faciliter la surveillance et les manutentions.

Deux grands bâtiments métalliques renferment l'un, les moteurs et les dynamos, l'autre, les condenseurs, les réservoirs d'eau et les appareils de distribution. En raison de l'instabilité du sol, il a fallu asseoir ces bâtiments sur de nombreux puits en béton descendus jusqu'au solide. Dans ces conditions, on avait un intérêt évident à placer les chaudières en déblai. On les a donc logées dans une grande excavation pratiquée en avant des bâtiments. La cheminée s'élève dans la ligne même des chaudières; elle est en outre dans l'axe de la batterie supposée complètement terminée.

Dynamos. — Les dynamos du faubourg Montmartre tournent, ainsi que nous l'avons vu, à 350 tours. Celles de l'usine Trudaine ne tournent qu'à 130 tours. Cette amélioration a permis de les actionner directement par les moteurs. Toutefois nous trouvons cette vitesse encore bien considérable

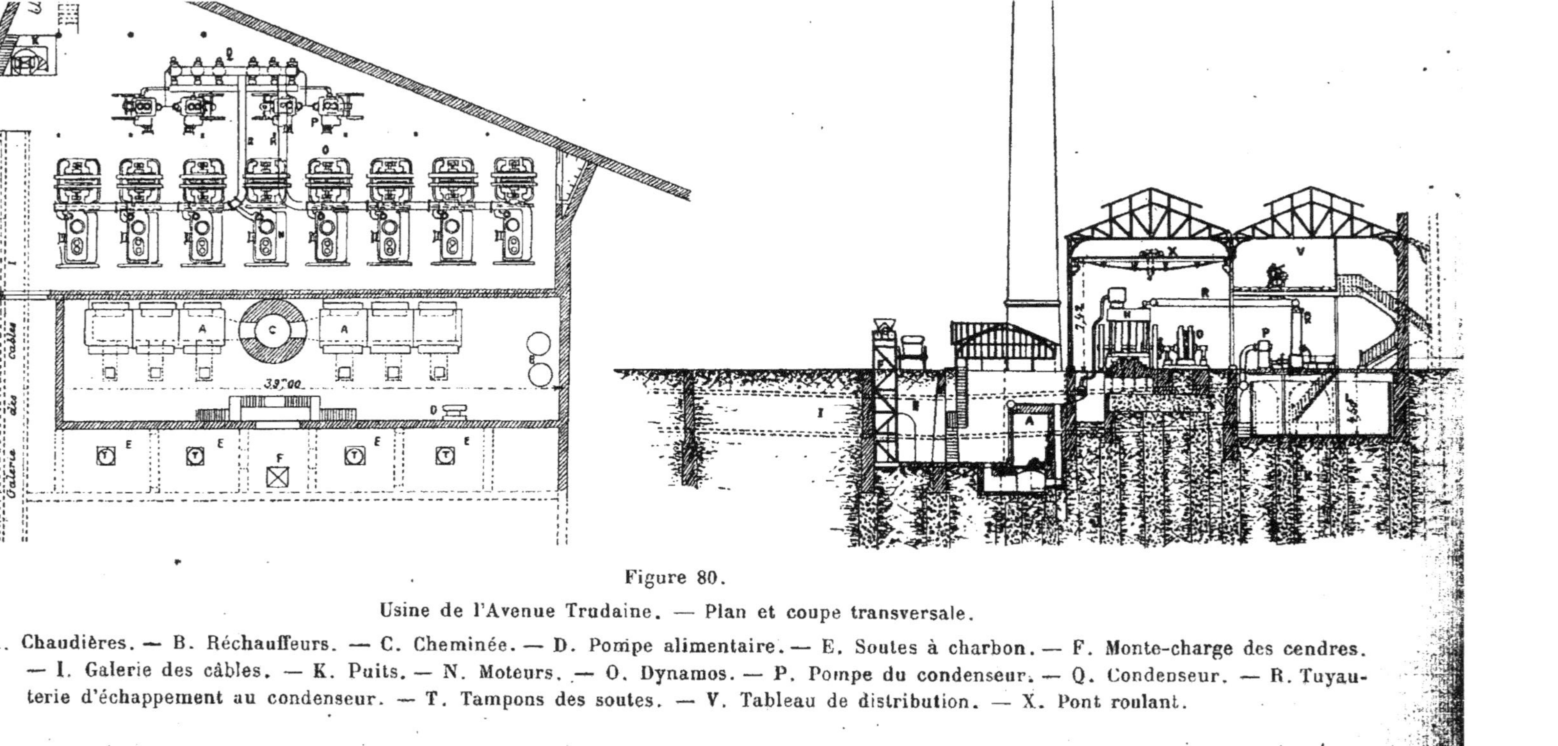

Figure 80.

Usine de l'Avenue Trudaine. — Plan et coupe transversale.

A. Chaudières. — B. Réchauffeurs. — C. Cheminée. — D. Pompe alimentaire. — E. Soutes à charbon. — F. Monte-charge des cendres. — I. Galerie des câbles. — K. Puits. — N. Moteurs. — O. Dynamos. — P. Pompe du condenseur. — Q. Condenseur. — R. Tuyauterie d'échappement au condenseur. — T. Tampons des soutes. — V. Tableau de distribution. — X. Pont roulant.

pour des moteurs à grande puissance. Une grande surveillance des organes s'impose alors, afin d'éviter tout échauffement. C'est là une sujétion que l'on s'éviterait assurément aujourd'hui en adoptant des dynamos à allure encore plus lente.

Les dynamos sont doubles et les induits disposés en série, ce qui se justifie par les nécessités du système de distribution à trois fils.

Chaque dynamo peut donner 800 ampères à 125 volts, soit, par groupe de deux, 800 ampères à 250 volts.

Tous les détails de ces dynamos ont été soigneusement étudiés par M. Picou. L'ancien type des machines Edison à inducteurs verticaux a été complètement abandonné. Pour obtenir la marche lente, on a créé 8 champs magnétiques intenses, répartis autour d'un induit de grand diamètre.

Quant à cet induit, il se compose d'un anneau de $1^m,80$ de diamètre et de $0^m,31$ de largeur recouvert d'une seule couche de fils.

L'enroulement est disposé de telle manière, que 8 balais sont nécessaires. Voici la description qu'en a donnée M. Frank Géraldy[1] :

« L'enroulement n'est pas du système Gramme; il appartient au type Siemens multipolaire, et présente quelque rapport avec la disposition bien connue des machines Thury. Toutefois l'arrangement pratique est différent et ingénieux. Les fils utiles placés sur la surface extérieure de l'anneau sont de section rectangulaire. Chacun des brins doit être réuni avec le fil qui est situé sur la circonférence de l'anneau à 1/8 de la circonférence du cercle; pour cela l'extrémité de chaque fil est liée à une lame de cuivre méplate qui descend jusqu'au droit de la face intérieure de l'anneau, en suivant une développante de cercle et aboutit au milieu de la distance entre les fils à réunir; une deuxième lame, en développante de sens inverse, remonte jusqu'à l'extrémité du fil à réunir. De l'autre côté de l'anneau, la jonction est opérée de même entre la deuxième génératrice et celle qui avance d'un rang sur la première génératrice déjà reliée, de manière à former entre toutes un circuit continu..

On sait, et cela a déjà été appliqué, par exemple dans la machine Desroziers, que la développante du cercle se superpose à elle-même sans perte d'espace. Les lames de cuivre formées par les développantes qui relient les fils utiles sont donc équidistantes et forment un cours de lignes parallèles. Sur le côté de l'anneau, on a laissé ces lames sans revêtement, en les isolant avec des petites cales d'ébonite.

La forme même de ces développantes amène à l'intérieur de l'anneau une série de points de rebroussement formant des saillies toutes prêtes pour recevoir les liaisons avec le collecteur. Une sur deux sert à cet usage, chaque

[1] *La Lumière électrique* du 28 février 1891.

section présente ainsi quatre génératrices actives. Il y a 21 sections entre deux pôles consécutifs. »

Les 8 pôles sont obtenus à l'aide d'électro-aimants de $0^m,23$ de diamètre, et de $0^m,42$ de longueur, recouverts de 8 couches de fils de 4 millimètres de diamètre. Les pièces polaires sont en fonte, elles embrassent complètement l'anneau, et s'avancent légèrement en pointe dans le plan médian de cet anneau, afin de diminuer les étincelles quand les fils changent de champ magnétique.

L'excitation des électro-aimants se fait en dérivation ; elle absorbe 25 ampères, c'est-à-dire 2,5 °/ₒ de la puissance produite.

Moteurs. — Chaque couple de dynamos est actionné par un moteur pilon, à triple expansion et à trois cylindres, du type Weyher et Richemond.

Les moteurs sont tous de la force de 300 chevaux. Ils tournent à la même vitesse que les dynamos (130 tours), ce qui permet de supprimer tout emploi de courroies. La transmission se fait par un accouplement élastique, système Raffard. Dans ces conditions, on obtient une lumière excessivement régulière.

Les moteurs marchent à condensation. La vapeur arrive dans le premier cylindre à 10 kilogr., elle se détend successivement dans les deux autres.

La condensation s'effectue dans une cloche refroidie intérieurement par un jet d'eau.

Deux doubles pompes compriment l'eau dans la cloche et l'évacuent après réchauffement.

En vue de se procurer dans la nappe souterraine, la grande quantité d'eau nécessaire à la condensation, on avait creusé un puits de 40 mètres de profondeur et installé, au niveau de l'eau, des pompes de refoulement mues par un moteur électrique. Mais le débit du puits s'est affaibli très vite et maintenant on est obligé de prendre l'eau nécessaire à la condensation dans les conduites de la Ville.

Il en est de même de l'eau d'alimentation des chaudières.

Chaudières. — Les chaudières étant en sous-sol, ont pu être prises de 1re catégorie. Au même niveau sont établies les soutes à charbon ; elles sont voûtées et supportent le sol d'une cour dans laquelle arrivent les chargements de combustible ; les tombereaux basculent au-dessus de regards percés dans les voûtes, ce qui permet d'effectuer les approvisionnements, avec beaucoup de rapidité.

Inversement, un monte-charge élève au-dessus des voitures, les cendres et mâchefers.

Les chaudières sont du type multitubulaire Belleville, avec grille fumivore, du système Hermann et Cohen. Elles produisent à l'heure 3.000 ou

Figure 81.

Usine de l'Avenue Trudaine. — Vue intérieure.

3.800 kilogr. de vapeur à la puissance de 15 kilogr. par centimètre carré. Cette pression est ramenée à 10 kilogr. par un détendeur.

La vapeur produite par les différents générateurs se rend dans un collecteur entouré d'une enveloppe mauvaise conductrice de la chaleur.

C'est dans ce collecteur que se dépose l'eau entraînée par la vapeur ; on l'en extrait par des purges.

Les prises de vapeur de chaque machine se branchent sur le collecteur et s'élèvent verticalement jusqu'aux cylindres, supprimant ainsi tout entraînement d'eau.

Les générateurs sont, comme à l'ordinaire, alimentés à l'aide d'un petit cheval Belleville. On pourrait aussi, en cas d'accident, remplacer ce petit cheval par un injecteur Giffard. L'eau d'alimentation est d'ailleurs réchauffée par les purges.

Situation actuelle de l'usine. — L'Usine de l'Avenue Trudaine ne contient actuellement que 4 générateurs (dont 3 de 3.000 kilogr. et un de 3.800 kilogr.), 4 moteurs et 4 groupes de dynamos.

Elle sera complétée au fur et à mesure des besoins. Les dispositions prévues permettront d'y loger au moins 8 groupes de 2 dynamos de 800 ampères et 125 volts. On pourra alors alimenter plus de 35.000 lampes à incandescence de 10 bougies.

Tableau de distribution. — Le tableau de distribution comprend :

1° trois barres de cuivre correspondant aux trois fils de la distribution et

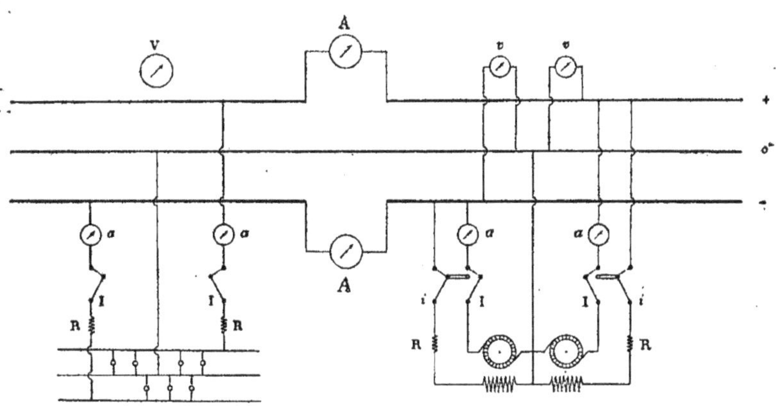

Figure 82.
Usine de l'Avenue Trudaine. — Tableau de distribution.

qui recueillent le courant produit par chaque groupe de dynamos, conformément au schéma représenté par la figure 82 ;

2° trois autres barres situées dans le prolongement des premières et sur lesquelles viennent se brancher les différents feeders;

3° entre les barres extrêmes de l'un et l'autre système des ampèremètres A mesurant l'intensité du courant débité.

En avant des trois premières barres se trouvent les appareils de manœuvre des dynamos. Ce sont, pour chaque groupe, un interrupteur double pour l'excitation *i*, un interrupteur double pour fermer le circuit des dynamos I[1] et deux rhéostats R permettant de faire varier l'intensité de l'excitation. Les interrupteurs sont disposés de telle façon que l'on ne peut ouvrir le circuit tant que l'excitation n'est pas fermée. Cette précaution est indispensable pour éviter que les dynamos ne travaillent comme génératrices, dans le cas où leurs induits seraient mis fortuitement en communication avec les barres de tableau.

Voici comment se fait une mise en route. Disons d'abord que l'on opère toujours à la fois sur deux dynamos correspondant à un moteur de 300 chevaux. Cela étant, on commence par exciter les deux dynamos et l'on fait tourner la machine. Une certaine force électromotrice commence à se manifester. On agit sur les rhéostats et l'on amène la force électromotrice de chaque dynamo à être exactement celle existant sur le pont correspondant. On peut alors fermer les interrupteurs.

Pour arrêter une machine on agit sur les rhéostats d'excitation de manière à annuler le courant et, lorsque ce résultat est atteint, on ouvre l'interrupteur.

Les feeders sont reliés aux barres qui leur correspondent par des interrupteurs identiques à ceux des dynamos. On règle leur tension en leur enlevant ou en leur ajoutant des résistances. Il faut qu'aux points d'attache la différence de potentiel soit sur l'un et l'autre pont de 110 volts. Des fils fins partant de ces points d'attache reviennent jusqu'à l'usine et indiquent sur des voltmètres la tension obtenue. Ils sont aussi reliés à des indicateurs optiques analogues à ceux de l'usine du faubourg Montmartre.

(*d*) **Station secondaire de la rue Saint-Georges**. — La station secondaire de la rue Saint-Georges a été créée pour soulager quelques feeders trop chargés à certaines heures de la soirée. On aurait pu s'en dispenser en posant de nouveaux feeders; mais la Compagnie Edison a trouvé plus avantageux de demander l'électricité momentanément nécessaire à une batterie d'accumulateurs, chargée pendant la journée et dont elle déverse le débit directement dans le réseau de distribution, au moment de la grande consommation.

[1] Ces interrupteurs ont été dédoublés dans la figure 82 afin de la rendre plus compréhensible.

Les accumulateurs sont chargés et déchargés en dérivation. Ils sont branchés non sur des feeders mais sur le réseau de distribution. La tension dont on dispose pour les charger n'est donc que de 110 volts sur chaque pont.

Les accumulateurs ont, comme on le sait, l'inconvénient de nécessiter pour leur charge une tension un peu plus forte que celle qu'ils doivent présenter à la décharge, en régime normal. Il s'ensuit que la batterie ne peut être chargée uniquement par le courant de distribution. Nous avons vu qu'à l'usine Montmartre on mettait une partie des éléments en série sur les barres du tableau et que l'on augmentait alors, jusqu'à 135 volts, la force électromotrice des dynamos. Ce procédé ne pouvait être appliqué rue Saint-Georges puisque la batterie est branchée sur le réseau de distribution dont le potentiel doit être constamment maintenu à 110 volts pour chaque pont. On a été amené par suite à employer un *survolteur*, appareil qui permet, comme son nom l'indique, de surélever la tension de la ligne. C'est simplement une dynamo Edison de 350 ampères et 90 volts mise en mouvement par un moteur électrique. L'accouplement se fait par un plateau Raffard.

Voici, maintenant, comme on procède à la charge et à la décharge de la batterie. Cette batterie est double : on dispose, pour chaque pont, de 64 accumu-

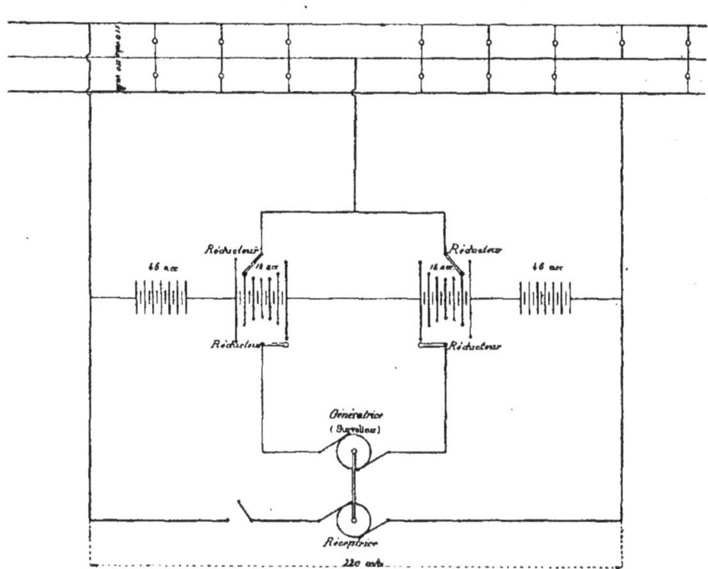

Figure 83.
Station secondaire de la rue Saint-Georges. — Tableau de charge et de décharge des accumulateurs.

lateurs sur lesquels 46 peuvent être chargés complètement par le courant de dérivation. En mettant les deux batteries en série sur les deux fils extrêmes, ce qui présente l'avantage de ne nécessiter qu'un seul survolteur, on doit finalement pourvoir, avec cet appareil, à la charge de 36 éléments. Au début de la charge le survolteur intervient peu car ce n'est que successivement que l'on amène la tension de chaque accumulateur à sa valeur maxima (2 volts 5 environ). Avec les 220 volts du réseau on charge donc une partie des 36 éléments. Peu à peu et au fur et à mesure que la force électromotrice des accumulateurs croît on insère de nouveaux éléments sur le circuit du survolteur. La manœuvre se fait aisément à l'aide de réducteurs.

Lorsque la charge est terminée chaque partie de la batterie est branchée séparément sur l'un des ponts. Mais, comme à ce moment la force électromotrice de chaque batterie est supérieure à 110 volts on isole un certain nombre d'éléments. A l'aide d'un réducteur on met ceux-ci successivement en décharge lorsque la force électromotrice de la batterie s'abaisse.

Les accumulateurs employés à la station secondaire Saint-Georges ont été fournis par la maison Tudor. Chaque accumulateur comprend 7 plaques positives et 8 plaques négatives. Ces plaques sont disposées parallèlement dans un bac en bois doublé de plomb et reposent sur des plaques de verre placées de champ et dans le même plan que les électrodes. Elles sont guidées verticalement par des rainures ménagées dans des pièces en verre et maintenues à égale distance les unes des autres par des tubes en verre. Les queues des plaques sont soudées au chalumeau à hydrogène à des barres de plomb trapézoïdales de sorte que les connexions n'offrent au passage de courant qu'une résistance absolument négligeable.

Les 36 éléments que commandent les réducteurs sont munis de barres de cuivre à forte section formant conducteurs et dont la résistance est également très faible.

Les constantes des accumulateurs sont les suivantes :

Intensité du courant de charge		420 ampères.
Intensité du courant de décharge	Décharge en 10 heures	280 —
	— 5 —	476 —
	— 3 —	672 —
Capacité utilisable	Décharge en 10 heures	2.800 ampères-heure.
	— 5 —	2.380 —
	— 3 —	2.016 —
Poids des électrodes		464 kilogrammes.
Poids total sans acide		649 —
Eau acidulée		179 litres.

La batterie de la station secondaire Saint-Georges est fort bien installée. L'aération de la salle qui la renferme est assurée par un puissant ventilateur qui renvoie à l'extérieur, par de nombreux conduits d'évent, les vapeurs acides dégagées par les bacs. La batterie est entretenue par la Société Tudor, à forfait, moyennant une redevance de 3,5 °/₀ du prix d'acquisition. La Société a en outre consenti une garantie de dix années.

Réseau et usine du Palais-Royal. — *Dispositions générales.* — L'ensemble de construction désigné sous le nom de Palais-Royal est trop connu pour qu'il soit nécessaire d'en donner la description. Rappelons seulement qu'une partie des bâtiments et que les cours et jardins appartiennent à l'Etat et que par suite c'est à l'Etat et non à la Ville de Paris qu'il incombait d'en transformer l'éclairage.

La *Compagnie Continentale Edison* a été chargée de l'éclairage électrique du Palais-Royal et des deux théâtres qui en dépendent (Théâtre Français et théâtre du Palais-Royal) par convention du 11 mai 1888. La concession expirera le 22 février 1912. Un prix spécial, très bas, a été admis pour l'éclairage des galeries. Celles-ci étaient éclairées autrefois par des becs de gaz de 140 litres. On a simplement substitué aux becs de gaz des lampes à incandescence de 16 bougies, en conservant les anciennes lanternes qui sont très décoratives. Le prix payé par lampe et par an est de 99f,455[1] alors qu'avec le gaz il était de 100f,230. Un certain nombre de ces lampes (85) éclaire les galeries extérieures et quelques passages ouverts à la circulation générale. Elles sont, pour cette raison, à la charge de la Ville de Paris. Les abonnés (restaurateurs, commerçants, etc...) sont éclairés au compteur et payent 11 centimes 3/4 l'ampère-heure sous le potentiel moyen de 104 volts. Le Théâtre-Français et celui du Palais-Royal sont, au contraire, éclairés à forfait.

L'usine du Palais-Royal alimente également les lampes à arc de la place du Carrousel. Enfin elle éclaire le Palais de l'Elysée, au moment des bals et des grandes réceptions.

L'installation d'une usine dans le Palais-Royal même présentait de très sérieuses difficultés. Il fallait, en effet, respecter les perspectives et l'ordonnancement architectural des bâtiments. On a été amené, par suite, à loger l'usine en déblai, dans la cour dite Cour d'honneur, qui est la moins fréquentée du Palais. Une excavation de 32 mètres de longueur, de 20 mètres de largeur et de 6 mètres de profondeur y a été pratiquée. Les terres ont été soutenues latéralement par de puissants murs en maçonnerie et, pour empêcher les eaux d'infiltration de rentrer par le fond de la fouille, on a établi un radier général en béton. Dans la cour n'apparaît que la toiture vitrée de l'usine. En-

[1] Le prix de 99f,455 se décompose ainsi :

Fourniture du courant.	89f,455
Entretien des lampes et appareils	10f,000
Total.	99f,455

core est-elle entourée de plantes vivaces d'ornement qui la masquent presque complètement. Le résultat est très heureux et l'on ne se doute certainement pas que, derrière ces feuillages disposés avec goût, fonctionne une usine de près de 1.000 chevaux.

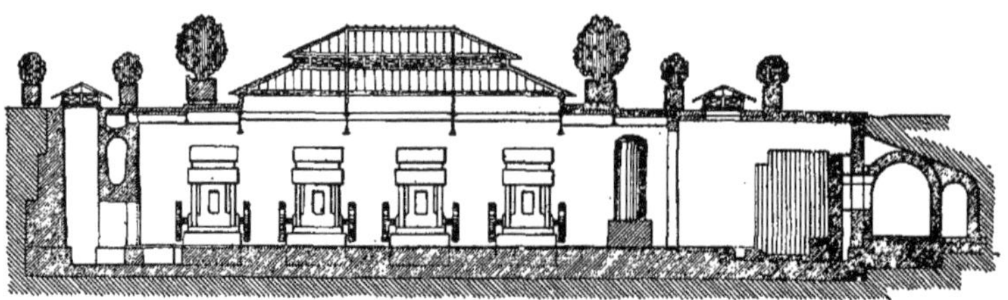

Figure 84.
Usine du Palais-Royal. — Coupe longitudinale.

L'accès de l'usine se fait par un souterrain débouchant dans les bâtiments en bordure de la rue de Valois. C'est aussi dans ces bâtiments et près de la rue que l'on a installé la cheminée de l'usine. Elle communique avec

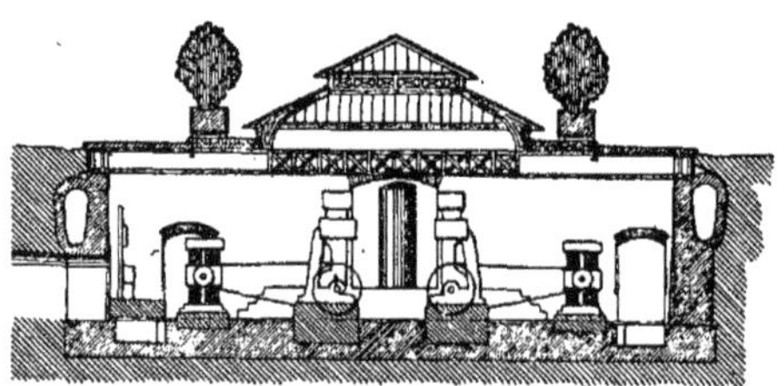

Figure 85.
Usine du Palais-Royal. — Coupe transversale.

cette dernière par un canal souterrain dans lequel les fumées se dépouillent de la plus grande partie des matières solides qu'elles tiennent en suspension. L'arrivée des charbons se fait par la rue de Valois. Un petit chemin de fer réunit les soutes à l'usine.

L'eau nécessaire à l'alimentation des chaudières est prise dans les conduites publiques d'eau d'Ourcq. Celle qui est employée à la condensation provient d'un puits, où elle est puisée par des pompes actionnées électriquement.

Le système de distribution est celui à trois fils avec feeders déjà décrit quand nous nous sommes occupé du secteur concédé à la Compagnie Edison. Mais, au lieu de disposer sur chaque pont d'une chute de potentiel de 110 volts on ne distribue qu'à 104 volts[1]. Le fil intermédiaire est mis à la terre.

L'alimentation du Palais de l'Elysée se fait différemment. Comme il est à 2 kilomètres du Palais-Royal, il a été économique d'employer pour cet éclairage des courants alternatifs à 2.000 volts, sauf à les abaisser dans l'Elysée même et, à l'aide de transformateurs, à 100 volts. Le transport de ces courants se fait par des câbles concentriques isolés, protégés par une armature et posés généralement en égout.

Dynamos. — Les dynamos employées pour la production des courants continus sont des dynamos Edison analogues à celles de l'usine du Faubourg Montmartre et pouvant débiter 800 ampères à 125 volts à la vitesse de 350 tours par minute.

Elles sont, pour le moment, au nombre de 6. Deux autres dynamos pourront être installées dès que la puissance de l'usine aura besoin d'être renforcée. Les fondations sont en attente.

Le tableau de distribution comprend trois barres pour le couplage des dynamos et trois barres pour le départ des feeders.

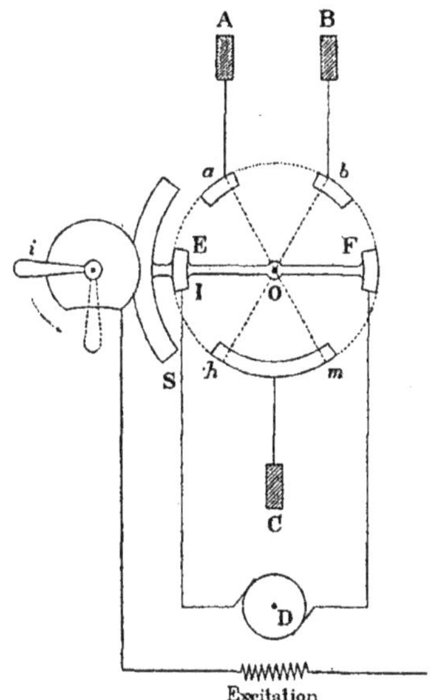

Figure 86.
Usine du Palais-Royal. — Commutateur-inverseur.

[1] Nous avons dit en parlant du secteur Edison que, depuis peu, l'usine du Palais Royal avait été reliée au réseau du secteur. On passe de la tension de 104 volts à celle de 110 volts à l'aide d'un survolteur. Cet appareil est analogue à celui de la sous-station Saint-Georges.

Chaque dynamo est commandée par un *commutateur-inverseur* qui permet de la brancher sur l'un ou l'autre pont de la distribution. La figure 86 indique schématiquement le fonctionnement de cet appareil. Les barres du tableau sont représentées coupées en A, B et C. Cette dernière est la barre compensatrice. Ces barres sont reliées respectivement à des plots *a*, *b*, *c* disposés sur une circonférence de centre *o*. Le commutateur-inverseur tourne autour du point O. Il est muni de deux contacts E et F rattachés aux balais de la dynamo. On voit, de suite, qu'en le mettant dans la position *am* la dynamo sera branchée sur le pont A, C. Au contraire si on le place suivant *hb* elle sera branchée sur le pont BC.

Il est nécessaire que cette manœuvre ne soit effectuée que lorsque la dynamo est excitée. Aussi le commutateur-inverseur ne peut-il être déplacé tant que le commutateur d'excitation *i* n'a pas été manœuvré. A cet effet le commutateur-inverseur fait corps avec un secteur S dans lequel on a ménagé une échancrure circulaire. D'autre part sur l'axe du commutateur d'excitation on a monté un petit disque dont la courbure est semblable à celle de l'échancrure et qui pénètre dans celle-ci. Il est clair que, dans cette situation, toute manœuvre du commutateur-inverseur est impossible. Si, au contraire, on commence par exciter la dynamo en abaissant le commutateur *i* une échancrure, identique à celle du secteur, vient se placer devant le commutateur-inverseur et permettre son déplacement.

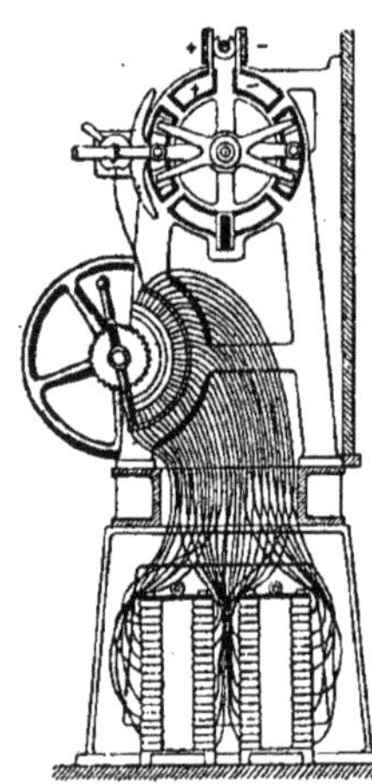

Figure 87.
Usine du Palais-Royal. — Coupe du tableau de distribution.

La figure 87 donne une coupe d'ensemble du tableau de distribution. A la partie supérieure se trouvent le commutateur-inverseur et le commutateur d'excitation.

Quant au réglage de l'excitation il s'effectue, pour chaque dynamo, à l'aide d'une roue permettant d'insérer des résistances sur le circuit ou d'en retirer. On peut embrayer ensemble toutes les roues d'excitation des dynamos et régler ainsi simultanément l'excitation de toutes les machines en marche.

Le tableau de départ des feeders est très simple. Chaque câble est commandé par un verrou-interrupteur. Il n'existe pas de rhéostats sur les feeders. Le peu d'étendue du réseau permet en effet de se passer de réglage.

Les courants alternatifs envoyés à l'Elysée sont produits par un alternateur Zipernowski pouvant débiter 50 ampères à la tension de 2.000 volts, avec un nombre de tours de 260 à la minute. L'excitation est prise sur l'un des ponts du tableau de distribution. Elle consomme environ 30 ampères.

Une seconde machine Zipernowski, d'égale puissance, sert de machine de secours.

Moteurs. — Les moteurs sont des machines verticales à triple expansion et à quatre cylindres de la maison Weyher et Richemond. Ils sont de la force de 150 chevaux et tournent à 160 tours.

La vapeur arrive dans le plus petit des cylindres à 10 kilogr., elle se détend ensuite dans le moyen cylindre et achève son expansion dans deux grands cylindres à basse pression. Le petit et le moyen cylindre sont dispo-

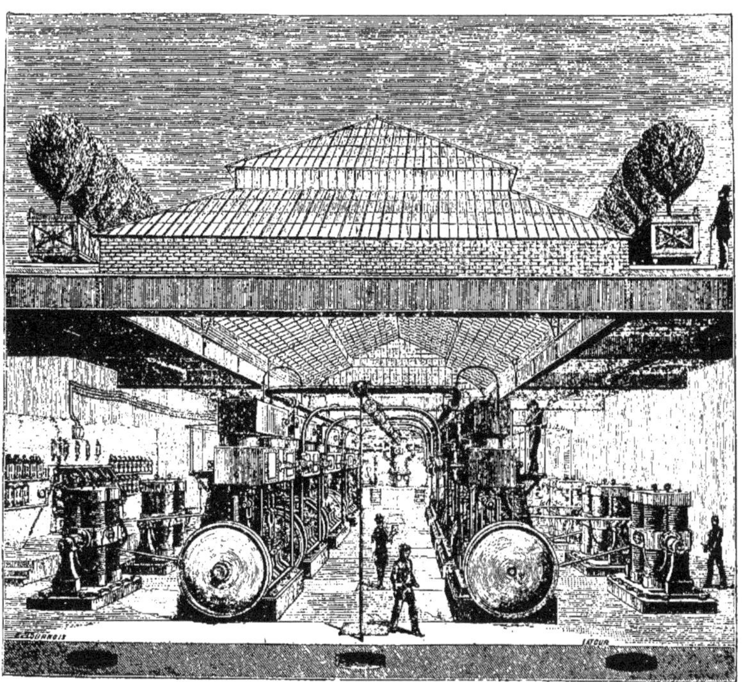

Figure 88.
Usine du Palais-Royal. — Vue intérieure.

sés en tandem sur les grands. L'arbre moteur n'est par suite commandé que par deux manivelles ; elles sont calées à 90 degrés, disposition qui permet d'obtenir un mouvement de rotation très régulier.

Aux deux extrémités de l'arbre moteur se trouvent deux fortes poulies. L'une forme volant et contient le régulateur de vitesse ; l'autre met en mouvement une courroie qui s'enroule d'autre part sur la poulie d'une des dynamos. Ces poulies et la courroie sont nécessaires puisqu'il faut passer d'une vitesse de 160 tours à la minute à une vitesse de 350 tours. Il y a 6 moteurs : un pour chaque dynamo.

Les machines Zipernowski sont commandées, le cas échéant, chacune par un de ces moteurs. On fait tomber la courroie qui réunit le moteur à la dynamo Edison correspondante et l'on passe sur la poulie une autre courroie qui fait tourner l'alternateur.

La vapeur, à sa sortie des grands cylindres des moteurs, est condensée dans une grande cloche verticale refroidie par un jet d'eau. Deux pompes à air, disposées de part et d'autre de la cloche, refoulent à l'égout l'eau réchauffée par la vapeur.

Il existe deux condenseurs, dont un de secours.

Chaudières. — Les chaudières sont des générateurs Belleville, produisant chacun 2.450 kilogr. de vapeur à l'heure à la pression de 12 kilogr. par centimètre carré. L'alimentation est assurée par de petits chevaux Belleville mus par la vapeur. Un détendeur abaisse la pression à 10 kilogr.

Les chaudières avaient été au début munies de foyers fumivores Herman et Cohen. Ces foyers ne paraissent pas avoir donné de bons résultats car on les a fait disparaître. Il est à remarquer, d'ailleurs, qu'avec le charbon de bonne qualité, tel que celui qui est brûlé par l'usine, il ne se produit que très peu de fumée.

Il n'existe actuellement que 5 générateurs. Mais un emplacement est préparé pour en recevoir deux autres.

CHAPITRE VII

SECTEURS ÉLECTRIQUES ET STATIONS CENTRALES

(suite)

Secteur de la place Clichy : (*a*) Physionomie générale et système de distribution : (*b*) Usine de la rue des Dames.— Secteur de la Compagnie Parisienne de l'air comprimé : (*a*) Physionomie générale et système de distribution; (*b*) Usine du boulevard Richard-Lenoir;(*c*) Usine de Saint-Fargeau ; (*d*) Station de transformateurs de la rue Saint-Roch. ; (*e*) Sous-stations d'accumulateurs ; (*f*) Usines de la rue des Jeûneurs, de la Bourse du Commerce et du Retiro. — Secteur des Champs-Elysées : (*a*) Physionomie générale et système de distribution ; (*b*) Usine de Levallois.— Secteur de la Rive gauche. — Réseau Municipal et Usine des Halles. — Prix de revient de l'électricité dans les stations centrales.

Annexes. — Tableau récapitulatif et statistique des secteurs électriques et stations centrales.

Secteur de la place Clichy. — (*a*) **Physionomie générale et système de distribution**. — Le secteur de la place Clichy est délimité :

au *nord*, par les fortifications ;

à l'*est*, par l'avenue de Saint-Ouen, l'avenue de Clichy, la rue de Clichy, la rue de la Chaussée d'Antin ;

au *sud*, par les grands boulevards, la rue Royale, le faubourg Saint-Honoré ;

à l'*ouest*, par la rue de Miromesnil, l'avenue de Messine, le parc Monceau, et la rue de Prony[1].

La zone ainsi délimitée comprend surtout des maisons de rapport et des hôtels.

Le réseau n'est alimenté que par une seule usine située rue des Dames n° 53. Les courants employés sont des courants continus. Mais, comme il

[1] Voir, figure 66, la carte des secteurs.

existe plus de 2k,500, en ligne droite, entre l'usine et les points extrêmes du réseau, il a fallu adopter un système de distribution spécial, afin de réduire les pertes de charge.

Ce système est celui dit à 5 fils, qui permet d'exploiter des courants à 440 volts. Il comporte un réseau de distribution composé de cinq câbles entre lesquels on maintient une différence de potentiel de 110 volts. Entre le premier et le dernier, il existe ainsi une différence de potentiel de 440 volts.

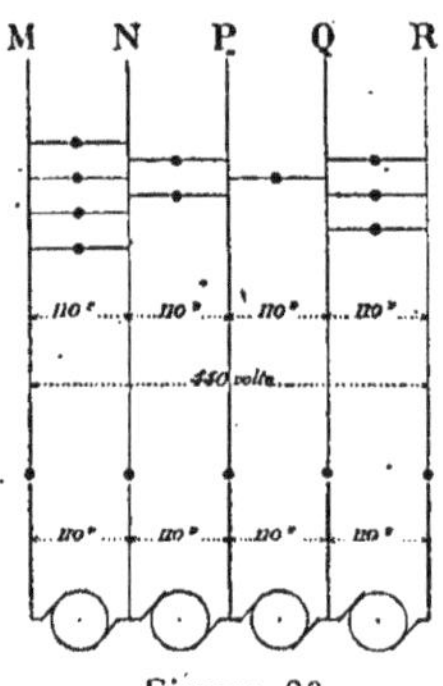

Figure 89.

Pour alimenter ce réseau on aurait pu, par analogie avec le système à 3 fils, former les feeders de 5 câbles et adopter pour la production du courant 4 machines en série de 110 volts (fig. 89). Mais un tel procédé aurait compliqué beaucoup l'installation en même temps qu'il eût conduit à des dépenses de canalisation exagérées.

On a trouvé plus avantageux d'employer des dynamos à 440 volts et de former les feeders de deux câbles seulement, venant se brancher sur les câbles extrêmes du réseau de distribution.

Ce système ne va pas cependant sans une certaine difficulté. Comment arriver en effet, à répartir exactement la tension entre les quatre ponts de la distribution? Si le nombre des lampes en service était constamment le même sur chaque pont la difficulté n'existerait évidemment plus. Mais, quel que soit le soin avec lequel se fait la répartition des appareils lumineux, comme, en somme, les abonnés allument leurs lampes absolument à leur guise, on ne peut obtenir constamment un équilibre parfait.

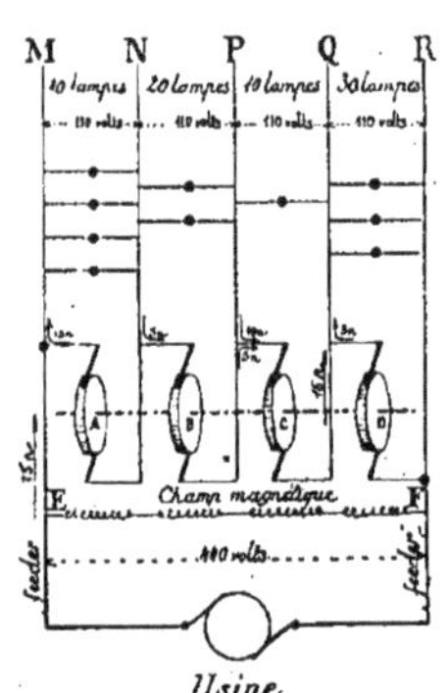

Figure 90.
Secteur de la place Clichy. — Distribution à 5 fils et dynamos régulatrices.

On a résolu le problème à l'aide de dynamos régulatrices, placées sur les circuits, après les feeders, comme l'indique la figure 90. Ces dynamos, identiques, sont montées sur un arbre commun et peuvent aussi bien fonctionner comme génératrices que comme réceptrices. L'excitation provient d'une dérivation EF; elle ne dépend que de la tension totale de la distribution (440 volts) et crée un champ magnétique constant.

Lorsque les ponts sont également chargés, les dynamos se comportent comme 4 réceptrices en série sur une tension de 440 volts. Elles tournent à une certaine vitesse, absorbant une petite quantité de courant qui est utilisée à vaincre les résistances passives et les frottements (5 ampères).

Mais, lorsque l'on vient à éteindre des lampes sur l'un des ponts, la dynamo intercalée sur ce pont reçoit davantage de courant. Elle tourne plus vite, entraînant les autres dynamos qui fonctionnent comme génératrices.

Appliquons à l'exemple de la figure 90. Cherchons d'abord l'intensité du courant I que doit fournir l'usine. On peut, comparativement à la grande quantité d'électricité distribuée, négliger la petite quantité d'énergie absorbée par les résistances passives des dynamos.

On peut admettre aussi, puisqu'elles sont identiques, qu'elles ont un même rendement, soit comme génératrices, soit comme réceptrices.

Supposons que chaque lampe absorbe n ampères. On aura :

$$440 \times I = 40.n.110 + 20.n.110 + 10.n.110 + 30.n.110.$$

D'où

$$I = \frac{n.110(40 + 20 + 10 + 30)}{440} = \frac{n.100}{4} = 25n.$$

On voit alors que, sur le pont NP, le courant de $25n$ se divise en 2 parties : une première, $20n$, alimentera les lampes en service ; une deuxième $5n$ passera dans la dynamo qui travaillera en réceptrice.

Sur le pont PQ un courant égal à $10n$ va devenir disponible. Il s'ajoutera aux $5n$ du pont NP ce qui donnera $15n$ sur la dynamo C qui travaillera aussi en réceptrice. On pourra engendrer ainsi un courant de $20n$, avec une chute de 110 volts, qui se décomposera en $15n$ sur le conducteur M et $5n$ sur le conducteur Q. De cette façon toutes les lampes seront convenablement alimentées.

Dans l'état actuel du réseau 7 stations de régulatrices[1] suffisent pour assurer une répartition convenable (à 2 ou 3 volts près) de la tension entre les quatre ponts de la distribution.

Ces stations possèdent chacune deux groupes de machines régulatrices dont un de réserve. On peut si cela est nécessaire faire travailler les deux groupes simultanément au réglage du courant.

Plusieurs stations disposent, en outre, d'un second système de réglage. Ce sont des batteries d'accumulateurs placées en dérivation sur chaque pont et constituées chacune par 52 éléments de 65 kilogr. Ces batteries sont chargées à *saturation*. Dans cette situation, elles agissent bien différemment que lorsqu'elles sont soumises à des alternatives de charge et de décharge. Elles se laissent traverser sur chaque pont par la quantité d'électricité qui devient disponible, en opposant au passage de l'électricité une force contre-

[1] Ces stations sont situées : Rue Boissy-d'Anglas n° 1 ; Boulevard Malesherbes n° 103 ; Rue Saint-Lazare, n° 101 ; rue Boudreau n° 13 ; rue d'Amsterdam, n° 100 ; rue Clairaut n° 5 et rue Jouffroy n° 68 bis.

électro-motrice constante ; elles absorbent ainsi l'excès de tension qui peut se produire sur chaque pont.

Contrairement à ce qui se passe avec les dynamos régulatrices qui transforment en énergie l'électricité qui les traversent, les batteries régulatrices ab-

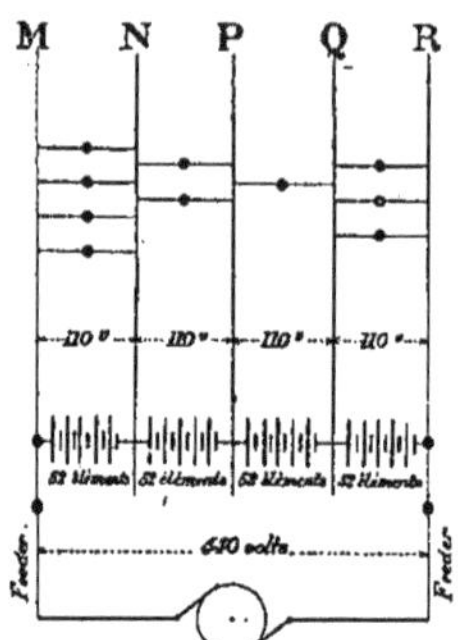

Figure 91.
Secteur de la place Clichy.
Distribution à 5 fils et batteries régulatrices.

sorbent inutilement le courant en excès sur chaque pont. Elles constituent aussi un mode de réglage moins avantageux que les dynamos. Mais, comme elles peuvent fonctionner sans surveillance et que d'autre part elles consomment peu lorsque la distribution ne subit que de légères variations, elles sont d'un emploi très pratique pendant une bonne partie de la journée et vers la fin de la nuit. On ne se sert en réalité des dynamos qu'aux heures de grande consommation.

Dans chaque station régulatrice un homme suffit pour le graissage et la surveillance des machines. Il est nécessaire que ce service soit fait avec beaucoup de soin. On s'assure qu'il en est ainsi par de fréquentes tournées de contrôle. En outre, toutes les stations sont reliées téléphoniquement à l'usine.

(*b*) **Usine de la rue des Dames.** — *Dispositions générales.* — L'usine comprend un bâtiment pour l'Administration, en façade sur la rue des Dames, et un vaste hall de 57 mètres de longueur sur 26 mètres de largeur, dans lequel sont installées les chaudières et les machines.

Les massifs de fondation des machines reposent sur un très fort plancher que supportent huit murs longitudinaux absolument indépendants des murs mitoyens. On atténue notablement, de cette façon, la transmission des vibrations.

Les chaudières sont en sous-sol. Cette disposition facilite beaucoup la manutention des charbons et des escarbilles.

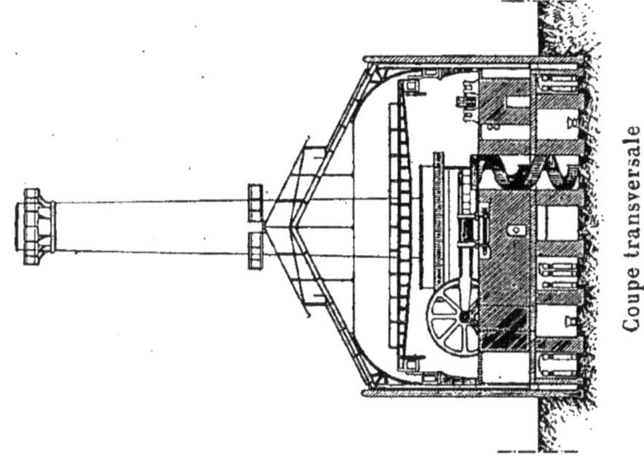

Coupe transversale

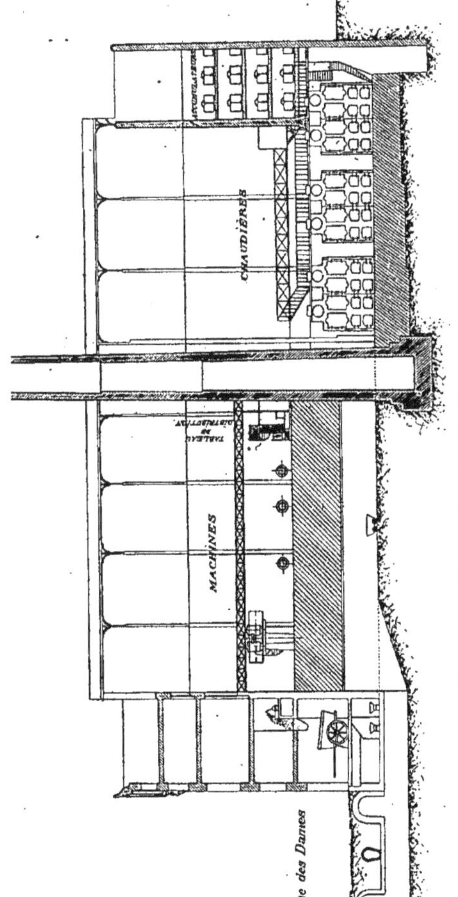

Coupe longitudinale

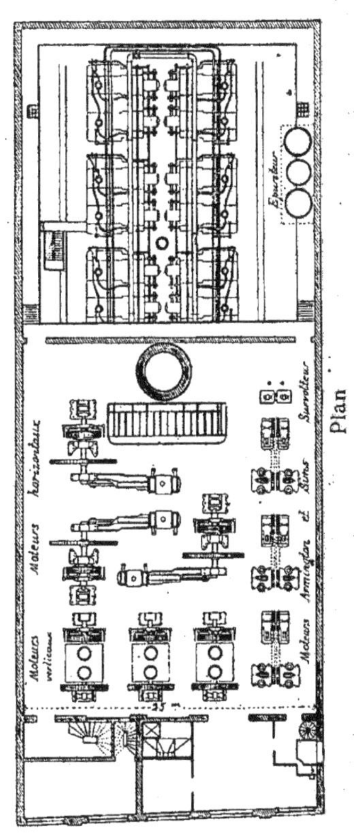

Plan

Voici quelle est la succession des opérations, telle qu'elle a été indiquée par M. Soubeyran dans *le Génie Civil* du 26 novembre 1892 : les voitures chargées de charbon entrent à reculons sur le pont à bascule placé à côté de la loge du concierge ; la pesée faite, le charbon est versé dans le sous-sol par une trappe située en arrière. Là, il est chargé dans des wagonnets et amené des deux côtés de la salle des chaudières par des voies ferrées installées dans deux couloirs latéraux. Les escarbilles prennent le chemin inverse. Mais à son arrivée sous la bascule, le wagonnet chargé est élevé au moyen d'un monte-charge hydraulique à hauteur de l'entresol et vidé dans trois trémies plongeant au-dessus de la bascule. Chacune de ces trois trémies contient la charge d'un tombereau ; il suffit de faire basculer une trappe de fond pour les vider dans la voiture placée au-dessous. Les mêmes tombereaux qui apportent le charbon emportent les escarbilles contenues dans les trémies.

La cheminée qui a 3 mètres de diamètre intérieur et 48 mètres de hauteur s'élève entre les chaudières et les machines. Elle renferme une deuxième cheminée en tôle dans laquelle se fait l'échappement de la vapeur.

Dynamos. — L'usine de la rue des Dames contient deux groupes de dynamos.

Le premier est constitué par 4 belles et grandes machines de 700 ampères et 500 volts tournant à 64 tours par minute et actionnées chacune directement par un moteur de 500 chevaux.

Le deuxième comporte 6 dynamos à inducteurs verticaux et induits Siemens reliées deux à deux en série et pouvant produire chacune 200 ampères et 250 volts, à la vitesse de 380 tours.

Les machines de 700 ampères sont réellement remarquables. Il faut insister en particulier sur leur vitesse de rotation excessivement réduite, vitesse au-dessous de laquelle on n'est encore descendu dans aucun des secteurs de Paris et qui a permis d'employer des moteurs à allure lente. Ce résultat a été obtenu en donnant à l'induit un grand diamètre et en plaçant le collecteur sur l'induit même.

Cet induit possède un enroulement Gramme. Mais, en raison du grand débit, les bobines sont constituées non par des fils de cuivre mais par des barrettes rectangulaires. C'est la surface extérieure de l'anneau qui sert de collecteur.

Le corps de l'anneau est formé par des feuilles de tôle isolées, normales aux barrettes et serrées par des boulons en fer. A l'une de leurs extrémités ces boulons viennent se fixer aux bras d'une étoile clavetée sur l'arbre moteur. L'anneau forme ainsi un grand disque de 3m,109 de diamètre et de 0m,55 de largeur, en porte-à-faux sur les bras de l'étoile.

L'inducteur est intérieur à l'anneau. Il consiste dans 8 électro-aimants, disposés normalement à l'axe suivant les rayons d'un octogone régulier. Ces électro-aimants sont fixes. Ils sont boulonnés sur une pièce en fonte octogonale, faisant corps avec l'une des chaises-supports de l'arbre moteur.

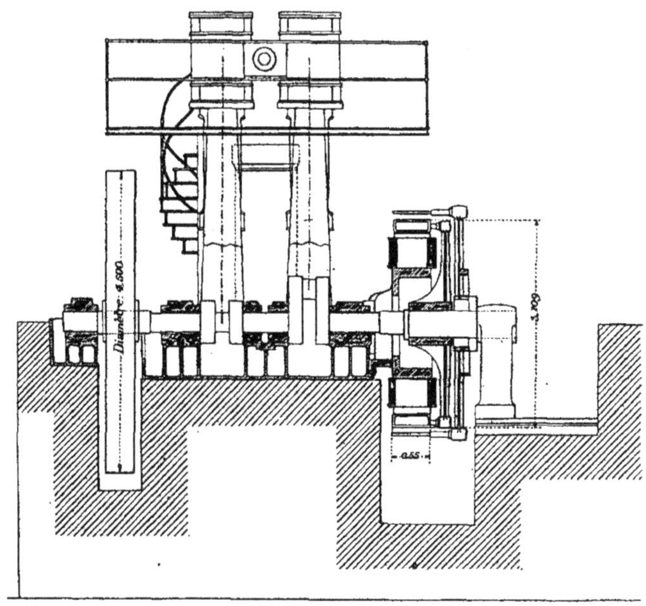

Fig. 93.
Usine de la rue des Dames. — Elévation d'un moteur vertical de 500 chevaux et coupe d'une dynamo de 700 ampères.

Les balais, au nombre de huit, sont supportés par une étoile à huit bras permettant, soit de les déplacer simultanément, soit de les mettre en contact tous en même temps avec le collecteur. Cette manœuvre peut être faite très rapidement et très sûrement par un seul homme.

Le poids de chaque induit y compris l'étoile qui le supporte est de 10 tonnes.

Le rendement électrique des dynamos est de 96 °/₀ ; leur rendement industriel de 92 °/₀.

Ces superbes machines ont été construites par la *Société Alsacienne de Constructions mécaniques*, de Belfort.

Les dynamos de 200 ampères sont moins intéressantes. Il est d'ailleurs question de les éliminer successivement, au fur et à mesure que l'on établira de nouvelles dynamos de 700 ampères. Le collecteur offre une disposition particulière. Il se compose de deux séries de barrettes, les unes en bronze, les autres en acier. Les premières sont isolées et fixées sur une couronne en bronze calée sur l'arbre de l'induit; c'est à ces barrettes que viennent se souder les fils de la bobine induite. Les barrettes en acier sont fixées en porte-à-faux par deux vis aux barrettes en bronze; elles forment ainsi un prolongement extérieur du collecteur, les barrettes n'étant plus isolées que par la couche d'air qui les sépare. C'est sur ce collecteur extérieur que reposent les balais. On évite ainsi les courts-circuits qui peuvent se former sur les collecteurs ordinaires; en même temps on obtient un collecteur facile à réparer et d'une dureté exceptionnelle.

Ces dynamos sont toujours mises en mouvement par groupe de deux, ce qui est motivé par ce fait qu'elles sont montées en série par deux. Chaque groupe est actionné à l'aide d'une courroie par un moteur de 150 chevaux.

Le rendement est sensiblement le même que celui des dynamos de 700 ampères.

Moteurs. — Les moteurs qui actionnent les dynamos de 700 ampères sont, pour trois d'entre elles, des machines horizontales à un seul cylindre, système Corliss, de la force de 500 chevaux et, pour la quatrième, une machine verticale Compound à deux cylindres égaux de 500 chevaux. Ces machines tournent toutes à la même vitesse que les dynamos (64 tours par minute), ce qui explique comment celles-ci ont pu être clavetées sur les arbres mêmes des manivelles.

Les moteurs qui actionnent chaque groupe de 2 dynamos de 200 ampères sont des machines Armington et Sims de 160 chevaux tournant à 240 tours par minute.

Toutes ces machines fonctionnent à échappement libre. Cette situation est évidemment critiquable; mais il convient de faire remarquer que, là où est située l'usine, il eût été difficile de se procurer de l'eau, à l'aide d'un forage, sans descendre à d'énormes profondeurs. Le débit des puits forés est d'ailleurs assez aléatoire. Le secteur se trouvait donc en présence de cette alternative: ou prendre de l'eau dans les conduites de la Ville, ou marcher à échappement libre. La deuxième solution a dû lui sembler plus économique.

Les machines horizontales de 500 chevaux sont munies chacune d'un volant de 20.000 kilogr. Cet organe est nécessaire pour corriger les variations de vitesse qui se produisent lors du passage du piston aux deux points morts du cylindre. Un engrenage ménagé le long de la jante, et que l'on peut embrayer avec un petit moteur spécial, permet d'amener le piston au point voulu pour la mise en marche. Le cylindre a $0^{m},70$ de diamètre et $1^{m},60$ de longueur. Il est entouré d'une enveloppe de vapeur à la pression des chaudières. L'arbre moteur est en acier; trois forts paliers le supportent. Entre les deux premiers tourne le volant; la dynamo correspondante est placée entre les deux autres.

La machine verticale de 500 chevaux a été préférée à une machine horizontale de même puissance, parce qu'elle tient moins de place et que l'on veut se réserver la possibilité de monter de nouvelles machines[1]. Les deux cylindres ont $0^m,60$ de diamètre et $1^m,00$ de hauteur. Leurs manivelles sont calées à 90° ce qui régularise la vitesse. Un volant est encore nécessaire mais

Fig. 94.
Usine de la rue des Dames. — Vue d'un moteur horizontal de 500 chevaux et de la dynamo de 700 ampères qu'il commande.

il ne pèse que 16.000 kilogrammes, au lieu de 20.000 kilogrammes, poids du volant des machines horizontales. Les paliers sont au nombre de quatre. Entre les deux du centre tournent les manivelles; le volant d'une part, la dynamo d'autre part tournent entre les paliers extrêmes et les deux paliers précédents.

Les moteurs Armington et Sims sont à deux cylindres, avec manivelles calées à 90°. Ces machines dont la vitesse est excessive (240 tours par minute) consomment évidemment beaucoup de vapeur. Elles sont destinées à disparaître.

Chaudières. — Les chaudières sont multitubulaires, du type de Naeyer. Chaque chaudière contient 12 rangées de 12 tubes en fer ayant $4^m,50$ de lon-

[1] Deux nouvelles machines sont commandées. Elles seront montées à bref délai. La figure 92 indique, en plan, les emplacements qui leur sont réservés.

gueur et 0,111 de diamètre intérieur. Ces tubes sont reliés deux à deux par des chapeaux en fonte; le joint se fait avec des bagues en fer à double cône.

La vapeur produite dans les tubes se rassemble dans un réservoir supérieur et, de là, se rend dans un collecteur double de 350 millimètres de diamètre intérieur qui l'amène sous les machines. Elle a ainsi toujours tendance à monter, ce qui empêche les entraînements d'eau.

La pression initiale est de 8 kilogr. par centimètre carré. Chaque chaudière peut produire 2.500 kilogr. de vapeur à l'heure pour une surface de chauffe de 245 mètres carrés, et une surface de grille de 5 mètres carrés.

Les chaudières sont alimentées par des pompes à vapeur à double effet. On dispose aussi, comme réserve, d'injecteurs Giffard. Avant d'arriver aux chaudières l'eau circule dans des tubes en fer léchés par la vapeur d'échappement.

L'eau d'alimentation, provient des conduites publiques (eau de rivière). En raison de sa nature, elle nécessite une épuration qui se fait dans un grand cylindre où on la traite par des procédés chimiques. Les frais d'épuration ne s'élèvent qu'à un demi-centime par mètre cube [1].

Tableau de distribution. — Le tableau de distribution se compose d'un grand panneau de 9m,50 de largeur et de 5m de hauteur, divisé en deux étages. L'étage inférieur est réservé au réglage des dynamos et à leur groupement en quantité. A l'étage supérieur se fait la manœuvre des feeders. Chaque étage est muni d'un balcon accessible par un escalier en fer.

Le groupement des dynamos en quantité s'effectue sur deux barres en cuivre d'une section de 3.000 millimètres carrés. A cet effet les balais de chaque dynamo sont reliés à ces deux barres par des câbles que commandent des interrupteurs I à double contact (figure 95). Un voltmètre V donne la tension aux bornes; l'ampèremètre A indique le débit.

Les machines sont excitées en dérivation; le circuit d'excitation est relié, d'une part au balai positif de la dynamo, d'autre part à la barre — du tableau. Pour éviter la formation d'extra-courants, lors de la fermeture ou de l'ouverture du circuit, on a disposé, à côté d'un interrupteur à double

[1] L'épurateur employé est du système Dervaux. Il comprend principalement un *saturateur* et un *décanteur*.

Le *saturateur* a la forme d'un cône renversé. Il contient à sa partie inférieure de la chaux que traverse, de bas en haut, une certaine proportion de l'eau d'alimentation. Celle-ci, à sa sortie de l'appareil, est complètement saturée de chaux.

Elle se mélange dans le *décanteur* avec le reste de l'eau d'alimentation. Sous l'influence de la chaux, le bicarbonate en dissolution donne du carbonate de chaux insoluble qui tombe ainsi que les matières vaseuses dans le fond du cylindre. Pour faciliter la décantation on fait passer l'eau à travers une série de cônes superposés dont les surfaces sont suffisamment inclinées pour que les dépôts ne puissent s'y maintenir.

contact i_1, un interrupteur à charbon i_2. S'il s'agit de fermer le circuit on commence par manœuvrer l'interrupteur i_2, puis l'interrupteur i_1. L'interrupteur i_2 crée ainsi une résistance décroissante et, en admettant même qu'il jaillisse une étincelle, elle n'a d'action que sur la pièce de charbon, pièce

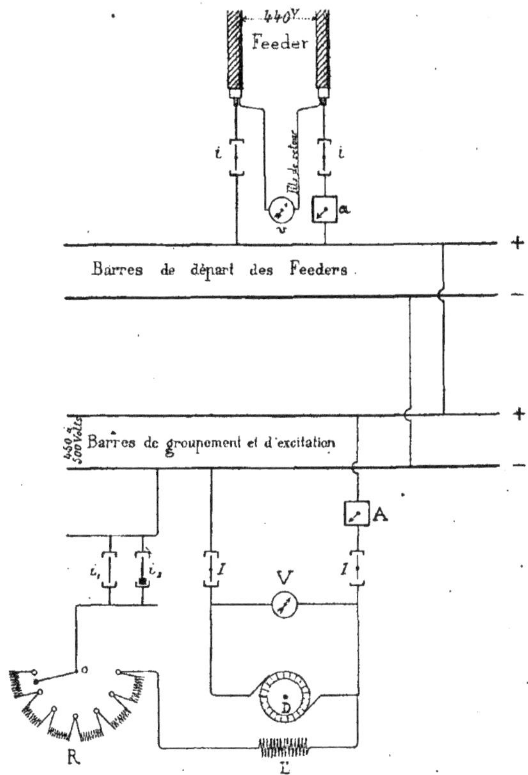

Figure 95.
Usine de la rue des Dames. — Tableau de distribution.

qu'il est bien facile de remplacer. Pour l'ouverture du circuit on manœuvre d'abord i_1, puis i_2.

Le réglage de l'excitation se fait au moyen d'un rhéostat R. Chaque dynamo a son rhéostat, que l'on peut manœuvrer du tableau avec une manivelle à touche. Au besoin, on peut régler tous les rhéostats simultanément, à l'aide d'une vis sans fin actionnant les manivelles. Ces rhéostats chauffent passablement. Aussi a-t-on pris la précaution de les enfermer dans un local spécial, aéré par un ventilateur électrique.

L'insertion d'une dynamo sur les barres du tableau se fait avec une grande facilité. On commence par la faire tourner et par l'exciter. On observe la tension aux bornes et la tension au tableau. On amène la première à atteindre la seconde en agissant sur le rhéostat. Quand les tensions sont égales on ferme le circuit. Pour arrêter une dynamo on agit sur le rhéostat de manière à annuler le courant. On peut alors ouvrir les interrupteurs puis couper l'excitation.

L'étage supérieur du tableau présente aussi deux barres générales de 3.000 millimètres carrés, reliées par des câbles souples aux barres collectrices de l'étage inférieur. C'est de là que partent les feeders. Chacun est commandé par deux interrupteurs à double contact (un pour chaque câble).

Un ampèremètre *a* indique le débit. Un voltmètre *v* donne la tension aux points d'attache des feeders avec le réseau de distribution. Jusqu'à ce moment, en raison du gros diamètre des feeders et de la faible perte de charge qu'occasionnaient ces conducteurs on ne s'était pas préoccupé de maintenir une tension identique à l'extrémité de tous les feeders. On s'était seulement astreint à donner aux barres de départ une tension suffisante pour qu'à l'extrémité du feeder le plus chargé on eût toujours un voltage suffisamment élevé. L'augmentation de la consommation rend désormais le réglage des feeders nécessaire. On y procédera à l'aide de rhéostats, comme pour le système à trois fils. (Usine Trudaine.)

Accumulateurs. — Si l'on jette les yeux sur la courbe journalière de débit de l'usine du secteur de la place Clichy, par exemple sur celle qui correspond à une journée de décembre (figure 96), on peut voir qu'il existe une différence énorme entre la consommation constatée de midi à minuit et celle qui se rapporte à la période s'étendant de minuit à midi.

Aussi a-t-on admis au secteur de la place Clichy, afin de ne pas faire travailler les machines dans des conditions peu compatibles avec un bon rendement, que, de minuit à midi, le service serait exclusivement assuré par des accumulateurs. De midi à minuit, au contraire, on marche avec les machines. Cette règle offre, par surcroît, les avantages suivants : possibilité de n'employer qu'une seule équipe d'ouvriers et de contre-maîtres ; suppression des accidents qui se produisent assez fréquemment la nuit, lorsque le personnel est fatigué et peu vigilant; grandes facilités pour le nettoyage et les réparations, les machines et les générateurs étant à l'arrêt pendant 12 heures consécutives.

Il faut remarquer, toutefois, que, de midi à quatre heures, la consommation est beaucoup trop faible pour absorber tout le débit des grosses unités. Mais c'est justement à ce moment que l'on charge les accumulateurs. Inversement, si, vers cinq ou six heures, la consommation vient à dépasser quelque peu le débit des machines, on demande l'appoint aux accumulateurs.

Les batteries qui permettent d'effectuer ce service, sont :

1° deux batteries de 2.000 ampères-heure chacune (2 × 250 éléments de la *Société pour le travail électrique des métaux)*;

2° une batterie de 3.000 ampères-heure (260 éléments *Tudor* contenant chacun 600 kilogr. de plomb). La décharge normale de cette batterie se fait en quatre

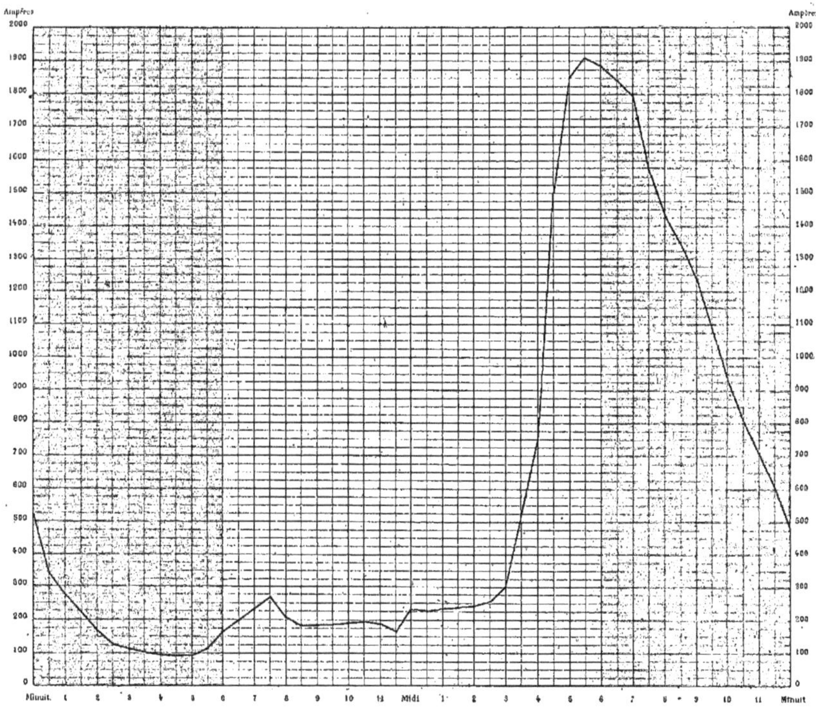

Figure 96.
Usine de la rue des Dames. — Débit moyen journalier en décembre (2e quinzaine).

heures ; la charge à raison de 432 ampères. Dans ces conditions le rendement doit être de 75 %.

Ces trois batteries sont montées en dérivation sur les barres de départ des feeders. On ne dispose donc, pour les charger, que de la tension existant sur ces barres soit 450 à 500 volts. Or, comme vers la fin de la charge une tension d'au moins 600 volts est nécessaire, on ne pourrait évidemment pas mener à bien cette opération sans un artifice. On opère comme dans la sous-station de la rue Saint-Georges (secteur Edison) ; c'est-à-dire que l'on porte la tension du courant de charge de 450 ou 500 volts à 600 volts à l'aide d'un *survolteur* ou *transformateur mécanique* qui n'est autre qu'une réceptrice actionnant une dynamo en série sur le courant de charge (figure 97). Cette dynamo peut fournir de 80 à 150 volts. Elle est reliée à la réceptrice par un plateau Raffard; l'ensemble du groupe tourne à la vitesse de 840 tours ; son rendement industriel est d'environ 80 °/₀. Cette solution est préférable, à tous égards, à celle qui aurait consisté à remplacer la réceptrice par une machine à vapeur.

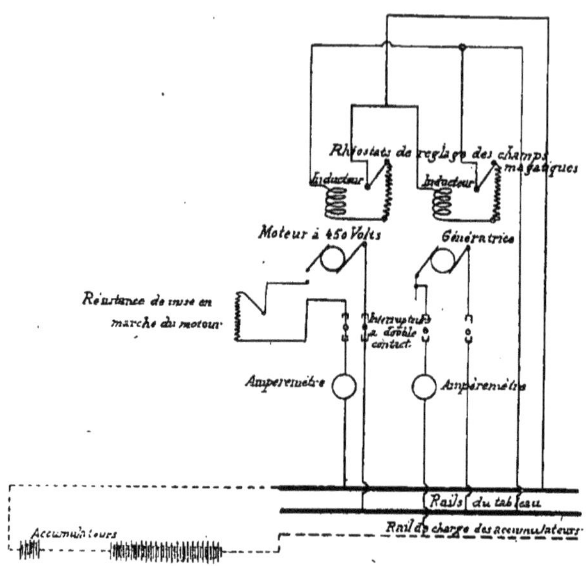

Figure 97.
Usine de la rue des Dames. — Charge et décharge des accumulateurs.

Lorsque le réseau est exclusivement alimenté par des accumulateurs, il faut grouper les éléments de manière à obtenir dans les barres du tableau la tension nécessitée par le débit des feeders. De même, pendant la charge, il faut retirer du circuit les éléments qui, n'ayant que peu travaillé, sont plus vite chargés que les autres. Ces opérations se font à l'aide d'un *réducteur*. Nous ne reviendrons pas sur cet appareil dont le fonctionnement a été longuement expliqué lorsqu'il a été question des usines de la Société anonyme d'éclairage et de force. Disons seulement qu'au secteur de la place Clichy le *réducteur* est placé près des batteries mêmes et qu'il est manœuvré du tableau, à l'aide d'un petit moteur électrique.

Aux batteries d'accumulateurs déjà citées nous devons ajouter une quatrième batterie de 2.000 ampères-heure, montée depuis longtemps déjà dans l'usine. Mais cette batterie pourrait tout aussi bien être placée ailleurs. Elle ne sert en effet qu'à répartir la tension entre les différents ponts du réseau de distribution au même titre qu'une batterie de sous-station régulatrice.

Secteur de la Compagnie Parisienne de l'air comprimé. — (*a*) **Pysionomie générale et système de distribution.** — Le secteur de la Compagnie Parisienne de l'air comprimé a pour limites à l'*est* les fortifications; au *sud* la Seine; à l'*ouest* la place de la Concorde et la rue Royale; au *nord* la ligne des grands Boulevards, jusqu'à la place de la République puis les rues du Faubourg du Temple et de Belleville[1].

C'est le plus étendu de tous les secteurs. Il comprend, entre la place de la Concorde et le Boulevard Richard-Lenoir, une zone excessivement dense, dans laquelle se rencontrent de nombreux éléments de consommation. Toutefois, c'est dans cette partie que se trouve également l'usine municipale des Halles dont les canalisations, comme nous le verrons plus loin, desservent un certain nombre de rues.

La partie du secteur située à l'Est du boulevard Richard-Lenoir est beaucoup moins avantageuse. La Compagnie n'y a encore que fort peu d'abonnés.

Le secteur de la *Compagnie Parisienne de l'air comprimé* a subi, au point de vue de la distribution électrique, bien des vicissitudes.

Il avait été d'abord question de créer plusieurs grandes usines marchant par l'air comprimé et envoyant du courant continu à 2.400 volts dans des sous-stations de distribution, qui auraient abaissé la tension à 110 volts. Les appareils transformateurs devaient être des accumulateurs et un appareil nouveau nommé *onduleur*. Quant à l'air comprimé, il eût été fourni par les deux usines de Saint-Fargeau et du quai de la Gare spécialement construites pour la distribution de l'air comprimé dans Paris.

Une telle combinaison était forcément peu économique. Elle conduisait, en effet, à l'emploi de deux sortes de moteurs : les uns pour comprimer de l'air; les autres pour transformer la force élastique de l'air comprimé en travail mécanique. On n'y eût finalement gagné qu'un intermédiaire de plus.

On dut renoncer à l'emploi général de l'air comprimé et l'on se décida à construire, rue Saint-Fargeau n°s 8 et 10 et boulevard Richard-Lenoir n° 35, deux usines marchant exclusivement à la vapeur.

Les sous-stations furent aussi modifiées. On reconnut que l'on avait escompté un peu trop vite les services du nouvel *onduleur* et l'on prit le parti de ne conserver que des batteries d'accumulateurs. Dans chaque sous-station deux batteries de 67 éléments furent installées; l'une pour la charge, l'autre pour la décharge et *vice-versa*. Au moment du grand éclairage les deux batteries étaient couplées en quantité et travaillaient ensemble sur le réseau. Celui-ci était formé, d'ailleurs, d'une série de petits réseaux locaux correspondant à chaque sous-station. La distribution se faisait à 110 volts, soit en dérivation et à deux fils, soit par circuit en boucle.

[1] Voir, figure 66, la carte des secteurs.

Ces sous-stations étaient récemment encore au nombre de vingt-trois. Elles étaient, pour la charge, placées en série, c'est-à-dire que le courant de charge, après avoir traversé l'une des sous-stations, se rendait dans une deuxième, puis dans une troisième et ainsi de suite. Les circuits de charge, au nombre de deux, correspondaient l'un à l'usine Saint-Fargeau, l'autre à l'usine du boulevard Richard-Lenoir. Plusieurs stations étaient à cheval sur l'un et l'autre circuit et pouvaient, à volonté, être alimentées par l'une ou l'autre usine. Dans chaque circuit de charge le courant était lancé avec une intensité constante (250 ampères) et une tension variable avec le nombre des batteries en série, mais qui ne dépassait pas 2.400 volts.

Un tel système avait, comme premier inconvénient, celui de faire passer toute l'électricité distribuée par des accumulateurs; de ce fait, on subissait une perte d'énergie considérable. En deuxième lieu, il était impossible d'utiliser le matériel des usines de charge, lorsque, dans les sous-stations, les deux batteries étaient à la fois en décharge. Or c'est à ce moment que l'on en aurait eu surtout besoin. Aussi le secteur s'est-il trouvé bientôt à bout de forces et il dut même, sur quelques points, refuser de nouveaux abonnements.

Une pareille situation était évidemment inacceptable et la Compagnie fut mise dans l'obligation d'adopter un nouveau plan de distribution. En voici les grandes lignes :

Les deux usines de Saint-Fargeau et du boulevard Richard-Lenoir seront renforcées et organisées pour pouvoir produire des tensions de 3.000 volts. En quatre points, dont trois sont déjà fixés, on installera des transformateurs mécaniques constitués par des dynamos réceptrices montées en série et actionnant chacune une dynamo à courant continu et à 115 volts. Au réseau actuel de distribution à deux fils et à 110 volts on substituera un réseau à 5 fils formant quatre ponts avec une différence de potentiel de 110 volts sur chaque pont. L'alimentation du réseau se fera non par des feeders à deux câbles et à 440 volts, comme sur le secteur de la place Clichy, mais par des feeders à cinq câbles. On montera par suite les dynamos productrices de courant par groupes de 4 en série.

Les accumulateurs ne seront pas proscrits des usines. Mais on leur demandera le moins possible, comme par exemple de desservir le réseau, au moment où la consommation sera minima, ou lorsque, pendant la période de grand éclairage, les transformateurs ne pourront plus suffire. Ce sont en somme les transformateurs qui produiront la plus grande partie d'électricité et, comme le rendement de ces appareils est bien supérieur à celui des accumulateurs, on espère avoir un rendement final de 60 °/₀ au lieu du rendement de 25 °/₀ auquel on était conduit, dit-on, avec l'ancienne distribution.

L'une des sous-stations de transformateurs est actuellement montée. Elle est située rue Saint-Roch, n° 26. L'autre sera placée rue des Jeûneurs n° 14. Sur cet emplacement il existe déjà une petite usine marchant à l'air comprimé et alimentant un réseau à 3 fils. Ce système de distribution sera provisoirement conservé. La troisième sera installée à la Bourse du Commerce, dans un sous-sol actuellement occupé par une petite usine qui éclaire la Bourse ainsi que quelques rues voisines. La quatrième, qui devra desservir la partie est du centre de Paris, n'est pas encore choisie. Dans cette zone, on continuera, encore pendant quelque temps, à employer des sous-stations d'accumulateurs, avec distribution à deux fils, en renforçant quelques-unes d'entre elles par des transformateurs.

Pour faire connaître complètement la situation du secteur de la *Compagnie Parisienne de l'air comprimé*, il nous faut citer une dernière usine. C'est celle du Retiro (rue Boissy-d'Anglas, n° 35). Elle soutient quelques points très chargés du réseau et alimente, par une distribution en série, les lampes à arc de la rue Royale et du boulevard de la Madeleine. Cette usine, dont le réseau se trouve enclavé dans celui de la station Saint-Roch, disparaîtra probablement le jour où cette station aura reçu son plein développement.

(*b*) **Usine du boulevard Richard-Lenoir.** — *Dispositions générales.* — L'usine du boulevard Richard-Lenoir comprend un grand bâtiment en fer pour

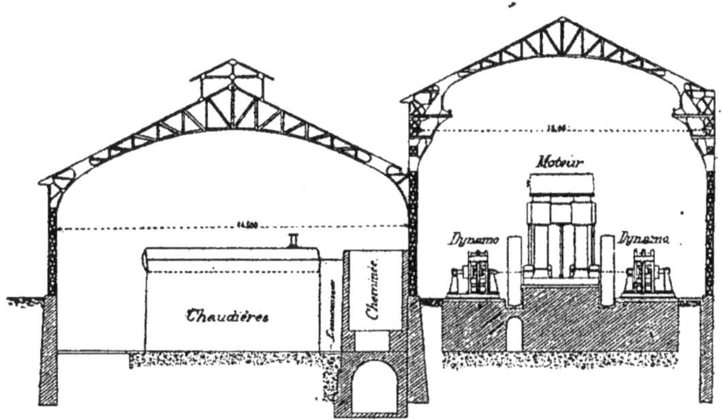

Figure 98.
Usine du Boulevard Richard-Lenoir. — Coupe transversale.

les machines, une salle en déblai pour les chaudières et une salle spéciale pour les condenseurs.

Elle prend son eau dans le canal Saint-Martin qui passe en tunnel, comme on le sait, sous le boulevard Richard-Lenoir. Mais cette eau est trop chargée de matières minérales ou vaseuses pour pouvoir être employée telle quelle dans les chaudières. Elle passe, au préalable, dans un épurateur Desrumaux.

La cheminée s'élève dans la salle des chaudières, près de la cloison qui la sépare de la salle des machines. Avant d'y pénétrer, les fumées lèchent toute une série de tubes verticaux dans lesquels circule l'eau d'alimentation. Cette eau peut ainsi se réchauffer et gagner, suivant le nombre de chaudières en marche, de 50 à 70 degrés.

Dynamos. — L'usine du boulevard Richard-Lenoir doit produire un courant d'une intensité constante de 250 ampères et d'une tension pouvant varier dans de grandes limites suivant le nombre des transformateurs en série ou des batteries d'accumulateurs en charge.

Il était par suite tout indiqué de constituer le matériel électrique par des unités de 250 ampères montées en série. On a reconnu, d'autre part, qu'en donnant à chaque unité une force électromotrice de 400 volts, il serait facile d'échelonner convenablement les tensions sur la ligne et que la tension maxima (autrefois 2.400 volts, aujourd'hui 3.000 volts) pourrait être atteinte avec un nombre d'unités assez limité. C'est ce qui explique le choix qui a été fait de dynamos Desroziers de 250 ampères et de 400 volts.

Ces dynamos, au nombre de 10, tournent à 135 tours. Il a été possible par suite, pour plusieurs d'entre elles, de les accoupler directement avec les moteurs par des plateaux Raffard. C'est là la disposition que nous avons rencontrée dans les usines de la *Société anonyme d'éclairage et de force.* Contrairement à ce qui se passe dans ces dernières usines, les dynamos ont ici chacune leur excitatrice. Il eût été peu commode, en effet, de prendre cette excitation en dérivation sur les barres du tableau, en raison des hautes tensions de la ligne et des variations de la charge.

Ces excitatrices sont 5 dynamos Sautter de 100 ampères et 100 volts tournant à 800 tours par minute et 5 dynamos Thury de 100 ampères et 100 volts tournant aussi à 800 tours par minute.

Moteurs. — Nous rencontrons dans l'usine :

1° quatre machines verticales à triple expansion, de 300 chevaux (Weyher et Richemond), à quatre cylindres et deux manivelles, tournant à 135 tours par minute et actionnant chacune 2 dynamos Desroziers ;

2° une machine horizontale à un seul cylindre et à condensation de 500 chevaux (Duvergier) tournant à 70 tours par minute et mettant en mouvement, par l'intermédiaire de courroies, deux dynamos Desroziers. Cette machine est munie d'un fort volant, qui régularise la vitesse lors du passage du piston aux deux points morts.

On peut se demander pourquoi cette machine est de la force de 500 chevaux, alors qu'une machine verticale de 300 chevaux suffit pour faire

Figure 99.
Usine du Boulevard Richard-Lenoir. — Vue intérieure.

tourner deux dynamos. C'est que plus tard, la machine devra actionner une dynamo Thury de 250 ampères et 1.100 volts;

3° une machine horizontale à un cylindre et à condensation de 120 chevaux (Duvergier) tournant à 120 tours par minute et actionnant les dix excitatrices.

Les machines horizontales ont leurs condenseurs en sous-sol dans leur voisinage immédiat. La vapeur d'échappement des machines verticales se rend au contraire dans la salle dont il a été parlé plus haut. Elle comporte deux grandes cloches pour l'injection de l'eau et deux pompes à air.

Chaudières. — Les générateurs de vapeur sont constitués par un premier groupe de 4 chaudières Babcok et Wilcox pouvant produire chacune 3.000 kilogr. de vapeur, par heure, à la pression de 12 kilogr. par centimètre carré ; et par un deuxième groupe de deux chaudières Collet pouvant produire chacune 2.500 kilogr. de vapeur, par heure, à la pression de 10 kilogr. par centimètre carré.

Tableau de distribution. — Les manœuvres principales sont les suivantes :

1° la ligne est en charge et la tension baisse. Il faut mettre en route une dynamo et l'insérer sur le circuit;

2° la tension s'élève sur la ligne et il est nécessaire d'arrêter une dynamo.

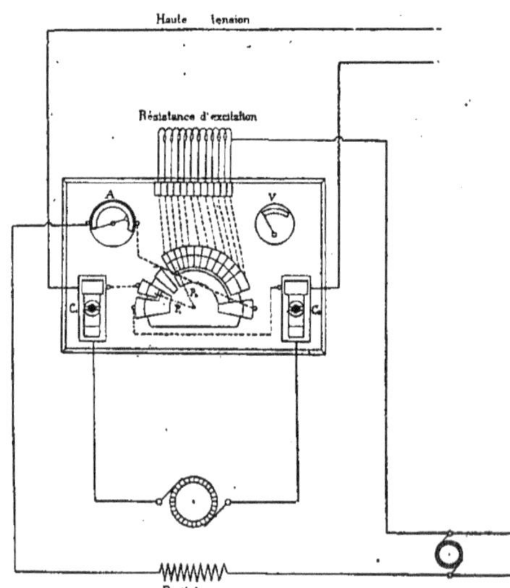

Figure 100.
Usine du Boulevard Richard-Lenoir.
Tableau de manœuvre d'une dynamo.

Ces manœuvres se font très rapidement et avec une grande sécurité. Chaque dynamo a un petit tableau pour ainsi dire placé sur la ligne de charge et sur lequel est fixé un commutateur qui, dans une position P_1, met la ligne en court circuit. Dans la position P_2, il ferme le circuit d'excitation de la dynamo. Puis, en glissant sur une série de touches reliées à un rhéostat, il en modifie l'intensité. La mise en circuit de la dynamo s'effectue à l'aide des chevilles de contact C_1 et C_2 ainsi que l'indique la figure 100. Pour retirer une dynamo du circuit, on diminue jusqu'à zéro l'intensité du champ magnétique, on met ensuite le commutateur dans la position P_1 et l'on retire les fiches C_1 et C_2.

Un tableau spécial contient les appareils de contrôle et de sécurité. Ce sont :

1° une *balance ampèremétrique* qui fait tinter une sonnerie dès que l'intensité du courant s'écarte en plus ou en moins de 250 ampères ;

2° un *interrupteur automatique* qui fonctionne dès que le courant s'abaisse à 30 ampères ;

3° un *brise-courant* à mercure intercalé sur la ligne et qui est formé de deux vases en grès remplis de mercure réunis par un cadre mobile en métal. A cet endroit la ligne est coupée ; l'une de ses extrémités plonge dans le pre-

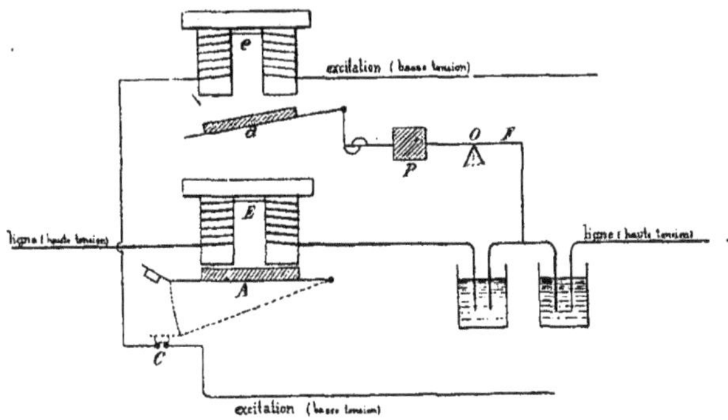

Figure. 101.
Usine du Boulevard Richard-Lenoir. — Brise-courant à mercure.

mier vase ; l'autre dans le second. La continuité du circuit est assurée par le cadre mobile. Or ce cadre est suspendu à un fléau qui se relève dès que la tension s'abaisse à 30 ampères. La figure 101 indique comment peut se produire ce mouvement. L'électro-aimant E est parcouru par le courant à haute tension. Il attire l'armature A tant que l'intensité est supérieure à 30 ampères. Si l'intensité descend au-dessous de ce chiffre l'armature tombe ; elle établit le contact C et fait passer le courant d'excitation dans un électro-aimant *e* qui attire alors l'armature *a*. Celle-ci dégage le contre-poids P et le fléau bascule autour du point fixe O, en soulevant le cadre.

(*c*) **Usine de la rue Saint-Fargeau.** — L'usine de la rue Saint-Fargeau, nos 8 et 10, produisait autrefois de l'air comprimé. Elle a subi, il y a deux ans, une transformation radicale ; les compresseurs d'air ont été abandonnés et remplacés par des dynamos à courant continu, montées en série, comme à l'usine du boulevard Richard-Lenoir. C'est maintenant une station centrale électrique et la Compagnie ne comprime plus de l'air que dans sa grande usine du quai de la Gare.

Naturellement on a cherché à utiliser le plus possible le matériel existant. C'est ainsi que les chaudières et les moteurs à vapeur ont pu être conservés.

L'usine s'étend en longueur sur un vaste terrain. Son emplacement n'est pas très heureux, tant par son éloignement des principaux centres de consommation que par son altitude relativement aux gares d'arrivage du charbon. Ceci explique l'intention que l'on prête à la Compagnie de concentrer toute sa production dans l'usine du boulevard Richard-Lenoir.

Le matériel électrique se compose de 7 dynamos de 250 ampères et d'un voltage minimum de 400 volts. Ce sont :

1° 3 dynamos de la *Société alsacienne de constructions mécaniques*, de Belfort (250 ampères et 500 volts), tournant à 180 tours par minute. Ces dynamos ont, comme celles du secteur de la place Clichy, leur induit extérieur aux inducteurs ; mais, le collecteur n'est pas formé par l'induit lui-même, il est ramené sur le côté.

2° 1 dynamo Edison à 8 pôles et 2 balais (250 ampères et 400 volts) tournant à 160 tours par minute.

3° 3 dynamos Thury (250 ampères et 1.090 volts) tournant à 220 tours par minute.

On insère ces dynamos sur la ligne ou on les met hors circuit en manœuvrant de petits tableaux identiques à ceux de l'usine du boulevard Richard-Lenoir. Comme dans cette dernière usine les dynamos prennent leur excitation non pas sur le circuit à haute tension, mais sur un circuit à basse tension alimenté par des dynamos spéciales. Ce sont, ici, 2 dynamos Thury de 40 ampères et 220 volts tournant à 550 tours par minute.

Les moteurs sont constitués par 5 belles machines horizontales à vapeur et à deux cylindres de 500 chevaux (système Cockeril) tournant à 42 tours par minute et actionnant par courroies les dynamos. La première machine commande 2 dynamos de la Société alsacienne ; la deuxième une dynamo de la Société alsacienne et la dynamo Edison ; les trois autres chacune une dynamo Thury.

Les excitatrices sont actionnées directement par des moteurs Willans (un par excitatrice) de 28 chevaux, tournant à 550 tours par minute.

Les chaudières sont réunies dans une grande salle parallèle à la salle des machines. Elles sont au nombre de 15, savoir : 10 chaudières Cornwaldt pouvant produire chacune 3.000 kilogr. de vapeur par heure, à la pression de 8 kilogr. par centimètre carré et 5 chaudières Paxman pouvant produire chacune 2.500 kilogr. de vapeur par heure à la pression de 8 kilogr. par centimètre carré. Cette puissante batterie est évidemment plus forte qu'il ne faut pour le service normal de l'usine.

(*d*) **Station de transformateurs de la rue Saint-Roch.** — L'usine de la rue Saint-Roch comporte au rez-de-chaussée une vaste salle de 13 mètres de lar-

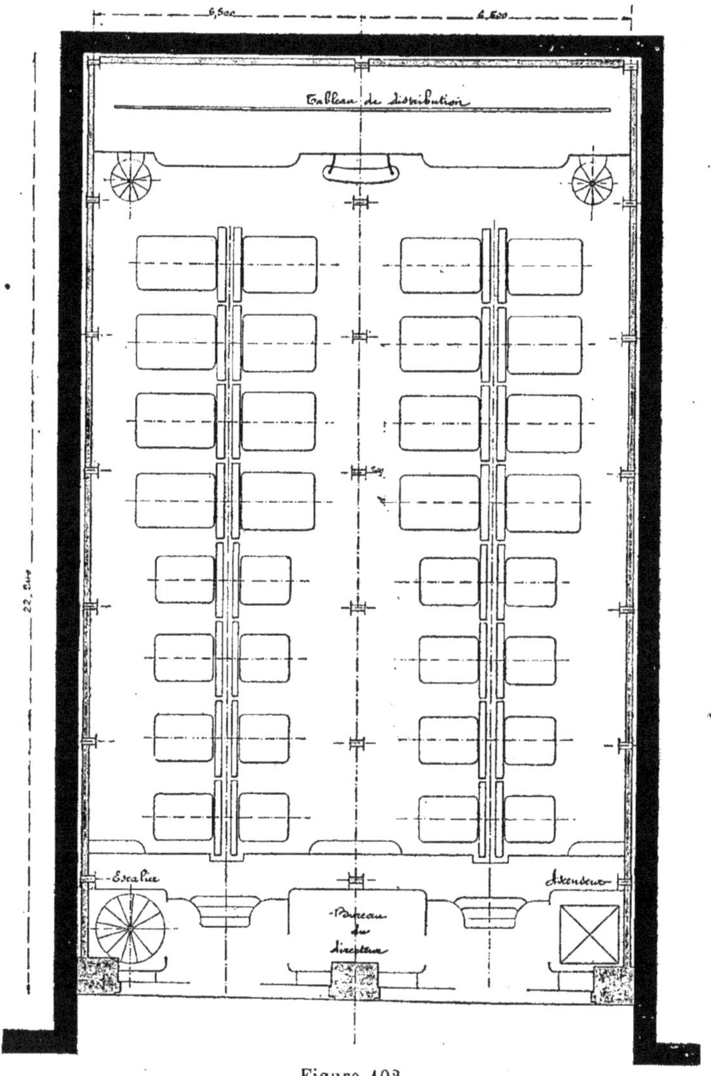

Figure 102.
Station de transformateurs de la rue Saint-Roch. — Plan.

geur et de 22 mètres de profondeur divisée en deux travées de $6^{m},50$. C'est dans cette salle que se trouvent les transformateurs Thury constitués, comme nous l'avons dit, par des dynamos réceptrices actionnant des dynamos génératrices. Le tableau de distribution est à l'extrémité de la salle. Il occupe un grand panneau de 12 mètres de largeur. Au centre se trouvent les départs des feeders ; à droite les appareils de manœuvre des transformateurs ; à gauche ceux qui servent pour la charge ou la décharge des accumulateurs.

Dans chaque travée un pont roulant électrique permet de soulever et de déplacer les pièces les plus pesantes. Les accumulateurs sont répartis dans cinq étages auxquels il a fallu donner une résistance exceptionnelle, en raison de la charge à supporter.

Les réceptrices sont au nombre de seize ; il y en a quatre de 40.000 watts et douze de 80.000 watts. A chaque réceptrice correspond une dynamo génératrice. L'accouplement se fait par un plateau Raffard. Les réceptrices de 40.000 watts actionnent des dynamos de 300 ampères et 115 volts; celles de 80.000 watts des dynamos de 600 ampères et 115 volts. On dispose ainsi de 4 transformateurs de 33.000 watts (en chiffre rond) et de 12 autres de 70.000 watts.

Réceptrices et génératrices sont toujours manœuvrées par groupe de quatre. C'est une conséquence du système de distribution à 5 fils. Pour obtenir

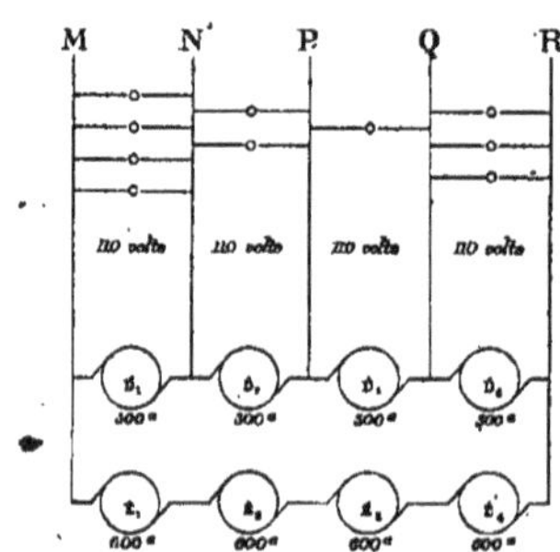

Figure 103.
Station de transformateurs
de la rue Saint-Roch.
Groupement des dynamos.

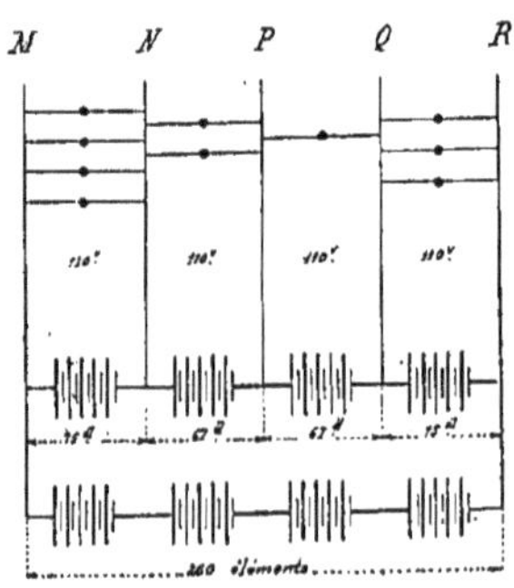

Figure 104.
Station de transformateurs
de la rue Saint-Roch.
Groupement des batteries d'accumulateurs.

la tension voulue il faut en effet mettre 4 dynamos D_1, D_2, D_3, D_4, en série comme l'indique la figure 103. Au secteur de la place Clichy nous avons vu que l'on se contentait d'alimenter les deux câbles extrêmes de la distribution, sauf à répartir bien exactement la tension entre les quatre ponts en intercalant, sur chacun des ponts, une dynamo régulatrice. Ici les dynamos D_1, D_2, D_3, D_4 seront à la fois génératrices et régulatrices. Puisqu'elles sont régulatrices on conçoit que l'on puisse combiner les deux systèmes et ajouter par exemple au groupe des quatre dynamos D_1, D_2, D_3, D_4 quatre dynamos E_1, E_2, E_3, E_4 montées en série et branchées sur les câbles extrêmes. C'est une telle dis-

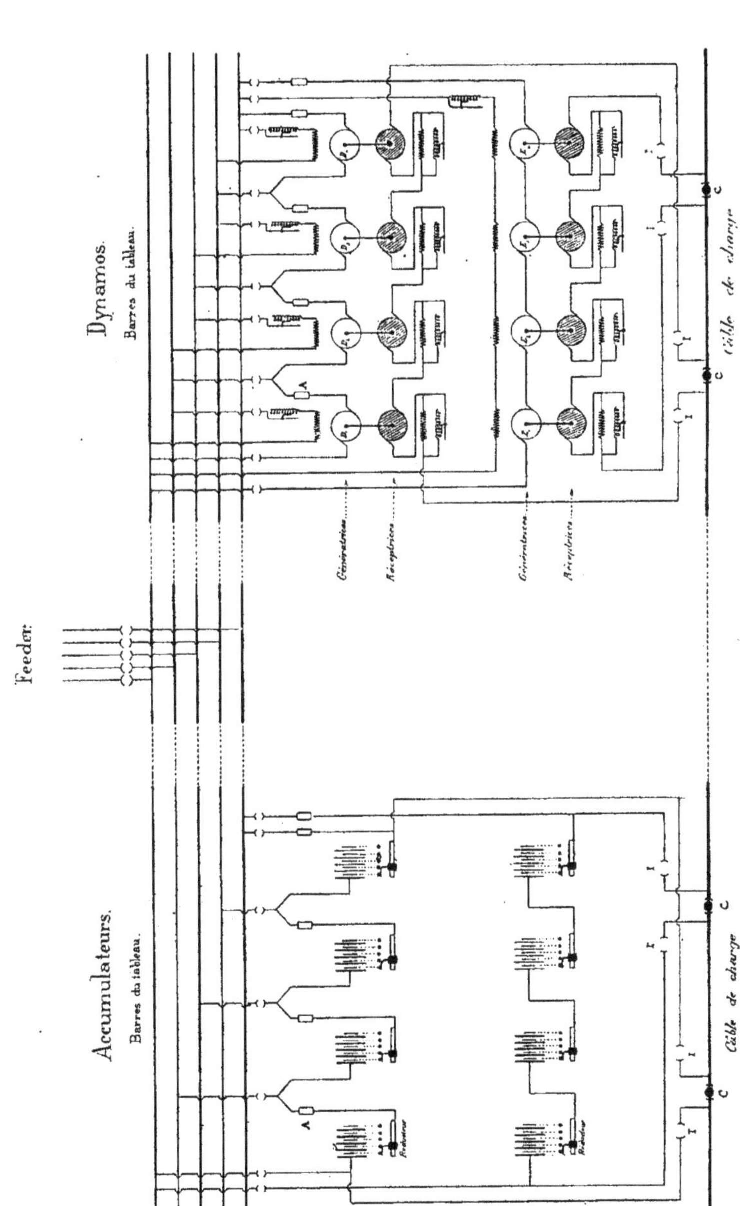

Figure 105.
Station de transformateurs de la rue Saint-Roch. — Tableau de distribution.

position que nous rencontrons rue Saint-Roch. Il existe quatre groupes identiques à celui de la figure 103. Aux dynamos E_1, E_2, E_3, E_4 correspondent les dynamos de 600 ampères; aux dynamos D_1, D_2, D_3, D_4, celles de 300 ampères.

Les accumulateurs sont montés d'une façon analogue (figure 104.) Mais deux groupes seulement sont nécessaires. Chaque groupe contient 544 éléments Tudor de 2.000 ampères-heure répartis comme il suit : 260 éléments sur les deux fils extrêmes, 67 éléments sur les deux ponts du milieu et 75 éléments sur les deux autres ponts.

Il s'agit maintenant d'expliquer comment s'effectuent les diverses manœuvres.

Le tableau de distribution comporte cinq barres sur lesquelles les différents groupes doivent être branchés en quantité. D'autre part, pour mettre en mouvement les génératrices ou pour charger les accumulateurs, on dispose d'un circuit à 3.000 volts, dont fait partie une barre de cuivre parallèle aux cinq barres du tableau.

Occupons-nous d'abord des génératrices. Celles-ci sont, comme les dynamos, réunies par groupes de quatre. Elles sont excitées en série sur la haute tension et on peut (figure 105) régler leur excitation à l'aide d'un rhéostat en dérivation sur chaque circuit inducteur. Pendant la marche, ce réglage se fait automatiquement à l'aide d'un régulateur de vitesse qui agit à la fois sur l'excitation de tout un groupe. Soient les génératrices actionnant les dynamos E_1, E_2, E_3, E_4 à mettre en route. On ferme les interrupteurs I et l'on enlève la cheville de court-circuit C. Même opération pour les génératrices du groupe D_1, D_2, D_3, D_4. Ceci ayant été fait, les dynamos se mettent à tourner. Considérons les dynamos E_1, E_2, E_3, E_4. Comme le montre le schéma, elles sont excitées en série sur les deux barres extrêmes du tableau. On ferme l'excitation et, en agissant sur le rhéostat de droite, on amène la tension totale à être exactement celle existant entre les barres extrêmes du tableau. On peut alors fermer le circuit sur les deux barres. Les dynamos D_1, D_2, D_3, D_4 sont au contraire excitées chacune par un circuit spécial branché sur le pont qui leur correspond. Les réceptrices ayant été mises en route, on ferme les quatre excitations et on les règle de manière à obtenir pour chaque dynamo un voltage égal à celui du pont correspondant. On peut alors fermer les dynamos sur le tableau. Il suffit, pour cela, de manœuvrer les interrupteurs qui les commandent.

Pour arrêter les dynamos on effectue pour l'un et l'autre groupe une opération inverse. Ainsi, pour le groupe E_1, E_2, E_3, E_4 on diminue l'excitation de manière à annuler le courant produit. On coupe le circuit reliant les dynamos aux barres du tableau et il ne reste plus qu'à arrêter les réceptrices. Ceci se fait en agissant sur l'excitation, puis en remettant en place la cheville de contact et enfin en ouvrant les interrupteurs I.

Pour les accumulateurs nous distinguerons la charge et la décharge. Dans le premier cas il faut insérer chaque batterie sur le circuit à haute tension en prenant bien soin de n'introduire d'abord que quelques éléments. L'appareil qui permet de faire varier le nombre des éléments en charge est un *réducteur* analogue à ceux que nous avons déjà rencontrés dans bien des usines, mais qui, ici, peut agir sur tous les éléments. Soit la batterie de 260 éléments. Celle-ci est divisée en quatre groupes égaux de soixante-cinq éléments commandés chacun par un réducteur. En poussant le curseur à l'extrémité de sa course, comme l'indique le schéma, on voit que l'on n'aura en série que quatre éléments. On pourra alors fermer sans inconvénient les interrupteurs de charge I.

Cette manœuvre une fois effectuée, on déplacera peu à peu les curseurs et lorsque l'on aura atteint tous les éléments à charger on enlèvera la cheville de court-circuit C. A ce moment tout le courant de charge passera par la batterie. On retirera cette batterie du circuit en effectuant une opération inverse.

La batterie une fois chargée et mise hors circuit, rien n'est plus facile que de la mettre en décharge sur le tableau de distribution. Le *réducteur* intervient encore et l'on prend autant d'éléments qu'il en faut pour obtenir une tension égale à celle des barres extrêmes du tableau. On ferme ensuite les circuits.

Pour la deuxième batterie les manœuvres sont identiques, sauf qu'à la décharge il faut se régler sur la tension des différents ponts.

Il aurait été évidemment fort encombrant de rassembler les réducteurs sur le tableau, non pas parce qu'ils auraient gêné beaucoup eux-mêmes, mais en raison du nombre énorme de câbles qui les auraient réunis aux batteries. Ces réducteurs sont installés près des batteries mêmes, c'est-à-dire dans les divers étages du bâtiment, et ils sont manœuvrés à distance, à l'aide de petits moteurs électriques. On se rappelle que nous avons déjà rencontré une disposition analogue dans l'usine du secteur de la place Clichy.

Il nous reste à parler du départ des feeders. Rien de plus simple. Chaque câble est commandé par un interrupteur, qui se manœuvre, comme tous les appareils analogues. On a jugé inutile d'installer actuellement des rhéostats de réglage sur chacun des feeders. Ceux-ci ont en effet un diamètre considérable et, au moins pendant quelques années, ils n'entraîneront que de faibles pertes de charge. Dès que le débit de l'usine augmentera notablement on procédera au réglage des feeders. Une place a été réservée dans le tableau pour les futurs rhéostats.

L'usine Saint-Roch contient, en dehors des appareils que nous avons cités, les instruments ordinaires de contrôle, de mesure et de sécurité que l'on rencontre dans les stations centrales. Nous n'en avons indiqué que quelques-uns sur la figure 105, afin de la rendre plus compréhensible.

Dans les projets de la *Compagnie Parisienne de l'air comprimé*, l'usine Saint-Roch est destinée à devenir un centre de transformation d'une puissance tout à fait exceptionnelle. Elle pourra, plus tard, alimenter jusqu'à 100.000 lampes.

(*e*) **Sous-stations d'accumulateurs.** — Il est inutile de nous étendre longuement sur les sous-stations d'accumulateurs encore en service, puisqu'elles sont destinées à disparaître.

Il existe, avons-nous dit, dans chaque sous-station 2 batteries de 67 accumulateurs. Lorsqu'une batterie est en charge, l'autre est en décharge; exceptionnellement, au moment du grand éclairage, les deux batteries sont réunies en quantité et mises à la décharge.

Le seul point qui présente un peu d'intérêt, c'est l'insertion d'une batterie sur la ligne à haute tension. Si l'on faisait passer brusquement le courant total par la batterie, comme chaque élément peut absorber environ $1^{volt},8$, on produirait un à-coup gênant pour l'usine. Aussi on commence d'abord par insérer *graduellement* une résistance et on l'amène à absorber à peu près autant de volts que la batterie. On met alors la batterie en dérivation sur la résistance et, en réduisant peu à peu celle-ci à zéro, on finit par n'avoir plus que la batterie sur la ligne. Comme toujours, un *réducteur* permet de faire varier le nombre des éléments en charge.

Pour retirer une batterie du circuit à haute tension, on met d'abord en dérivation sur la batterie une résistance équivalente. Puis on isole la batterie et l'on diminue peu à peu la résistance jusqu'à zéro.

Nous ne dirons que fort peu de choses de la façon dont se déverse le courant des accumulateurs dans le réseau. C'est toujours le *réducteur* qui est l'organe essentiel de la manœuvre. Nous en avons déjà parlé bien des fois [1].

(*f*) **Usines de la rue des Jeûneurs, de la Bourse du Commerce et du Retiro.** — Les usines de la rue des Jeûneurs, de la Bourse du Commerce et du Retiro ont ceci de particulier, c'est que tous leurs moteurs marchent avec de l'air comprimé. C'est une anomalie. Tout au plus s'explique-t-on l'emploi de cet intermédiaire onéreux pour les moteurs de la Bourse du Commerce, attendu que le froid intense produit par l'air, en se détendant, sert à refroidir des magasins de conservation installés dans les sous-sols de cet établissement et loués à des commerçants.

[1] Nous avons eu l'occasion de dire que l'on avait renforcé quelques-unes des sous-stations d'accumulateurs par des transformateurs Thury. Nous jugeons inutile de décrire les dispositions prises à cet effet, attendu qu'il s'agit d'installations purement provisoires.

Dans l'exposé général du secteur nous avons indiqué le rôle de chacune de ces trois usines. Nous n'y reviendrons pas.

Voici comment sont organisées ces usines.

1° *Usine de la rue des Jeûneurs.* — L'usine de la rue des Jeûneurs alimente un réseau à 3 fils formant deux ponts, avec une différence de potentiel de 110 volts sur chaque pont. Le réseau est relié à l'usine par des feeders. Le tableau, très simple, est formé par une couronne de 3 câbles correspondant aux trois fils de la distribution. Le groupement des dynamos se fait suivant la méthode indiquée pour le secteur Edison.

Le matériel électrique comprend :

2 dynamos Thury, de 400 ampères et 125 volts, tournant, l'une à 600 tours par minute, l'autre à 450 tours ;

une dynamo Thury, de 250 ampères et 125 volts, tournant à 575 tours par minute ;

une dynamo Edison, de 240 ampères et 125 volts, tournant à 900 tours par minute ;

Les moteurs sont, pour chaque dynamo Thury de 400 ampères, 1 moteur horizontal à air comprimé et à un cylindre de 75 chevaux tournant à 90 tours par minute et, pour chacune des deux autres dynamos, 1 moteur horizontal à air comprimé et à 2 cylindres de 50 chevaux (Paxman), tournant à 125 tours par minute.

Pour empêcher qu'il ne se forme de la glace dans les tuyaux d'échappement, on fait passer l'air comprimé, avant son admission aux tiroirs, dans des réchauffeurs.

2° *Usine de la Bourse du commerce.* — Cette usine alimente un petit réseau à 2 fils et à 110 volts. Elle peut aussi venir au secours de la ligne à haute tension et charger quelques sous-stations d'accumulateurs. Dans ce cas on met en mouvement une dynamo Desroziers de 250 ampères et 400 volts.

L'électricité distribuée dans le réseau à 110 volts est produite par 2 dynamos Desroziers de 800 ampères et 125 volts tournant à 160 tours par minute. Ces deux dynamos sont actionnées, l'une par un moteur à air comprimé et à un cylindre de 165 chevaux (Farcot) tournant à 52 tours par minute, l'autre par deux moteurs à air comprimé de 75 chevaux (Farcot) tournant à 70 tours par minute et accouplés sur un même arbre.

La dynamo de 250 ampères et 400 volts est mise en mouvement à l'aide d'un plateau Raffard par un moteur à air comprimé de 150 chevaux (Daix) tournant à la même vitesse qu'elle, soit 160 tours par minute.

Il existe comme à l'usine de la rue des Jeûneurs des réchauffeurs pour l'air comprimé. Mais ils ne fonctionnent que lorsque l'on n'a pas besoin d'air froid dans les chambres frigorifiques.

L'usine de la Bourse du commerce dessert, en dehors de son réseau à

2 fils, un circuit spécial pour lampes à arc. Ces lampes sont placées dans les bâtiments mêmes de la Bourse du commerce et dans un bazar voisin. Elles sont montées en série et alimentées par une machine Thomson-Houston de 7 ampères et 1.500 volts.

Deux batteries d'accumulateurs de 2.100 ampères-heure ont été adjointes à l'usine. Elles se composent chacune de 67 éléments de la Société pour le travail électrique des métaux.

3° *Usine du Retiro.* — Les dynamos qui servent pour le circuit des lampes à arc sont des dynamos Thomson-Houston de 9 ampères 8 et de 2.500 volts, tournant à 820 tours par minute. Elles sont au nombre de 3 et sont actionnées chacune par un moteur à air comprimé à un cylindre, système Jean et Peyrusson.

Les dynamos de secours sont 3 Rechniewski de 400 ampères et 125 volts tournant à 300 tours par minute. Elles sont mises en mouvement par 3 moteurs à air comprimé et à 2 cylindres de 50 chevaux (Paxman), tournant à 125 tours par minute.

Tout l'air comprimé de l'usine circule, avant d'arriver aux machines, dans des réchauffeurs.

Secteur des Champs-Elysées. — (*a*) **Physionomie générale.** — Le *Secteur des Champs-Elysées* embrasse un vaste triangle dont deux côtés sont formés par la Seine et les fortifications ; le troisième côté est déterminé par le boulevard Malesherbes, la rue Royale et la place de la Concorde. Dans ce périmètre sont compris Auteuil, Passy, le quartier des Champs-Elysées et celui de la plaine Monceau [1].

Les maisons de luxe abondent dans ce secteur. Dans le voisinage du Bois de Boulogne on rencontre également de très belles maisons de rapport contenant des clients tout indiqués pour une exploitation électrique. En revanche la population est peu dense, circonstance défavorable, car elle oblige à développer beaucoup la canalisation.

Dès lors, afin de diminuer les pertes de charge, les hautes tensions s'imposaient. On y a trouvé en outre cet avantage : c'est de pouvoir éloigner l'usine productrice d'électricité, de Paris et de s'éviter ainsi les réclamations qu'occasionnent souvent dans les grandes villes, la fumée du charbon brûlé sous les chaudières et les trépidations produites par les machines.

On s'est placé dans le voisinage immédiat de la Seine, à Levallois-Perret. Cette proximité du fleuve devait être recherchée en vue de l'arrivage par bateau des approvisionnements de houille et du puisage direct en rivière de l'eau nécessaire à la condensation de la vapeur.

[1] Voir, figure 66, la carte des secteurs.

Du moment où l'on abordait les hautes tensions, les courants alternatifs devaient être préférés aux courants continus. Quant à ces tensions elles-mêmes, tout commandait de les prendre aussi hautes que possible, sans cependant atteindre des valeurs n'ayant pas encore reçu la sanction de la pratique. On s'est arrêté à une tension de 3.000 volts. Une tension pareille permet évidemment d'alimenter économiquement les points les plus éloignés du réseau, bien qu'ils soient à 8 kilomètres au moins de l'usine.

Les courants alternatifs à haute tension ne peuvent être distribués directement aux abonnés. Il est nécessaire de les ramener à une tension ne dépassant pas 110 volts à l'aide de transformateurs.

La question qui se pose en semblable matière est de savoir si ces transformateurs doivent être placés chez les abonnés ou s'il convient de créer des postes centraux de transformateurs, d'où rayonnent des canalisations à basses tensions.

Le *Secteur des Champs-Elysées* dont la concession expirera le 13 août 1908 et qui, à cette époque, devra abandonner gratuitement sa canalisation à la Ville de Paris, a trouvé qu'il était plus avantageux pour lui de conduire les hautes tensions jusque chez les abonnés.

La distribution se fait donc à potentiel constant. Des feeders partent de l'usine et aboutissent à certains centres de distribution. Le principal est celui qui est formé par la place de l'Etoile. Les douze grandes avenues qui convergent vers cette superbe place, forment autant de directions secondaires.

Quant à la canalisation, elle est faite en câbles fortement isolés, protégés par une armature et posés directement dans le sol. Pour éviter les effets d'induction sur les masses métalliques ou sur les circuits placés dans le voisinage des câbles, ceux-ci sont doubles. Ils contiennent au centre un premier conducteur et, concentriquement à celui-ci, une couronne de fils formant le second conducteur. De cette façon, les champs d'induction produits par chacun des câbles se neutralisent à chaque instant.

(*b*) **Usine de Levallois.** — *Dispositions générales.* — L'usine comprend deux grands bâtiments en briques et fer disposés à peu près parallèlement à la Seine. L'un de 18 mètres de largeur est réservé à la production de la vapeur, l'autre de 14^{m},50 de largeur contient les moteurs et les dynamos. Il est flanqué par un appentis de 3^{m},50 de largeur dans lequel on a concentré tous les appareils de distribution. Ces bâtiments et l'appentis sont actuellement montés sur une longueur de 50 mètres; ils seront prolongés selon les besoins de l'exploitation.

En avant du bâtiment des chaudières, se trouve une cour de dégagement servant pour la manutention des charbons. On y a installé également un

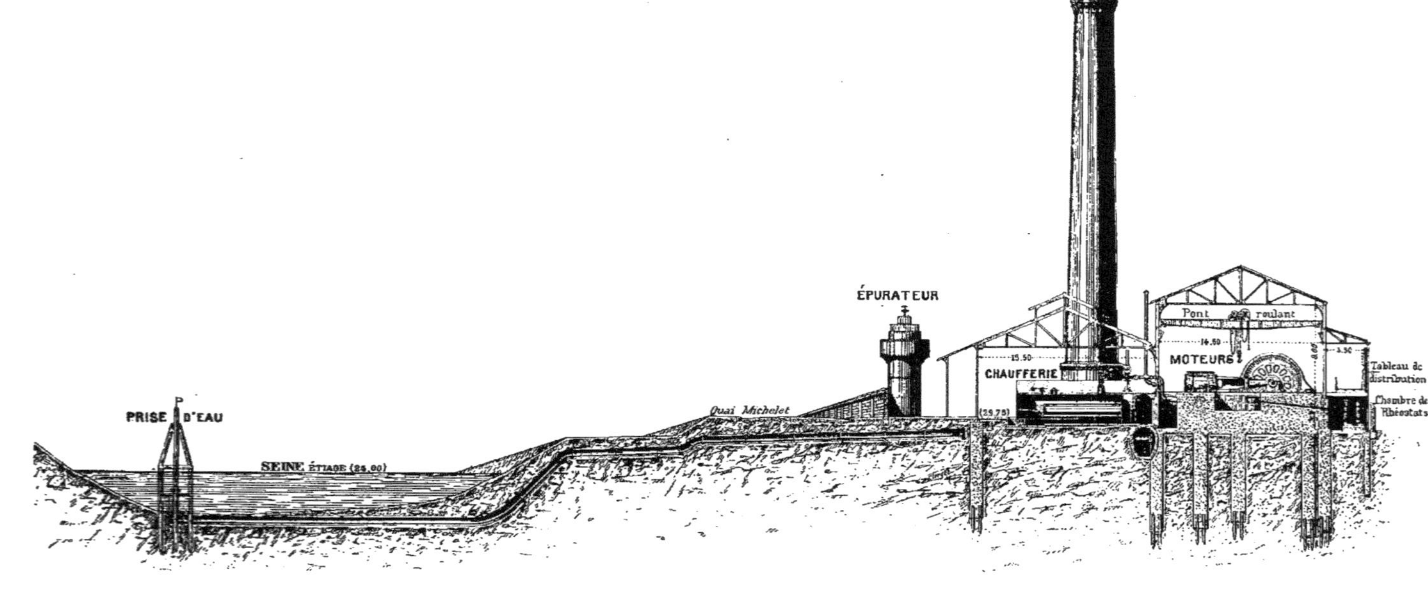

Figure 106.

Usine de Levallois. — Coupe transversale.

épurateur dans lequel les eaux d'alimentation abandonnent leurs sels calcaires avant de pénétrer dans les chaudières.

La prise d'eau se fait directement en Seine à l'aide d'un tuyau de 0m,70 de diamètre commandé par des pompes centrifuges.

Le voisinage du fleuve a conduit à des travaux de fondation assez dispendieux. On a établi une fondation générale en béton reposant sur des puits au fond desquels des pieux ont été battus et que l'on a ensuite remplis avec du béton. L'ensemble forme une cuvette absolument étanche qui met l'usine à l'abri des inondations.

Malgré cette précaution il eut été imprudent de descendre les chaudières en sous-sol. Le bâtiment qui les contient est de niveau avec la cour. Le plancher de la salle des machines est à 2m,30 au-dessus. Un massif à grand empattement supporte chaque groupe de machines. Les condenseurs sont logés dans les vides existant entre les massifs.

Dynamos. — Les unités adoptées par le secteur des Champs-Elysées sont de grandes et belles dynamos alternatives de 133 ampères et 3.000 volts (soit 400 kilowatts) construites par MM. Hillairet et Huguet. Au besoin, la puissance de chaque dynamo alternative, ou alternateur, peut être portée à 455 kilowatts.

Contrairement à ce que l'on rencontre dans la plupart des dynamos, l'inducteur seul est mobile. On a ainsi l'avantage de n'avoir en mouvement que des pièces parcourues par des courants continus et à faible tension (ceux de l'excitatrice).

L'*inducteur* est formé par une couronne de 80 bobines montées perpendiculairement à la jante d'un grand volant reposant par un arbre sur deux paliers. Pour créer à l'extrémité de chacune de ces bobines un champ magnétique agissant sur l'induit, il est nécessaire de les faire traverser par un courant électrique continu. C'est là le rôle des excitatrices. Chaque alternateur a son excitatrice qui est une dynamo Hillairet à courants continus et à 8 pôles de 25 kilowatts tournant à 300 tours. La force électro-motrice de chaque excitatrice varie de 90 à 150 volts. La prise de courant se fait à l'aide de bagues isolées, disposées autour de l'arbre, et reliées, d'une part aux bobines par un conducteur que l'inducteur entraîne dans son mouvement, d'autre part à l'excitatrice par des balais frottant sur les bagues.

Le diamètre extérieur de l'inducteur est de 5m,80.

L'*induit* est constitué par une couronne de 80 bobines fortement isolées disposées en regard des bobines de l'inducteur. Chaque bobine est amovible et peut, en cas d'accident, être remplacée rapidement par une bobine neuve. Les bobines sont montées par 20 en série. L'inducteur doit, par suite, produire dans chacune d'elles une force électro-motrice de 150 volts. L'induit étant fixe, la prise de courant se fait naturellement sans organe mobile, balai ou bague.

La vitesse qu'il est nécessaire de communiquer à l'inducteur, pour qu'il engendre dans chaque bobine de l'induit, une force électro-motrice de 150 volts est de 60 tours par minute (un tour à la seconde). Cette vitesse est faible

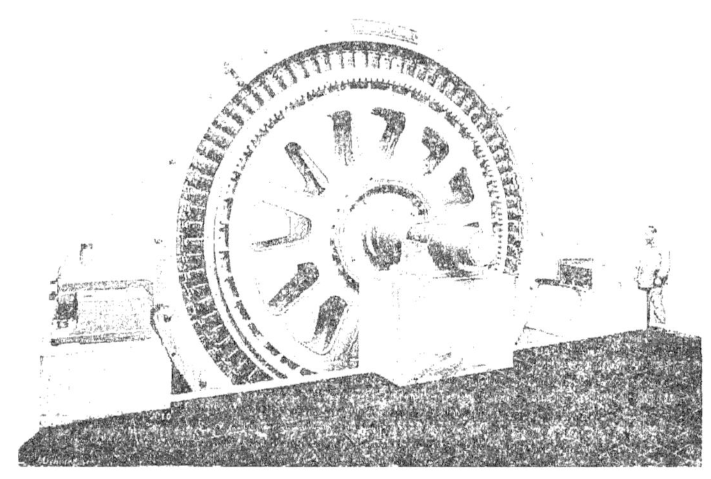

Figure 107.
Usine de Levallois. — Vue d'un alternateur de 400 kilowatts.

et permet de commander l'arbre des alternateurs directement par les moteurs. Un accouplement élastique, analogue au plateau Raffard, n'est pas nécessaire en raison de la grande masse de l'inducteur. Cette pièce pèse en effet 30 tonnes et forme volant.

L'inducteur, faisant un tour à la seconde, la fréquence ou nombre de périodes du courant alternatif produit pendant une seconde est de 40[1].

Le rendement des dynamos de l'usine de Levallois est de 85,5 °/₀. Les pertes se répartissent comme il suit :

Dans l'induit (RI^2).	3 °/₀
Dans l'inducteur (RI^2).	3,5
Courants de Foucault, hystérisis, ventilation. .	8
Total	14,5 °/₀

Le rendement est, comme on le voit, un peu plus faible que celui de bonnes dynamos à courants continus.

[1] Dans un courant alternatif la fréquence est le temps qui s'écoule entre deux passages successifs par la même valeur.

Moteurs. — En marche normale chaque dynamo absorbe 600 chevaux. Des moteurs de cette puissance étaient donc tout indiqués. Mais comme, pendant le jour, la marche normale sera difficilement atteinte, attendu que la consommation d'énergie électrique se tiendra, au moins pendant les premières années d'exploitation, bien au-dessous de 400 kilowatts, on a été amené à commander l'une des dynamos par deux moteurs de 300 chevaux pouvant être accouplés avec elle successivement.

Les moteurs sont des machines horizontales à détente et à un seul cylindre tournant, comme nous l'avons vu, à 60 tours et accouplées directement avec les dynamos. Par rapport aux moteurs verticaux à triple expansion, que nous avons rencontrés dans la plupart des autres usines où la place fait défaut, ils présentent les avantages suivants :

Grande commodité de surveillance et d'entretien, puisque toutes les pièces sont facilement accessibles.

Rendement sensiblement constant lorsque le travail à développer diminue. Avec les moteurs à triple expansion au contraire le rendement n'est satisfaisant que pendant la marche à pleine charge. Cette condition, qui peut être réalisée dans une usine à courants continus, où le travail momentanément disponible sert à charger des accumulateurs, serait en effet difficile à obtenir dans une usine à courants alternatifs, où il ne faut compter que sur la consommation extérieure.

Enfin il n'était pas sans intérêt d'adopter à Levallois des machines à large assiette en raison de la difficulté des fondations.

L'accouplement des moteurs et des dynamos se fait à l'aide d'une bielle ordinaire. Les moteurs de 300 chevaux s'isolent par débiellage. Leurs bielles sont calées à 90°.

Quant aux excitatrices, elles sont mises en mouvement par des courroies qu'entraîne une poulie montée sur l'arbre de chaque dynamo.

Les moteurs marchent normalement avec condensation. Mais ils sont également disposés pour un échappement de la vapeur à air libre. A condensation, ils consomment par heure moins de 7 kilogr. de vapeur à 6 atmosphères.

Ils ont été construits par la maison Farcot.

Chaudières. — Les chaudières, du type Galloway[1], peuvent donner 3.000 kilogr. de vapeur à 6 atmosphères par heure. La consommation correspondante de charbon est de 1 kilogr. par 9 kilogr. de vapeur produits.

Les chaudières Galloway ont le double avantage de pouvoir être mises assez rapidement en pression et d'emmagasiner un poids considérable de

[1] Elles proviennent des ateliers de MM. Renaux fils et Bonpain, à Rouen.

vapeur. La conduite du feu est, pour cette dernière raison, beaucoup plus facile qu'avec des chaudières multitubulaires.

L'eau d'alimentation provient de la Seine. Avant d'être lancée par des pompes dans les chaudières, elle passe dans un épurateur Gaillet où elle abandonne la vase qu'elle tient en suspension et ses sels calcaires, puis dans un économiseur Green. Cet économiseur est très simple. Il se compose de 384 tubes verticaux en fonte disposés dans une grande chambre que traversent les fumées avant de s'échapper par la cheminée. L'eau circule dans les tubes et se réchauffe à leur contact. A la sortie de l'économiseur, sa température est d'environ 100 degrés. On gagne ainsi toute la différence de température existant entre 100 degrés et la température de l'eau dans la Seine. Ce gain se traduit par une économie de charbon de 7,7 pour cent. Toutefois, pour que l'économiseur fonctionne convenablement, il faut éviter que la suie ne se dépose sur les tubes et ne forme, autour d'eux, une couche mauvaise conductrice de la chaleur. C'est là l'office d'une série de râclettes mues par un petit moteur et qui se déplacent, de haut en bas, le long de chaque tube.

La cheminée se trouve au milieu de la ligne des chaudières supposée complète. Elle a 3^{m},20 de diamètre intérieur et 40 mètres de hauteur.

Tableau de distribution. — Le tableau de distribution permet :

1° de régler le courant d'excitation des alternateurs et par suite leur force électromotrice ;

2° de coupler les alternateurs en parallèle ;

3° d'envoyer le courant dans tel ou tel feeder partant de l'usine ;

Toutes les pièces du tableau sont fixées à un grand panneau en bois supporté par des isolateurs en porcelaine. Le plancher qui règne le long du tableau est lui-même parfaitement isolé en sorte qu'un accident n'est possible que si l'on vient à toucher deux conducteurs de polarité différente. Mais d'abord les surveillants ne doivent jamais effectuer une manœuvre quelconque sans s'être garanti les mains avec des gants en caoutchouc ; ensuite, tous les organes parcourus par des courants à haute tension sont peints en rouge vif, de manière à éveiller l'attention.

L'excitation des alternateurs se règle en modifiant l'excitation des excitatrices. Le courant produit par celles-ci se rend dans deux barres dites d'excitation d'où partent : 1° les conducteurs d'excitation des alternateurs ; 2° les dérivations qui excitent les inducteurs des excitatrices. Les dynamos excitatrices marchent donc *en dérivation*. Pour faire varier leur force électromotrice, il suffit d'agir sur un rhéostat intercalé sur chaque dérivation. En outre — et cela est nécessaire pour le réglage de l'excitation quand les alternateurs marchent en parallèle — on dispose d'un rhéostat général d'excitation qui permet d'agir, à la fois, sur les inducteurs de toutes les excitatrices. La tension dans les barres est indiquée par un voltmètre.

Figure 108.
Usine de Levallois. — Vue d'ensemble du tableau de distribution.

Les circuits reliant les barres d'excitation, d'une part aux alternateurs, d'autre part aux excitatrices sont naturellement commandés chacun par un

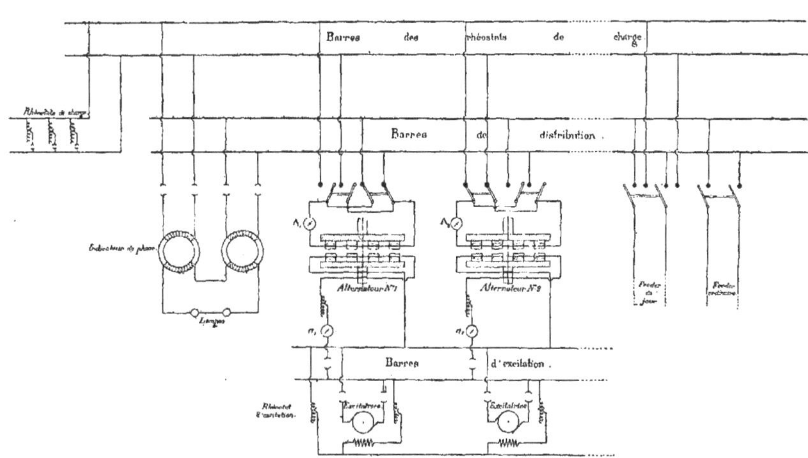

Figure 109.
Usine de Levallois. — Schéma du tableau de distribution.

interrupteur. Ils sont également munis d'ampèremètres qui indiquent l'intensité du courant employé.

Le couplage des alternateurs en parallèle se fait d'une façon très simple. Supposons par exemple que la dynamo n° 1 devienne insuffisante et qu'il faille lui adjoindre la dynamo n° 2. La dynamo n° 1 est déjà, par hypothèse, branchée sur les barres de distribution d'où partent les feeders. On met la dynamo n° 2 en route et l'on envoie le courant qu'elle produit dans un puissant rhéostat situé sous le plancher du tableau de distribution, dans un local fermé à clef. Ce rhéostat peut absorber 400 kilowatts. Il comprend en réalité 40 rhéostats de 10 kilowatts chacun que l'on insère successivement sur le circuit à l'aide de touches. Quand l'alternateur est à son régime normal on peut le brancher sur les barres de distribution dès que les phases du courant qu'il produit sont en concordance avec celles du courant de l'alternateur n° 1. L'appareil qui permet de vérifier qu'il y a concordance de phases s'appelle *indicateur de phases*. Le principe sur lequel il repose est le suivant :

Soient A et B deux circuits parcourus par des courants alternatifs à la même tension. S'il y a concordance de phases le courant qui passera par le

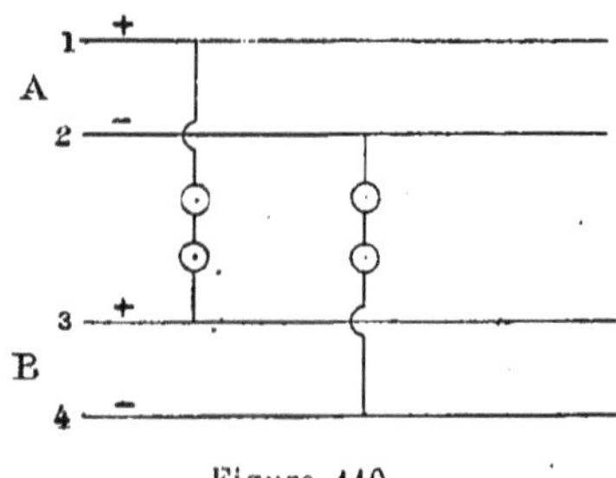

Figure 110.

Usine de Levallois. — Principe de l'indicateur de phases.

conducteur 1 subira les mêmes variations que celui qui circule dans le conducteur 3. De même 2 et 4 seront traversés par des courants identiques. Si donc on réunit par des fils métalliques les câbles 1 et 3 et les câbles 2 et 4 il ne passera dans ces fils aucun courant. Des lampes intercalées sur leur trajet resteront constamment obscures. Elles s'allument au contraire dès que les phases ne coïncident plus.

Pour déterminer le moment où les deux circuits A et B sont en coïncidence de phases et où, par suite, il devient possible de les coupler en parallèle, on n'a donc qu'à les relier comme l'indique la figure. L'accouplement pourra se faire dès que les lampes s'éteindront.

C'est de cette façon que l'on opère avec les alternateurs de l'usine de Levallois ; mais, comme les lampes de l'indicateur ne consomment pas plus de 110 volts, on prend le soin de les insérer non pas sur un circuit branché directement sur les barres à 3.000 volts, mais bien sur un circuit secondaire commandé par un transformateur.

L'accouplement des alternateurs nos 1 et 2, pris pour exemple, se fait alors comme il suit : A l'aide d'un commutateur double, on branche l'alternateur n° 2 sur les barres de distribution, tout en le laissant en charge sur les rhéostats. Puis, en agissant successivement sur les 40 touches de ces rhéostats on fait passer dans le réseau, par fraction de 10 kilowatts, les 400 kilowatts de l'alternateur n° 2. De cette façon l'accouplement se fait sans le moindre à-coup.

S'il devient nécessaire de retirer un alternateur du circuit, on se sert encore des rhéostats. On les relie successivement à l'alternateur, puis on coupe la communication de celui-ci avec la ligne. On n'a plus alors, pour mettre la machine correspondante au repos, qu'à enlever des résistances, et qu'à annuler progressivement le courant d'excitation en agissant sur le rhéostat de l'excitatrice.

Rien de particulier ne signale la liaison des barres de distribution et des feeders. Notons seulement que l'un d'eux dit *feeder de service de jour* est connecté de telle façon qu'il peut être branché sur les barres du rhéostat de charge. On s'est réservé, ainsi, la possibilité de nettoyer ou de réparer les barres de distribution et les appareils qui en dépendent, sans être obligé d'interrompre le courant sur la ligne.

La liaison des feeders partant du tableau avec les feeders concentriques du réseau se fait dans une boîte de jonction spéciale dite *capot d'usine*. Cette boîte est percée de trois ouvertures. L'une sert pour l'entrée du câble ; les deux autres donnent passage à des conducteurs aboutissant au tableau. Dans l'intérieur du capot, le câble est dénudé et relié à l'un des conducteurs par son âme en cuivre, à l'autre par sa couronne annulaire en fils de cuivre. Les jonctions une fois faites, le capot est soigneusement rempli avec de la matière isolante.

Puissance actuelle et future de l'usine.—L'usine ne contient en ce moment que 3 dynamos de 400 kilowatts, 2 moteurs de 300 chevaux accouplés sur l'une des dynamos et 2 moteurs de 600 chevaux actionnant chacun une dynamo.

Les chaudières sont au nombre de cinq.

La force totale de l'usine qui atteint 1.200 kilowatts pourra être facilement portée à 2.800 kilowatts par l'installation de quatre nouvelles dynamos de 400 kilowatts. Les massifs de fondation qui doivent supporter les dynamos et les moteurs de 600 chevaux qui les actionneront sont tout préparés. L'usine pourra alors alimenter 80.000 lampes de 10 bougies.

Si la consommation croît au-delà de ce chiffre il sera aisé, étant donnée la place dont on dispose, de mettre en œuvre de nouveaux moyens d'action.

Secteur de la rive gauche. — Le secteur de la rive gauche bien que concédé depuis le 11 décembre 1890 commence seulement à s'organiser.

Il comprend toute la rive gauche de la Seine et en plus, les îles de la Cité et de Saint-Louis.

Sa surface est énorme. Elle renferme quelques parties très avantageuses pour une exploitation électrique comme le boulevard Saint-Michel et le boulevard Saint-Germain, et un nombre considérable d'écoles, de lycées et d'institutions appartenant soit à la Ville, soit à l'Etat. Malheureusement tous ces établissements sont fort disséminés. La Compagnie du Secteur de la Rive gauche ne pourra par suite les desservir qu'à l'aide d'une canalisation excessivement développée. Dans ces conditions une distribution de courants à haute tension avec transformateurs est évidemment indiquée.

Dans les projets de la Société une grande usine sera élevée rue Verte, à Ivry, à peu de distance de la Seine. Des unités de 600 chevaux[1] enverront du courant alternatif à 3.000 volts dans une canalisation primaire desservant un certain nombre de sous-stations de transformateurs. De là rayonneront des circuits secondaires à trois fils servant spécialement pour la distribution et dans lesquels la tension ne sera plus, pour chaque pont, que de 110 volts.

En attendant que de telles dispositions soient réalisées le concessionnaire exploite, principalement pour éclairer la Sorbonne, une petite usine, située place Sainte-Geneviève n° 4. Celle-ci comprend :

2 générateurs Collet timbrés à 10 kilogr. et d'une capacité de 2^{m3},562 ;

3 machines à vapeur Œrlikon de 60 chevaux chacune ;

3 dynamos à courants continus Œrlikon de 300 ampères et 110 volts ;

2 batteries de 67 accumulateurs Dujardin d'une capacité de 800 ampères-heure.

Cette usine ne pourra plus évidemment être utilisée (à moins qu'on ne lui fasse faire un service spécial) le jour où l'on distribuera des courants alternatifs.

Réseau municipal et Usine des Halles. — *Physionomie générale.* — La création de l'usine des Halles a été décidée par un vote du Conseil Municipal du 31 Mars 1888.

A ce moment, un grand mouvement se produisait à Paris, en faveur de l'électricité. Aux yeux du Conseil une usine municipale devait permettre de comparer utilement les divers systèmes de production de l'énergie élec-

[1] On compte installer 10 machines verticales Compound tournant de 135 à 140 tours et actionnant chacune par accouplement Raffard une dynamo Zipernowski de 400 kilowatts. Les excitatrices seront mises en mouvement par des courroies montées sur les volants des machines.

trique et de déterminer exactement le prix de revient du nouvel éclairage.

La plus grande variété a présidé, par suite, à la rédaction du programme d'exécution. A côté des courants continus à basse tension on a admis des courants alternatifs à 2.400 volts. La puissance mécanique de l'usine a été partagée en deux groupes à peu près égaux de moteurs horizontaux et de moteurs verticaux. Enfin, on a tenu à ce que l'usine n'éclairât pas exclusivement les halles et leurs sous-sols mais encore à ce qu'elle distribuât le courant électrique aux riverains des rues voisines.

Le *réseau municipal* n'a pas, comme celui d'un secteur, une délimitation spéciale. En principe, la Ville s'est réservé la possibilité de canaliser toutes les rues de Paris. C'est pour cette raison qu'elle n'accepte pas que les canalisations des Sociétés d'Electricité passent à moins de 1 mètre de distance des façades dans les rues à largeur normale ; même dans les rues les plus étroites elle se réserve, pour y placer au besoin des canalisations, une largeur libre de 60 centimètres.

L'usine des Halles n'éclaire cependant qu'une surface peu étendue. C'est que sa puissance (environ 930 chevaux) n'est pas très considérable. Et, comme elle doit pourvoir d'abord à l'éclairage des Halles qui comprend 234 lampes à arc et 600 lampes à incandescence de 16 bougies, il ne reste guère à la disposition des abonnés — défalcation faite des machines de secours — qu'une puissance de 440 chevaux.

Les courants continus sont réservés aux Halles et à quelques rues avoisinantes (rue des Halles, rue Berger, boulevard Sébastopol, rues du Pont-Neuf et de Rivoli). Les dynamos à haute tension desservent un premier circuit gagnant l'avenue de l'Opéra par la rue des Petits-Champs et se terminant près de la place du Théâtre-Français et deux autres circuits, aboutissant aux magasins de la Belle-Jardinière, qui constituent le plus gros client du réseau.

La distribution se fait à deux fils pour les courants alternatifs, avec transformateurs chez les abonnés abaissant le potentiel de 2.400 à 100 volts et à trois fils avec feeders pour les courants à basse tension. La différence de potentiel dont on dispose sur chaque pont est de 110 volts.

Tous les câbles anciens sont isolés et posés dans des caniveaux en béton. Maintenant on emploie, de préférence, des câbles armés et isolés système Siemens.

L'usine est placée dans le sous-sol du pavillon n° 3 ; elle comprend une salle spéciale pour les chaudières et une salle pour les moteurs et les dynamos. La surface totale dont on dispose est de 4.900 mètres carrés. On n'en utilise en ce moment que les deux tiers. Il sera donc facile d'agrandir l'usine si la nécessité s'en fait sentir.

Les projets primitifs ne comportaient pas d'accumulateurs. L'usine possède maintenant une batterie de 1.900 ampères-heures que les Ingénieurs de la Ville ont fait installer dans le double but de venir en aide aux dynamos, au moment du grand éclairage, et de faire mieux travailler les moteurs pen-

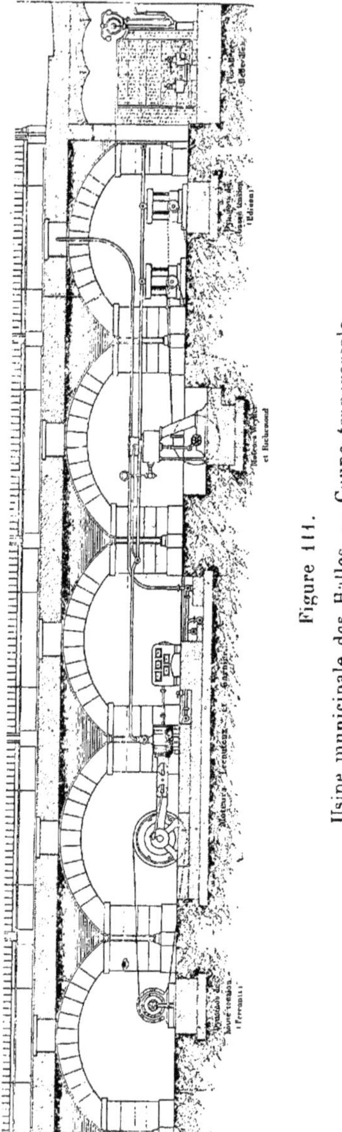

Figure 111. Usine municipale des Halles. — Coupe transversale.

dant la journée, en utilisant la puissance disponible à la charge des accumulateurs.

Dynamos. — Le matériel électrique de l'usine se compose :

1° de 6 dynamos Edison à courant continu de 333 ampères et 120 volts tournant à 600 tours par minute et formant 3 groupes de deux dynamos commandés chacun par un moteur ;

2° 4 dynamos Desroziers à courant continu de 250 ampères et 120 à 170 volts servant spécialement à la charge des accumulateurs ;

3° 3 dynamos Ferranti à courant alternatif de 46 ampères 6 et 2.400 volts, tournant à 530 tours par minute et portant chacune, sur l'abre de l'induit, une excitatrice.

La manœuvre des dynamos Edison se fait comme dans l'usine du Palais-Royal. L'organe principal est le *commutateur-inverseur* déjà décrit. Nous renvoyons à ce qui a été dit ainsi qu'aux figures 86 et 87.

Les feeders sont au nombre de huit.

Six de ces feeders alimentent les canalisations publiques. Comme le débit qu'ils doivent fournir varie selon les besoins des abonnés, il est nécessaire de corriger les variations de perte de charge dues aux variations de la consommation. C'est pourquoi les six feeders de la voie publique passent par un tableau de distribution secondaire qui permet de faire varier dans de petites limites la tension de l'électricité distribuée. On arrive à ce résultat en ajoutant ou en retranchant une résistance sur les fils extrêmes des feeders. La manœuvre se fait à la main.

Les deux autres feeders, qui desservent les Halles, n'ont pas besoin de ces corrections.

Nous n'avons rien à dire des dynamos Desroziers qui sont identiques, à la puissance près, à celles que nous avons rencontrées dans les usines de la Compagnie Parisienne de l'air comprimé et de la Société anonyme d'éclairage et de force.

Les dynamos Ferranti sont au contraire les seules machines de ce système fonctionnant à Paris. Leur description se trouve dans tous les traités d'électricité. Rappelons seulement que l'induit est mobile et qu'il est formé par 20 bobines très plates disposées à la périphérie d'un plateau métallique. Ces bobines ont cela de particulier qu'elles sont constituées par un ruban de cuivre isolé et enroulé un très grand nombre de fois autour d'un noyau en bronze. Il n'existe donc pas de fer dans l'induit.

Les bobines sont au nombre de 20 ; elles sont couplées par 10 en tension et peuvent donner chacune 240 volts.

L'inducteur comprend deux couronnes d'électro-aimants se faisant face. On peut le séparer en deux parties suivant un diamètre vertical et, en retirant celles-ci, dégager complètement l'induit, ce qui facilite beaucoup le nettoyage et les réparations.

Le tableau de distribution est peu compliqué. Nous avons vu que l'on avait trois circuits à desservir. Le tableau permet d'alimenter l'un quelconque des circuits par l'une quelconque des trois dynamos[1]. Les coupe-circuits sont formés par de longs fils de platinoïde très fins, placés dans un tuyau en poterie présentant une série d'étranglements. On diminue ainsi l'importance de l'étincelle lorsque, sous l'influence d'un courant exagéré, les fils viennent à fondre. Il faut naturellement un coupe-circuit par câble en raison des alternances du courant. On trouve également sur le tableau trois rhéostats à manette dont l'office est de régler le courant des dynamos excitatrices.

Moteurs. — Les moteurs au nombre de 6 se divisent en deux groupes. Trois machines verticales à triple expansion de 140 chevaux, tournant à 160 tours par minute, actionnent chacune, par courroies, deux des dynamos Edison. Trois machines horizontales Corliss de 170 chevaux, tournant à 180 tours par minute, mettent en mouvement les 3 dynamos Ferranti et les quatre Desroziers[2].

Les machines à triple expansion nécessitent la condensation de la vapeur, à sa sortie des cylindres. Celle-ci s'effectue dans une cloche à injection d'eau. L'eau réchauffée est refoulée à l'égout par une pompe à vapeur. On a récemment installé un condenseur de rechange. Les machines Corliss peuvent marcher à condensation ou à échappement libre. Mais, comme l'eau ne manque pas aux Halles, la condensation est seule employée. Chaque machine a son condenseur propre, monté en tandem.

L'admission de la vapeur se fait à 10 kilogr. dans les moteurs verticaux et à 7 kilogr. seulement dans les machines Corliss.

Chaudières. — Les chaudières, au nombre de 6, sont toutes du genre Belleville. Elles peuvent produire chacune 1.500 kilogr. de vapeur à l'heure à la pression de 15 kilogr. par centimètre carré. La consommation garantie est de 1 kilogr. de charbon par 8 kilogr. de vapeur.

La pression de la vapeur est abaissée à 10 kilogr. par un premier détendeur. Celle qui alimente les machines Corliss passe encore dans un nouveau détendeur d'où elle sort à 7 kilogr. seulement.

L'eau d'alimentation des chaudières provient des conduites publiques.

Une grande cheminée de 45 mètres de hauteur empêche la fumée de se rabattre vers le sol.

Accumulateurs. — La batterie d'accumulateurs comprend deux groupes de 67 bacs montés en dérivation pour la décharge sur l'un et l'autre pont du tableau de distribution du courant à basse tension. La charge

[1] Les dynamos Ferranti de l'usine des Halles ne se couplent pas en quantité.

[2] Les moteurs verticaux sortent des ateliers Weyher et Richemond, à Pantin. Les machines Corliss ont été construites par MM. Lecouteux et Garnier.

s'effectue par les dynamos Desroziers à l'aide d'un tableau spécial. Un disjoncteur automatique protège les dynamos.

La capacité de la batterie est de 1.900 ampères-heure. Elle peut débiter en régime normal 280 ampères pendant 7 heures, et, en régime forcé, 700 ampères pendant 1 heure 1/4.

La batterie n'est pas encore reçue, le rendement de 70 % en watts, promis par les constructeurs, n'ayant pas été atteint.

Dépenses d'installation. — Les dépenses d'installation, moins celles des dynamos Desroziers et des accumulateurs qui ne sont pas complètement liquidées, ont été les suivantes :

(A). INSTALLATION COMMUNE AUX DEUX SORTES DE COURANT

Générateurs Belleville y compris les pompes d'alimentation	76.000f	
Tuyauterie. Réservoir d'eau	22.000	
Carneaux de fumée	18.000	
Cheminée (hauteur 45m. Diamètre intérieur moyen 2m,33)	30.000	
Tuyauterie de vapeur et détendeur	5.000	
Total		151.000f.

(B). COURANT CONTINU A BASSE TENSION

6 dynamos Edison (240 kilowatts)	44.000f	
Transmissions	4.000	
Tableau de distribution	8.000	
Rhéostats	5.000	
3 moteurs verticaux de 150 chevaux	105.000	
Total		166.000f.

(C). COURANT ALTERNATIF A HAUTE TENSION

3 dynamos Ferranti (330 kilowatts)	99.000f	
Transmissions	3.000	
Tableau de distribution	4.000	
3 moteurs horizontaux de 170 chevaux	90.000	
Total		196.000f.

(D). INSTALLATIONS INTÉRIEURES DE L'USINE

Bureaux, magasin	28.000f	
Laboratoire	9.000	
Lampes et suspensions	8.000	
Travaux divers d'aménagement	58.000	
Total		103.000.
Total général		616.000.

En décomposant les dépenses par sortes de courant et répartissant les dépenses communes proportionnellement aux dépenses propres à chaque courant on trouve, pour prix du kilowatt installé, les chiffres ci-après :

	Dépense totale	Prix du kilowatt installé.
Courant continu à basse tension	282.000f	1.175f
Courant alternatif à haute tension	334.000	1.012
Totaux généraux et moyennes . . .	616.000f	1.080f

Prix de revient de l'électricité dans les usines. — Le prix de revient de l'électricité dans les usines ne peut être encore déterminé d'une façon bien précise. Lorsque nous avons calculé le prix de revient du gaz nous nous sommes servi d'éléments présentant un caractère d'authenticité absolue et nous avons pu établir des moyennes résumant un très grand nombre d'années.

La difficulté est beaucoup plus grande avec l'électricité. D'abord les Sociétés donnent peu de détails sur leurs comptes d'exploitation, ensuite, pour quelques-unes, la période d'installation n'est même pas terminée.

De plus, tandis que la fabrication du gaz est arrivée à un état de perfection tel qu'il n'est plus de progrès bien notable à espérer, la production de l'électricité fait, pour ainsi dire, chaque jour, de nouveaux progrès.

L'exploitation d'une usine électrique est beaucoup moins simple que ne pourrait le faire supposer le fonctionnement des appareils producteurs employés. Le difficile est d'utiliser toujours ces appareils dans des conditions où leur rendement soit maximum. Cette obligation est tellement impérieuse, que, dans certaines usines, on s'est décidé, comme nous l'avons vu, à charger des accumulateurs, aux heures de faible consommation, malgré la perte d'énergie que ces intermédiaires entraînent.

Même en supposant la difficulté relative au rendement résolue, il est clair que le prix de revient varie d'une usine à l'autre suivant les qualités respectives du matériel employé. Ici, l'on s'est décidé pour des moteurs verticaux tournant à grande vitesse et l'on a à faire face à des dépenses considérables de graissage et d'usure de matériel. Ailleurs on a à regretter l'adoption de moteurs beaucoup trop faibles. Le prix du charbon rendu à pied d'œuvre a aussi une influence considérable. Il en est de même de la dépense d'eau nécessitée par la condensation de la vapeur.

On ne peut donc songer à établir un prix ferme. Tout au plus est-il permis de donner certaines limites entre lesquelles la production doit varier, selon qu'il s'agit d'une usine ancienne ou d'une usine récente, comme celle du Secteur des Champs-Elysées.

Ces limites paraissent être, pour l'hectowatt-heure, 1 centime 3/4 (ou 1 centime 1/2 si l'usine est hors Paris) et 3 centimes.

Il s'agit ici de la fabrication proprement dite, comprenant les frais de combustible, d'eau, de graissage, de personnel des usines et de menu entretien.

Il s'agit encore des grandes usines analogues à celles qui alimentent les secteurs et de la période d'hiver, pendant laquelle les usines marchent dans les conditions les plus avantageuses. Telle usine en effet qui produit de l'électricité à 2 centimes l'hectowatt-heure, en hiver, ne l'obtient plus qu'à 4 centimes en été. Mais il convient de remarquer que la grosse consommation se fait surtout en hiver et que par suite ce sont les prix d'hiver qui ont la plus grande influence pour la fixation de la moyenne annuelle.

Si, pour les usines des secteurs, des renseignements absolument précis font défaut, on connaît en revanche très exactement les prix de fabrication obtenus à l'usine municipale des Halles qui, par son importance, est tout à fait comparable aux usines des secteurs.

Le prix de l'hectowatt-heure qui atteignait 5 centimes 9 en 1890 est descendu à 3 centimes 9 en 1891, également à 3 centimes 9 en 1892 et à 2 centimes 8 en 1893.

Ces prix, malgré leur grande amélioration, sont encore un peu élevés. Ils tiennent à ce que l'usine a légèrement vieilli. Il faut se rappeler aussi qu'en raison de sa situation dans un sous-sol l'usine est d'une exploitation des plus pénibles et que la diversité intentionnellement apportée dans le choix des engins (haute et basse tension, machines horizontales et verticales) est forcément incompatible avec un très bon rendement. On espère toutefois, en améliorant successivement les conditions de fonctionnement de l'usine, descendre encore au-dessous du dernier chiffre indiqué.

A l'Hôtel-de-Ville le prix de revient est plus élevé. Il atteint en effet 5 centimes 5. Mais il s'agit là d'un cas tout à fait spécial, puisque le matériel complet de l'usine ne sert que pendant les fêtes, c'est-à-dire trois ou quatre fois au plus chaque année.

Dans les grandes gares la possibilité d'amener le charbon en wagon jusque devant les chaudières a une influence évidemment heureuse sur le prix de revient. Tel est le cas de la gare d'Orléans où l'on obtient l'hectowatt-heure à 2 centimes 1.

Enfin, si l'on veut avoir le prix de revient dans une installation plus modeste on peut prendre comme exemple l'usine du parc des Buttes-Chaumont où l'hectowatt-heure est produit à raison de 4 centimes [1].

[1] L'éclairage de l'Hôtel-de-Ville, de la gare d'Orléans et du parc des Buttes Chaumont sera étudié plus loin.

ANNEXES

Tableau récapitulatif et statistique des secteurs électriques et stations centrales.

(Se reporter, pour la limite des secteurs et les emplacements des stations centrales, à la carte précédemment donnée, figure 66.)

SECTEUR ou RÉSEAU	EMPLACEMENT de L'USINE	SYSTÈME de DISTRIBUTION	DYNAMOS	MOTEURS
Secteur de la Société anonyme d'éclairage et de force.	*St-Ouen Quai de Seine n° 4.*	L'usine envoie par 3 feeders du courant à haute tension (2400 volts) aux usines du faubourg St-Denis et du Boulevard Barbès.	8 dynamos Marcel Deprez, à deux anneaux en tension et à courant continu, de 28 ampères et 2.500 volts, tournant à 600 tours par minute. 4 dynamos Hillairet, à courant continu, de 250 ampères et 120 volts.	8 machines horizontales type Corliss de 150 chevaux avec condenseur en tandem, tournant à 70 tours par minute et accouplées par 2 sur un même volant. Les 4 volants commandent par courroies une transmission spéciale qui actionne également par courroies 2 dynamos Marcel Deprez et 1 dynamo Hillairet. L'eau de condensation provient de la Seine.
Id.	*Rue du Faubourg St-Denis n° 183.*	Réseau de distribution à 2 fils et à 110 volts alimenté par des feeders. Réglage par une batterie d'accumulateurs.	6 dynamos Edison de 250 ampères et 165 volts. 2 dynamos Desroziers de 750 ampères et 165 volts, tournant à 160 tours par minute.	3 réceptrices Marcel Deprez de 30 ampères et 2.400 volts, tournant à 600 et 700 tours par minute et actionnant chacune, par plateau Raffard, deux dynamos Edison. 2 machines à vapeur verticales à triple expansion (Weyher et Richemond) de 150 chevaux, tournant à 160 tours par minute et actionnant chacune, par plateau Raffard, une dynamo Desroziers. 1 condenseur avec sa pompe.
Id.	*Boulevard Barbès, n° 11.*	Id.	4 dynamos Edison de 250 ampères et 165 volts. 4 dynamos Bréguet de 250 ampères et 165 volts.	4 réceptrices Marcel Deprez de 30 ampères et 2.400 volts tournant à 600 et 700 tours par minute et actionnant chacune, par plateau Raffard, deux dynamos.
Id.	*Rue des Filles-Dieu, n° 13.*	Id.	4 dynamos Desroziers de 750 ampères et 165 volts, tournant à 160 tours par minute.	4 machines à vapeur verticales à triple expansion, de 150 chevaux (Weyher et Richemond), tournant à 160 tours par minute et actionnant chacune, par plateau Raffard, une dynamo Desroziers. 1 condenseur avec sa pompe.
Id.	*Rue de Bondy n° 70.*	Id.	4 dynamos Desroziers de 750 ampères et 165 volts, tournant à 260 tours par minute.	4 machines à vapeur verticales à triple expansion de 150 chevaux (Weyher et Richemond), tournant à 160 tours par minute et actionnant chacune, par courroies, une dynamo Desroziers. 1 condenseur avec sa pompe.

CHAUDIÈRES	CANALISATIONS	ACCUMULATEURS	OBSERVATIONS
8 chaudières tubulaires Roser produisant chacune 2.000 kilogr. de vapeur par heure à la pression de 12 kilogr. par centimètre carré. Un détendeur ramène la pression à 6 kilogr. L'eau d'alimentation provient de la Seine. Elle est au préalable décantée et épurée.	Câbles nus et aériens, suivant les voies du Nord. De la rue Ordener à l'usine du Boulevard Barbès, câbles isolés dans des caniveaux en béton Supports en porcelaine.	Petite batterie servant à régler le courant à basse tension.	L'usine est reliée par une voie ferrée aux lignes de la Compagnie du Nord. Le courant à basse tension est consommé à Saint-Ouen même (Société pour le travail électrique des métaux, wagons-lits, etc.). Une partie du courant de haute tension dessert les communes d'Asnières et de St-Denis.
2 chaudières Belleville pouvant produire chacune 1.500 kilogr. de vapeur à l'heure à la pression de 15 kilogr. par centimètre carré. Un détendeur ramène la pression à 10 kilogr.	Câbles nus dans des caniveaux en béton. Supports en porcelaine.	Une batterie de 9100 ampères-heure (67 accumulateurs de la Société pour le travail électrique des métaux)	L'excitation des réceptrices est prise sur le tableau de la basse tension.
Néant.	Id.	Une batterie de 3300 ampères-heure (67 accumulateurs de la Société pour le Travail électrique des métaux)	Id.
4 chaudières Belleville pouvant produire chacune 1.500 kilogr. de vapeur à l'heure à la pression de 15 kilogr. par centimètre carré. Un détendeur ramène la pression à 10 kilogr.	Id.	Une batterie de 10670 ampères-heure (67 accumulateurs de la Société pour le travail électrique des métaux)	
4 chaudières Belleville pouvant produire chacune 1.500 kilogr. de vapeur à l'heure à la pression de 15 kilogr. par centimètre carré. Un détendeur ramène la pression à 10 kilogr.	Id.	Une batterie de 11000 ampères-heure (67 accumulateurs de la Société pour le travail électrique des métaux)	

SECTEUR ou RÉSEAU	EMPLACEMENT de L'USINE	SYSTÈME de DISTRIBUTION	DYNAMOS	MOTEURS
Secteur de la Société anonyme d'éclairage et de force. (*Suite.*)	*Quai de la Loire, n° 1.*	Réseau de distribution à 2 fils et à 110 volts alimenté par des feeders. Réglage par une batterie d'accumulateurs.	2 dynamos Desroziers de 750 ampères et 165 volts tournant à 160 tours par minute.	2 machines à vapeur verticales à triple expansion de 150 chevaux (Weyher et Richemond), tournant à 160 tours et actionnant chacune, par plateau Raffard, une dynamo Desroziers. 1 condenseur avec sa pompe.
Secteur Edison.	*Rue du Faubourg Montmartre, n° 8*	Distribution à 3 fils avec feeders, différence de potentiel de 110 volts sur chaque pont.	10 dynamos Edison de 800 ampères et 125 volts tournant à 350 tours par minute.	2 machines à vapeur horizontales Corliss de 300 chevaux, tournant l'une à 43 tours par minute, l'autre à 65 tours. 2 machines verticales à triple expansion de 300 chevaux (Weyher et Richemond), tournant à 135 tours par minute.
Id.	*Avenue Trudaine, n° 9.*	Id.	8 dynamos Edison à 8 pôles de 800 ampères et 125 volts tournant à 130 tours par minute réunies en tension par deux.	4 machines à vapeur verticales à triple expansion de 300 chevaux (Weyher et Richemond), tournant à 130 tours par minute, et actionnant chacune, par plateau Raffard, deux dynamos.
Id.	*Rue St-Georges n° 38. (Station secondaire).*	Id.	Une dynamo Edison de 350 ampères et 90 volts tournant à 700 tours par minute.	Une réceptrice Edison de 250 ampères et 220 volts tournant à 700 tours par minute et actionnant la dynamo par plateau Raffard.
Réseau du Palais - Royal. — (Exploité par la Cie Edison)	*Palais-Royal (Cour d'honneur).*	Distribution à 3 fils avec feeders ; différence de potentiel de 104 volts sur chaque pont.	6 dynamos Edison de 800 ampères et 125 volts tournant à 350 tours par minute.	6 machines à vapeur verticales à triple expansion de 150 chevaux (Weyher et Richemond) tournant à 160 tours par minute et actionnant chacune, par courroies, une dynamo Edison.

CHAUDIÈRES	CANALISATIONS	ACCUMULATEURS	OBSERVATIONS
2 chaudières Belleville pouvant produire chacune 1.500 kilogr. de vapeur à l'heure à la pression de 15 kilogr. par centimètre carré. Un détendeur ramène la pression à 10 kilogr.	Câbles nus dans des caniveaux en béton. Supports en porcelaine.	Une batterie de 6000 ampères-heure (67 accumulateurs de la Société pour le travail électrique des métaux)	
4 chaudières Babcock et Wilcox donnant : les trois premières 2.600 kilogr. de vapeur par heure à la pression de 10 kilogr. par centimètre carré ; la dernière 3.200 kilogr. à la même pression. Un détendeur ramène la pression à 8 kilogr. 4 générateurs Belleville pouvant produire chacun 1.500 kilogr. de vapeur à l'heure à la pression de 15 kilogr. par centimètre carré. Un détendeur ramène la pression à 10 kilogr.	Câbles nus dans des caniveaux en béton ; isolateurs en porcelaine.	Une batterie de 3000 ampères-heure (140 accumulateurs de la Société pour le travail électrique des métaux)	
3 générateurs Belleville produisant chacun 3.000 kilogr. de vapeur à l'heure, à la pression de 15 kilogr. par centimètre carré. 1 générateur produisant 3.800 kilogr. de vapeur à l'heure à la même pression. Un détendeur ramène la pression à 10 kilogr.	Id.	Néant.	On dispose d'un emplacement suffisant pour pouvoir doubler, dès qu'on le voudra, la puissance actuelle de l'usine.
Id.	Id.	Une batterie de 2800 ampères-heure (128 accumulateurs Tudor)	
5 générateurs Belleville produisant chacun 2.450 kilogr. de vapeur par heure, à la pression de 12 kilogr. par centimètre carré. Un détendeur ramène la pression à 10 kilogr.	Câbles isolés au caoutchouc posés en égout.	Le réseau est branché sur les batteries de secours du Théâtre Français et du théâtre du Palais-Royal.	L'usine éclaire aussi le Palais de l'Elysée pendant les bals ou fêtes. Le courant est produit par 2 alternateurs Zipernowski de 50 ampères et 2.000 volts tournant à 260 tours par minute et prenant leur excitation sur le tableau de la basse tension. Ces alternateurs, lorsqu'ils fonctionnent, sont commandés chacun par une des machines de 150 chevaux. La canalisation est formée de câbles armés et isolés posés en égout. A destination une batterie de

SECTEUR ou RÉSEAU	EMPLACEMENT de L'USINE	SYSTÈME de DISTRIBUTION	DYNAMOS	MOTEURS
Réseau du Palais-Royal. (*Suite.*)				
Secteur de la Place Clichy.	*Rue des Dames n° 53*	Distribution à 5 fils avec une différence de potentiel de 110 volts sur chaque pont. L'alimentation se fait à l'aide de feeders à 440 volts branchés sur les câbles extrêmes du réseau de distribution. La répartition de la tension entre les quatre ponts du réseau s'effectue dans des sous-stations de réglage.	4 dynamos de la Société Alsacienne, à 8 pôles et collecteur extérieur, tournant à 64 tours par minute et pouvant débiter 700 ampères à 500 volts. 6 dynamos genre Siemens type supérieur tournant à 380 tours par minute et débitant 200 ampères à 250 volts. Ces dynamos sont reliées par 2 en tension.	3 machines à vapeur horizontales Corliss à échappement libre de 500 chevaux, tournant à 64 tours par minute et commandant chacune directement une dynamo de 700 ampères. 1 machine à vapeur verticale Compound à échappement libre de 500 chevaux, tournant à 64 tours par minute et commandant directement une dynamo de 700 ampères. 3 moteurs Armington et Sims de 150 chevaux, tournant à 240 tours par minute et actionnant chacun, à l'aide de courroies, 2 dynamos de 200 ampères.
Secteur de la Compagnie Parisienne de l'air comprimé.	*Boulevard Richard-Lenoir n° 35.*	Distribution par circuit en boucle d'un courant continu à intensité constante (250 ampères) et d'une tension variable suivant le nombre des transformateurs et de sous-stations d'accumulateurs en série sur la ligne. Maximum 3.000 volts.	10 dynamos Desroziers de 250 ampères et 400 volts, tournant à 135 tours par minute. 5 dynamos Thury de 100 ampères et 100 volts, tournant à 800 tours par minute. 5 dynamos Sautter de 100 ampères et 100 volts tournant à 800 tours par minute. *Nota.* — Les dynamos de 100 ampères servent à l'excitation des dynamos de 250 ampères.	4 machines à vapeur verticales à triple expansion de 300 chevaux (Weyher et Richemond), tournant à 135 tours par minute et actionnant chacune, par plateau Raffard, 2 dynamos Desroziers. 1 machine à vapeur horizontale à un cylindre et à condensation de 500 chevaux (Duvergier), tournant à 70 tours par minute et actionnant, par courroies, 2 Desroziers. 1 machine à vapeur horizontale à un cylindre de 120 chevaux (Duvergier), tournant à 70 tours par minute et actionnant, par courroies, les excitatrices. 2 condenseurs Weyher et Richemond et deux pompes à air.
Id.	*Rue St-Fargeau nos 8 et 10*	Id.	3 dynamos de la Société alsacienne de constructions mécaniques de Belfort, de 250 am-	5 machines à vapeur horizontales, à deux cylindres de 500 chevaux (Cockeril), tournant à 42 tours par

CHAUDIÈRES	CANALISATIONS	ACCUMULATEURS	OBSERVATIONS
			transformateurs abaisse la tension du courant de 2.000 volts à 100 volts. L'usine du Palais-Royal est, depuis peu, reliée au réseau du secteur Edison. Un survolteur élève la tension de 104 volts à 110 volts.
8 générateurs multitubulaires du type de Naeyer produisant chacun 2.500 kilogr. de vapeur par heure, à la pression de 8 kilogr. par centimètre carré. L'eau d'alimentation traverse un épurateur Dervaux.	Câbles armés et isolés, système Siemens.	1 batterie de 2000 ampères-heure (250 accumulateurs de la Société pour le travail électrique des métaux.) 1 Id. 1 batterie de 3000 ampères-heure (270 accumulateurs Tudor)	L'emplacement dont on dispose permettra de monter 3 nouvelles machines verticales de 500 chevaux et de porter à 12 le nombre des générateurs. Deux nouvelles machines sont déjà commandées.
4 chaudières Babcok et Wilcox pouvant produire chacune 3.000 kilogr. de vapeur, par heure, à la pression de 12 kilogr. par centimètre carré. 2 chaudières Collet pouvant produire chacune 2.500 kilogr. de vapeur par heure, à la pression de 10 kilogr. par centimètre carré. 1 économiseur Lemoine portant la température de l'eau à 80°. 1 épurateur Desrumaux pour l'eau d'alimentation.	Câbles isolés dans des caniveaux en fonte	Cette usine ne possède pas d'accumulateurs, mais elle charge un certain nombre de batteries placées dans des sous-stations de distribution.	On doit remplacer bientôt les deux dynamos Desroziers qu'actionne la machine horizontale de 500 chevaux par une dynamo Thury de 250 ampères et 1080 volts.
10 chaudières Cornwaldt pouvant produire chacune 3.000 kilogr. de vapeur par heure à la pression	Id.	Id.	En plus de son service ordinaire l'usine assure l'éclairage de la place des Pyrénées (7 arcs en série) à

SECTEUR ou RÉSEAU	EMPLACEMENT de L'USINE	SYSTÈME de DISTRIBUTION	DYNAMOS	MOTEURS
Secteur de la Compagnie Parisienne de l'air comprimé. (*Suite.*)			pères et 500 volts, tournant à 180 tours par minute. 1 dynamo Edison à 8 pôles et 2 balais de 250 ampères et 400 volts, tournant à 160 tours par minute. 3 dynamos Thury de 250 ampères et 1.090 volts, tournant à 220 tours par minute. 2 dynamos Thury de 40 ampères et 200 volts, tournant à 550 tours par minute et servant pour l'excitation.	minute et actionnant, par courroies, les dynamos de 250 ampères. La première commande 2 dynamos de la Société Alsacienne, la deuxième une dynamo de la Société Alsacienne et la dynamo Edison ; les 3 autres chacune une dynamo Thury. Deux moteurs Willans de 28 chevaux, tournant à 550 tours par minute et actionnant chacun une excitatrice Thury.
Id.	*Rue St-Roch n° 26.* (*Station de transformateurs.*)	Distribution à cinq fils avec une différence de potentiel de 110 volts sur chaque pont. L'alimentation se fait par des feeders à cinq câbles.	12 dynamos Thury de 600 ampères et 115 volts, tournant de 350 à 400 tours par minute. 4 dynamos Thury de 300 ampères et 115 volts, tournant de 350 à 400 tours par minute.	12 réceptrices Thury de 80.000 watts en série par groupes de 4 sur le réseau de charge et actionnant chacune, par un plateau Raffard, une dynamo de 600 ampères. 4 réceptrices Thury de 40.000 watts actionnant chacune, par un plateau Raffard, une dynamo de 300 ampères.
Id.	*Rue des Jeûneurs n° 14.*	Distribution à 3 fils avec feeders ; différence de potentiel de 110 volts sur chaque pont.	2 dynamos Thury de 400 ampères et 125 volts, tournant, l'une à 600 tours par minute, l'autre à 450 tours. 1 dynamo Thury de 250 ampères et 125 volts, tournant à 575 tours par minute. 1 dynamo Edison de 240 ampères et 125 volts, tournant à 900 tours par minute.	2 moteurs à air comprimé, horizontaux et à un cylindre de 75 chevaux, tournant à 90 tours par minute et actionnant chacun une dynamo Thury de 400 ampères. 2 moteurs à air comprimé de 50 chevaux et à deux cylindres (Paxman), tournant à 125 tours par minute et actionnant l'un la dynamo Thury de 250 ampères, l'autre la dynamo Edison.
Id.	*Bourse du Commerce.*	Distribution à 2 fils et en dérivation (110 volts).	1 dynamo Desroziers de 250 ampères et 400 volts, tournant à 160 tours par minute.	1 moteur horizontal à air comprimé de 150 chevaux (Daix), tournant à 160 tours par minute et

CHAUDIÈRES	CANALISATIONS	ACCUMULATEURS	OBSERVATIONS
de 8 kilog. par centimètre carré. 5 chaudières Paxman pouvant produire chacune 2.500 kilogr. de vapeur, par heure, à la pression de 8 kilogr. par centimètre carré.			l'aide d'un dynamo Thomson-Houston actionnée par un moteur Paxman de 50 chevaux.
Néant.	Câbles armés et isolés, système Siemens	2 batteries de 260 éléments en dérivation sur les câbles extrêmes du tableau de distribution. 2 groupes de 4 batteries en dérivation sur chacun des ponts du tableau dé distribution (75 éléments sur les deux ponts extrêmes, et 67 éléments sur chacun des deux autres ponts). Les accumulateurs sont du système Tudor. Chaque élément peut débiter 2.000 ampères-heure.	L'ensemble d'une dynamo et d'une réceptrice constitue un transformateur. On dispose ainsi de 12 transformateurs de 70.000 watts, et de 4 transformateurs de 33.000. Si la consommation croît ces derniers seront remplacés par des transformateurs de 70.000 watts.
Réchauffeurs d'air pour empêcher la formation de la glace à la détente.	Câbles isolés au caoutchouc et armés (India Ruber).	Néant.	Cette usine deviendra plus tard un centre de transformation analogue à celui de la rue St-Roch.
Réchauffeurs d'air.	Câbles isolés dans des caniveaux en fonte.	2 batteries de 2.100 ampères-heure (2×67 accumulateurs de la	En plus du service ordinaire l'usine assure l'éclairage de la Bourse du commerce et du Bazar des Halles et

SECTEUR ou RÉSEAU	EMPLACEMENT de L'USINE	SYSTÈME de DISTRIBUTION	DYNAMOS	MOTEURS
Secteur de la Compagnie Parisienne de l'air comprimé. (*Suite.*)			2 dynamos Desroziers de 800 ampères et 125 volts, tournant à 160 tours par minute.	actionnant la première dynamo. 2 moteurs à air comprimé de 80 chevaux (Farcot), couplés sur un même arbre et tournant à 70 tours par minute. 1 moteur à air comprimé de 160 chevaux (Farcot), tournant à 52 tours par minute.
Id.	*Cité du Retiro (Rue Boissy-d'Anglas, n° 35.*	1° Distribution à 2 fils et à 110 volts	3 dynamos Rechniewski de 400 ampères et 125 volts, tournant à 300 tours par minute.	3 moteurs à air comprimé horizontaux et à 1 cylindre de 50 chevaux (Jean et Peyrusson), tournant à 90 tours par minute et actionnant chacun une dynamo Rechniewski.
		2° Distribution en série pour les lampes à arc de la rue Royale et des Boulevards (de la Madeleine à l'Opéra.)	3 dynamos Thomson-Houston de 9 ampères 8 et 2.500 volts, tournant à 820 tours par minute.	3 moteurs à air comprimé de 50 chevaux et à deux cylindres (Paxman), tournant à 52 tours par minute et actionnant les dynamos Thomson.
Id.	*Sous-stations d'accumulateurs.* — *Emplacements divers.*	Distribution à 2 fils et à 110 volts.	Quelques sous-stations sont munies de transformateurs Thury.	
Secteur des Champs-Elysées.	*Levallois-Perret, près de la Seine (Quai Michelet).*	Distribution par courant alternatif à 3.000 volts avec transformateurs chez les abonnés abaissant la tension à 110 volts.	3 alternateurs Hillairet et Huguet de 133 ampères et 3.000 volts (soit 400 kilowatts), tournant à 60 tours par minute. 3 excitatrices à 8 pôles de 25 kilowatts et d'une force électromotrice de 90 à 160 volts.	2 machines horizontales à un seul cylindre et à condensation, de 600 chevaux (Farcot), tournant à 60 tours par minute et actionnant chacune directement un alternateur. 2 machines horizontales à un seul cylindre et à condensation, de 300 chevaux (Farcot), tournant à 60 tours par minute et accouplées directement sur l'arbre moteur du troisième alternateur.
Secteur de la rive gauche.		Distribution par courant alternatif à 3000 volts avec postes de transformateurs et réseau	Une usine en projet à Ivry (rue Verte). On a l'intention d'établir 10 moteurs à vapeur verticaux Compound de 600 chevaux, actionnant chacun, par accouplement Raffard, une dynamo Zipernowski de 400 kilowatts. Les excitatrices seront mises en mouvement par des courroies montées sur les volants des moteurs.	

CHAUDIÈRES	CANALISATION	ACCUMULATEURS	OBSERVATIONS
Nota. — Les réchauffeurs ne fonctionnent que lorsqu'il n'est pas nécessaire d'envoyer de l'air froid dans les chambces frigorifiques de la Bourse du commerce.		Société pour le travail électrique des métaux.	Postes avec une dynamo Thomson-Houston de 7 ampères et 1.500 volts. Cette usine deviendra plus tard un centre de transformation analogue à celui de la rue St-Roch.
Réchauffeurs d'air.	1° Câbles isolés dans des caniveaux en fonte. 2° Câbles isolés au caoutchouc sous plomb, recouverts d'une tresse en fils de fer et logés dans des tuyaux en fonte pour la distribution en série.	Néant.	Cette usine est destinée à disparaître.
	Câbles nus sur supports en porcelaine dans des caniveaux en fonte. — Câbles isolés dans des caniveaux en fonte.	Chaque sous-station contient au moins 2 batteries de 2.100 ampères-heure (2×65 accumulateurs de la Société pour le Travail électrique des métaux).	Ces batteries disparaîtront peu à peu. Elles sont chargées par les usines du boulevard Richard-Lenoir ou de Saint-Fargeau et placées, pour la charge, en série. Au moment du grand éclairage les deux batteries sont couplées en quantité sur le réseau de distribution.
5 chaudières Galloway pouvant produire chacune 3.000 kilogr. de vapeur à l'heure à la pression de 6 kilogr. par centimètre carré. 1 économiseur. 1 épurateur pour l'eau d'alimentation, laquelle est puisée dans la Seine.	Câbles isolés et armés concentriques système Berthoud-Borel.	Néant.	Les fondations sont faites pour 4 nouvelles machines de 400 kilowatts et les 4 moteurs correspondants.
	Câbles isolés dans des caniveaux en béton ou câbles armés et isolés. (?)	Néant.	Provisoirement on exploite une petite usine située place Sainte-Geneviève, n° 4, et contenant : 3 dynamos Œrlikon, à courant continu de 300 ampères et 110 volts.

SECTEUR ou RÉSEAU	EMPLACEMENT de L'USINE	SYSTÈME de DISTRIBUTION	DYNAMOS	MOTEURS
Secteur de la rive gauche. (*Suite.*)		de distribution à 3 fils.		
		1° Basse tension. —		
Réseau municipal.	*Halles centrales, Pavillon n° 3.*	Distribution à 3 fils avec feeders ; différence de potentiel de 110 volts sur chaque pont.	6 dynamos Edison de 333 ampères et 120 volts, tournant à 600 tours par minute. 4 dynamos Desroziers de 250 ampères et 120 à 170 volts, servant spécialement à la charge des accumulateurs.	3 machines à vapeur verticales à triple expansion de 140 chevaux (Weyher et Richemond), tournant à 160 tours par minute et actionnant chacune, par courroies, 2 dynamos Edison.
		2° Haute tension. —		
		Distribution en dérivation sur des circuits spéciaux à 2.400 volts partant de l'usine. Transformateurs chez les abonnés abaissant la tension à 110 volts.	3 dynamos Ferranti à courant alternatif de 46 ampères 6 et 2 400 volts, tournant à 530 tours par minute et munies chacune de son excitatrice.	3 machines horizontales genre Corliss, avec condenseur en tandem, de 170 chevaux (Lecouteux et Garnier), tournant à 180 tours et actionnant chacune, par câbles en chanvre, une dynamo Ferranti. Pendant la journée deux de ces machines peuvent actionner chacune deux dynamos Desroziers.

CHAUDIÈRES	CANALISATION	ACCUMULATEURS	OBSERVATIONS
			3 machines à vapeur de 60 chevaux. 2 générateurs Collet. 2 batteries d'accumulateurs de 800 ampères-heure.
6 générateurs Belleville produisant chacun 1.500 kilogr. de vapeur par heure à la pression de 15 kilogr. par centimètre carré. Un premier détendeur ramène la pression à 10 kilogr. Un autre, placé sur les tuyaux qui alimentent les machines Corliss, abaisse la pression de 10 à 7 kilogr.	Câbles isolés au caoutchouc dans des caniveaux en béton de ciment. Câbles armés et isolés, système Siemens.	Une batterie de 1900 ampères-heure (134 accumulateurs de la Société pour le travail électrique des métaux).	

CHAPITRE VIII

CANALISATIONS ÉLECTRIQUES

Prescriptions générales et systèmes divers de canalisations. — *Câbles nus dans des caniveaux.* — Effets électrolytiques observés dans les caniveaux en poterie. — Canalisations du secteur Edison : (*a*) Caniveau sous trottoir ; (*b*) Traversée des chaussées ; (*c*) Coupe-circuit : (*d*) Branchement d'abonné ; (*e*) Boîte d'abonné. — Canalisations de la Société anonyme d'éclairage et de force : (*a*) Caniveau sous trottoir ; (*b*) Traversée des chaussées ; (*c*) Coupe-circuit ; (*d*) Branchement et boîte d'abonné. — Câbles nus de la Compagnie parisienne de l'air comprimé. — *Câbles isolés dans des caniveaux.* — Canalisations de la Compagnie parisienne de l'air comprimé : (*a*) Câbles et caniveaux ; (*b*) Traversée des chaussées ; (*c*) Branchement d'abonné. — Canalisations du réseau municipal : (*a*) Câbles et caniveaux ; (*b*) Traversée des chaussées ; (*c*) Branchements d'abonné pour basse et haute tension. — Câbles pour haute tension de la Société anonyme d'éclairage et de force. — Canalisations du secteur de la rive gauche. Ventilation des caniveaux.

Prescriptions générales et systèmes divers de canalisations. — Il n'y a pas de règle absolue, à Paris, en matière de canalisations électriques[1].

Le cahier des charges type des Sociétés d'électricité ne prévoit, pour les canalisations publiques, que des dispositions d'ordre général telles que : obligation de placer ces canalisations sous les trottoirs, à un mètre au moins des façades des maisons ; interdiction d'emprunter les égouts ; nécessité d'établir des regards, de distance en distance, pour la visite des canalisations[2].

[1] Comme suite à une circulaire du ministre des travaux publics du 1er septembre 1893 les préfets ont pris, dans chaque département, un arrêté réglementant les conditions d'établissement et de fonctionnement des conducteurs d'électricité sur la grande voirie nationale. Cet arrêté — qui est le même partout et dont le modèle était joint, d'ailleurs, à la circulaire du 1er septembre 1893 — n'a pas été pris pour Paris.

[2] Un arrêté du 30 juillet 1891, dont il sera parlé plus loin, a complété ces prescriptions.

Toutes les dispositions de détail doivent être approuvées par l'Administration. Son intervention s'explique aisément; d'abord parce qu'elle a la garde de la sécurité publique ; ensuite parce qu'il lui incombe d'assurer une répartition rationnelle du sous-sol des rues.

La réserve d'un mètre prévue le long des façades est exigée, afin de permettre l'extension du réseau électrique municipal. Comme ce réseau est encore peu étendu et que certaines rues, à trottoirs très étroits, ne pourraient être canalisées par les secteurs, si la réserve d'un mètre était partout imposée, on a admis une certaine atténuation à la règle. On se contente, dans ces cas particuliers, de soixante centimètres.

L'obligation, pour les Compagnies d'électricité, d'établir leurs câbles souterrainement est au contraire absolue[1]. On en conçoit aisément les raisons. Des câbles pour distribution électrique ont un diamètre souvent considérable. Quelques-uns renferment jusqu'à 10 kilogrammes de cuivre par mètre courant. Des câbles aériens présenteraient donc un double inconvénient : d'abord ils enlaidiraient les rues et leur donneraient un aspect d'usine inacceptable à Paris ; ensuite ils exigeraient des supports très rapprochés, qu'il faudrait placer sur les trottoirs ou sur les façades des maisons et qui, dans l'un et l'autre cas, susciteraient de très vives réclamations. Il faut considérer, en outre, que des accidents graves pourraient être occasionnés soit par le courant, soit même par la chute d'un câble sur la voie publique[2].

On comprend également pourquoi les canalisations électriques ne peuvent jamais être posées en égout[3]. Ces ouvrages sont en effet déjà trop encombrés par des conduites de toutes natures, servant à la double distribution d'eau de source et d'eau de rivière, au passage des dépêches pneumatiques, à la téléphonie, etc..... Il est à remarquer, d'ailleurs, que l'atmosphère toujours humide des égouts ne convient guère à la bonne conservation des câbles et au maintien de leur isolement.

Les systèmes de canalisation varient avec chaque secteur. La matière première des conducteurs est cependant la même. C'est le cuivre dont la conductibilité est bien supérieure à celle des autres métaux usuels.

La résistance qu'offre le cuivre au passage du courant est pourtant loin d'être négligeable. Il suffit, pour s'en rendre compte, de jeter les yeux sur les tables que donnent tous les aide-mémoire ou formulaires d'électricité.

D'une manière générale, si R est la résistance d'un câble (évaluée en

[1] Le réseau *Tschiéret et Fuchs* dont il a été parlé Chapitre VI paraît faire exception. Mais, dans l'espèce, il s'agit d'une autorisation absolument précaire et révocable.

[2] Des accidents de cette nature sont arrivés très fréquemment en Amérique.

[3] Exceptionnellement on a autorisé la pose en égoût, sur une partie de leur longueur, des câbles qui relient l'usine du Palais Royal au palais de l'Elysée.

ohms) et I l'intensité du courant distribué (évaluée en *ampères*), on perd dans le câble un nombre de *volts* égal à RI.

Cette perte de voltage en ligne, qu'il est toujours facile de calculer, complique notablement le problème de la distribution électrique. Avec le gaz nous avons rencontré une difficulté analogue mais beaucoup plus commode à surmonter. De quoi s'agissait-il, en effet? D'obtenir dans les tuyaux les plus éloignés des usines une pression *au moins égale* à celle prévue par le cahier des charges. Tout excès de pression ne peut que profiter au consommateur et il en est d'ailleurs facilement maître par une simple manœuvre de robinet. Avec l'électricité il faut, au contraire, que le courant livré aux abonnés ait, sur chaque réseau, une tension bien déterminée. Quelques volts en plus ou en moins nuisent considérablement au bon fonctionnement des appareils, et l'abonné n'a généralement pas la possibilité d'y remédier. C'est pourquoi le réseau de distribution, formé de câbles D_1 D_2 D_3..... dans lesquels la perte de tension ne peut excéder 2 à 3 volts, doit être alimenté par de nombreux *feeders* F_1 F_2 F_3...., ne faisant aucun service en route et à l'extrémité desquels on maintient une tension constante t. Si T est la tension à l'usine, il faut que ces câbles aient une section telle, qu'au moment où ils débitent le plus, ils n'entraînent pas une perte de tension supérieure à $T - t$. On peut aussi, étant donnée la résistance des feeders, déterminer T, de manière à obtenir le résultat cherché. Cela dépend de la façon dont les installations sont combinées.

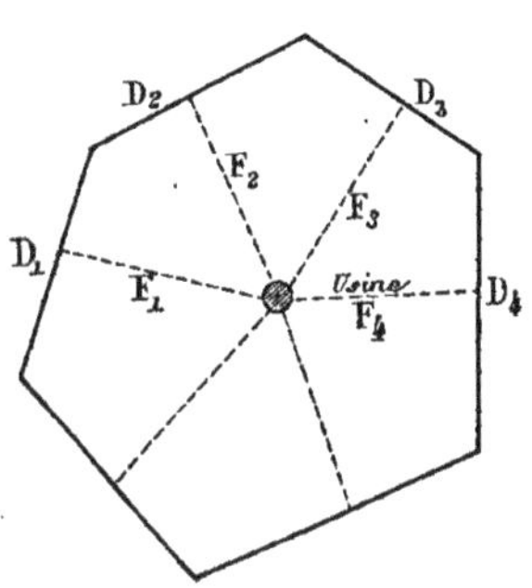

Figure 112.
Distribution par feeders.

Généralement on s'organise pour que la perte en ligne ne dépasse pas 5 à 15 °/₀ de la tension produite à l'usine. Dans ces conditions la chaleur dégagée par le passage du courant — laquelle est proportionnelle à la quantité d'énergie perdue $(R \times I) \times I = RI^2$ — est trop faible pour pouvoir exercer une action fâcheuse sur les câbles ou sur leurs supports.

L'électricité est ordinairement distribuée à Paris sous le potentiel moyen de 110 volts. Quant aux divers modes de distribution (2 fils, 3 fils, 5 fils, transformateurs, etc...), nous les avons indiqués pour chacun des secteurs ou réseaux dans les deux chapitres précédents.

Malgré leur diversité les systèmes de canalisation actuellement en usage, peuvent se ramener à trois types principaux :

1° *Câbles nus dans des caniveaux* (Secteur Edison et Société Anonyme d'Eclairage et de Force).

2° *Câbles isolés dans des caniveaux* (Compagnie Parisienne de l'air comprimé, Réseau municipal, Société anonyme d'Eclairage et de Force, etc...).

3° *Câbles armés et isolés posés directement dans le sol* (Secteur de la place Clichy, Secteur des Champs-Elysées, canalisations nouvelles du Réseau Municipal et de la Compagnie Parisienne de l'air comprimé).

Nous allons examiner successivement ces trois systèmes de canalisations.

Rappelons auparavant que quelle que soit la nature de la canalisation, un isolement parfait est indispensable. On s'exposerait, sans cela, à brûler du charbon en pure perte. En outre il est rare que, là où il y a fuite, l'électricité ne cause quelque méfait (actions électrolytiques avec les courants continus, commotions, explosions, etc...).

Câbles nus dans des caniveaux. — Les câbles nus posés dans des caniveaux sont supportés, de distance en distance, par des isolateurs en porcelaine. Ils doivent être suspendus comme des fils de ligne télégraphique et ne toucher en aucun point les parois du caniveau. Ils sont ainsi isolés, d'une part par les supports en porcelaine, d'autre part par la couche d'air remplissant le vide du caniveau.

L'eau étant bonne conductrice de l'électricité, il est nécessaire que les caniveaux soient le plus possible étanches et que leur radier soit dressé suivant un système de pentes et de contre-pentes permettant soit l'évacuation aux égouts des eaux provenant des infiltrations ou des condensations, soit leur rassemblement dans des puisards.

D'une manière générale le gros ennemi des câbles nus renfermés dans des caniveaux, c'est l'eau. Si, en effet, elle vient à s'accumuler en un point quelconque jusqu'à produire un contact avec l'un des câbles elle est aussitôt soumise à une décomposition électrolytique, se manifestant par un dégagement d'oxygène et d'hydrogène. Bien plus, comme elle établit un contact entre le câble et le caniveau, c'est-à-dire entre le câble et la terre, elle permet au courant de se propager bien au-delà du caniveau et de gagner des conduites bonnes conductrices de l'électricité telles que les tuyaux de gaz ou autres tuyaux métalliques enfouis dans le sol.

Il faut nous arrêter un peu sur ces phénomènes qui se sont produits récemment sur une grande échelle, à Paris, et qui ont obligé l'une des Compagnies d'électricité à refaire une partie notable de sa canalisation.

Théoriquement, si une canalisation était parfaitement isolée, un contact simple avec l'un des câbles ne donnerait lieu à aucune déperdition d'électricité. L'électricité ne peut s'échapper que lorsque le contact est double, c'est-à-dire lorsqu'il y a une communication entre le câble d'aller et le câble de retour. Du moins il en est ainsi à Paris[1] où l'Administration interdit tout

[1] Et dans toute la France (article 5 du décret du 15 mai 1888 sur les installations d'électricité).

système de distribution par câble unique, c'est-à-dire tout système dans lequel le câble d'aller et la dynamo sont reliés à la terre qui joue alors le rôle de câble de retour. Mais, une canalisation électrique n'est jamais parfaitement isolée. Dès lors un contact à la terre en un point quelconque entraîne toujours une certaine déperdition d'électricité, celle-ci suivant, pour revenir à la dynamo, le chemin qui lui offre la moindre résistance. De préférence elle gagnera donc les tuyaux métalliques qui, en raison de leur grande étendue et de leur communication forcée avec des nappes humides, constituent des terres excellentes. Les conduites d'eau étant, à Paris, logées dans les égouts, c'est aux tuyaux de gaz et principalement aux branchements, plus voisins des câbles que les conduites maîtresses, que l'électricité s'est particulièrement attaquée.

Effets d'électrolyse observés dans les caniveaux en poterie. — Le fait a principalement été constaté dans le voisinage des caniveaux en poterie de la Société Edison, de la Société anonyme d'Eclairage et de Force et de la Compagnie Parisienne de l'air comprimé. Par suite d'un défaut d'étanchéité des joints, l'eau a envahi les caniveaux et gagné les câbles. Là où la communication a pu s'établir dans le caniveau même, entre le fil d'aller et le fil de retour, l'eau a été décomposée et le cuivre rongé; là, au contraire, où l'électricité a pu se propager dans le sol et gagner les branchements de gaz, l'action électrolytique a été beaucoup plus complexe. En certains points, on a constaté dans le caniveau des dépôts de sels de soude et de potasse pouvant peser plusieurs kilogrammes. On a trouvé également de la soude, de la potasse et du plomb. Les câbles, et principalement celui de retour, ont été profondément rongés. Quant aux branchements de gaz, on les a trouvés perforés en un très grand nombre de points.

Il est assez difficile de suivre les étapes successives de cette électrolyse. Le sol contenant des sels de soude et de potasse, leur présence dans les caniveaux n'est pas extraordinaire. Mais pourquoi trouve-t-on plus de soude que ne le comporte la composition ordinaire du sol? On a dit que le fait était dû, soit au sel (chlorure de sodium) que l'on répand dans les rues pour faire fondre la neige, soit au sel employé pour le vernissage de la poterie. C'est par le chlorure de sodium que l'on expliquerait également l'attaque des branchements en plomb. Décomposé, en effet, par l'électricité, le chlorure de sodium donnerait du chlore naissant formant avec le plomb des branchements du chlorure de plomb. Ce sel, se trouvant ensuite traversé par le courant, se décomposerait en plomb, se portant sur les câbles et se mélangeant par suite à la masse saline qui s'accumule dans les caniveaux et en chlore, rongeant le branchement de plus en plus profondément[1].

[1] On a trouvé également, dans l'intérieur des masses salines encombrant les caniveaux,

Nous ne savons si ces explications sont rigoureusement exactes ; en tout cas elles paraissent vraisemblables.

Quoi qu'il en soit, il est parfaitement établi que le mal a été occasionné par l'introduction de l'eau dans les caniveaux. D'où il résulte que la première qualité d'un caniveau électrique doit être une étanchéité absolue.

C'est pour cela que les caniveaux actuellement en usage sont faits avec du béton de ciment, beaucoup plus pratique pour de petites épaisseurs que de la maçonnerie ordinaire et qui offre d'excellentes garanties d'homogénéité et d'étanchéité.

Quant aux caniveaux en poterie, qui ont donné de si déplorables résultats, leur remplacement par des caniveaux en béton, imposé par l'Administration à la suite des accidents auxquels ils ont donné lieu, est aujourd'hui un fait accompli.

Canalisations du Secteur Edison. — (*a*) **Caniveau sous trottoir.** — Le caniveau Edison est constitué par un dalot rectangulaire en béton de ciment et de gravillons[1]. Le radier et les pieds-droits sont exécutés sur place. Pour soutenir les pieds-droits, en attendant que le béton ait fait prise, on se sert d'un petit coffrage en planches, maintenu par des traverses.

Les dalles, de 1 mètre de longueur, sont également en béton ; mais elles sont moulées à l'avance. On les pose sur un lit de mortier et l'on maçonne avec soin le joint existant entre deux dalles consécutives.

La Compagnie Edison a remplacé sur un certain nombre de points les dalles en béton par des dalles en ardoise sciée de 0m,04 d'épaisseur. L'ardoise est évidemment très résistante ; mais elle prend beaucoup moins bien le mortier que les dalles en béton. Les joints ont été finalement reconnus inférieurs à ceux des dalles en béton moulé et, maintenant, ces dernières sont seules employées.

Les dimensions du caniveau varient suivant le nombre de câbles qu'il doit contenir. Les pieds-droits, le radier et les dalles ont de 6 à 8 centimètres d'épaisseur ; la hauteur sous dalle est généralement de 35 centimètres sauf pour les petites sections où elle s'abaisse à 0m,20 ; quant à l'espacement des pieds-droits il dépend essentiellement du nombre des isolateurs formant support pour les câbles.

Le dessus des dalles doit être à 0m,20 au moins au-dessous des trottoirs. Dans la pratique on descend à 0m,50 ou 0m,60 pour passer au-dessous des branchements de gaz. D'ailleurs le radier n'est pas toujours parallèle à la sur-

de petits grains de potassium. La présence de ce métal s'explique par la décomposition de la potasse par le courant électrique. (Expérience de Davy).

[1] La composition de ce béton, en volume, est de 3 de ciment pour 4 de gravillons et 1 de sable.

face des trottoirs. Il faut, avant tout, qu'il soit réglé suivant un système de pentes et de contre-pentes assurant une évacuation rapide des eaux (0m,01 par mètre au minimum). Aux points bas se trouvent des regards. Beaucoup sont en communication, par des siphons, avec les égouts.

Nous avons vu que la Compagnie Edison employait le système de distribution dit à trois fils avec feeders d'alimentation partant des usines. Le caniveau-type de distribution comprend par suite trois câbles : un câble d'aller, un câble compensateur et un câble de retour. Le câble compensateur, dont la section pourrait être théoriquement nulle, a pratiquement une section égale à la moitié de celle des deux autres câbles. On obtient aisément ce résultat, non pas en prenant des câbles de sections variables, mais en constituant la canalisation par des câbles de 100 millimètres carrés de section, que l'on superpose suivant les besoins.

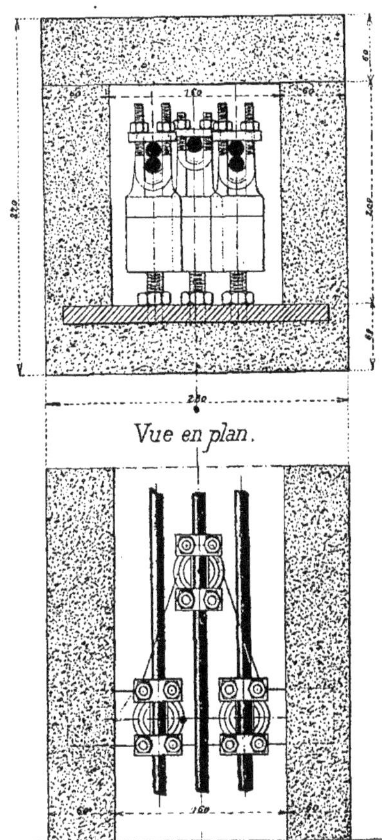

Figure 113.
Secteur Edison. — Caniveau sous trottoir pour câbles de distribution. Plan et Coupe.

Nous représentons ci-contre un caniveau de distribution. Les isolateurs sont placés tous les 1m,60. Ils sont vissés sur des pièces en fonte scellées dans le radier et maintenus contre ces pièces par des boulons. On remarquera que, pour diminuer la largeur du caniveau, on les a placés non pas de front, mais en triangle.

Chaque isolateur se compose d'une cloche en porcelaine recouverte d'un chapeau en fonte galvanisée ; le joint se fait au soufre. Le support est formé par une tige filetée en fer pénétrant dans la cloche à laquelle elle est réunie par un joint au soufre. Le chapeau en fonte permet la superposition de plusieurs câbles. A cet effet, il est muni de deux tenons et d'une gorge pouvant être entourés par deux étriers de serrage. Pour l'isolateur du câble compensateur la gorge, n'ayant à supporter qu'un câble, est un peu moins profonde.

La pose d'un câble dans un caniveau se fait sans difficulté. Le câble arrive de l'usine enroulé sur un tambour. Les isolateurs étant scellés et les dalles de couverture non encore mises en place, on approche le tambour du bord de la fouille et on l'installe sur deux pièces de bois formant palier. Il suffit alors de dérouler le câble à bras d'homme et de le placer bien exactement sur les isolateurs.

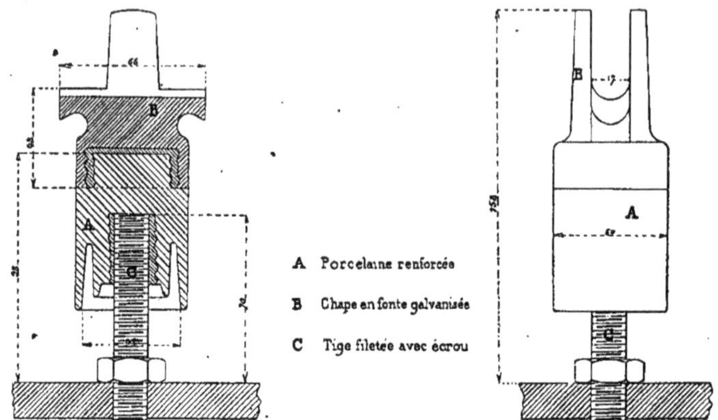

Figure 114.
Secteur Edison. — Isolateur pour câbles de distribution. — Elévation et coupe.

On réunit deux câbles placés bout à bout en les superposant sur environ un mètre de longueur et en les serrant avec des étriers à vis.

Notons une bonne précaution prise, dans ces derniers temps, par la Compagnie Edison. C'est de n'employer que des câbles soigneusement étamés. Ils sont ainsi beaucoup moins oxydables.

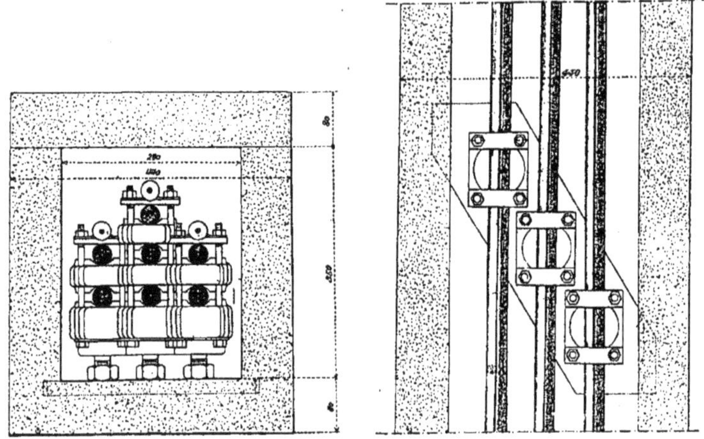

Figure 115.
Secteur Edison. — Caniveau sous trottoir pour câbles de distribution et feeders. Plan et Coupe.

Les *feeders* sont logés dans des caniveaux analogues. Le plus souvent les feeders suivent un chemin déjà emprunté par le réseau de distribution. Tous les câbles sont alors logés dans un même caniveau.

La figure 115 représente l'un de ces caniveaux. Les isolateurs se composent d'une cloche en porcelaine scellée au soufre sur une tige filetée et sur laquelle on peut loger un câble, puis une cale isolante en porcelaine, puis un second câble et ainsi de suite. Tous les câbles sont ainsi isolés les uns des autres. Le serrage se fait à l'aide de tiges filetées traversant les cales et la

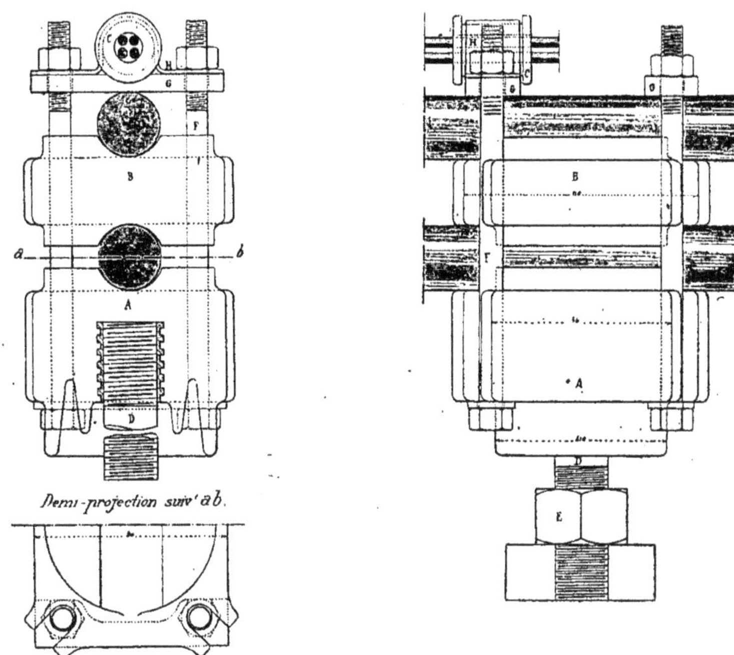

Figure 116.
Secteur Edison. — Détails de l'isolateur du caniveau pour câbles de distribution et feeders. Vue de face et de profil.

cloche et réunies au-dessus du dernier câble par une bride plate. Un petit collier maintient contre la bride un isolateur cylindrique supportant les fils dits de *voltage* ou *de retour*. Ce sont eux qui indiquent à l'usine la tension dont on dispose à l'extrémité des feeders. Nous en donnons le détail dans la figure 116.

L'agencement des caniveaux situés sous les grands boulevards est un peu différent. Le fait tient à ce que le câble compensateur a été dédoublé. Ainsi que nous l'avons vu, il existe sous l'un des trottoirs un fil d'aller et un fil compensateur ; sous l'autre un fil compensateur et un fil de retour. On a ainsi de part et d'autre du boulevard deux ponts sur lesquels la distribution se fait à deux fils. On trouve pour cette raison des caniveaux à deux et à quatre cloches.

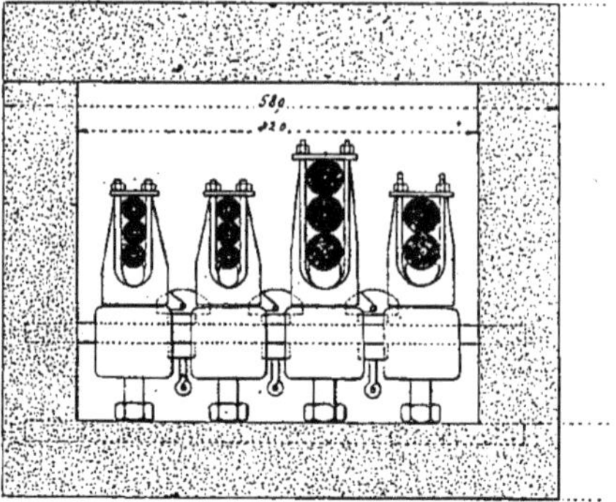

Figure 117.
Secteur Edison. — Caniveau à quatre cloches. — Coupe transversale.

Nous donnons, figure 117, le dessin d'un caniveau à quatre cloches. Les

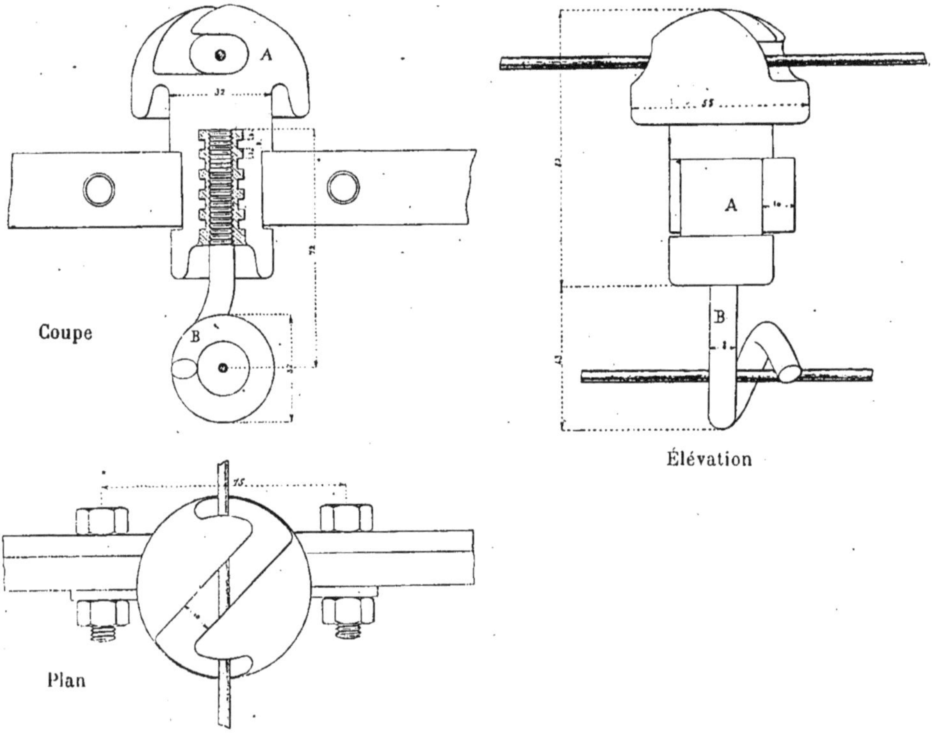

Coupe

Élévation

Plan

Figure 118.
Secteur Edison. — Isolateur pour fils de retour. — Elévation, Plan et Coupe.

isolateurs sont analogues à ceux que nous avons rencontrés dans le caniveau à trois cloches. Les fils de *voltage* sont supportés par de petits isolateurs composés d'un champignon en porcelaine et d'un crochet en fer galvanisé scellé au soufre dans la porcelaine (figure 118). Tous ces isolateurs sont reliés, à l'aide de colliers, à des barres de fer encastrées dans les pieds-droits des caniveaux.

(*b*) **Traversée des chaussées.** — Bien que la canalisation doive être, d'une manière générale, posée sous trottoir, on ne peut faire autrement que de traverser les chaussées aux croisements de rues.

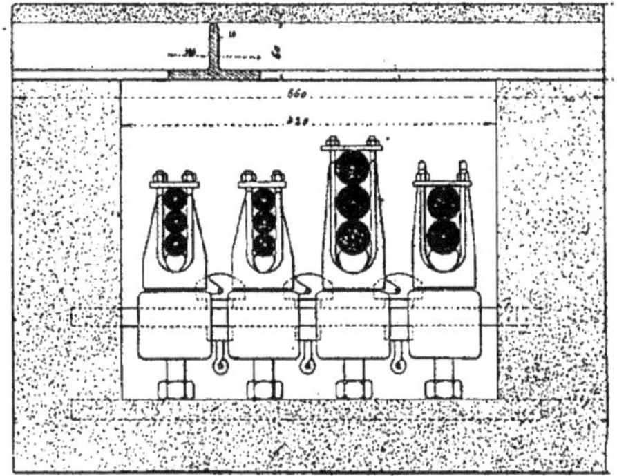

Figure 119.
Secteur Edison. — Caniveau sous chaussée.
Coupe transversale.

Cette traversée se fait le plus souvent à l'aide de caniveaux renforcés. Ce sont des caniveaux ordinaires dont les dalles de recouvrement reposent à leurs extrémités longitudinales sur des fers à T de 60 millimètres de hauteur (figure 119). Seulement, comme le dessus des dalles doit

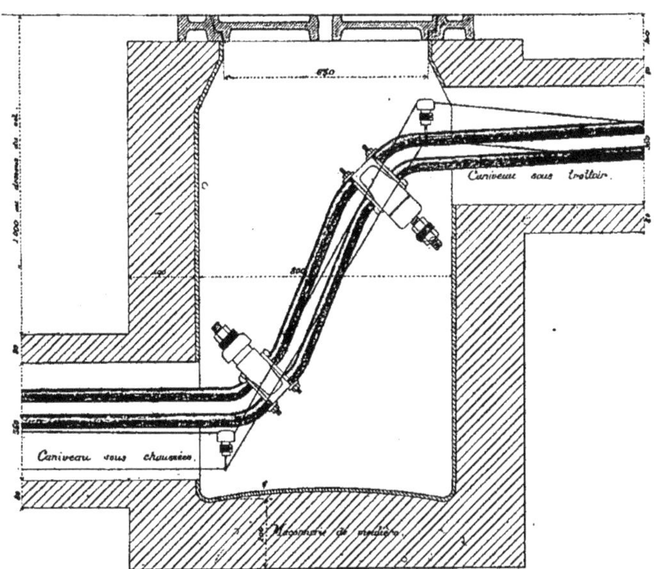

Figure 120.
Secteur Edison. — Passage des câbles d'un caniveau sous trottoir dans un caniveau sous chaussée.

être alors à 1 mètre au-dessous du sol[1], il faut prendre des dispositions spéciales pour descendre la canalisation à ce niveau. Elles sont indiquées par la figure 120. L'abaissement du câble est obtenu à l'aide de deux groupes d'isolateurs disposés en sens inverse et boulonnés à des barres de scellement. L'ensemble est contenu dans une cheminée en maçonnerie de meulière et ciment recouverte par un tampon bitumé.

Lorsque le nombre de câbles à faire passer sous chaussée est considérable ou lorsqu'il faut descendre au-dessous d'ouvrages souterrains, tels que des égouts, on remplace le caniveau par une galerie voûtée, en ciment et meulière, analogue à une galerie d'égout. Une épaisseur de $0^m,20$ suffit pour la voûte et les pieds-droits. Les isolateurs sont alors vissés à des barres horizontales scellées directement dans la maçonnerie ou à des équerres boulonnées à une pièce de fer solidement ancrée dans l'un des pieds-droits.

(*c*) **Coupe-circuit.** — Les coupe-circuits se composent de lames en plomb

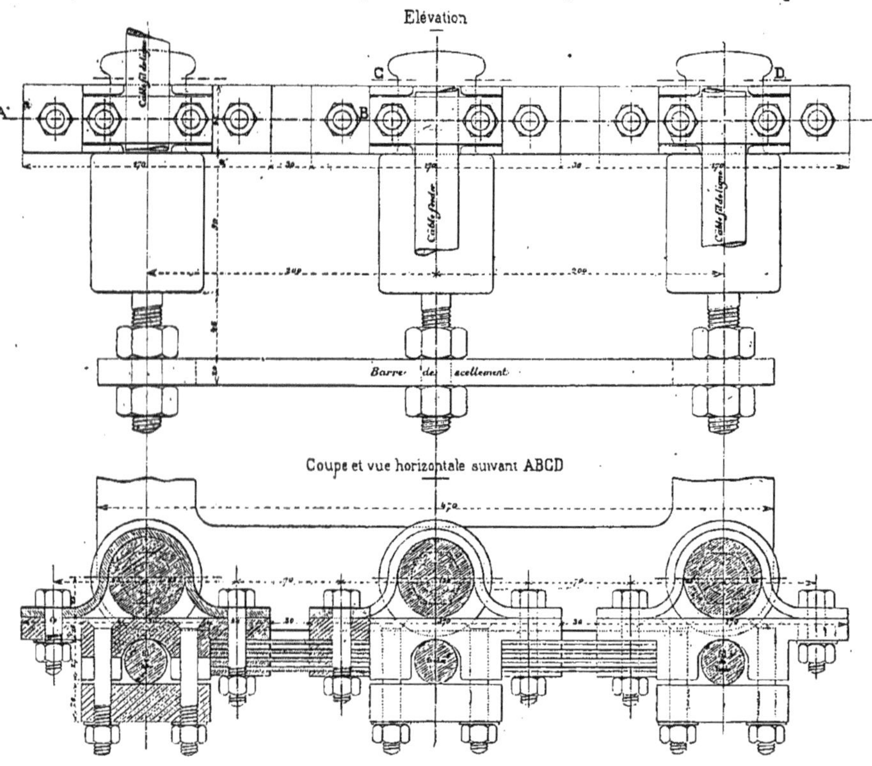

Figure 121.
Secteur Edison. — Coupe-circuit sur la canalisation.

[1] Article 2 § 4 du cahier des charges. *Les fils ou câbles ne seront établis sous chaussée que pour la traversée des voies. Ces traversées se feront à une profondeur d'au moins un mètre.*

qui fondent dès que le courant a atteint une intensité susceptible d'endommager la canalisation. On les place principalement aux points d'intersection des feeders et des câbles de distribution, aux croisements de rues, sur les branchements d'abonnés,.etc...

Nous donnons figure 121 le dessin d'un coupe-circuit installé sur un feeder alimentant deux câbles de distribution.

L'appareil est placé dans un regard. Il est supporté par trois isolateurs. Le feeder et les câbles sont pincés par des mâchoires en laiton que relient des lames en plomb serrées fortement contre le laiton. On voit que le courant peut circuler sans difficulté en passant par le laiton et le plomb. En dévissant les lames de plomb on dispose en outre d'un moyen commode et rapide pour intercepter le passage du courant.

Une petite amélioration a été récemment introduite. On a constaté que le serrage fréquent du plomb sur la mâchoire en laiton amenait assez rapidement sa rupture. Il est préférable de faire les lames de coupe-circuit en laiton et plomb, comme l'indique la figure 122. On ne serre ainsi que la partie en laiton et le plomb reste toujours intact.

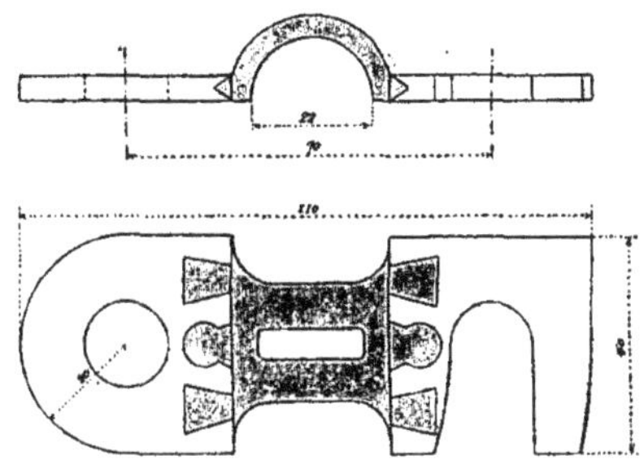

Figure 122.

Secteur Edison. — Plomb fusible pour coupe-circuit.
(La partie ombrée représente le plomb).

(*d*) **Branchement d'abonné.** — Pour les gros consommateurs le branchement se fait dans un petit regard dont la profondeur est celle du caniveau et que l'on recouvre d'une trappe bitumée, jointoyée au ciment.

Le câble de branchement est isolé au caoutchouc. Il est logé dans une moulure en bois demi-cylindrique, munie d'un couvercle. Cette moulure pénètre dans le caniveau jusqu'à l'aplomb du pied-droit. Le vide existant dans cette partie entre le câble et la moulure est soigneusement garni d'enduit Chatterton. La prise de courant se fait à l'aide d'une soudure. Le câble est d'abord dénudé puis décapé. On le retourne le long du câble de distribution auquel on le réunit par deux étriers. On soude ensuite avec de la soudure de ferblantier.

On opère de même pour les branchements sans regard, après avoir toutefois dégagé le caniveau (figure 123).

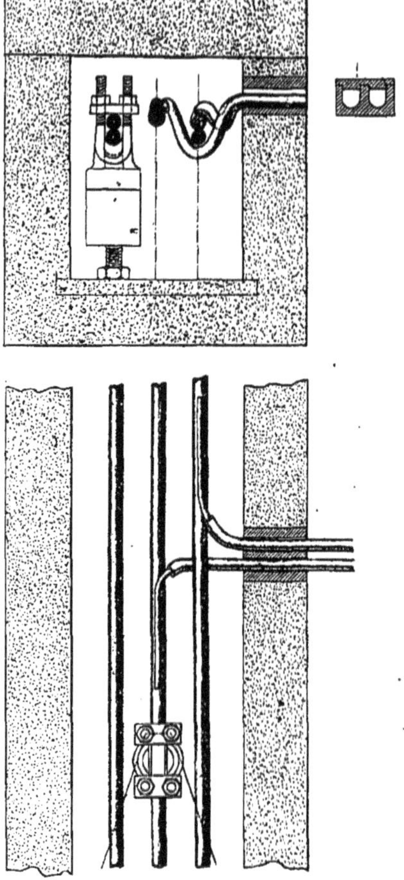

Figure 123
Secteur Edison. — Branchement d'abonné. — Plan et élévation.

Depuis quelque temps la Compagnie prend la précaution de recourber les câbles d'abonnés vers le fond du caniveau. Si une goutte d'eau pénètre alors dans le caniveau, en suivant le branchement, elle tombe, avant d'atteindre la partie dénudée du câble.

(*e*) **Boîte d'abonné.** — Le branchement d'abonné conduit le courant jusqu'aux façades des maisons. La communication avec la canalisation intérieure se fait par une boîte d'abonné correspondant au robinet d'arrêt de la Compagnie Parisienne. Cette boîte est en fonte ; elle est munie d'un couvercle dont la clef est entre les mains des agents du Secteur. L'intérieur est garni par une plaque isolante en porcelaine sur laquelle sont vissées quatre bornes : deux *a* et *b* communiquent avec les deux câbles du branchement ; les deux autres *c* et *d* commandent la canalisation. Entre *a* et *c* d'une part, entre *b*

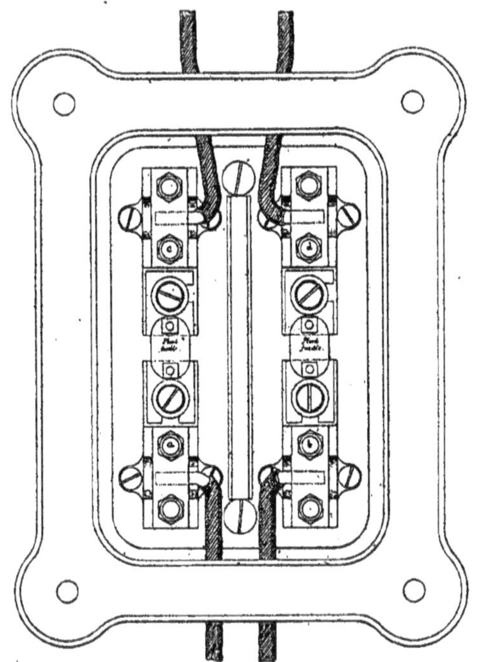

Figure 124.
Secteur Edison. — Boîte d'abonné. — Vue intérieure.

et *d* d'autre part sont posés des plombs fusibles. Le courant arrive par *a*, gagne par *c* la canalisation et revient par *d* et *b*. Le passage des câbles s'effectue par une ouverture ménagée dans la partie inférieure de la boîte.

Le plomb fusible a un double rôle : il protège d'abord la canalisation de l'abonné ; ensuite il sert d'interrupteur.

Canalisations de la Société anonyme d'éclairage et de force. — (*a*) **Caniveau sous trottoir.** — Le caniveau de la Société anonyme d'éclairage et de force est, comme le caniveau du secteur Edison, en béton de ciment et de gravillons moulé dans la tranchée. Les dalles de recouvrement sont également en béton. La pente donnée au radier permet l'accumulation de l'eau dans des regards d'où elle est extraite à l'aide de pompes.

Le système de distribution employé étant le système à deux fils avec *feeders*, nous trouvons comme caniveaux types, un caniveau à deux câbles pour le réseau de distribution et un caniveau pour câbles de distribution et feeders (figures 125 et 126).

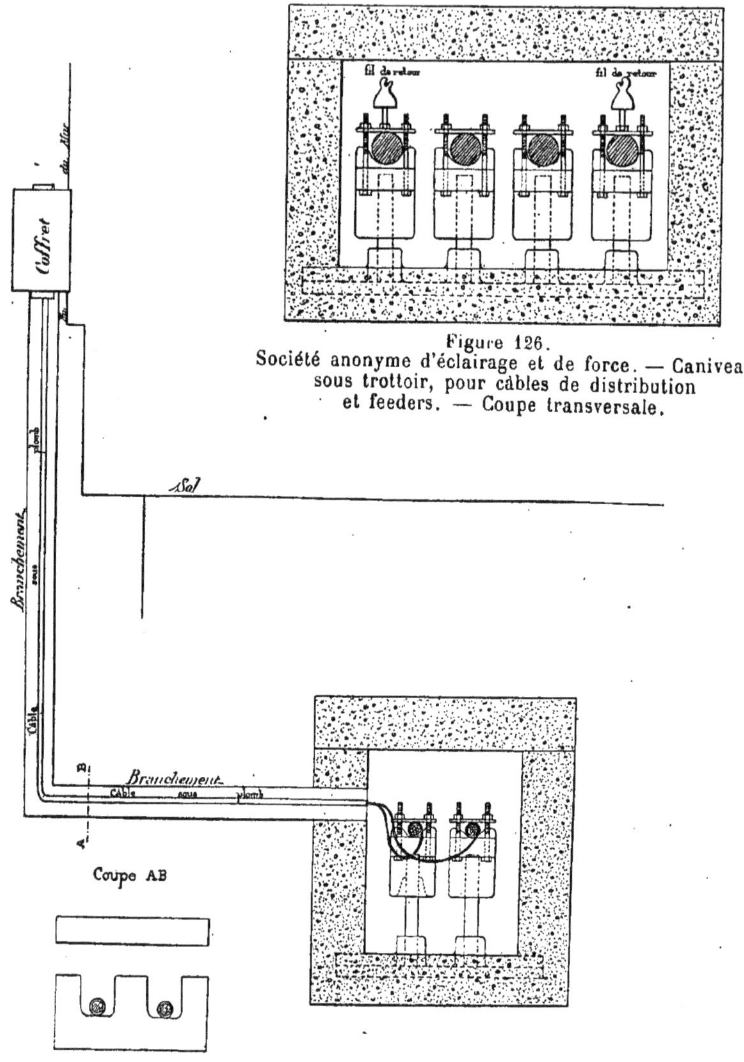

Figure 126.
Société anonyme d'éclairage et de force. — Caniveau sous trottoir, pour câbles de distribution et feeders. — Coupe transversale.

Figure 125.
Société anonyme d'éclairage et de force. — Caniveau sous trottoir pour câbles de distribution. — Coupe transversale.

Les isolateurs en porcelaine sont montés sur une tige filetée vissée dans une pièce en fonte, encastrée dans le radier et renflée dans la partie formant écrou. La cloche des isolateurs n'est pas surmontée par un chapeau en fonte galvanisée comme dans la canalisation Edison. Tout est en porcelaine. Le serrage du câble se fait à l'aide de deux étriers prenant leurs points d'appui sur des tenons en porcelaine dépendant de l'isolateur. On avait d'abord fait usage de cloches portant des oreilles percées de trous à travers lesquels passaient les étriers de serrage ; mais cette disposition a été abandonnée comme défectueuse, en raison des cassures qui se produisaient dans la porcelaine pour peu que le serrage des boulons fût oblique.

Lorsque l'isolateur a à supporter un *feeder*, il est surmonté d'un petit isolateur à fente inclinée, en porcelaine, vissé sur la bride de l'un des étriers. C'est sur cet isolateur que se fixe le fil dit *de voltage* ou *de retour*.

La pose des câbles dans les caniveaux se fait par déroulement, comme pour le caniveau Edison. Pour réunir deux câbles bout à bout on les scie à leur extrémité sur la moitié de leur épaisseur et sur environ $0^m,15$ de longueur. On superpose les deux parties entaillées comme dans un assemblage de charpente à mi-bois et on serre par une ligature. Le tout est pris dans un manchon en bronze formé de deux parties demi-cylindriques, que l'on boulonne et que l'on remplit de soudure.

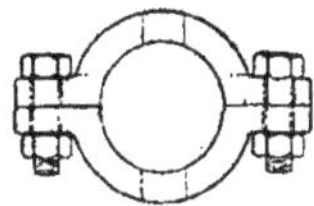

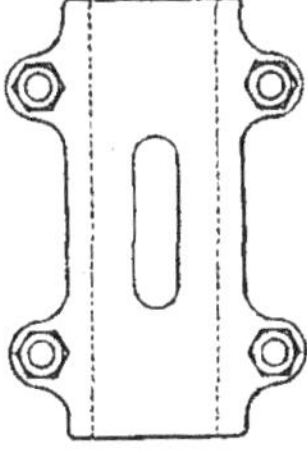

Figure 127.
Société anonyme d'éclairage et de force.
Manchon pour jonction de câbles.
Vue en plan et en profil.

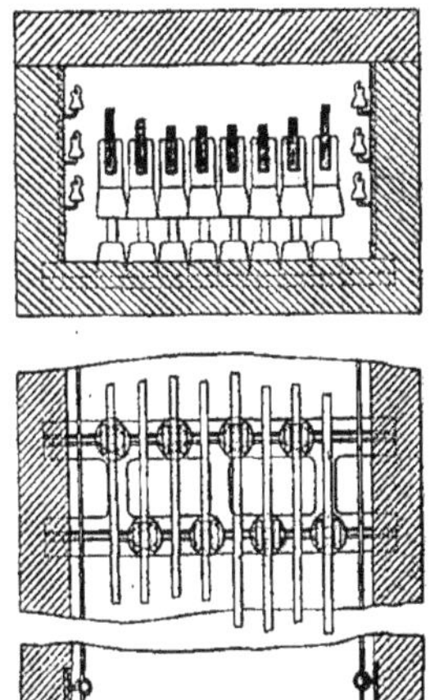

Figure 128.
Société anonyme d'éclairage et de force.
Caniveau spécial.
Plan et coupe transversale.

Sous certains trottoirs très étroits, les dispositions qui précèdent ont dû être modifiées. On a substitué aux câbles en fils de cuivre des barres de cuivre à section rectangulaire, soutenues par des isolateurs spéciaux. Les isolateurs pour fils de retour sont placés contre les pieds-droits des caniveaux. Ce système de canalisation a donné de bons résultats ; mais il comporte de très nombreuses sujétions. D'abord les barres de cuivre ne peuvent pas épouser, comme des câbles, toutes les sinuosités du tracé. Ensuite, elles ne sont livrées que par tronçons de longueur très réduite. On est donc conduit à établir un très grand nombre de liaisons. C'est ce qui fait que les barres de cuivre n'ont été employées par la Société que là où il lui a été impossible de les remplacer par des câbles.

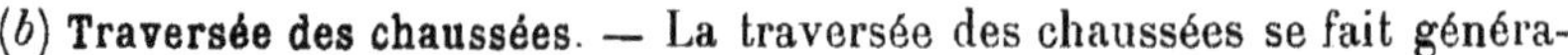

(*b*) **Traversée des chaussées**. — La traversée des chaussées se fait généra-

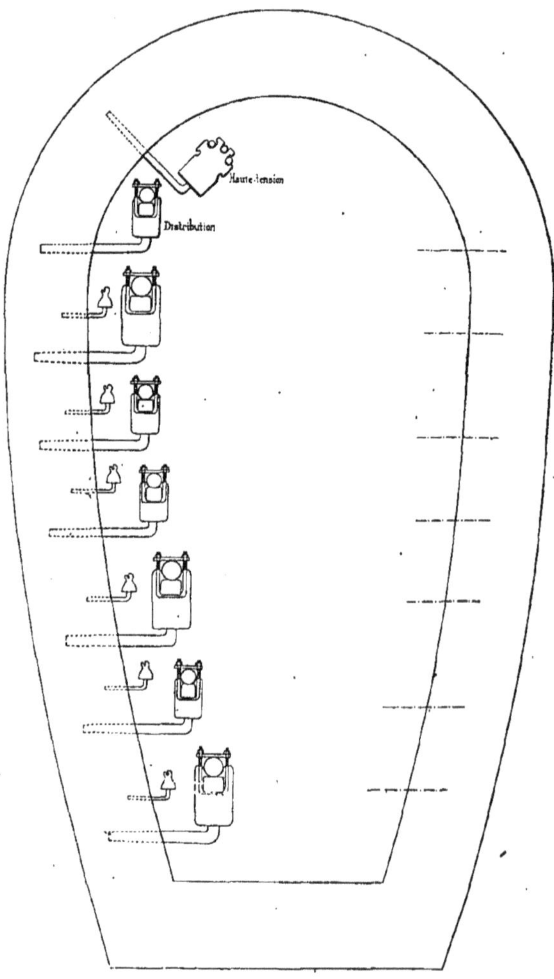

Figure 129.
Société anonyme d'éclairage et de force. — Galerie pour la traversée des chaussées. Coupe transversale.

lement en galerie et à une profondeur qui dépend des ouvrages souterrains existant sur le tracé de la canalisation (égouts, conduites de gaz, etc...).

Les galeries sont en maçonnerie de meulière et ciment. Les voûtes qui ont 0m,20 d'épaisseur sont recouvertes d'une chape en ciment. Les isolateurs sont montés sur des tiges recourbées à angle droit et scellées dans les pieds-droits et même dans la voûte lorsqu'ils sont très nombreux. A leurs deux extrémités, les galeries sont accessibles par des cheminées verticales fermées par des tampons bitumés. Les câbles montent le long des parois et s'échappent ensuite, soit diagonalement, soit à angle droit par les caniveaux.

Sous les rues à faible circulation, et là où il n'est pas nécessaire de descendre au-dessous de la profondeur de 1m prévue par le cahier des charges, la Société emploie aussi des caniveaux avec dalles renforcées, analogues à ceux du Secteur Edison.

(*c*) **Coupe-circuit.** — Les coupe-circuits établis, soit à la jonction d'un câble et d'un feeder, soit sur le réseau, sont placés dans de petits regards. Ils se composent de deux mâchoires en bronze supportées chacune par un

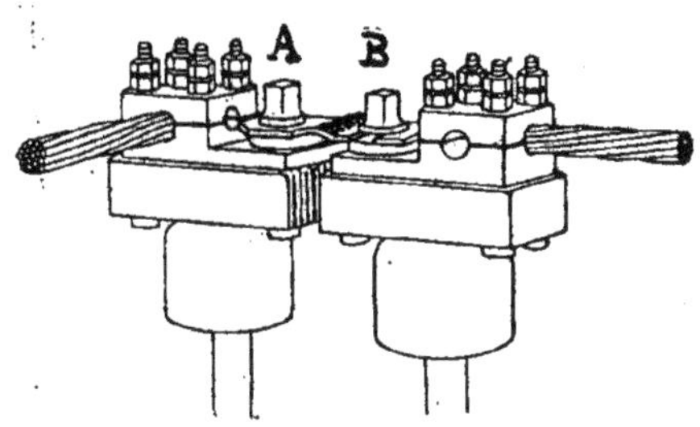

Figure 130.
Société anonyme d'éclairage et de force. — Coupe-circuit sur la canalisation.

isolateur en porcelaine à tête carrée. Les câbles à réunir sont serrés fortement par les mâchoires. Celles-ci communiquent par deux bornes A et B reliées par un plomb fusible.

Le modèle ancien était un peu différent. Les deux mâchoires, au lieu de reposer sur des plateaux en porcelaine étaient fixées sur un tableau formé par une dalle d'ardoise. L'isolement de cette dalle laissait à désirer, bien qu'elle fût supportée par des cylindres de porcelaine.

(*d*) **Branchement et boîte d'abonné.** — Les branchements d'abonnés se font à l'aide d'un câble isolé sous plomb protégé par une moulure en bois. La moulure pénètre dans le caniveau jusqu'à affleurer le parement du pied-droit. Le câble, dénudé, est relié au câble de distribution par une ligature. On lui fait faire une petite courbe vers le fond du caniveau, afin d'empêcher l'eau, qui pourrait s'introduire en suivant le branchement, de gagner le câble de distribution (voir figure 125.)

Le coffret d'abonné ne présente rien de particulier. Il est naturellement muni de plombs fusibles servant à la fois pour protéger la canalisation intérieure et pour intercepter le courant.

Câbles nus de la Compagnie Parisienne de l'Air comprimé. — Nous avons vu que, sur une partie de son réseau de distribution, la Compagnie Parisienne de l'Air comprimé avait adopté des câbles nus placés dans des caniveaux en fonte.

Nous retrouverons plus loin ces caniveaux, en décrivant les canalisations formées de câbles isolés posés dans des caniveaux. Nous indiquerons seulement comment, dans le cas qui nous occupe, on obtient l'isolement des câbles.

Au fond du caniveau règne une planchette continue en sapin préalablement plongée dans de la paraffine. Tous les deux mètres environ, on fixe

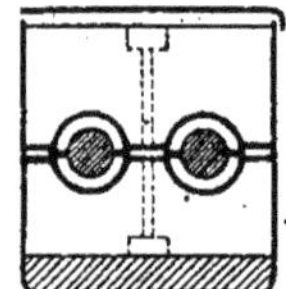
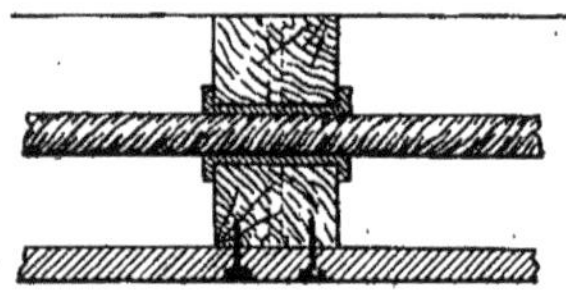

Figure 131.
Compagnie parisienne de l'air comprimé. — Caniveau en fonte pour câbles nus. Coupes transversale et longitudinale.

sur la planchette une cale en chêne portant à sa partie supérieure deux rainures demi-cylindriques. C'est sur cette cale et par l'intermédiaire de demi-coussinets isolateurs en porcelaine que reposent les câbles nus. Pour les maintenir bien en place on les coiffe par d'autres demi-coussinets isolateurs encastrés dans une cale en chêne identique à la première. On rend les deux cales solidaires en les réunissant par un boulon.

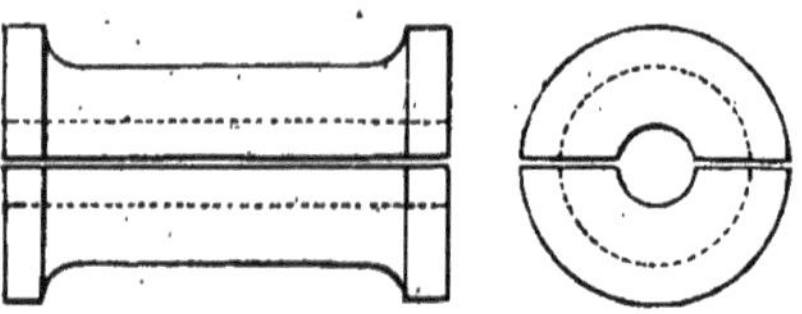

Figure 132.
Compagnie parisienne de l'air comprimé. — Isolateur pour câble nu. Vue de profil et de face.

Dans les regards ou dans les galeries, chaque câble est pris entre deux traverses horizontales en bois scellées dans la maçonnerie et munies d'un coussinet isolateur.

Les branchements se font comme dans le cas des câbles isolés.

Câbles isolés dans des caniveaux. — Les canalisations formées de câbles isolés placés dans des caniveaux, au moins pour le transport des courants à basse tension, sont tombées à Paris dans une certaine défaveur. La *Compagnie Parisienne de l'air comprimé*, qui employait surtout ce système, ne pose plus maintenant que des câbles isolés et armés, enfouis directement dans le sol. Il en est de même depuis peu, sur le réseau municipal.

Il est clair qu'une canalisation formée de câbles isolés posés dans des caniveaux est peu économique, puisqu'il faut établir les caniveaux avec autant de soin que s'ils devaient contenir des câbles nus. D'autre part, tout en dépensant beaucoup, on ne met pas les câbles à l'abri des dislocations qui peuvent se produire dans les caniveaux et qui entraînent soit la rupture immédiate de l'isolant, soit sa désagrégation lente sous l'influence de l'eau ou simplement de l'air humide.

Quoique l'on paraisse décidé à abandonner désormais des canalisations de ce système, nous devons cependant leur consacrer quelques pages en raison de la proportion encore importante qu'elles constituent dans le développement du réseau souterrain.

Canalisation de la Compagnie Parisienne de l'air comprimé. — (*a*) **Câbles et caniveaux.** — Le caniveau de la *Compagnie Parisienne de l'air comprimé* est formé par une série d'augets rectangulaires en fonte réunis bout à bout par un joint en caoutchouc. Chaque auget est muni d'un cou-

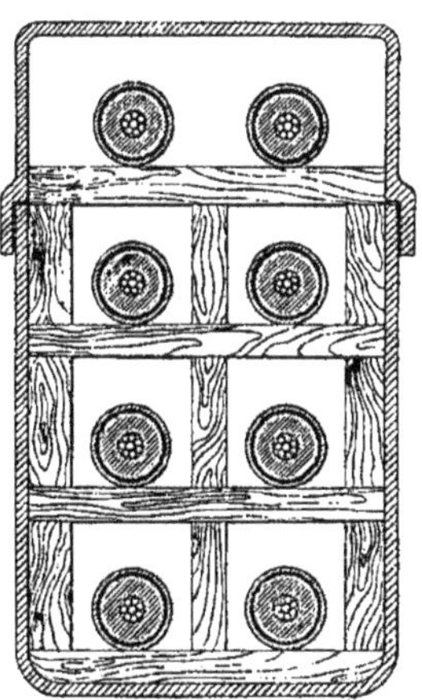

Figure 133.
Compagnie parisienne de l'air comprimé — Caniveau pour trottoir.
Coupe transversale.

vercle en fonte, qui déborde sur les parois verticales de l'auget et qui se retourne verticalement afin de faciliter la confection du joint, lequel se fait avec un mastic spécial.

Le caniveau se subdivise lui-même en une série de petits caniveaux rectangulaires en bois formés par des planchettes en sapin paraffiné. C'est dans ces petites cases que se placent les câbles de charge et les câbles de distribution, à raison d'un câble par case. La Compagnie emploie des caniveaux à 4, 6, 8, 12 cases et au-delà. Les caniveaux sont d'ailleurs superposables. On peut, par suite, dans une même tranchée, loger à peu près autant de câbles que l'on veut.

Les caniveaux peuvent contenir à la fois des câbles de charge, des feeders et des câbles de distribution. Dans ce cas les câbles de charges sont à la partie inférieure, ce qui n'offre aucun inconvénient, puisque l'on n'a jamais à y toucher. Les câbles de distribution se mettent, au contraire, dans les deux cases supérieures, en vue de la confection des branchements pour abonné.

Généralement il existe dans tout caniveau un certain nombre de cases en attente. Elles permettent la pose de feeders supplémentaires, dès que la consommation normale augmente sur le réseau de distribution. Chaque câble s'introduit alors par tirage dans la case qui lui est destinée.

Les câbles ont une section commune, en cuivre, de 200 millimètres carrés. L'isolant est formé par des couches plus ou moins épaisses de caoutchouc suivant qu'il s'agit d'un câble de charge (3.000 volts) ou d'un câble de distribution (110 volts). Par dessus l'isolant existent une gaîne de plomb et une enveloppe en jute goudronnée.

Les jonctions de câbles bout à bout sont assez rares, en raison du rapprochement des sous-stations d'accumulateurs et du peu d'étendue des divers réseaux de distribution (250 mètres). Là où elles sont nécessaires on les réalise à l'aide d'une épissure et l'on installe les câbles dans un regard en maçonnerie.

(*b*) **Traversée des chaussées.** — La traversée des chaussées se fait dans des galeries maçonnées munies à leurs extrémités de puits verticaux dans lesquels débouchent les caniveaux en fonte. Les câbles descendent verticalement dans les puits et se retournent horizontalement dans les galeries en se divisant en deux séries. L'une comprend tous les câbles positifs et occupe l'un des côtés ; l'autre se compose de tous les câbles négatifs et s'installe sur le côté qui fait face. Sur chaque côté les câbles sont maintenus par des mâchoires en bois, fixées dans la maçonnerie par des boulons à scellement. Ces mâchoires portent un grand nombre de trous ménagés dès l'origine, en vue de l'extension de la canalisation.

(*c*) **Branchement d'abonné.** — Les branchements d'abonné se font dans des boîtes en fonte spéciales qui viennent se substituer au couvercle des caniveaux. Elles se composent de deux parties qui peuvent se réunir suivant un plan horizontal à l'aide de boulons de serrage. Une double rondelle en caoutchouc assure l'étanchéité du joint. La partie inférieure de la boîte se glisse sous les câbles de distribution et ceux-ci, légèrement soulevés, sont pris dans des ouvertures circulaires existant sur la ligne du joint. En serrant les deux parties de

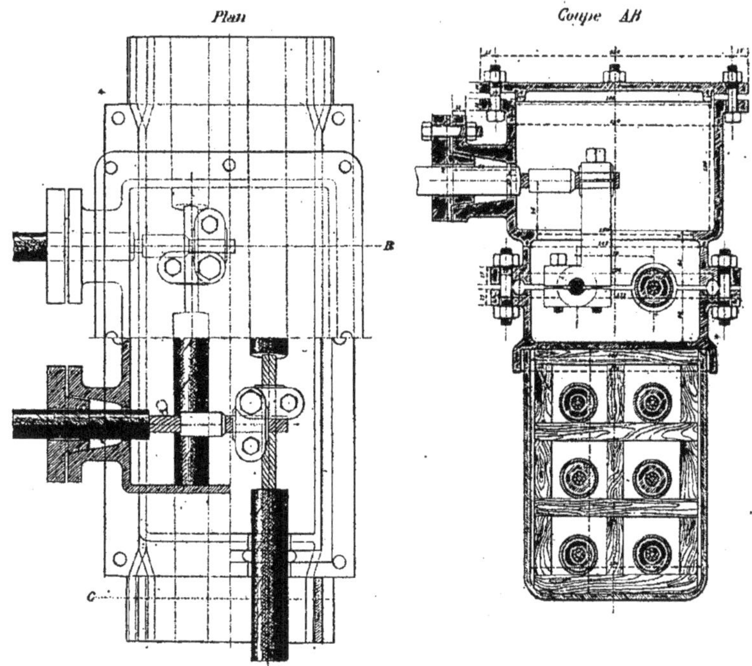

Figure 134.
Compagnie parisienne de l'air comprimé. — Caniveau pour branchement d'abonné. Plan et Coupe transversale.

la boîte on serre également les câbles et, comme la double rondelle en caoutchouc fait complètement le tour de la boîte, elle forme autour des câbles une fermeture absolument hermétique.

En procédant de cette façon on isole complètement du circuit les deux parties des câbles de distribution sur lesquelles doit se faire la prise de courant pour l'abonné.

Il s'agit alors de relier les câbles du branchement à la canalisation. Ces câbles de branchements ont une constitution analogue à ceux de la distribution. Ils sont amenés dans des tuyaux en bois ou en poterie jusqu'à la boîte d'abonné dans laquelle ils pénètrent par deux ouvertures circulaires formant presse-étoupe et munies debouchons coniques en caoutchouc. Ils sont alors dénudés et pris dans des tiges en cuivre verticales qui viennent également serrer les câbles de distribution préalablement mis à nu sur quelques centimètres.

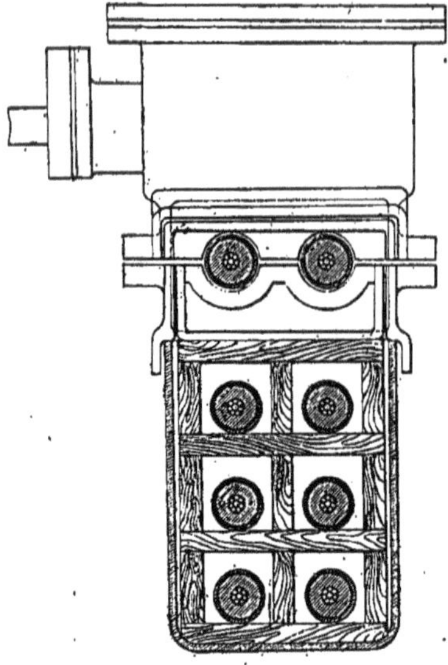

Figure 135.

Compagnie parisienne de l'air comprimé. — Caniveau pour branchement d'abonné. (Coupe verticale, en avant de la boîte de branchement).

Avant de pénétrer chez l'abonné les câbles de branchement traversent un petit coffret scellé dans la façade et muni de plombs fusibles formant interrupteur. Ce coffret n'offre rien de particulier. Il ressemble beaucoup à ceux des autres Sociétés.

Canalisations du réseau municipal. — (*a*) **Câbles et caniveaux.** — Les câbles du réseau municipal sont isolés au caoutchouc. La couche d'isolant est naturellement beaucoup plus forte pour les câbles à 2.400 volts que pour ceux à basse tension.

Voici, d'ailleurs, la spécification des câbles.

1° Basse tension.

Ame métallique en cuivre étamé,
Une couche de caoutchouc pur,
Une couche de caoutchouc mélangé, de 2 millimètres d'épaisseur,
Deux rubans en tissu de coton caoutchouté, le tout vulcanisé,
Une tresse bitumée.

2° Haute tension.

Ame métallique en cuivre étamé,
Deux couches de caoutchouc pur, de 1 millimètre d'épaisseur.
Plusieurs couches de caoutchouc vulcanisé, de 4 millimètres d'épaisseur.
Une couche de chanvre résineux de 3 millimètres d'épaisseur.
Deux rubans de tissu de coton enduit de composition bitumeuse.

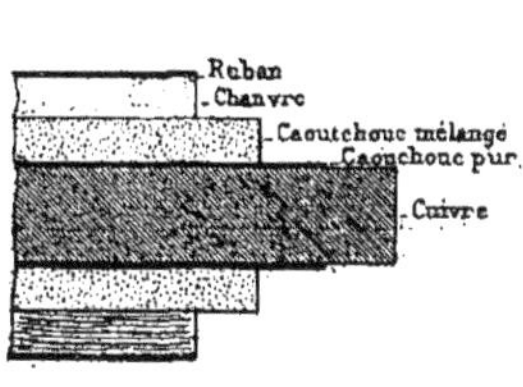

Figure 136.
Réseau municipal.
Câble pour basse tension.

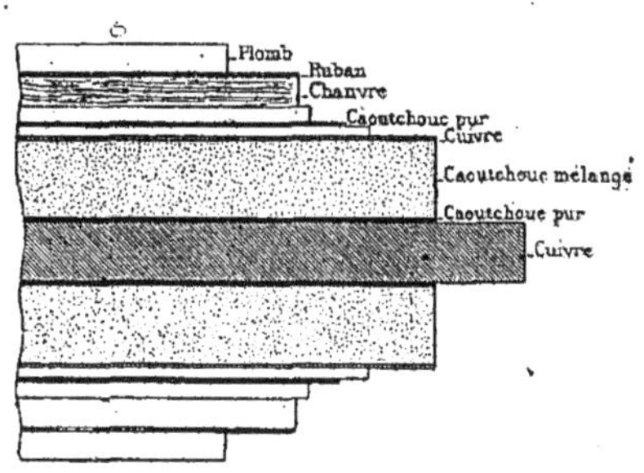

Figure 137.
Réseau municipal.
Câbles concentriques pour haute tension.

Exceptionnellement, sur quelques points où l'on avait à redouter des effets d'induction sur des circuits téléphoniques voisins, on a employé pour la haute tension des câbles concentriques. Nous citons seulement ces câbles pour mémoire, car ils ne constituent qu'une partie très faible de la canalisation.

Les caniveaux dans lesquels les câbles sont placés sont en béton de ciment de Portland. Ils sont fabriqués sur place, à la façon des caniveaux Edison. Les dalles, moulées à l'avance, sont à joints recoupés, garnis de terre glaise.

Bien que toutes les précautions soient prises pour obtenir des caniveaux imperméables, il faut compter avec des rentrées accidentelles d'eau, comme il peut s'en produire après dislocation des caniveaux, à la suite d'un tassement du sol. On a aussi réglé le radier des caniveaux suivant un système de pentes et de contre-pentes permettant soit l'accumulation des eaux dans des puisards, soit leur évacuation directe à l'égout.

Il serait imprudent, malgré cela, de poser simplement les câbles sur le radier des caniveaux. Ceux à basse tension sont supportés par des crochets en fer vitrifié ou par des cales en bois enfoncées dans des cadres en chêne s'appliquant exactement sur les parois des caniveaux. Les câbles à 2.400 volts ont été par mesure de précaution logés complètement dans des moulures en bois injecté reposant par des taquets sur le fond des caniveaux.

Les caniveaux sont exclusivement employés pour la pose des canalisations sous trottoir. La mise en place des câbles s'effectue par déroulement comme dans le caniveau Edison. Lorqu'un tronçon de câble est posé on le réunit au suivant à l'aide d'une épissure.

Figure 138.
Réseau municipal. — Caniveau sous trottoir pour basse tension. — Coupe transversale.

Figure 139.
Réseau municipal. — Caniveau sous trottoir pour haute tension. — Coupe transversale.

Les croisements de câbles se font à l'aide d'épissures. Aux points de jonction des câbles de distribution et des feeders la liaison est différente. Elle est formée par des barrettes boulonnées, montées sur des plaques en porcelaine.

(*b*) **Traversée des chaussées**. — La traversée des chaussées se fait, pour les voies peu importantes, en caniveau avec dalles renforcées par des fers à T.

Pour les autres, ou lorsqu'il faut passer sous des ouvrages souterrains, on construit des galeries maçonnées analogues à celles du secteur Edison.

(*c*) **Branchements d'abonné pour basse et haute tension**. — Les branchements d'abonnés sont constitués par des câbles isolés reliés aux câbles de la distribution par des épissures soudées. On refait ensuite à la main la gaine isolante.

Pour la basse tension, les câbles de branchement sont amenés jusque chez l'abonné sous des moulures en bois injecté au sulfate de cuivre. Ils aboutissent à un coffret muni de plombs de sûreté et logé dans la façade de l'immeuble alimenté. Au-delà se trouve un interrupteur bi-polaire, puis le compteur.

La distribution du courant à haute tension est un peu plus compliquée. Par mesure de sécurité les câbles de branchement sont protégés non plus par une moulure en bois, mais par un caniveau maçonné qui règne sous le trottoir jusqu'à la façade. Immédiatement après avoir traversé la façade, les câbles s'engagent dans une armoire fermée par un cadenas dont les agents du service de l'éclairage ont seuls la clef. C'est là que s'effectue la transformation du courant primaire (2.400 volts) en courant secondaire (100 volts). Les appareils renfermés dans cette armoire sont, par ordre, deux coupe-circuits, un interrupteur bi-polaire, un transformateur Ferranti et un appareil de mise à la terre, système Cardew. Nous retrouverons cet appareil en étudiant la distribution du secteur des Champs-Elysées. Dans l'intérieur de l'armoire, les coupe-circuits, l'interrupteur, et l'appareil Cardew sont

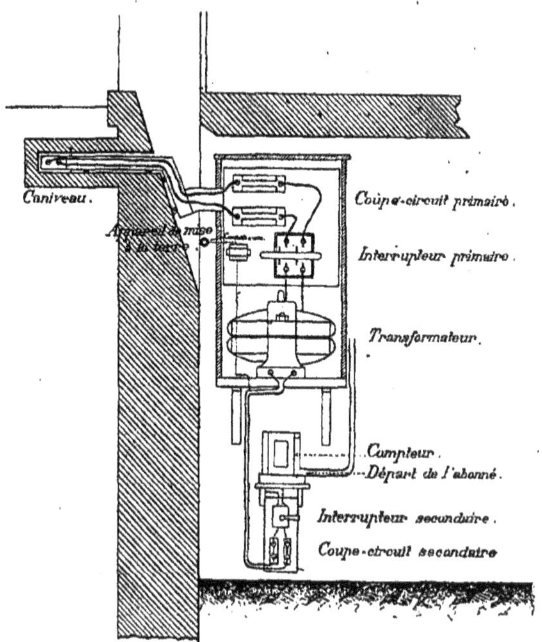

Figure 140.
Réseau municipal. — Branchement d'abonné avec transformateur.

fixés à une planchette bien isolée. Le transformateur repose de son côté sur une planche en bois isolée par des supports en porcelaine et des feuilles de caoutchouc.

Le courant ainsi abaissé à 100 volts peut être livré sans inconvénient au consommateur. Comme à l'ordinaire on trouve deux coupe-circuits, un interrupteur bi-polaire, que l'abonné peut manœuvrer selon ses convenances, puis un compteur. Les coupe-circuits secondaires remplacent le coffret d'abonné qui commande, ainsi que nous l'avons vu, les distributions de courant continu à 110 volts.

Câble pour haute tension de la Société anonyme d'Eclairage et de Force. — Il nous faut encore ajouter, comme canalisation formée de câbles isolés placés dans des caniveaux, celle qui sert à la Société Anonyme d'Eclairage et de Force pour amener le courant à haute tension produit par l'usine de Saint-Ouen dans les deux usines du boulevard Barbès et du faubourg Saint-Denis.

Les câbles, qui sortent de l'usine Ménier, ont la spécification suivante :

Une âme en cuivre de haute conductibilité composée de 19 fils représentant une section totale de 40 millimètres carrés,

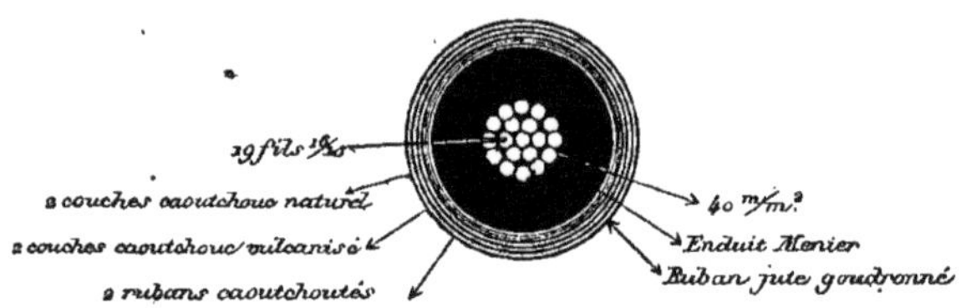

Figure 141.
Société anonyme d'éclairage et de force. — Câble pour haute tension.

Deux couches de caoutchouc naturel,

Deux couches de caoutchouc vulcanisé,

Deux rubans caoutchoutés recouverts d'enduit Ménier,

Un ruban en jute goudronnée.

Les caniveaux sont identiques à ceux qui renferment les câbles nus de la même société et que nous avons décrits plus haut. Les câbles déjà isolés par les couches de caoutchouc qui les entourent sont en outre supportés par des isolateurs en porcelaine. Dans ces conditions, on obtient, pour l'ensemble de la canalisation, un isolement excellent. Il est, au minimum, de 800 mégohms par kilomètre.

Canalisation du Secteur de la rive gauche. — Le petit réseau à basse tension et à courant continu qu'exploite actuellement ce secteur comporte une canalisation en câbles isolés au caoutchouc placés dans des caniveaux. Les câbles sont supportés, de distance en distance, par des barres transversales en fer scellées dans les pieds-droits des caniveaux et recouvertes d'une feuille de caoutchouc.

Les câbles qui seront employés pour la distribution du courant alternatif auront la spécification suivante :

Une âme en cuivre de haute conductibilité,

Un couche de para pur,

Deux couches de caoutchouc vulcanisé,

Deux tresses enroulées en sens inverses,

Une tresse enduite d'isolant Ménier.

La résistance d'isolement kilométrique exigée du fabricant sera de 600 mégohms pour les circuits primaires et de 300 mégohms pour les circuits secondaires.

Les câbles seront logés dans des caniveaux en béton de ciment de 0m,20 de largeur et de 0m,30 de profondeur recouverts par une dalle en béton de 0m,07 d'épaisseur. Dalle et caniveau seront moulés à l'avance par tronçons d'un mètre de longueur. Le raccord des tronçons se fera au ciment. Sous chaussée le caniveau sera remplacé par une galerie.

Comme on ne pourrait, sans danger, réunir dans un même caniveau des câbles à haute et à basse tension on prévoit que là où les deux genres de canalisations suivant une direction commune, on établira un caniveau double. Le pied-droit séparatif aura, comme les pieds-droits latéraux, 0m,06 d'épaisseur [1].

Qu'il s'agisse de câbles à haute tension ou de câbles à basse tension ceux-ci devront être supportés par des isolateurs de manière à ne toucher en aucun point le radier ou les pieds-droits des caniveaux.

L'arrêté approbatif des canalisations porte, en outre, qu'il y aura des regards tous les 100 mètres soit pour permettre la visite de la canalisation, soit pour servir à la ventilation des caniveaux.

Ventilation des caniveaux et des regards. — Les caniveaux ont l'inconvénient, dès qu'ils viennent à se fissurer, de former drain, non-seulement pour les eaux du sous-sol, mais encore pour le gaz d'éclairage qui peut se dégager des conduites et branchements de gaz établis sous la voie publique. Or le gaz et l'air forment un mélange détonant redoutable. Il en est de même de l'oxygène et de l'hydrogène que produit la décomposition électrolytique de l'eau. Lorsque ces divers gaz viennent à pénétrer ou à se former dans les caniveaux, ils s'y accumulent et finissent par gagner les regards où une étincelle suffit pour produire une explosion très violente.

A la suite d'accidents de cette nature, survenus sur quelques canalisations, l'Administration a décidé [2], comme nous le verrons plus loin, que les regards sur canalisations en caniveaux seraient toujours pourvus de tuyaux d'évent débouchant à air libre et qu'ils seraient ouverts et visités au moins une fois toutes les trois semaines.

Cette mesure, dont le temps a montré toute l'efficacité, a été complétée sur le réseau municipal par une autre qui a donné à son promoteur, M. Monmerqué, Ingénieur des Ponts et Chaussées, satisfaction complète.

[1] Tels sont les projets du secteur. Il n'est pas absolument sûr que la canalisation sera exécutée de cette façon. La Société aura évidemment à examiner s'il ne serait pas plus avantageux pour elle d'adopter des câbles armés et isolés.

[2] Arrêté préfectoral du 30 juillet 1891. Voir chapitre XII. (La Ville de Paris et les Sociétés d'électricité).

Elle consiste à ventiler énergiquement les caniveaux, à l'aide d'une petite pompe centrifuge, que l'on installe sur les regards. De cette façon, non-seulement on enlève les gaz dangereux qui séjournent dans les caniveaux, mais on remplace aussi l'air humide, qui entoure les câbles et dont il faut toujours redouter l'action destructive, par de l'air sec et pur.

Le ventilateur employé par M. Monmerqué est représenté par les figures 142 et 143. Il se compose d'une petite turbine de 370 millimètres de diamètre montée sur une plateforme circulaire en bois dont les dimensions sont exactement celles d'un tampon de regard. Le mouvement de rotation est

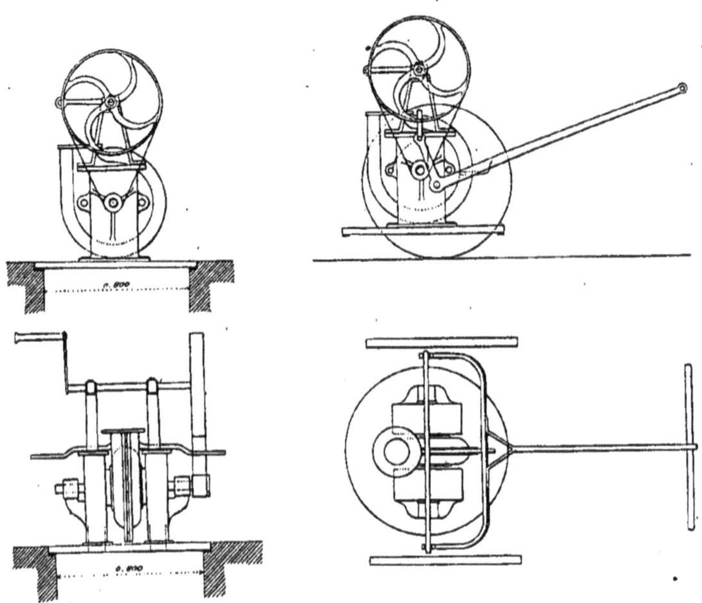

Figure 142.
Ventilateur à bras pour caniveaux électriques. — Vue de l'appareil mis en place et prêt à fonctionner.

Figure 143.
Ventilateur à bras pour caniveaux électriques. — Vue de l'appareil monté sur son chariot.

produit par une manivelle à engrenage qui permet d'obtenir facilement une vitesse de 1.000 tours à la minute. A cette vitesse la turbine débite 400 mètres cubes à l'air libre et la moitié dans une conduite. Le volume d'un regard étant en moyenne égal à 1 mètre cube et le volume par mètre courant de caniveau à 1/20ème de mètre cube, dix minutes suffisent pour renouveler l'air sur une longueur de 600 mètres. Dans la pratique on ne compte que sur 100 mètres, car il est bon de renouveler l'air plusieurs fois.

L'appareil entier est monté sur roues; mais, au lieu de reposer directement sur l'essieu, il est supporté par deux fourchettes que l'on peut faire tourner autour de l'essieu, en élevant ou abaissant la flèche de traction. Grâce à cette disposition, le transport et la mise en place du ventilateur se font sans difficulté. Il ne pèse, chariot compris, que 180 kilogrammes. Un homme suffit, par suite, pour le déplacer.

Cet appareil ingénieux a été également adopté par la Compagnie Edison.

CHAPITRE IX

CANALISATIONS ÉLECTRIQUES

(*suite*)

Câbles armés et isolés. — Canalisations du secteur de la place Clichy : (*a*) Câbles et pose des câbles sous trottoir ; (*b*) Jonction de deux câbles ; (*c*) Traversée des chaussées ; (*d*) Boîtes de distribution ; (*e*) Branchement d'abonné ; (*f*) Boîte de branchement. — Canalisations du secteur des Champs-Elysées : (*a*) Câbles et pose des câbles sous trottoirs ; (*b*) Traversée des chaussées ; (*c*) Boîte de dérivation ; (*d*) Boîte pour coupe-circuit ; (*e*) Branchement d'abonné et transformateur. — Canalisations nouvelles de la Compagnie parisienne de l'air comprimé et du réseau municipal.

Isolement des canalisations souterraines. — Comparaison des divers systèmes de canalisations.

Câbles armés et isolés. — Les câbles armés et isolés se posent directement dans le sol. L'armature assure leur protection contre les chocs accidentels ; elle doit avoir une résistance telle qu'elle ne puisse être traversée par la pioche d'un terrassier. Elle est généralement constituée par des fils de fer enroulés en hélice ou par un ou plusieurs rubans d'acier.

L'isolement est obtenu par des matières mauvaises conductrices de l'électricité dont on entoure l'âme en cuivre du câble. L'épaisseur de la couche dépend, pour un courant d'une tension donnée, de la résistance au passage de l'électricité de la substance employée. Cependant, même avec un très bon isolant, il y a certaines limites pratiques au-dessous desquelles il serait imprudent de descendre. Il faut, en effet, que la résistance mécanique de la couche isolante soit suffisante pour que l'on n'ait pas à redouter de dégradations pendant le transport et la mise en place des câbles. Il est nécessaire, en outre, comme l'a fait remarquer M. Preece, que, si une fissure vient à se produire dans l'isolant, la petite couche d'air substituée à l'isolant, dans cette partie, ait une épaisseur telle que l'étincelle électrique ne puisse la traverser [1].

En dehors de ces considérations, on doit regarder comme rigoureusement indispensable, surtout à Paris, de mettre soigneusement la matière isolante à l'abri de l'eau. Sans cette précaution les sels divers, accumulés dans le sous-sol, détruiraient rapidement l'isolant et pénétreraient jusqu'à l'âme en cuivre.

C'est pour cette raison que, dans les câbles en usage, on trouve, par dessus la matière isolante, une enveloppe absolument étanche en plomb.

Deux autres couches, mais moins importantes que les précédentes, sont alors nécessaires ; l'une est intercalée entre l'armature et le plomb et forme un matelas qui protège ce dernier métal pendant l'enroulement de l'armature ; l'autre enveloppe l'armature et la soustrait à l'action oxydante du sol. Ces deux couches se font généralement en jute goudronnée ou en chanvre.

Bien qu'une canalisation ainsi constituée soit imperméable à l'eau, il est bon de prendre certaines précautions pour empêcher la stagnation prolongée de l'eau dans les tranchées. Généralement, on remplit le fond de la tranchée avec du sable de rivière, sur une épaisseur telle que les câbles en soient complètement enveloppés. Cette couche de sable forme drain. Comme, d'ailleurs, le fond de la tranchée présente toujours une pente appréciable (celle des rues canalisées) les eaux d'infiltration suivent la couche de sable dans les endroits où le sous-sol est argileux, et s'échappent là où l'on traverse des terrains perméables, comme d'anciennes caves remblayées, des couches sablonneuses, etc... Ce procédé présente cet autre avantage : c'est que les câbles sont placés dans une couche de composition chimique constante et que, par suite, on n'a pas à redouter les actions destructives que pourraient produire les couches si variées du sous-sol parisien [2].

Nous estimons que l'on ne se préoccupe pas toujours suffisamment d'éliminer rapidement les eaux qui pénètrent dans les tranchées. Ainsi, il nous semble que le fond de ces tranchées devrait être réglé, non pas d'après la pente des rues canalisées, mais à la suite d'une étude d'ensemble, comportant un système de pentes et de contre-pentes, avec puisards d'absorption aux points bas. On établirait, au besoin, un tuyau de drainage dans les parties où l'eau aurait à parcourir un trop long chemin.

[1] M. Preece, électricien en chef du *British Post Office*, estime qu'une épaisseur de 1 millimètre est nécessaire pour des courants de 500 volts et au-dessous. Ajouter un demi-millimètre par 500 volts ou fractions de 500 volts en sus.

En France, on exige pour les canalisations aériennes empruntant les routes nationales et départementales,— lorsque ces canalisations ne sont pas constituées par des câbles nus — une épaisseur d'isolant minima de $2^{mm},5$.

[2] En parlant des tuyaux de gaz qui sont, comme nous l'avons vu, entourés de bitume, nous avons dit que sous l'influence de l'acide carbonique, les sous-sols chargés de plâtras pouvaient dégager de l'acide sulfhydrique.

Dans un autre ordre d'idées on pourrait chercher à entourer les câbles d'une masse toujours plus imperméable que celle du sol environnant. On y arriverait probablement, sans trop de dépenses, en arrosant le sable avec un lait de chaux hydraulique ou avec un lait de ciment. La matière, tout en ayant une imperméabilité suffisante, n'acquerrait pas une compacité gênante pour l'exécution des branchements.

Canalisations du secteur de la place Clichy. — Le Secteur de la place Clichy exploite, ainsi que nous l'avons vu, des courants continus et les distribue par une canalisation à cinq conducteurs, avec feeders d'alimentation.

(*a*) **Câbles et pose des câbles sous trottoirs.** — Les câbles pour réseau de distribution, feeders et branchements d'abonnés ont tous la même constitution. Ils sont du système Siemens et proviennent de la câblerie de la Société Alsacienne de constructions mécaniques, à Belfort.

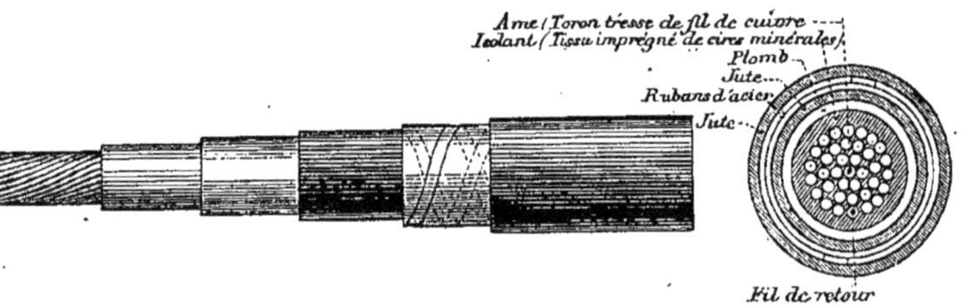

Figure 144.
Secteur de la place Clichy. — Cable armé et isolé, système Siemens.

Ils présentent six couches concentriques :

1° *une âme en fils de cuivre de haute conductibilité*. Exceptionnellement, lorsqu'il s'agit d'un câble feeder, un de ces fils est isolé des autres, afin de pouvoir servir comme fil de retour ;

2° *une couche isolante* consistant en un tissu imprégné de cire minérale ;

3° *une gaine de plomb* étirée à froid et formant une enveloppe complètement étanche autour de l'isolant ;

4° *une couche de jute goudronnée*, intercalée entre le tuyau de plomb et l'armature, afin que celle-ci ne puisse en aucune façon détériorer le tuyau, soit pendant la fabrication, soit pendant la pose ;

5° *une armature protectrice*, formée de deux rubans d'acier enroulés en hélice et dont l'un chevauche sur les joints de l'autre ;

6° *une couche de jute goudronnée*, qui met les rubans d'acier à l'abri de l'air et de l'humidité et qui les préserve de l'oxydation.

Malgré leur gaine de plomb et leur armature métallique les câbles Siemens jouissent d'une grande élasticité. On les amène à pied-d'œuvre enroulés sur des tambours et on les tire à bras d'hommes pour les poser au fond de la tranchée. Celle-ci a, sous trottoir, 0m,50 de largeur sur 0m,60 de profondeur. Les câbles sont placés les uns à côté des autres, sans se toucher et

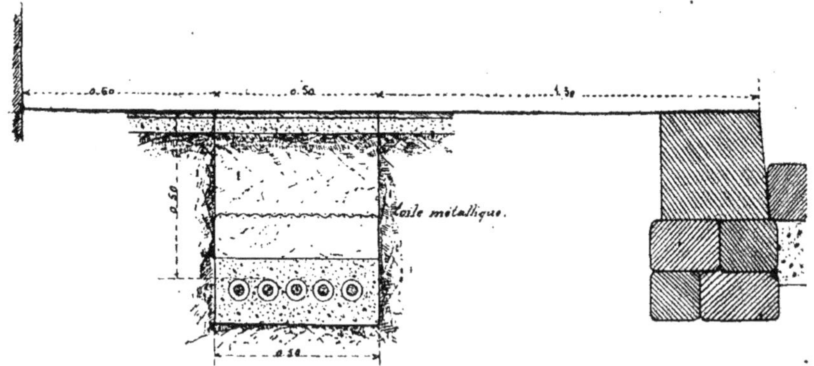

Figure 145.
Secteur de la place Clichy. — Canalisation sous trottoir. — Coupe transversale.

toujours dans le même ordre de polarité. On n'est ainsi jamais embarrassé lorsqu'on a un branchement à établir. Par surcroît de précaution des bracelets en feuillard plombé, portant des marques conventionnelles, sont enfilés sur chaque câble, de mètre en mètre.

Le fond de la tranchée est rempli sur une quinzaine de centimètres de hauteur par une couche de sable de rivière dans laquelle les câbles sont complètement noyés. La partie supérieure est remblayée avec les terres du déblai, pilonnées avec soin. A 0m,30 au-dessus des câbles on étale un grillage en fil de fer galvanisé, imposé par la Ville, pour que les ouvriers étrangers au Secteur, qui auraient à pratiquer des fouilles sur la voie publique, soient avertis du voisinage de la canalisation.

(b) **Jonction de deux câbles.** — Pour réunir deux câbles bout à bout on commence par les dénuder, en gradins, suivant leurs couches successives[1]. Les âmes en cuivre sont prises alors dans une forte pince en laiton qui assure la continuité du circuit. Les extrémités des deux câbles, dans toute leur

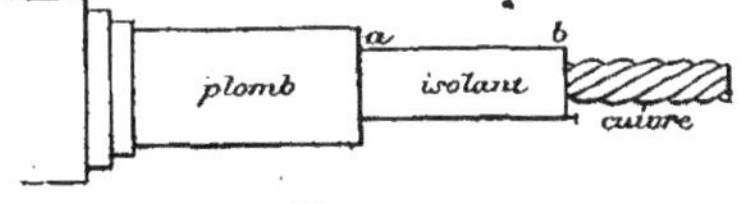

Figure 147.

[1] On dénude les câbles en gradins afin de ménager, entre le cuivre et le plomb, une longueur d'isolant *ab* suffisante pour qu'il ne puisse s'établir, de l'un à l'autre métal, un court-circuit.

partie dénudée, et la pince sont ensuite entourées par un manchon en fonte, composé de deux coquilles pouvant s'appliquer l'une sur l'autre suivant un joint horizontal. A l'aide de quatre boulons, on réunit énergiquement ces deux coquilles et on les serre à bloc sur les câbles au point où ceux-ci entrent dans le manchon. L'isolement s'obtient en versant par un trou ménagé dans la

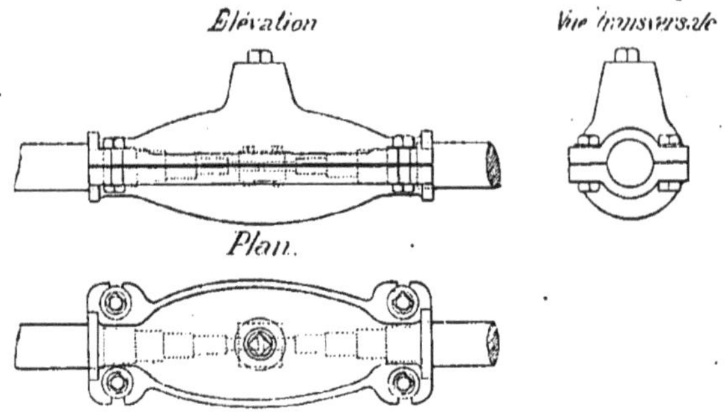

Figure 146.
Secteur de la place Clichy. — Manchon pour jonction de câbles

coquille supérieure, un liquide isolant. Cette substance est solide à la température ordinaire ; il faut la faire fondre pour pouvoir la couler dans le manchon. Le remplissage du manchon doit se faire avec soin afin que tout l'air qu'il renferme soit complètement expulsé. L'opération une fois terminée on ferme l'ouverture du haut à l'aide d'un bouchon à vis.

Figure 148.
Secteur de la place Clichy. — Canalisation sous chaussée.

Toute la série des opérations que comporte la jonction de deux câbles est faite sous une petite guérite portative, que l'on place au-dessus de la tranchée.

On prend cette précaution pour éviter, dans le cas où il viendrait à pleuvoir, toute introduction d'eau dans le manchon.

(*c*) **Traversée des chaussées.** — L'Administration n'a pas exigé que la traversée des chaussées se fît en galerie. Mais, afin que l'on n'eût pas à ouvrir de nouvelles fouilles, toujours gênantes pour la circulation, dans le cas où la canalisation aurait besoin d'être réparée, elle a prescrit que chaque câble serait enfermé dans un tuyau en fonte suffisamment long pour déboucher sous trottoir. De cette façon la dépose d'un câble et son remplacement, s'il y a lieu, par un câble neuf pourront être effectués par tirage.

Le diamètre des tuyaux dépend de celui du câble qu'ils ont à contenir. Les joints se font simplement avec de la corde goudronnée.

(*d*) **Boîte de distribution.** — Aux points de jonction des feeders et des câbles de distribution, ainsi qu'aux points de croisement des câbles de distribution, la liaison des conducteurs de même polarité se fait dans des boîtes spéciales en fonte, formant regard. Nous représentons, figure 149, une boîte réunissant deux directions A et B et servant, en outre, à mettre le réseau de distribution en communication avec l'usine par deux feeders C et D.

Les cinq câbles A se prolongent dans la boîte par des barres en cuivre étamé 1, 2, 3, 4, 5, isolées du fond de la boîte par des cales en ébonite. Les câbles B aboutissent également à cinq barres 1, 2, 3, 4, 5 perpendiculaires aux premières et situées à quelques centimètres au-dessus d'elles. Les liaisons se font verticalement par des cales en cuivre. On réunit ainsi la barre 1 de la direction A à la barre 1 de la direction B, la barre 2 de la direction A à la barre 2 de la direction B et ainsi de suite. Chaque barre de la direction B repose ainsi sur l'une des barres A par une cale en cuivre. Un deuxième support est constitué par une rondelle en ébonite.

Quant aux câbles feeders ils communiquent respectivement avec les barres 1 et 5. Les fils de retour sont attachés également à ces barres.

Il faut prendre de grandes précautions pour empêcher l'introduction de l'eau dans la boite de distribution. A cet effet, elle est munie d'un couvercle avec joint en caoutchouc qui permet d'obtenir une fermeture bien hermétique.

D'autre part, la pénétration des câbles dans la boîte se fait par l'intermédiaire de coquilles en fonte que l'on remplit complètement de matière isolante, à la manière des manchons. Prenons par exemple les câbles A. La coquille qui leur correspond est formée de deux parties pouvant se boulonner l'une sur l'autre suivant un joint horizontal. Chaque câble pénètre dans la coquille par une ouverture circulaire dont le diamètre est sensiblement égal à celui du câble. On jointoie avec de la corde goudronnée et l'on saisit l'extrémité du câble, préalablement dénudée, par un manchon en cuivre pénétrant dans la boîte de distribution et isolé d'elle par un anneau en ébo-

Coupe.

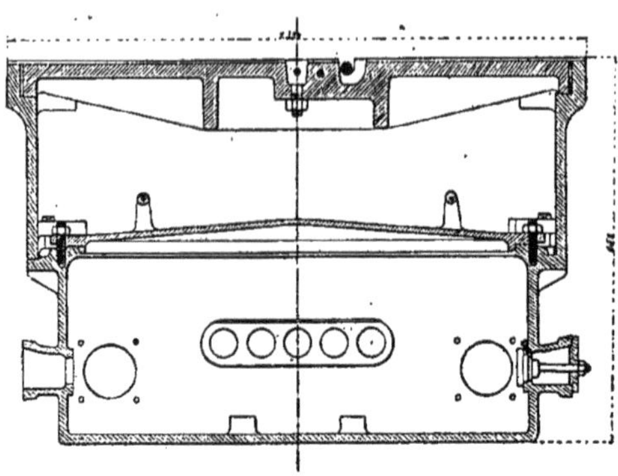

Plan

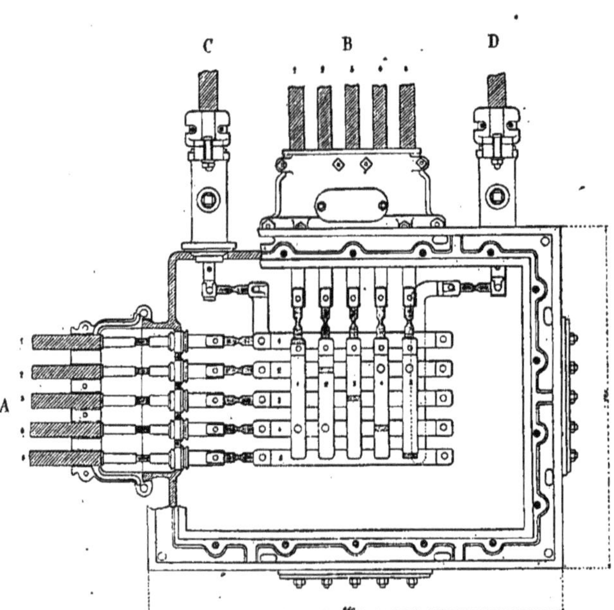

Figure 149.

Secteur de la place Clichy — Boîte de distribution sur la canalisation.

nite. La jonction des manchons et des barres s'effectue par des plombs fusibles.

Les feeders pénètrent dans la boîte de distribution à l'aide d'une disposition analogue. Le fil de retour sort par une petite ouverture pratiquée dans le manchon.

La boîte de distribution est surmontée par un cuvelage en fonte qui se continue jusqu'au trottoir et qui est fermé par un tampon bitumé.

Il existe des boîtes de distribution pour deux, trois et quatre directions. Celle de la figure 149 est celle à quatre directions dont deux seulement ont été utilisées. Les ouvertures correspondant aux deux autres directions sont tamponnées.

Il n'est pas utile d'insister sur ce point : c'est que les boîtes de distribution font, grâce aux plombs fusibles, l'office de véritables robinets d'arrêt. On peut, en effet, déboulonner ces plombs avec une grande facilité et isoler tel ou tel circuit. En outre, en cas de réparation, on n'arrête toujours le courant que sur une très petite partie de la canalisation.

(*e*) **Branchement d'abonné.** — La distribution se fait chez les abonnés à deux, trois ou cinq fils. Mais les branchements s'exécutent toujours à trois ou à cinq fils. Le branchement à trois fils sert pour un seul circuit, le branchement à cinq fils pour deux ou quatre circuits.

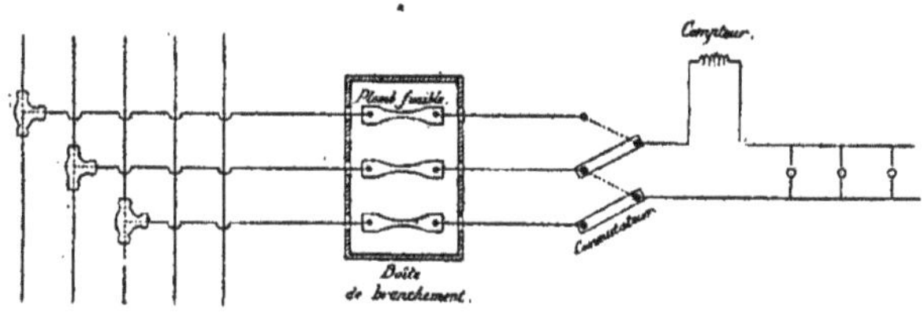

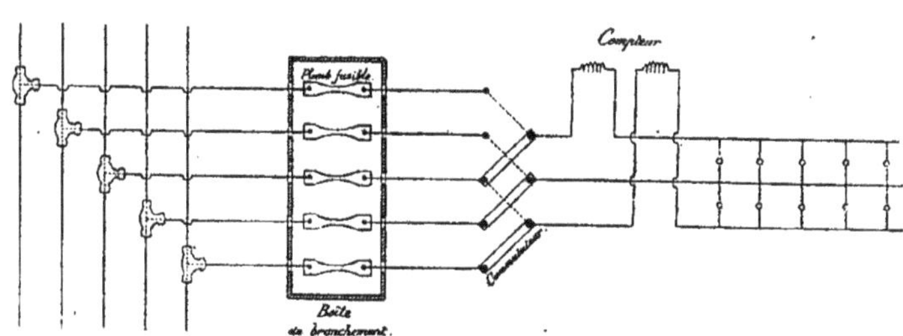

Figure 150.
Secteur de la place Clichy. — Branchement d'abonné à trois et à cinq fils.

Ces dispositions ont été combinées en vue d'égaliser le nombre de lampes à alimenter par chaque pont de la distribution. Celle-ci comporte, comme nous l'avons vu, quatre ponts sur chacun desquels on dispose d'une chute de potentiel de 110 volts. Au fur et à mesure que la canalisation s'étend, on répartit bien les lampes nouvelles de manière à charger également chacun de ces quatre ponts. Mais l'équilibre est détruit, lorsque de nouveaux clients viennent se greffer sur la canalisation ou lorsque des abonnements prennent fin.

En alimentant un circuit à deux fils par un branchement à trois fils, on se réserve la possibilité de faire porter la consommation de l'abonné sur deux ponts différents et de rétablir ainsi l'équilibre.

Avec le branchement à cinq fils et deux circuits chez l'abonné on dispose d'une marge encore plus étendue.

Les câbles de branchement sont identiques, au moins comme constitution, aux câbles de la distribution. Leur jonction avec ces derniers s'effectue dans des manchons en fonte composés de deux coquilles pouvant se boulonner l'une

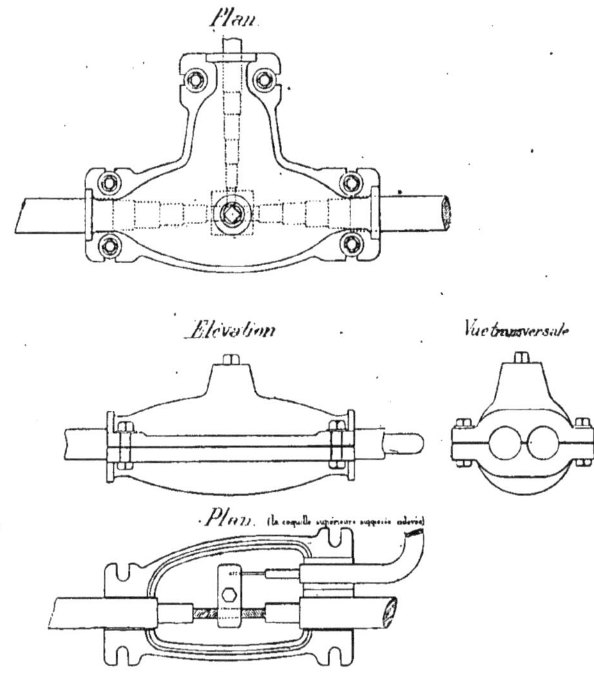

Figure 151.
Secteur de la place Clichy. — Manchons pour branchements.

sur l'autre suivant un joint horizontal. Les câbles à réunir sont dénudés dans l'intérieur de la coquille et serrés par une pince en cuivre. On remplit ensuite tout l'intérieur avec de la matière isolante, en procédant comme pour les manchons qui servent à réunir deux câbles bout à bout.

On emploie deux modèles de manchon pour branchement d'abonné. Dans l'un la dérivation se fait perpendiculairement au câble de distribution. L'autre, qui tient moins de place, comporte une liaison latérale.

(*f*) **Boîte de branchement**. — Les câbles de branchement passent, avant de pénétrer chez les abonnés, par des boîtes de branchement munies de plombs fusibles. Ces boîtes ont une section rectangulaire. Sur les côtés peuvent se

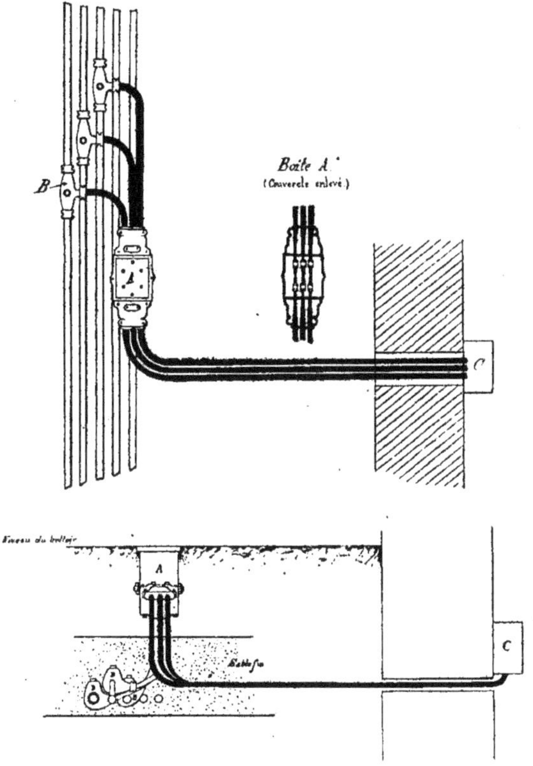

Figure 152.
Secteur de la place Clichy. — Boîte de branchement pour trois câbles. Plan et élévation.

fixer deux doubles coquilles par lesquelles se fait l'introduction des câbles. Ceux-ci sont dénudés en gradins et l'âme en cuivre pénètre seule dans la boîte de branchement. Elle est isolée d'elle par une rondelle en ébonite. Les câbles une fois mis en place, on referme les coquilles et on les remplit de matière isolante. Les câbles de même polarité sont réunis par des lames de plomb soudées à de petites mâchoires en cuivre.

De même que la boîte de distribution, la boîte de branchement doit être absolument inaccessible à l'eau. Elle est, comme elle, munie d'un couvercle en fonte s'appliquant bien exactement sur un joint en caoutchouc. Pour absorber l'humidité, qui finit toujours par pénétrer dans la boîte, on abandonne, au-dessous des câbles, une petite soucoupe remplie de chlorure de calcium.

La boîte de branchement se prolonge par un cuvelage en fonte jusqu'au

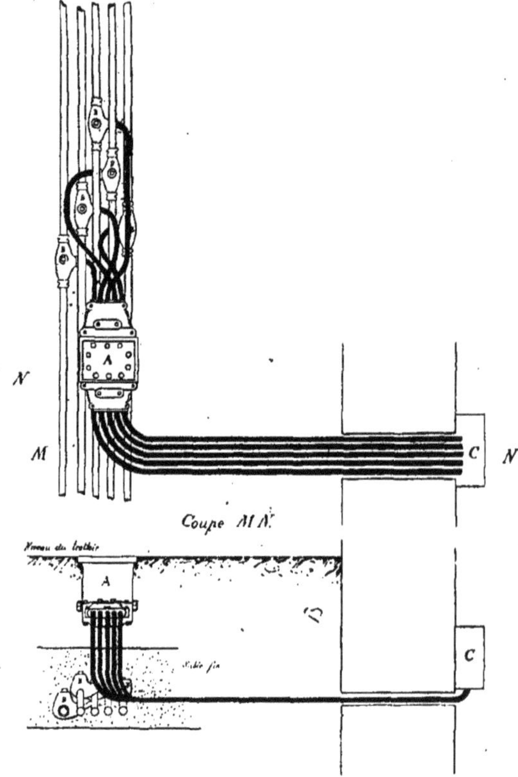

Figure 153.
Secteur de la place Clichy. — Boîte de branchement pour cinq câbles
Plan et élévation.

niveau du trottoir. Elle est finalement recouverte par un tampon arasé dans le plan du trottoir et dont les agents du secteur ont seuls la clé.

Les boîtes de branchements remplacent les coffrets d'abonnés que nous avons rencontrés en étudiant les canalisations de la Compagnie Edison et de la Société anonyme d'Eclairage et de Force. Elles ont cet avantage : c'est qu'on peut les poser sans détériorer les façades des maisons. L'interruption du courant se fait en outre avec une grande facilité. Il suffit d'ouvrir la boîte et d'enlever les plombs fusibles. Il est nécessaire pour ne pas recevoir de secousse, pendant cette opération, de se protéger les mains par des gants en caoutchouc.

De la boîte de branchement les câbles se dirigent chez l'abonné. Ils traversent le mur de façade au-dessous du sol et aboutissent à l'interrupteur qui les réunit, comme nous l'avons vu plus haut, avec tel ou tel circuit.

Canalisations du Secteur des Champs-Elysées. — Les câbles du secteur des Champs-Elysées, qui ont à distribuer des courants alternatifs à la tension de 3.000 volts, doivent être supérieurement isolés. Quelques précautions sont en outre nécessaires afin d'éviter les effets d'induction que pourraient produire les variations du courant dans les masses métalliques situées à proximité de la canalisation. On a tourné la difficulté en employant des câbles concentriques, c'est-à-dire des câbles doubles, composés d'une âme en cuivre et d'une couronne de fils de cuivre séparée de l'âme par une matière isolante. De cette façon les effets d'induction produits par l'un des conducteurs sont détruits à chaque instant par l'action inductive de l'autre conducteur.

(*a*) **Câbles et pose des câbles sous trottoirs.** — Les feeders, les câbles du réseau de distribution, les câbles pour branchement d'abonné ont tous la même constitution. Ils présentent :

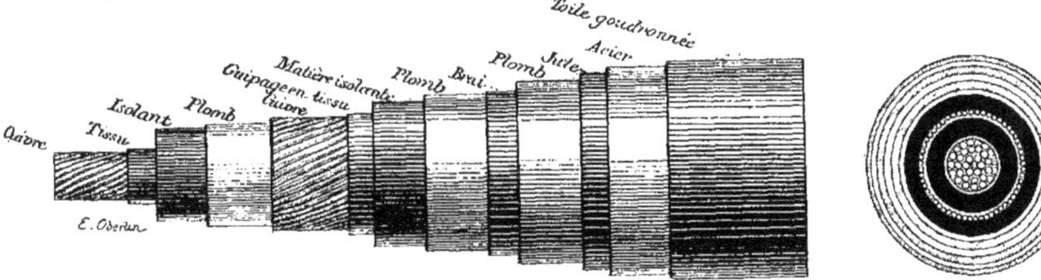

Figure 154.
Secteur des Champs-Elysées. — Câble armé et isolé, système Berthoud-Borel.

1° *une âme centrale* en torons de fils de cuivre ;

2° *un double guipage en tissu ;*

3° *une enveloppe en matière isolante*, à base de résine mélangée d'huiles végétales et de brai ;

4° *une gaine en plomb ;*

5° *un toron annulaire en cuivre*, formant second conducteur, en contact direct avec le plomb ;

6° *un double guipage en tissu ;*

7° *une enveloppe isolante* identique comme composition à la première ;

8° *une gaine en plomb ;*

9° *une couche de brai ;*

10° *une gaine en plomb ;*

11° *un guipage de jute goudronnée* ;

12° *un double ruban d'acier* formant armature ;

13° *un double guipage en toile goudronnée* protégeant l'armature en acier contre l'oxydation.

Le brevet de ces câbles appartient à la maison Berthoud-Borel, de Suisse. Mais, comme tout le matériel employé par les Sociétés d'électricité doit être de provenance française, le Secteur des Champs-Elysées a traité, pour la fabrication de ses câbles, avec la Société des anciens établissements Cail.

Dans les câbles Berthoud-Borel la matière isolante et les gaines de plomb sont coulées à chaud. Ils diffèrent, à ce point de vue, des câbles Siemens du Secteur de la Place Clichy, dont l'isolant est posé à froid. Le plomb lui-même, dans ce dernier système, est façonné en forme de tuyau, uniquement par pression.

Le diamètre des câbles employés varie de 55 millimètres à 77 millimètres. Ce dernier diamètre correspond aux feeders.

Un feeder de 77 millimètres de diamètre pèse 25 kilogrammes au mètre courant.

Malgré leurs poids élevé et les couches successives qui les composent les câbles Berthoud-Borel jouissent d'une assez grande flexibilité. On peut les enrouler sur des tambours et les dérouler dans la tranchée comme ceux du Secteur de la place Clichy. Ils sont cependant un peu moins maniables que ces derniers.

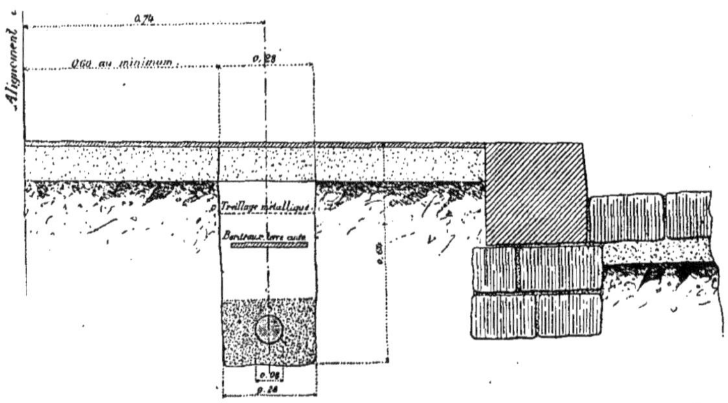

Figure 155.

Secteur des Champs-Elysées. — Canalisation sous trottoir. — Coupe transversale.

Les tranchées ont 0m,64 de profondeur et une largeur qui s'abaisse à 0m,28 lorsque la canalisation n'est formée que par un seul câble. Elle est de 0m,48 pour deux câbles. Le fond de la tranchée est rempli de sable, formant drain, sur une épaisseur de $0^{m}.20$. Au-dessus des câbles, dans les terres de remblai, on place d'abord une ligne de bardeaux en terre cuite, puis un treillage métallique.

Les câbles sont amenés par tronçons de 100 à 200 mètres de longueur. La jonction, bout à bout, de deux tronçons consécutifs s'effectue dans des

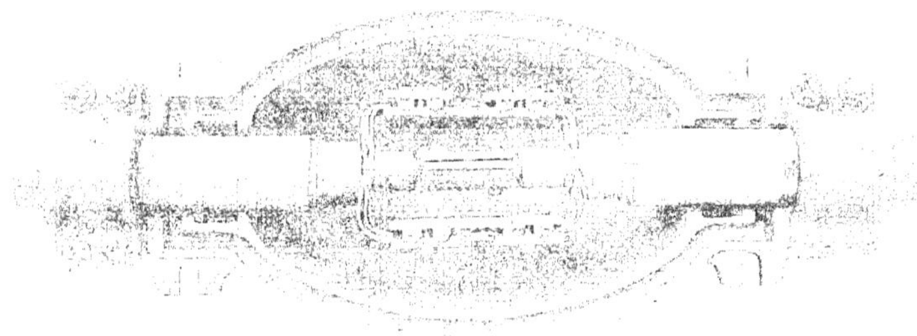

Figure 156.
Secteur des Champs-Élysées. — Boite pour jonction de câbles. — Coupe horizontale.

boîtes en fonte formées de deux coquilles pouvant se boulonner l'une sur l'autre suivant un joint horizontal. Les câbles à réunir sont dénudés. Les torons centraux, mis en regard, sont pris dans un manchon en laiton qui assure la continuité du circuit.

Pour le câble annulaire on commence par écarter les fils de cuivre perpendiculairement au câble ; puis on les replie en deux faisceaux que l'on

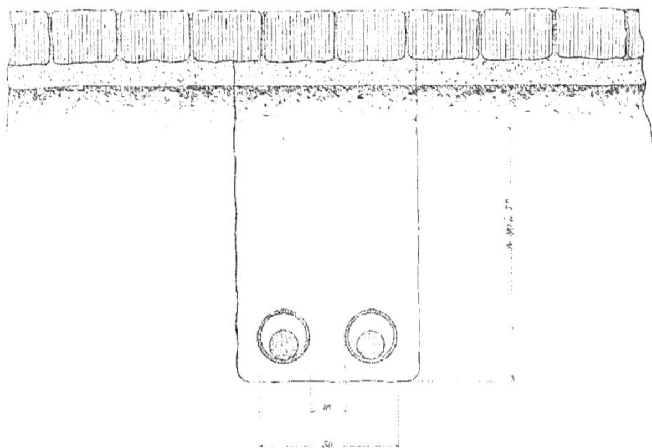

Figure 157.
Secteur des Champs-Elysées — Canalisation sous chaussée. — Coupe transversale.

serre par des pinces en laiton. Toutes ces opérations doivent être faites, bien entendu, avec un très grand soin. Les jonctions étant terminées on boulonne les coquilles et on les remplit de matière isolante à l'aide de trois tubulures ménagées dans la coquille supérieure.

(*b*) **Traversée des chaussées.** — La traversée des chaussées n'est permise que dans des tuyaux en fonte, posés à un mètre sous le sol. Les tuyaux servant à abriter les feeders ont $0^m,12$ de diamètre intérieur et une épaisseur de $0^m,07$. Lorsqu'il y a plusieurs câbles et par suite plusieurs tuyaux on pose ces derniers à $0^m,10$ les uns des autres.

(*c*) **Boite de dérivation.** — Le croisement de deux câbles se fait dans des boites en fonte à trois directions formées de deux coquilles pouvant se rabattre exactement l'une sur l'autre suivant un joint horizontal. Le câble sur lequel on se branche est dénudé jusqu'à l'âme centrale, en regard de laquelle on

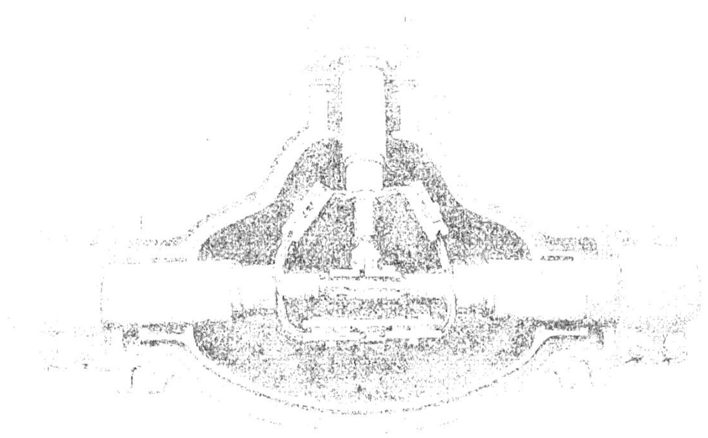

Figure 158.
Secteur des Champs-Élysées. — Boite de dérivation sur la canalisation.
Coupe horizontale.

amène l'âme du câble à jonctionner. Un manchon en forme de T assure la liaison des deux âmes. Les fils annulaires sont au contraire écartés et réunis par des pinces en laiton. Les coquilles sont ensuite boulonnées et remplies complètement avec de la matière isolante.

(*d*) **Boîte pour coupe-circuit.** — Des coupe-circuits sont installés d'abord sur les feeders, un peu avant le point où ils se soudent au réseau de distribution, ensuite sur le réseau de distribution lui-même, là où les conducteurs changent de section pour former des ramifications secondaires.

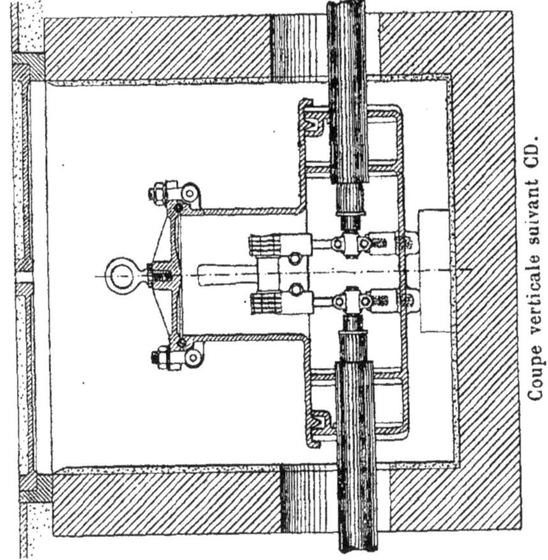

Coupe verticale suivant CD.

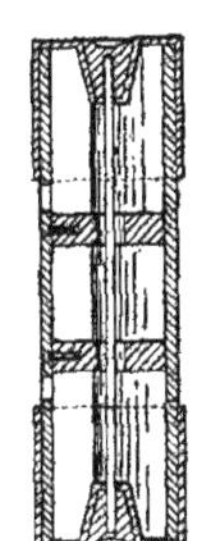

Coupe-circuit.

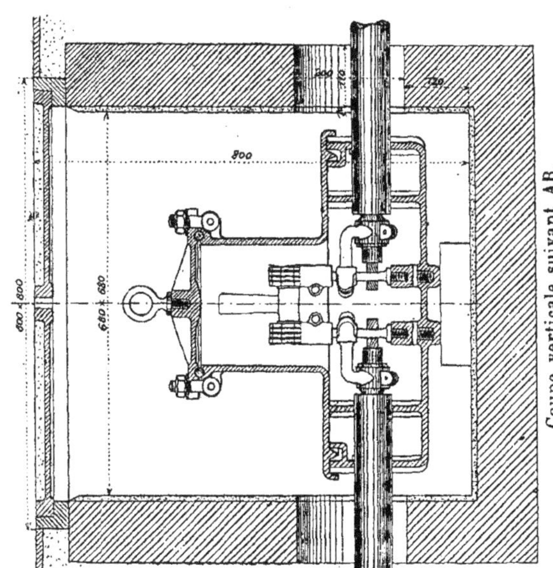

Coupe verticale suivant AB.

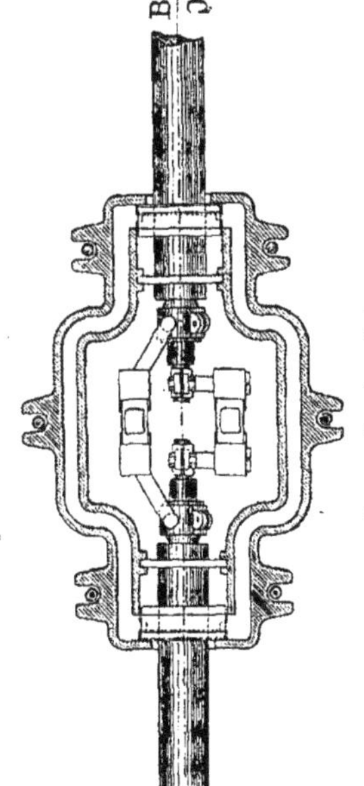

Coupe horizontale.

Figure 159.
Secteur des Champs-Elysées. — Boîte pour coupe-circuit. — Coupe horizontale. — Coupe verticale et coupe verticale du coupe-circuit.

Les coupe-circuits sont logés dans des boîtes en fonte placées elles-mêmes dans des regards en maçonnerie fermées, au niveau du trottoir, par une trappe bitumée.

Les câbles entre lesquels on doit intercaler un coupe-circuit sont dénudés. Les âmes sont prises chacune dans des tiges de cuivre formant collier et réunies par le coupe-circuit proprememnt dit. C'est un cylindre en ébonite terminé par deux calottes en cuivre reliées, intérieurement au cylindre, par un plomb fusible. Deux étranglements diminuent l'importance de l'étincelle qui pourrait se produire dans le cas où le plomb viendrait à fond. Le coupe-circuit est creux intérieurement. A l'aide d'ouvertures ménagées dans la paroi supérieure on y verse autant d'huile lourde qu'il en faut pour que le fil de plomb en soit complètement entouré. La communication entre les deux âmes est établie dès que le coupe-circuit est posé sur les tiges de serrage. La fixité du coupe-circuit est assurée par des griffes élastiques en cuivre faisant corps avec les tiges et entre lesquelles les deux calottes pénètrent à frottement dur. Pour interrompre le courant, il suffit d'enlever le coupe-circuit. Il est muni à cet effet d'un manche en bois qui, bien qu'isolé puisqu'il n'est en contact qu'avec le cylindre en ébonite, ne doit être manœuvré qu'avec la main préservée par un gant en caoutchouc.

Les boîtes pour coupe-circuit sont remplies de matière isolante, jusqu'aux griffes qui retiennent le coupe-circuit. Elles sont en outre fermées par un couvercle en fonte avec joint en caoutchouc.

On voit que cet appareil n'a pas seulement pour but d'interrompre le courant au moment où son intensité devient dangereuse. Il permet aussi d'isoler, pour une réparation quelconque ou une prise de courant, telle ou telle partie du réseau.

(*e*). **Branchement d'abonné et transformateur.** — Les branchements d'abonné se font en câbles concentriques. Ils se soudent aux câbles de distribution dans des boîtes de dérivation identiques à celles qui servent aux croisements de câbles.

Conformément aux stipulations de l'article 5 du cahier des charges-type, les transformateurs ne peuvent être établis sous la voie publique. C'est donc chez l'abonné que la tension du courant est réduite de 3.000 à 110 volts. Voici le dispositif adopté. Il s'agit d'abord de passer du câble concentrique aux deux fils de distribution. La liaison se fait dans un *capot d'abonné*, pièce en fonte, formée de deux coquilles qui se rabattent exactement l'une sur l'autre et dans laquelle on engage les deux fils qui doivent se rendre au transformateur. Avant, ils traversent un interrupteur bi-polaire et deux coupe-circuits à griffes. Ces coupe-circuits sont analogues à ceux des canalisations établies sous la voie publique.

Les transformateurs, du système Ganz, ont été construits par l'usine du Creusot. Ils sont placés sur des isolateurs en porcelaine et munis de quatre bornes : deux pour le circuit primaire à 3.000 volts et deux pour le circuit secondaire à 110 volts. La puissance des transformateurs employés varie de 1 à 25 kilowatts. Le type le plus répandu est celui de 10 kilowatts.

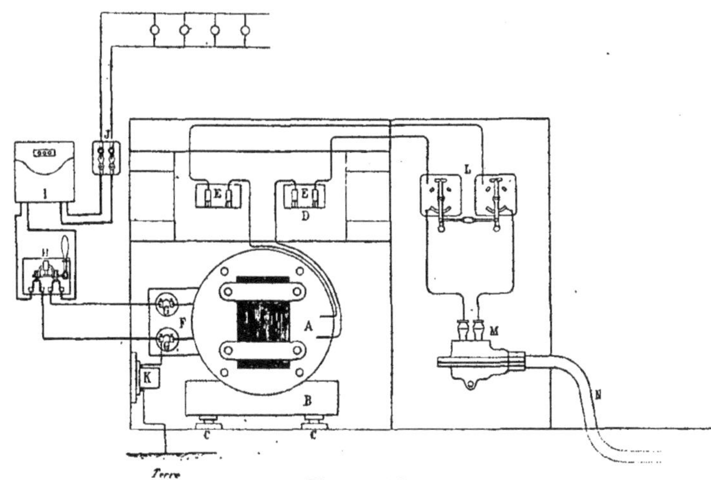

Figure 160.
Secteur des Champs-Elysées. — Branchement d'abonné et transformateur. A. Transformateur. — B. Sommier en bois. — C Isolateurs en porcelaine. D. Tableau primaire. — E. Bornes du circuit primaire avec plombs fusibles. — F. Planchette supportant les bornes secondaires. — G. Bornes et coupe-circuits secondaires. — H. Interrupteur bi-polaire. — I. Compteur. — J. Coupe-circuit bi-polaire. — K Appareil de mise à la terre Cardew. — L. Interrupteur bi-polaire. — M. Capot — N. Câble concentrique.

On sait que l'on reproche particulièrement aux transformateurs : 1° de travailler à vide par suite des aimantations et désaimantations successives qui se produisent dans l'armature, sous l'influence des variations du courant primaire et 2° de n'avoir un bon rendement qu'à pleine charge. Les transformateurs employés par le secteur des Champs Elysées ont cet avantage c'est que leur rendement varie peu lorsque la charge diminue, même très notablement.

Le tableau ci-après indique, d'ailleurs, les variations de leur rendement.

TRANSFORMATEURS	RENDEMENT			CONSOMMATION à vide EN WATTS
Puissance en kilowatts	à pleine charge	à moitié charge	à quart de charge	
1	90 %	84 %	74 %	85
2.5	94	90	80	125
5	95	92	84	200
10	96	94	88	300
25	97	95	90	625

A leur sortie du transformateur, les câbles du circuit secondaire viennent se fixer à deux bornes de coupe-circuits avec plombs fusibles. L'une de ces bornes est reliée à un appareil de mise à la terre, système Cardew. De cette façon, si une communication directe s'établissait dans le transformateur entre le circuit primaire et le circuit secondaire, le courant à haute tension ne pourrait pénétrer chez l'abonné.

Tous les appareils que nous venons de rencontrer sont placés dans un local dont les agents du Secteur ont seuls la clé. Les abonnés n'ont donc à leur portée que des courants à 110 volts absolument inoffensifs. Le circuit intérieur est commandé par un interrupteur bi-polaire; puis on rencontre un compteur et enfin un coupe-circuit.

Canalisations nouvelles de la Compagnie Parisienne de l'air comprimé et du Réseau Municipal. — En expliquant les transformations qui viennent de s'accomplir dans le système de distribution de la Compagnie Parisienne de l'air comprimé nous avons dit que cette Compagnie adoptait, pour ses canalisations nouvelles, des câbles armés et isolés posés directement dans le sol.

Ces câbles sont soit des câbles Siemens identiques à ceux du Secteur de la place Clichy, soit des câbles isolés au caoutchouc.

Nous n'avons pas à revenir sur les câbles Siemens dont nous avons donné la constitution, le mode de pose, de jonction, etc..... Les câbles au caoutchouc n'en diffèrent que par l'isolant qui est formé de caoutchouc vulcanisé entouré d'une série de rubans caoutchoutés. Comme couches protectrices on rencontre une gaîne de plomb et une chemise de jute, avec armature métallique et une enveloppe extérieure en jute. Les jonctions et croisement de câbles se font en réunissant les âmes en cuivre par des épissures et en refaisant l'isolant.

Les câbles nouveaux du Réseau Municipal sont aussi du système Siemens. Nous renvoyons à ce qui a été dit précédemment.

Isolement des canalisations souterraines. — Il n'existe pas à Paris de règle générale permettant d'établir le minimum d'isolement que l'on peut exiger des canalisations souterraines[1].

[1] Nous avons eu l'occasion de dire, page 276, que l'arrêté ordinaire réglementant les conditions d'établissement et de fonctionnement des conducteurs d'électricité sur la grande voirie nationale n'avait pas été pris pour Paris. Cet arrêté contient, relativement à l'isolement des canalisations, la règle suivante :

Le réseau doit être disposé de façon à ce qu'on puisse débrancher les abonnés et diviser en parties la canalisation principale.

Dans chaque partie de cette canalisation, la résistance d'isolement entre les conducteurs et la terre, exprimée en ohms, ne doit jamais être inférieure à $5E^2$, *E désignant*

Mais le Conseil Municipal, auquel le cahier des charges type réserve l'approbation des divers systèmes de canalisation, peut rejeter toute disposition qui lui paraît incompatible avec un bon isolement des conducteurs.

Pour le cas spécial du Secteur des Champs-Elysées (courants alternatifs à 3.000 volts), il a paru cependant utile, vu la haute tension des courants employés, d'indiquer nettement l'isolement minimum exigible. Avant l'exécution des branchements, l'isolement doit être d'au moins 500 mégohms par kilomètre[1]. Après l'exécution des branchements la résistance d'un circuit complet, comprenant tous les appareils, doit être telle qu'en mettant un point de ce circuit à la terre à travers une résistance de 2.000 ohms, la perte ne dépasse pas 2 millièmes d'ampère.

Une règle analogue existe en Angleterre. En Belgique, on exige, pour les conducteurs seulement, avant l'exécution des branchements, un isolement d'au moins 50.000 ohms par volt et par kilomètre. Cette règle, qui paraît un peu excessive pour la basse tension (5 mégohms à 100 volts) est convenable pour les hautes tensions. Après exécution des branchements, si une partie quelconque du circuit est mise à la terre, à travers une résistance de 2.000 ohms, la perte du courant ne doit pas excéder $0^{\text{ampère}},04$ dans le cas de courant continu et $0^{\text{ampère}},02$ dans le cas de courant alternatif. Comme on le voit ce dernier chiffre ($0^{\text{ampère}},02$) est beaucoup moins rigoureux que celui qui est imposé au secteur des Champs-Elysées.

L'isolement des canalisations souterraines a une importance telle que l'Administration a déjà reconnu, plusieurs fois, la nécessité de compléter les dispositions un peu vagues du cahier des charges ou des arrêtés d'autorisation spéciaux à chaque secteur. C'est surtout après les accidents causés par les canalisations en poterie qu'elle a dû intervenir. Un arrêté du 30 Juillet 1891, dont nous reparlerons plus loin[2], oblige les sociétés à vérifier l'isolement des canalisations au moins une fois par an. Les résultats sont consignés sur un registre spécial que peuvent se faire présenter les agents de l'Administration.

On voit cependant qu'il ne s'agit encore là que de prescriptions générales. Le minimum de l'isolement reste toujours un peu arbitraire. A titre de renseignement nous donnons ci-après les résultats de quelques mesures effectuées sur deux des secteurs.

la différence maximum de potentiel entre les conducteurs exprimée en volts.

Le service de l'éclairage de la Ville de Paris s'est inspiré de cette clause pour la rédaction du projet de réglementation des canalisations électriques intérieures, actuellement en préparation.

[2] Nous rappelons que le mégohm vaut un million d'ohms.

[3] Chapitre XII. La Ville de Paris et les Sociétés d'électricité.

1° Secteur de la place Clichy.

(*Câbles armés et isolés posés directement dans le sol.*)

Feeder des boulevards. S = 655$^m/_m{}^2$.

		Isolement kilométrique	
Essai du 28 Septembre 1892.	Câble d'aller,	186	mégohms.
Id.	Id. de retour,	129	id.
Id. du 6 Mai 1893.	Id. d'aller,	141	id.
Id.	Id. de retour,	267	id.
Id. du 31 Août 1893.	Id. d'aller,	124	id.
Id.	Id. de retour,	139	id.

Sur les câbles de distribution l'isolement kilométrique descend rarement au-dessous de 400 mégohms. Il atteint parfois 3.000 à 4.000 mégohms. Ces isolements, extraordinairement satisfaisants, montrent avec quel soin le secteur de la place Clichy a exécuté son réseau souterrain. Evidemment, avec le temps, et surtout, au fur et à mesure que l'on établira de nouveaux branchements, l'isolement ira en décroissant. Mais, comme nous l'avons vu, la canalisation est sectionnée de telle façon qu'il sera toujours facile de localiser et de réparer les défectuosités qui pourront survenir.

2° Secteur Edison.

(*Câbles nus posés sur isolateurs en porcelaine dans des caniveaux en béton.*)

Depuis que la Compagnie Edison a remplacé ses caniveaux en poterie par des caniveaux en béton l'isolement de la canalisation a beaucoup gagné. La Compagnie admet comme limite inférieure de l'isolement en un point quelconque de la canalisation 2.500 ohms. Dès que l'isolement tombe aux environs de cette limite, on fait des recherches pour découvrir et réparer les points défectueux. L'isolement moyen se tient aux environs de 40.000 ohms. Voici quelques chiffres pris au hasard sur le registre des isolements de la Compagnie (année 1893).

Câble de la Chaussée d'Antin.

	Février	mars	avril	mai	juin	juillet	août
Câble positif.	59.000^{ohms}	28.000	36.000	26.000	30.000	43.000	43.000
Cable compensateur				à la terre			
Câble négatif.	500.000	72.000	151.000	73.000	34.000	89.000	73.000

Les câbles du secteur des Champs-Elysées ont actuellement un isolement bien supérieur à celui qui est prévu par l'arrêté approbatif de la canalisation de ce secteur. L'isolement kilométrique moyen du câble concentrique par rapport à la terre est, pour les feeders, de 2.000 à 2.500 mégohms. L'isolement général du réseau comprenant feeders, câbles, branchements d'abonné et transformateurs est de 500.000 ohms. La quantité d'électricité perdue par défaut d'isolement est donc excessivement faible. Evidemment plus on établira de branchements et plus l'isolement général décroîtra. Mais il baissera vraisemblablement moins vite que sur un autre secteur puisque les canalisations d'abonnés sont complètement distinctes du réseau de distribution.

L'isolement du RÉSEAU MUNICIPAL est très satisfaisant. On obtient au moins 200.000 ohms pour une partie quelconque du réseau à basse tension et 25 mégohms, dans les mêmes conditions, pour le réseau qui débite du courant alternatif.

Comparaison des divers systèmes de canalisations.—Nous avons vu que l'on employait à Paris pour les grandes distributions d'énergie électrique les trois systèmes de canalisation suivants :

Câbles nus dans des caniveaux (Basse tension).

Câbles isolés dans des caniveaux (Basse et haute tension).

Câbles isolés et armés posés directement dans le sol (Basse et haute tension).

La comparaison de ces divers systèmes de canalisation entre eux ne peut être faite qu'avec une certaine réserve. Il faut songer, en effet, que les plus anciennes canalisations ne datent que de trois ou quatre années. Si courte, cependant, que soit l'expérience acquise en pareille matière, on peut être très affirmatif en ce qui concerne l'une des formes du premier système. Nous voulons parler des caniveaux en poterie qui ont donné des résultats déplorables.

On paraît également décidé à abandonner, pour la basse tension, les câbles isolés posés dans des caniveaux en béton ou en métal. La raison, que nous avons déjà indiquée, est que le surcroît de garantie qu'offre l'isolation des câbles n'est pas en proportion avec le supplément de dépense qu'occasionnent les câbles isolés relativement aux câbles nus.

Ces éliminations restreignent le champ des comparaisons. En fait, en ce qui concerne la distribution des **courants à basse tension** la lutte est circonscrite entre deux systèmes : *câbles nus posés dans des caniveaux en béton ; câbles isolés et armés posés directement dans le sol.*

Occupons-nous d'abord de ces deux genres de canalisations. Il convient d'examiner successivement la pose, l'isolement et le prix de revient.

1° *Pose.* — Il est certain que les câbles armés se posent beaucoup plus rapidement que les canalisations en câbles nus logés dans des caniveaux. Il faut, en effet, pour établir ces dernières, une fouille plus grande que dans le cas des câbles armés et l'on ne peut dérouler les câbles dans les caniveaux que lorsque le béton a fait sa prise complète. On éprouve souvent aussi de la difficulté à contourner avec les caniveaux les nombreux ouvrages que l'on rencontre sous la voie publique, tels que bouches et regards d'égout, bouches d'eau, socles de candélabre, etc.... Avec les câbles armés on peut, au contraire, épouser les tracés les plus sinueux.

2° *Isolement.* — L'isolement des câbles armés est bien supérieur à celui des câbles nus. Le fait s'explique aisément si l'on considère que l'âme des câbles armés est protégée par une gaine isolante ininterrompue, tandis que les câbles nus perdent forcément un peu d'électricité par les nombreux isolateurs qui les supportent et qui, placés dans un milieu toujours humide, sont dans de mauvaises conditions pour conserver un bon isolement. On doit craindre aussi, qu'à la suite d'une rupture accidentelle le caniveau ne soit envahi par l'eau. Des phénomènes d'électrolyse, graves par leurs conséquences, sont alors à redouter. Ces ruptures de caniveaux ne sont pas rares. Il peut s'en produire, par exemple, sous les passages pour portes cochères, quand une voiture trop lourdement chargée vient à défoncer le trottoir ; ailleurs, c'est le sol mal remblayé qui tasse ; parfois même c'est un simple trou de rat qui donne passage aux infiltrations. Rien d'analogue ne se produit avec les câbles armés. Jusqu'à ce moment la couche de plomb protégée par l'armature a parfaitement résisté. On objecte, il est vrai, que l'on ne sait pas combien de temps durera la matière isolante. Mais, comme dans certaines villes de l'Europe des câbles analogues, posés en terre depuis plus de huit ans, présentent encore un isolement excellent on ne voit aucune raison sérieuse pour admettre que pendant huit ans et même seize ans, durée des concessions électriques, on n'obtiendra pas un résultat aussi satisfaisant dans le sous-sol parisien.

On objecte encore qu'au fur et à mesure que l'on établira de nouveaux branchements sur les câbles armés on altérera notablement la résistance d'isolement de ces câbles. Il est certain qu'un branchement, quel que soit le soin avec lequel il est effectué, affaiblit toujours la résistance générale de l'isolant. Mais, ainsi qu'on le constate journellement sur le Secteur de la place Clichy, cette résistance conserve toujours une valeur suffisamment élevée.

3° *Prix de revient.* — Pour les sections moyennes le prix de revient du mètre courant de canalisation est sensiblement le même dans l'un et l'autre système ainsi que le montrent les deux évaluations ci-après :

1° SECTEUR EDISON

Câbles nus dans les caniveaux.

3 fils. — 200 m/m², 100 m/m², 200 m/m².

Caniveau (type réduit), terrassements, transports .	11f,15
Isolateurs.	3 ,30
Câbles	11 ,25
Réfection du trottoir	5 ,50
Main-d'œuvre	1 ,50
Total	32f,70
soit.	33f,00

2° Réseau Municipal

Câbles armés et isolés posés directement dans le sol.

3 fils. — 200m/m², 100m/m², 200m/m².

Câbles	26f,00
Pose et grillage	5,00
	31f,00

Soit 33 francs pour un secteur qui paye plus cher que la Ville la réfection du trottoir.

Pour les fortes sections ou lorsque la canalisation comprend un grand nombre de câbles, le système des caniveaux devient plus économique parce que le prix du caniveau, dont le maximum est de 20 francs pour la Compagnie Edison, se répartit sur une très grosse dépense de cuivre. Mais on peut craindre alors, dès qu'il devient nécessaire d'étendre la canalisation, de se trouver dans l'obligation de modifier les caniveaux, tandis que l'on peut loger un très grand nombre de câbles armés dans une même tranchée.

De cette discussion paraît ressortir un avantage marqué en faveur des câbles isolés et armés. Cette appréciation est d'ailleurs corroborée par ce fait que, pour leurs nouvelles canalisations, la Ville, d'une part, et la Compagnie Parisienne de l'air comprimé, d'autre part, ont fait exclusivement appel aux câbles armés et isolés.

Pour la **haute tension** l'expérience est moins grande. Jusque dans ces derniers temps on avait employé des câbles fortement isolés, logés dans des caniveaux et le système, qui se justifie par la nécessité où l'on est d'obtenir un isolement exceptionnel, a donné et donne encore des résultats excellents à la Société anonyme d'Eclairage et de Force et aux ingénieurs de la Ville, pour le réseau des Halles. Mais, depuis que le Secteur des Champs-Elysées a installé ses canalisations il a été démontré que l'on pouvait également obtenir une très bonne canalisation en employant des câbles isolés et armés.

Pour une section en cuivre de 60m/m², les prix par mètre courant sont les suivants :

1° Réseau Municipal

Câbles isolés posés dans les caniveaux.

2 fils. — 60m/m². — Courant alternatif 2.400 volts.

Caniveaux, terrassements, transports	31f,00
Isolateurs	2,00
Câbles y compris la pose	21,50
Réfection du trottoir	1,50
Total	56f,00

2° SECTEUR DES CHAMPS-ELYSÉES

Câbles concentriques armés, isolés et posés directement dans le sol.

2 fils. — $60^{m}/^{m2}$. — Courant alternatif 3.000 volts.

Terrassements et tuyaux en fonte pour la traversée des chaussées.	3f,00
Câbles y compris la pose et les boîtes de jonction.	16 ,00
Grillages et bardeaux	1 ,50
Réfection des trottoirs ou contre-allées	3 ,50
Total	24f,00

Indépendamment de leur grande facilité de pose les câbles armés pour courants alternatifs à haute tension ont donc l'avantage d'être économiques.

On peut admettre une conclusion identique à l'égard des câbles armés non concentriques pour courants continus de 2.000 à 3.000 volts[1]. Il paraît par suite acquis que les câbles armés et isolés — qu'il s'agisse d'un transport de courant à haute ou à basse tension — ont, à Paris, une supériorité marquée sur tous les autres systèmes de canalisation[2].

[1] Voici quelle serait la dépense, par mètre courant, d'une canalisation formée de 2 câbles armés et isolés pour courants continus de 3.000 volts.

Terrassements et tuyaux en fonte pour la traversée des chaussées.	4f,50
Câbles y compris la pose et les boites de jonction.	13f,00
Grillage et bardeaux.	2f,25
Réfection des trottoirs ou contre-allées.	5f,25
	25f,00

soit 1f de plus que pour une canalisation en câbles concentriques.

[2] Nous rapprocherons de cette conclusion les stipulations de l'arrêté préfectoral type qui règle les conditions d'établissement des canalisations électriques sur et sous les routes nationales et départementales.

Nous y trouvons, en effet, à l'article 17, § 4, les clauses ci-après;

Il est fait exclusivement usage de câbles armés, *dans les cas suivants :*

1° *Lorsqu'il y a intérêt pour la sécurité de la circulation publique ou la conservation des ouvrages à maintenir l'isolement prévu;*

2° *Lorsque les conducteurs rencontrent fréquemment sur leur parcours des conduites métalliques d'eau, de gaz, d'air comprimé ou d'électricité déjà autorisées, ou qu'ils se trouvent à moins de 0m,50 de ces conduites ;*

3° *Lorsqu'ils sont placés dans des conduites métalliques ;*

4° *Lorsque le trottoir a moins de 2 mètres de largeur.*

CHAPITRE X

DISTRIBUTION ET VENTE DE L'ÉLECTRICITÉ

Canalisations intérieures. — L'électricité dans les théâtres et cafés-concerts. — Compteurs électriques. — Vente et prix de l'électricité. — Variations de la distribution. — Prix de revient de l'électricité distribuée.

Annexes. — Instructions générales de la Chambre syndicale des Industries électriques pour l'exécution des installations électriques à l'intérieur des maisons. — Ordonnance du 17 avril 1888 concernant l'emploi de la lumière électrique dans les théâtres, cafés-concerts et autres spectacles publics. — Secteur des Champs-Elysées : (*a*) Police d'abonnement ; (*b*) Conditions d'établissement des branchements ; (*c*) Tarif du courant électrique pour l'éclairage.

Canalisations intérieures. — Le cahier des charges-type spécifie que les Sociétés d'électricité ne peuvent s'imposer aux abonnés pour l'établissement des canalisations établies à l'intérieur des maisons.

Mais, il est clair que les Sociétés ont le droit et le devoir de s'assurer que les canalisations des abonnés sont convenablement établies et que leur isolement est satisfaisant.

Un bon isolement des canalisations intérieures, surtout, est d'une nécessité absolue. Tout le monde y est intéressé : le consommateur, les compagnies, les voisins, voire même le simple promeneur.

Expliquons-nous. — D'abord, remarquons bien qu'il n'existe aucune analogie entre une fuite de gaz et une fuite d'électricité. Un tuyau de gaz vient-il à se fissurer dans votre appartement? Aussitôt le gaz s'échappe comme il le ferait par un brûleur ouvert. Son odeur le signale ; vous fermez le compteur, allez chercher un plombier et vous en êtes quitte pour payer la réparation ainsi que le petit volume de gaz débité par la fuite. Vous seul avez été gêné et l'accident a été purement local.

Supposez, au contraire, qu'il s'agisse d'un conducteur d'électricité, un conducteur positif par exemple. Admettons qu'en un point l'isolant disparaisse et que le cuivre vienne à toucher quelque matière bonne conductrice de l'électricité, comme le plomb d'une canalisation de gaz. Le fluide pourra, dès lors, gagner les conduites publiques de gaz et, de là, remonter chez votre voisin si une *terre* analogue existe sur le conducteur négatif de sa canalisation. Conséquence : perte d'énergie électrique, décompositions électrolytiques, quelquefois même effets physiologiques graves, si vous venez à vous intercaler sur le passage du courant.

Le phénomène est identique si la *terre* existe, non plus chez le voisin, mais même à une distance très éloignée ou encore s'il s'en produit une sur les canalisations de la voie publique. Alors que le gaz se cantonnait dans votre appartement, l'électricité disparaît, retournant vers le sol, prête à s'attaquer, soit aux ouvrages souterrains, soit aux personnes.

L'isolement des canalisations intérieures est donc d'une nécessité bien évidente, et l'on conçoit que les Compagnies se soient préoccupées, dès l'origine, d'imposer aux appareilleurs une série de conditions auxquelles doit satisfaire, avant de pouvoir être mise en charge, toute installation électrique.

Il y a quelque temps chaque Compagnie avait son règlement particulier. Actuellement, on se réfère le plus souvent aux *Instructions générales* élaborées par la Chambre syndicale des Industries électriques. Nous donnons ces instructions aux annexes.

La question la plus intéressante, celle de l'isolement, a été réglée comme il suit : dans une section quelconque de l'installation la perte de courant, qui peut se produire, soit entre un conducteur et la terre, soit entre les deux conducteurs, doit être au plus égale à *un dix-millième* du courant qui alimente les appareils de cette section.

Si l'on applique cette règle au cas qui se présente le plus fréquemment à Paris (distribution à 110 volts), on trouve que l'isolement d'un conducteur, dans lequel passent 10 ampères, doit atteindre

$$R = \frac{1}{0,0001} \times \frac{E}{I} = \frac{110}{0,001} = 110.000 \text{ ohms.}$$

La formule de la Chambre syndicale a l'inconvénient de conduire à des pertes d'énergie un peu fortes lorsque E augmente. Si on considère, en effet, un circuit parcouru par un courant de 10 ampères à 3.000 volts, la quantité d'énergie perdue qui, dans le premier exemple, était de $0^{a},001 \times 110^{v} = 0^{watt},11$ sera dans la dernière hypothèse $0^{a},001 \times 3.000^{v} = 3^{watts}$.

Il serait cependant facile de déterminer une formule conduisant à des pertes d'énergie constantes. Soit R la résistance d'isolement existant entre deux conducteurs dont la différence de potentiel est E. On déterminera la quantité d'électricité perdue pendant l'unité de temps par la formule :

$$I = \frac{E}{R}.$$

La quantité d'énergie perdue étant EI ou $\frac{E^2}{R}$ on devra avoir

$$\frac{E^2}{R} = \text{constante} \qquad \text{d'où} \qquad R = K \times E^2,$$

K étant un coefficient numérique.

Quel doit être ce coefficient? On ne paraît pas encore en mesure de le calculer scientifiquement et la pratique seule peut donner quelques indications sur sa valeur.

Dans un projet de réglementation des installations intérieures actuellement à l'étude les agents du service de l'éclairage de la Ville de Paris ont admis K = 5 et la règle qu'ils formulent est la suivante : *sur toute partie de conducteur pouvant être séparée de l'ensemble, la résistance de l'isolement, soit par rapport à la terre, soit par rapport au conducteur de nom contraire, exprimée en ohms, devra être égale, au moins, à $5E^2$.*[1]

Le même projet de règlement prévoit le cas des installations mixtes de gaz et d'électricité. On établira un raccord isolant sur le branchement de gaz avant son arrivée au compteur et, s'il s'agit de courants continus, la résistance de l'isolement sera le double de celle que présenterait une installation ordinaire.

Le projet de règlement en préparation ne vise pas que les questions d'isolement des canalisations intérieures. Il détermine pour le choix des matériaux, la section des conducteurs, la pose des appareils et des canalisations, etc...., des règles précises qui, si elles sont approuvées, permettront à l'avenir d'exercer une surveillance efficace sur les installations particulières d'électricité.

La situation actuelle est évidemment regrettable. Bien que le décret du 15 mai 1888 ait chargé les Ingénieurs des Postes et Télégraphes de contrôler, d'une manière générale, toutes les installations d'électricité, ceux-ci n'examinent en réalité les canalisations électriques, que pour vérifier qu'elles n'exercent aucun trouble sur les communications télégraphiques ou téléphoniques[2]. Or, l'expérience de ces quelques années a montré que bien d'autres effets pouvaient être à redouter des déperditions de l'électricité. La sécurité de la circulation, la conservation des ouvrages sont des intérêts

[1] Cette règle est déjà appliquée sur le réseau municipal.

[2] Le Ministre du Commerce a d'ailleurs présenté à la Chambre des Députés (séance du 12 décembre 1893) un projet de revision du décret de 1888. Le nouveau décret laissera aux industriels une latitude beaucoup plus grande pour l'exécution des installations électriques à l'intérieur des propriétés privées.

de premier ordre. Ils ne peuvent avoir de gardien plus vigilant que la Ville de Paris dont l'organisation puissante permettra, d'ailleurs, d'exercer un contrôle régulier, sans dépense excessive.

L'électricité dans les théâtres et cafés-concerts. — Si l'Administration n'a pas encore jugé à propos d'intervenir dans les questions d'installations particulières d'électricité, elle a toutefois réglé, depuis longtemps, les conditions d'emploi de la lumière électrique dans certains lieux publics, comme les théâtres et les cafés-concerts.

La surveillance de ces établissements appartenant au Préfet de Police, c'est à ce fonctionnaire qu'est échu le soin d'arrêter, par une ordonnance, les dispositions à suivre.

Cette ordonnance date du 17 Avril 1888[1]. A ce moment, les secteurs n'étaient pas organisés et chaque établissement fabriquait dans ses sous-sols ou ses dépendances l'électricité nécessaire à son éclairage. C'est pourquoi l'ordonnance règle non seulement les conditions d'installation des conducteurs et appareils, mais aussi celles d'établissement des chaudières, moteurs et dynamos.

Maintenant que presque tous les théâtres et cafés-concerts prennent leur électricité sur les canalisations publiques, on n'a pas souvent à appliquer ces dernières prescriptions.

Nous devons signaler également, dans l'ordonnance, un chiffre qui a vieilli. C'est celui qui est fixé pour l'isolement des conducteurs (article 18). « *En tous temps la perte des circuits par défaut d'isolement devra être inférieure au* **millième** *du courant qui les parcourt.* » Nous avons vu, au contraire, que la chambre syndicale demandait **un dix-millième**.

L'emploi de l'électricité dans les théâtres ne dispense pas d'organiser un éclairage de secours. L'ordonnance prévoit qu'il sera assuré par deux batteries d'accumulateurs, l'une côté cour, l'autre côté jardin, et alimentant chacune un circuit spécial, complètement indépendant des circuits généraux. Il n'y a, de cette façon, aucune extinction totale à redouter.

Compteurs électriques.— Les compteurs électriques ont la même utilité que les compteurs à gaz. On s'est donc préoccupé, dès qu'il a été question d'établir des distributions d'énergie électrique, de trouver des appareils de mesure, exacts, simples et robustes.

De même que le compteur à gaz n'est arrivé que peu à peu à l'état de perfection qu'il présente aujourd'hui, de même il faut s'attendre à ce que les compteurs électriques, actuellement en usage, soient successivement simplifiés et améliorés. Certes, quelques-uns de ces appareils sont d'ores et déjà

[1] Voir cette ordonnance aux annexes.

des instruments dans lesquels le consommateur et les Compagnies peuvent avoir toute confiance; mais l'industrie électrique est d'origine trop récente pour que, de ce côté, l'on n'ait pas encore de nouveaux progrès à espérer.

Il convient, d'ailleurs, de remarquer que la mesure de l'énergie électrique est un peu plus compliquée que celle du gaz. Dans une distribution d'énergie électrique interviennent non-seulement l'intensité du courant I qui se mesure en *ampères*, mais encore la tension E du courant qui s'exprime en *volts*. En réalité c'est l'expression $E \times I$ (en *watts*) qui doit servir de mesure au courant consommé.

Pour le gaz, les variations de pression qui se produisent dans les canalisations sont si faibles qu'un compteur au volume se justifie entièrement. Dans l'expression $E \times I$, au contraire E et I ont la même importance. Par suite, si E varie seulement de 3 à 4 °/₀, il en sera de même du produit $E \times I$.

A la vérité, comme à Paris les distributions se font à potentiel constant (généralement $E = 110$ volts), on conçoit qu'il suffise de mesurer I avec un *ampère-heure-mètre*. Mais, comme finalement le courant s'évalue en *watts*, il est bien préférable de le mesurer de suite en *watts*. L'abonné voit alors clairement ce qu'il dépense et, d'autre part, il est sûr, que, si le potentiel vient à baisser accidentellement sur le réseau, il ne paiera toujours que ce qu'il consomme. Les appareils qui donnent immédiatement ce produit $E \times I$ sont des *watts-heure-mètres*. Ce sont les compteurs les plus répandus à Paris.

Quel que soit le système de compteur employé, il convient que l'appareil n'absorbe pas, pour son fonctionnement, une quantité notable d'énergie électrique. Cette difficulté n'a pas toujours été très heureusement résolue. A ce point de vue le compteur électrique est inférieur au compteur à gaz dont le mouvement n'entraîne qu'une perte de pression absolument négligeable.

La Ville de Paris a su, par des concours, stimuler le zèle des inventeurs et des fabricants. Le premier a été décidé par un vote du Conseil Municipal en date du 11 décembre 1888. Une somme de 20.000 francs devait être distribuée en prix. Vingt-six appareils furent présentés. Après examen, le jury conclut qu'il n'y avait pas lieu de décerner de prix, mais qu'il convenait d'accorder à titre de primes d'encouragement, 2.000 francs à M. Cauderay, 2.000 francs à M. Aron, 1.000 francs à M. Brillié, 1.000 francs à M. Blondlot et 1.000 francs à M. Jacquemier.

Un nouveau concours fut ouvert par arrêté préfectoral du 29 septembre 1890. Le programme, rédigé par M. Potier, professeur à l'Ecole Polytechnique, était le suivant :

Article premier. — Un concours est ouvert entre tous les inventeurs de compteurs électriques pouvant s'appliquer soit aux courants continus seuls, soit aux courants alternatifs seuls, soit simultanément aux deux formes de courant.

Art. 2. — Les appareils présentés pourront être ou des compteurs d'électricité (ampères-heure-mètres) ou des compteurs d'énergie (watts-heure-mètres).

Art. 3. — Le compteur devra être à lecture directe et le consommateur devra pouvoir se rendre compte lui-même des quantités consommées.

Art. 4. — Les compteurs devront être appropriés aux faibles consommations ; les compteurs d'électricité devront fonctionner à partir de deux dixièmes d'ampère, les compteurs d'énergie à partir de 20 watts.

Art. 5. — Les compteurs, accompagnés d'une notice explicative, devront être déposés, sous une enveloppe cachetée, à l'usine municipale des Halles du 25 au 31 octobre 1890, terme de rigueur. Il en sera délivré récépissé.

Art. 6. — Les compteurs présentés seront soumis au jugement d'une Commission composée de neuf membres, dont cinq désignés par le Conseil Municipal et quatre par l'Administration.

Art. 7. — Les appareils seront soumis à des expériences comparatives qui porteront :

(*a*) sur leur exactitude dans toute l'échelle des débits dont ils sont susceptibles ;

(*b*) sur leur valeur pratique (régularité de marche, simplicité, prix de revient, etc...) ;

(*c*) sur l'énergie dépensée par leur fonctionnement ;

(*d*) sur le trouble apporté par leur emploi dans la distribution du courant.

Art. 8. — Une somme de 13.000 francs sera distribuée en primes dans les conditions suivantes :

10.000 francs à l'inventeur qui produira un compteur donnant toute satisfaction, et applicable aussi bien aux courants alternatifs qu'aux courants continus. Dans le cas où le compteur ne s'appliquerait qu'à une des deux formes du courant, l'inventeur n'aurait droit qu'à la moitié de la prime

Des primes s'élevant à 2.000 francs pour les compteurs destinés à la fois aux courants alternatifs et aux courants continus et à 1.000 francs pour les compteurs applicables seulement à l'une des sortes de courants, pourront être attribuées aux inventeurs dont les appareils auront réalisé un progrès important.

Cinquante-un compteurs furent présentés. Les essais commencés le 3 janvier 1891, se continuèrent jusqu'au 17 mai 1891. Une sous-commission composée de MM. Carpentier, Hospitalier, Mascart, Potier, G. Roux et Laffargue fut spécialement chargée de les diriger. Le fonctionnement des appareils expérimentés fut beaucoup plus satisfaisant que lors du premier concours et cinq prix purent être décernés.

Voici d'ailleurs les conclusions de la Commission :

La Commission est d'avis : que les compteurs Aron et Thomson remplissent toutes les conditions exigées par le deuxième paragraphe de l'article 8 du programme du concours et propose de partager entre eux la prime de 10.000 fr. attribuée à l'inventeur qui produira un compteur donnant toute satisfaction et applicable aussi bien aux courants alternatifs qu'aux courants continus.

La Commission est d'avis que les appareils présentés par M. Frager et M. Marès ont réalisé des progrès importants et propose d'attribuer trois prix de 1.000 fr. à ces appareils, savoir : 1.000 francs à M. Frager (courants alternatifs), 1.000 francs à M. Frager (courants continus), 1.000 francs à M. Marès (courants continus), conformément au 4e paragraphe de l'article 8.

Depuis le concours de 1891, la fabrication des compteurs n'a fait que progresser. Aussi, maintenant, le compteur électrique est-il admis par la population parisienne et ce n'est qu'exceptionnellement que l'on rencontre des abonnements à l'heure ou à forfait.

Les compteurs les plus employés sont les compteurs Thomson, Aron, Frager, Cauderay, et Brillié.

Les polices d'abonnement des divers secteurs spécifient que les Compagnies sont tenues de fournir en location des compteurs électriques et que ces compteurs devront être agréés par l'Administration. Cette clause est bien appliquée en ce qui concerne la location des compteurs, mais l'Administration n'a pas encore jugé à propos d'accorder son estampille aux divers systèmes employés. Elle ne vérifie pas non plus l'étalonnage des compteurs électriques comme elle le fait pour les compteurs à gaz. Cette situation n'est évidemment que transitoire. L'intérêt de la Ville, celui du public justifient pleinement une vérification administrative. Il paraît possible d'y procéder, maintenant que le compteur électrique est devenu un appareil vraiment industriel et d'une précision comparable à celle des compteurs d'eau ou des compteurs à gaz.

Vente et prix de l'électricité. — Nous avons dit que l'électricité se payait soit à forfait, soit au compteur. Le forfait est l'exception. Il n'est guère employé que pour de grands établissements ou pour certains théâtres.

Qu'il s'agisse d'un forfait ou d'une consommation au compteur, les Compagnies sont maîtresses de leurs tarifs, à la condition toutefois de ne pas dépasser un maximum de 0f,15 pour l'hectowatt-heure. Si l'énergie électrique est destinée à actionner un moteur, on ne doit pas dépasser 0f,45 pour l'équivalent d'un cheval-heure. Ce prix correspond à environ 0f,06 l'hectowatt-heure, puisque 1 cheval représente 736 watts.

Un autre maximum figure dans le cahier des charges. C'est celui de 0f,045 pour la carcel-heure. Il est rarement appliqué. C'est que l'évaluation rigoureuse en carcels des divers foyers électriques est assez difficile. Rien ne prête davantage à contestation. Pour les lampes à arc, en particulier, la difficulté est telle que l'on a renoncé à évaluer la puissance des foyers en carcels. On dit une lampe de 6, de 8, de 10 ampères, etc... sans faire intervenir l'intensité lumineuse.

Quel que soit le mode de l'abonnement, il doit faire l'objet d'une police dont le modèle a reçu l'homologation de l'Administration. Nous croyons inutile d'examiner les dispositions de détail des diverses polices en usage. Mais, afin de renseigner les municipalités dont beaucoup sont sollicitées par des Compagnies d'électricité, nous donnons aux annexes l'une de ces polices. (Secteur des Champs-Elysées).

Lorsqu'une police est signée, la Ville doit en recevoir un duplicata. Elle peut ainsi suivre, au jour le jour, les développements de l'électricité.

Les prix moyens de vente de l'hectowatt-heure au compteur pour les quatre dernières années ont été les suivants :

SECTEURS	ANNÉES			
	1890	1891	1892	1893
Société anonyme d'Eclairage et de Force[1]	0f,1293	0f,1223	0f,1154	0f,1129
Secteur Edison	0f,1220	0f,1179	0f,1176	0f,1178
Secteur de la place Clichy	0f,1310	0f,1284	0f,1240	0f,1254
Compagnie parisienne de l'air comprimé	0f,1197	0f,1158	0f,1147	0f,1133
Secteur des Champs-Elysées	»	»	»	0f,1272

Sur le réseau municipal, les Ingénieurs qui dirigent l'usine ne peuvent, comme ils le feraient dans l'industrie, faire varier, selon les affaires à traiter, le prix de vente de l'électricité. Mais, comme le prix fixé par les premières polices (0f,15 l'hectowatt-heure) était manifestement trop élevé, ils ont fait approuver par le Conseil Municipal un tarif à échelle variable favorisant les grosses consommations. Chaque abonné paie, d'abord, une taxe d'abonnement mensuelle de 2f,50 par hectowatt de puissance d'installation, puis une

[1] Les prix donnés s'appliquent aux abonnés autres que la Compagnie du Nord. Celle-ci bénéficie, en effet, de prix très bas. (Moins de 0f,05 d'après les renseignements fournis à la Ville).

taxe de consommation oscillant de 0f,095 par hectowatt-heure consommé, à 0f,066, suivant que la consommation varie de 1 à 1.140 hectowatts.

A Paris les forfaits sont de plus en plus abandonnés. Presque toujours ils ont donné lieu à d'irritantes contestations, en raison de la tendance fréquente qu'ont les abonnés à se livrer à un véritable gaspillage de lumière. On en rencontre surtout sur le secteur de la Société Anonyme d'Eclairage et de Force et sur celui de la Compagnie Parisienne de l'Air comprimé.

Sur le réseau des Halles, il existe un gros abonné à forfait : Ce sont les magasins de la Belle Jardinière, qui paient une somme annuelle de 80.000f pour 100 lampes à arc de 8 ampères et 1.500 lampes à incandescence de 16 bougies. Ce forfait, très onéreux pour la Ville, ne sera certainement pas renouvelé.

Nous verrons plus loin que, pour assurer l'éclairage de certaines voies publiques par des lampes à arc, la Ville a passé avec quelques-unes des Sociétés des conventions spéciales. L'unité prévue pour l'évaluation des dépenses est la lampe-heure. Ce système est très admissible, puisque les lampes doivent fonctionner selon un horaire déterminé. Il faut cependant vérifier de temps en temps que le débit de la lampe est invariable. Généralement on paie la lampe-heure de 10 ampères à raison de 0f,40. Ce prix comprend l'entretien des lampes et le remplacement des charbons.

Pour l'éclairage des bâtiments communaux par l'incandescence, la Ville ne s'est réservé, dans les cahiers des charges des Sociétés, aucune réduction sur les prix du public. Il lui faut donc, pour chaque cas spécial, débattre le prix applicable comme un simple particulier.

Variations de la distribution. — Les variations de la distribution sont intéressantes à connaître parce qu'elles montrent très bien les développements successifs de l'électricité.

A ce point de vue, ce sont surtout les variations annuelles qu'il importe d'établir. Mais il est évident que, dans toute exploitation, les variations soit mensuelles, soit journalières, méritent aussi d'être étudiées de près.

Considérons les *variations journalières*. Actuellement le grand éclairage ne dure, chaque jour, que pendant quatre ou cinq heures au plus. Le reste du temps la consommation est presque nulle. Cette situation est évidemment incompatible avec un bon rendement, puisque le matériel doit être établi en vue d'une consommation considérable très courte et que, pendant une grande partie de la journée, il reste inutilisé. Dans l'industrie du gaz, où l'on rencontre une situation analogue, quoique bien moins sensible en raison de l'emploi du gaz pour le chauffage des cuisines, on a la ressource des gazomètres. On ne saurait comparer à ces appareils si simples les accumulateurs électriques, qui sont bien susceptibles d'emmagasiner de l'électricité, mais dont le rendement est encore très défectueux.

Il importe, par suite, de développer le plus possible les applications accessoires de l'électricité. Les moteurs électriques si peu encombrants, si robustes, si pratiques apparaissent, en première ligne, comme pouvant équilibrer la consommation journalière de l'électricité. Le public se montre actuellement un peu réfractaire à leur emploi[1]. Mais le transport de la force par l'électricité offre tellement d'avantages qu'il est bien permis d'espérer que le moteur électrique finira par avoir sa place dans tous les ateliers.

Les *variations mensuelles* sont difficiles à éviter. La plus grande consommation a lieu en décembre ; la plus faible généralement en juin. Ces variations offrent moins d'intérêt que les variations journalières. On peut d'ailleurs profiter des époques de chômage pour vérifier et réparer les machines.

Les *variations annuelles*, en ce qui concerne les secteurs, sont résumées dans le tableau ci-après.

SECTEURS	ANNÉE 1890		ANNÉE 1891		ANNÉE 1892		ANNÉE 1893	
	Hectowatts-heure vendu au compteur	FORFAITS	Hectowatts-heure vendu au compteur	FORFAITS	Hectowatts-heure vendu au compteur	FORFAITS	Hectowatts-heure vendus au compteur	FORFAITS
Société anonyme d'éclairage et de force.......	3 313 000[2]	131 000f	8 092 000[2]	204 000f	11 679 000[2]	243 000f	14 000 000[2]	126 000f
Secteur Édison..........	5 763 154	40 000	10 477 000	58 000	14 382 000	80 000	15 864 000	73 000
Secteur de la place Clichy.	327 000	2 000	2 854 000	»	5 405 000	»	7 410 000	»
Compagnie parisienne de l'air comprimé........	1 866 000	90 000	4 929 000	260 000	8 638 000	317 000	11 440 000	214 000
Secteur des Champs-Elysées	»	»	»	»	»	»	1 335 000	»

Sur le réseau de l'usine municipale des Halles on a distribué pendant les quatre années considérées les nombres d'hectowatts-heure ci-après (forfaits compris).

DÉSIGNATION DU RÉSEAU	ANNÉE 1890	ANNÉE 1891	ANNÉE 1892	ANNÉE 1893
Réseau municipal alimenté par l'usine des Halles. . .	4.521.438	6 868.310	7.433 488	7.803.883

Pour connaître exactement la quantité totale d'énergie électrique consommée dans Paris il faudrait ajouter aux chiffres indiqués par les deux tableaux qui précèdent ceux correspondant aux usines autres que celles des secteurs

[1] Le cahier des charges type fixe le prix du cheval-heure à 0f,45. Ce prix est élevé. Mais des réductions considérables sont souvent accordées par les Sociétés d'électricité.

[2] Y compris l'électricité consommée par la gare du Nord.

et l'usine municipale des Halles. Pour quelques-unes nous pourrions donner des chiffres assez précis. Mais, comme ils n'auraient généralement aucun caractère officiel et que leur authenticité ne pourrait être affirmée, nous préférons les laisser de côté.

Au surplus on se fera une idée suffisamment complète de la situation actuelle de la consommation électrique dans Paris en se reportant à la statistique, qui sera donnée plus loin, des divers appareils (lampes à arc ou à incandescence) employés pour l'éclairage électrique.

Prix de revient de l'électricité distribuée. — Le prix de revient de l'électricité distribuée diffère naturellement beaucoup du prix de revient de l'électricité dans les usines, tel que nous l'avons donné dans un chapitre précédent.

Les éléments principaux qui interviennent pour augmenter le prix de revient sont :

1° la perte d'énergie provenant soit de la perte en ligne, soit du fonctionnement des appareils de réglage, de transformation ou de secours (dynamos régulatrices, transformateurs, accumulateurs, etc....),

2° les frais de distribution,

3° les frais généraux,

4° les frais d'emprunts et les frais d'amortissement du capital de premier établissement.

La perte d'énergie varie suivant les secteurs dans de grandes limites. Il est clair, par exemple, que là où toute l'électricité passe, avant d'être distribuée, par des accumulateurs, on perd déjà, en énergie, de 30 à 50 °/₀ du courant de charge. C'est une perte analogue, quoique moindre, qu'entraîne la transformation des courants alternatifs à tensions élevées. Les appareils de réglage, l'excitation des dynamos absorbent aussi beaucoup d'électricité. C'est dans ces pertes également que rentre l'électricité consommée par les usines pour leur éclairage, pour la mise en mouvement des pompes, des ventilateurs, etc....

Ces pertes ne sont pas toujours commodes à évaluer séparément. Mais on connaît exactement leur somme en retranchant du nombre d'hectowatts-heure produits par les machines, le nombre d'hectowatts-heure vendus aux consommateurs. C'est un calcul analogue à celui que nous avons déjà fait pour le gaz. Mais, alors que les pertes de gaz ne dépassent pas 5 à 6 °/₀ de la production, les pertes d'énergie électriques atteignent de 20 à 70 °/₀ de la production. On voit qu'elles ont une influence capitale sur le prix de revient final.

Les frais de distribution, les frais généraux, les frais d'emprunts et d'amortissement sont variables suivant les secteurs. Et même, dans chaque secteur, ces frais varient beaucoup d'une année à l'autre. Témoin par exemple le secteur de la place Clichy où l'amortissement qui, pour l'exercice 1891-1892, avait été fixé à 48.768f,35 a été porté à 131.468f,20 en 1893. Ces chiffres devront évidemment être très fortement augmentés dans la suite, si la Société veut amortir complètement d'ici au 16 avril 1907, date d'expiration de la concession, son capital de premier établissement.

Le prix de revient de l'électricité distribuée est par suite susceptible de varier d'année en année beaucoup plus que le prix de revient de la production. On ne peut donc attacher au prix de revient actuel qu'une importance assez limitée et nous nous bornerons à le calculer pour le secteur de la place Clichy, qui passe pour être l'une des Sociétés les plus sagement administrées.

En l'absence de documents statistiques précis permettant d'évaluer la série des dépenses à ajouter au prix de la fabrication, nous opèrerons d'après le dernier bilan de la Société. Nous y trouvons que les dépenses effectuées du 1er juillet 1892 au 31 juin 1893 ont été les suivantes :

Dépenses de l'exploitation	391.204f,95
Frais généraux	68.772f,75
Intérêt des obligations.	117.952f,20
Amortissement	131.468f,20
Charges municipales	40.547f,50
Total	749.945f,60

Le nombre d'hectowatts-heure distribués pendant la même période ayant été de 7.176.191 hectowatts-heure (dont 6.486.221 pour l'éclairage au compteur et 689.970 pour l'éclairage public) on voit que l'hectowatt-heure revient à

$$\frac{749.945^{f},60}{7.176.191} = 0^{f},104.$$

Si, au contraire, on ne tenait compte ni des intérêts, ni de l'amortissement, on trouverait 0f,07.

Il est facile d'autre part de comparer ces prix de revient au prix moyen de vente au compteur, prix qui, pour la période considérée, a été égal au chiffre des recettes des abonnements divisé par le nombre d'hectowatts-heure vendus. C'est

$$\frac{804.991^{f}}{6.486.221} = 0^{f},1241.$$

Sur le réseau municipal on n'a pas de capital à amortir. La dépense de loyer est également nulle, puisque l'usine est établie dans un bâtiment municipal. Si, cependant, on admet un amortissement et un loyer fictifs et si on suppose que le capital non amorti doit être rémunéré au taux de 5 %, on obtient pour le prix de l'hectowatt-heure les valeurs suivantes :

	1891	1892
	—	—
Dépenses de l'exploitation	427.810f,29	564.927f,05
Frais généraux	8.079f,30	8.648f,17
Intérêts fictifs	39.505f,13	38.308f,40
Amortissement fictif	50.405f,79	49.965f,25
Total.	525.800f,51	661.848f,87
Hectowatts-heure vendus.	6.868.310	7.433.488
Prix de revient de l'hectowatt-heure	7centimes,65	8centimes,90

La différence existant entre les deux prix de revient se justifie par l'importance des réparations ou améliorations auxquelles on a procédé en 1892.

A la gare de l'Est on obtient l'hectowatt-heure à 5 centimes 13, chiffre notablement plus satisfaisant. Mais il convient de remarquer que la canalisation qu'a nécessitée l'éclairage de la gare est beaucoup moins dispendieuse que celle que comporte un service public.

Plus loin nous parlerons de l'éclairage des grands magasins. La dépense qu'ils accusent est d'environ 5 centimes l'hectowatt-heure, tout compris.

ANNEXES

Instructions générales de la Chambre syndicale des Industries électriques pour l'exécution des Installations électriques à l'intérieur des maisons.

I. — QUALITÉ DES MATÉRIAUX

1. — Tous les *câbles* et *fils* conducteurs seront en cuivre d'une conductibilité au moins égale à 90 °/₀ de celle du cuivre pur[1].

2. — La *section* sera déterminée par la condition que la perte de charge, entre le coffret de branchement et la lampe la plus éloignée, ne dépasse pas 3 °/₀ du voltage au coffret.

En outre, elle devra être toujours suffisante pour que le passage accidentel d'un courant d'une intensité double de la normale ne détermine pas un échauffe-

[1] On entend par là la conductibilité qui correspond à une résistance spécifique inférieure à 1,80 microhm centimètre.

ment supérieur à 40°. Ce résultat sera obtenu en général si la densité du courant ne dépasse pas :

3 ampères par m/m carré pour des sections de 1 à 5m/m carrés.
2 — — — 5 à 50m/m carrés.
1 — — au dessus de 50m/m carrés.

Enfin on n'emploiera aucun conducteur dont l'âme soit formée par un fil unique d'un diamètre inférieur à 9/10 de millimètre.

3. — L'emploi des fils nus, interdit en principe, pourra être autorisé dans certains cas particuliers.

Quelle que soit la nature des locaux, la couverture isolante du fil, ou la gaine de protection mécanique, doit être (l'une ou l'autre) *imperméable.*

4. — L'*isolation* sera obtenue par une ou plusieurs couches de matières non conductrices, placées directement sur l'âme de cuivre. Cette couverture isolante devra être assez solide pour résister aux détériorations dues au montage.

5. — *Protection mécanique.* — En règle générale les fils seront toujours pourvus d'une protection mécanique indépendante de leur couverture isolante.

Si les conducteurs sont posés sur les murs dans des locaux humides, cette protection devra former une gaine imperméable.

On pourra employer les bois moulurés dans les locaux secs. Ces moulures devront être en bois bien sec, et fermées à l'aide de couvercles.

Lorsque les fils seront laissés apparents dans des locaux secs, ce qui n'aura lieu autant que possible que hors de portée de la main, ils devront être protégés par un ruban, une tresse, ou toute autre couverture indépendante de la matière isolante.

6. — *Interrupteurs.* — La matière fornant la base des interrupteurs devra être appropriée à la nature de l'emplacement qu'ils occuperont. Les interrupteurs devront assurer un bon contact et ne pas s'échauffer par le passage du courant.

Lorsque la rupture peut donner lieu à un arc notable, par exemple au-dessus de 5 ampères sous 100 volts, il est nécessaire que l'appareil ne puisse pas rester dans une position intermédiaire et que son support soit en matière incombustible et indéformable.

7. — *Coupe-circuits et fils fusibles.* — Les coupe-circuits doivent être disposés de telle sorte que la fusion d'un fil fusible ne détermine pas de court-circuit.

Les fils fusibles doivent être faciles à remplacer, ne pas donner lieu à des projections de métal fondu.

Ils devront être marqués d'un chiffre bien apparent, représentant le cou-

rant normal pour lequel ils sont établis. Ils devront fondre pour un courant au plus égal au triple du courant normal.

8. — *Lampes à arc.* — Les lampes à arc seront toujours pourvues d'enveloppes et de cendriers. Les lampes placées à l'extérieur auront leurs bornes bien protégées de la pluie et des chocs.

Les rhéostats devront être montés sur matière incombustible et non hygrométrique. Leurs fils seront calculés de manière à ne pas dépasser la température de 200° en fonctionnement normal.

II. — CONDITIONS DE POSE

9. — *Conducteurs.* — Les moulures servant de protection mécanique aux conducteurs ne doivent présenter aucune discontinuité dans les raccords ou dans les angles vifs. Les conducteurs n'y seront maintenus que par le couvercle.

On ne pourra pas mettre deux fils dans la même rainure.

Aux croisements des tuyaux de gaz, il y aura un supplément d'isolement et de protection mécanique.

A la traversée des murs et plafonds la protection mécanique sera avantageusement formée d'un tube en matière dure et à angles arrondis.

Si ce tube est métallique, une gaine isolante supplémentaire devra recouvrir le fil et déborder les extrémités du tube. Lorsque des conducteurs séparés seront apparents, ils seront à un écartement minimum d'un centimètre, et assujettis de manière à conserver cet écartement.

10. — *Fils doubles.* — Des conducteurs doubles, renfermant, sous une même tresse ou ruban, les deux fils isolés séparément peuvent être employés ; mais l'isolement électrique des deux âmes et leur écartement devront être parfaitement assurés. Cette prescription est également applicable à des conducteurs de même polarité.

11. — *Fils souples.* — Les fils souples ne seront employés que lorsqu'ils sont inévitables. Ils seront reliés aux appareils de telle sorte que la traction ne puisse déchirer l'isolement des fils. Leurs raccordements avec des fils massifs seront faits par des soudures soignées.

Il sera placé un fil fusible simple à l'un des points d'attache d'un fil souple à deux conducteurs.

12. — *Soudures.* — Les soudures seront faites en évitant l'emploi des substances décapantes liquides. Elles ne devront pas former des points faibles, soit mécaniquement, soit électriquement, et l'isolement électrique devra être rétabli avec des matières isolantes équivalentes à celles qui servent d'enveloppe aux câbles et fils.

13. — *Tableaux et petits appareils.* — Il est toujours désirable que le

départ des circuits s'effectue à partir de tableaux sur lesquels la subdivision est poussée aussi loin que possible. Ces tableaux seront écartés des murs, et les attaches des fils et câbles seront autant que possible sur la face apparente. Il faut prendre les précautions nécessaires pour qu'un court-circuit n'y puisse pas être produit par le contact d'un objet métallique.

14. — *Coupe-circuits.* — Chaque circuit sera pourvu à son origine d'un double coupe-circuit. Chaque branchement en sera également pourvu ; et de même chaque subdivision dans laquelle l'intensité peut atteindre 5 ampères. Ce coupe-circuit devra être facilement accessible et mis à l'abri des matières inflammables.

15. — *Appareillage.* — Si des appareils portent chacun un grand nombre de lampes, celles-ci seront divisées en plusieurs groupes, consommant chacun 5 ampères au plus, et chaque groupe sera muni de son double coupe-circuit.

Les appareils tels que lustres, appliques, etc., exclusivement employés à l'électricité seront isolés électriquement à leur point d'attache, et la masse des appareils ne devra pas faire partie intégrante du circuit.

Les douilles y seront fixées de manière à ne pas pouvoir tourner.

Lorsque les appareils servent à la fois au gaz et à l'électricité ils devront remplir les conditions suivantes :

1° La masse de l'appareil sera isolée électriquement de la canalisation du gaz, par 500.000 ohms au moins.

2° Les douilles des lampes incandescentes ou la masse de la lampe à arc seront elles-mêmes isolées électriquement de celle de l'appareil.

3° Enfin les fils isolés et protégés seront assujettis en épousant les formes de l'appareil, et de manière à n'être pas détériorés par la chaleur du gaz.

16. — *Lampes à arc.* — Chaque circuit de lampes à arc comprendra un interrupteur et un plomb fusible. Si l'on fait usage de résistances, elles seront placées de manière à éviter le contact de toute matière inflammable, assez éloignées de la paroi pour que celle-ci n'ait rien à craindre de l'échauffement du fil et disposées de telle sorte que la circulation de l'air soit assurée.

17. — *Isolement.* — L'isolement devra être tel que, dans une section quelconque de l'installation, la perte du courant qui peut se produire, — soit entre un conducteur et la terre, soit entre les deux conducteurs, — soit au plus égale à *un dix-millième* du courant qui doit alimenter les appareils de cette section. Par exemple, un branchement parcouru par 10 ampères devra posséder un isolement tel, que le courant n'y excède pas $0^a,001$; dans ce cas, sur un circuit à 100 volts, la valeur de l'isolement sera donc au moins $100/0,001 = 100.000$ ohms.

Ordonnance du 17 Avril 1888, concernant l'emploi de la lumière électrique dans les Théâtres, Cafés-Concerts et autres spectacles publics.

NOUS, Préfet de Police,

Vu : la loi des 16-24 août 1790 (titre XI, article 3, § 5) et celle des 19-22 juillet 1791 (article 46, § 1) ;

Les arrêtés du Gouvernement du 1er germinal an VII, 12 messidor an VIII, et 3 brumaire an IX ;

Le décret du 6 janvier 1864 (article 2) ;

Les décrets des 30 avril 1880 et 20 juin 1886 ;

Les ordonnances de police des 16 mai 1881, 21 février et 12 novembre 1887 ;

L'arrêté du 10 mars 1888, instituant une Commission technique chargée de la vérification de l'installation de l'éclairage électrique dans les théâtres ;

Vu l'avis du Conseil d'hygiène, celui de la Commission technique et la délibération de la Commission supérieure des théâtres en date du 29 mars 1888 ;

Considérant que l'emploi de la lumière électrique tend à se généraliser et qu'il y a lieu, pour prévenir les dangers d'incendie et assurer la sécurité du public, de soumettre ce mode d'éclairage à une réglementation spéciale lorsqu'il sera mis en usage dans les théâtres, cafés-concerts et autres spectacles publics ;

ORDONNONS ce qui suit :

Chapitre premier. — *Formalités préliminaires.*

Article premier. — Toute personne voulant installer la lumière électrique dans un théâtre, café-concert ou autre lieu public soumis à notre autorisation, est tenue d'en faire la déclaration à la Préfecture de Police.

Il sera joint à l'appui de la demande :

1° Un plan détaillé, en triple exemplaire, indiquant : l'emplacement des générateurs, des machines à vapeur, à gaz ou à air, des machines dynamo-électriques, des piles, des accumulateurs, et le tracé des conducteurs ;

2° Une note explicative sur les machines motrices, leur force en chevaux-vapeur, sur les machines dynamo-électriques et sur les lampes à arc ou à incandescence, leur nombre et leur pouvoir éclairant ;

3° Un échantillon de chacun des conducteurs, avec une note détaillée sur la distribution des circuits, la nature et le diamètre des conducteurs et le courant qui doit les traverser.

Art. 2. — Les travaux ne pourront être commencés qu'après que l'Administration aura fait notifier au déclarant s'il y a ou non des modifications à introduire dans l'exécution des plans et projets déposés.

Art. 3. — La mise en usage de l'éclairage électrique ne pourra avoir lieu qu'après avis favorable de la Commission supérieure des théâtres et après qu'un éclairage d'essai aura été fait devant la Commission technique.

Art. 4. — Après réception des appareils, aucune modification ne pourra être apportée à l'installation, sans l'accomplissement des mêmes formalités.

CHAPITRE II. — *Chaudières, Machines et Conduits de fumée.*

Art. 5. — Les machines à vapeur, les machines à gaz ou les machines à air actionnant les machines dynamo-électriques, et les foyers des machines à vapeur, ne pourront être placés dans les parties du local accessibles au public ou aux artistes.

Ces machines seront installées de manière à offrir toute sécurité contre les accidents.

Art. 6. — Les foyers des chaudières à vapeur et le combustible destiné à leur alimentation devront être placés dans des locaux distincts construits en matériaux complètement incombustibles, avec portes en fer, et séparés des autres dépendances de l'établissement par des murs en maçonnerie, ainsi que par des voûtes ou des planchers en fer, hourdés de briques, d'épaisseur suffisante.

Ces locaux seront bien aménagés, ils seront convenablement ventilés, soit naturellement par des prises d'air débouchant hors des voies publiques, ou par des courettes suffisamment isolées des dépendances de l'établissement, soit par des moyens mécaniques.

Art. 7. — On se conformera, pour l'installation des chaudières à vapeur, aux règlements d'administration publique en vigueur.

Art. 8. — Les conduits de fumée seront en briques d'une épaisseur et d'une section suffisantes pour l'importance des foyers qu'ils desservent. Ils seront toujours montés à cinq mètres en contre-haut des souches des cheminées voisines.

Ces conduits de fumée devront être placés à l'extérieur des bâtiments, dans les cours ou courettes, à moins de dispositions particulières spécialement autorisées, après avis de la Commission supérieure des théâtres.

En aucun cas, ces cheminées ne devront produire de fumées épaisses ou incommodes; on emploiera soit des appareils fumivores efficaces, soit des combustibles maigres.

CHAPITRE III. — *Piles, Accumulateurs et Machines dynamo-électriques.*

Art. 9. — Les piles électriques, les accumulateurs, seront installés dans un local spécial bien ventilé et, dans le cas d'émission de vapeurs nuisibles, placés sous des hottes avec cheminées d'appel entraînant les gaz et les vapeurs au-dessus des toits. Les acides et autres produits chimiques destinés à leur entretien seront enfermés dans un local spécial et ne devront jamais rester à la disposition du personnel étranger à ce service.

Art. 10. — Les machines dynamo-électriques seront placées dans un endroit sec, ne contenant aucune matière facilement inflammable et à l'abri des poussières. Elles seront convenablement isolées et toujours tenues en état de propreté.

L'installation devra offrir toute garantie de sécurité ; des dispositions spéciales seront prises dans le cas de l'emploi des courants alternatifs.

Le service sera fait par des surveillants et des ouvriers expérimentés. Les précautions de prudence seront inscrites sur un tableau placardé d'une manière très apparente dans la salle des machines.

Chapitre IV. — *Câbles et Fils conducteurs.*

Art. 11. — Tous les conducteurs, dans la chambre des machines, seront solidement supportés, bien en vue, marqués et numérotés.

Art. 12. — Les commutateurs employés pour diriger les courants seront construits avec soin et montés sur des supports en matière isolante et incombustible.

Art. 13. — Un voltmètre et un ampère-mètre par machine seront installés à poste fixe pour contrôler les courants.

Art. 14. — On disposera un coupe-circuit sur chaque câble à son départ du tableau distributeur. Chaque embranchement principal ou secondaire sera également protégé par un coupe-circuit.

Ces coupe-circuits seront étalonnés et ne devront laisser passer au maximum qu'un courant triple de la valeur normale.

Art. 15. — Dans chacune des parties du circuit, le diamètre des conducteurs devra être en rapport avec l'intensité du courant, de telle sorte qu'il ne puisse se produire, en aucun point, un échauffement dangereux pour l'isolement des conducteurs ou des objets voisins.

Art. 16. — Pour les courants continus, la différence de potentiel ne devra pas dépasser 300 volts aux bornes des machines ou à l'entrée du théâtre, si la source d'électricité est extérieure.

Avec les courants alternatifs, on mettra au plus quatre arcs en série ou un nombre de lampes à incandescence correspondant à la même tension électrique.

En dehors de ces limites, une autorisation particulière devra être accordée par délibération spéciale de la Commission supérieure des théâtres.

Art. 17. — L'emploi des conduites d'eau et de gaz et des parties métalliques de la construction comme conducteur est rigoureusement interdit.

Art. 18. — Les fils et câbles seront recouverts d'une matière offrant toute garantie au point de vue de l'isolement; en tous temps la perte des circuits par défaut d'isolement devra être inférieure au millième du courant qui les parcourt.

Art. 19. — Sauf au voisinage des lampes, tous les fils et câbles seront solidement fixés et constamment maintenus séparés les uns des autres à 10 millimètres au moins pour les lumières à incandescence, et à 20 millimètres pour les lumières à arc. L'espace entre les fils et les pièces métalliques de la construction sera de 60 millimètres, à moins que le câble ne soit placé sous plomb.

Art. 20. — Quand les conducteurs traversent des planchers, paliers, murs ou cloisons, ou quand ils se croisent, ils doivent être protégés par une seconde enveloppe en matière dure et incombustible. Dans les locaux exposés à l'humidité ou dans la traversée des murs, on devra prendre des dispositions spéciales pour protéger les conducteurs.

Art. 21. — Tous les fils qui seraient à la portée de la main du public ou du personnel étranger au service seront placés sous des moulures facilement reconnaissables.

Chapitre V. — *Lampes.*

Art. 22. — Les lumières nues sont prohibées.

Art. 23. — Les lumières à arc seront protégées par des globes de verre ou des lanternes; elles seront munies d'une grille pour arrêter les étincelles et les bris de verre.

Art. 24. — Les lampes à incandescence dont l'intensité dépassera cinq carcels devront également être protégées par un grillage.

Art. 25. — Les câbles de suspension des lampes seront incombustibles et indépendants des fils conducteurs, les dits fils ne pouvant, dans aucun cas, servir de suspension aux lampes.

Chapitre VI. — *Eclairage de secours.*

Art. 26. — Si l'éclairage de secours est fourni par la lumière électrique, il devra être assuré par *au moins* deux batteries indépendantes d'accumulateurs ou d'éléments de piles. Dans ce cas, les batteries et les câles ou fils amenant le courant aux lampes de secours seront toujours placés à l'extérieur de la cage de scène; de plus, ces batteries devront toujours être chargées en dehors de la durée des représentations. Pendant la durée des représentations, les batteries seront complètement isolées des machines.

Les commutateurs servant à réunir les batteries d'accumulateurs aux machines devront être placés dans des endroits apparents et d'un accès facile, et seront pourvus d'un tableau indiquant clairement la disposition adoptée pour isoler les batteries des machines pendant la durée des représentations.

Les batteries d'accumulateurs ou de piles alimenteront chacune une des colonnes montantes placées aux côtés cour et jardin ; les dérivations faites sur ces colonnes montantes se croiseront complètement à chaque étage, de manière qu'à chaque étage les lampes de secours voisines l'une de l'autre soient alimentées alternativement, l'une par la batterie du côté cour, l'autre par celle du côté jardin.

A chaque direction de sortie, il sera installé une lampe de secours munie d'un signe spécial qui, pour les installations à venir, consistera en un feu double ou deux lampes conjuguées.

De plus, toutes les lampes de secours devront, en général, porter un autre signe particulier permettant au service qui en sera chargé, d'exercer facilement une surveillance efficace sur l'éclairage de secours de tous les théâtres.

Les lampes de secours devront toujours avoir chacune une intensité au moins égale à celle d'une carcel.

CHAPITRE VII. — *Dispositions générales.*

Art. 27. — A partir du jour où l'installation de l'éclairage électrique d'une salle de spectacle aura été reçue par la Commission supérieure, toute communication avec la canalisation extérieure du gaz sera supprimée.

Art. 28. — Les théâtres, cafés-concerts et autres lieux publics déjà éclairés à la lumière électrique, dont l'installation ne serait pas conforme aux prescriptions de la présente ordonnance, devront y satisfaire dans un délai de six mois.

Art. 29. — Sont rapportés : l'article 39 de l'ordonnance du 16 mai 1881 et toutes les dispositions de l'ordonnance du 21 février 1887 et autres ordonnances qui seraient contraires à la présente.

Art. 30. — La présente ordonnance sera imprimée, publiée et affichée à Paris et dans les communes du ressort de la Préfecture de Police.

Sont chargés d'en assurer l'exécution, chacun en ce qui le concerne, le Chef de la Police municipale, le chef du Laboratoire municipal, les Commissaires de police et autres préposés de la Préfecture de Police.

Le Colonel des Sapeurs-Pompiers est requis de concourir à son exécution.

Le Préfet de Police,
H. LOZÉ.

Par le Préfet de Police :

Le Secrétaire général,
L. LÉPINE.

Secteur des Champs-Elysées

(a) Police d'abonnement

COMPAGNIE D'ÉCLAIRAGE ÉLECTRIQUE

DU SECTEUR DES CHAMPS-ÉLYSÉES

Société anonyme, capital social : 2.000.000 de francs

ADMINISTRATION CENTRALE : 52, FAUBOURG SAINT-HONORÉ

CONTRAT D'ABONNEMENT POUR LA FOURNITURE DU COURANT ÉLECTRIQUE

(Modèle approuvé par décision préfectorale du 12 avril 1892)

Livre ....
Folio .... N° ....

M ....

Profession ....

Adresse ....

Abonnement pour .... ans.

Du .... 189 au .... 189 .

Compteur de .... hectowatts en .... [3]

Sous les conditions générales d'autre part, ..., mutuellement acceptées :

M ....

déclare à la Compagnie, qui l'accepte, contracter un abonnement de .... [1] qui se renouvellera pour la période, faute d'avertissement trois mois avant l'expiration de la police, pour la fourniture du courant électrique par un compteur de [2] .... hectowatts en .... [3].

La Compagnie s'engage, de son côté, à mettre chaque jour le courant électrique à la disposition de M ....

Fait triple, à Paris, le ....

Signature de l'Abonné, Signature de la Compagnie,

Toute réclamation doit être adressée au siège de la Compagnie.

[1] Durée de l'abonnement.
[2] Calibre en hectowatts.
[3] Indiquer si le compteur est en propriété ou en location.

CONDITIONS GÉNÉRALES

(inscrites au verso de la police d'abonnement)

Chapitre Ier. — *Conditions générales de l'abonnement.*

Article premier. — La Compagnie du Secteur des Champs-Élysées fournit le courant électrique dans les rues où elle établit sa canalisation, à tout consommateur qui contractera un abonnement d'un an au moins et qui se sera d'ailleurs conformé aux dispositions des règlements concernant la pose des appareils[1], ainsi qu'aux stipulations de la présente police.

Art. 2. — Toute personne qui voudra s'abonner devra faire connaître au service technique de la Compagnie quelle est l'importance de l'abonnement qu'elle compte souscrire. Elle recevra dans les huit jours avis d'avoir à souscrire sa police et à verser en même temps à la caisse de la Compagnie le montant des travaux de branchement dont il sera parlé à l'article 4.

Art. 3. — L'abonné devra se munir des autorisations de propriétaires nécessaires à l'installation des appareils électriques et au service de l'abonnement.

Chapitre II. — *Installation du branchement.*

Art. 4. — La Compagnie conduit le courant électrique devant la demeure du consommateur, qui en prend livraison au moyen d'un branchement sur la conduite principale.

La Compagnie fera établir et entretenir aux frais de l'abonné, le branchement et ses accessoires, coffret, commutateurs, coupe-circuits, s'il y a lieu, depuis la conduite principale jusqu'au compteur placé dans l'immeuble.

Sur la demande des intéressés, la Compagnie établit une colonne montante et des branchements par appartements, aux frais des propriétaires ou des abonnés, à des prix à débattre de gré à gré.

Art. 5. — Avant que l'électricité puisse lui être livrée, l'abonné devra verser à la caisse de la Compagnie, à titre de garantie, les sommes suivantes :

De 1 à 20 lampes	Par lampe.	Fr. 7 »
20 à 50 —	—	Fr. 5 »
50 à 100 —	—	Fr. 3 »
Au-dessus de 100 lampes	—	Fr. 1 50
Par chaque lampe à arc	—	Fr. 20 »

La somme payée d'avance sera remboursée par la Compagnie à l'expiration de l'abonnement.

[1] Ce règlement est celui de la Chambre Syndicale (Voir page 344).

L'abonné pourra acquitter cette somme, s'il le juge convenable, en même temps qu'il signera la police d'abonnement.

Art. 6. — L'abonné ne pourra s'opposer à l'exécution des travaux d'entretien, de réparation ou de remplacement du commutateur ou des autres appareils, lorsque ces travaux seront reconnus nécessaires par la Compagnie.

Il est expressément interdit à l'abonné d'apporter aucune modification aux appareils, conducteurs et objets divers, fournis et mis en place par les soins de la Compagnie, sans le concours d'un des agents de cette dernière.

La Compagnie a seule en sa possession la clef du coffret renfermant le commutateur d'arrivée.

Chapitre III. — *Distribution intérieure.*

Art. 7. — Tout le surplus des travaux et fournitures relatifs à l'installation intérieure, à partir du compteur, seront faits aux frais de l'abonné par des entrepreneurs choisis par lui-même.

Toutefois, la Compagnie pourra se refuser à fournir du courant électrique à tout abonné, dont l'installation intérieure serait reconnue défectueuse dès le début, soit par suite de modifications apportées par l'abonné.

Dans aucun cas, la Compagnie ne pourra être rendue responsable de cette installation, dont la conservation et l'entretien sont à la charge de l'abonné.

Les agents de la Compagnie devront être autorisés à visiter les installations intérieures quand besoin sera.

Art. 8. — Tout consommateur devra indiquer exactement, en signant la police, quel est le nombre de chaque type de lampes à incandescence ou à arc qu'il compte employer.

Huit jours au moins avant la mise en marche de l'éclairage, l'abonné devra soumettre à la vérification de la Compagnie ses lampes et conducteurs.

Il ne pourra y apporter aucun changement ni addition sans une déclaration préalable faite à la Compagnie, et il ne devra être procédé aux modifications qu'après qu'il lui aura été délivré reçu de cette déclaration. Si l'abonné ne se conformait pas à ces dispositions, la Compagnie aurait le droit de cesser la fourniture du courant électrique, sous réserve de tels dommages-intérêts que de raison.

Art. 9. — Pour le réseau desservi par des courants alternatifs où il y a lieu d'employer des transformateurs, l'abonné devra fournir, de même que pour les compteurs, un emplacement convenable pour l'installation du transformateur, de façon à en assurer l'accès facile aux agents de la Compagnie.

Les transformateurs seront installés gratuitement, et resteront la propriété de la Compagnie.

CHAPITRE IV. — *Compteurs*.

Art. 10. — L'abonné fera établir chez lui et à ses frais, dans les conditions indiquées ci-après, un ou plusieurs compteurs de son choix, mais choisis parmi les systèmes admis par l'Administration municipale.

L'abonné aura la libre disposition du courant électrique qui aura passé par le compteur.

Il pourra, à son gré, allumer ou éteindre tout ou partie des foyers. La pose et le plombage de ou des compteurs seront faits par la Compagnie aux frais de l'abonné, de même que la fourniture et le scellement de la plate-forme.

Le ou les compteurs seront proportionnés à la consommation maxima d'électricité de l'abonné, telle qu'elle résultera de la déclaration insérée à la police, conformément à l'article 8. Le compteur donnera la mesure de la consommation en watts-heure.

Le compteur sera toujours soumis, quant à son exactitude et à la régularité de sa marche, à toutes les vérifications que l'abonné ou la Compagnie jugeraient utiles.

En cas d'arrêt du compteur, la moyenne constatée pour le mois précédent servira de base pour la période d'arrêt.

Il est formellement interdit à l'abonné d'apporter aucune modification dans les organes du compteur et de ses accessoires, ni dans sa position, sans le concours et la présence d'un agent de la Compagnie.

Tout acte qui aurait pour but d'obtenir le courant en dehors des quantités mesurées par le compteur, serait poursuivi par toutes les voies de droit.

L'abonné devra fournir les emplacements nécessaires pour le ou les compteurs ; il devra donner toutes facilités aux agents de la Compagnie pour en opérer la visite.

Les emplacements devront être d'un accès facile, et choisis de manière que le chiffre des consommations puisse être facilement relevé.

Art. 11. — La Compagnie sera tenue de fournir en location des compteurs d'un système de son choix et approuvé par l'Administration municipale, à ceux de ses abonnés qui en feront la demande.

Le prix mensuel de location du compteur, fixé par le tableau ci-après, sera exigible en même temps que le prix du courant électrique :

CALIBRE DU COMPTEUR	PRIX MENSUEL DE LOCATION
500 watts	2 fr. 50 c.
1.000 —	4 fr. »
2.500 —	5 fr. »
5.000 —	6 fr. »
7.500 —	8 fr. »
10 000 —	10 fr. »

Au-dessus de 10.000 watts, le prix de location du compteur sera établi de gré à gré.

Moyennant cette rétribution, la Compagnie restera chargée de la pose, de l'entretien et des réparations du compteur.

CHAPITRE V. — *Tarif et mode de paiement.*

Art. 12. — L'électricité est livrée sous le potentiel moyen de 100 volts, en courant alternatif.

Le prix du courant électrique est livré au maximum de 15 centimes les 100 watts-heures.

Art. 13. — Le prix de l'abonnement est payable par mois au domicile où le courant électrique est livré.

Le paiement des fournitures aura lieu sur présentation de la facture après le relevé des consommations fait en présence de l'abonné et consigné par la Compagnie sur un livret qui restera entre les mains de l'abonné. A défaut de paiement dans les cinq jours qui suivront la présentation de la facture, la Compagnie pourra refuser de continuer la fourniture du courant électrique sous toute réserve de poursuivre par les voies de droit l'exécution des présentes conventions.

L'abonné renonce à opposer à la demande de paiement toute réclamation sur la quotité des consommations constatées ; en conséquence, le montant des factures sera toujours acquitté à présentation, sauf à la Compagnie à tenir compte à l'abonné, sur les paiements ultérieurs, de toute différence qui aurait eu lieu à son préjudice, si mieux n'aime l'abonné recevoir en espèces le montant des réclamations qui seraient reconnues fondées.

CHAPITRE VI. — *Clauses diverses.*

Art. 14. — Dans le cas où la Compagnie serait obligée d'interrompre momentanément la fourniture d'électricité, soit pour cas de force majeure, soit par le fait de travaux publics, elle ne sera tenue à aucune indemnité envers l'abonné.

La Compagnie se réserve, d'ailleurs, la faculté de ne pas mettre les conducteurs en charge entre neuf heures du matin et trois heures du soir, afin de permettre les réparations et les vérifications du matériel.

Art. 15. — L'abonné s'engage à se conformer à tous les règlements de police et prescriptions municipales qui pourront être édictés sur l'emploi de l'électricité, sans qu'il puisse résulter desdits règlements aucune modification ni diminution des engagements de l'abonné envers la Compagnie.

Art. 16. — A défaut par les parties de s'avertir réciproquement et par écrit deux mois avant l'échéance du présent traité, de leur intention de faire cesser la présente convention, ou de la diminuer à son expiration, ladite convention continuera de s'exécuter, mais seulement pour une année, et d'année en année tant qu'un pareil avertissement n'aura pas été donné deux mois avant l'expiration du terme.

Art. 17. — Les frais de timbre et d'enregistrement de la police seront à la charge de l'abonné.

Art. 18 — Le présent contrat deviendra nul de plein droit, si la Compagnie n'est pas en mesure de fournir l'électricité, au plus tard, deux mois après qu'un autre permissionnaire en état de la livrer aura posé sa canalisation dans la voie habitée par le signataire de la police.

(*b*) **Conditions d'établissement des branchements.** — Conditions d'établissement en propriété des branchements de haute tension sur rues et des colonnes montantes avec dérivations d'abonnés. — Conformément à l'article 4 de la police d'abonnement à l'éclairage, la Compagnie d'Éclairage électrique établit ou fait établir aux frais de l'abonné les branchements sur rues, les colonnes montantes et les dérivations sur colonnes jusqu'au compteur.

A aucune époque et en aucun cas, la Compagnie électrique ne sera appelée à rembourser le montant des travaux ainsi effectués.

Conformément à l'article 9 de la police d'abonnement, la Compagnie électrique reste propriétaire dans tous les cas des transformateurs ainsi que de leurs coupe-circuits et interrupteurs qui sont fournis et installés gratuitement par elle, dans un local convenable et clos fourni par l'abonné, et dont l'accès sera assuré aux agents de la Compagnie.

Les travaux sont exécutés par les soins de la Compagnie aux conditions générales suivantes et à celles relatées ci-dessus.

1° *Branchements de haute tension* (*en propriété*). — Les frais d'établissement de branchements pour courants de haute tension varient suivant l'importance des installations à desservir et la longueur totale des branchements.

Ils comprennent tout le matériel de dérivation et de protection des câbles,

les câbles de grand isolement, les travaux de terrassements et de réfection de surface, de percements et de poses diverses ; le tout depuis la conduite principale jusqu'aux appareils primaires exclusivement.

Ces frais de branchement de haute tension sont établis conformément au tableau suivant :

	Pour branchements pouvant desservir sous 110 volts jusqu'à					
	250 lampes ou 100 ampères	300 lampes ou 200 ampères	750 lampes ou 300 ampères	1.000 lampes ou 400 ampères	1.500 lampes ou 600 ampères	2.000 lampes ou 800 ampères
	fr.	fr.	fr.	fr.	fr.	fr.
1° Frais d'accessoires indépendants de la longueur du branchement.	225	300	400	500	600	700
2° Coût de 1 mètre de branchement :						
a) Sous trottoirs, le mètre.	25	35	45	55	65	75
b) Sous caves, le mètre	20	25	35	45	55	65

2° *Colonnes montantes avec dérivation d'abonné* (*en propriété*). — A partir des transformateurs, les colonnes montantes pour courants de basse tension et les dérivations ou branchements allant de ces colonnes au compteur des abonnés, sont calculés par les services techniques de la Compagnie électrique et installés aux frais des intéressés, conformément aux prix portés à la série de la Société centrale des architectes. Les articles non portés sur cette série seront facturés suivant les tarifs de la Compagnie.

3° *Entretien du matériel installé* (*en propriété*). — Conformément à l'article 4 de la police d'éclairage, la Compagnie électrique reste chargée de l'entretien des colonnes et branchements divers moyennant une somme annuelle et payable par douzièmes de :

0 fr. 60 par lampe installée et par an pour les abonnés dont le service ne nécessite pas l'usage de colonne montante.

1 fr. 20 par lampe installée et par an pour les abonnés reliés sur colonne montante.

Pour les installations de 100 lampes et au-dessus, les abonnés pourront traiter à forfait.

L'entretien du matériel installé par la Compagnie comprend, en outre de tous les travaux nécessités par les réparations courantes, le remplacement en cas de besoin et les modifications de toute nature des travaux de la voie qui nécessiteront des changements ou des réparations aux conduites et aux branchements.

CONDITIONS D'ÉTABLISSEMENT EN LOCATION DES BRANCHEMENTS DE HAUTE TENSION SUR RUES ET DES COLONNES MONTANTES AVEC DÉRIVATIONS D'ABONNÉS. — Par dérogation à l'article 4 de sa police, la Compagnie d'Éclairage électrique du Secteur des Champs-Élysées pourra, si elle le juge utile à ses intérêts et lorsque la demande lui en sera faite par un ou plusieurs locataires d'un immeuble, installer ou faire installer à ses frais, jusque et non compris les compteurs, tout le matériel de branchements, de colonnes montantes et de dérivations sur colonnes.

La Compagnie électrique reste propriétaire du matériel ainsi installé par ses soins et à ses frais ; elle en loue l'usage et l'entretien annuels d'après les tarifs ci-dessous.

La Compagnie électrique se réserve le droit de prendre en tout temps, sur le matériel, des dérivations pour distribuer le courant électrique à tout nouvel abonné qui en fait la demande et sans qu'en aucun cas un abonné déjà desservi ou l'ayant été puisse s'y opposer ou refuser à la Compagnie les moyens d'exécution du travail de pose ou d'entretien.

Avant tout commencement d'exécution de travail par la Compagnie pour relier un immeuble à la conduite principale de la rue, les abonnés en vue desquels le travail devrait être fait auront à produire à la Compagnie électrique, conformément à l'article 3 de la police d'éclairage, les autorisations de propriétaires nécessaires à l'installation des appareils de branchement, de transformation, de colonne montante et de dérivation sur colonne.

Le propriétaire de l'immeuble ou les locataires à la demande desquels les travaux seraient faits, devront en outre prendre l'engagement de fournir gratuitement à la Compagnie un local approuvé par elle pour y installer les appareils de transformation.

Les autorisations des propriétaires devront d'ailleurs reconnaître formellement la propriété de la Compagnie pour tout matériel à installer ainsi en location, par elle ou par ses soins.

Tarifs de locations pour usage et entretien de branchement sur rue et sur colonne. — Les tarifs de location suivants se rapportent à deux natures de clientèle :

1° Les abonnés de rez-de-chaussée qui n'ont, par suite, pas à faire usage de colonne montante et qui ne nécessitent alors que des prévisions de branchement de haute tension ;

2° Les abonnés en étages d'immeubles qui obligent à des immobilisations de branchement primaire et de colonne et dérivations secondaires.

Pour chacun de ces deux cas, les tarifs mensuels pour usage et entretien du matériel installé par la Compagnie sont les suivants :

IMPORTANCE DE L'INSTALLATION DE L'ABONNÉ							COUT MENSUEL DE LOCATION ET ENTRETIEN	
							Pour branchement primaire seul	Pour branchement primaire colonne de dérivation secondaire
							fr. c.	fr. c.
De	1 à	12 lampes ou	1 à	5 ampères			1 50	4 »
	13	25 —	5	10	—		2 50	6 »
	26	50 —	10	18	—		5 »	10 »
	51	75 —	18	28	—		7 »	14 »
	76	125 —	28	45	—		9 »	18 »
	126	250 —	45	90	—		12 »	24 »
	251	375 —	90	135	—		15 »	30 »
	376	500 —	135	180	—		18 »	36 »

Au-dessus de 500 lampes, il y aura lieu à conventions spéciales.

(c) Tarif du Courant électrique pour l'éclairage

NATURE DE LA CLIENTÈLE	TARIF DE L'HECTOWATT-HEURE
	fr. c.
1° Eclairages domestiques : hôtels particuliers, appartements	0.15
2° Eclairages des lampes de service des maisons de rapport ; tarifs à faire aux propriétaires participant dans l'installation de branchements, colonnes et dérivations :	
a) Pour la totalité.	0.12
b) — au moins moitié	0.13
3° Eclairages de bureaux, magasins fermant en général à 8 heures ou avant, et autres éclairages assimilables . . .	0.135
4° Eclairages de magasins fermant après 8 heures et assimilables	0.13
5° Eclairages de cafés, restaurants et hôtels (d'importance secondaire) et assimilables.	0.12 à 0.125
6° Eclairages de cafés, restaurants et hôtels (de grande importance) et assimilables.	0.11 à 0.12

N. B. — L'Exploitation étant faite au moyen de courants alternatifs, les Compteurs devront toujours être choisis parmi ceux qui permettent l'enregistrement de ce genre de courants.

CHAPITRE XI

ÉCLAIRAGE ÉLECTRIQUE

Appareils pour la production de la lumière électrique. — Eclairage avec les lampes à incandescence. — Eclairage avec les lampes à arc. — Candélabres et lanternes pour lampes à arc. — Eclairage des parcs et squares : (a) Parc Monceau ; (b) Parc des Buttes-Chaumont; (c) Champ-de-Mars. — L'électricité dans les établissements municipaux : (a) Hôtel-de-Ville ; (b) Entrepôts de Bercy; (c) Abattoirs de la Villette. — Eclairage électrique des gares : (a) Gare Saint-Lazare; (b) Gare de l'Est; (c) Gare d'Orléans; (d) Gare Montparnasse. — L'électricité dans les théâtres : (a) Installation de l'Opéra. — Eclairage des grands magasins : (a) Le Bon Marché; (b) Le Louvre; (c) Le Printemps. — L'électricité chez les particuliers.

Appareils pour la production de la lumière électrique. — Il n'existe actuellement que trois genres d'appareils permettant de transformer *pratiquement* l'énergie électrique en lumière. Ce sont :

1° les lampes à incandescence ;

2° les lampes à arc ;

3° les bougies Jablochkoff.

Les *lampes à incandescence* se composent d'un petit filament de charbon à travers lequel on fait passer un courant électrique. La résistance de ce conducteur étant très grande, la quantité de chaleur dégagée par le passage du courant est suffisante pour rendre le filament incandescent.

Si le filament était exposé à l'air, il brûlerait en donnant de l'acide carbonique. Aussi a-t-on soin de le renfermer dans une ampoule en verre, dans laquelle on fait ensuite le vide.

La quantité de chaleur développée dans un conducteur par un courant d'une intensité et d'une tension données est la même, que le courant soit continu ou alternatif. Il en résulte que les lampes à incandescence fonctionnent convenablement avec les deux genres de courant.

Les *lampes à arc* utilisent l'arc voltaïque découvert en 1800 par Davy. Nous avons rappelé (chapitre 1) que cet arc s'obtenait en faisant jaillir le courant électrique entre deux charbons suffisamment rapprochés. Avec les tensions couramment employées, il faut même que les charbons soient rapprochés jusqu'au contact. Mais une fois que l'arc est *amorcé*, on peut les éloigner de quelques millimètres, attendu qu'il se produit un transport de particules de carbone qui donne à la couche d'air, dont sans cela la résistance serait énorme, une certaine conductibilité.

Ce mouvement est produit par le *régulateur* qui a aussi pour effet de maintenir constante la distance d'écartement des charbons malgré leur usure.

Au bout de quelques instants de fonctionnement, les charbons se taillent d'eux-mêmes pendant la marche. S'il s'agit d'un arc à courant continu, le charbon négatif se maintient avec une pointe émoussée. L'extrémité du charbon positif se creuse au contraire en formant un petit abat-jour qui renvoie les rayons lumineux vers le charbon négatif. Il s'ensuit que les lampes à arc et à courant continu doivent toujours être agencées de telle façon que le charbon positif soit au-dessus du négatif [1].

Avec les courants alternatifs, les deux charbons se taillent en pointe de la même façon. La situation respective des deux charbons importe donc peu. Mais, comme il y a autant de lumière renvoyée vers le haut que vers le bas, il est bon de munir les lampes de réflecteurs.

Nous rappellerons aussi que dans les lampes à arc et à courant continu, le charbon positif s'use deux fois plus vite que le charbon négatif. Dans les lampes à courant alternatif, au contraire, les deux charbons s'usent également, ce qui se conçoit aisément, puisque, le sens du courant change un très grand nombre de fois pendant une seconde [2].

Les *bougies Jablochkoff* ne fonctionnent qu'avec des courants alternatifs. Elles permettent, ainsi que nous l'avons expliqué (chapitre 1), de supprimer le régulateur. Elles se composent de deux crayons en charbon, parallèles et séparés par une substance isolante (Colombin). Les deux charbons s'usant de quantités égales l'écartement des pointes est constant, en sorte que l'arc est stable.

Les bougies étaient très à la mode, il y a quelques années [3]. Mais, comme leur rendement lumineux est moins satisfaisant que celui des régulateurs, on

[1] S'il s'agissait d'éclairer un plafond c'est l'inverse qui devrait avoir lieu.

[2] On constate cependant que le charbon supérieur s'use un peu plus rapidement que le charbon inférieur. Le fait paraît dû au courant d'air ascensionnel qui tend à accélérer la combustion sur les bords.

[3] Rappelons que M. Jamin a présenté à l'Académie des sciences, en 1880, une bougie spéciale marchant à l'aide d'un petit régulateur. L'appareil, quoique fort ingénieux, n'a eu aucun succès dans la pratique.

les a presque partout abandonnées. Nous ne les citons guère que pour mémoire.

On voit que le nombre des appareils susceptibles de transformer l'électricité en lumière est, somme toute, assez limité. De plus, ces appareils sont encore très imparfaits comme le montre le calcul suivant fait par M. Palaz [1].

« Admettons que la force motrice nécessaire à la production du courant électrique soit fournie par un moteur à vapeur dont le rendement ne dépasse pas 10 % dans les meilleures conditions. Le rendement de la machine dynamo électrique étant de 90 % on voit que 9 % seulement de l'énergie accumulée dans le charbon sont transformés en énergie électrique. Si l'on admet une perte de 10 % dans les conducteurs, etc... il reste, pour être dépensée dans la lampe, une énergie égale à $0,09 \times 0,9 = 0,081$ de l'énergie primitive. Mais, de cette énergie dépensée dans la lampe, 90 % sont employés à la production de la chaleur ; les 10 % qui restent servent seuls à la production de la lumière. Le rendement final est donc de $0,081 \times 0,1 = 0,0081$. Ainsi il est inférieur à 1 %. »

Ce rendement est évidemment extraordinairement faible et l'on voit combien on perd d'énergie en radiations calorifiques obscures.

« Jusqu'à maintenant, ajoute M. Pallaz, on n'a accordé aucune attention à ce point spécial de l'éclairage artificiel. Toutes les recherches ont visé à produire l'électricité le plus économiquement possible ; aucune n'a tendu à diminuer la dépense d'énergie dans le foyer par un procédé permettant de supprimer ou du moins de diminuer la production des radiations obscures sans nuire à celle des radiations lumineuses. »

Aussi est-il permis d'espérer que l'on arrivera à produire de la lumière électrique autrement qu'avec des lampes à arc ou des lampes à incandescence. Ces appareils n'utilisent, en définitive, que le rayonnement intense de particules de charbon, portées à l'incandescence. Or, il n'est pas impossible que l'on arrive à employer des corps donnant, pour une même température, plus de lumière que le carbone. Tel est le cas du magnésium.

Peut-être pourra-t-on aussi construire des lampes d'après les principes des tubes de Geissler, dont on connaît les nuances si variées et si délicates. Les intensités lumineuses obtenues jusqu'à ce jour ont toujours été faibles ; mais M. Tesla vient de les augmenter très notablement en employant des courants alternatifs à très haute tension et à très grande fréquence (20.000 alternances par seconde).

Nous ne pouvons discuter toutes ces éventualités dans un ouvrage qui a surtout pour but de renseigner le lecteur sur des faits existants. Il suffit que nous les lui signalions, afin qu'il sache bien que les procédés actuels de pro-

[1] A. Palaz. — *Traité de Photométrie Industrielle.*

duction de la lumière électrique sont éminemment perfectibles et qu'il peut en résulter, à un moment donné, des modifications profondes dans l'éclairage soit public, soit privé.

Eclairage avec les lampes à Incandescence. — Les lampes à incandescence servent peu à l'éclairage des voies publiques. Des essais effectués rue Auber et rue des Halles ont dû être abandonnés parce que l'on dépensait beaucoup plus qu'avec le gaz.

Nous ne pouvons citer, comme éclairés par des lampes à incandescence, que les passages et les galeries du Palais-Royal [1].

Mais si les lampes à incandescence sont peu pratiques quand il s'agit d'éclairer de larges espaces, elles constituent en revanche un mode d'éclairage excellent, quoique un peu onéreux, lorsque l'on a à éclairer des appartements, des salles de spectacle et des locaux exigeant une grande diffusion de la lumière.

On fait des lampes de 1 à 1.000 bougies et pour tous les voltages courants. Les plus employées sont celles de 8, 10, 16, 20 et 32 bougies.

Les rayons lumineux émis par une lampe ont des intensités variables avec leur direction ; c'est dans le plan du filament que les intensités sont minima. Elles sont maxima dans un plan perpendiculaire. Pour avoir une idée exacte de la puissance d'une lampe il faudrait par suite envisager non l'intensité suivant telle ou telle direction mais bien l'intensité moyenne des divers rayons. Généralement il n'en est pas ainsi. On n'obtient la valeur accusée que suivant le rayon le plus intense.

Il faut se méfier également de la consommation en watts, par bougie, indiquée par certains fabricants. Les lampes courantes sont données fréquemment comme absorbant de 2,5 à 3 watts par bougie et durant de 800 à 1.000 heures. Or la consommation en watts, par bougie, d'abord constante, croît au fur et à mesure que la lampe vieillit. A Paris, où l'électricité est relativement chère, il peut, par suite, devenir économique de renouveler les lampes sans attendre qu'elles soient hors de service. Dans un ordre d'idées analogue on peut avoir intérêt à prendre des lampes à rendement élevé bien qu'alors leur durée soit fortement abrégée [2].

[1] Voir plus haut, chapitre VI.

[2] Comme l'écrivait récemment M. Hospitalier dans *La Nature* « dans l'état actuel des choses on vit sur un compromis entre une économie bien entendue qui consisterait à employer des lampes poussées, cassant toutes seules après quelques centaines d'heures de service et l'appréhension du consommateur qui verrait, avec regret, remplacer plus souvent ses lampes, ne se rendant pas compte qu'après un service prolongé les vieilles lampes éclairent beaucoup moins, coûtent beaucoup plus, à lumière égale, parce qu'il faut en allumer davantage.

Il va sans dire que, si les lampes étaient beaucoup plus chères et l'énergie électrique à bien meilleur marché, le point de cassage d'une lampe donnée se trouverait reculé et

La plus grande partie de l'énergie électrique produite par les secteurs alimente des lampes à incandescence. Le tableau ci-après donne le développement progressif pour chaque secteur et pour le réseau municipal dépendant de l'Usine des Halles, de l'éclairage par l'incandescence.

DÉSIGNATION DES SECTEURS OU RÉSEAUX	NOMBRE DE LAMPES A INCANDESCENCE				
	1889	1890	1891	1892	1893
Société anonyme d'Éclairage et de Force	8.200	18.200	26.600	34 000	37.000
Secteur Edison	8.000	17.000	30.000	37.000	44.000
Secteur de la place Clichy	260	1.800	14 300	28.500	48.000
Compagnie parisienne de l'air comprimé	2 600	7.100	15.900	25 200	34.000
Secteur des Champs-Elysées	»	»	»	400	28.000
Réseau Municipal	500	3.000	3.600	4.400	5.000
TOTAUX	19.560	47.100	90.400	129.500	206.000

Si l'on ajoute au total de 1893 environ 6.000 lampes en service sur le réseau du Palais-Royal on arrive à un total de 212.000 lampes alimentées, au 1er janvier 1894, par les stations centrales de Paris.

Il existe, en outre, un grand nombre d'installations d'éclairage par l'incandescence dans lesquelles le courant est, non plus fourni par les stations centrales, mais fabriqué par des machines spéciales à chaque installation. Nous en étudierons plus loin un certain nombre. Citons de suite les plus importantes.

Etablissements municipaux	Hôtel-de-Ville	5.400	lampes à incandescence
	Entrepôts de Bercy	900	— —
	Abattoirs de la Villette	571	— —
Grandes gares	Gare Saint-Lazare	3.000	— —
	Gare de l'Est	2.300	— —
Théâtres	Opéra	6.200	— —
	Opéra-Comique et Châtelet	2.600	— —
	Olympia	1.700	— —
	Odéon	930	— —

tendrait vers le chiffre de 800 à 1000 heures fatidiquement indiqué pour la plupart des lampes actuelles. A Paris, au contraire, où l'énergie électrique coûte plus de 1 franc le kilowatt-heure, le point de cassage se trouve reporté vers l'origine et l'on a tout intérêt à pousser un peu plus les lampes, quitte à les renouveler plus souvent. »

Grands magasins. . .	Bon Marché.	3.000	lampes à	incandescence
	Louvre	850	—	—
	Printemps.	800	—	—
	Gagne-Petit.	519	—	—
Grands Hôtels	Hôtel Continental. .	4.000	—	—
	Grand Hôtel.	3.000	—	—
	Hôtel Terminus. . .	2.700	—	—
	Hôtel du Louvre . .	750	—	—
	Hôtel Moderne . . .	540	—	—

Il est intéressant de connaître le nombre total de lampes à incandescence installées dans Paris. Nous en avons fait le recensement approximatif. Le chiffre, au 1er janvier 1894, était de 277.000 lampes de tous débits[1]. Ce nombre qui dépasse certainement déjà 280.000, ne peut manquer de s'accroître notablement, au moins pendant quelques années. L'achèvement des canalisations du secteur des Champs-Elysées, la mise en exploitation du secteur de la rive gauche le porteront vraisemblablement, dans un très bref délai, à 350.000.

Eclairage avec les lampes à arc. — Les lampes à arc permettent d'obtenir des foyers lumineux d'une très grande intensité. Mais encore faut-il se mettre d'accord sur ce que l'on appelle intensité d'un arc.

Si l'on considère un arc *à courant continu* avec charbon positif supérieur, il est facile de se rendre compte, même sans photomètre, que les rayons lumineux sont loin de présenter tous la même intensité.

Lorsque l'arc est à feu nu, c'est le rayon faisant avec la verticale un angle d'environ 50° qui correspond au maximum. De part et d'autre de cette inclinaison l'intensité varie très rapidement; elle devient nulle suivant la verticale et s'atténue considérablement suivant l'horizontale.

Avec les crayons que l'on fabrique aujourd'hui et surtout avec les crayons dits à mèche, grâce auxquels on obtient à la pointe du charbon positif des surfaces coniques bien centrées, on peut considérer tous les rayons faisant un même angle avec l'horizon comme présentant une intensité constante. Il suffit donc, pour étudier les variations de l'intensité d'une lampe à arc, d'examiner seulement ce qui se passe dans un plan passant par l'axe des charbons et même dans un demi-plan, soit à gauche, soit à droite de cet axe.

Si l'on prend sur des droites partant du centre de l'arc des longueurs proportionnelles aux intensités émises suivant ces directions et que l'on joigne

[1] D'après M. Fontaine il était, en mai 1890, de 118.000. La revue l'*Industrie électrique* (numéro du 10 janvier 1894) donne pour les lampes à incandescence installées à Londres les chiffres suivants : fin de 1890, 180.000 lampes ; fin de 1892, 500.000 lampes ; fin de 1893, 700.000 lampes.

par un trait les extrémités de ces droites on obtient une courbe dite *photométrique* et qui est très voisine d'une ellipse dont l'axe est formé par le rayon

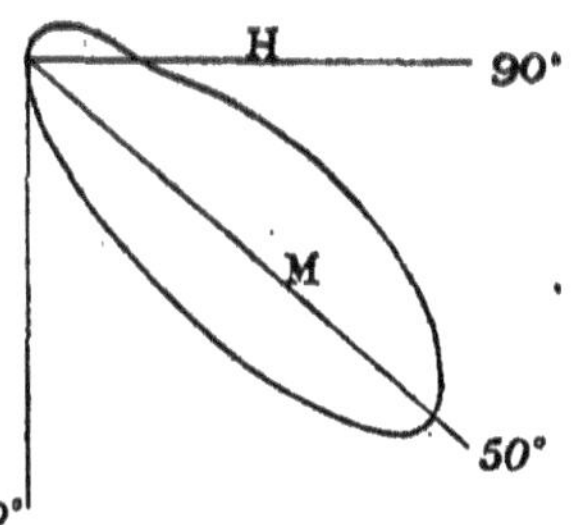

Figure 161.
Courbe photométrique d'une lampe à arc à courant continu et à feu nu.

incliné à 50° sur la verticale. Ce rayon M correspond à l'intensité maxima de la lampe considérée. Le rayon horizontal H est sensiblement égal aux deux dixièmes de M.

La seule inspection de la courbe photométrique montre les grandes variations que présentent les différents rayons lumineux émis par un arc voltaïque. Comme nous le verrons plus loin, il est par suite nécessaire, lorsque l'on veut avoir l'éclairement produit sur le sol, de faire intervenir chaque rayon avec son intensité propre. S'il s'agit simplement de se faire une idée de l'intensité moyenne émise par un arc rayonnant dans l'atmosphère, il est nécessaire de connaître l'*intensité moyenne sphérique* de l'arc, qui est l'intensité d'un foyer dont les rayons auraient une intensité constante et qui produirait sur une sphère le même éclairement total que l'arc considéré. La courbe photométrique de ce foyer idéal est un cercle. Son rayon est justement égal à l'intensité moyenne sphérique de l'arc[1].

[1] Lorsque l'on connaît la courbe photométrique d'une lampe à arc ou plus généralement

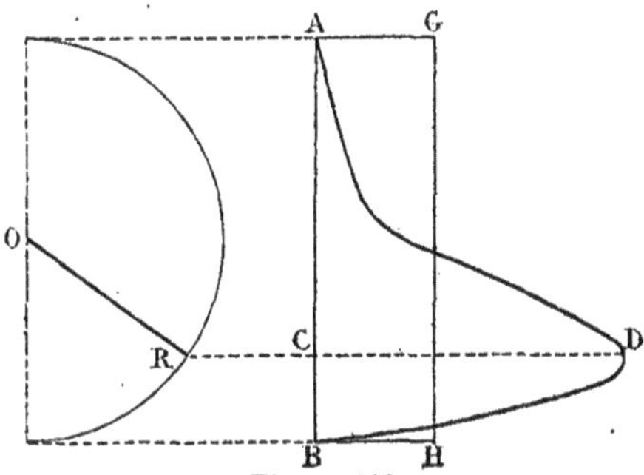

Figure 162.
Détermination graphique de l'intensité moyenne sphérique d'un foyer dont on connaît la courbe photométrique.

d'un foyer quelconque l'intensité moyenne sphérique s'obtient graphiquement de la manière suivante :

Les intensités que l'on indique généralement pour les lampes à arc sont des intensités moyennes sphériques. Mais, comme les lampes à arc sont presque toujours employées avec des globes, il faut s'assurer auprès des fabricants que l'intensité moyenne sphérique donnée correspond bien à une lampe munie d'un globe et non à un arc à feu nu. Il peut y avoir en effet, entre les deux intensités, des différences de 40, 50 et même 60 %.

L'influence d'un globe sur la courbe photométrique du foyer se fait sentir de la façon suivante : Si le verre est épais et fortement opaque, il se produit une grande absorption de lumière. Le globe agit alors sensiblement comme une sphère lumineuse. Avec des globes moins opaques — tel est le cas de la

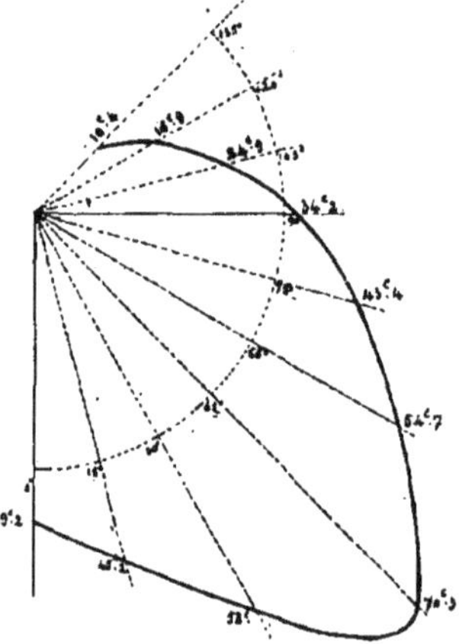

Figure 163.
Courbe photométrique d'une lampe à arc à courant continu, avec globe en opaline.

figure 163 (lampes employées par le Secteur de la place Clichy pour l'éclairage des voies publiques) — la courbe photométrique de l'arc à feu nu est au contraire moins modifiée.

L'énorme absorption de lumière produite par les globes est évidemment regrettable. Il faut s'y résigner, cependant, car le public est absolument hostile aux arcs à feu nu. Ceux-ci produisent d'ailleurs des ombres beau-

On décrit un 1/2 cercle et par l'extrémité de chaque rayon on mène une horizontale sur laquelle on prend, à partir d'une verticale AB, une longueur CD égale à l'intensité mesurée sur la courbe photométrique suivant le rayon correspondant. On joint tous les points D. L'intensité moyenne sphérique est représentée par la longueur AG, telle que la surface du rectangle AGHB soit égale à la surface limitée par la courbe ADB et la droite AB. Cette surface se mesure au planimètre.

Pour le cas particulier d'un *arc à feu nu*, on peut avoir de suite la valeur *approchée* de l'intensité moyenne sphérique en calculant l'expression $\frac{H}{2} + \frac{M}{4}$.

coup trop vives. En outre ils diminuent incontestablement l'effet général d'*illumination*.

Si les globes sont nécessaires, les réflecteurs le sont moins. En se reportant à la courbe photométrique des lampes à arc on voit, en effet, le peu de lumière qui est projeté au-dessus de l'horizontale. On en met néanmoins dans les lanternes publiques. S'ils ne servent pas beaucoup ils ne font en revanche aucun mal et ils contribuent à l'effet décoratif.

La quantité de lumière émise par une lampe à arc croît avec son débit en ampères. Les lampes les plus communément employées (10 ampères) ont à feu nu une intensité moyenne sphérique de 70 à 80 carcels. Les mêmes, avec globes identiques à ceux employés par le Secteur de la place Clichy, n'ont plus qu'une intensité moyenne sphérique de 35 à 40 carcels.

La tension nécessaire aux bornes des régulateurs est d'environ 45 volts. De plus l'expérience a démontré que, pour obtenir un bon fonctionnement de l'arc, il était indispensable d'absorber un certain nombre de volts dans un rhéostat. Par suite, avec une distribution à 70 volts (exemples Gare Saint-Lazare, Magasins du Bon Marché) on ne peut placer qu'un seul arc en dérivation. Avec un courant de 110 volts (Société Anonyme d'Eclairage et de Force) on alimente au contraire 2 arcs en série. Sur le secteur de la place Clichy, on dispose, en se branchant sur les deux câbles extrêmes, de 440 volts. On peut dans ces conditions mettre 8 arcs en série.

Lorsque, dans une distribution électrique, on n'a à alimenter que des lampes à arc, il est évidemment économique, au point de vue des dépenses de canalisation, d'adopter une distribution en série. Tel est le procédé qui a été appliqué pour l'éclairage du parc Monceau (26 arcs en série) et du parc des Buttes-Chaumont (50 arcs en série). La Compagnie Parisienne de l'air comprimé assure également l'éclairage de la rue Royale et du boulevard des Capucines avec 47 lampes à arc en série.

Il va sans dire que, dans ce genre de distribution, chaque lampe peut être mise hors circuit, soit automatiquement, soit par la manœuvre d'un commutateur. Il n'y a donc pas d'extinction totale à craindre.

Les arcs *à courant alternatif* ont un fonctionnement bien différent de celui des arcs à courant continu. Leur courbe photométrique, à feu nu, est sensiblement symétrique par rapport à l'horizontale passant par le centre de l'arc, ce qui indique qu'il y a autant de lumière envoyée vers le haut que vers le bas[1] (figure 164). C'est pour cela qu'avec des lampes à arc à courant alternatif l'emploi de larges abat-jour est indispensable.

Avec les crayons à mèche généralement adoptés, on peut mettre 3 arcs

[1] Cette courbe, qui résume un grand nombre de mesures faites par M. Uppenborn, est extraite du *Traité de photométrie industrielle* de M. Palaz.

en série sur 110 volts. C'est donc un arc de plus qu'avec les courants continus. Un rhéostat n'est plus nécessaire. Mais il convient d'insérer sur chaque circuit une bobine de self-induction.

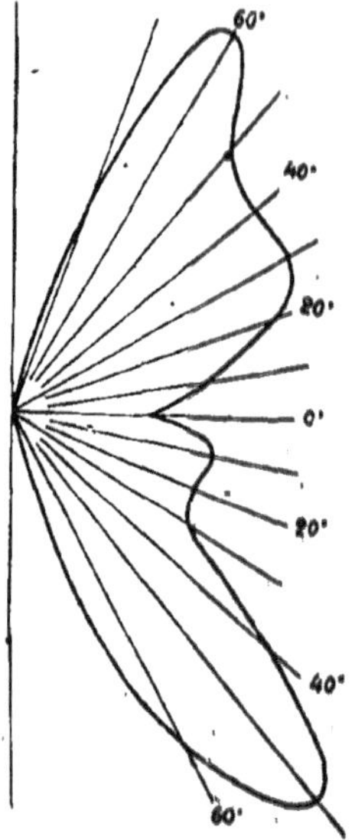

Figure 164.

Courbe photométrique d'un arc à feu nu et à courant alternatif.

Les arcs à courant alternatif ont été encore peu étudiés au point de vue du rendement lumineux. Les fabricants estiment généralement qu'un arc donne autant de lumière qu'une bougie Jablochkoff de même débit. Les arcs à courant alternatif sont donc inférieurs, à ce point de vue, aux arcs à courant continu. Mais il ne faut pas oublier qu'ils consomment moins d'énergie.

Les globes ont aussi sur la courbe photométrique des arcs à courant alternatif une influence très sensible, on pourra s'en convaincre en jetant les yeux sur les deux courbes des figures 165 et 166. La première se rapporte à un globe en opaline. La deuxième correspond à un globe un peu plus opaque, en opale[2]. On voit que plus l'opacité du globe augmente et plus la courbe s'arrondit.

[1] M. Blondel (voir la *Lumière électrique* du 23 septembre 1893) estime que les mèches ont l'avantage de diminuer la tension de l'arc. Il attribue ce fait aux matières minérales qui sont contenues dans la mèche et qui, venant à se volatiliser dans l'arc, augmentent la conductibilité de la couche d'air comprise entre les deux charbons.

[2] Ces courbes nous ont été communiquées par M. Blondel.

Les lampes à arc conviennent admirablement pour l'éclairage des voies publiques. Mais elles doivent être placées sur des candélabres élevés afin que la lumière puisse s'étendre au loin. Nous étudierons en délail, dans un chapitre spécial, quelles sont la répartition et la valeur de l'éclairement produit[1]. Nous nous bornerons pour le moment à dire que les lampes les plus employées débitent 10 ampères et que l'heure-foyer est généralement payée 0f,40. Ce prix

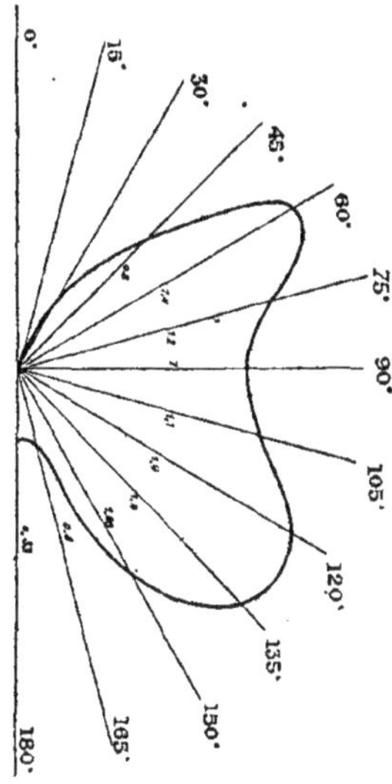

Figure 165.

Courbe photométrique d'un arc à courant alternatif, avec globe en opaline.

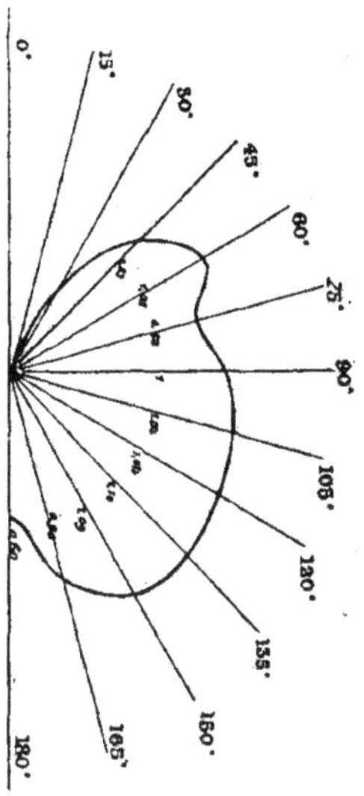

Figure 166.

Courbe photométrique d'un arc à courant alternatif, avec globe en opale.

comprend les dépenses de premier établissement (moins la pose et la fourniture des candélabres qui incombent à la Ville) et celles d'entretien de la canalisation et des appareils (candélabres, lanternes, régulateurs, crayons, etc...)[2].

Le prix de 0f,40 pour l'heure-foyer est élevé. C'est ce qui explique pourquoi l'éclairage électrique des voies publiques est encore peu répandu à Paris. Voici, d'ailleurs, le détail des voies ainsi éclairées.

[1] Voir chapitre XIV *Eclairement des voies publiques.*

[2] L'éclairage de chaque rue fait l'objet de conventions spéciales passées avec les Compagnies exploitantes. (Voir plus loin, chapitre XII, *La ville de Paris et les Sociétés d'électricité*).

VOIES ÉCLAIRÉES PAR DES LAMPES A ARC	Nombre de lampes	Débit des lampes	Prix de l'heure-foyer	Secteurs chargés de l'éclairage	OBSERVATIONS
Rue Royale et Place de la Madeleine.	21	10	0f40	Compagnie Parisienne de l'Air comprimé.	En série.
Grands Boulevards — de la Madeleine à l'Opéra	26	10	0f40	Id	
Grands Boulevards — de l'Opéra au Boulevard Saint-Denis. .	45	10	0f40	Secteur Edison.	Par 2 ou 4 en tension
Grands Boulevards — du Boulevard Saint-Denis à la Place de la République . .	32	10	0f40	Société anonyme d'Éclairage et de Force.	Par 2 en tension.
Boulevard Sébastopol. . .	8	10	0f40	Id.	
Place du Carrousel	16	10	Forfait de 34550 f. par l'année	Secteur Edison.	Le courant est fourni par la station du Palais-Royal.
Rue Saint-Lazare.	6	15	0f57	Secteur de la Place Clichy.	Par 2 en tension.
Avenue de Clichy	26	10	0f40	Id.	Par 8 en tension.
Boulevards Barbès et Ornano.	34	10	0f40	Société anonyme d'Éclairage et de Force.	Par 2 en tension.
Place des Pyrénées	7	10	0f40	Compagnie Parisienne de l'Air comprimé.	En série.
Quais de Jemmapes et de Valmy	66	10	0f40	Société anonyme d'Éclairage et de Force.	Par 2 en tension.
Boulevard de la Villette et berges du bassin de la Villette..	26	10	0f40	Id.	Id.
TOTAL .	313				

A ce total de 313 lampes il faut ajouter, si l'on veut se faire une idée de l'éclairage public par lampes à arc, 146 lampes éclairant des parcs ou jardins.

Il existe un grand nombre de lampes à arc en service chez les particuliers. Nous relevons

2.000 lampes sur le secteur de la Société anonyme d'éclairage et de force;
800 lampes sur le secteur Edison ;
700 lampes sur le secteur de la place Clichy ;
1.500 lampes sur le secteur de la Compagnie Parisienne de l'air comprimé;
et 400 lampes sur le secteur des Champs-Elysées.

L'usine des Halles alimente 500 lampes dont la moitié environ sert spécialement pour l'éclairage des divers pavillons des Halles.

Comme nous le verrons par la suite le système d'éclairage par lampes à arc est également fort employé par les grands magasins (au moins 1.000 lampes) et les grandes gares (650 lampes).

Quelques industriels s'éclairent aussi avec des lampes à arc alimentées directement par des dynamos spécialement affectées à l'éclairage de leurs établissements.

Bref, on peut compter qu'il existe actuellement dans Paris au moins 9.500 lampes à arc en service[1].

Candélabres et lanternes pour lampes à arc. — La nécessité d'élever les foyers électriques beaucoup plus que les lanternes à gaz n'a pas permis d'utiliser pour l'éclairage électrique les candélabres ordinaires de la voie publique. On a d'abord songé — et la place du Carrousel en est un exemple — à monter les foyers sur de grands pylones métalliques. Mais une telle disposition est peu décorative. Bien que très rationnelle elle n'a pas été généralisée. On a préféré créer, pour supporter les lampes à arc, plusieurs types de candélabres spéciaux. Celui qui est le plus fréquemment employé a 5m,50 de hauteur. On le trouve en particulier sur la ligne des Grands Boulevards. Lorque l'on est un peu gêné par les plantations, on adopte, de préférence, deux autres modèles qui n'ont que 4m,50 ou 4m de hauteur. Tels sont les candélabres de l'avenue Clichy, des boulevards Barbès et Ornano. Ces divers modèles sont en fonte bronzée au pinceau. On peut aussi les cuivrer par le procédé Oudry. Dans le socle, à section carrée, se placent les interrupteurs, les coupe-circuits, les rhéostats, etc..... On peut visiter ces appareils ou les manœuvrer en ouvrant une petite porte ménagée dans l'un des panneaux.

Ces trois types de candélabres sont fournis par la maison Durenne. Ils sont tarifés à la ville aux prix suivants :

	Prix du candélabre peint et posé.
Hauteur 5m,50 (modèle riche).	294f.
— 5m,50 (modèle ordinaire)	269f.
— 4m,50.	221f.
— 4m,00.	216f.

Le cuivrage augmente beaucoup le prix des candélabres. Ainsi le candélabre de 5m,50 (modèle riche) revient, cuivré, à 493f.

Les régulateurs des lampes à arc doivent être protégés contre la pluie ou la neige par une enveloppe imperméable. Celle-ci est formée par une lanterne en bronze qui cache complètement les appareils de réglage. Cette lanterne soutient aussi les globes en opaline qui modèrent la vivacité de l'arc. Il existe plusieurs modèles de lanternes. Nous représentons par les figures 167, 168, 169, celui qui nous paraît le plus satisfaisant. La fourniture des lanternes incombe aux sociétés qui fournissent le courant. Le prix du

[1] D'après M. Fontaine le nombre des lampes à arc installées en mai 1890 était de 6.800.

foyer-heure comprend, comme nous l'avons indiqué plus haut, les dépenses d'entretien nécessitées par ces appareils ainsi que par les candélabres.

Figure 167.
Candélabre de $5^{m},50$ pour foyer électrique (modèle riche).

Figure 168.
Candélabre de $4^{m},50$ pour foyer électrique.

Figure 169.
Candélabre de $5^{m},50$ pour foyer électrique (modèle ordinaire).

Figure 170.
Candélabre mixte pour gaz et électricité.

Figure 171.
Candélabre mixte, pour gaz et électricité, de la place de l'Opéra.

Citons aussi un candélabre mixte pour gaz et électricité, constitué par un candélabre électrique ordinaire, muni de deux bras supportant des lanternes à gaz (figure 170). Deux candélabres de ce système ont été placés sur refuge, à l'entrée du parc Monceau (boulevard de Courcelles). Lorsque l'on interrompt l'éclairage électrique, à 2 heures du matin, on allume les lanternes à gaz, qui suffisent alors pour signaler les refuges.

Nous reproduisons enfin, par la figure 171, un superbe candélabre analogue au précédent, mais un peu plus décoratif, et que l'on a créé spécialement pour l'éclairage du grand refuge de la place de l'Opéra.

Eclairage des parcs et squares. — Le gaz est l'ennemi des plantations. Il suffit, pour se rendre compte des ravages qu'il peut exercer sur les racines des arbres, de jeter un coup d'œil sur une tranchée ouverte pour une recherche de fuite de gaz. L'humus a disparu; la terre est noire, infecte, comme empoisonnée. Souvent la contamination s'étend très loin, la fuite ayant pu exister pendant des années avant d'être découverte.

Le drainage des conduites, prescrit sous les voies plantées, n'est pas toujours d'une efficacité absolue. Aussi n'est-il pas rare de voir de très beaux arbres languir et périr, uniquement parce qu'il existe une conduite de gaz à proximité.

Si de tels phénomènes venaient à se passer dans un jardin public, ils auraient des conséquences fort onéreuses pour la Ville, en raison du prix des essences ou des sujets. Il a paru par suite prudent de renoncer complètement à éclairer les parcs et les squares au gaz malgré les vives réclamations du public relativement à la fermeture de ces promenades pendant la nuit.

Les objections faites à l'emploi du gaz n'existent pas pour l'électricité. Aussi dès que la lumière électrique eut acquis droit de cité dans Paris, l'Administration s'empressa-t-elle d'appliquer le nouveau mode d'éclairage à deux de ses plus belles promenades : le parc Monceau et le parc des Buttes-Chaumont. Ces éclairages ont été réalisés, le premier en 1882, le second en 1884. Depuis on a aussi éclairé électriquement le square des Batignolles. Mais, au lieu d'établir dans ce square une usine spéciale, on a traité pour la fourniture du courant (10 lampes à arc de 10 ampères) avec la Société du secteur de la place Clichy. Ajoutons enfin le parc du Champ-de-Mars dont l'éclairage intermittent est assuré par une usine municipale située en bordure de l'avenue La Bourdonnais.

Dans ces diverses promenades le seul appareil employé pour obtenir de la lumière est la lampe à arc voltaïque. Sa lumière blanche et vive convient très bien aux teintes vertes des gazons. Par son éclat elle produit, en outre, à travers les massifs, des effets de clair-obscur pleins d'imprévu et d'originalité.

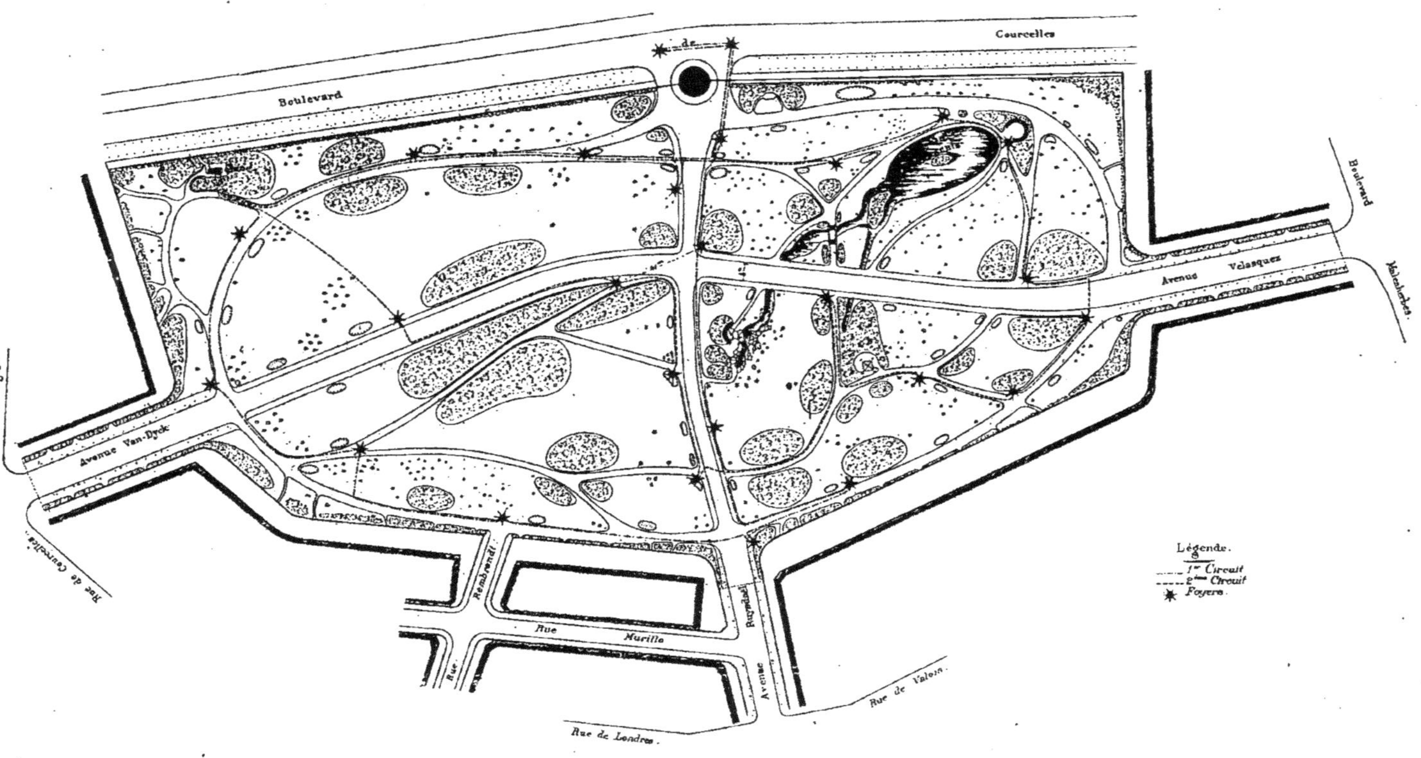

Figure 172.
Plan de l'éclairage électrique du parc Monceau.

L'éclairage électrique des promenades ne peut manquer de s'étendre à bref délai. Il est question, en particulier, de l'appliquer aux voies les plus fréquentées du Bois de Boulogne, au parc Montsouris et à différents squares de l'intérieur de Paris (square de la Tour Saint-Jacques, des Epinettes, des Tuileries, etc..).

(*a*) **Parc Monceau.** — Au moment où l'éclairage électrique du parc Monceau fut décidé, les bougies Jablochkoff étaient préférées, pour l'éclairage des grands espaces, aux lampes à arc et à régulateur. C'est aussi un éclairage par bougies et courant alternatif qui fut primitivement organisé. Mais lorsque, en 1892, on prit le parti de porter le nombre des foyers de 12 à 26, on reconnut qu'il était avantageux de renoncer complètement aux bougies, dont le rendement est faible, et d'adopter des lampes à arc et à courant continu.

L'éclairage actuel comporte donc 26 lampes à arc de 10 ampères réparties comme l'indique le plan représenté par la figure 172. Elles sont du système Pilsen ; les lanternes, qui les contiennent, sont placées sur de beaux candélabres analogues à ceux des voies publiques. La distribution se faisant en série, chaque lampe à arc est munie d'un appareil automatique qui isole la lampe, sans arrêter le passage du courant, lorsque le régulateur se détraque. On peut aussi, en manœuvrant un interrupteur, situé dans la borne du candélabre, empêcher le courant de passer par la lampe.

La petite usine productrice d'électricite est placée près du boulevard de Courcelles. Des massifs de verdure la masquent complètement. Elle renferme : Une machine à vapeur mi-fixe de 25 chevaux et deux dynamos Henrion de 30 foyers. La canalisation, constituée par un câble isolé et armé d'une section de $10^{m}/_{m}^{2}$, forme deux boucles se rejoignant dans l'usine.

L'exploitation de l'usine est faite directement par la Ville. L'heure-foyer revenait avec les bougies Jablochkoff à $0^{f},487$. Avec les lampes à arc ce prix s'est abaissé à $0^{f},20$ et l'on obtient plus de lumière.

(*b*) **Parc des Buttes-Chaumont.** — Le parc des Buttes-Chaumont est éclairé par 50 lampes à arc Brush de 10 ampères, montées en série. Les lampes sont supportées par des candélabres en fonte et placées les unes dans les allées, les autres au milieu des pelouses. L'effet obtenu est très satisfaisant et cette superbe promenade, si pittoresque, ressemble le soir à un véritable décor d'opéra.

L'usine est située rue Botzaris n° 72. Elle est exploitée directement par la Ville. On y trouve : deux machines à vapeur mi-fixes de 50 chevaux et 3 dynamos Brush pouvant alimenter respectivement 40, 16 et 6 foyers. La dynamo de 40 foyers a une excitatrice spéciale. La canalisation est constituée par un câble isolé de $14^{m}/_{m}^{2}$ protégé par une gaine de plomb et logé dans des caniveaux en bois ou en terre cuite.

Le prix de l'hectowatt-heure à la sortie de l'usine est de 0f,041 se décomposant en

Personnel.	0f,015
Combustible	0,015
Graissage et divers	0,011
Total	0f,041

Quant au foyer-heure il revient, tout compris, à 0f,285, savoir :

Personnel.	0f,048
Courant	0,205
Crayons	0,020
Divers	0,012
Total	0f,285

L'usine de la rue Botzaris n'alimente pas que les 50 lampes à arc du parc. Elle éclaire aussi quelques restaurants situés dans le parc ainsi que le chalet dans lequel l'Ingénieur de la 8e Section a ses bureaux. La nécessité de rendre ce dernier éclairage indépendant de celui du parc, qui ne fonctionne que pendant des heures déterminées, a conduit à installer dans les sous-sols des bureaux une petite batterie d'accumulateurs Laurent Cély de 250 ampères-heure.

(c) **Champ-de-Mars.** — L'usine du Champ-de-Mars est l'ancienne usine Edison de l'exposition de 1889. Elle a été rachetée, par la Ville de Paris, pour la somme de 450.000 francs, canalisation et appareillage compris[1].

Par son importance c'est presque une station centrale. Il est d'ailleurs question de la faire concourir à l'éclairage de plusieurs grandes voies des quartiers voisins.

Elle n'est utilisée actuellement, pour l'éclairage du parc, que le dimanche, en été, lorsque l'on fait fonctionner la belle fontaine lumineuse, si admirée en 1889. Elle alimente, alors, indépendamment des réflecteurs placés sous la fontaine, 62 lampes à arc de 10 ampères réparties dans les massifs. Elle permet aussi d'éclairer une partie des anciens bâtiments de l'exposition. Des marchés ont été conclus, à cet effet, avec quelques-uns des industriels auxquels des locations ont été consenties par la Ville. L'importance de cet éclairage est fort variable. Il dépasse rarement une centaine de lampes à arc et 2 ou 300 lampes à incandescence.

[1] Cette somme se décompose comme il suit :

Usine	300.000f.
Canalisation, appareillage	120.000f.
Divers	30.000f.
TOTAL	450.000f.

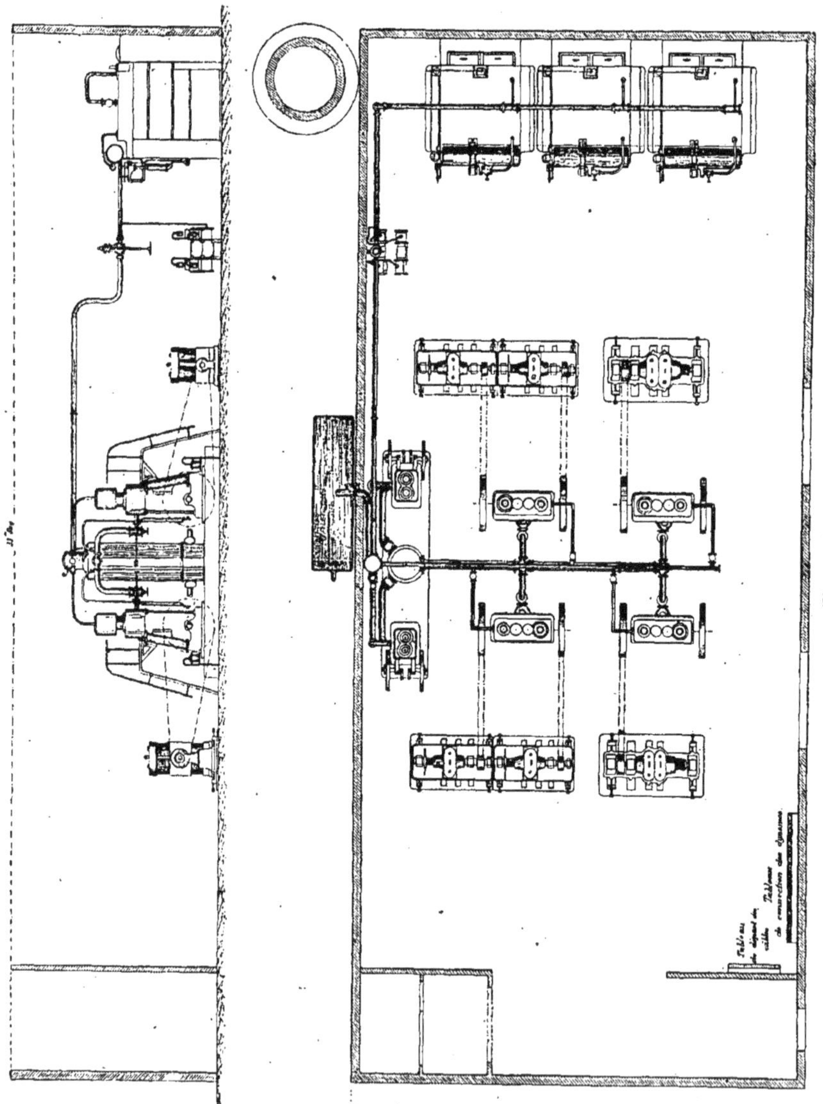

Figure 173.
Usine électrique du Champ-de-Mars. — Plan et Coupe longitudinale.

L'usine se compose d'un élégant bâtiment en fer et briques, abritant une salle très claire et bien aérée dans laquelle nous rencontrons :

1° 3 générateurs Belleville pouvant produire chacun 2.600 kilogr. de vapeur par heure, à la pression de 15 kilogr. par centimètre carré ;

2° 4 machines à vapeur verticales à triple expansion de 150 chevaux (Weyher et Richemond) tournant à 160 tours par minute ;

3° 1 condenseur avec deux pompes;

4° 2 dynamos Edison de 800 ampères et 125 volts tournant à 350 tours par minute et 4 autres dynamos Edison de 550 ampères et 125 volts tournant à 650 tours par minute. La commande de ces dynamos se fait par courroies. Les deux dynamos de 800 ampères sont actionnées chacune par un moteur de 150 chevaux. Les deux autres moteurs mettent au contraire en mouvement chacun deux dynamos de 550 ampères.

La distribution se fait à 220 volts et par circuit double, c'est-à-dire que, dans une même salle, il existe deux circuits à 220 volts sur lesquels sont réparties, en nombres égaux, les lampes à arc ou à incandescence. Cette disposition permet d'éviter une extinction totale, dans le cas où il se produirait des avaries sur l'un des circuits. En raison de la tension on monte les arcs en série par 3 et les lampes à incandescence en série par 2 (lampes à 110 volts).

Il y a deux tableaux de distribution. Un premier sert à grouper les dynamos en série suivant les besoins du service. Il comprend 3 barres de cuivre formant, comme dans le cas d'une distribution à 3 fils, 2 ponts avec une chute de potentiel de 110 volts. Un commutateur circulaire commande chaque dynamo. Toutefois on ne peut le manœuvrer que lorsque le circuit d'excitation de la dynamo correspondante est ouvert. Cette disposition est identique à celle des usines du Palais-Royal et des Halles. L'excitation se règle avec un rhéostat.

Le 2me tableau comporte seulement 2 barres de cuivre reliées aux barres extrêmes du tableau précédent. On dispose donc, entre ces deux barres, d'une chute de potentiel de 220 volts. C'est de ce tableau que partent les divers circuits. Ils sont commandés par des verrous à manœuvre rapide.

La canalisation est formée, soit par des câbles nus dans des caniveaux en béton, soit par des câbles isolés placés dans des tuyaux operculaires en poterie.

L'électricité dans les établissements municipaux — Nous verrons plus loin[1] que, dans les cahiers des charges imposés aux Compagnies d'électricité, la Ville n'a inscrit aucune réduction de prix pour la fourniture de l'électricité aux établissements qui lui appartiennent.

[1] Voir chapitre XII, *La ville de Paris et les Sociétés d'électricité.*

Les prix actuels de vente de l'électricité étant très élevés, elle a dû, par suite, s'abstenir de faire bénéficier de l'électricité une foule d'établissements pour lesquels le remplacement de l'éclairage au gaz par l'éclairage électrique serait cependant fort désirable. Tels sont les écoles, les hôpitaux, les bibliothèques, etc...

Ceci explique aussi pourquoi, lorsqu'il s'est agi de transformer l'éclairage de certains groupes très importants, elle s'est décidée à les pourvoir d'usines spéciales analogues à celles qui éclairent les grandes gares ou les grands magasins. Le prix de revient est alors notablement inférieur aux prix de vente des secteurs, et il n'est pas impossible d'obtenir dans certains cas un éclairage plus économique qu'avec le gaz.

La question qui se pose, dans un cas semblable, est de savoir si la Ville doit fabriquer elle-même son électricité ou si elle doit concéder l'exploitation des usines à des industriels ou à des Sociétés.

Elle a adopté l'un et l'autre système. Ainsi l'Hôtel-de-Ville — dont l'éclairage remonte il est vrai à l'année 1883, c'est-à-dire à une époque où l'éclairage électrique était peu répandu à Paris — est éclairé directement par la Ville. Pour deux autres établissements, au contraire, (Entrepôts de Bercy, Abattoirs de la Villette) elle paie l'électricité, à prix convenu, à un concessionnaire. Nous verrons, plus loin, quelles sont les conditions principales de ces concessions.

(*a*) **Hôtel-de-Ville.** — L'Hôtel-de-Ville contient, en dehors des bureaux de l'Administration préfectorale et des locaux affectés au Conseil Municipal, de nombreuses salles, magnifiquement décorées, qui servent pour les bals ou les réceptions.

L'usine productrice d'électricité doit par suite satisfaire à deux sortes de services bien distincts : un service normal et journalier, consistant dans l'alimentation d'environ 1.400 lampes ; un service exceptionnel de 4.000 lampes ne fonctionnant que deux ou trois fois chaque année.

De telles sujétions sont naturellement peu compatibles avec un bon rendement. Le matériel non utilisé doit être entretenu avec autant de soin que s'il marchait constamment et l'on est obligé, pour quelques heures d'un service exceptionnellement chargé, d'occuper pendant l'année entière un nombreux personnel.

On conçoit cependant que de telles considérations ne pouvaient arrêter le Conseil Municipal. Il devait à la Ville de Paris, il se devait à lui-même de donner l'exemple du progrès.

La distribution du courant se fait à deux fils et à 110 volts. Les câbles principaux sont composés d'une âme en cuivre de haute conductibilité recouverte d'un ruban caoutchouté, d'une couche de caoutchouc vulcanisé de 2m/m d'épaisseur, de 2 rubans enduits et d'une tresse de jute goudronnée. Les fils et câbles secondaires ont la spécification suivante : âme en cuivre, couche de caoutchouc naturel, 2 guipages en coton, enduit isolant, tresse de coton fin, couche d'enduit isolant. Toutes les canalisations sont placées sous des moulures en bois qui permettent de les dissimuler complètement.

Le courant à 110 volts est produit par 4 dynamos Edison de 20 kilowatts excitées en dérivation et par 5 dynamos Gramme type supérieur, à excitation Compound. Deux peuvent fournir chacune 40 kilowatts ; les trois autres ne sont que de 25 kilowatts.

Les moteurs sont au nombre de sept, savoir : quatre moteurs Compound à détente et à condensation de 65 chevaux, trois machines demi-fixes à détente et à condensation de 50 chevaux. Deux des moteurs Compound actionnent chacun deux dynamos Edison ; les deux autres mettent en mouvement les deux dynamos Gramme de 40 kilowatts. Les moteurs demi-fixes sont attelés aux dynamos de 25 kilowatts.

L'exiguïté des locaux mis à la disposition du service de l'éclairage n'a pas permis d'installer tous ces appareils dans une même pièce. Ils sont répartis dans trois salles distinctes, ce qui complique un peu la surveillance.

La salle des chaudières est, au contraire, très bien agencée. Elle renferme une superbe batterie de générateurs de Naeyer bien alignés et d'un aspect réellement imposant. Mais, parmi ces générateurs, quatre seulement servent à alimenter les moteurs. Les autres sont employés au chauffage général des bâtiments. La maison *Geneste Herscher et Cie* qui assure ce chauffage a été également chargée de la fourniture de la vapeur nécessaire au fonctionnement des moteurs.

En plus des moyens d'action précédemment indiqués l'usine dispose d'une batterie de 65 accumulateurs pouvant débiter 900 ampères-heure.

Le prix de l'hectowatt-heure (moyenne des années 1892 et 1893) revient à l'Hôtel-de-Ville à 0f,06. Ce prix comprend les dépenses de personnel, de charbon, d'huile, de lampes, d'entretien et de renouvellement du matériel et de la canalisation.

L'installation entière, non compris celle des générateurs, a coûté 392.000f dont 295.000f pour l'usine et 97.000f pour l'appareillage (non compris les lustres des salles de fêtes).

(*b*) **Entrepôt de Bercy**. — L'éclairage des entrepôts de Bercy a été concédé par délibération du Conseil Municipal du 25 juillet 1891 à M. Victor Popp, pour une période allant jusqu'au 1er mars 1907. Pour obtenir cet éclairage, qu'il était alors question de confier à un autre industriel, M. Popp a fait valoir que les entrepôts de Bercy étaient compris dans le secteur qui lui avait été concédé. Tout en affirmant son droit absolu de traiter avec n'importe quel concessionnaire de son choix, la Ville a cependant accueilli favorablement la demande de M. Popp, étant donné d'ailleurs que les conditions offertes par lui étaient aussi avantageuses que celles du premier demandeur[1]. C'est encore M. Popp qui exploite aujourd'hui l'usine, bien que le Secteur dont il était concessionnaire ait été transféré à la Compagnie Parisienne de l'Air comprimé. Il est à remarquer, en effet, que la concession de l'éclairage des entrepôts de Bercy lui a été faite personnellement.

L'éclairage des entrepôts (voies publiques et locaux loués à des commerçants) est assuré par une petite usine qui renferme :

1° 2 moteurs à air comprimé de 30 à 50 chevaux [2] actionnant chacun une dynamo Thomson-Houston de 170 ampères et 110 volts ;

et 2° une batterie d'accumulateurs de 1.200 ampères-heure.

Il existe 299 lampes de 10 bougies en service pour l'éclairage des allées publiques de l'entrepôt et 600 lampes de 16 et 10 bougies dans les locaux loués à des commerçants. Dans l'éclairage privé figurent en outre 5 lampes à arc.

Les conditions de la concession sont les suivantes :

1° M. Popp est soumis au cahier des charges général des Sociétés d'électricité.

2° Sur les 299 lampes de l'éclairage public, 200 font l'objet d'un forfait de 8.000 francs par an, étant donné que ce prix comprend le renouvellement des lampes et leur allumage pendant les heures de fonctionnement des lanternes à gaz des voies publiques. Pour les 99 lampes supplémentaires, l'électricité est payée à raison de 0f,07 l'hectowatt-heure et en admettant, à défaut de compteur, qu'une lampe de 10 bougies consomme 40 watts.

3° Le prix de l'hectowatt-heure pour les particuliers est fixé à 0f,12 tant que la consommation journalière d'électricité ne dépassera pas 12.000 hectowatts-heure, à 0f,11 pour une consommation comprise entre 12.000 hectowatts-heure et 18,000 hectowatts-heure ; à 0f,10 pour une consommation de 18.000 à 24.000 hectowatts-heure ; à 0f,09 pour une consommation de 24.000 à 30.000 hectowatts-heure ; à 0f,08 pour une consommation supérieure à 30.000 hectowatts-heure.

[1] M. Cochin, rapporteur, s'exprimait ainsi : « A ce sujet, le droit strict ne pourrait certainement pas être invoqué ; le concessionnaire ne pourrait émettre, en tout cas, aucune réclamation si vous autorisiez un autre entrepreneur à s'établir dans un îlot, sans avoir de conduites à poser sous la voie publique. C'est le cas pour Bercy et il vous est loisible de donner la concession à qui vous voudrez.

Cependant l'équité et l'intérêt de la Ville nous ont semblé exiger qu'en pareil cas et aux mêmes prix, la préférence fût accordée au concessionnaire du secteur. Vous savez que, suivant le cahier des charges, les concessionnaires sont obligés de desservir des secteurs entiers, ce qui est une lourde charge et ne pourrait être accepté, évidemment, si les bonnes parties étaient distraites par des concessions d'îlots particuliers. »

[2] Il est question de substituer la vapeur à l'air comprimé. Les mêmes moteurs seraient employés. On ne modifierait que leurs tiroirs.

(c) **Abattoirs de la Villette.** — L'éclairage électrique des abattoirs de la Villette a été concédé à la *Société Anonyme d'Eclairage et de Force* pour les mêmes raisons qui ont fait concéder à M. Popp l'éclairage des entrepôts de Bercy.

L'usine productrice d'électricité comprend 2 dynamos Desroziers de 870 ampères et 135 à 175 volts, tournant à 70 tours par minute, 2 machines à vapeur horizontales à un cylindre de 150 chevaux, actionnant chacune directement une dynamo Desroziers et 2 chaudières Roser de 160 mètres carrés de surface de chauffe. Comme réserve on dispose d'une batterie d'accumulateurs de 1.500 ampères-heure (68 éléments de la *Société pour le Travail Electrique des Métaux*).

La distribution se fait à 2 fils et à 110 volts. Ce système étant celui que la Société emploie sur son secteur, on a pu raccorder la canalisation des abattoirs aux canalisations de la voie publique. C'est une garantie que l'on n'aurait évidemment pas obtenue avec un autre concessionnaire.

Les conditions de la concession sont les suivantes :

1° La Société est soumise à son cahier des charges général,

2° A l'expiration de la concession (qui aura lieu le 26 mars 1907) la Ville deviendra propriétaire de la canalisation et de l'appareillage,

3° Les prix de vente de la lampe-heure y compris l'entretien et le renouvellement des appareils sont fixés à

0f,235 pour un arc de 8 ampères,

0f,180 pour un arc de 6 ampères,

0f,028 pour une lampe à incandescence de 16 bougies,

0f,020 pour une lampe à incandescence de 8 bougies.

Les lampes brûlent suivant un horaire fixé par l'Administration. Pour l'éclairage demandé en dehors de l'horaire l'électricité est payée à raison de 0f,06 l'hectowatt-heure.

Ces prix sont avantageux. Ils ont permis de remplacer l'éclairage au gaz par l'éclairage électrique sans supplément de dépenses et tout en obtenant beaucoup plus de lumière.

Il existe en service 128 lampes à arc de 8 ampères, 18 lampes à arc de 6 ampères et 571 lampes à incandescence.

La dépense annuelle est de 158.000 francs. Elle était, avec le gaz, de 175.000 francs.

Eclairage électrique des gares. — L'éclairage électrique des grandes gares parisiennes offre des avantages évidents. Il suffit, pour les apprécier, de se rappeler la foule énorme que, chaque soir, Paris écoule vers sa banlieue.

Quiconque a vu la gare Saint-Lazare, au moment où ses innombrables trains du soir s'ébranlent, où sur chaque quai court une longue et dense traînée de voyageurs et où cependant, malgré le bruit, la fumée, l'arrivée tapageuse des locomotives, la manœuvre rapide des trains, le service se fait toujours d'une façon irréprochable, comprend sans autre démonstration que tout ce grand mouvement serait matériellement impossible, sans les puissants foyers électriques qui déversent sur chaque point du sol une clarté intense. C'est à eux aussi que les agents des Compagnies doivent une sécurité plus grande et, quant aux Compagnies elles-mêmes, il est clair qu'elles ont trouvé dans l'emploi de la lumière électrique le moyen d'assurer un écoulement plus rapide des voyageurs et d'augmenter, dans une proportion très sensible, le nombre des départs des trains.

La substitution de l'électricité au gaz dans les grandes gares de Paris s'imposait d'autant plus que les Compagnies sont dans une situation exceptionnelle pour obtenir de l'électricité à très bon compte. D'abord, elles disposent d'un personnel technique remarquable, permettant d'assurer presque sans frais l'exploitation d'une usine électrique ; ensuite elles peuvent se procurer le charbon à des prix très bas, en raison des gros marchés passés avec les mines et de la possibilité d'amener le combustible en wagon jusque dans les usines.

Ces conditions spéciales font que les Compagnies ont généralement trouvé économique d'éclairer leurs gares directement et d'établir pour ce service de véritables petites stations centrales électriques. Plusieurs même n'ont pas hésité à étendre le champ d'action de leurs usines et à profiter des installations réalisées pour éclairer les bureaux et les bâtiments de l'Administration. Tel est le cas de la Compagnie de l'Est dont nous décrirons un peu plus loin l'éclairage.

Seule la Compagnie du Nord a traité avec l'un des secteurs municipaux. Sa gare est éclairée, comme nous avons eu occasion de le dire, par l'usine du Faubourg Saint-Denis, laquelle est exploitée par la *Société anonyme d'éclairage et de force*. En raison de la proximité de l'usine et de circonstances spéciales des prix très bas ont été consentis[1].

Toutes les grandes gares (moins celle de Vincennes) sont actuellement éclairées à l'électricité. Les installations les plus intéressantes sont celles de la gare Saint-Lazare, de la gare de l'Est, de la gare d'Orléans et de la gare Montparnasse. Nous allons les examiner successivement.

(*a*) **Gare Saint-Lazare.** — La gare Saint-Lazare a été éclairée pour la première fois à l'électricité, le 2 juillet 1889. L'éclairage était alors limité au grand hall de la gare et à la salle des Pas-Perdus. Il était assuré par 188 lampes à

[1] Un peu moins de 5 centimes pour l'hectowatt-heure (d'après les renseignements fournis au service de l'éclairage).

arc recevant leur courant d'une usine installée à l'entrée du tunnel des Batignolles.

La Compagnie de l'Ouest ayant décidé d'étendre l'éclairage électrique à ses bureaux et au service des messageries, il devint nécessaire de remplacer l'ancienne usine, qui ne pouvait être agrandie, par une nouvelle usine plus puissante.

Cette usine est installée dans la gare même, sur le côté droit des voies, en amont du pont de l'Europe. Son emplacement est plus favorable que celui de l'ancienne usine, car il est plus voisin des centres de consommation.

Le bâtiment comprend une salle pour les moteurs et les dynamos et une deuxième salle pour les chaudières.

Figure 174.
Usine électrique de la gare Saint-Lazare. — Vue intérieure.

L'électricité est produite par 11 dynamos Gramme type supérieur, de 550 ampères et 80 volts, tournant à 600 tours par minute.

Les moteurs sont des machines horizontales, type Corliss, construites par la maison Lecouteux et Garnier. Elles marchent à échappement libre et tournent à 180 tours par minute. Cinq sont de la force de 150 chevaux et actionnent chacune par courroie deux dynamos. Une sixième ne développe que 75 chevaux ; elle sert pour la onzième dynamo.

Les chaudières sont des générateurs Belleville produisant 2.000 kilogr.

de vapeur à l'heure; à la pression de 12 kilogr. par cent. carré. Un détendeur ramène la pression à 7 kilogr., pression à laquelle doit se faire l'admission dans les moteurs. Le nombre des générateurs en service est de cinq.

La distribution se fait à deux fils formant boucle, avec une chute de potentiel de 70 volts. Cette tension oblige à ne placer qu'une seule lampe à arc en dérivation. L'excès de tension est absorbé, pour chaque lampe à arc, par une résistance.

Le tableau de distribution de l'usine permet de réunir les dynamos en quantité sur un circuit général d'alimentation.

Le schéma représenté par la figure 175 indique comment l'opération peut être effectuée pour chaque machine. On commence, d'abord, par exciter la dynamo en fermant l'interrupteur rapide *i*. Puis on met en route et l'on est averti que la dynamo fonctionne convenablement par la lampe à

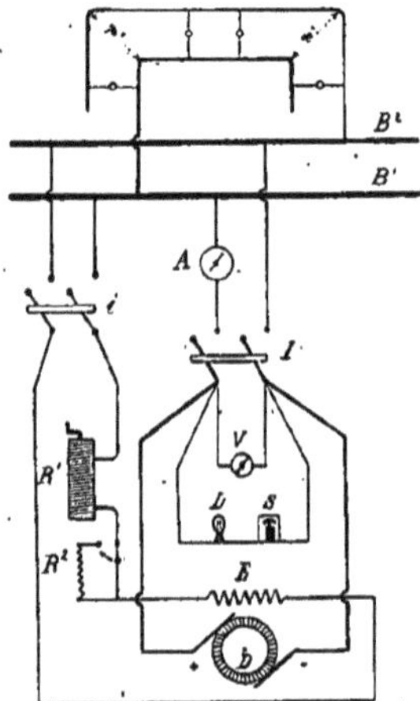

Figure 175.
Usine électrique de la gare Saint-Lazare. — Schéma du tableau de distribution, pour une dynamo.

incandescence L qui s'illumine et par l'indicateur S qui donne le sens du courant. On observe le voltmètre V. Si la tension accusée est différente de celle existant entre les deux barres B¹ et B² du tableau on manœuvre la résistance R¹, placée sur le circuit d'excitation. Lorsque l'égalité est obtenue il ne reste qu'à fermer l'interrupteur I.

Une disposition spéciale non indiquée sur la figure rend toute manœuvre de l'interrupteur I impossible tant que l'interrupteur *i* n'est pas fermé. Quant à la résistance additionnelle R² elle est introduite dans le circuit d'excitation lorsqu'il devient nécessaire de couper le courant. Elle supprime les étincelles d'extra-courant de rupture.

Un certain nombre de tableaux de distribution secondaires sont ménagés sur la canalisation principale. Le plus important est celui qui commande les lampes à arc du hall et de la salle des Pas-Perdus. Chaque lampe est alimentée par un circuit particulier comprenant : commutateur d'allumage, plomb fusible et rhéostat. Un dispositif spécial permet d'insérer un ampèremètre dans le circuit, sans interrompre le courant.

Toute l'installation mécanique et électrique, a été faite par la maison Cance, à ses frais, risques et périls. Cette maison a été également chargée de l'exploitation de l'usine et de l'entretien des lampes. La Compagnie de l'Ouest se borne, en réalité, à lui acheter le courant.

Les prix de règlement sont :

Lampe à arc de 8 ampères.	0f,40	par heure.
— 6 ampères	0 ,30	—
Lampe à incandescence de 16 bougies. . . .	0 ,05	—
— 10 bougies	0,0035	—

La dépense relative aux lampes à arc s'évalue d'après un horaire ; comme les lampes à incandescence sont allumées suivant les besoins et sans horaire fixe, on mesure le courant qu'elles consomment, à l'aide de compteurs Brillié.

L'installation entière fera retour à la Compagnie au bout de 10 ans.

Il existe actuellement en service 250 lampes à arc, système Cance, et environ 3.000 lampes à incandescence.

(*b*) **Gare de l'Est.** — Avant de se décider à éclairer complètement sa gare de Paris à l'électricité, la Compagnie de l'Est avait procédé à deux essais concluants qu'il est intéressant de signaler. D'abord elle avait installé dans une partie des bâtiments affectés au service des voyageurs quelques lampes à arc alimentées par une dynamo Gramme à courants continus. Ensuite elle avait éclairé avec 30 lampes à arc les voies les plus fréquentées de sa gare aux marchandises, au-delà de la rue Lafayette [1].

La gare des voyageurs ayant été partiellement transformée en 1889, la Compagnie eut à examiner si les nouveaux bâtiments (administration, messageries, bureaux, etc...) devaient être éclairés au gaz ou à l'électricité. L'électricité fut préférée et elle décida de profiter de l'occasion pour étendre ce mode d'éclairage à l'ensemble des bâtiments, cours et trottoirs affectés au service des voyageurs.

L'emplacement de l'usine fut assez difficile à trouver. On dut finalement s'installer sur un petit terrain de 17 mètres de longueur et de 11 mètres de

[1] Cet éclairage fonctionne encore aujourd'hui. Le courant est produit par deux dynamos Brush actionnées chacune par un moteur horizontal de 30 chevaux. Les arcs sont en tension par 15.

largeur, voisin du faubourg Saint-Martin. Cet emplacement est distant de 420 mètres des points les plus éloignés à éclairer. Pour diminuer la perte de charge en route, tout en conservant le bénéfice des courants continus à basse tension, on adopta une distribution à trois fils avec une chute de potentiel de 65 volts entre chaque pont[1].

Le courant est produit par deux dynamos Sautter-Lemonnier de 1.200 ampères et 75 volts tournant à 300 tours par minute. Une troisième dynamo, identique aux deux premières, sert comme machine de secours. Les balais de chaque dynamo sont reliés à un tableau de connexion permettant de régler à l'aide de rhéostats le débit et la tension de chaque dynamo et d'envoyer le courant qu'elle produit dans l'un quelconque des deux circuits formés par le système à trois fils. On peut ainsi substituer une dynamo à une autre, même en marche, sans produire aucune irrégularité dans l'éclairage.

Le tableau de distribution comprend trois barres en cuivre sur lesquelles viennent se brancher six circuits aboutissant à des tableaux de distribution secondaires. Un de ces tableaux, celui qui est établi à l'angle Nord-Est du hall des voyageurs, commande à son tour 5 centres de distribution. Les 6 circuits qui partent du tableau de distribution sont tous munis d'indicateurs optiques et acoustiques de tension. La tension est maintenue constante à l'aide de rhéostats.

Chaque dynamo est actionnée par un moteur vertical, type Compound, de la maison Weyher et Richemond. Il y a donc trois moteurs. Chacun d'eux développe 140 chevaux à la vitesse de 160 tours à la minute. La vapeur est admise à la pression de 8 kilogr. La consommation de vapeur par cheval et par heure est inférieure à 10 kilogr.

En raison de l'exiguïté de l'emplacement de l'usine on a dû placer les générateurs sur étage. Le plancher de cet étage a été calculé pour une surcharge de 5.500 kilogr. par mètre carré dans la partie qui supporte les générateurs et pour une surcharge de 2.000 kilogr. dans la partie servant de dépôt de charbon. L'ossature est en acier. Les générateurs sont du type Belleville. Ils sont au nombre de quatre et produisent chacun 1.450 kilogr. de vapeur à l'heure à la pression de 12 kilogr. par centimètre carré. Un détendeur ramène la pression à 8 kilogr.

L'eau d'alimentation provient des réservoirs de la gare (eau de Marne). Celle qui sert à la condensation est prise dans un puits de 93 mètres de profondeur. Elle est élevée par une pompe à vapeur à deux cylindres pouvant débiter 90 mètres cubes à l'heure.

Tout le bâtiment constituant l'usine est construit en briques et fer. Il

[1] Cette chute de potentiel est faible. Il nous semble que, du moment où l'on s'imposait la complication du système à trois fils, il eût été préférable d'adopter la tension de 110 volts, afin de pouvoir mettre deux arcs en tension sur chaque pont.

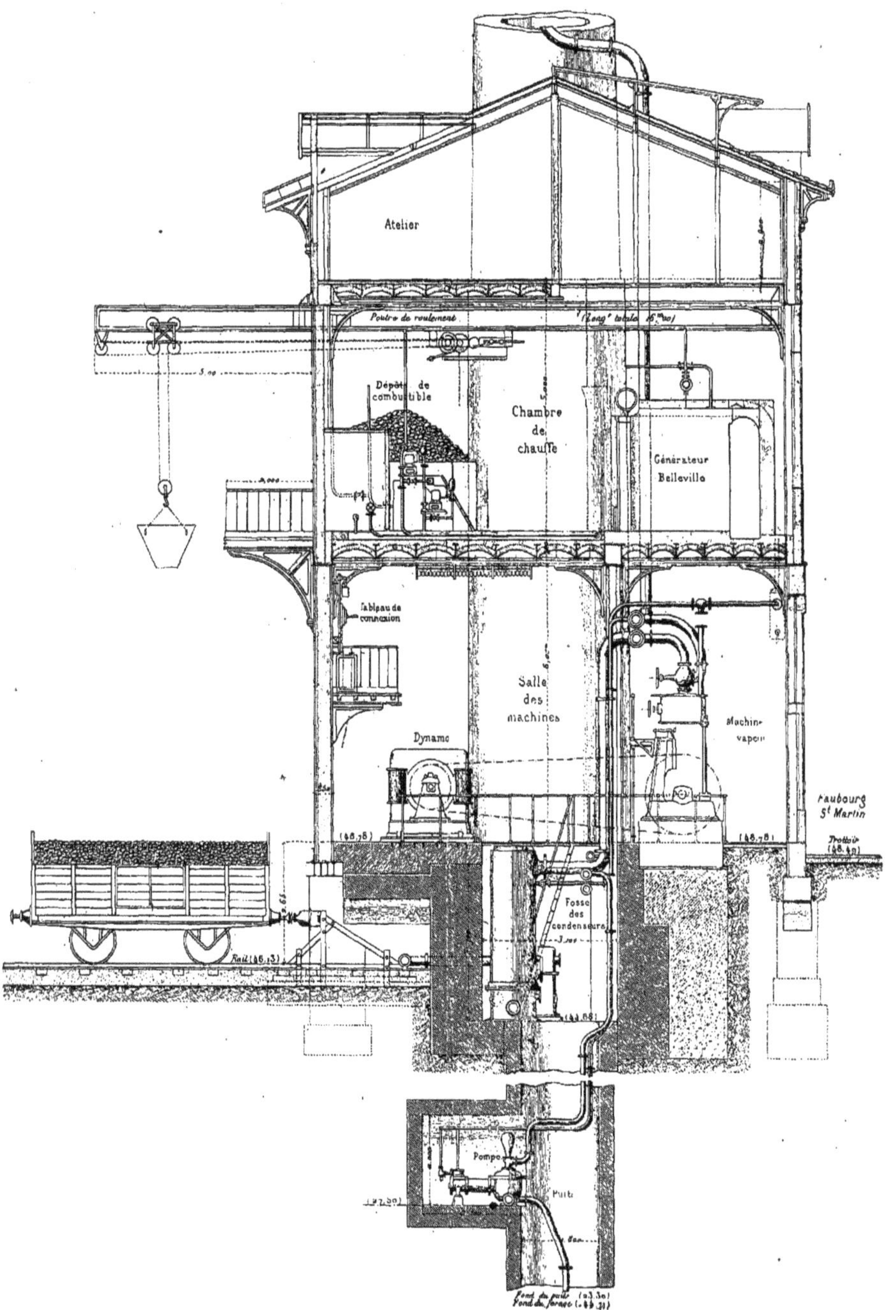

Figure 176.
Usine électrique de la gare de l'Est. — Coupe transversale.

est complètement isolé des constructions voisines et ne peut, de cette façon, transmettre les vibrations produites par les machines. On monte au premier étage par un escalier extérieur au bâtiment. Le charbon est élevé par un monte-charge qui vient puiser jusque dans les wagons.

Il n'a pas été possible de placer la cheminée extérieurement à l'usine. Elle traverse complètement le bâtiment et s'élève à 8 mètres au-dessus des maisons les plus élevées du voisinage. Vu le peu de résistance du sous-sol, on a dû l'asseoir sur quatre puits de 14 mètres de profondeur, complètement remplis de béton.

La canalisation a un développement qui dépasse 71 kilomètres. Elle a été constituée de préférence par des câbles nus sur isolateurs. Quand ce système n'a pu être adopté, on a employé des câbles plus ou moins fortement isolés, protégés par des caniveaux en béton ou par des moulures. Les coupe-circuits ont été multipliés afin d'empêcher tout échauffement exagéré des fils. La distribution se faisant à 65 volts, on a 10 volts à perdre dans les conducteurs. Les sections ont été calculées en conséquence.

L'éclairage comprend 135 lampes à arc de 5 et 7 ampères et 2.300 lampes à incandescence de 20, 16 ou 10 bougies. Les lampes à arc appartiennent aux types Cance, Fabius Henrion et Bardon.

Afin d'éclairer certains locaux obscurs pendant la journée et pour disposer d'une réserve permettant d'allumer les lampes en cas de brouillard subit, en attendant que les chaudières soient mises en pression, on a adjoint aux dynamos une batterie de 92 accumulateurs de 200 kilogr. de plaques chacun. Pour la décharge, on la dédouble en deux batteries égales de 46 éléments et l'on branche chacune d'elles sur l'un des ponts de la distribution. On peut alors disposer, par batterie, de 1.400 ampères-heure. Pour la charge, chaque accumulateur nécessite 2 volts 5. Comme on ne dispose par pont que de 75 volts, on divise les 92 accumulateurs en trois groupes que l'on charge en dérivation séparément. La batterie a été fournie par la *Société pour le Travail électrique des métaux*. Elle a coûté 30.000f, y compris le montage et les accessoires.

Tous les travaux de cette intéressante installation ont été exécutés par la Compagnie de l'Est[1]. C'est elle également qui exploite l'usine. M. Siegler, Ingénieur en Chef des Ponts et Chaussées et de la Compagnie de l'Est, a expliqué dans les *Annales des Ponts et Chaussées*, les motifs qui ont amené la Compagnie à se charger elle-même de son éclairage. « On aurait pu, dit-il, comme la Compagnie de l'Ouest l'a fait avec succès à la gare Saint-Lazare, traiter avec un entrepreneur qui aurait exécuté les installations à ses frais et aurait fourni la lumière à un prix déterminé. Mais la gare de l'Est n'est

[1] Les projets ont été approuvés par décision ministérielle du 11 mars 1889.

pas, comme la gare Saint-Lazare, arrivée déjà à sa forme définitive et comporte encore d'importants remaniements. Dans ces conditions, il est préférable que la Compagnie reste entièrement maîtresse des canalisations électriques qui sont exposées à être déplacées et modifiées ultérieurement. L'électricité fait des progrès très rapides dont on ne peut prévoir le terme. En créant et en exploitant elle-même ses installations, la Compagnie a l'avantage de pouvoir profiter de tous les perfectionnements qui se produiront. Ce résultat serait difficile à obtenir avec un concessionnaire, quelles que soient les clauses insérées à cet égard dans le cahier des charges[1]. »

Les dépenses de premier établissement ont été les suivantes :

Bâtiment	122.200f	162.700f.
Cheminée	17.200f	
Puits	15.000f	
Monte-charges, bennes, wagonnets, réservoirs	8.300f	
Dynamos, tableaux de distribution, conducteurs principaux	207.200f	237.200f.
Accumulateurs	30.000f	
Moteurs et accessoires	89.000f	146.000f.
Générateurs de vapeur et accessoires	57.000f	
Lampes à arc, canalisation secondaire et appareillage	76.700f	143.700f.
Lampes à incandescence, canalisation secondaire et appareillage	67.000f	
Total		689.600f.

Les dépenses d'exploitation (intérêts et amortissement compris) mettent l'hectowatt-heure à 5centimes,13, savoir :

Intérêt et amortissement à 8 °/°	2centimes,25
Dépenses du matériel moteur	2 ,52
Dépenses du matériel électrique	0 ,36
Total	5centimes,13

Les foyers donnent lieu par suite aux dépenses horaires suivantes :

Lampe à arc de 7 ampères	31centimes,3
Lampe à arc de 5 ampères	22 ,4
Lampe à incandescence de 20 bougies	5 ,2
Lampe à incandescence de 16 bougies	4 ,4
Lampe à incandescence de 10 bougies	3 ,3

Ces prix comprennent le remplacement des crayons et des lampes à incandescence ainsi que les frais de surveillance[2].

[1] *Annales des Ponts et Chaussées.* Cahier de juillet 1891.

[2] *Etude pratique sur l'éclairage électrique des gares de chemins de fer* par G. Dumont et G. Baignères. (Extrait des mémoires de la Société des Ingénieurs civils). Baudry et Cie éditeurs.

(c) **Gare d'Orléans.** — L'installation électrique de la gare d'Orléans est en service depuis deux ans. Le nouvel éclairage a été limité aux cours de départ et d'arrivée, aux bâtiments des voyageurs, aux messageries et aux voies jusqu'au Boulevard de la Gare. Pour ces différents points une puissante lumière est nécessaire. C'est donc à un éclairage par lampes à arc auquel la Compagnie a eu recours. Mais on a renoncé, avec raison, à alimenter chaque lampe à arc par un circuit déterminé. Les lampes sont placées par 7 en série, ce qui diminue considérablement les dépenses de canalisation et les pertes en ligne. Il y a 12 circuits pour 7 lampes ; exceptionnellement un 13e circuit alimente un nombre variable de lampes, avec un maximum de 30. Cette disposition a été adoptée pour répondre aux exigences particulières du service de la gare.

Les circuits pour 7 lampes sont alimentés par deux dynamos Ganz de 380 volts et 140 ampères, excitées en dérivation et réunies en quantité sur des barres en cuivre régnant à la partie supérieure du tableau de distribution et sur lesquelles viennent se brancher les circuits. A l'origine de chaque cir-

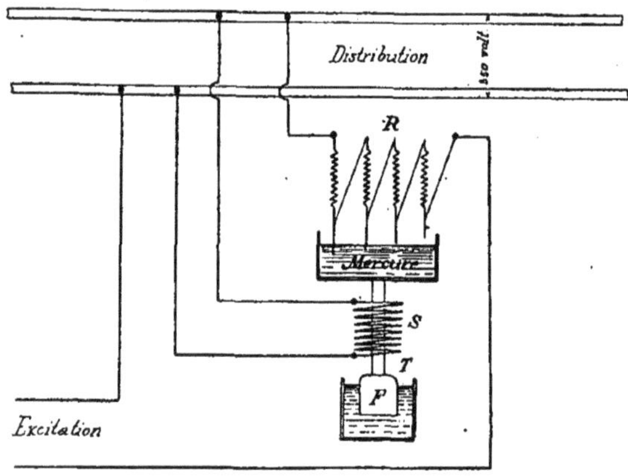

Figure 177.
Usine électrique de la gare d'Orléans. — Réglage de l'excitation des dynamos.

cuit se trouvent un interrupteur, un ampèremètre, un coupe-circuit et un rhéostat de réglage. Il est nécessaire que la différence de potentiel existant entre les deux barres se maintienne toujours égale à 380 volts. A cet effet on dispose pour régler l'excitation des machines, lorsqu'elles marchent en quantité, d'un appareil automatique, très sensible, qui fait varier la résistance du circuit d'excitation. Cet appareil se compose d'un flotteur F surmonté d'une tige en fer T qui traverse un solénoïde et qui supporte un godet rempli de mercure. Dans ce godet plongent en plus ou moins grand nombre, suivant la position de la tige, les extrémités disposées en flûte de Pan des parties constitutives d'une résistance R, insérée dans le circuit d'excitation. Le solénoïde est en dérivation sur les barres du tableau. Si la différence de potentiel diminue, le flotteur s'élève et une partie de la résistance se trouve annulée. L'excitation devient aussitôt plus intense et la différence de potentiel est ramenée à sa valeur normale. Cet appareil si simple a toujours fonctionné d'une façon très satisfaisante.

Pour alimenter le circuit à charge variable on dispose d'une dynamo Thomson-Houston au débit constant de 10 ampères et dont la force électromotrice peut atteindre 1.500 volts pour 30 arcs en tension. Le réglage de la tension se fait par un décalage automatique de balais.

Les dynamos reçoivent leur mouvement, par l'intermédiaire de courroies d'un arbre auquel sont attelées également par courroies deux machines

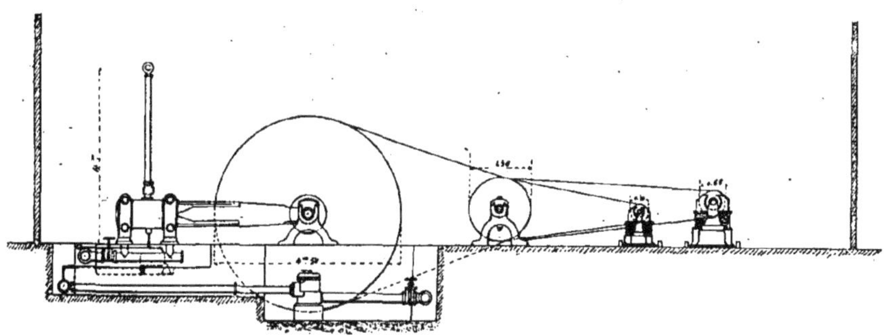

Figure 178.
Usine électrique de la gare d'Orléans. — Coupe transversale.

horizontales Corliss de 75 chevaux, tournant à 75 tours par minute et pouvant marcher avec ou sans condensation. Ce système de transmission prête assurément un peu à la critique. Il a cependant l'avantage de rendre les moteurs et les dynamos interchangeables.

Les chaudières, au nombre de trois, sont, pour deux d'entre elles, des chaudières à foyer intérieur avec faisceau tubulaire démontable, pouvant produire chacune 850 kilogr. de vapeur à l'heure, à la pression de 7 kilogr. 5 par centimètre carré. La troisième est une chaudière Roser de 1,200 kilogr.

Les dépenses de premier établissement prévues au projet étaient de 225.000f.

Le prix de revient de l'hectowatt-heure, à l'usine, est très satisfaisant. Il ne dépasse pas 2 centimes 1. La lampe-heure de 10 ampères revient, tout compris, à 16 centimes.

(*d*) **Gare Montparnasse**. — L'éclairage électrique de la gare Montparnasse ne date que de quelques mois[1]. La Compagnie de l'Ouest, à laquelle appar-

[1] L'éclairage électrique a été substitué à l'éclairage au gaz le 29 janvier 1894.

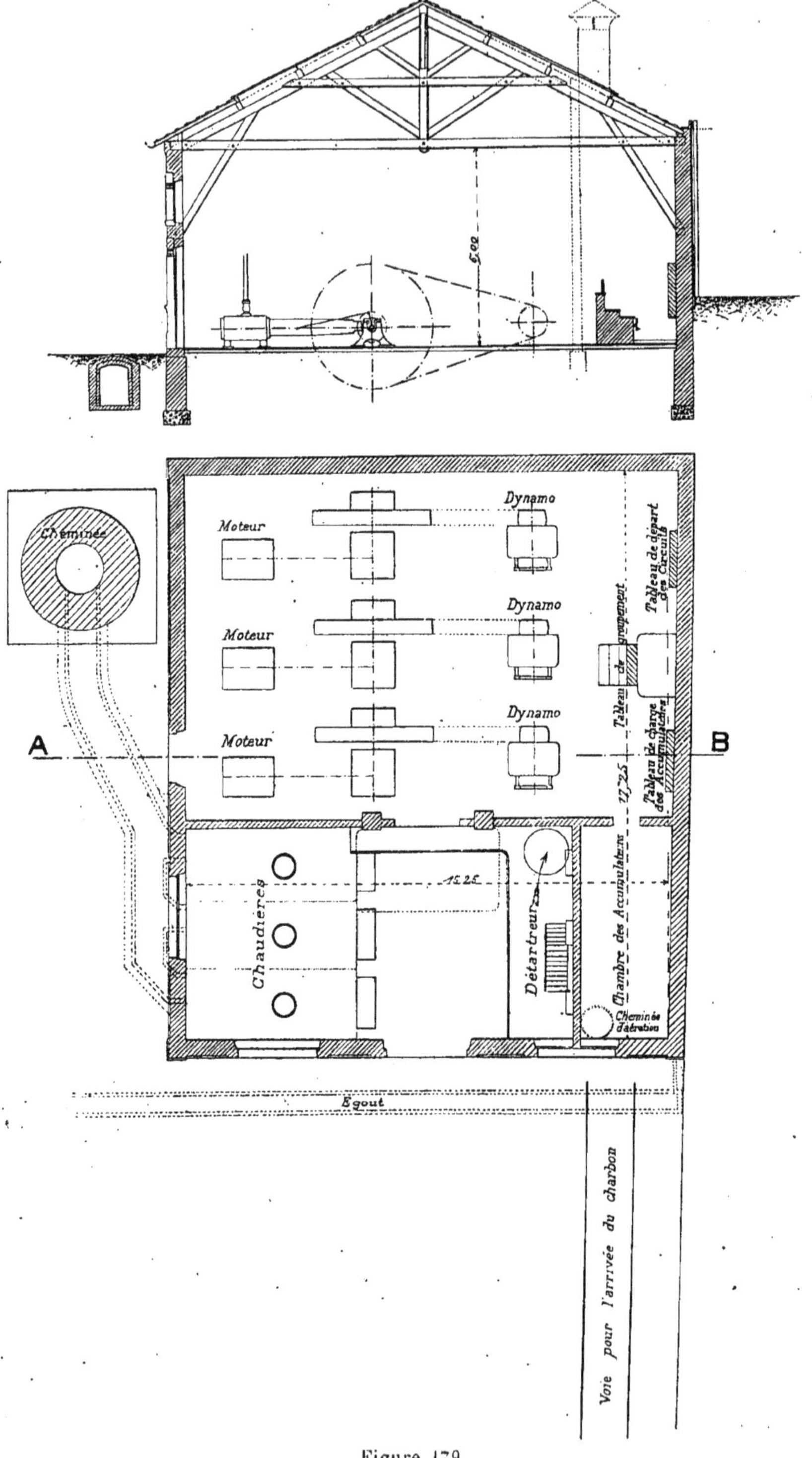

Figure 179.
Usine de la gare Montparnasse. — Plan et Coupe transversale suivant AB du plan.

tient cette gare, a adopté une solution toute différente de celle qui a présidé à l'organisation de l'éclairage électrique de la gare Saint-Lazare. Au lieu de recourir à un concessionnaire elle assure le nouvel éclairage de la gare par ses propres moyens, estimant cette combinaison plus avantageuse et plus économique.

On a adopté une distribution à 110 volts, à deux fils et à courant continu. A la gare Saint-Lazare la tension du courant n'est que de 70 volts. Nous avons eu l'occasion de dire que cette tension était trop faible, attendu qu'on ne pouvait monter qu'un seul arc en dérivation. Avec 110 volts on s'est au contraire ménagé la possibilité de monter 2 arcs en tension.

L'électricité est produite dans une petite usine située sur le côté gauche de la gare, un peu au-delà de l'avenue du Maine. Cette usine comporte une salle pour les moteurs et les dynamos, une salle pour les chaudières et une salle bitumée et bien ventilée pour les accumulateurs. La cheminée est isolée du bâtiment. Elle communique avec les carneaux des chaudières par un canal souterrain. Le charbon arrive, par wagon, jusque devant la salle des chaudières. Une voie spéciale a été construite pour assurer ce service.

Les moteurs comprennent 3 machines horizontales Corliss à un cylindre et à échappement libre de 70 chevaux. Ils tournent à 70 tours par minute. Chacun d'eux actionne par courroie une dynamo Gramme à grand induit et à 6 pôles, de 350 ampères et 135 volts, tournant à 300 tours par minute. Ces dynamos sont d'un type récent. Elles présentent une grande stabilité. Les 6 balais peuvent se manœuvrer simultanément.

La vapeur nécessaire au fonctionnement des moteurs est fournie, à la pression de 8 kilogr., par 3 chaudières Girard, avec foyer intérieur amovible. Chacune présente une surface de chauffe de 85 mètres carrés. L'eau d'alimentation provient des conduites de la Ville. Avant d'être lancée dans les chaudières elle traverse un détartreur dans lequel elle abandonne ses sels calcaires.

La salle des accumulateurs renferme une batterie de 270 ampères-heure (65 éléments de la *Société pour le travail électrique des métaux*).

Le groupement en quantité des dynamos se fait, d'une façon très simple, à l'aide d'un tableau renfermant les appareils de manœuvre et de mesure que nous avons déjà rencontrés dans l'usine de la gare Saint-Lazare. Il existe aussi un tableau pour la charge des accumulateurs et un tableau pour le départ des câbles de distribution.

La canalisation principale est presque partout souterraine. Elle est constituée par des câbles isolés sous plomb, placés dans des petits caniveaux en bois créosoté.

Il existe deux postes de distribution secondaires. L'un est situé dans la salle des bagages et commande tous les circuits de la gare ; l'autre est installé dans le dépôt et sert à éteindre ou à allumer les lampes à arc qui éclairent ce bâtiment et ses abords.

On compte actuellement en service 83 lampes à arc (25, 8 et 6 ampères) et 283 lampes à incandescence de 10 et 16 bougies. Cet éclairage sera vraisemblablement augmenté avant peu.

L'installation mécanique et électrique a été exécutée, pour le compte de la Compagnie de l'Ouest, par la maison Cance. La dépense prévue au marché était de 208.880 francs.

L'électricité dans les théâtres. — L'électricité offre des avantages incontestables pour l'éclairage des théâtres. M. Mascart, en parlant des inconvénients du gaz et des dangers d'incendie qu'il présente, s'exprime ainsi, dans son rapport à la *Commission des Théâtres subventionnés :*

« Il suffit d'avoir assisté une fois à la manœuvre hâtive et compliquée des décors, pour être convaincu que les précautions les plus rigoureuses risquent de devenir illusoires. Les cintres sont encombrés de toiles au milieu desquelles montent, descendent et se balancent des herses qui parfois ne portent pas moins de 100 becs de gaz. Les portants et les traînées communiquent par des tuyaux flexibles avec des robinets situés sous la scène ; lorsque l'ajustage est terminé, l'appareilleur frappe du pied sur le plancher pour qu'on ouvre les robinets et il procède ensuite à l'allumage. Mais tous les becs ne peuvent être allumés en même temps et quelquefois il y a malentendu. Aussi n'est-il pas rare de voir à ce moment des flammes d'une longueur démesurée qu'aucune réglementation pratique ne peut éviter d'une façon absolue. »

On reprochait également au gaz son odeur, son action sur les peintures et surtout les produits de sa combustion : chaleur, vapeur d'eau, acide carbonique.

Tous ces détails n'ont plus qu'un intérêt rétrospectif. Aujourd'hui tous les théâtres un peu importants sont éclairés à l'électricité et la plupart, même, sont branchés sur les canalisations électriques publiques, comme ils l'étaient autrefois sur les conduites de gaz.

L'application de l'électricité à l'éclairage des théâtres, si instamment réclamée par le public, surtout après l'incendie de l'Opéra-Comique [1], a offert cet autre avantage de mettre entre les mains des directeurs un procédé tout à fait pratique pour obtenir des effets de lumière entièrement inédits. En faisant traverser aux rayons lumineux des plaques de verre diversement colorées on arrive, en particulier, à produire des tons d'une richesse infinie et que l'on peut varier à volonté, en effectuant une petite manœuvre analogue à celle des fontaines lumineuses. En projetant de la lumière électrique sur de

[1] 27 mai 1887.

la vapeur d'eau on obtient aussi des nuages excessivement intenses qui permettent de supprimer les flammes de bengale, toujours dangereuses dans des milieux aussi combustibles.

Nous n'avons pas l'intention de passer en revue tous les « trucs » employés à la scène et qui seraient impossibles sans le secours de l'électricité. Nous rappellerons seulement que le réglage de la lumière, lorsqu'il s'agit de « faire le soir » ou « la nuit », s'exécute avec autant de facilité sinon plus qu'avec le gaz. Les appareils employés sont toujours des rhéostats analogues à ceux que nous avons rencontrés en nous occupant des usines. L'inconvénient qu'on pourrait leur reprocher c'est d'absorber inutilement de l'électricité.

Ce n'est pas là un gros supplément de dépense d'autant plus que l'on peut souvent obtenir une partie du résultat cherché en procédant à des extinctions partielles.

Les appareils lumineux employés pour l'éclairage des théâtres sont surtout des lampes à incandescence. Elles se prêtent facilement à toutes les fantaisies de la décoration. Les lampes à arc ne servent que pour les projections, l'éclairage des grands escaliers, des façades, etc...

Les règles à suivre pour l'établissement des canalisations, l'installation des machines, de l'éclairage de secours, etc..., ont été indiquées dans un chapitre précédent (chapitre X). Nous renvoyons à ce chapitre ainsi qu'à l'ordonnance du Préfet de police du 17 avril 1888, donnée en annexe.

Il serait fastidieux de passer en revue toutes les installations électriques existant dans les théâtres de Paris. On s'exposerait d'ailleurs à de nombreuses redites. Nous nous contenterons d'insister sur celle de l'Opéra dont l'importance est d'ailleurs tout à fait exceptionnelle [1].

(*a*) **Installation de l'Opéra.** — L'Opéra est un des premiers théâtres de Paris qui aient été éclairés à l'électricité. Après des essais concluants,

[1] Les principaux théâtres s'éclairant eux-mêmes sont : l'*Opéra* (1.030 chevaux, 6.200 lampes à incandescence, 24 arcs), le *Châtelet* et l'*Opéra-Comique* (Usine commune de 420 chevaux, 1.500 lampes à incandescence et 50 foyers Jablochkoff pour le *Châtelet*, 1.100 lampes à incandescence et 8 foyers Jablochkoff pour l'*Opéra-Comique*), l'*Olympia* (405 chevaux, 1.700 lampes), l'*Odéon* (225 chevaux, 930 lampes).

Sur les canalisations du secteur de la Société anonyme d'éclairage et de force sont branchés : le *théâtre de la Porte-Saint-Martin* (2.109 lampes), la *Renaissance* (1.020 lampes), l'*Ambigu* (1.152 lampes), les *Folies-Dramatiques* (1.250 lampes), la *Gaîté* (1.788 lampes), le *Gymnase* (850 lampes), les *Menus-Plaisirs* (500 lampes), l'*Eldorado* (615 lampes), la *Scala* (560 lampes).

Le secteur Edison éclaire le *Vaudeville* (887 lampes), les *Nouveautés* (607 lampes), les *Variétés* (800 lampes), les *Folies-Bergère* (831 lampes, 17 arcs), le *Moulin-Rouge* (960 lampes et 32 arcs), etc...

Enfin l'usine du Palais-Royal (Cie Edison) dessert le *Théâtre-Français* (1870 lampes) et le *Théâtre du Palais-Royal* (620 lampes).

l'éclairage en a été concédé à la Compagnie Edison pour une durée de 10 années, Celle-ci a installé à ses frais tout l'outillage; elle a à sa charge l'entretien des lampes et des appareils. Elle reçoit 1.130 francs pour chaque représentation théâtrale et 2.000 francs pour chaque bal. Les frais de personnel, jusqu'à concurrence de 25.000 francs par an, sont payés par l'Administration de l'Opéra.

L'usine est logée dans les sous-sols du théâtre. La cheminée est placée dans une cour intérieure, et, bien qu'elle ait 39 mètres de hauteur, elle est invisible du dehors.

Les dynamos sont du type Edison. C'est à l'occasion de l'éclairage de l'Opéra que M. Vernes, Ingénieur en chef de la Compagnie Edison, a réalisé les belles dynamos de 800 ampères et 125 volts que nous avons déjà rencontrées dans l'usine du faubourg Montmartre et dans celle du Palais-Royal. Quatre de ces dynamos fonctionnent à l'Opéra. On y rencontre en outre 5 dynamos de 375 ampères, 3 de 300 et 1 de 40.

Une dynamo Gramme à courant alternatif avait été adjointe primitivement à ces dynamos à courant continu pour éclairer 24 bougies Jablochkoff placées dans le péristyle et l'escalier. Ces bougies ont été remplacées par 14 régulateurs branchés sur la canalisation à courant continu.

L'éclairage de secours est assuré par 60 accumulateurs de 60 kilogr.; 120 accumulateurs identiques alimentent les lampes dites veilleuses qui doivent assurer l'éclairage, lorsque l'usine est au repos. Ces lampes peuvent également être branchées sur les conduites publiques du secteur.

En raison du peu d'étendue des circuits la distribution se fait dans l'Opéra à deux fils et en dérivation.

Nous empruntons à une intéressante communication faite par M. Vernes à la Société internationale des électriciens, la description du mode de groupement des dynamos.

« Le courant des dynamos arrive directement au centre d'un premier tableau de distribution comportant deux départs collecteurs A et B formés de quatre larges barres de cuivre placées deux par deux au-dessus et au-dessous de ce tableau, pour aboutir respectivement à deux tableaux secondaires desservant chacun environ 20 circuits principaux ou colonnes montantes du théâtre. Au moyen de verrous à glissières, munis d'écrous de serrage, on peut à volonté envoyer le courant des dynamos dans le collecteur A ou dans le collecteur B. Lorsque l'on veut mettre en service, sur l'un des collecteurs en charge, une dynamo, on commence par la régler à la tension générale au moyen de son régulateur de champ magnétique. Lorsque la dynamo est bien réglée, ainsi que le moteur, on ferme le circuit en faisant glisser le verrou. La dynamo se trouve alors en quantité avec les autres. Pour la faire travailler il suffit d'augmenter son champ magnétique et de le ramener à la même valeur que celui des autres dynamos. »

On réunit généralement en quantité les dynamos de 800 ampères sur le collecteur du bas (B) et les autres sur le collecteur du haut (A). Ces deux collecteurs étant indépendants les circuits du théâtre se trouvent répartis sur deux sources distinctes. En cas d'avarie générale à tout un groupe, l'extinction produite ne serait donc que partielle. Il est d'ailleurs possible, si les besoins du service l'exigent, de réunir les collecteurs A et B en quantité.

« Les régulateurs de champ magnétique sont placés sous le premier tableau d'arrivée du courant des dynamos. Les résistances sont montées sur des cadres en fonte munis d'isolateurs en porcelaine, placés perpendiculairement au mur. Un arbre longitudinal de 4 mètres de longueur supportant les manettes de chaque régulateur, est maintenu par des bagues sur ces cadres. Chaque manette porte un encliquetage qui permet de l'embrayer à volonté sur une roue dentée calée sur l'arbre. Celui-ci est terminé à chaque extrémité par un volant. Un seul homme suffit pour manœuvrer ensemble toutes les manettes embrayées et régler à la fois le potentiel des neuf ou dix machines Edison en service, suivant un voltmètre à indication constante. »

Les moteurs comprennent : 4 moteurs verticaux Compound à condensation, de 150 chevaux (Weyher et Richemond), actionnant chacun par courroie une dynamo de 800 ampères et tournant à 160 tours ; 1 machine Corliss à condensation de 250 chevaux, tournant à 60 tours ; 1 Armington et Sims de 100 chevaux, à échappement libre, tournant à 300 tours ; 2 Weyher et Richemond de 20 chevaux pour actionner les condenseurs ; 1 Weyher et Richemond de 40 chevaux, à échappement libre, tournant à 85 tours.

Les chaudières sont des générateurs Belleville produisant de la vapeur à 12 kilogr. de pression. Il y en a cinq ; trois produisent 2.450 kilogr. de vapeur à l'heure chaque ; deux ne donnent que 1.250 kilogr. Comme les générateurs sont à 60 mètres des moteurs, il a fallu prendre des précautions spéciales pour éviter un arrêt quelconque provenant de la rupture d'un joint sur le tuyau d'amenée de la vapeur. Au lieu d'une seule conduite de vapeur, on en a installé deux et l'on peut, à l'aide de robinets, diriger la vapeur produite soit dans l'une, soit dans l'autre.

L'eau d'alimentation provient des conduites publiques. Celle qui sert à la condensation est prise en partie dans un puits foré à 39 mètres de profondeur et complètement isolé, au moyen de tubes concentriques, des nappes d'infiltration du ruisseau souterrain de la Grange-Batelière. Les pompes élévatoires sont actionnées électriquement.

L'usine de l'Opéra alimente plus de 6.200 lampes à incandescence et 14 lampes à arc. Par sa puissance, elle est absolument comparable à une station centrale. La Compagnie Edison, en l'installant dans l'Opéra même, sans modifier en quoi que ce soit les bâtiments ou leur aspect, a réalisé un véritable tour de force. C'est là une démonstration de l'élasticité avec laquelle l'électricité se prête, en matière d'éclairage, aux sujétions les plus variées.

Eclairage des grands magasins. — Les grands magasins ont fait depuis longtemps appel à l'électricité. Elle leur a procuré le moyen d'obtenir des éclairements excessivement intenses, sans incommoder le public par une atmosphère viciée et étouffante. La question de sécurité paraît avoir moins préoccupé les directeurs de ces immenses bazars, tels que *le Louvre*, *le Bon Marché*, où pourtant tant de richesses sont accumulées. On a en effet conservé le plus souvent l'ancien appareillage à gaz et dans certains locaux on emploie même encore le gaz à côté de l'électricité.

Les appareils primitivement préférés dans les magasins étaient les bougies Jablochkoff. Ces appareils, très pratiques, avaient en outre l'avantage d'émettre une lumière blanche, permettant de distinguer les teintes des tissus beaucoup plus nettement qu'avec la lumière jaune des lampes à incandescence. Depuis, tous les grands magasins, sauf *le Printemps* qui a conservé son éclairage par bougies, ont adopté la lampe à arc et à courant continu qui est plus économique que la bougie Jablochkoff, tout en produisant comme elle une lumière blanche. Il est à peine utile de faire remarquer que, si les gros foyers des lampes à arc sont employés pour l'éclairage des grandes salles où s'exposent les marchandises, on a eu recours à l'incandescence pour éclairer les couloirs, les bureaux et tous les locaux exigeant une lumière relativement faible et bien diffusée. On y a trouvé les avantages ordinaires de l'électricité.

L'importance de l'éclairage dans les grands magasins a entraîné, dans la plupart des cas, la construction d'usines spéciales, ordinairement placées dans les sous-sols ou même dans les caves de ces magasins. C'est dire que ces usines ne présentent pas toujours d'excellentes dispositions au point de vue de la commodité de l'exploitation et de l'hygiène des ouvriers. Mais les industriels n'hésitent pas à passer par dessus ces inconvénients en raison du supplément énorme de dépense qu'entraînerait la fourniture du courant par les secteurs. Il est à remarquer d'ailleurs que plusieurs grands magasins étaient éclairés à l'électricité bien avant la constitution des divers secteurs.

Les grands magasins sont dans d'excellentes conditions pour obtenir de l'électricité à bon compte. Il est clair, en effet, que les machines peuvent presque toujours marcher à pleine charge, puisque l'allumage n'a lieu que pendant les heures de grande consommation. Quand les magasins sont fermés ou pendant le jour, on n'a besoin que de fort peu de lumière. C'est alors que le gaz peut rendre de réels services. On pourrait tout aussi bien employer une petite batterie d'accumulateurs. Mais ces appareils, d'un emploi si fréquent dans les stations centrales, ne se rencontrent pour ainsi dire pas dans les grands magasins. A défaut du gaz il faut mettre en route une petite dynamo.

Les installations de beaucoup les plus intéressantes sont celles du *Bon Marché*, du *Louvre* et du *Printemps*. Nous allons les examiner.

Nous ne citerons que, pour mémoire, celle du *Gagne-Petit*, de la *Ville de Londres*, de la *Ville Saint-Denis* etc... Leur importance est d'ailleurs négligeable, comparativement à celle des trois premières installations.

(*a*) **Le Bon Marché.** — L'éclairage électrique des magasins du Bon Marché a été organisé en 1886 et 1887. Il se chiffre actuellement par 300 lampes à arc et 3.000 lampes à incandescence. L'usine productrice du courant est logée dans les sous-sols. En raison de son importance — qui est celle d'une station centrale — on n'a pu réunir toutes les machines en un seul point. Il existe en réalité deux usines complètement distinctes, comprenant chacune chaudières, moteurs et dynamos. L'une est en bordure de la rue de Sèvres ; l'autre longe la rue du Bac.

Les courants employés sont des courants continus à 70 volts. Les lampes à incandescence sont simplement montées en dérivation sur des circuits aboutissant aux tableaux de distribution de l'une ou l'autre usine. Chaque lampe à arc est alimentée au contraire par circuit spécial; l'allumage et l'extinction se font de l'usine même et il n'existe aucun appareil de manœuvre ou de réglage à portée du public ou des employés. Les circuits pour lampes à arc aboutissent tous à des tableaux de distribution secondaires comportant, pour chaque circuit, un commutateur d'allumage et d'extinction, un coupe-circuit avec plomb fusible, une prise de courant pour ampèremètre, un indicateur de courant et un rhéostat. Des tableaux de distribution plus simples commandent les circuits d'éclairage par l'incandescence.

La répartition et la production du courant se font de la façon suivante :

1° *Usine de la rue de Sèvres.* — Le matériel électrique se compose de 30 dynamos Gramme, toutes identiques. Elles sont du type supérieur et peuvent débiter 350 ampères à 70 volts à la vitesse de 800 tours par minute. Ces dynamos forment 5 groupes égaux actionnés chacun par un moteur horizontal de 150 chevaux. Les moteurs tournant à 60 tours seulement, une transmission par poulies et courroies est nécessaire. Les six dynamos de chaque groupe sont placées symétriquement par rapport au moteur qui les commande. Une sur six tourne à vide et sert de dynamo de rechange. Sur les 5 groupes, quatre seulement travaillent au moment du grand allumage. Le cinquième est en réserve prêt à être substitué à l'un quelconque des quatre autres.

Sur les 30 dynamos Gramme 20 sont donc chargées du service normal. Les 10 autres constituent une réserve qui peut paraître excessive, mais qui permet de parer à toutes les éventualités.

Si nous suivons maintenant le courant produit par les dynamos nous voyons que, dans chaque groupe, les balais des dynamos sont reliés par des câbles de 215 millimètres carrés de section à un tableau de distribution permettant de remplacer l'une quelconque des cinq dynamos du groupe par la dynamo de réserve. A cet effet, du tableau de distribution du groupe de réserve partent 5 barres se poursuivant jusque derrière les tableaux de distribution des autres groupes et sur lesquels peuvent se brancher les circuits desservis par les différentes dynamos de ces groupes.

Les dynamos sont Compound et alimentent chacune des circuits déterminés. Il n'y a pas à les coupler en quantité et le tableau s'en trouve fort simplifié.

Les moteurs sont du type Corliss. Ils marchent à condensation avec condenseur en tandem. La vapeur est admise à la pression de 6 kilogr. par centimètre carré.

Les générateurs sont situés sur l'un des côtés de la salle des machines et en contre-bas. Comme à ce niveau on a à redouter les infiltrations provenant de la nappe d'eau du sous-sol on a établi la batterie dans une cuve en tôle, complètement imperméable. Les chaudières sont du type Belleville. Elles sont au nombre de 8. Sept produisent 1.100 kilogr. de vapeur à l'heure à la pression de 12 kilogr. par centimètre carré ; la huitième, plus puissante, fabrique 1.800 kilogr. de vapeur à la pression de 12 kilogr. Un détendeur abaisse la pression à 6 kilogr. La distribution de la vapeur se fait par circuit bouclé, ce qui permet de ne pas arrêter le service lorsqu'il se produit une fuite sur la conduite de vapeur.

L'eau d'alimentation provient des conduites publiques. Les eaux nécessaires à la condensation de même que celles qui sont employées pour le service des ascenseurs sont élevées de deux puits forés l'un à 80 mètres, l'autre à 100 mètres de profondeur. En descendant à ce niveau on a l'avantage de rencontrer des nappes assez abondantes et on évite les affouillements que le puisage de l'eau dans les premières nappes du sous-sol aurait pu produire sous les fondations.

2° *Usine de la rue du Bac.* — Cette usine ne présente pas la symétrie de celle que nous venons de décrire. L'existence de nombreux piliers a fait que l'on a placé les machines un peu comme on l'a pu. Les dynamos sont actionnées par un arbre commun composé de trois tronçons que l'on peut embrayer pendant la marche. Le premier tronçon est mis en mouvement par deux machines Corliss de 100 chevaux tournant à 65 tours. Le deuxième est relié à une machine Corliss de 75 chevaux tournant à 65 tours. Enfin le tronçon extrême est commandé par une machine horizontale à très grande vitesse (280 tours à la minute) qui sert de machine de secours ; elle est attelée à l'arbre directement.

De même que les machines de la 1re salle toutes ces machines marchent à condensation.

L'arbre commun aux quatre machines commande par des poulies de renvoi les machines productrices d'électricité qui sont : 1 Gramme de 550 ampères 70 volts et 700 tours à la minute ; 1 Edison de 500 ampères 70 volts et 700 tours ; 2 Thury de 700 ampères 70 volts tournant l'une à 1280 tours, l'autre à 1400 tours ; 1 Sautter Lemonnier de 300 ampères 70 volts et 600 tours.

Les chaudières sont du type Belleville. Elles sont au nombre de 6. Quatre produisent 750 kilogr. de vapeur à l'heure à la pression de 12 kilogr. par centimètre carré ; les deux autres ne donnent que 325 kilogr. à l'heure. Comme précédemment un détendeur abaisse la pression à 6 kilogr.

La salle de la rue du Bac contenait autrefois 8 dynamos Gramme pour courant alternatif pouvant alimenter chacune 12 foyers Jablochkoff. Mais on a renoncé à ces foyers qui sont peu économiques et on a substitué aux dynamos Gramme les deux dynamos Thury dont nous avons parlé.

Le courant produit par les diverses dynamos de la salle de la rue du Bac arrive à un tableau de commutation générale d'où on le dirige vers des tableaux de distribution secondaires pour lampes à arc ou pour lampes à incandescence, analogues à ceux de l'usine de la rue de Sèvres. Un des groupes de cette dernière usine est d'ailleurs relié au tableau de commutation générale de la salle de la rue du Bac. Les deux usines pourraient donc, le cas échéant, se venir en aide mutuellement.

L'électricité revient au *Bon Marché* à environ 5 centimes l'hectowatt-heure, amortissements compris. Bien que ce chiffre soit faible, surtout si on le compare au prix moyen de vente des secteurs, l'Administration de ce grand magasin n'a pas renoncé complètement à l'éclairage au gaz. Tout l'ancien appareillage a été conservé afin de parer à toutes les éventualités.

Les chiffres que nous avons donnés montrent quelle est l'importance des services d'éclairage aux *magasins du Bon Marché*. Nous ajouterons que plus de 80 personnes (électriciens, mécaniciens, chauffeurs, gaziers, etc.) concourent à assurer la bonne marche de ces services.

(*b*) **Le Louvre.** — Les *Magasins du Louvre* étaient autrefois éclairés à l'aide de bougies Jablochkoff montées sur chandelier Clariot. Le courant était produit par 15 machines Gramme de 24 foyers, 2 de 6 foyers et 2 machines Méritens de 20 foyers. Les bougies étaient disposées en tension par 3 sur les circuits alimentés par les machines Gramme et en tension par 4 sur le réseau des dynamos Méritens.

Par raison d'économie les bougies Jablochkoff ont été complètement abandonnées. On a renoncé également aux machines Gramme et Méritens et on les a remplacées par des dynamos à courant continu beaucoup plus puissantes et ayant un meilleur rendement.

L'adoption des courants continus se justifie par le peu d'étendue des circuits. L'éclairage comprenant des lampes à arc et des lampes à incandescence une distribution à 110 volts était tout indiquée. Les lampes à incandescence sont prises en dérivation. Les lampes à arc sont montées par 2 en tension sur des circuits aboutissant à l'usine. Il y a autant de circuits qu'il y a de groupes de deux lampes ; on peut ainsi commander de l'usine même toutes les lampes à arc des magasins. De cette façon il n'existe aucun appareil de manœuvre à portée des acheteurs ou des employés.

L'usine occupe diverses salles des sous-sols. Les dynamos sont au nombre de 5 : elles produisent chacune 700 ampères à 110 volts et tournent à 300 tours. Quatre sont du système Edison ; la cinquième est une dynamo Brown. Toutes sont excitées en dérivation.

Le tableau de distribution, très simple, permet de réunir ces dynamos en quantité sur deux barres collectrices. De là, des dérivations amènent le courant à des tableaux de distribution secondaires desservant chacun un certain nombre de circuits pour deux lampes à arc. Chaque circuit comprend au commutateur bi-polaire pour l'allumage et l'extinction un coupe-circuit avec plomb fusible, une prise de courant pour ampèremètre et un rhéostat.

Les circuits pour lampes à incandescence partent directement du tableau des dynamos.

Les moteurs comprennent 4 machines horizontales Corliss à condensation tournant à 70 tours par minute ; trois sont de la force de 100 chevaux ; la quatrième développe au contraire 200 chevaux. La vapeur est admise à la pression de 6 à 7 kilogrammes par centimètre carré.

L'accouplement des moteurs avec les dynamos se fait à l'aide de poulies et de courroies permettant de passer de la vitesse de 70 tours par minute à la vitesse de 300 tours.

La vapeur consommée par les machines provient de 8 générateurs Belleville pouvant marcher à 12 kilogrammes par centimètre carré. Dans la pratique on n'élève pas la pression au-dessus de celle que réclament les moteurs (6 à 7 kilogr.). On n'a pas besoin par suite de détendeurs. Six des générateurs peuvent fabriquer 800 kilogrammes de vapeur à l'heure ; les deux autres peuvent en produire respectivement 1.000 et 1.400 kilogrammes.

L'eau d'alimentation des chaudières provient des conduites publiques. Celle qui sert à la condensation de la vapeur est extraite, à l'aide de pompe à vapeur, de trois puits d'une quarantaine de mètres de profondeur. Ces puits fournissent aussi l'eau nécessaire à la manœuvre des ascenseurs.

L'éclairage actuel comprend 460 lampes à arc de 8 ampères et 850 lampes à incandescence de 10 et 16 bougies [1]. Le prix de l'hectowatt-heure est d'environ 5 centimes, celui de la lampe-heure de 8 ampères de 25 centimes.

(*c*) **Le Printemps.** — Les Magasins du Printemps, incendiés le 9 mars 1881, ont été reconstruits par M. Sédille, architecte, qui les a dotés de tous les perfectionnements de la construction moderne. L'éclairage au gaz a été systématiquement écarté, et il n'est pas une partie du bâtiment qui ne soit éclairée à la lumière électrique.

Au moment où les magasins ont été réédifiés (1882), les bougies Jablochkoff étaient regardées comme permettant d'obtenir avec le plus de commodité des foyers lumineux intenses. Aussi leur a-t-on fait dans l'éclairage du Printemps une très large part. Malgré les inconvénients qu'elles présentent au point de vue du rendement, ces bougies ont été conservées. Pour les éliminer, il serait nécessaire de remanier presque complètement la distribution et d'installer un nouveau matériel électrique ; c'est là une grosse affaire devant laquelle on a reculé jusqu'ici.

L'éclairage actuel est assuré par :

250 bougies Jablochkoff de $4^{m}/^{m}$,
20 id. $6^{m}/^{m}$,
6 lampes à arc (4 Bardon — 2 Brianne),
800 lampes à incandescence de 16 bougies.

Les 270 bougies sont alimentées par des machines Gramme à courant alternatif ; elles sont montées par 5 en tension. Les lampes à arc et les lampes à incandescence fonctionnent au contraire avec des courants continus que produisent des dynamos Rechniewski.

Les dynamos et leurs moteurs sont rassemblés dans une salle rectangulaire et disposés symétriquement par rapport aux axes. Les moteurs sont des machines horizontales Corliss de 120 chevaux tournant à 70 tours et munies d'un condenseur en tandem [2]. Il y en a quatre actionnant chacun, par l'intermédiaire de courroies, 5 dynamos Gramme à courant alternatif de 20 foyers (30 ampères et 250 volts) et 2 dynamos Rechniewski de 110 ampères et 110 volts. Toutes ces dynamos tournent à 1.200 tours. Il existe, en outre, dans l'un des angles de la salle, un moteur vertical Compound à condensation de 40 chevaux, actionnant 2 dynamos Rechniewski identiques aux précédentes.

[1] L'usine éclaire aussi l'hôtel voisin du Louvre (750 lampes à incandescence et 2 lampes à arc).

[2] Elles ont été construites dans les ateliers du *Creusot*.

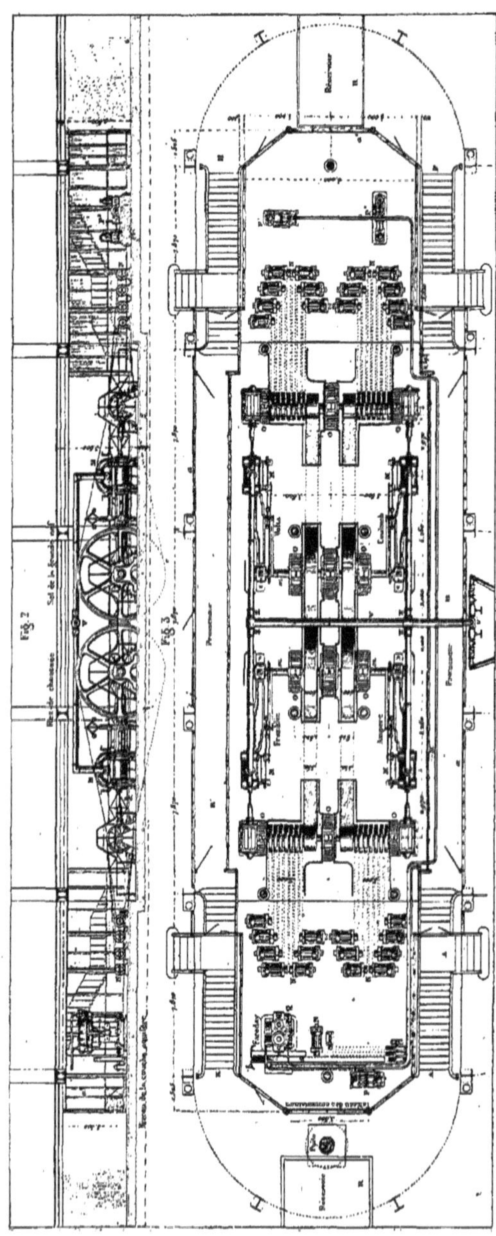

Figure 180.

Usine électrique des magasins du Printemps. — Plan et Coupe longitudinale.

Les tableaux de distribution sont placés aux deux extrémités longitudinales de la salle. L'un sert à commander les bougies ; l'autre dessert les circuits à courants continus. Le tableau des bougies est très simple. Chaque machine Gramme envoie quatre circuits à un petit tableau élémentaire comprenant quatre commutateurs d'allumage et d'extinction. De chaque commutateur part un circuit pour 5 bougies disposé de telle façon que les 5 bou-

Figure 181.
Usine électrique des magasins du Printemps. — Vue intérieure.

gies alimentées se trouvent dans des salles différentes. Chaque salle se trouve ainsi éclairée simultanément par plusieurs circuits. En cas d'avarie à l'une des machines il ne se produit donc jamais d'extinction totale.

Le tableau de distribution pour courants continus comporte une série de barres horizontales communiquant avec les balais des dynamos. Des barres perpendiculaires passant au-dessus des premières sont reliées aux divers circuits. Aux points où elles se croisent ces barres sont percées de trous dans lesquels on peut introduire une tige en cuivre et établir ainsi une communication entre une dynamo et un circuit. De la sorte, rien n'est plus facile que d'envoyer le courant de l'une quelconque des dynamos dans l'un quelconque des circuits. On trouve également sur le tableau tous les accessoires ordinaires, coupe-circuits, ampèremètre, voltmètre, rhéostat pour le réglage de l'excitation, etc...

Les câbles de distribution sont isolés au caoutchouc. Les uns sont protégés par des moulures en bois; les autres courent simplement le long des solives en fer des magasins.

Les générateurs de vapeur sont placés dans une salle latérale. La batterie comporte 8 générateurs Belleville pouvant produire chacun 1.100 kilogr. de vapeur à l'heure à la pression de 9 kilogr. par centimètre carré. Un détendeur abaisse cette pression à 5 kilogr., valeur de la pression d'admission dans les moteurs.

L'eau d'alimentation provient des conduites publiques. Celle qui est nécessaire pour la condensation ainsi que celle qui est consommée pour le service des ascenseurs est puisée dans des puits, à l'aide de 3 pompes Thirion et d'une pompe Worthington.

La ventilation de la salle des machines et de la salle de chauffe se fait dans d'excellentes conditions, grâce à un tirage énergique que produit une petite cour carrée entourant la cheminée.

Depuis que l'usine fonctionne on a pu se rendre compte exactement du prix de revient de l'électricité. Il est de 4 centimes 1/2 l'hectowatt-heure (amortissement compris). En tenant compte des frais de remplacement des bougies et des lampes à incandescence il s'élève à 7 centimes.

L'électricité chez les particuliers. — Nous avons exposé, dans un chapitre précédent, les règles auxquelles devaient satisfaire les canalisations électriques établies chez les habitants. Il est une question encore plus intéressante, du moins pour le consommateur. C'est celle du prix de revient des installations. On peut même dire que c'est la première qui se pose dès que l'on songe à adopter l'électricité.

Il est assez difficile de donner des chiffres absolument fixes. Telle installation présentera des difficultés toutes spéciales, par suite de l'existence de gros murs à percer, de décorations à respecter, de moulures à contourner; telle autre comportera des lampes très espacées et nécessitera une canalisation très développée.

Tout au plus peut-on, dans ces conditions, indiquer certaines *moyennes*.

Si l'on prend le cas le plus général, c'est-à-dire celui d'un consommateur abonné à un secteur, il faut tabler sur une dépense de 20 à 30 francs par lampe à incandescence, pour une installation industrielle; de 25 à 35 francs pour un magasin de commerçant; de 30 à 40 francs pour un appartement ordinaire et d'environ 45 francs pour un appartement luxueux, les fils étant alors placés sous enveloppe en soie.

Ces prix ne comprennent que l'installation électrique proprement dite (canalisations, interrupteurs, plombs fusibles, lampes, douilles des lampes, etc....). Tout l'appareillage (bronze, lustres, torchères, tulipes pour les lampes, etc.....) doit naturellement être payé à part.

Les frais d'appareillage sont éminemment variables. Ils sont nuls ou à peu près dans une installation industrielle. Dans un appartement ils peuvent atteindre, au contraire, des prix excessivement élevés. Il faut bien compter de 10 à 30 francs par lampe dans un appartement ordinaire et de 20 à 50 francs dans un appartement à gros loyer. Il est clair que ces dépenses peuvent être très souvent dépassées. Cela dépend uniquement du goût et de la fantaisie du consommateur.

En matière d'appareillage électrique on a réalisé dans ces dernières années d'incontestables progrès. Primitivement on s'était trop astreint à imiter les beaux modèles imaginés peu à peu pour l'éclairage au gaz. On désire aujourd'hui des formes inédites, ce qui s'explique d'ailleurs surabondamment par ce fait, qu'il n'y a aucune analogie entre l'éclairage au gaz et l'éclairage électrique. La lampe à incandescence peut être placée partout, dans une rosace d'angle, dans le caisson d'un plafond, dans le bouquet d'une glace, etc..... Il convient de lui donner un support approprié, et l'on conçoit qu'il n'y ait à imiter ni les brûleurs à gaz qui, invariablement, doivent être ramenés à la forme verticale, ni les appareils employés dans les autres modes d'éclairage et dans lesquels la lumière est toujours produite par une combustion.

Malheureusement l'inédit est généralement fort onéreux. C'est un point qu'il est bon de ne pas perdre de vue, avant de se lancer dans une installation électrique.

Les lampes à arcs ne se rencontrent que dans les ateliers ou les magasins. Elles reviennent de 200 à 300 francs par lampe.

Si l'on veut fabriquer soi-même son électricité, les prix précédemment indiqués doivent être majorés des frais d'installation des dynamos et des moteurs. Le mieux, dans un cas analogue, est de demander un devis à l'un des industriels qui s'occupent de ces spécialités. On donne très souvent dans ce cas, comme première évaluation, 800 francs par lampe à arc et 100 francs par lampe à incandescence[1]. Ces prix comprennent tous les frais, moins ceux d'appareillage.

[1] L'installation mécanique seule, comprenant chaudière et moteur à vapeur, revient à 500 francs par cheval. Il faut compter d'autre part un cheval pour une lampe à arc ou pour 10 lampes à incandescence (de 10 à 16 bougies.)

CHAPITRE XII

LA VILLE DE PARIS ET LES SOCIÉTÉS D'ÉLECTRICITÉ

Cahier des charges type. — Arrêtés spéciaux d'autorisation. — Approbation des canalisations. — Arrêté du 30 juillet 1891 concernant la pose et l'exploitation des canalisations d'électricité. — Approbation des projets d'exécution. — Conventions spéciales pour l'éclairage des voies publiques. — Prolongation des autorisations. — Abaissement du prix de vente de l'électricité. — Classement des usines ; suppression des fumées.

Annexes. — Cahier des charges type des sociétés d'électricité. — Modèle de soumission pour l'éclairage électrique des voies publiques.

Cahier des charges type. — Le cahier des charges type des 29 décembre 1888 et 25 février 1889 règle les conditions générales des *autorisations* qui sont accordées à chacun des secteurs. Il faut bien remarquer qu'il s'agit d'autorisations et non de concessions. La Ville a tenu, en outre, à spécifier (article 14) que ces autorisations étaient accordées sans monopole ni privilège et qu'elle se réservait le droit absolu d'accorder d'autres autorisations du même genre, même dans les voies faisant partie d'un secteur.

La durée de l'autorisation est de 18 années, avec faculté pour la Ville de se substituer, moyennant indemnité et au bout de 10 années seulement, aux Compagnies exploitantes.

Avant de commencer tout travail sous la voie publique chaque Compagnie doit verser dans les caisses de la Ville un cautionnement représentant approximativement la valeur des travaux à faire pour remettre dans leur état primitif les trottoirs et chaussées empruntés par les canalisations électriques.

En outre, la Ville perçoit, chaque année, les redevances suivantes :

1° Redevance de 100f pour chaque kilomètre ou fraction de kilomètre de conduite longitudinale posée sous trottoir ;

2° Prélèvement de 5 % sur les produits constatés, soit par le montant des polices d'abonnement, soit par le relevé des compteurs, pour l'éclairage comme pour la force motrice. Le prélèvement est augmenté de 1 °/o pour l'électricité provenant d'usines établies hors Paris ;

3° Frais de contrôle d'après les évaluations administratives [1].

Les Compagnies sont maîtresses de leurs tarifs sous réserve de ne pas dépasser un maximum de 0f,15 pour l'hectowatt-heure utilisé pour l'éclairage ou de 0f,45 pour une quantité d'énergie équivalente à un cheval-heure. Elles doivent canaliser, dans un délai de deux ans, les voies les plus importantes du secteur, voies énumérées d'ailleurs dans un tableau joint, pour chacune d'elles, au cahier des charges. Le long de ces voies elles ne peuvent refuser de livrer l'électricité à toute personne qui la demande. Quant aux voies non comprises dans le tableau, leur canalisation est obligatoire dès que les demandes d'électricité atteignent 750 watts pendant 750 heures par an, pour un décamètre de canalisation.

Les canalisations doivent être posées sous trottoir à 1m,00 au moins de façades des maisons. Et, pour que les branchements d'abonnés ne traversent jamais la chaussée, il est bien spécifié qu'il doit y avoir une conduite sous chaque trottoir [2]. Aux croisements de rues les canalisations sont posées à une profondeur de 1 mètre et un regard est établi à l'une ou à l'autre des extrémités de la traversée. Des regards doivent aussi être ménagés de distance en distance sur la canalisation posée sous trottoir.

Les dimensions et la nature des conduites contenant les câbles électriques ne sont pas laissées au choix des Sociétés permissionnaires. Elles doivent être approuvées par l'Administration. Il en est de même des projets d'exécution.

Nous renvoyons pour les autres prescriptions au cahier des charges que l'on trouvera *in extenso* aux annexes. Il en est une cependant qu'il nous faut citer encore, car elle a servi de point de départ à un arrêté dont nous parlerons un peu plus loin. Nous la trouvons dans l'article 11 et elle stipule que *le permissionnaire sera soumis, pour l'exploitation du réseau, à tous les règlements et arrêtés qui sont actuellement ou seront en vigueur pendant la durée de l'autorisation.*

Arrêtés d'autorisation. — Le cahier des charges-type indique les conditions générales à imposer aux permissionnaires. L'acte qui constitue l'autorisation est un arrêté du Préfet, spécial pour chaque demande. Cet arrêté détermine également le montant du cautionnement et les sommes qui doivent servir de base à l'évaluation des frais d'enregistrement.

[1] Ces frais ont été fixés à 7.000 francs par secteur.

[2] Dans certaines voies où la place fait défaut la réserve de 1m est abaissée à 0m,60.

Voici un extrait de celui qui concerne la Compagnie Edison :

« 1° La Compagnie Continentale Edison est autorisée, dans les conditions prévues au cahier des charges approuvé le 29 décembre 1888 et modifié le 25 février 1889, à poser sous la voie publique des canalisations électriques dans le secteur déterminé par les tableaux annexés à sa demande ;

2° Ladite Société versera à la Caisse Municipale un cautionnement de 300.000 francs qui devra être constitué, sous peine de déchéance, dans le délai d'un mois à partir de la notification du présent arrêté ;

3° Les différents frais d'impression et autres, les frais de timbre et d'enregistrement, les divers droits, taxes et contributions de toute nature, même la taxe de main-morte, s'il y a lieu, sont à la charge de la Compagnie Continentale Edison ;

4° Il est déclaré pour l'évaluation des droits d'enregistrement, et sans que les concessionnaires puissent en aucun cas se prévaloir de ces chiffres : 1° que les redevances prévues par les articles 16 et 19 du cahier des charges [1] sont présumées s'élever à 30.000 francs ; 2° que toutes les autres charges sont estimées à 700.000 francs pour toute la durée de l'autorisation ; 3° que l'importance du marché d'éclairage est de 100 francs par an. »

Des arrêtés analogues ont été pris pour les autres Sociétés.

Il est intéressant de connaître les dates auxquelles ces arrêtés ont été notifiés aux diverses Sociétés exploitantes puisque ce sont ces dates qui marquent le point de départ des 18 années pendant lesquelles les autorisations sont accordées.

Ces dates sont indiquées dans le tableau suivant :

DÉSIGNATION DES SOCIÉTÉS	Date de l'arrêté d'autorisation	Date de la notification de l'arrêté d'autorisation	Date à laquelle prendra fin l'autorisation
Compagnie continentale Edison.	26 Mars 1889	8 Avril 1889	8 Avril 1907
Société anonyme d'éclairage et de force	id.	id.	id.
Compagnie parisienne de l'air comprimé	id.	id.	id.
Secteur de la place Clichy . . .	1er Avril 1889	16 Avril 1889	16 Avril 1907
Secteur des Champs-Elysées. .	31 Juillet 1890	13 Août 1890	13 Août 1908
Secteur de la rive gauche [2] .	5 Novembre 1890	11 Décembre 1890	11 Décembre 1908

[1] Redevance de 100 francs par kilomètre ; prélèvement de 5 % sur les produits bruts; frais de contrôle.

[2] La constitution du Secteur de la rive gauche a donné lieu, au sein du Conseil municipal, à une discussion intéressante.

L'arrêté du 5 novembre 1890, cité plus haut, avait accordé à M. Naze l'autorisation d'exploiter le centre de la rive gauche ainsi que les îles de la Cité et de Saint-Louis. M. Naze ayant demandé le transfert de l'autorisation à la *Société électrique du secteur de*

Approbation des canalisations. — Le cahier des charges type réserve au Conseil Municipal et à l'Administration l'approbation des dispositions de détail des canalisations.

Les premières canalisations proposées ont été celles comportant des câbles nus ou isolés dans des caniveaux. Nous les avons étudiées en détail dans un chapitre précédent.

Les câbles armés et isolés du Secteur de la place Clichy, qui constituaient une innovation en matière de canalisation électrique, ont été autorisés par un arrêté du 14 mai 1890. Les clauses principales de l'arrêté sont les suivantes :

1° les câbles ne seront jamais parcourus que par des courants continus à tension maxima de 450 volts ;

2° la traversée des chaussées se fera dans des tuyaux en fonte posés à 1 mètre au-dessous du sol ;

3° les câbles seront posés sous trottoir à une profondeur minima de 0m,50 : ils devront toujours passer sous les branchements de gaz. La canalisation occupera au plus une largeur de 0m,50 et la Société ne devra jamais ouvrir de fouille présentant plus de 0m,50 de largeur.

Il n'est rien spécifié dans l'arrêté relativement à l'isolement des canalisations. Aucune clause spéciale n'a été également imposée ni à la Compagnie Edison, ni à la Société anonyme d'Eclairage et de Force, ni à la Compagnie Parisienne de l'air comprimé. Mais il est évident que l'intérêt de ces Sociétés est d'avoir des canalisations aussi bien isolées que possible. Il est à remarquer, d'ailleurs, que les lois et règlements donnent à l'Administration tous les pouvoirs nécessaires pour faire disparaître une canalisation dangereuse pour les personnes ou susceptible de détériorer les ouvrages souterrains et

la rive gauche de Paris, société anonyme au capital de 3 millions de francs, avec l'autorisation, pour celle-ci, d'éclairer *toute* la rive gauche, le Conseil municipal a pris, à la date du 30 décembre 1893, la délibération suivante :

1° *La Compagnie électrique du secteur de la rive gauche de Paris* est autorisée à se substituer à M. Naze, pour l'exploitation du secteur électrique qui lui a été concédé.

2° La susdite autorisation est accordée à charge, par la nouvelle société, de supporter les obligations de tous genres auxquelles s'était soumis M. Naze vis-à-vis de la Ville de Paris, y compris l'obligation de réaliser, aux clauses et conditions indiquées aux projets de délibération de ce jour, l'éclairage de toutes les parties de la rive gauche comprises ou non dans la demande d'extension du 29 juillet 1893.

Le présent transfert et la concession Naze seront de plein droit et, sans qu'il soit besoin d'une poursuite, mise en demeure ou formalité extrajudiciaire ou administrative quelconque, définitivement résiliés et tenus pour nuls ou non avenus, si, dans le délai de trois mois à partir du jour de la présente délibération, le capital de 3 millions n'a pas été augmenté de nouvelles ressources formant avec lui un total de 8 millions, et si un ou plusieurs administrateurs de la Société Schneider et Cie du Creusot, ou des fondés de pouvoirs de ladite Société, agissant sous sa garantie régulièrement et expressément donnée, n'ont pas été introduits, par délibération de l'Assemblée générale des actionnaires, parmi les administrateurs-fondateurs de la Société de l'éclairage électrique de la rive gauche.

Etc......

Nous avons tenu à citer cette délibération, en raison des garanties spéciales auxquelles le Conseil municipal a jugé utile de subordonner son autorisation.

les canalisations déjà établies sous chaussée. Comme mesure préventive le cahier des charges stipule (article 3) que les canalisations électriques ne peuvent être autorisées que lorsque, eu égard à l'intensité du courant et à la disposition des enveloppes isolantes, elles sont sans danger pour les personnes et sans inconvénient pour le fonctionnement des divers services publics.

Les câbles armés et concentriques du Secteur des Champs-Elysées qui, ainsi que nous l'avons vu, sont parcourus par des courants alternatifs à 3.000 volts, ne sont au contraire autorisés qu'à la condition de présenter par kilomètre un isolement déterminé.

L'arrêté du 17 mai 1892 qui a approuvé les dispositions proposées par ce Secteur pour l'établissement de ses canalisations fixe ainsi leur isolement :

« Les câbles posés dans les fouilles avant l'établissement de jonctions, dérivations et branchements devront présenter une résistance d'isolation d'au moins 500 mégohms par kilomètre pour une tension de 3.000 volts.

La résistance d'isolement d'un circuit complet comprenant tous les appareils pour produire, consommer ou mesurer l'énergie devra toujours être telle qu'en mettant un point quelconque de ce circuit à la terre, à travers une résistance de 2.000 ohms, la perte de courant ne soit pas supérieure à deux millièmes d'ampère. »

On voit ainsi qu'en dehors des prescriptions générales du cahier des charges type les arrêtés approbatifs des canalisations ont été pris par espèce et qu'il n'existe pas encore à Paris de règlement général les concernant.

Arrêté du 30 juillet 1891 concernant la pose et l'exploitation des canalisations d'électricité. — Mais, à la suite de divers accidents survenus sur la voie publique, l'Administration a reconnu nécessaire de compléter sur certains points les prescriptions générales du cahier des charges.

Tel est le but de l'arrêté du 30 juillet 1891 qui a été pris par le Préfet de la Seine après avis d'une commission spéciale[1] et dont voici le dispositif.

Le Préfet de la Seine,

Vu le rapport, en date du 8 avril 1891, dans lequel M. le Directeur de la Voie publique et des Promenades a signalé les divers accidents survenus sur la voie publique et pouvant être attribués à l'électricité, et proposé la nomination d'une Commission chargée d'étudier les mesures à prendre en vue d'en prévenir le retour ;

Vu la lettre en date du 16 avril 1891, qui a constitué ladite Commission ;

[1] MM. Huet, Boreux, Potier, Mascart, Hospitalier, Monmerqué.

Vu les résolutions adoptées par cette Commission, dans sa séance du 2 juin 1891 ;

Attendu que, s'il appartient au Préfet de Police de veiller au bon établissement et entretien des installations électriques à l'intérieur des immeubles, c'est au Préfet de la Seine qu'incombe le soin de prévenir les dangers présentés par les canalisations électriques sur la voie publique et jusqu'à l'entrée des immeubles particuliers ;

Sur l'avis du Directeur des Travaux,

Arrête :

Article premier

Conducteurs électriques placés dans une enveloppe métallique. — Dans tous les cas où les conducteurs électriques seront placés dans une enveloppe métallique, ils devront être isolés avec le même soin que s'ils étaient placés directement dans le sol.

Article 2

Voisinage d'autres canalisations. — Dans tous les cas où les conducteurs électriques passeront à moins de cinquante centimètres ($0^{m},50$) d'une masse métallique ou d'une canalisation bonne conductrice de l'électricité (eau, gaz, air comprimé, etc...) le permissionnaire devra prendre des mesures spéciales d'isolement pour toute la partie de ces conducteurs placée dans cette situation.

Article 3

Regards. — Les regards établis par un permissionnaire pour le service des conducteurs électriques, ne pourront renfermer ni tuyau de gaz, d'eau, d'air comprimé, etc..., ni conducteurs électriques appartenant à un autre permissionnaire.

Ces regards devront être disposés de manière à pouvoir être ventilés.

Article 4

Branchements d'électricité. — Tous les branchements d'électricité seront constitués par des conducteurs isolés. Ces conducteurs seront protégés mécaniquement d'une manière suffisante, soit par l'armature même du câble conducteur, soit par des caniveaux.

A leur entrée dans les immeubles, les branchements devront être disposés de manière à ce que leur pénétration ne laisse aucun vide dans les murs.

Article 5

Canalisations rencontrées dans l'exécution des travaux. — Lorsque le permissionnaire, dans l'exécution des travaux, rencontrera des canalisations d'une nature quelconque (électricité, eau, gaz, air comprimé, etc...), il devra avertir immédiatement les propriétaires ou concessionnaires de ces canalisations (Compagnie Parisienne du Gaz, Compagnie Générale des Eaux, etc...). A cet effet, il sera adressé auxdits propriétaires ou concessionnaires une déclaration dûment signée et conforme à un modèle approuvé par l'Administration. Des duplicatas de ces signalements seront adressés à l'Ingénieur chargé du service de la Voie publique.

ARTICLE 6

Vérification de l'état de la canalisation pendant la période d'exploitation. — Le permissionnaire sera tenu de vérifier l'état électrique de son réseau, de manière que toutes les parties en soient visitées au moins une fois par an.

Le permissionnaire avisera préalablement l'Administration des époques choisies pour les différentes opérations.

Les résultats des vérifications seront consignés sur un registre dont le modèle devra être soumis à l'Administration et qui devra être présenté à toute réquisition.

ARTICLE 7

L'Inspecteur Général, Directeur des Travaux de Paris, est chargé de l'exécution du présent arrêté qui sera inséré au *Recueil des actes administratifs*.

L'article 3 a, depuis, été complété comme il suit :

D'abord les Sociétés doivent ouvrir et visiter les regards au moins une fois toutes les trois semaines. Ensuite il leur est enjoint de munir tous les regards de tuyaux d'évent débouchant à air libre.

Grâce à ces mesures préventives les explosions analogues à celles qu'ont produites parfois des infiltrations de gaz d'éclairage dans les regards ou l'accumulation de gaz détonants, provenant de la décomposition de l'eau par l'électricité, sont devenues excessivement rares.

Nous avons d'ailleurs eu l'occasion de dire que sur certains réseaux on ne se contentait pas d'aérer les regards et, qu'à l'aide d'un petit ventilateur portatif, on renouvelait aussi périodiquement l'air renfermé dans les caniveaux.

Approbation des projets d'exécution. — Le cahier des charges type porte, article 6 : « Avant tout commencement d'exécution de chaque portion de canalisation sous les voies publiques les projets en seront présentés au Conseil Municipal et à l'Administration en quintuple expédition par le permissionnaire, qui ne pourra mettre la main à l'œuvre qu'après que l'acceptation de ces projets lui aura été notifiée. »

L'arrêté qui intervient après présentation des projets de détail fixe, pour chaque rue, l'emplacement en plan des canalisations. Il rappelle les types de canalisation à adopter et impose au concessionnaire de respecter les ouvrages existants.

Quelques stipulations sont en outre insérées au profit du Service des Eaux et de l'Administration des Postes et Télégraphes.

Nous ne croyons pas utile d'insister sur ces arrêtés spéciaux dont la nécessité s'impose, en raison de la multiplicité des ouvrages et des canalisations qui encombrent le sous-sol des rues.

Notons seulement que, sur la demande de la Compagnie du Gaz qui avait été mise parfois dans l'impossibilité de réparer ses tuyaux, certaines distances, déterminées par l'Administration, sont exigées entre les caniveaux électriques et les tuyaux de gaz. Elles sont de $0^m,20$ pour les conduites de 108 millimètres à 162 millimètres de diamètre, de $0^m,30$ pour les conduites de 162 millimètres à 400 millimètres de diamètre et de $0^m,40$ pour les conduites d'un diamètre supérieur à 400 millimètres.

Conventions spéciales pour l'éclairage des voies publiques. — Les Sociétés sont obligées, par le dernier paragraphe de l'article 13 de leur cahier des charges, de livrer la lumière électrique employée pour l'éclairage public, par arc voltaïque, à raison de $0^f,025$ la carcel-heure.

L'évaluation à la carcel-heure de la lumière produite par arc voltaïque est un procédé défectueux. Les divers rayons émis par un arc ont en effet des intensités bien variables, suivant leur direction. Tout au plus pourrait-on rapporter la dépense à l'intensité moyenne sphérique obtenue. En outre la qualité des charbons intervient beaucoup dans la production de la lumière. S'agit-il, au surplus, de carcels émises par un arc à feu nu ou par une lampe à arc munie d'un globe et d'un réflecteur? Dans ce dernier cas l'opacité du verre a sur la répartition de la lumière un rôle prépondérant. Quel est dès lors l'échantillon à adopter, verre dépoli, opale ou opaline ?

Le cahier des charges est absolument muet sur ces détails. Aussi le paragraphe relatif à l'éclairage public est-il inapplicable. Il convient de remarquer, d'ailleurs, que le prix élémentaire, admis pour la carcel-heure, mettrait l'éclairage public à un prix inabordable ($2^f,50$ pour 100 carcels).

Il a donc été nécessaire, lorsque l'on a voulu éclairer à l'électricité certaines grandes voies de Paris, de passer avec les Sociétés qui avaient obtenu l'autorisation de canaliser ces voies des conventions particulières fixant, pour le courant à fournir, un mode d'évaluation rationnel et un prix en rapport avec les dépenses incombant aux Sociétés.

Nous donnons, en annexe, un type de soumission récemment accepté par l'un des secteurs. Les lampes fournies doivent débiter 10 ampères. Comme la tension absorbée par des lampes à arc de même système est sensiblement constante, l'évaluation du courant en ampères est suffisante et ne peut donner lieu à contestation. Une lampe de 10 ampères étant payée à raison de $0^f,40$ l'heure et donnant d'autre part, à feu nu, une intensité moyenne sphérique de 75 à 80 carcels; on voit que la carcel-heure revient à un demi-centime au lieu de deux centimes et demi, somme figurant dans le cahier des charges.

Il est à remarquer que la Ville ne s'est réservé aucune réduction sur le prix du courant qui pourrait être demandé pour l'éclairage par l'incandescence des bâtiments communaux. Dans ces conditions il lui est beaucoup plus économique de les éclairer au gaz, à raison de 0f,15 le mètre cube.

Prolongation des autorisations. — Le cahier des charges fixe à 18 ans la durée des autorisations accordées aux Sociétés d'électricité. C'est donc en 18 ans que ces Sociétés doivent amortir sinon tout le capital de premier établissement, du moins le capital consacré à l'établissement des canalisations, puisque celles-ci reviendront à la Ville sans indemnité.

Cette durée de 18 années est assurément courte pour des amortissements aussi considérables[1]. Il n'est donc pas étonnant que les Sociétés d'électricité, bien que datant de quelques années à peine, aient déjà demandé que l'autorisation qui leur a été accordée ait une durée supérieure à 18 années.

Ces réclamations ont surtout pris corps lors des dernières négociations engagées avec la Compagnie Parisienne pour l'abaissement du prix du gaz. Les Sociétés faisaient observer que la diminution de 5 centimes, projetée sur le prix du gaz vendu aux particuliers, les mettrait dans l'impossibilité de lutter avantageusement contre la Compagnie Parisienne. Elles demandaient une prolongation de concession de 25 années offrant, en revanche, d'abaisser à 0f,13 au lieu de 0f,15 le prix de l'hectowatt-heure et de payer à la Ville, à partir du 1er janvier 1907, un supplément de redevances variant de 1/2 °/₀ à 2 1/2 °/₀ des produits bruts.

Le rapporteur, M. Sauton, était d'avis d'accorder la prolongation de concession demandée, en modifiant légèrement les conditions du rachat et en imposant aux Sociétés l'obligation de brûler les fumées produites par les usines. Mais l'échec des négociations poursuivies avec la Compagnie du Gaz entraîna l'abandon des propositions de M. Sauton.

[1] Nous trouvons la justification de la durée relativement courte des autorisations accordées aux Sociétés d'électricité dans un rapport, en date du 10 octobre 1887, de M. Allard, autrefois directeur de la voie publique et des promenades.

« Cette fixation aura l'avantage d'éviter toute difficulté, au sujet de l'application de l'article 1er de la loi municipale du 24 juillet 1867, limitant à 18 ans la durée des baux que les conseils municipaux peuvent régler, par leurs délibérations. Au delà de ce terme et, bien que l'autorisation, dont le cahier des charges ci-joint règle les conditions, ne soit pas à proprement parler un bail à loyer, on pourrait soutenir, par assimilation, qu'une loi est nécessaire. D'ailleurs, quoique la durée de 18 ans soit faible pour l'amortissement, il convient de ne pas s'engager pour une plus longue période, en raison des progrès possibles d'une industrie qui n'en est encore qu'à ses débuts. »

Une autre raison a guidé le Conseil municipal. C'est que la Ville deviendra maîtresse de l'éclairage électrique à peu près au moment où expirera le monopole de la Compagnie du gaz.

L'affaire a été rayée de l'ordre du jour du Conseil Municipal à la séance du 10 décembre 1892[1].

Abaissement du prix de vente de l'électricité. — Le cahier des charges stipule, comme nous l'avons indiqué précédemment, que les Sociétés sont maîtresses de leurs tarifs à la condition de ne pas dépasser un certain maximum fixé à 0f,15 l'hectowatt-heure pour l'électricité servant à la production de la lumière et à 0f,45 pour une quantité d'énergie équivalente à un cheval-heure.

[1] Voici le projet de délibération qu'avait élaboré M. Sauton.

PROJET DE DÉLIBÉRATION.

Le Conseil,

Vu la pétition des divers permissionnaires d'éclairage et de transport de la force par l'électricité sollicitant une prolongation de concession comme compensation du préjudice que pourrait leur causer l'abaissement du prix du gaz ;

Sur le rapport de sa 3e commission,

Délibère :

Article premier. — L'Administration est autorisée à prolonger jusqu'au 31 décembre 1931 les autorisations actuellement accordées aux sociétés d'électricité suivantes:

La Compagnie parisienne de l'air comprimé, procédés Victor Popp ;
La Société du secteur de la place Clichy ;
La Compagnie continentale Edison ;
La Société anonyme d'éclairage et de force par l'électricité à Paris;
La Compagnie d'éclairage électrique du secteur des Champs-Elysées.

Article 2. — L'électricité sera livrée, à partir du 1er janvier 1893, à un prix maximum par hectowatt-heure de 13 centimes pour l'éclairage électrique et de six centimes et demi pour la force motrice.

A partir du 1er janvier 1907, la redevance prévue par le § 2 de l'art. 16 du cahier des charges sera portée,

Savoir :

A 5 1/2 % pendant les 5 premières années.
A 6 % pendant les 5 années suivantes.
A 6 1/2 % pendant les 5 années suivantes.
A 7 % pendant les 5 années suivantes.
A 7 1/2 % pendant les 5 dernières années.

Article 3. — Les articles 13 et 21 du cahier des charges des permissionnaires seront modifiés à partir du 1er janvier 1893, comme suit :

Article 13. — Le permissionnaire restera maître de ses tarifs, sous la réserve de ne pas dépasser un maximum de 13 centimes par cent watts-heure pour l'éclairage électrique et 6 centimes et demi par cent watts-heure pour la force motrice employée pour usage industriel autre que la production de la lumière électrique. Dans le cas où la force motrice serait employée à la production de la lumière électrique, le prix maximum de 13 centimes serait appliqué de droit.

Article 21. — La Ville de Paris se réserve le droit de rachat à toute époque, à partir du 1er janvier 1899.

Le prix du rachat sera déterminé de la manière suivante :

1° En ce qui concerne la canalisation, les machines et appareils de toute nature, l'outillage des ateliers, le mobilier des bureaux les terrains, bâtiments, etc., et, en général, tout ce qui sert à l'exploitation du permissionnaire, la Ville de Paris les reprendra en totalité, d'après leur valeur au moment du rachat, à dire d'experts. A cet effet, la Ville de Paris et la Société permissionnaire désigneront chacune un expert; en cas de désaccord, ces

La Ville de Paris s'est réservé le droit d'abaisser ces maxima (article 13). Toutefois ils ne peuvent être révisés que tous les cinq ans et que si l'emploi de procédés nouveaux a entraîné un abaissement notable dans le prix de revient de l'électricité.

La détermination des abaissements de prix incombera à une Commission de quatre membres : deux nommés par le Préfet de la Seine et deux par les permissionnaires. En cas de désaccord un cinquième expert sera nommé par le président du Tribunal Civil.

Les délais écoulés n'ont pas encore permis de procéder à la revision du prix de l'électricité. Il est à remarquer d'ailleurs que le prix moyen de vente s'est abaissé notablement au-dessous de 0f,15 l'hectowatt-heure. Il est de 0f,12[1].

Classement des usines. — Suppression des fumées. — L'installation des usines électriques dans Paris présente certainement des inconvénients. Sans parler du bruit et des trépidations qu'elles produisent dans leur voisinage mais qui ne gênent qu'un nombre relativement restreint d'habitants, nous devons signaler des plaintes très vives, qu'ont motivées les fumées produites par le charbon brûlé sous les chaudières.

deux experts choisiront le tiers-expert chargé de les départager. A défaut d'entente, le tiers-expert serait désigné par le président du Tribunal civil de la Seine.

L'expertise devra être conduite de façon que le paiement puisse être effectué par la Ville dans les dix mois qui suivront le rachat.

Moyennant ce paiement, le permissionnaire devra subroger la Ville à tous ses droits et privilèges, baux, locations, promesses de vente, etc. Cette subrogation ne pourrait toutefois avoir pour résultat, en aucun cas et dans aucune mesure, d'associer la Ville aux procès et autres difficultés litigieuses qui pourront exister entre le permissionnaire et les tiers quelconques. En vue de l'application de cette clause il est interdit au permissionnaire d'aliéner ou d'hypothéquer, au profit de qui que ce soit, les immeubles formant l'actif de la société ainsi que toutes les installations sous la voie publique ou dans les propriétés privées. Sont exceptés de cette clause les immeubles appartenant au permissionnaire, mais non utilisés pour l'exploitation qui fait l'objet de la présente autorisation.

2° Dans le cas où le rachat s'opérerait avant la date de l'expiration de l'autorisation actuelle, on calculera la moyenne des produits nets annuels obtenus par le permissionnaire pendant les trois années qui auront précédé celle où sera effectué le rachat.

Ce produit net formera le montant d'une annuité qui sera due au permissionnaire pendant chacune des années restant à courir de la première autorisation, mais il ne sera alloué aucune annuité pour les années de la prolongation.

Egalement il n'y aura pas lieu à paiement d'annuité au cas où le rachat serait opéré après la date de l'expiration de la première autorisation

Il sera loisible à la Ville de se libérer à un moment quelconque des annuités restant à payer du rachat, en soldant le capital représentant au taux d'intérêt de 5 °/o la valeur de ces annuités au jour du paiement. »

Article 4. — Les sociétés d'électricité visées par la présente délibération devront s'engager à se conformer aux prescriptions qui leur seront imposées par la Ville de Paris en vue de la suppression de la fumée de leurs usines, partout où cette fumée sera considérée par la Ville comme une gêne pour les voisins.

[1] Voir les prix moyens de vente donnés, pour chaque secteur, page 339.

Le Conseil Municipal, saisi une première fois de ces réclamations, avait demandé, en 1890, le classement des usines électriques parmi les établissements insalubres. Mais cette proposition, transmise au Ministre du Commerce, avait été repoussée, après avis défavorable de la Commission des Arts et Manufactures.

L'affaire a été discutée de nouveau, à la séance du 8 mars 1893. L'Administration a fait observer qu'elle était actuellement désarmée : d'abord, parce que le classement des usines n'avait pas encore été prononcé.; ensuite, parce qu'elle ne connaissait pas de procédé capable d'amener la suppression radicale des fumées, qu'elle pût imposer aux Sociétés. Pour cette double raison elle ne pouvait que laisser aux tiers, qui se prétendaient lésés, le soin d'actionner les Sociétés au civil devant les tribunaux.

Le Conseil, maintenant ses votes antérieurs, a réclamé non seulement le classement des usines, mais encore l'étude de procédés permettant d'obtenir la suppression des fumées.

Depuis, aucune décision n'est intervenue [1]. D'autre part, la fumivorité n'a fait aucun progrès bien intéressant à signaler. En fait, il n'existe pas encore d'appareil fumivore réellement pratique et efficace. Il semble, par suite, qu'au lieu de s'ingénier à fabriquer des appareils coûteux et compliqués, il conviendrait, plus simplement, de chercher à améliorer la situation par l'emploi de chargeurs mécaniques, distribuant le charbon d'une façon continue et supprimant, ainsi, les grosses charges, par à-coup, qui coïncident toujours avec la production des fumées. A défaut de ces appareils une bonne conduite des feux et l'emploi de charbons de très bonne qualité suffiraient pour atténuer, d'une façon très sensible, une partie des inconvénients signalés.

La substitution du coke au charbon de terre a été proposée. Elle n'a pu être imposée en raison de la cherté du coke et de la difficulté que l'on rencontre, en employant ce combustible, à bien régler la marche des foyers.

Finalement, les usines actuelles brûlent peu ou pas du tout leurs fumées. Les inconvénients de cette situation — qu'il ne faut pas d'ailleurs exagérer — frappent d'autant plus vivement que, de sa nature, l'électricité est essentiellement transportable et que l'on aurait pu subordonner l'autorisation de canaliser les voies publiques à l'établissement, hors Paris, des usines productrices d'électricité. Mais, au début, on manquait naturellement d'expérience. En outre, il fallait aller vite, car on voulait être prêt pour l'expérience de 1889.

Il serait peu équitable de ne pas faire remarquer, à cette occasion, que les fumées de Paris ne sont pas produites par les seules usines électriques. Bien

[1] Signalons toutefois que, dans sa séance du 19 mars 1894, le Conseil municipal (M. Thuillier rapporteur) a décidé d'ouvrir un concours entre tous les constructeurs d'appareils fumivores.

d'autres usines contribuent à souiller l'atmosphère. Si une réglementation intervient elle ne sera efficace qu'à la condition de leur être également appliquée.

ANNEXES

Cahier des charges type des Sociétés d'électricité.

ARTICLE PREMIER

Objet de l'autorisation. — M.[1]
demeurant à
est autorisé à placer en terre, sous les chaussées ou les trottoirs, dans le secteur déterminé par les voies indiquées au tableau A ci-annexé, les fils ou câbles destinés à la transmission de courants électriques pour la production de la lumière ou le transport de la force motrice, et à exécuter, sous la surveillance de l'Administration, tous les travaux nécessaires pour cette canalisation.

Aucune autorisation ou concession d'éclairage électrique ne pourra être accordée qu'à des Français ou à des sociétés françaises, ayant leur siège social en France.

ART. 2.

Conditions de pose des câbles. — Les fils ou câbles ne pourront être placés dans les galeries d'égout ou de carrières souterraines sous Paris.

Ils seront placés sous les trottoirs dans des conduites en poterie, en maçonnerie, en métal ou en toute matière suffisamment résistante et acceptée par le Conseil municipal, après avis de l'Administration.

Caniveaux. Approbation des projets. Réserve de la canalisation municipale. — L'emplacement, la profondeur et le diamètre extérieur maximum de ces conduites seront fixés dans chaque cas par l'Administration, qui tiendra compte pour cette détermination, non seulement des canalisations déjà établies sous le même trottoir, mais encore et surtout de celles qu'elle pourra se réserver d'établir elle-même dans l'avenir pour les usages municipaux, étant entendu que la canalisation du service municipal d'électricité sera la plus rapprochée du sol. Le permissionnaire ne sera admis à présenter aucune réclamation, à raison du refus d'autorisation de passer dans certaines rues pour défaut de place sous les trottoirs, dans les conditions ci-dessus indiquées, ou pour motif de réserve municipale.

[1] Si la concession est faite à une Compagnie, le nom du représentant de la Compagnie, signataire de la demande, doit être complété par la dénomination très exacte de la Compagnie et l'indication de son siège social.

Les fils ou câbles ne seront établis sous chaussées que pour la traversée des voies. Ces traversées se feront à une profondeur d'au moins 1 mètre.

Double canalisation. — Il sera établi une canalisation sous chaque trottoir longeant des immeubles à desservir, de manière que les branchements d'immeubles ne traversent jamais la chaussée.

Regards. — Il ne pourra être fait exception à cette règle que pour les voies d'une largeur reconnue insuffisante par le Conseil municipal.

Des regards seront établis de distance en distance pour permettre la visite de la canalisation, et celle-ci sera disposée de manière que, en cas d'avarie, on puisse, en se servant des regards, retirer et remplacer les fils sans ouverture de fouille. Les emplacements et dispositions de ces regards seront d'ailleurs fixés par l'Administration. Dans tous les cas, ils seront recouverts de trappes bitumées.

Galeries. — Un regard sera placé obligatoirement à l'une ou à l'autre des extrémités de chacune des traversées de câbles sous chaussée. Pour la traversée des voies larges ou fréquentées, et en particulier lorsque la chaussée sera sur fondation de béton, un regard sera établi à chacune des extrémités de la traversée et l'Administration pourra, en outre, exiger que ces regards soient reliés par des galeries dont elle fixera le type et qui, dans aucun cas, ne devront être mises en communication avec les égouts ou les branchements particuliers.

Traversée d'égouts. — Si la galerie se trouve coupée par un égout, le câble passera d'un côté à l'autre par dessus l'égout. Toutefois, si la hauteur disponible entre l'égout et la chaussée est insuffisante, ou si la chaussée est en bois ou en asphalte le câble pourra traverser l'égout dans un manchon.

Canalisation commune. — Au cas où plusieurs sociétés seraient autorisées à s'établir sous un même trottoir, les câbles de ces diverses sociétés pourront être placés dans une conduite commune, construite à frais communs et dont les dimensions et conditions d'établissement devront être approuvées par l'Administration, après avis du Conseil municipal.

ART. 3.

Distance des maisons. — Réserve de la canalisation municipale. — Les fils ou câbles ne pourront être placés qu'à une distance minima de 1 mètre des façades des maisons, cet emplacement étant réservé au réseau municipal d'électricité et lorsque l'Administration, après délibération du Conseil municipal, aura constaté :

1° Que la place ne fait pas défaut ;

2° Qu'ils peuvent, eu égard à l'intensité du courant et à la disposition des enveloppes isolantes, y être logés sans danger pour les personnes et sans inconvénient pour le fonctionnement des divers services publics.

La réserve de 1 mètre susmentionnée pourra être réduite par le Conseil municipal dans les voies pour lesquelles il aura reconnu que la largeur des trottoirs est insuffisante.

ART. 4.

Branchements et appareils accessoires. — Les fils pénétrant dans les immeubles seront établis entre le câble principal et la façade dans des conduites reliées à celles du câble principal.

Toutes les installations autres que les fils de branchement, telles que coupe-circuits, etc., seront placées en dehors des limites de la voie publique.

ART. 5.

Transformateurs. — S'il est fait usage de transformateurs, ils seront installés en dehors de la voie publique.

ART. 6.

Acceptation des projets d'exécution. — Avant tout commencement d'exécution de chaque portion de canalisation sous les voies publiques, les projets en seront présentés au Conseil municipal et à l'Administration en quintuple expédition par le permissionnaire, qui ne pourra mettre la main à l'œuvre qu'après que l'acceptation de ces projets lui aura été notifiée.

Pour les dresser, il pourra prendre communication, dans les bureaux d'ingénieurs, de tous les éléments dont dispose l'Administration en ce qui concerne les conduites d'eau, de gaz, ou autres canalisations déjà autorisées, les égouts et branchements particuliers, les nivellements existants ou projetés, etc., mais il ne pourra, en aucun cas, se prévaloir contre l'Administration des erreurs, imperfections ou lacunes dont pourraient être entachés les documents mis à sa disposition, ni des difficultés matérielles qui pourraient surgir dans l'exécution des travaux.

ART. 7.

Statistique. — Plan du réseau exécuté. — Le permissionnaire tiendra constamment à jour un plan, à l'échelle de 0m,001, du réseau de sa canalisation. Chaque branchement d'immeuble y sera indiqué avec le nombre et la catégorie des lampes qu'il alimente, ou l'indication en chevaux-vapeur de la force motrice qu'il dessert. Ce plan sera complété par tous renseignements sur la destination et la composition des câbles, la nature, les dimensions et l'emplacement des conduites, etc. Des coupes détaillées à l'échelle de 0m,02 ou de 0m,05 y signaleront les dispositions spéciales adoptées sur tel ou tel point du réseau, notamment à la rencontre des égouts, branchements de conduites d'eau ou de gaz, ainsi que dans les traversées de chaussées.

Ce plan sera fourni en quatre expéditions qui seront revisées et mises au courant tous les six mois.

ART. 8.

Avis préalable à l'exécution. — Trois jours avant de commencer un travail quelconque de canalisation, le permissionnaire devra en donner avis aux ingénieurs du service municipal. Il en sera de même pour tous les travaux d'entretien et de réparation de la canalisation, sauf en ce qui concerne les recherches en cas d'accident, pour lequel l'avis pourra n'être donné que le jour même de la recherche.

Le permissionnaire devra aviser simultanément le président du Conseil municipal et l'Administration des modifications qu'il se proposerait d'apporter à sa canalisation ou qui, en cas d'urgence, auraient été apportées par lui, d'accord avec l'Administration.

ART 9.

Réfection de la voie publique. — Le permissionnaire acquittera à la caisse municipale, sur le vu d'états trimestriels de recouvrement qui seront soumis à son acceptation, les frais de réfection définitive de la voie publique nécessités par les ouvertures de tranchées, soit pour le premier établissement, soit pour l'entretien, soit enfin pour l'enlèvement des conduites. Ces frais seront établis à forfait, d'après les bases ci après :

Chaussées.	Pavage en pierre sur sable..........	Le mètre carré.	4 fr.
	— — sur béton..........	—	8 »
	Empierrement..................	—	3 »
	Revêtement en asphalte comprimé.....	—	16 »
	Pavage en bois................	—	20 »
Trottoirs et contre-allées.	Dallage en granit..............	Le mètre carré.	5 fr.
	— en bitume................	—	6 »
	Pavage en pierre pour entrée de porte-cochère..................	—	5 »
	Sablage et repiquage des contre-allées..................	—	1 »
	Bordures droites ou circulaire de toutes dimensions..................	Le mètre linéaire.	5 »

Immédiatement après l'exécution des travaux et jusqu'à la réception définitive, le permissionnaire devra rétablir et entretenir la viabilité provisoire sur les tranchées ouvertes par lui, sans toutefois que cet entretien à sa charge puisse se prolonger plus de quinze jours après l'achèvement des remblais dans chaque rue.

Toutes réfections d'ouvrages publics nécessitées par l'établissement de la canalisation et ne rentrant pas dans l'une des catégories ci-dessus définies, seront recouvrées sur états dressés d'après la dépense effective constatée par attachements.

ART. 10.

Prescriptions en cours d'exécution. — Le permissionnaire sera tenu de se conformer, pour l'exécutiou des travaux, à toutes les prescriptions des services municipaux dépendant de la direction technique de la voie publique et des promenades ou de celle des eaux et de l'assainissement.

Il sera d'ailleurs soumis d'une manière générale, tant pour l'établissement que pour l'exploitation du réseau, à tous les règlements et arrêtés qui sont actuellement ou seront en vigueur pendant la durée de l'autorisation.

ART. 11.

Durée de l'autorisation sans monopole ni privilège. — La présente autorisation est accordée pour une durée de dix-huit années à partir de la date de la notification de la décision approbative, sans monopole, ni privilège quelconque, la Ville de Paris se réservant le droit absolu d'accorder d'autres autorisations du même genre, même dans l'étendue du réseau de voies auquel s'applique la présente autorisation.

ART. 12.

Réserve des emplacements concédés. — La Ville de Paris s'engage à réserver au permissionnaire, à l'exclusion de tout autre, pendant la durée de l'autorisation, les emplacements qui auront été attribués à sa canalisation.

Déplacements. — Mais elle se réserve le droit de prescrire, et même, en cas d'urgence, d'opérer le déplacement ou l'enlèvement aux frais du permissionnaire de telles ou telles parties de la canalisation, toutes les fois que l'intérêt des services publics ou celui des services municipaux l'exigera. Le permissionnaire sera invité au moins cinq jours à l'avance, sauf le cas de force majeure, à opérer ces déplacements ou enlèvements et, en cas d'inexécution, la Ville de Paris pourra y faire procéder d'office aux frais du permissionnaire et sans qu'il puisse en résulter pour lui aucun droit d'indemnité.

Le permissionnaire sera d'ailleurs autorisé en pareil cas à rétablir la canalisation dans des conditions à fixer par l'Administration.

Sauf les cas d'urgence constatés, le Conseil municipal sera appelé à donner son avis toutes les fois qu'il s'agira d'une modification de la canalisation.

ART. 13.

Tarif maximum. — Le permissionnaire restera absolument maître de ses tarifs, sous réserve de ne pas dépasser un maximum de 0 fr. 045 m. pour une carcel-heure, ou de 0 fr. 45 c. pour une quantité d'énergie électrique livrée aux abonnés et équivalente à un cheval-vapeur pendant une heure.

L'électricité livrée pourra être également évaluée, à la demande de l'abonné, en watts-heure ou en ampères-heure à une tension déterminée. Dans ce cas, le tarif sera au maximum de 0 fr. 15 par cent watts-heure.

Police d'abonnement. — Le permissionnaire devra faire agréer par l'Administration les modèles de ses polices d'abonnement, dans lesquelles les intensités lumineuses devront être rapportées à la carcel prise pour unité. Chacune desdites polices portera la mention suivante :

« La présente police deviendra nulle de plein droit si le permissionnaire n'est « pas en mesure de fournir l'électricité au plus tard deux mois après qu'un autre « permissionnaire, en état de la livrer, aura posé sa canalisation dans la voie habitée « par le signataire de la police ».

Revision quinquennale du tarif maximum. — La Ville de Paris se réserve la faculté d'abaisser les prix maxima ci-dessus fixés, tous les cinq ans, à dater de la notification de l'approbation par le préfet de l'autorisation accordée.

Contrôle des polices. — Il sera procédé pour chaque concession à cette revision, qui sera proportionnée aux abaissements notables dans le prix de revient que les sociétés auront réalisés par l'emploi de nouveaux procédés.

Les abaissements de tarifs profiteront à tous les consommateurs, quelles que soient les conditions de leur police d'abonnement.

La détermination de ces abaissements de prix sera constatée par une commission de quatre membres : deux nommés par le Préfet de la Seine, après avis conforme du Conseil municipal, deux par le permissionnaire.

En cas de désaccord, un cinquième expert sera nommé par le président du tribunal civil.

L'avis de cette commission n'aura d'effet qu'après approbation du Conseil municipal.

En cas de non-désignation de deux experts par le permissionnaire, il sera procédé à cette désignation par le président du tribunal civil.

Les polices, les suppléments et toutes les pièces ou conventions quelconques passées entre le permissionnaire et les abonnés seront établis en triple expédition, dont un exemplaire, signé par la Société et l'abonné, sera remis à la Ville de Paris.

Tous les abaissements de tarifs consentis par le permissionnaire à ses abonnés seront considérés comme acquis jusqu'à l'expiration de l'autorisation, et les tarifs ne pourront plus être relevés.

Eclairage public. — Tout permissionnaire, dans l'étendue du réseau à lui concédé, fournira sur la demande de la Ville, pour l'éclairage public, de la lumière électrique par arc voltaïque au tarif maximum de 0 fr. 025 la carcel-heure.

ART. 14.

Obligation de fournir. — Le permissionnaire sera tenu, sauf dans des circonstances spéciales que l'Administration se réserve d'apprécier, après avis du Conseil municipal, de fournir dans les conditions de ses polices l'électricité à toute personne qui la demandera sur tout parcours desservi par ses câbles de distribution.

Interdiction de s'imposer à l'intérieur. — Il s'interdit, d'une façon absolue, la faculté de s'imposer à ses abonnés pour leurs installations intérieures.

ART. 15.

Essais photométriques et vérifications. — Le permissionnaire sera constamment tenu d'organiser à ses frais les installations nécessaires pour tous les essais photométriques et toutes autres vérifications que le Conseil municipal ou l'Administration jugeront utile d'effectuer.

ART. 16.

Redevance et prélèvement. — Le permissionnaire payera trimestriellement à la Ville pendant toute la durée de l'autorisation :

1° Une redevance de 100 francs par an pour chaque kilomètre ou fraction de kilomètre de conduite longitudinale posée sous trottoirs ;

2° Un prélèvement de 5 °/ₒ sur les produits constatés soit par le montant de ses polices d'abonnement, soit par le relevé des compteurs, pour l'éclairage comme pour la force motrice. A cet effet, le permissionnaire, chaque trimestre, présentera un état des produits et un décompte de recouvrement dans le courant du mois qui suivra l'achèvement du trimestre. Il ne sera fait aucune déduction pour les nonvaleurs, mais il sera tenu compte des cessations d'abonnement régulièrement signalées par le permissionnaire.

ART. 17.

Usines hors Paris. Octroi. — Dans le cas où l'électricité serait produite dans des usines hors de Paris, le prélèvement sur les produits bruts sera augmenté de 1 0/0.

Si les droits d'octroi sur le charbon viennent à subir des variations quelconques, la redevance supplémentaire variera proportionnellement.

ART. 18.

Acquittement des redevances. — Le permissionnaire s'acquittera chaque trimestre des redevances ci-dessus déterminées dans le délai de huit jours à dater de l'avis qui lui sera donné à cet effet par le receveur municipal. Il donnera aux fonctionnaires ou agents de la Ville chargés des vérifications relatives à l'établissement de ces redevances toutes les indications nécessaires à cet effet. Il devra notamment mettre à leur disposition les livres et pièces justificatives dont ils auront besoin.

ART. 19.

Frais de contrôle. — Les frais de contrôle à exercer par la Ville seront à la charge du permissionnaire, exigibles dès la première quinzaine de janvier et entièrement acquis à la Ville, dès cette époque.

ART. 20.

Cas de retrait de l'autorisation. — L'autorisation sera retirée après avis du Conseil municipal :

1° Si le permissionnaire transfère ouvertement ou clandestinement à des tiers ou à un autre permissionnaire tout ou partie des droits et obligations résultant pour lui du cahier des charges, sans une autorisation expresse et par écrit du préfet de la Seine, après avis du Conseil municipal ;

2° S'il n'a pas commencé son exploitation dans le délai de six mois à partir de la date de l'autorisation, et si, dans le délai de deux ans, il n'est pas en état de satisfaire aux demandes d'électricité sur l'ensemble des voies indiquées au tableau B ci-annexé ;

Réseau de 1re urgence (délai d'exécution). Complément du réseau. — 3° Si, pour les autres voies formant le périmètre du secteur ou intérieures au secteur, le permissionnaire ne prolonge pas sa canalisation et ne fournit pas l'électricité dans les conditions de ses polices toutes les fois que les demandes atteindront 750 watts pendant 750 heures par an, pour un décamètre de canalisation ;

Suspension de service. — 4° Si, pendant la durée de l'autorisation, il suspend la distribution de l'électricité sur la totalité ou sur une partie de son réseau sans avoir été autorisé au préalable par une délibération du Conseil municipal ;

5° Si le permissionnaire ne se conforme pas aux obligations imposées par le présent cahier des charges.

Faillite. — En cas de faillite ou de déconfiture du permissionnaire, la présente autorisation deviendra nulle et non avenue de plein droit, la Ville se réservant d'ailleurs, d'agréer de nouveaux concessionnaires ou d'exercer la faculté de rachat.

Si la faillite survenait pendant le cours des travaux de canalisation, l'administration de la Ville pourrait remettre immédiatement en état la voie publique.

ART. 21.

Droit de rachat et prix. — La Ville de Paris se réserve le droit de rachat à toute époque, après l'expiration des dix premières années de la durée de l'autorisation.

Le prix du rachat sera déterminé de la manière suivante :

On calculera la moyenne des produits nets annuels obtenus par le permissionnaire pendant les trois années qui auront précédé celle où sera effectué le rachat.

Ce produit net moyen formera le montant d'une annuité qui sera due et payée au permissionnaire pendant chacune des années restant à courir pour la durée de la présente autorisation.

Il sera loisible à la Ville de se libérer à un moment quelconque des annuités restant à payer du rachat, en soldant le capital représentant la valeur actuelle de ces annuités sous déduction d'un escompte de 5 0/0.

En ce qui concerne la canalisation, les machines et appareils de toute nature, l'outillage des ateliers, le mobilier des bureaux, les terrains, bâtiments, etc., et, en général, tout ce qui sert à l'exploitation du permissionnaire, la ville de Paris les reprendra en totalité, d'après leur valeur au moment du rachat, à dire d'experts.

Cette valeur sera payée au permissionnaire dans les dix mois qui suivront le rachat. Moyennant le payement de ce prix de rachat, le permissionnaire devra subroger la Ville à tous ses droits et privilèges, baux, locations, promesses de vente, etc. Cette subrogation ne pourrait toutefois avoir pour résultat, en aucun cas et dans aucune mesure, d'associer la Ville aux procès ou autres difficultés litigieuses qui pourront exister au moment de la vente entre le permissionnaire et les tiers quelconques. En vue de l'application de cette clause, il est interdit au permissionnaire d'aliéner ou d'hypothéquer, au profit de qui que ce soit, les immeubles formant l'actif de la Société ainsi que toutes les installations sous la voie publique ou dans les propriétés privées. Sont exceptés de cette clause les immeubles appartenant au permissionnaire, mais non utilisés pour l'exploitation qui fait l'objet de la présente autorisation.

ART. 22.

Expiration de l'autorisation. Canalisation propriété de la Ville. — A l'époque fixée pour l'expiration de la présente autorisation, la canalisation restera la propriété de la Ville, à moins que celle-ci ne préfère qu'elle soit enlevée, et, dans ce dernier cas, les lieux seront remis dans leur état primitif aux frais du permissionnaire, soit par ses soins, soit d'office, sans qu'il puisse prétendre à aucune indemnité.

Il en sera de même en cas de retrait de l'autorisation, soit pour la totalité, soit pour une partie du réseau.

ART. 23.

Responsabilité des dommages. — Le permissionnaire sera entièrement et uniquement responsable, tant envers la Ville qu'envers les tiers, de toutes les conséquences dommageables que pourrait entraîner l'exécution, la présence ou le fonctionnement de la canalisation électrique.

De plus le permissionnaire s'interdit le droit d'exercer aucun recours contre la Ville de Paris du fait d'avaries que pourraient subir soit sa canalisation, soit ses installations par suite d'accidents survenus à la suite de travaux sur la voie publique ou pour toute autre cause. Il conserve son droit de recours contre les tiers, mais déclare renoncer à appeler en garantie la Ville de Paris.

Art. 24.

Cautionnement. — Le permissionnaire devra, comme garantie des obligations ci-dessus énumérées et comme garantie d'exécution, constituer à la caisse municipale un cautionnement de

Ce cautionnement sera acquis à la Ville de Paris au cas où le permissionnaire n'exécuterait pas les clauses du cahier des charges, notamment celles qui sont indiquées aux paragraphes 2 et 3 de l'article 20 du présent cahier des charges.

Les cautionnements ne pourront être fournis qu'en rentes sur l'Etat français 3 0/0 ou en obligations de la Ville de Paris, au porteur, au cours moyen de la veille du dépôt. Le permissionnaire en touchera les arrérages.

Art. 25.

Ouvriers étrangers. Conditions du travail. — La proportion des ouvriers étrangers employés par le permissionnaire ne devra pas excéder un dixième.

La journée de travail sera de neuf heures.

L'heure de travail de l'ouvrier électricien et mécanicien sera payée, au minimum, 0 fr. 80 de six heures du matin à six heures du soir, 1 fr. 20 de six heures du soir à minuit, 1 fr. 60 de minuit à six heures du matin.

Ces prix minima seront revisés tous les cinq ans et varieront dans la même proportion que la moyenne des salaires portés à la série de la Ville de Paris.

Pour les travaux prévus à la série des prix de la Ville de Paris, les prix de salaires seront ceux portés à la série.

Le travail à forfait sera interdit.

Les permissionnaires seront tenus d'assurer contre les accidents les ouvriers qu'ils emploieront, sans retenue sur les salaires.

Toutes les garanties utiles de sécurité des travailleurs et du public seront prises suivant les indications de l'Administration.

Art. 26.

Infractions. Amendes. — Toute inexécution des clauses du cahier des charges, toute infraction aux règlements en vigueur ou aux prescriptions édictées par l'Administration dans la limite des droits que lui confère le cahier des charges, donnera lieu à l'application d'une amende de 50 francs, par infraction et par jour de retard, jusqu'à l'exécution de la prescription, sans qu'il soit besoin d'aucune mise en demeure et sans préjudice de l'application des clauses relatives au retrait de l'autorisation.

Le montant de ces amendes, ainsi que les frais d'exécution d'office, seront prélevés sur le cautionnement, qui devra être reconstitué dans son intégralité dans le délai maximun d'un mois après prélèvement.

En cas d'insuffisance ou de non-reconstitution du cautionnement, l'Administration aura le droit de saisir les produits de l'exploitation du permissionnaire jusqu'à due concurrence.

Ces dispositions sont également applicables au cas où le permissionnaire ne verserait pas à la caisse municipale, dans les délais fixés, les redevances dues par lui à la Ville en vertu du présent cahier des charges.

ART. 27.

Matériel français. — Le matériel, tout entier, y compris les fils électriques et les lampes à incandescence, sera fourni par des maisons françaises et fabriqué en France.

ART. 28.

Réserve des droits des tiers. — Le permissionnaire aura à se pourvoir, en temps opportun, sous sa responsabilité, de toutes autorisations nécessaires en dehors de l'Administration municipale de Paris.

ART. 29.

Le permissionnaire devra faire élection de domicile à Paris.

ART. 30.

Frais divers. — Les frais de timbre et d'enregistrement, d'impression et tous autres auxquels donnera lieu la présente autorisation, seront à la charge du permissionnaire.

Il en sera de même de toutes les taxes et contributions, de quelque nature qu'elles soient, auxquelles pourrait donner lieu la présente autorisation.

Le présent cahier des charges adopté par délibérations du Conseil municipal en date des 29 *décembre* 1888 *et* 25 *février* 1889.

Modèle de soumission pour l'éclairage électrique des voies publiques.

ARTICLE PREMIER

La présente soumission a pour objet l'éclairage de..... (indiquer la voie et ses limites) . . .. au moyen de. ... foyers à arc voltaïque répartis conformément au plan ci-annexé.

L'éclairage commencera le. ..... et prendra fin le.......

ART. 2.

La Ville de Paris fera installer à ses frais les candélabres destinés à supporter les foyers à arc voltaïque.

L'entretien de ces candélabres sera à la charge de la Société concessionnaire, comme il sera dit plus loin.

La Ville aura le droit, à un moment quelconque de la durée de l'entreprise, de modifier suivant les besoins des services municipaux l'emplacement des appareils et d'en augmenter ou diminuer le nombre indiqué à l'article 1er dans la limite d'un quart.

La Société ne pourra élever aucune réclamation à ce sujet et devra supporter les frais de modification aux branchements qui en seront la conséquence, la Ville conservant à sa charge les frais de réfection de la voie publique.

ART. 3.

La Société soumissionnaire fournira et installera, à ses frais, tous les appareils nécessaires au fonctionnement des foyers électriques, tels que conducteurs, lampes, régulateurs, lanternes, etc...

Elle devra constamment entretenir en bon état de conservation et de fonctionnement tout le matériel électrique et l'appareillage qui font l'objet de la présente convention.

La lumière fournie devra être absolument fixe et stable.

Les foyers auront l'intensité lumineuse correspondant à un courant de 10 ampères, sous une tension d'environ 45 volts aux bornes ; ils seront contenus dans des globes ronds en opaline, disposés de manière à diffuser la lumière.

Les charbons des lampes à arc seront toujours de la meilleure qualité. Ils devront produire un arc bien centré et la Société devra, au fur et à mesure des progrès de l'industrie, en modifier soit la composition, soit la forme, de manière à obtenir, avec le débit en ampères imposé, le maximum de lumière.

Ceux des foyers qui seraient montés en série seront munis des appareils nécessaires pour que l'extinction de l'un des foyers n'entraîne pas celle des autres.

Les conducteurs et branchements seront placés suivant le système adopté par l'Administration.

Les frais de réfection des chaussées et trottoirs, auxquels donnera lieu l'installation électrique des foyers, seront recouvrés par la Ville au taux fixé par l'article 9 du cahier des charges des 29 décembre 1888 et 25 février 1889, relatif aux concessions d'électricité.

ART. 4.

En outre du premier établissement des câbles et appareils d'éclairage, tels qu'ils sont définis à l'article 3, la Société sera chargée :

1° De la production et de la fourniture du courant électrique à raison de 10 ampères par foyer ;

2° Du renouvellement et de l'entretien des charbons ;

3° De l'entretien des câbles, appareils, etc. . ;

4° De l'entretien et du nettoyage journalier des lanternes, globes et réflecteurs ;

5° De l'entretien, du nettoyage et du remplacement, en cas de bris, des candélabres supportant les foyers électriques.

Si les candélabres sont cuivrés, il devra être procédé à leur cirage tous les mois.

La Ville de Paris paiera à la Société, spécialement pour l'entretien des candélabres, une somme à forfait de huit francs par appareil et par an.

Les Ingénieurs du Service Municipal pourront procéder à toutes les expériences nécessaires pour vérifier l'intensité et la tension du courant fourni et contrôler l'exécution, par le concessionnaire, de ses engagements.

ART. 5.

L'éclairage électrique commencera suivant l'horaire fixé pour l'allumage des appareils d'éclairage au gaz, tel qu'il est établi par l'arrêté préfectoral du 30 novembre 1864 et dont la Société soumissionnaire reconnaît avoir reçu un exemplaire ; il cessera aux heures d'extinction fixées par ledit horaire.

ART. 6.

La Société sera entièrement et exclusivement responsable, vis-à-vis des tiers, de tous les accidents de toute nature occasionnés par l'éclairage électrique, sans qu'elle puisse invoquer la garantie de la Ville de Paris.

ART. 7.

En échange des obligations qu'elle assume, la Société soumissionnaire recevra de la Ville de Paris un prix de quarante centimes, par foyer-heure. Ce prix sera appliqué au nombre d'heures résultant de l'application de l'article 5, et la dépense en résultant fera l'objet de décomptes trimestriels qui seront établis par les Ingénieurs du Service Municipal, sauf déduction des retenues éventuelles spécifiées à l'article 8 ci-après.

ART. 8.

La Société s'engage à exécuter ponctuellement ses engagements, sauf le cas de force majeure, sous peine de retenues qui seront imputées, chaque mois, sur les sommes qui lui seront dues.

Ces retenues sont fixées comme suit :

1° Pour un retard d'allumage ne dépassant pas cinq minutes : *néant.*

2° Pour un retard d'allumage de plus de cinq minutes, mais moins de quinze minutes : *un franc par foyer.*

3° Pour une extinction ne dépassant pas dix minutes : *deux francs par foyer.*

Nota. — Sera considéré comme éteint tout foyer dont les charbons seront en ignition sous forme de simples points lumineux.

4° Pour une extinction de plus de dix minutes : *cinq francs par foyer.*

La retenue sera augmentée de *un franc* par chaque quart d'heure de plus que durera l'extinction ou le retard, chaque quart d'heure commencé étant compté comme entier.

La retenue prévue au § 4 ne pourra être appliquée qu'une seule fois par soirée ; dans le cas où des extinctions successives de plus de dix minutes se reproduiraient sur un même foyer, les durées seront annulées pour l'application du paragraphe précédent.

5° Pour chaque foyer consommant moins de dix ampères, ou dont la lumière ne sera pas fixe et stable, la retenue sera de *trois francs par jour.*

6° Pour chaque foyer ne fonctionnant pas, l'amende sera de *vingt francs par jour.*

7° Pour chaque défaut de nettoiement ou d'entretien, *un franc par jour.*

Toutes ces retenues seront prononcées par M. le Préfet de la Seine, d'après les procès-verbaux dressés par les agents du Service Municipal.

ART. 9.

Pour sûreté des obligations qu'elle contracte, la Société versera à la Caisse Municipale un cautionnement de...... Ce cautionnement sera constitué soit en obligations de la Ville de Paris, soit en rentes sur l'Etat 3 0/0 au cours moyen de la veille du jour du dépôt. Ces valeurs seront au porteur.

ART. 10.

En cas d'interruption pour quelque cause que ce soit, sauf le cas de force majeure dûment constaté et accepté par l'Administration et vingt-quatre heures après une mise en demeure restée sans effet, la présente convention sera résiliée de plein droit.

Le cautionnement prévu à l'article précédent sera intégralement acquis, à titre d'indemnité, à la Ville de Paris qui, en outre, entrera en possession provisoire, jusqu'à la date de l'expiration du marché, des canalisations, appareils d'éclairage électrique et tous accessoires, et aura le droit d'assurer jusqu'à cette époque le service d'éclairage, soit par elle-même, soit par un soumissionnaire à son choix.

ART. 11.

Les frais de timbre, d'enregistrement et autres, auxquels pourra donner lieu la présente convention seront à la charge de la Société soumissionnaire.

CHAPITRE XIII

ÉCLAIRAGES DIVERS

Gaz portatif. — Gaz d'huile. — Pétrole et essence. — Huile végétale. — Huiles lourdes. — Bougies et chandelles. — Ballons lumineux. — Verres de couleur. — Fontaines lumineuses. — Vapeur d'eau colorée.

Gaz portatif. — Au début de l'industrie du gaz la question s'est posée de savoir s'il valait mieux transporter le gaz chez les consommateurs, en lui faisant suivre une canalisation étanche, ou en l'emmagasinant dans des voitures se rendant à domicile.

On conçoit parfaitement que le gaz portatif ait réuni des partisans, à une époque où les canalisations étaient fort défectueuses, et où elles ne se développaient, d'ailleurs, qu'avec une extrême lenteur.

Mais, on a reconnu, de suite, qu'il y avait intérêt à ne distribuer ainsi que du gaz à titre très élevé, afin de répartir les frais de transport sur un plus grand nombre d'unités lumineuses.

Ce gaz spécial était d'abord fabriqué avec des huiles. On l'emportait dans des réservoirs en toile vernissée, montés sur de grandes voitures, et on le faisait passer dans les gazomètres des clients en comprimant la toile à l'aide d'un treuil.

Le prix beaucoup trop élevé des matières premières, les transports onéreux auxquels donnait lieu la distribution d'un gaz à une pression naturellement faible, en raison du peu de résistance des réservoirs, ont fait abandonner cette méthode.

M. d'Hurcourt, puis M. Hugon, ont reconnu qu'il était bien plus économique de retirer le gaz d'un schiste bitumineux dit *boghead*, dont il existe des gisements très abondants en Ecosse, et de le comprimer ensuite à une très forte pression dans des cylindres allongés en tôle, pouvant se loger aisément dans une voiture. Cette industrie existe encore aujourd'hui à Paris. L'usine productrice de gaz est située 104, rue de Charonne. Elle a naturellement perdu de son intérêt depuis que presque toutes les rues de Paris ont été canalisées ; mais elle dessert encore dans Paris un certain nombre de consommateurs. Ses clients sont plus nombreux dans les communes suburbaines, surtout dans celles où il n'existe pas encore d'usine à gaz. Elle fabrique aussi du gaz pour quelques réseaux de distribution, dont l'importance est trop faible pour motiver la création d'une usine. C'est ainsi que les conduites de Marly sont alimentées par des réservoirs de gaz comprimé que les voitures de l'usine de Charonne viennent mettre en charge régulièrement.

Le gaz portatif commence à être un peu oublié aujourd'hui par les Parisiens. Mais il leur a rendu naguère d'incontestables services. A ce titre il mérite plus qu'un souvenir.

Sa fabrication se rapproche beaucoup de celle du gaz. Le *boghead* est distillé dans des cornues en terre réfractaire chauffées dans des fours en brique. Il y a 7 cornues par four. Chacune est munie d'une colonne montante plongeant dans un barillet. La distillation du boghead produit des gaz très carburés et des goudrons légers. Ces derniers se déposent, d'abord dans le barillet, puis dans un réfrigérant, formé de tuyaux verticaux entourés d'eau. L'enlèvement du goudron s'achève par le passage du gaz à travers une caisse remplie de coke, sorte de condensateur à choc assez primitif. Quant à l'épuration chimique elle s'opère à l'aide de la chaux. Trois caisses, contenant des couches de chaux pulvérulente, sont successivement traversées par le gaz. Il se rend ensuite dans un compteur de fabrication, puis dans un gazomètre.

La compression se fait dans une salle spéciale contenant un moteur à vapeur et un certain nombre de compresseurs qui portent la pression du gaz à 11 atmosphères. Des appareils très ingénieux combinés par M. Hugon, permettent d'effectuer cette opération avec toute la sécurité désirable. Le gaz est comprimé directement dans les voitures. Il y en a toujours en attente dans la cour de l'usine. Elles font ainsi l'office de gazomètres. Chaque voiture contient 9 cylindres superposés par rangées de trois. Tous ces cylindres ont 3 mètres de longueur et $0^m,40$ de diamètre. Ils sont placés dans le sens de leur longueur. Chacun d'eux est relié par un tube en cuivre à une rampe de charge et de décharge comportant manomètre, raccord pour la charge et la décharge, robinets de commande pour chaque cylindre, etc... Tous ces appareils sont placés à l'arrière de la voiture (figure 182).

L'installation des abonnés se compose d'un cylindre-réservoir en tôle, d'un régulateur d'émission et d'un compteur. La charge s'effectue très simplement en reliant le réservoir à la rampe de la voiture par un fort tube en caoutchouc. La pression dans le réservoir du consommateur doit être au maximum de 5 atmosphères. Le régulateur d'émission l'abaisse à 2 ou 3 centimètres d'eau. C'est donc à cette pression qu'est mesuré le gaz consommé.

Le prix de vente est de 1 franc le mètre cube. D'après les renseignements donnés par les fabricants, le pouvoir éclairant du gaz portatif est égal à 3 fois et demie celui du gaz distribué par la Compagnie Parisienne. Le gaz portatif ne serait pas, par suite, plus cher que le gaz courant.

Figure 182.
Voiture pour le transport du gaz portatif.

Les meilleurs brûleurs sont le bec Manchester, à deux trous, le bec papillon, puis le bec cylindrique, genre Bengel ou Argand.

Le gaz portatif dégage en brûlant un peu plus de chaleur que le gaz courant ; mais, comme il en faut beaucoup moins pour obtenir une quantité de lumière déterminée il en résulte que les foyers lumineux qu'il alimente produisent finalement peu de chaleur. C'est un avantage ; mais c'est aussi un inconvénient, car la cuisine par le gaz devient ruineuse avec le gaz portatif.

La fabrication du gaz portatif avec le boghead produit un certain nombre de résidus dont la vente atténue notablement le prix de revient de la fabrication. D'abord on retire des cornues un coke de boghead, ressemblant à de l'ardoise friable et qui renferme encore assez d'éléments combustibles pour pouvoir être employé au chauffage des fours. Malheureusement il produit beaucoup de cendres et on ne l'emploie que mélangé à du coke de houille.

Les goudrons traités dans une usine spéciale donnent ensuite un liquide analogue à de la benzine et qui sert pour le dégraissage.

Enfin, lors de la compression du gaz à l'usine, il se condense dans les tuyaux d'évacuation des carbures d'hydrogène, riches en benzine que l'on soumet également à la distillation. Ces produits sont employés par quelques industriels pour carburer le gaz courant. Mais certaines précautions sont à prendre lorsque l'on veut obtenir un titre constant, attendu que les carbures les plus volatils sont les plus lumineux et qu'ils sont enlevés les premiers par le passage du gaz à travers le liquide carburateur.

Gaz d'huile. — Le gaz d'huile est connu depuis bien longtemps. Mais sa fabrication, qui date des débuts de l'industrie du gaz, avait été peu à peu abandonnée.

On s'est décidé à y revenir pour quelques éclairages spéciaux, depuis 1878, à la suite d'essais concluants effectués en Allemagne.

Le gaz d'huile consommé dans Paris est principalement employé par les Compagnies de chemin de fer qui s'en servent pour l'éclairage des wagons. Celles qui ont adopté ce mode d'éclairage (par exemple l'Ouest, l'Est et la Compagnie de P. L. M.) ont construit de petites usines dans lesquelles elles fabriquent elles-mêmes le gaz qui leur est nécessaire.

Le principe de la fabrication du gaz d'huile est de distiller dans des cornues doubles en fonte, portées à la température d'environ 8 à 900°, des matières grasses liquides ou des huiles minérales, telles que l'huile de schiste ou l'huile provenant du raffinage du pétrole. L'huile de schiste est surtout d'un usage courant. Elle coûte, rendue à Paris, 22f,50 les 100 kilogr. et donne de 52 à 54 mètres cubes de gaz par 100 kilogr.

Une usine à gaz d'huile comprend une salle de fabrication comportant fours, cornues, barillet, caisse à goudron fonctionnant comme un collecteur d'usine à gaz et une salle d'épuration renfermant ordinairement un condensateur formé par des tuyaux verticaux de 0m,70 de diamètre, arrosés d'eau extérieurement, un laveur et au moins deux caisses à épuration chimique dans lesquelles le gaz abandonne ses sulfures et son acide carbonique.

Le gaz une fois épuré est mis en réserve dans un gazomètre. Pour le transporter on le comprime à 12 atmosphères dans de longs cylindres en tôle, montés sur wagon. On l'amène ainsi dans les gares et on le fait passer dans des réservoirs fixes d'où une canalisation en forts tuyaux de plomb le distribue le long des quais. De distance en distance se trouvent des prises de gaz formées d'un robinet et d'un ajutage que l'on peut relier par des tuyaux flexibles à de petits réservoirs en tôle placés sous les voitures. Celles-ci emportent donc avec elles du gaz très fortement comprimé[1]. Comme les brûleurs usités ne fonctionnent convenablement qu'à une pression très basse (quelques millimètres d'eau) on fait traverser au gaz, avant de le lancer dans la canalisation intérieure de la voiture, un régulateur de pression.

Le gaz d'huile a un pouvoir éclairant égal à quatre fois celui du gaz de houille. Par la compression à 12 atmosphères le pouvoir éclairant diminue d'environ un quart.

Généralement on le brûle dans un bec Manchester à deux trous. Sa flamme est alors blanche et lumineuse.

Le gaz d'huile a le grand avantage de pouvoir se conserver pendant longtemps sans s'altérer. Le froid est aussi sans action sur son rendement lumineux.

Pétrole et essence minérale. — Le pétrole et l'essence minérale sont extraits d'une huile minérale naturelle que l'on rencontre en de nombreux points du globe, mais principalement en Pensylvanie (Etats-Unis) et dans la région de Bakou (Russie, provinces du Caucase).

Le pétrole et l'essence consommés dans Paris sont surtout des produits américains. Ceux-ci nous arrivent le plus souvent à l'état brut et l'on en retire le pétrole et l'essence par le raffinage.

Le raffinage de l'huile minérale consiste à la soumettre à des distillations fractionnées. On l'introduit à cet effet dans des chaudières en fonte reliées à des serpentins et dont on élève progressivement la température. Les produits recueillis sont les suivants :

1° de 45° à 70°, *Ether de pétrole*, liquide très volatil, de densité 0,65 et qui forme avec l'air des mélanges explosifs très dangereux ;

2° de 75° à 120°, *essence minérale* ; densité 0,710 ;

3° de 150° à 280°, *pétrole* ; densité 0,800 ;

4° de 280° à 400°, *huiles de pétrole*, dont la densité varie de 0,820 à 0,830 et qui servent principalement pour le graissage des machines ;

5° Enfin, pendant la dernière période de distillation, on obtient un peu de *paraffine* et il reste dans les chaudières un faible résidu charbonneux.

L'essence minérale et le pétrole sont les seuls produits de la distillation qui soient employés directement pour l'éclairage.

L'essence est très inflammable. Son maniement est assez dangereux et elle n'est guère utilisée que dans les petites lampes à éponge, servant spécialement pour l'éclairage des cuisines. Elle prend feu au contact d'une allumette enflammée.

[1] Généralement on arrête la charge des voitures lorsque la pression du gaz emmagasiné atteint 7 kilogrammes.

Le pétrole, quand il est pur, est au contraire d'un emploi beaucoup plus commode. Il doit être incolore et peser au moins 800 grammes au litre. Il ne s'enflamme pas comme l'essence au contact d'une allumette. Le conseil d'hygiène et de salubrité du département de la Seine recommande de vérifier souvent que le pétrole présente cette qualité. Il suffit, pour s'en assurer, d'en verser une petite quantité dans une soucoupe et d'y jeter une allumette enflammée ; celle-ci doit s'y éteindre. Tout pétrole destiné à l'éclairage et qui ne soutient pas cette épreuve doit être rejeté comme pouvant donner lieu, par son usage, à des dangers sérieux.

Voici encore quelques recommandations du Conseil d'hygiène. « L'huile de pétrole, alors même qu'elle ne renferme plus les essences légères qui lui communiquent la faculté de s'allumer au contact d'une flamme, n'en est pas moins une des matières les plus combustibles que l'on connaisse ; si l'on en imbibe des tissus de lin, de coton ou de laine, son inflammabilité est singulièrement exaltée ; aussi son emmagasinage et son débit exigent-ils une grande circonspection. L'huile de pétrole doit être conservée ou transportée dans des réservoirs ou dans des vases en métal. Les dépôts doivent être éclairés par des lampes placées à l'extérieur ou par des lampes de sûreté.

Avant d'allumer une lampe on doit la remplir complètement et ensuite la fermer avec soin. Lorsque l'huile est sur le point d'être épuisée, il faut éteindre et laisser refroidir la lampe avant de l'ouvrir pour la remplir. Dans le cas où l'on voudrait introduire l'huile dans la lampe éteinte, avant son premier refroidissement, il est indispensable de tenir éloignée la lumière avec laquelle on s'éclaire pour procéder à cette opération. »

Le pétrole, de beaucoup le plus intéressant des produits du raffinage de l'huile minérale brute, ne représente en poids que 40 °/₀ de l'huile distillée. On peut se demander aussi pourquoi on n'importe pas de suite du pétrole préalablement raffiné en Amérique, ce qui permettrait d'économiser 60 °/₀ sur les transports. La situation actuelle est surtout une conséquence des droits de douane. Ceux-ci sont en effet de 12 francs par °/₀ kilogr. pour les pétroles raffinés ou les essences et de 9 francs par °/₀ kilogr. seulement, pour les pétroles bruts[1]. La différence de 3 francs existant entre l'une et l'autre taxe est suffisante pour couvrir et au-delà les frais de raffinage. Les produits accessoires du raffinage s'écoulent en outre assez facilement dans l'industrie.

Le pétrole et l'essence minérale sont de plus en plus employés dans Paris. Il suffit, pour s'en convaincre, de jeter les yeux sur le tableau ci-après qui résume, pour les douze dernières années, les *entrées* constatées par le service de l'octroi.

[1] Ces droits ne sont appliqués que depuis l'année dernière. Ils étaient auparavant de 18 francs les °/₀ kilogr. pour le pétrole brut et de 25 francs les °/₀ kilogr. pour les pétroles raffinés et les essences.

PÉTROLES ET ESSENCES INTRODUITS DANS PARIS [1].

ANNÉES	QUANTITÉS	ANNÉES	QUANTITÉS
1882	136 469 Hectolitres	1888	227.653 Hectolitres
1883	150 745 »	1889	251.114 »
1884	164.767 »	1890	264.720 »
1885	179.409 »	1891	277.338 »
1886	194.681 »	1892	293.026 »
1887	211.208 »	1893	310.615 »

La progression, déjà si frappante, serait bien plus accentuée encore, sans les droits énormes qui frappent les pétroles et essences à leur entrée dans Paris. L'octroi perçoit en effet 21f,60 par hectolitre ! En ajoutant les droits de douane on arrive à un total réellement excessif. Ainsi 1 litre de pétrole raffiné, de densité 0,800 doit d'abord payer à la douane 0f,12 × 0,8 = 0f,096 et ensuite à l'octroi 0f,216. Total 0f,312, pour un produit dont la valeur en Amérique est d'environ 0f,08.

Le pétrole, qui ne coûte en Belgique que 0f,13 à 0f,15 le litre, coûte à Paris 0f,40 en gros et de 0f,50 à 0f,55 au détail. Quelques bonnes marques (oriflamme, luciline, saxoléine, etc....) se vendent, en outre, à un prix un peu plus élevé (0f,50 en gros et 0f,65 au détail). Ces pétroles spéciaux ne sont que des pétroles du commerce, ayant subi un raffinage plus soigné.

L'essence minérale coûte 0f,55 en gros et 0f,70 au détail.

Nous ne nous étendrons pas longuement sur les appareils qui permettent de brûler le pétrole ou l'essence. Ils sont aujourd'hui connus de tous. Signalons seulement que, depuis peu, le pétrole à une tendance manifeste à s'aristocratiser. On rencontre maintenant dans les salons les plus luxueux de superbes lampes montées sur des supports élevés très ouvragés et qui, dissimulées sous d'énormes abat-jour en soie, produisent au milieu des draperies et des verdures un effet incontestablement très décoratif [2].

Il est clair cependant que le pétrole est et restera avant tout le mode d'éclairage le plus usité de la classe ouvrière. A ce titre on doit regretter qu'il

[1] Les chiffres indiqués comprennent *tous* les pétroles ou essences introduits dans Paris. Environ 95 % servent pour l'éclairage. Le reste a des applications multiples. Parmi les plus intéressantes citons l'emploi du pétrole dans les cuisines, pour le chauffage des fourneaux — emploi qui se généraliserait certainement si le pétrole était moins cher — puis les moteurs à pétrole, moteurs improprement dénommés, attendu qu'ils marchent surtout avec de l'essence.

[2] Ces appareils, d'origine anglaise, ont été introduits en France au moment de l'exposition de 1889.

soit encore à Paris à un prix aussi élevé. Il n'est pas inutile, non plus, de faire remarquer que les droits excessifs qui frappent le pétrole atteignent surtout les petites gens et cela dans une proportion que l'on ne soupçonne généralement pas.

Considérons par exemple, comme l'a fait M. Delahaye, une ouvrière qui éclaire ses veillées avec une lampe à pétrole ordinaire, c'est-à-dire donnant à peu près l'intensité d'une carcel et consommant environ 40 grammes de pétrole à l'heure. L'ensemble des taxes perçues par litre, c'est-à-dire pour 800 grammes, s'élevant à $0^{f},312$, on voit que, pour 40 grammes, elle paiera $0^{f},312 \times \frac{40}{800} = 0^{f},0156$. Soit, pour une année, en supposant qu'elle veille quatre heures par jour et 25 jours par mois, une somme de $18^{f},72$. C'est environ 60 % de ce que lui coûte son éclairage !

Nous venons d'indiquer pour la consommation des lampes ordinaires à pétrole 40 grammes par carcel et par heure. On fait — et le laboratoire municipal a essayé — des lampes présentant un rendement beaucoup plus satisfaisant. Mais ces lampes ont généralement des intensités supérieures à une carcel. Citons, en particulier, la lampe Besnard qui donne la carcel pour 31 grammes, la lampe intensive allemande améliorée par M. Aumeunier laquelle, d'après les renseignements fournis par le fabricant, dépenserait moins de 30 grammes par heure et par carcel, etc....

Le rendement lumineux de l'essence est moins satisfaisant que celui du pétrole. Cela tient à une plus faible teneur en hydrocarbures et à l'imperfection des appareils lumineux employés. Avec les lampes à éponge on n'obtient la carcel qu'avec une consommation horaire de 70 grammes. L'éclairage à l'essence coûte donc beaucoup plus cher que l'éclairage au pétrole[1].

Il nous reste à signaler une application indirecte des huiles minérales à l'art de l'éclairage. Nous voulons parler des *carburateurs*, appareils qui permettent de fabriquer, à l'aide d'installations peu considérables, un gaz assez éclairant. Le principe consiste à faire passer un courant d'air dans un récipient contenant soit de la gazoline (l'une des parties de l'éther de pétrole), soit de l'essence, de manière à le bien charger de vapeurs inflammables. Ces appareils servent peu dans les grandes villes. On en trouve à Paris une assez

[1] On a employé aussi, pendant un certain temps, des lampes à essence analogues aux lampes à pétrole. Elles donnaient la carcel pour 45 à 50 grammes d'essence.

Tout récemment M. Girardet a présenté au laboratoire municipal une lampe à essence dont le rendement est beaucoup plus satisfaisant. Le système consiste à chauffer l'essence, à l'aide d'un bec auxiliaire, dans un tube où elle est amenée par une mèche en amiante. Le gaz ainsi obtenu est brûlé soit dans un bec à double courant d'air semblable à un bec à gaz d'Argand, soit dans un bec à récupération de chaleur. On obtient dans le premier cas la carcel pour 35 grammes d'essence. Dans le bec à récup ration la consommation d'essence par carcel et par heure s'abaisse à 18 grammes.

grande variété, mais surtout dans les magasins de vente où ils fonctionnent à titre d'expérience.

Huile végétale. — L'éclairage à l'huile végétale, si répandu il y a une trentaine d'années est aujourd'hui en pleine décroissance. Ce mode d'éclairage a cependant des avantages : ce sont, surtout, une grande douceur de lumière et une sécurité absolue. Mais, comme l'huile coûte deux fois plus cher que le pétrole et que les meilleures lampes à huile consomment au moins 42 grammes d'huile par carcel et par heure, on a une grande économie à remplacer l'huile par le pétrole. Ajoutons aussi que les lampes à huile sont assez compliquées, qu'elles coûtent plus cher que les lampes à pétrole et qu'elles s'encrassent très facilement.

Les statistiques de l'octroi font connaître, pour chaque année, le poids des huiles végétales autres que les huiles d'olive introduites dans Paris. Parmi ces huiles quelles sont celles qui servent spécialement pour l'éclairage ? Leur proportion n'est pas exactement connue. M. Fontaine estime que le poids d'huile consommé chaque année, par habitant, soit pour l'alimentation, soit pour les besoins de l'industrie est constant et égal à environ 3 kilogr. 1 [1]. Le poids d'huile employé à l'éclairage s'obtient alors par différence. En adoptant l'hypothèse de M. Fontaine on trouve que l'on a brûlé, pour l'éclairage, les poids d'huile ci-après :

Années	
1872.	8.951.000 kilogr.
1877.	7.872.000
1883.	7.373.000
1889.	6.108.000
1891.	4.651.000
1893.	4.177.000

L'huile végétale paie, à Paris, un droit d'octroi de 32f,79 par °/₀ kilogr. L'État prélève en outre un droit de 15 francs par °/₀ kilogr., par application de la loi du 31 décembre 1873. Cet impôt sera supprimé le jour où la Ville supprimera elle-même tous droits d'octroi sur les huiles. Le cas est prévu par la loi du 22 décembre 1878 dont l'article 3 est ainsi conçu :

« Dans les villes ayant une population agglomérée de 4.000 âmes et au-dessus qui n'ont aucune taxe d'octroi sur les huiles autres que les huiles minérales l'impôt établi par la loi du 31 décembre 1873 sur les huiles de toutes sortes, à l'exception des huiles minérales, est supprimé à partir du 1er janvier 1879. »

[1] Ce chiffre résulte d'un relevé fait, en 1872, par le service de l'octroi, des huiles servant à la consommation (2k,1 par habitant) et d'une enquête faite auprès des principaux industriels, qui sont tombés d'accord pour évaluer à 1 kilogr., par habitant, l'huile ne servant ni à l'alimentation, ni à l'éclairage.

Huiles lourdes. — En étudiant les sous-produits de la fabrication du gaz nous avons dit que le goudron donnait, à la distillation, d'abord des huiles légères (de 50° à 180°) puis des huiles lourdes (de 180° à 350°).

Ces huiles lourdes sont très riches en hydrocarbures. Aussi, est-il venu à l'idée de quelques industriels de les employer comme huiles d'éclairage. Parmi les appareils imaginés nous citerons la lampe Wells qui est susceptible de donner une très grande lumière et que, pour cette raison, on a em-

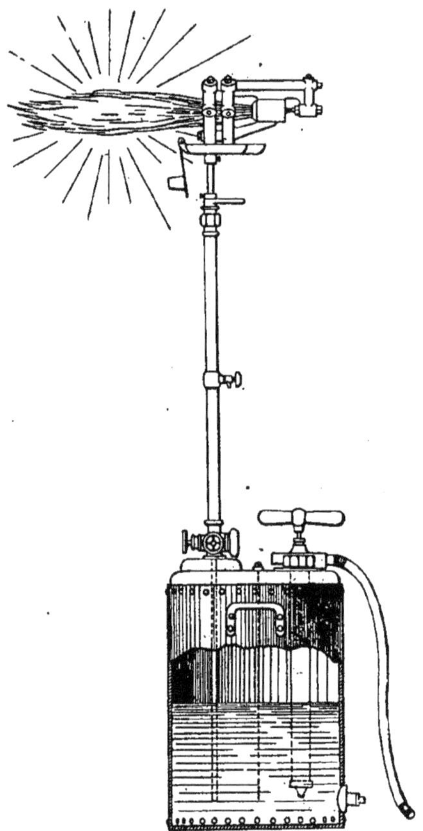

Figure 183.
Lampe Wells pour huiles lourdes.

ployée beaucoup dans ces dernières années pour les débarquements et embarquements de troupes en rase campagne, pour l'éclairage des chantiers, etc.

Si nous en parlons dans cet ouvrage c'est qu'elle a permis, pendant le rude hiver de 1892-1893, d'organiser sur le lac supérieur du Bois de Boulogne, alors profondément gelé, une fête de nuit des plus brillantes. L'installation a été très rapide et on a obtenu, au point de vue de l'éclairement, un résultat tout aussi satisfaisant que si l'on avait eu recours à la lumière électrique.

La lampe Wells est essentiellement composée d'un récipient en tôle d'acier, d'un brûleur et d'un tube vertical pénétrant jusqu'au fond du récipient et le reliant au brûleur.

Le récipient se charge d'huile à l'aide d'une pompe à main. La même pompe sert à comprimer de l'air, à la pression de 1 kilogr. à 1 kilogr. 5 par centimètre carré, dans l'espace existant entre la couche d'huile et les parois du récipient. Cette pression est suffisante pour faire monter l'huile jusque dans le brûleur et même pour la projeter avec force par un bec rond, analogue à un bec bougie. Au préalable elle traverse un serpentin que chauffe la flamme même du bec et dans lequel elle se volatilise.

L'allumage se fait de deux façons. Ou bien on chauffe le serpentin avec des chiffons imprégnés d'huile ou encore, à l'aide d'une valve spéciale, on met le tube d'alimentation en communication avec l'air sous pression du récipient. Il se produit alors une chasse d'air très rapide ; l'huile se vaporise et, dans cet état, une allumette suffit pour l'enflammer.

Le récipient peut se charger soit d'huile, soit d'air pendant la marche même. L'appareil permet donc de réaliser un éclairage continu.

La lumière obtenue est excessivement intense. Le modèle employé au Bois de Boulogne et que représente la figure 183 produisait 2.500 bougies pour une consommation horaire d'huile de 5 kilogr. 3 [1]. Comme le kilogramme d'huile lourde spécialement préparée pour ce genre d'éclairage [2] coûte environ 0f,15 on voit que la bougie-heure revient avec la lampe Wells à un prix excessivement bas.

L'appareil a un léger inconvénient, c'est le bruit que produit la vapeur d'huile en s'échappant par le bec. Mais en plein air — et c'est presque toujours ainsi que la lampe Wells est employée — ce bruit se supporte très aisément.

Bougies et chandelles. — Nous réunissons la bougie et la chandelle dans un même paragraphe parce que l'une et l'autre dérivent des corps gras [3].

La chandelle, après avoir constitué pendant des siècles le mode d'éclairage

[1] 20 lampes suffisaient pour éclairer tout le lac.

[2] La densité de cette huile varie de 1,030 à 1,060.

[3] La chandelle est faite avec du suif de mouton. La bougie se fabrique surtout avec du suif de bœuf, mélange d'oléine, de stéarine et de margarine. Ces substances sont transformées, par divers procédés, en acides oléique, stéarique et margarique. On se débarrasse de l'acide oléique par la compression à chaud et il reste un mélange d'acides stéarique et margarique qui constitue la matière première de la bougie. La mèche se fait en coton tressé imprégné d'acide borique. Elle a, comme on le sait, le grand avantage de se consumer d'elle-même, au fur et à mesure de l'usure de la bougie. C'est pour cette raison que la bougie n'a pas besoin d'être *mouchée*, comme la chandelle.

On fabrique encore des bougies avec de la paraffine, du blanc de baleine (spermaceti) et, parfois aussi, avec de la cire.

le plus pratique et le plus brillant, ne contribue maintenant à l'éclairage de Paris que dans une proportion infime. Les nombreux industriels qui la fabriquaient soit au moule, soit à la baguette, et dont on se rappelle peut-être encore les installations assez primitives ont dû successivement fermer boutique. La bougie stéarique et aussi la petite lampe à essence minérale, dont il a été parlé plus haut, ont peu à peu expulsé la chandelle et celle-ci finira bientôt par ne plus exister qu'à l'état de légende, à l'égal des réverbères qui, eux aussi, ont eu leur heure de succès.

Les bougies, bien que supérieures aux chandelles, ne manquent pas d'inconvénients. Elles ne produisent d'abord qu'une lumière très faible ; ensuite, dès qu'on les emploie en grand nombre, comme dans un lustre de salon, elles dégagent beaucoup de chaleur en même temps qu'elles vicient l'air très rapidement.

La consommation de bougies est maintenant à peu près stationnaire, avec une légère tendance à la baisse. Voici d'ailleurs les poids de bougies brûlés, par année, depuis 1882 [1].

ANNÉES	BOUGIES BRULÉES EN POIDS	ANNÉES	BOUGIES BRULÉES EN POIDS
1882	4.566.000 kilogr.	1888	3.984.000 kilogr.
1883	4.357.000 »	1889	4.145 000 »
1884	4 196 000 »	1890	3.879.000 »
1885	4.103 000 »	1891	3.899.000 »
1886	3.883.000 »	1892	3.672 000 »
1887	3.817 000 »	1893	3 651.250 »

Pour obtenir une carcel il faut compter, déchets compris, sur une consommation de bougie de 100 grammes par heure. Par suite, un kilogramme de bougie représente à peu près autant de lumière que 1.050 litres de gaz. Toutes les bougies brûlées dans Paris ne donnent donc pas plus de lumière que 4.200.000 mètres cubes de gaz, soit moins de 2 °/₀ de la consommation totale de gaz. On voit, par ces chiffres, quel est le faible appoint qu'apportent les bougies à l'éclairage artificiel de Paris.

Ballons lumineux. — Les *ballons lumineux* constituent l'élément capital de décoration de nos fêtes de nuit. On fait surtout usage de gros ballons

[1] Les chiffres du tableau résultent des statistiques de l'Octroi. Ils représentent les neuf-dixièmes des quantités d'acide stéarique introduites chaque année dans Paris. On a supposé qu'un dixième était consommé par l'industrie pour des besoins autres que l'éclairage.

orange sphériques, de $0^m,33$ de diamètre, que l'on suspend dans les arbres, à l'aide de larges crochets en fil de fer. La pose des ballons doit être faite avec un certain goût. Il ne faut pas qu'ils soient trop rapprochés. Il convient d'imiter la nature, en assimilant les ballons à de gros fruits. Généralement trente ballons suffisent pour un arbre ordinaire.

Il n'est pas rare que, dans les fêtes publiques importantes, on ait à mettre en place jusqu'à 100.000 ballons. Cette opération, qui doit naturellement s'effectuer dans un temps très court, s'exécute toujours à Paris avec un ensemble et une précision remarquables. On obtient ce résultat en confiant la pose des ballons non pas à des ouvriers quelconques, mais aux cantonniers et ouvriers auxiliaires de la Ville (voie publique, plantations, etc.....). On répartit ceux-ci par équipes de six hommes et l'on remet à chacune d'elles une caisse pleine contenant 300 ballons pliés, 300 bougies et 300 crochets. On lui fixe sur place la zone qu'elle doit décorer. Dans chaque équipe les six hommes se partagent le travail comme il suit : deux placent les bougies, déplient les ballons, les allument et les munissent de leurs crochets ; les quatre autres soulèvent les ballons à l'aide de longues perches et passent les crochets entre les branches des arbres.

La surveillance des équipes est assurée par des cantonniers chefs, à raison de 1 cantonnier chef pour 3 ou 4 équipes.

Les ballons orange de $0^m,33$ de diamètre coûtent $0^f,23$ pièce, y compris le crochet et la bougie. La bougie doit pouvoir brûler pendant 3 heures 1/2. A part, elle coûte $0^f,10$.

Les ballons orange sphériques sont ceux qui produisent le meilleur effet dans les arbres. Pour les guirlandes, on emploie des ballons de couleur et de forme variées. Le rouge et le citron sont les couleurs les plus avantageuses. Le bleu et le vert, cette dernière couleur surtout qui assombrit beaucoup la lumière, sont d'un aspect moins agréable.

Verres de couleur. — Les verres de couleur se composent d'un petit godet en verre diversement coloré dans lequel brûle une mèche alimentée par du suif. Ils produisent très bon effet, mais à la condition qu'ils soient très rapprochés et que l'air soit suffisamment calme.

On les monte soit en guirlande, en les suspendant à des chaînes métalliques et en rompant la monotonie des lignes par des motifs variés tels que lustres, étoiles, emblèmes, etc....., soit en applique, en les adossant à des panneaux en charpente, représentant des portiques, des arcades, des oriflammes, etc..... On obtient d'assez jolis effets en passant les panneaux à la peinture et en adoptant, pour chaque partie constitutive du motif, un ton spécial. On a soin ensuite de prendre des verres assortis.

Nous représentons par la figure 184 un des éléments des grands portiques installés pendant les dernières fêtes sur la place de l'Hôtel-de-Ville. Pour donner une idée du nombre souvent considérable de verres de couleur qu'il faut prévoir, dès que l'on a à combiner un motif de quelque importance, nous indiquerons que la décoration de la place de l'Hôtel-de-Ville exige, avec le motif représenté, jusqu'à 100.000 verres de couleur.

Figure 184.
Portique en charpente pour verres de couleur.

Les verres de couleur sont aussi employés avec succès dans les jardins. On les dispose le plus souvent en bordure, autour des massifs, des corbeilles et des parterres. En ayant soin de ne pas trop les espacer (20 à 25 centimètres au plus), on obtient des lignes de feux excessivement agréables à l'œil. Une disposition à recommander, lorsque, dans les jardins à décorer, existent des pièces d'eau, est celle qui consiste à jeter quelques guirlandes de verres de couleur au-dessus même de l'eau. Il suffit, pour cela, de suspendre les chaînes des guirlandes à des poteaux en bois, scellés ou fichés dans le fond des bassins. La réflexion qui se produit alors sur l'eau augmente beaucoup l'effet décoratif.

Les verres de couleur sont généralement fournis, mis en place et allumés par des entrepreneurs spéciaux. Ils coûtent, en location, 12f le cent [1]. Les chaînes de suspension et les motifs se paient à part.

[1] Voici un extrait du bordereau de prix accepté par la Ville de Paris:
Verres de couleur 1er choix, peints de toutes nuances, garnis de suif pour brûler au moins 4 heures ; pour location, pose, allumage, dépose, risque de casse et double transport, le *cent*, eu égard au fractionnement par petites parties . . . . 12 fr. 00

Fontaines lumineuses. — En parlant de l'éclairage du Champ de Mars nous avons dit que la belle fontaine lumineuse de l'exposition de 1889 avait été conservée et qu'elle fonctionnait encore de temps en temps. Elle constitue assurément l'une des applications les plus goûtées de l'art de l'éclairage. Elle a fait école, d'ailleurs, et l'on a combiné de petites fontaines lumineuses, qu'il est facile d'installer dans un salon et qui reproduisent à une échelle très réduite les beaux effets obtenus avec la fontaine de l'exposition. On trouve même çà et là des fontaines assez volumineuses ; elles servent de réclame ou font partie d'un système de décoration.

Le principe du fonctionnement des fontaines lumineuses est peu compliqué. Il consiste à éclairer les gerbes liquides par un ou plusieurs foyers lumineux très intenses, cachés aux yeux des spectateurs et au-dessus desquels on glisse des plaques de verre diversement colorées.

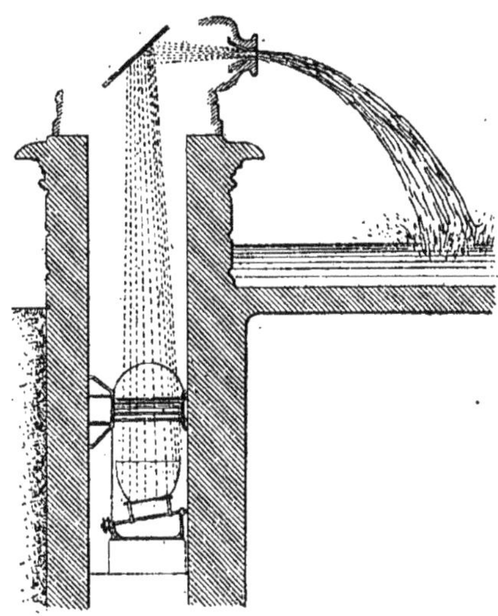

Figure 185.
Eclairement d'un jet parabolique.

Pour les jets paraboliques on utilise la propriété que présente une gaîne liquide, éclairée intérieurement par un rayon de direction convenable, d'emprisonner la lumière et de la laisser échapper, dès qu'elle vient à s'écraser ou à s'éparpiller en gouttelettes [1].

[1] Voir à ce sujet une intéressante communication faite à l'Académie des Sciences (Séance du 18 Mars 1889) par M. Bechmann, Ingénieur en chef des Ponts et Chaussées et qui, en sa qualité d'ingénieur en chef du service des eaux de l'exposition, a combiné et dirigé toute l'installation des fontaines lumineuses. M. Bechmann a complètement transformé la classique expérience de Colladon. C'est ainsi qu'au lieu d'une veine pleine, qui ne donne aucun résultat avec un jet à puissant débit, il a été amené, après de longs essais, à employer une gaîne creuse, à section elliptique.

La fontaine du Champ de Mars contient à la fois des gerbes verticales et des jets paraboliques. On se rappelle qu'elle présente un groupe important dû au sculpteur Coutan et un bassin allongé s'élargissant à son extrémité.

Les jets paraboliques s'échappent du groupe de Coutan.

Les gerbes verticales sont symétriquement disposées dans le bassin. La plus importante est celle qui se trouve à l'extrémité. Elle est formée par 27 jets pouvant débiter jusqu'à 15 mètres cubes d'eau par minute et dont les principaux, ceux du centre, s'élèvent à des hauteurs de 30 à 40 mètres [1].

La figure 185 montre comment est obtenu l'éclairement d'un jet parabolique. La lumière est produite par une lampe à arc de 40 à 60 ampères, munie d'un réflecteur parabolique à axe vertical. Au-dessus se placent les différents châssis vitrés permettant d'obtenir l'une des cinq colorations ci-après : rouge, bleu, vert, jaune et vert d'eau. En ajoutant la couleur blanche de l'arc, on voit que l'on dispose, par foyer, de 6 couleurs. Rien n'est plus facile, dès

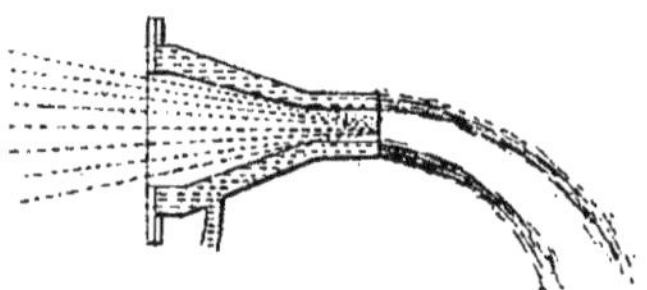

Figure 186.
Ajutage pour jet parabolique.

lors, que d'obtenir des effets très divers, le nombre des combinaisons de couleurs étant énorme. Au-dessus des châssis les rayons rencontrent un miroir incliné qui renvoie la lumière dans l'intérieur du jet parabolique. Quant à celui-ci il est obtenu à l'aide d'un ajutage creux et conique à section elliptique. La gaine liquide ainsi formée donne, avec une dépense d'eau relativement faible, l'illusion d'une gerbe pleine à puissant débit.

L'éclairement des gerbes verticales est produit plus simplement (figures 187 et 188). Chaque jet débouche au-dessus d'une cheminée en maçonnerie cachée par des touffes de roseaux et fermée par une plaque en verre clair. La cheminée se prolonge jusque dans une chambre ou dans une galerie accessibles par un souterrain et parfaitement étanches. C'est là où se place le foyer lumineux constitué, pour chaque jet, par une lampe à arc de 60 ampères, munie d'un réflecteur. L'axe de ce réflecteur est soit horizontal, soit vertical. Dans le premier cas un miroir incliné à 45° retourne la lumière verticalement.

[1] La gerbe verticale a été installée par la maison Galloway and Sons, de Manchester. Tout le reste de l'installation hydraulique a été exécuté directement par le service des eaux de l'exposition (M. Bechmann, ingénieur en chef, MM. Méker et Richard, inspecteurs).

Les plaques en verre coloré s'interposent sur le trajet des rayons lumineux comme dans le cas précédent.

Les manœuvres des plaques se font avec une grande rapidité, grâce à un système de leviers qui permettent de faire mouvoir les plaques à distance. Un inspecteur placé dans un petit pavillon, d'où son regard embrasse l'ensemble de la fontaine, commande les différentes manœuvres à l'aide de signaux se transmettant électriquement.

Figure 187.
Eclairement d'une gerbe verticale avec réflecteur à axe horizontal.

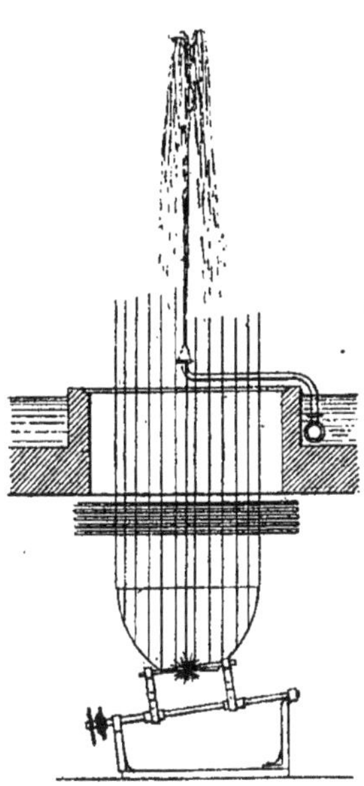

Figure 188.
Eclairement d'un jet vertical avec réflecteur à axe vertical

Bien d'autres détails mériteraient d'être signalés. Mais la fontaine lumineuse est aujourd'hui si connue et il s'agit, d'ailleurs, d'une application si spéciale de l'art de l'éclairage que nous pensons devoir nous borner à ce court exposé[1].

Vapeur d'eau colorée. — En présence du grand succès des fontaines lumineuses quelques appareilleurs ont cherché à produire des effets analogues en remplaçant les gerbes d'eau par des jets de vapeur. Les résultats obtenus jusqu'ici ont été peu satisfaisants. Le fait tient principalement à la

[1] Voir, pour plus de détails, *L'éclairage électrique à l'exposition de 1889*, par Hippolyte Fontaine (Baudry et Cie, éditeurs).

difficulté de donner aux jets de vapeur une raideur suffisante pour qu'ils puissent se maintenir malgré l'action du vent.

On a pensé aussi à éclairer des rideaux de vapeur par des projecteurs placés soit en avant, soit en arrière du rideau et dissimulés par des motifs quelconques. Nous en avons vu une application assez réussie lors des dernières fêtes franco-russes[1]. Dans l'axe du Palais du Trocadéro et un peu au-dessus de la fontaine on avait installé un grand éventail vertical d'environ 14 mètres de diamètre, formé par des tubes métalliques creux, percés d'ouvertures. Ces tubes étaient reliés à une canalisation de vapeur, alimentée par des chaudières portatives, placées à l'arrière du Palais. La lumière était fournie par 4 lampes à arc de 60 ampères, munies de projecteurs identiques à ceux de la marine. Ces projecteurs envoyaient la lumière horizontalement. Celle-ci était relevée verticalement, dans le plan de l'éventail, par des miroirs inclinés. Les plaques colorées étaient interposées entre les réflecteurs et les miroirs. Elles avaient environ un mètre carré de superficie et étaient suspendues verticalement à des cordes passant sur des poulies. A un signal donné un homme placé devant chacun des projecteurs intercalait dans le champ lumineux telle ou telle couleur et il était facile au contremaître qui commandait la manœuvre d'obtenir les combinaisons les plus variées. Le rouge et le bleu produisaient surtout très bon effet. On se heurte encore ici à la difficulté signalée plus haut. Pour que l'appareil fonctionne convenablement il faut un air absolument calme. Le moindre vent dénude partiellement l'éventail et entraîne rapidement la vapeur en dehors du plan lumineux.

Quoi qu'il en soit ces essais présentent un très réel intérêt. On ne peut que les encourager et il n'est pas impossible que l'on arrive à les utiliser couramment dans les fêtes publiques.

On sait d'ailleurs qu'on en fait déjà des applications fréquentes au théâtre. On peut ainsi supprimer les flammes de bengale qui ne se manœuvrent jamais sans danger au milieu des décors et qui ont l'inconvénient de produire une fumée âcre et étouffante.

[1] 23 Octobre 1893.

CHAPITRE XIV

ÉCLAIREMENT DES VOIES PUBLIQUES

Calcul et variations de l'éclairement. — Influence de la hauteur des candélabres. — Courbes photométriques des foyers lumineux. — Courbe photométrique d'éclairement uniforme. — Courbes photométriques des principaux foyers en usage : (*a*) Bec papillon ; (*b*) Bec intensif du Quatre-Septembre ; (*c*) Becs à récupération ; (*d*) Lampes à arc. — Eclairement des voies publiques. — Eclairement avec des becs papillons : (*a*) Rue ordinaire ; (*b*) Avenue ; (*c*) Boulevard. — Eclairement avec des becs à récupération. — Eclairement avec des lampes à arc : (*a*) Avenue de Clichy ; (*b*) Grands boulevards ; (*c*) Rue Royale. — Prix de revient de l'éclairement.

Calcul et variations de l'éclairement. — La répartition des foyers lumineux sur le sol des voies publiques ne se fait pas, à Paris, suivant des règles invariables. C'est souvent une affaire de sentiment. On s'astreint toutefois, dans les voies un peu longues, à espacer les candélabres bien régulièrement et à mettre tous les foyers d'une même rangée à une hauteur constante au-dessus du sol. On obtient ainsi des lignes de feux exactement parallèles à l'axe longitudinal de la chaussée. Cette disposition satisfait l'œil, en même temps qu'elle permet de se rendre compte de l'importance et de la longueur des voies.

On conçoit, cependant, qu'avec un même nombre de foyers on puisse répartir la lumière d'une façon plus ou moins satisfaisante et aussi plus ou moins utile. Assurément il existe des points particuliers, comme les carrefours, les angles des rues, etc... pour lesquels la position des candélabres est parfaitement déterminée. Mais, sur la longueur d'une grande voie, le problème est beaucoup plus complexe. Quel espacement convient-il de donner aux candélabres ? Doit-on les placer en quinconce ou face à face ? Quelle est l'intensité à prévoir pour les lanternes ? Ce sont là des questions fort intéressantes et leur étude, seule, permet de résoudre le problème qui se pose naturellement dès que l'on a à réaliser ou à améliorer un éclairage et qui peut s'énoncer ainsi : quels sont les foyers à adopter et quels doivent être leurs emplacements respectifs pour obtenir un éclairement donné avec un minimum de dépenses ?

Il convient de s'expliquer de suite sur ce que nous appelons *éclairement* d'une rue. Nous voulons parler de l'éclairement du sol supposé horizontal [1]. En un point l'éclairement sera d'une *carcel-mètre*, d'une *bougie-mètre*, etc.. ou plus simplement d'une carcel, d'une bougie, etc... lorsque la quantité de lumière reçue par une surface infiniment petite renfermant ce point sera la même que si cet élément de surface était placé à un mètre d'une carcel, d'une bougie, etc... et perpendiculairement au rayon horizontal passant par le centre de la flamme [2].

Sans rechercher quelle doit être, dans une rue, la valeur minima de l'éclairement, on peut admettre, de suite, qu'il convient de réaliser autant que possible un éclairement uniforme. La circulation est en effet beaucoup plus facile sur un sol uniformément éclairé que lorsqu'il présente des zônes alternativement sombres et obscures. Or, il suffit d'examiner ce qui se passe au pied d'un candélabre pour constater qu'un tel éclairement est loin d'être réalisé.

Soit L un foyer lumineux monté sur un candélabre LA de hauteur h et envoyant dans tous les sens des rayons d'intensité I (figure 189). Considérons un plan méridien quelconque LAP. En un point P du sol, situé à une distance x du pied du candélabre, l'éclairement sera, d'après les lois de la Physique,

$$e = \frac{I \cos \theta}{\overline{LP}^2}$$

θ étant l'angle du rayon lumineux LP avec la verticale LA et le sol étant supposé horizontal.

L'expression précédente peut s'écrire :

$$e = \frac{I \cos \theta}{h^2 + x^2}.$$

[1] Quelques auteurs considèrent non l'éclairement horizontal, mais l'éclairement produit sur des plans perpendiculaires aux rayons lumineux ou encore sur des plans verticaux. Ils donnent pour raison que ce qu'il faut éclairer c'est, non le sol lui-même, mais bien les saillies, mobiles ou permanentes, qu'il présente.

Nous ne pouvons partager cette opinion. Une rue est une surface. Il faut donc qu'elle soit éclairée comme un énorme tableau et l'œil n'est satisfait qu'autant qu'il en apprécie non seulement les détails mais encore les couleurs. Certes il est nécessaire que les passants, les chevaux, les voitures soient toujours convenablement éclairés. Mais c'est là un résultat qui sera obtenu à *fortiori* avec un bon éclairement du sol. Le fait tient à ce que le plus grand nombre des rayons incidents rencontre les verticales passant par les différents points éclairés sous un angle moins aigu que celui qu'ils forment avec le sol.

[2] Par le mot *bougie* nous entendons une intensité lumineuse égale à la dixième partie de la carcel. Quant à la carcel elle-même elle a été définie dans le Chapitre IV (Eclairage au gaz). Si l'on veut rattacher ces mesures à l'étalon adopté, sur la proposition de M. Violle, par la Commission internationale des unités électriques réunie à Paris en 1883, il suffira de se rappeler que l'étalon Violle vaut $2^{\text{carcels}},08$.

Sous cette forme elle montre que l'éclairement diminue très rapidement lorsque l'on s'éloigne du pied du candélabre (puisque le dénominateur croît et que le numérateur diminue). L'éclairement est donc loin d'être uniforme.

Ce résultat se vérifie très aisément, en appliquant la formule aux candélabres ordinaires de la voie publique.

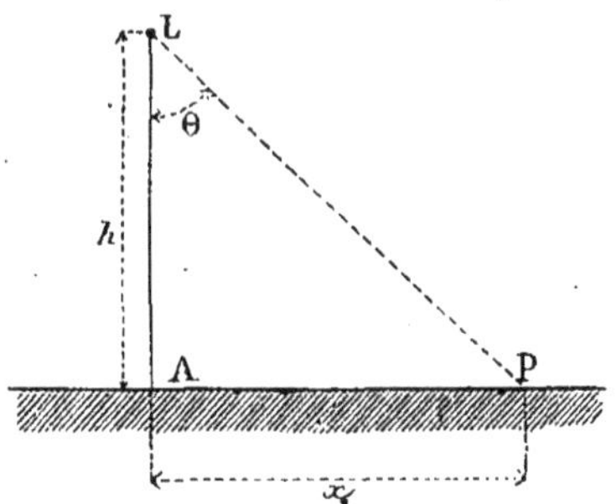

Figure 189.

On a $I = 1$ carcel $= 10$ bougies, et $h = 3$ mètres. Les divers éclairements sont indiqués dans le tableau suivant :

x	e	x	e	x	e
0^m, »	1^{bougie},111	4^m,00	0^{bougie},240	9^m,00	0^{bougie},040
0 ,50	1 » 070	5 ,00	0 » 150	10 ,00	0 » 030
1 ,00	0 » 950	6 ,00	0 » 100	12 .00	0 » 020
2 ,00	0 » 640	7 ,00	0 » 070	15 ,00	0 » 008
3 ,00	0 » 390	8 ,00	0 » 050	20 ,00	0 » 004

Comme on le voit, l'éclairement diminue avec une grande rapidité à mesure que x augmente.

On met très aisément cette décroissance en évidence en construisant la courbe des éclairements. Celle-ci s'obtient en menant par les différents points P du sol des verticales égales, en longueur, ou proportionnelles aux éclairements et en joignant par un trait les extrémités de ces verticales. Cette courbe est représentée par la figure 190.

Influence de la hauteur des candélabres. — Dans l'expression $e = \frac{I \cos \theta}{h^2 + x^2}$, entre la hauteur h du candélabre ou plus exactement la hauteur du foyer. Il est intéressant de voir ce que devient l'éclairement lorsque

Figure 190.

Courbe des éclairements produits sur le sol par un bec papillon de **140** litres.
(Hauteur du foyer au-dessus du sol $3^{m},00$).

h augmente. Soit, par exemple, $h = 4^m,00$. On trouve, en appliquant la formule, les valeurs suivantes :

x	e	x	e	x	e
0^m, »	0^{bougie},625	4^m,00	0^{bougie},220	9^m,00	0^{bougie},040
0 ,50	0 » 610	5 ,00	0 » 150	10 ,00	0 » 030
1 ,00	0 » 570	6 ,00	0 » 110	12 ,00	0 » 020
2 ,00	0 » 450	7 ,00	0 » 080	15 ,00	0 » 010
3 ,00	0 » 320	8 ,00	0 » 060	20 ,00	0 » 005

Ces chiffres montrent que l'éclairement obtenu est un peu plus faible au pied du candélabre que dans le premier cas. Mais, à partir de $6^m,00$ il est plus intense. L'éclairement est donc, avec un candélabre de $4^m,00$, plus uniforme qu'avec un candélabre de $3^m,00$. Il en résulte qu'il n'y a pas avantage, sauf pour des raisons d'esthétique qui peuvent parfaitement se justifier, à employer de trop petits candélabres.

Cette règle découle encore d'une autre considération. Généralement un point est éclairé par deux candélabres. Cherchons la hauteur qu'il convient de donner aux candélabres pour que, sur la ligne qui les joint, le point le plus mal éclairé, c'est-à-dire le point placé à égale distance des deux candélabres, reçoive un éclairement maximum. Soit $2d$ la distance des candélabres. Au point considéré l'éclairement total est

$$E = \frac{I \cos \theta}{h^2 + d^2} + \frac{I \cos \theta}{h^2 + d^2} = \frac{2I \cos \theta}{h^2 + d^2}.$$

Or $$\cos \theta = \frac{h}{\sqrt{h^2 + d^2}}.$$

Donc $$E = \frac{2Ih}{(h^2 + d^2)^{\frac{3}{2}}}.$$

Cet éclairement dépend, pour une intensité donnée, de h. Pour avoir la valeur de h correspondante au maximum, il suffit de prendre la dérivée de l'éclairement par rapport à h et de l'égaler à zéro. On a donc :

$$(d^2 + h^2)^{\frac{3}{2}} - \frac{3}{2} h (d^2 + h^2)^{\frac{1}{2}} \times 2h = 0$$

ou $$d^2 + h^2 = 3h^2$$

d'où $$h = \frac{d}{\sqrt{2}} = d \times 0,707.$$

Avec des candélabres espacés de $20^{mètres}$ on a $h = 7^m,07$. Une telle hauteur est évidemment inadmissible pour des foyers de 1 carcel. Elle compliquerait en outre beaucoup l'allumage et l'extinction de la lanterne et conduirait à des candélabres d'une importance exagérée, relativement à la faiblesse du foyer. Mais, il est certain que, pour des foyers à très gros débits, il convient de se rapprocher autant que possible des hauteurs indiquées par la formule.

Courbes photométriques des foyers lumineux. — Les calculs précédents ont été établis dans l'hypothèse de radiations lumineuses constantes dans tous les sens.

Mais, s'il en est sensiblement ainsi pour le bec papillon de 140 litres, on trouve, au contraire, des différences fort considérables dans les intensités des diverses radiations émises par les becs intensifs ou à récupération et surtout par les lampes à arc.

Il est par suite nécessaire, dès que l'on s'occupe des éclairements produits en un point par des foyers de cette nature, d'introduire dans la formule $E = \frac{I \cos \theta}{h^2 + x^2}$ non plus seulement l'intensité suivant l'horizontale, mais bien celle qui correspond au rayon faisant, avec la verticale, l'angle θ. Toutefois, comme dans les foyers usuels tous les rayons faisant un même angle avec la verticale ont une même intensité, on peut encore ne considérer que les radiations émises dans un seul plan méridien passant par l'axe du foyer. Il suffit même, par raison de symétrie, de n'en envisager que la moitié, soit à droite, soit à gauche du foyer.

Les différentes valeurs de I se déterminent au laboratoire. Supposons-les connues et convenons de les représenter par des longueurs, à une échelle donnée. Soit L la source lumineuse. Menons par le point L, dans un plan vertical quelconque passant par l'axe du foyer, une série de rayons et prenons sur chacun d'eux, à partir du point L, des longueurs égales aux intensités correspondantes. En joignant par une ligne continue les points ainsi obtenus on tracera une courbe des intensités lumineuses, sensiblement fixe pour des foyers de même fabrication et de même débit. C'est là la *courbe photométrique* du foyer considéré. Nous en avons déjà introduit la notion, lorsque nous avons parlé de la lumière produite par les lampes à arc, soit à courant continu, soit à courant alternatif.

La *courbe photométrique* d'un foyer est aussi indispensable à connaître que son débit en gaz ou que sa consommation en énergie électrique. Sa seule inspection renseigne immédiatement sur la valeur utile du foyer. En outre, non seulement elle donne l'intensité I correspondant à un rayon d'inclinaison quelconque ; mais elle permet encore d'obtenir graphiquement l'éclairement produit en chaque point du sol.

Nous allons indiquer ce procédé, qui est fort simple et assurément plus expéditif que celui qui consiste à calculer, dans chaque cas, la valeur de $\frac{I \cos \theta}{h^2 + x^2}$. Il est d'ailleurs plus rationnel, puisque la courbe photométrique est elle-même donnée graphiquement.

Soit L un foyer lumineux monté sur un candélabre LA de hauteur h (figure

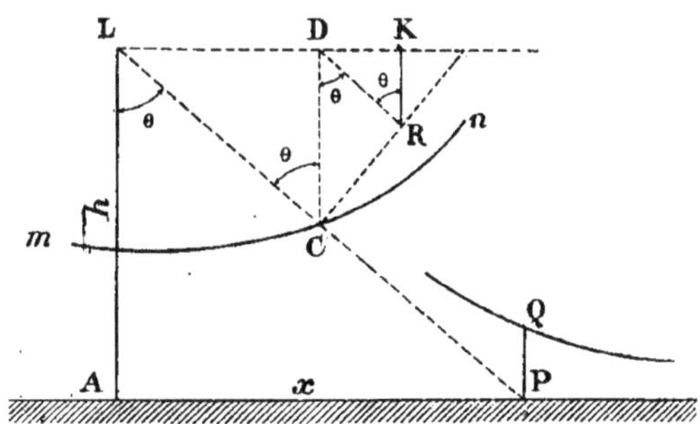

Figure 191.
Détermination graphique des éclairements

191). Traçons sa courbe photométrique mn. En un point P quelconque du sol l'éclairement est $e = \frac{LC}{LP^2} \cos \theta$.

Ou encore, en remarquant que $LP = \frac{h}{\cos \theta}$,

$$e = \frac{LC \cos^3 \theta}{h^2}.$$

Menons par C la verticale CD et par le point D une parallèle à LC. Cette parallèle rencontre en R la perpendiculaire à LC menée par C. Il est facile de voir que la verticale KR est égale à $LC \cos^3 \theta$.

En effet $KR = DR \cos \theta$.

Mais $DR = DC \cos \theta$ et $DC = LC \cos \theta$.

On a donc bien $KR = LC \cos^3 \theta$.

L'éclairement est donc égal à $\frac{KR}{h^2}$. Il est par suite complètement connu. Si, d'autre part, on a soin, pour le tracé de la courbe photométrique, de représenter l'unité d'intensité lumineuse par une droite de longueur h^2, l'intensité I suivant le rayon LC est alors égale à $\frac{LC}{h^2}$ et l'éclairement est exactement égal à KR.

Rien de plus facile, dès lors, que de tracer la courbe d'éclairement sur le sol. Il suffit de mener par le point P à AP, une perpendiculaire PQ égale à KR et de joindre tous les points Q que l'on obtiendra en répétant l'opération pour divers autres rayons.

Inversement, la courbe étant construite, on obtient l'éclairement correspondant à un point P quelconque du sol en menant la verticale PQ et en mesurant la partie de cette verticale comprise entre le point P et la courbe.

Courbe photométrique d'éclairement uniforme. — Nous savons donc, étant donnée une courbe photométrique quelconque, calculer rapidement l'éclairement produit sur le sol. La forme de la courbe influe naturellement beaucoup sur cet éclairement. Il en est de plus ou moins avantageuses. Nous avons déjà vu que, si la courbe était circulaire, l'éclairement produit décroissait avec une grande rapidité dès que l'on s'éloignait du foyer. La forme circulaire est donc mauvaise.

Parmi les autres formes quelle est celle qui est la plus convenable? Evidemment c'est celle qui est susceptible de produire un éclairement uniforme. Cette courbe est indispensable à connaître. Elle seule permet, par comparaison, d'apprécier, à première vue, les qualités d'une courbe quelconque. Nous allons la déterminer.

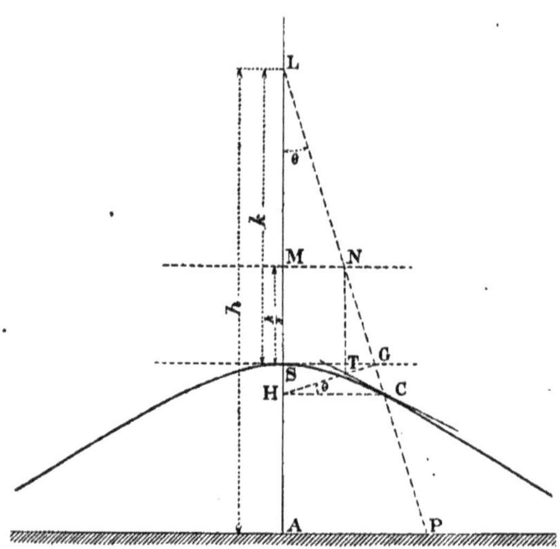

Figure 192.
Courbe photométrique d'éclairement uniforme.

Soit toujours L notre foyer lumineux (figure 192). Si C est un point de cette courbe et k l'intensité du rayon suivant la verticale, on aura :

$$\frac{LC}{LP^2} \cos \theta = \text{constante} = \frac{k}{h^2}.$$

Posons $LC = \rho$; on aura :

$$\rho = \frac{k}{h^2} \times \frac{\overline{LP}^2}{\cos \theta}.$$

Or $$LP = \frac{h}{\cos \theta}, \quad \text{donc} \quad \rho = \frac{k}{\cos^3 \theta}.$$

Telle est, en coordonnées polaires, l'équation de la courbe d'éclairement uniforme.

Cela étant, rien de plus facile que de la tracer complètement par points.

Proposons-nous, en effet, de trouver le point qui correspond à un rayon vecteur quelconque LP. Menons l'horizontale SG telle que $LS = k$. Elle rencontre le rayon vecteur en G. Traçons GH perpendiculaire à LP puis HC perpendiculaire à LA. On a successivement

$$LC = \frac{LH}{\cos \theta} = \frac{LG}{\cos^2 \theta} = \frac{R}{\cos^3 \theta}.$$

Donc le point C est un point de la courbe.

La tangente en ce point se trouve aussi très aisément. Elle fait avec le rayon vecteur un angle dont la tangente est

$$\frac{\rho}{\rho'} = \frac{\dfrac{k}{\cos^3 \theta}}{\dfrac{k.\ 3\cos^2\theta \sin\theta}{\cos^6 \theta}} = \frac{\cos \theta}{3 \sin \theta}.$$

Prenons sur LS un point M tel que $MS = \frac{LS}{3} = \frac{k}{3}$; menons l'horizontale MN puis la verticale NT. Je dis que la droite TC est la tangente cherchée.

En effet

$$\text{tangente TCG} = \frac{TG}{GC} = \frac{GH}{3GC} = \frac{HC \cos \theta}{3HC \sin \theta} = \frac{\cos \theta}{3 \sin \theta}.$$

On peut donc considérer la courbe photométrique d'éclairement uniforme comme complètement déterminée. Il est facile de voir par l'inspection de l'équation $\rho = \frac{k}{\cos^3 \theta}$ que, lorsque θ augmente, ρ augmente et qu'il devient infini pour $\theta = 90°$. Enfin la courbe présente un point d'inflexion pour $\theta = 30°$.

Telle est la courbe photométrique idéale que devraient réaliser tous nos foyers. Evidemment un tel résultat ne peut être obtenu dans la pratique, attendu que l'on ne peut construire de foyers émettant suivant l'horizontale des radiations infinies. Mais, en matière d'éclairage public, les radiations horizontales sont celles qui présentent le moins d'intérêt. Il est au contraire bien évident que, dans la partie qui correspond à la zone ordinaire d'action des candélabres, rien n'empêcherait de s'en rapprocher. C'est une combinaison de becs, de réflecteurs, de globes réfracteurs ou diffuseurs, etc..... à imaginer. Les appareilleurs ne se sont guère préoccupés, jusqu'ici, que de construire des foyers émettant des radiations horizontales intenses. On peut dire qu'ils se sont placés à côté de la question. La courbe photométrique d'éclairement uniforme aurait dû, au contraire, être leur principal guide.

Courbes photométriques des principaux foyers en usage. — Ces principes étant posés, il va nous être bien facile d'apprécier les mérites respectifs des courbes photométriques des principaux foyers en usage.

Toutefois, avant de passer ces courbes en revue, nous insistérons sur ce point : c'est que les mesures dont elles sont la représentation s'appliquent non aux becs proprement dits, mais bien aux foyers réels de la voie publique. Ainsi l'intensité du bec papillon a été mesurée pour un bec de 140 litres *renfermé dans sa lanterne*[1] ; celle d'un bec à récupération se rapporte à un bec muni de sa *coupe en verre*, de son *réflecteur* et de sa *lanterne*. Enfin, pour les lampes à arc, nous envisagerons, non l'intensité d'un arc à feu nu, mais celle d'un arc abrité par un *globe* et surmonté par une *lanterne*.

Nous avons indiqué comment les courbes photométriques pouvaient servir à la détermination de l'éclairement du sol. Rappelons aussi qu'elles permettent d'obtenir très rapidement les *intensités moyennes sphériques* des foyers qu'elles caractérisent. La méthode a été exposée dans le Chapitre XI, quand nous avons parlé des lampes à arc. La même méthode permet aussi d'obtenir, pour un foyer donné, l'*intensité hémisphérique moyenne inférieure*. Il est clair qu'en matière d'éclairement des voies publiques, c'est cette *intensité hémisphérique* qui devra être considérée, de préférence à l'intensité *sphérique*. Il n'y a aucune raison, en effet, pour tenir compte des rayons émis au-dessus de l'horizontale, puisqu'ils sont perdus complètement pour le sol.

(*a*) **Bec papillon.** — Les diverses radiations émises par un bec papillon ont *sensiblement* la même intensité, soit 1 carcel ou 10 bougies décimales. La courbe des intensités lumineuses (figure 193) est par suite un cercle qui diffère beaucoup de la courbe photométrique d'éclairement uniforme. Ce cercle étant divisé en deux parties égales par l'horizontale passant par le bec, on voit que la moitié des radiations seulement est utilisée pour l'éclairement[2].

Nous avons tracé en pointillé, sur la figure 195, les courbes photométriques qui donneraient sur le sol des éclairements uniformes de 0 bougie, 05 (éclairement qui est pour nous un minimum) et de 0 bougie, 5 qui correspond à un éclairage tout à fait satisfaisant. Ces courbes, dont l'équation est, comme

[1] Nous avons eu l'occasion de dire que les rayons d'un bec, en traversant une lanterne vitrée, subissaient une diminution d'intensité de 10 %.

[2] En employant des réflecteurs on peut diminuer légèrement cet inconvénient. Les nouvelles lanternes sont généralement munies de réflecteurs. Mais il y en a relativement peu en service et nous avons dû, par suite, n'envisager dans nos calculs que des lanternes ordinaires sans réflecteurs.

nous l'avons vu, $\rho = \frac{K}{\cos^3 \theta}$, ont pour paramètre K l'une, $9 \times 0^{\text{bougie}},05$, l'autre $9 \times 0^{\text{bougie}},50$. On les détermine en faisant intervenir la hauteur du foyer au-dessus du sol ($3^{\text{m}},00$) et en remarquant que, pour obtenir un éclairement de $0^{\text{bougie}},05$ au pied du candélabre, il faut avoir $\frac{K}{(3^{\text{m}})^2} = 0^{\text{bougie}},05$ d'où $K = 9^{\text{m}} \times 0^{\text{bougie}},05 = 0^{\text{bougie}},45$. Pour l'autre, on a $\frac{K}{(3^{\text{m}})^2} = 0^{\text{bougie}},50$ d'où $K = 4^{\text{bougies}},5$.

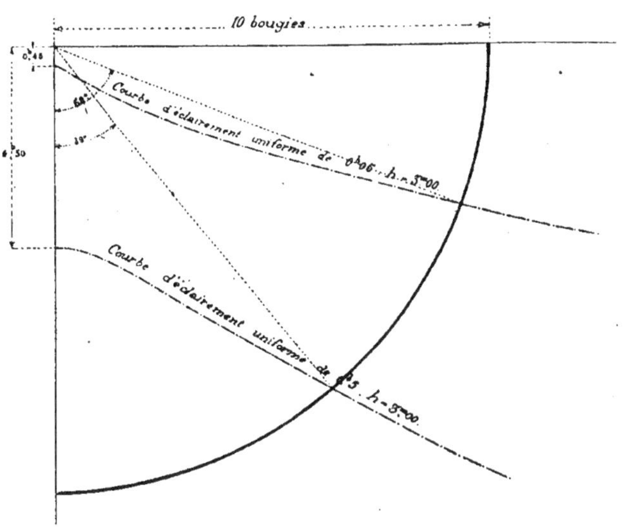

Figure 193.
Courbe photométrique du bec papillon de 140 litres.

Ces courbes montrent, de suite, que l'éclairement de $0^{\text{bougie}},50$ n'est obtenu que de 0° à 39° ; celui de $0^{\text{bougie}},05$ de 0° à 69°.

(*b*) **Bec intensif du Quatre-Septembre**. — D'après MM. de Mont-Serrat et Brisac[1] le bec du Quatre-Septembre (débit de 1.400 litres) émet les radiations suivantes :

VALEUR de θ (angles du rayon lumineux avec la verticale)	20°	30°	40°	45°	50°	60°	70°	80°	90°
Intensités (en carcels)	$1^{\text{carcel}}33$	$3^{\text{c}},51$	$4^{\text{c}},80$	$6^{\text{c}},14$	$6^{\text{c}},98$	$8^{\text{c}},00$	$9^{\text{c}},3$	$12^{\text{c}},32$	$13^{\text{c}},00$

[1] *Le gaz et ses applications*.

Ce bec ne donne donc 13 carcels que dans une seule direction. En calculant, comme on le faisait, l'éclairement produit, en divisant la surface éclairée par 13, on obtenait évidemment un éclairement trop fort.

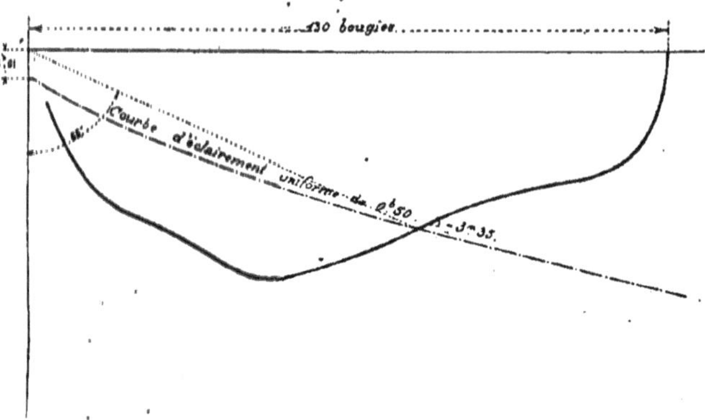

Figure 194.
Courbe photométrique du bec intensif du Quatre-Septembre (débit de 1.400 litres).

Il faut remarquer, toutefois, que ce bec est avantageux, parce que les radiations croissent en intensité avec leur inclinaison sur la verticale.

La comparaison de la courbe photométrique du bec avec la courbe photométrique d'éclairement de 0bougie,5 montre bien ces avantages. Pour calculer cette dernière nous avons pris $K = (3{,}35^2) \times 0^{\text{bougie}},5 = 5^{\text{bougies}},61$. Elle correspond à une hauteur de bec au-dessus du sol de $3^{\text{m}},35$.

(*c*) **Becs à récupération.** — Les becs à récupération les plus répandus sont ceux de 750 et de 550 litres. Ils appartiennent surtout au type *Parisien* ou au type *Industriel*.

On considère ordinairement le bec de 750 litres comme un bec de 13 carcels. Mais, comme pour le bec du Quatre-Septembre, cette intensité n'est obtenue que suivant l'horizontale. Voici d'ailleurs les éléments de la courbe photométrique de ce bec[1].

BEC A RÉCUPÉRATION DE 750 LITRES

VALEURS de θ (angle du rayon lumineux avec la verticale).	15°	30°	45°	60°	75°	90°
Intensités (en carcels).	7 carcels,00	7c,75	9c,00	10c,50	12c,00	13c,00

[1] Les chiffres indiqués résultent de mesures photométriques effectuées sur des becs, système *Parisien* et système *Industriel*, par le laboratoire central d'Electricité.

La courbe photométrique, comparée avec des courbes d'éclairement uniforme de 0bougie,50 et de 1 bougie, donne les résultats représentés par la figure 195.

Ces courbes d'éclairement uniforme correspondent à une hauteur de candélabre de 3m,50.

En rapprochant la courbe photométrique du bec à récupération de 750 litres de celle qui caractérise le bec intensif de 1.400 litres on voit de suite tout

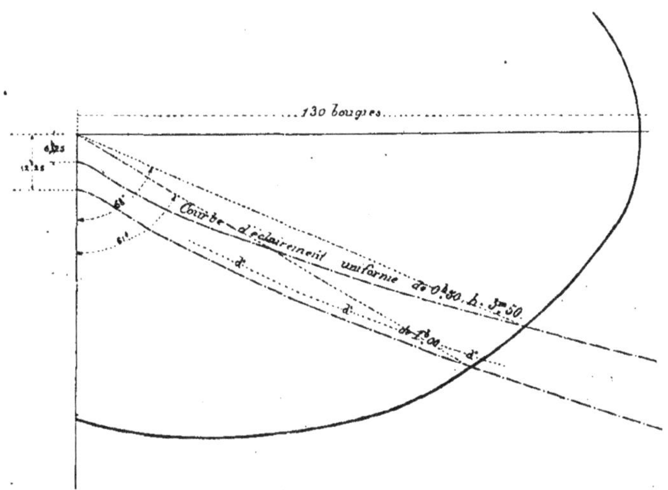

Figure 195.
Courbe photométrique du bec à récupération de 750 litres.

l'avantage du bec à récupération[1]. L'intensité horizontale seule est commune aux deux becs. Pour tous les autres angles, la radiation du bec à récupération est notablement plus élevée que celle du bec intensif.

L'*intensité hémisphérique moyenne inférieure* du bec à récupération de 750 litres est de 10 carcels. On voit qu'elle est inférieure à l'intensité horizontale (13 carcels).

La figure 196 représente la courbe photométrique d'un bec à récupération de 550 litres (système l'*Industriel*). Nous l'avons comparée à la courbe d'éclairement uniforme de 0bougie,5 pour une hauteur de foyer de 3m. Alors qu'avec le bec papillon de 140 litres nous n'obtenions l'éclairement de 0bougie,5 que dans un angle de 39°, la limite se trouve ici reportée jusqu'à l'angle de 68°.

Voici les éléments de la courbe photométrique de ce bec[2].

[1] Sans compter que la consommation de gaz est réduite dans le rapport de 750 à 1,400.

[2] Les chiffres indiqués résultent de mesures photométriques effectuées par le Laboratoire central d'électricité.

Bec a récupération de 550 litres (système *L'Industriel*).

VALEUR de θ (angle du rayon lumineux avec la verticale)	15°	30°	45°	60°	75°	90°
Intensités (en carcels).	5carcels,80	6c,50	7c,50	8c,00	8c,80	90°

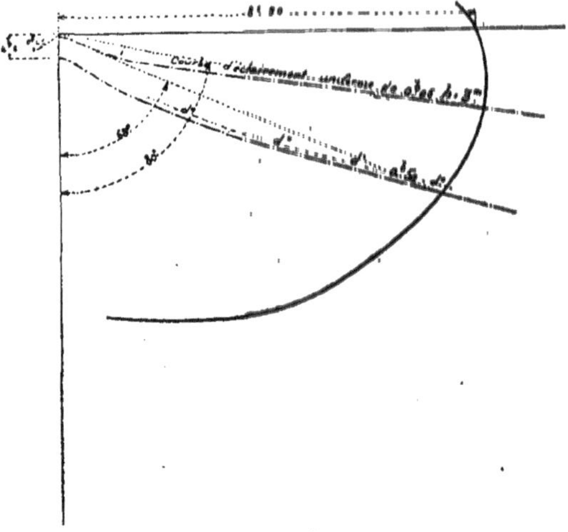

Figure 196.
Courbe photométrique du bec à récupération de 550 litres (système l'Industriel).

(*d*) **Lampes à arc.** — Nous avons déjà donné quelques courbes photométriques de lampes à arc (chapitre XII). Nous ne reviendrons ici que sur celle qui se rapporte aux lampes employées pour l'éclairage des voies publiques. Nous prenons comme type la lampe de la Société Alsacienne de Constructions mécaniques de Belfort. Cette lampe est employée par le secteur de la place Clichy. Le globe est en opaline.

Voici les éléments de la courbe photométrique pour un débit de 10 ampères (courant continu) [1].

VALEURS de θ (angle du rayon lumineux avec la verticale).	0°	15°	30°	45°	60°	75°	90°
Intensités (en carcels).	39carcels,2	45c,2	58c,0	70c,3	54c,7	43c,4	34c,2

[1] Les mesures photométriques ont été effectuées, sous la direction de M. de Nerville, Ingénieur des Télégraphes, par le laboratoire central d'électricité.

L'intensité hémisphérique moyenne inférieure est de 52 carcels. C'est ce chiffre, tout au plus, — et non celui de 70 à 80 carcels — que l'on devrait adopter lorsque l'on veut avoir une idée approchée de l'éclairement superficiel. (On diviserait alors 52 par la surface éclairée ; mais nous démontrerons plus loin que cette méthode est encore inexacte.)

La figure 197 permet de comparer la courbe photométrique aux courbes d'éclairement uniforme de 1 carcel ou 10 bougies, de 5 bougies et de 1 bougie pour une hauteur de candélabres de 5m,95. Comme on le voit, on a 1 carcel jusqu'à 33°, 5 bougies jusqu'à 50° et 1 bougie jusqu'à 66°.

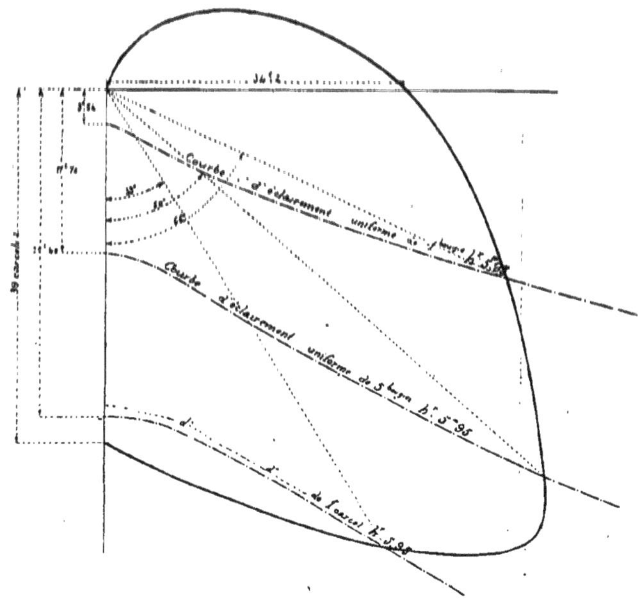

Figure 197.
Courbe photométrique d'une lampe à arc à courant continu de 10 ampères (globe en opaline)

Il n'existe pas de lampes à arc et à courant alternatif en service sur la voie publique. Nous renvoyons, pour la répartition des intensités lumineuses, à ce qui a été dit précédemment[1].

Eclairement des voies publiques. — L'éclairement des voies publiques est très variable. Non seulement il varie avec l'importance de la voie — ce qui se justifie pleinement — mais encore, dans une même voie, il oscille entre des valeurs assez éloignées, suivant les positions respectives

[1] Voir Chapitre XII.

des candélabres. L'examen, qui a été fait, des courbes photométriques des divers foyers en usage, a montré que ces foyers étaient loin de produire des éclairements uniformes. Il faut donc se résigner à avoir dans une même rue des éclairements variables. Mais encore est-il certaines limites inférieures au dessous desquelles on ne devrait jamais descendre. C'est environ $0^{\text{bougie}},05$ pour les rues à faible et moyenne circulation et $0^{\text{bougie}},50$ pour les rues ou boulevards à grande circulation. Pour les voies à circulation exceptionnelle, comme les grands boulevards, les abords des grands théâtres, des gares, etc... un éclairage particulièrement intense est nécessaire. Il faudrait au moins 1 bougie, intensité qui permet de lire sans fatigue.

Remarquons bien qu'il ne s'agit là que de valeurs minima. Celles-ci n'ont d'ailleurs rien d'absolu. Aujourd'hui elles nous paraissent acceptables; demain, vraisemblablement, nous les trouverons trop faibles, car nos exigences en éclairement croissent de plus en plus[1].

Les valeurs maxima des éclairements dépendent surtout des intensités des foyers employés. Elles se produisent généralement au pied des candélabres. Avec une lampe à arc de 10 ampères placée à $4^{\text{m}},45$ au-dessus du sol on obtient $20^{\text{bougies}},57$. C'est là, évidemment, une lumière excessive. Avec un bec à récupération de 750^{litres} (hauteur $3^{\text{m}},50$) l'éclairement n'est plus que de $5^{\text{bougies}},22$; il s'abaisse à $1^{\text{bougie}},11$ avec un bec papillon ordinaire (hauteur 3^{m}).

L'éclairement du sol est la résultante des éclairements produits par tous les candélabres voisins. Soit une rue éclairée par des becs identiques L_1, L_2, L_3, ..., L_n. Un point P du sol situé à des distances x_1, x_2, x_3,.... x_n des candélabres reçoit des éclairements e_1, e_2, e_3, ... e_n. L'éclairement total est

$$E = e_1 + e_2 + e_3 + \ldots\ldots + e_n.$$

On pourrait calculer cet éclairement en appliquant, pour chaque éclairement partiel, la formule $\frac{I \cos \theta}{h^2 + x^2}$. Mais le procédé serait assez pénible. Il vaut beaucoup mieux se servir *de la courbe des éclairements*.

Soit CD la courbe des éclairements produits sur le sol par l'un des foyers (figure 198) Prenons à partir du point A, pied du candélabre, les distances x_1, x_2, x_3, ..., x_n. Les éclairements correspondants seront représentés par les longueurs e_1, e_2, e_3, ... e_n. Rien ne sera donc plus facile que d'en faire la somme.

Dans la pratique on peut simplifier beaucoup cette recherche. On sait que

[1] Comme l'a dit fort bien M. Mascart il n'y a de limite à l'éclairement que la clarté d'un beau jour.

D'après Bouguer le soleil produit à midi, sur un plan normal aux rayons, un éclairement de 70000 bougies. On voit qu'il reste de la marge pour l'amélioration de nos éclairages artificiels.

les mesures photométriques, faites par les meilleurs expérimentateurs, ne sont exactes qu'à 10 % près. Il est donc inutile de rechercher dans l'évaluation des éclairements une approximation plus grande. Aussi est-il permis, par exemple, de négliger les éclairements e_4, e_5 ..... e_n, si leur somme est inférieure à $\frac{e_1 + e_2 + e_3}{10}$. Or, comme les éclairements diminuent énormément dès que l'on s'éloigne un peu des foyers, on obtient très rapidement des éclairements négligeables. En fait, il suffit généralement, pour trouver l'éclairement total d'un point, de considérer l'action de deux ou trois candélabres.

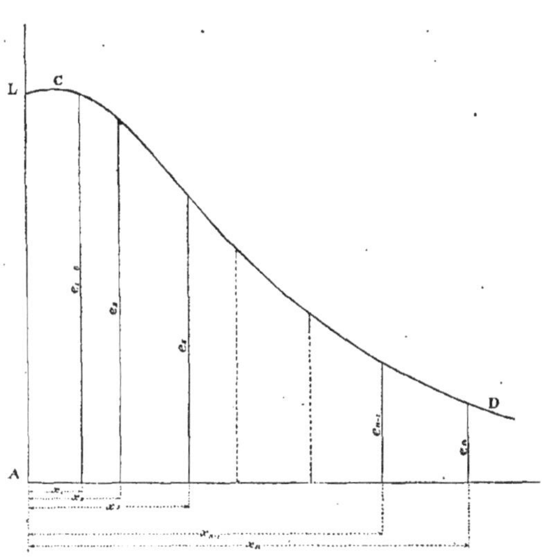

Figure 198.
Calcul graphique des éclairements.

La courbe d'éclairement aidant, on arrive donc à calculer en très peu de temps l'éclairement d'une rue. Comme, d'ailleurs, les candélabres sont presque toujours placés symétriquement il suffit d'opérer sur une surface très restreinte. On en gradue les lignes principales et l'on joint les points de même éclairement par des courbes qui sont alors des *courbes d'égal éclairement* analogues aux courbes de niveau des surfaces topographiques. Leur succession permet d'embrasser d'un seul coup d'œil l'éclairement complet d'une voie.

Veut-on, alors, avoir une idée de l'éclairement moyen ? Il suffit de calculer quel est le *plan moyen d'éclairement*, lequel est à la surface d'éclairement formée par les différentes courbes, ce qu'est le *plan de hauteur moyenne* relativement à une surface représentée par des courbes de niveau.

Si S est la surface de la rue, le plan moyen d'éclairement aura une ordonnée E telle que le produit $S \times E$, qui représente le volume compris entre le plan et le sol, soit égal au volume compris entre le sol et la surface d'éclairement.

On est ainsi ramené à un problème bien connu de topographie [1].

Eclairement avec le bec papillon. — Nous avons donné plus haut la courbe d'éclairement correspondant au bec papillon de 140 litres, le foyer étant placé à 3 mètres au-dessus du sol. Comme on a pu le voir les éclairements produits sont excessivement faibles. Ainsi, dès que l'on est à plus de 8 mètres du pied du candélabre l'éclairement est inférieur à $0^{\text{bougie}},05$.

A notre avis ce bec, qui pouvait paraître très convenable aux débuts de l'industrie du gaz, devrait être remplacé par un bec trois ou quatre fois plus intense. Comme on ne peut songer à augmenter dans cette proportion la dépense de gaz, déjà si forte à Paris, c'est à des becs plus perfectionnés, genres Auer ou autres, que l'on devra s'adresser.

(*a*) **Rue ordinaire**. — Comme type de rue ordinaire on peut prendre une rue de $15^{\text{m}},00$ de largeur comprenant une chaussée de $9^{\text{m}},00$ et deux trottoirs de $3^{\text{m}},00$. Les candélabres sont dans ce cas placés à $0^{\text{m}},40$ (mesurés à partir du socle) de l'arête extérieure de la bordure du trottoir et espacés le plus souvent de 25 mètres. Ils sont disposés en quinconce.

L'éclairement se répartit comme l'indique la figure 199. Pour l'obtenir, on a eu seulement à considérer le trapèze ABCD, car il se reproduit symétriquement dans les autres parties de la rue. Le plus grand nombre des courbes d'égal éclairement (de 1^{bougie} à $0^{\text{bougie}},1$) sont des cercles concentriques aux divers candélabres. Dans la zone que ces cercles délimitent un seul candélabre intervient, les autres n'y produisant qu'un éclairement négligeable.

[1] Voici comment on opère :

En projection les courbes d'égal éclairement délimitent une série de surfaces $s_1, s_2, \ldots, s_n$ que l'on mesure au planimètre. Si, ce qui arrive assez fréquemment, comme nous le verrons plus loin, quelques-unes des courbes d'égal éclairement sont des cercles, on en calcule la surface directement.

Soient e la différence constante d'éclairement existant entre deux courbes consécutives ; e_0 l'éclairement minimum de la rue ; e' la différence entre l'éclairement maximum et celui de la courbe de plus grand éclairement ; e'' la différence entre la courbe de plus petit éclairement et l'éclairement minimum e_0.

On aura approximativement

$$\text{SE} = \frac{e's_1}{2} + e\left(\frac{s_1 + s_2}{2} + \frac{s_2 + s_3}{2} \ldots\ldots + \frac{s_{n-1} + s_n}{2}\right) + e''\frac{s_n + \text{S}}{2} + e_0\text{S}$$

d'où l'on tire E en divisant le second membre par S.

Il ne faut pas attacher une importance excessive à la détermination de cet éclairement moyen. Remarquons, en effet, qu'il ne donne aucune idée de la répartition de la lumière sur le sol. Il peut être le même pour un sol uniformément éclairé que pour une surface présentant des zones alternativement sombres et obscures. Il serait aussi nécessaire de considérer, concurremment avec l'éclairement moyen E, son rapport à l'éclairement minimum e_0.

Plus le rapport $\frac{e_0}{\text{E}}$ serait voisin de l'unité et plus, pour une même valeur de E, l'éclairement *réel* serait satisfaisant.

On remarquera l'énorme surface dont l'éclairement est inférieur à $0^{bougie},05$. Nous l'avons teintée en noir pour la rendre plus apparente. L'éclairement moyen est de $0^{bougie},12$ seulement.

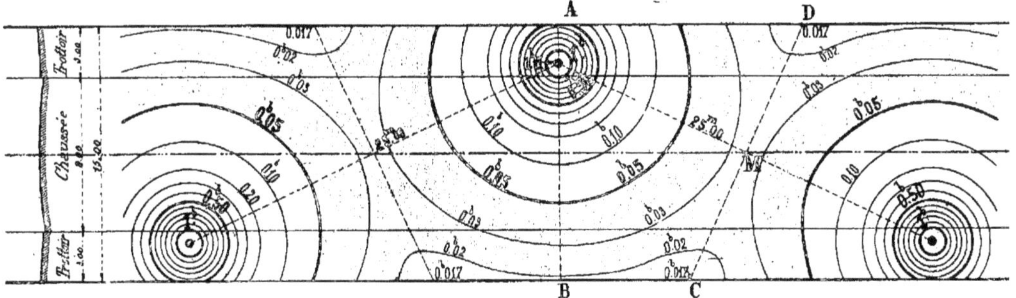

Figure 199.
Eclairement avec le bec papillon. — Rue ordinaire.

Un tel éclairage est évidemment bien défectueux. On l'améliorerait notablement en remplaçant les becs papillons par d'autres foyers seulement trois fois plus intenses. En effet les intensités indiquées par les courbes seraient toutes triplées et l'éclairement minimum qui, dans le cas actuel, est de $0^{bougie},017$ deviendrait $0^{bougie},051$. Il serait donc supérieur à $0^{bougie},05$.

Une telle transformation ne serait pas d'ailleurs très onéreuse, attendu que les candélabres, les lanternes, les branchements, etc... pourraient être conservés.

(*b*) **Avenue**. — La figure 200 représente une des grandes avenues qui rayonnent autour de la place de l'Etoile. Dans ce type d'avenue on trouve deux trottoirs, deux contre-allées et une chaussée centrale. Dans le cas de la figure (avenue de 40 mètres de largeur), les candélabres se font face et ils sont distants de 30 mètres en longueur et de $15^{m},60$ en largeur.

Il suffit évidemment, par raison de symétrie, de graduer le rectangle ABCD. Jusqu'à $0^{bougie},20$ on obtient des cercles.

Comme on le voit par l'inspection de la figure l'éclairage est excessivement faible. On descend en D jusqu'à $0^{bougie},011$.

(*c*) **Boulevard**. — Beaucoup de boulevards peu fréquentés sont exclusivement éclairés avec des becs papillons. Nous avons étudié, figure 201, la répartition de l'éclairement sur un boulevard de 42 mètres de largeur comprenant une contre-allée centrale, deux chaussées de part et d'autre de la contre-allée et deux trottoirs le long des maisons. Les becs sont placés aux sommets d'un hexagone sensiblement régulier, à raison de 4 sur la contre-allée et 2 sur les trottoirs. Il suffit, encore là, de graduer le rectangle ABCD.

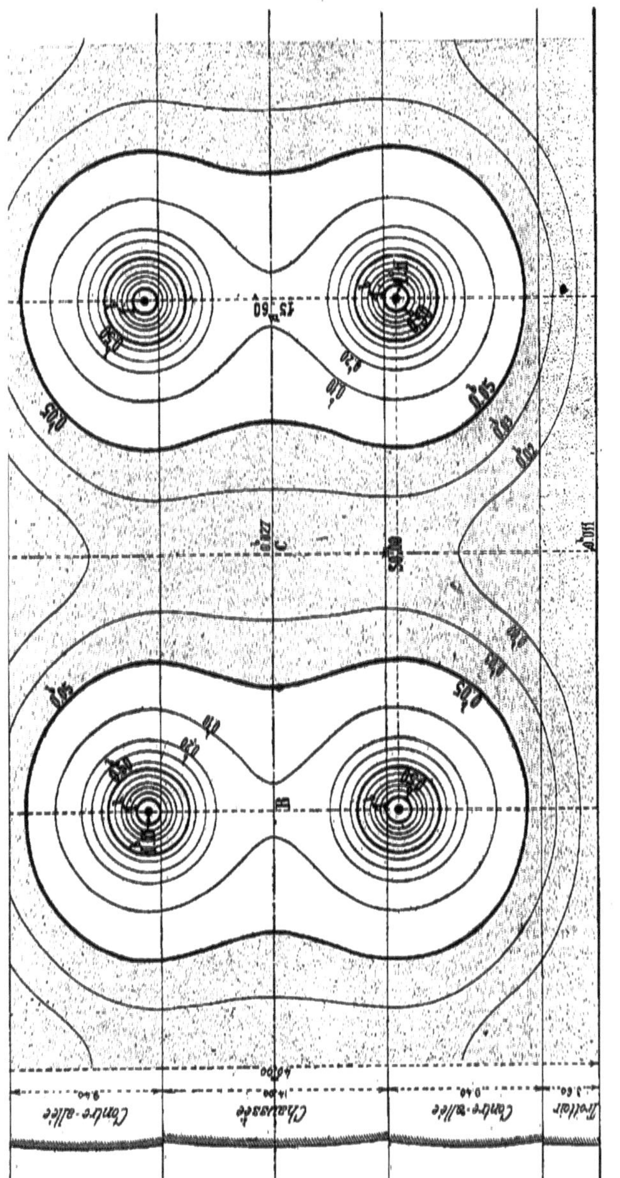

Figure 200.

Eclairement avec le bec papillon. — Avenue.

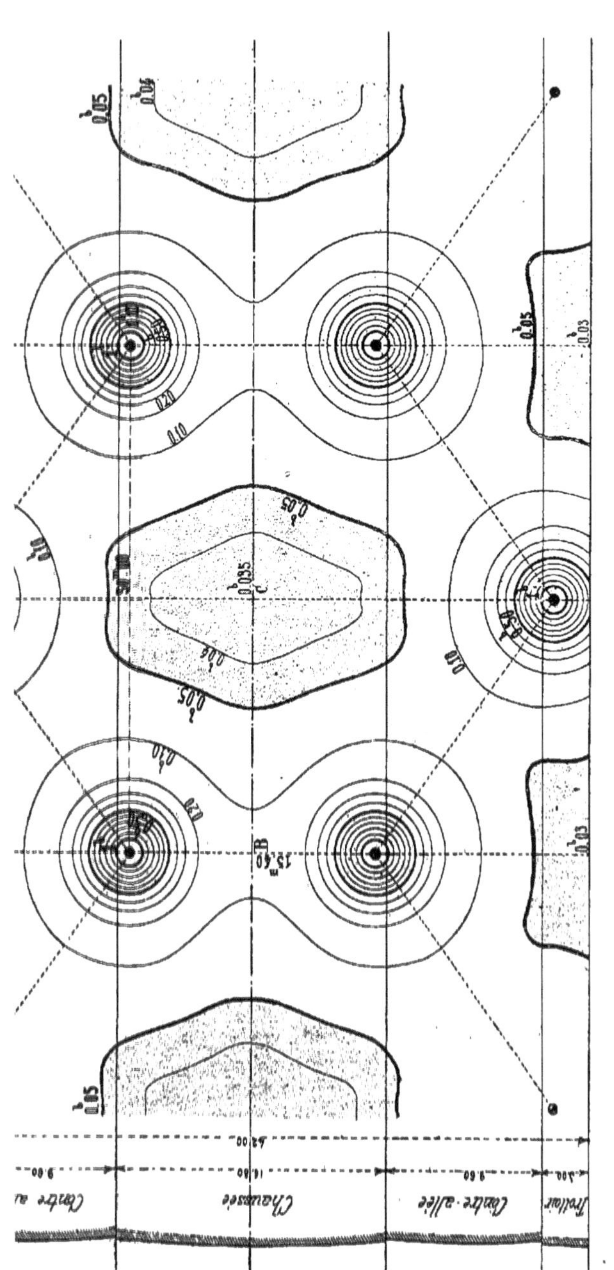

Figure 201.

Eclairement avec le bec papillon. — Boulevard.

L'éclairement obtenu est un peu plus satisfaisant que dans les deux cas précédents. Les zones dont l'éclairement est inférieur à $0^{\text{bougie}},05$ sont relativement faibles. Le minimum a lieu au point A ; il est de $0^{\text{bougie}},03$.

Jusqu'à $0^{\text{bougie}},20$ les courbes d'égal éclairement sont des cercles.

A la seule inspection de la figure on voit que l'on améliorerait énormément l'éclairage en installant un nouveau candélabre en C, au centre de l'hexagone.

Eclairement avec les becs à récupération. — Les becs à récupération sont principalement employés pour renforcer l'éclairage régulier des voies publiques en des points où la circulation est particulièrement chargée ou difficile. Tels sont les carrefours, les angles des rues, les abords des ponts, etc... Néanmoins on a réalisé un certain nombre d'éclairages en ayant exclusivement recours à des becs à récupération.

L'une des plus intéressantes applications est celle de la rue du Quatre-Septembre. C'est dans cette rue que le bec intensif de 1.400 litres, dit du Quatre-Septembre, a fait ses débuts. Aujourd'hui on n'y rencontre plus que des becs à récupération de 750 litres.

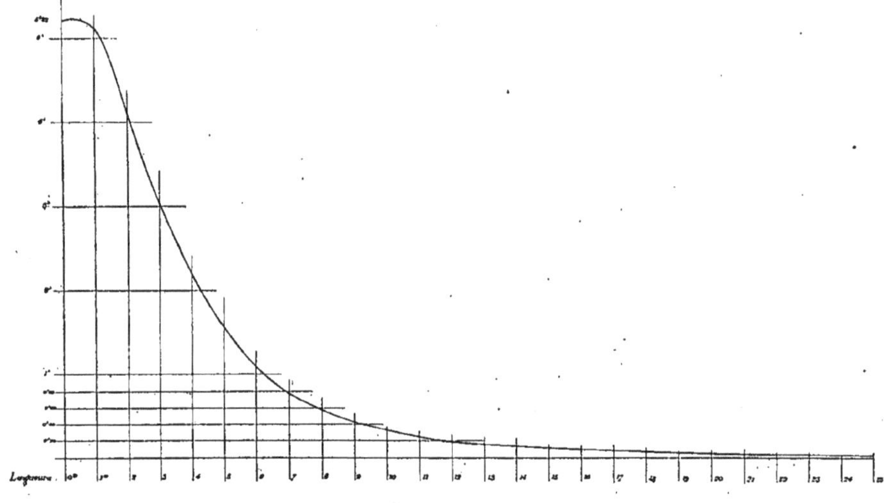

Figure 202
Courbe des éclairements d'un bec à récupération de 750 litres (hauteur du foyer, $3^{m},50$).

Les candélabres sont placés sur les trottoirs et disposés en quinconce. Leur écartement moyen est de 20 mètres. La hauteur moyenne des foyers au-dessus du sol est de $3^{m},50$. La courbe photométrique du bec à récupération de 750 litres étant connue, (Voir plus haut figure 195), il est facile d'en déduire,

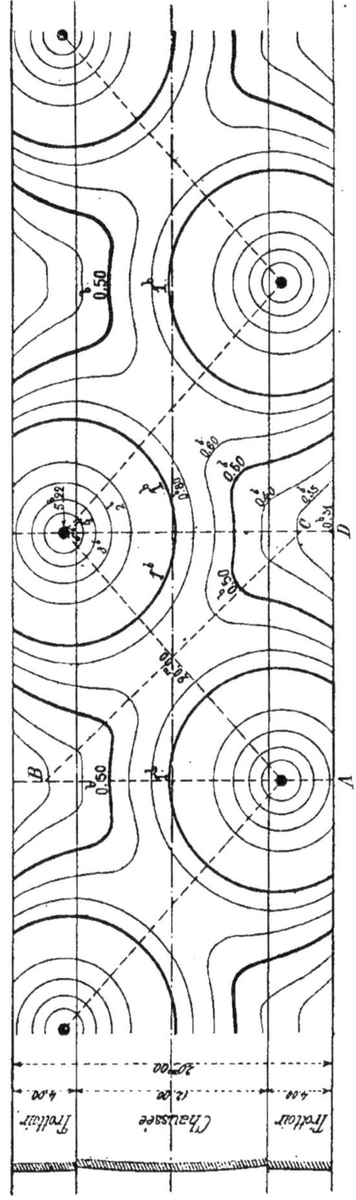

Figure 203.

Eclairement avec des becs à récupération. — Rue du Quatre-Septembre.
(Becs à récupération de 750 litres).

par les procédés précédemment indiqués, la courbe des éclairements produits sur le sol par un foyer isolé. Cette courbe est représentée par la figure 202.

La connaissance de cette courbe permet de déterminer rapidement l'éclairement obtenu en un point quelconque de la rue. Pour tracer les courbes d'égal éclairement il suffit de graduer le trapèze ABCD, attendu qu'il se reproduit symétriquement. La figure 203 montre comment se fait la répartition de l'éclairement. On voit combien cet éclairage est supérieur à ceux que nous avons étudiés jusqu'ici. Il convient d'ailleurs de remarquer qu'il s'applique à une voie d'une importance tout à fait exceptionnelle.

Nous avons délimité par un trait fort les parties éclairées à plus de 1^{bougie}, ainsi que celles dont l'éclairement est inférieur à $0^{\text{bougie}},5$. Ces dernières zones ont une certaine importance ; mais la figure montre que l'éclairement minimum est encore supérieur à $0^{\text{bougie}},3$.

L'éclairement moyen de la rue est de $1^{\text{bougie}},29$.

Eclairement avec des lampes à arc. — Les lampes à arc sont placées, suivant les voies, à des hauteurs variables au-dessus du sol. Les hauteurs les plus usitées sont $4^{m},45$ (candélabre de $4^{m},00$), $4^{m},95$ (candélabre de $4^{m},50$) et $5^{m},95$ (candélabre de $5^{m},50$). A ces trois hauteurs correspondent des courbes d'éclairement assez différentes. Pour en faciliter la comparaison nous les avons représentées simultanément sur la figure 204. On voit que celle qui correspond à une hauteur de foyer de $5^{m},95$ est la plus satisfaisante au point de vue de la répartition de l'éclairement.

Voici, d'ailleurs, un tableau comparatif des divers éclairements.

Hauteur du foyer	DISTANCE AU PIED DU CANDÉLABRE										
	1^{m}	2^{m}	3^{m}	4^{m}	5^{m}	6^{m}	7^{m}	10^{m}	15^{m}	20^{m}	25^{m}
$4^{m},45$	20 ,56	$20^{b},10$	17^{b}, 9	$14^{b},39$	$10^{b},08$	$6^{b},57$	$4^{b},42$	$1^{b},68$	$0^{b},51$	$0^{b},20$	$0^{b},119$
$4^{m},95$	16 ,65	16 ,46	15 ,23	12 ,90	10 ,05	6 ,86	4 ,70	1 ,85	0 ,55	0 ,241	0 ,123
$5^{m},95$	11 ,45	11 ,44	11, 04	10 , »	8 ,65	7 ,05	5 ,14	2 ,10	0 ,675	0 ,287	0 ,146

Nous avons indiqué plus haut que les foyers avaient une intensité hémisphérique moyenne inférieure de 52 carcels et nous avons dit que c'est cette intensité hémisphérique et non le chiffre usité de 70 à 80 carcels qu'il fallait introduire dans les calculs approximatifs d'éclairement. Ce n'est encore là qu'une méthode très approchée. D'abord, elle ne tient aucun compte de la hauteur des candélabres, ensuite elle conduit, comme nous allons le voir, à des résultats complètement erronés.

Calculons, en effet, l'éclairement moyen produit sur un cercle de rayon égal à 20 mètres par une lampe à arc placée au centre de ce cercle et à $4^m,95$ au-dessus du sol. Les courbes d'égal éclairement sont des cercles (figure 205). Il est facile d'en déduire le plan moyen d'éclairement. Son ordonnée est justement égale à l'éclairement moyen. C'est dans le cas actuel $2^{\text{bougies}},20$. Or,

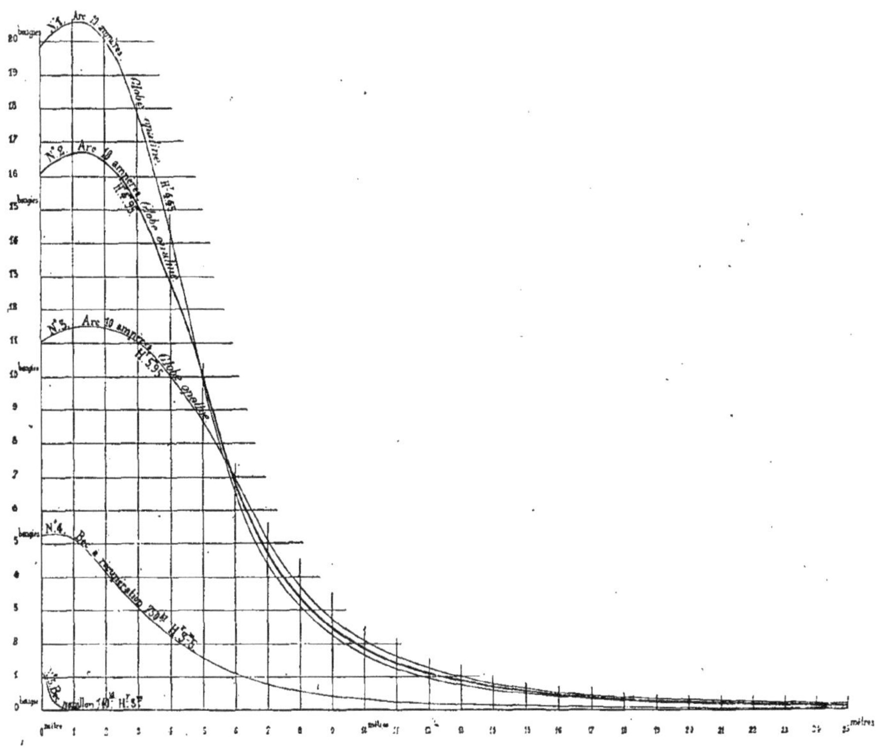

Figure 204.
Courbe des éclairements d'une lampe à arc de 10 ampères avec globe en opaline (hauteur du foyer $4^m,45$, $4^m,95$ et $5^m,95$).

en divisant l'intensité hémisphérique moyenne 52 par la surface du cercle on aurait trouvé $0^{\text{bougie}},41$. Il est donc nécessaire, lorsque l'on veut obtenir un éclairement moyen exact, de recourir à sa détermination géométrique.

On remarquera sur la figure 204 une courbe minuscule n° 5 et une autre n° 4 intermédiaire entre la courbe n° 5 et la courbe d'éclairement correspondant à la lampe à arc, avec foyer placé à $5^m,95$ au-dessus du sol. Ces courbes sont l'une la courbe d'éclairement d'un bec papillon de 140 litres ; l'autre la courbe d'éclairement d'un bec à récupération de 750 litres. Il suffit de comparer ces deux courbes à l'une quelconque des trois autres pour saisir de suite toute la supériorité des foyers électriques.

L'espacement et la répartition des lampes à arc varient naturellement avec l'importance des voies. S'il s'agit de réaliser un éclairage de sécurité

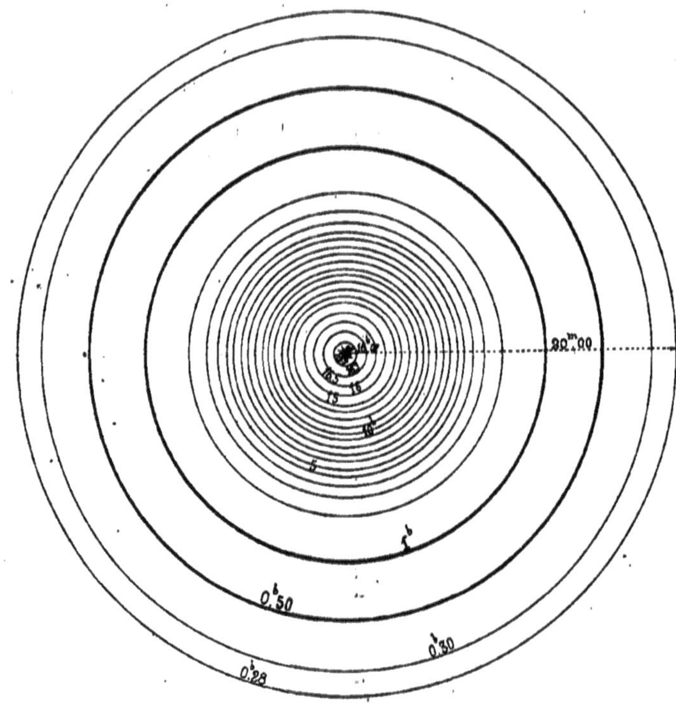

Figure 205.
Eclairement avec des lampes à arc. — Eclairement moyen d'un cercle de 20m de rayon.

comme sur les boulevards Barbès, Ornano et comme sur l'avenue Clichy, on admet parfaitement des espacements de 50 mètres. Sur les grands boulevards, au contraire, on se tient généralement aux environs de 40 mètres. Enfin, là où l'on veut obtenir un éclairage exceptionnellement intense, comme dans la rue Royale, on rapproche les candélabres jusqu'à 35 et 30 mètres.

Nous allons examiner quelques-uns de ces éclairages[1].

[1] Nous admettrons, pour la détermination des éclairements, que les foyers, quelle que soit la voie éclairée, ont tous, à débit égal, une courbe photométrique identique à celle que nous avons donnée précédemment. Comme la Ville de Paris n'a pas encore de lampe à arc *type* il est présumable que cette courbe photométrique ne se retrouve pas partout invariablement. Mais on peut parfaitement l'adopter comme courbe moyenne. Une approximation de cette nature est tout à fait admissible dans des calculs d'éclairement.

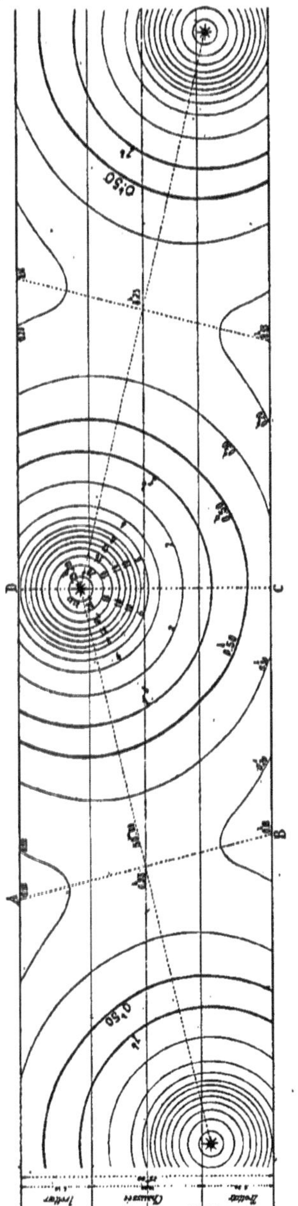

Figure 206.

Eclairement avec des lampes à arc. — Avenue de Clichy (hauteur des foyers $4^m,45$).

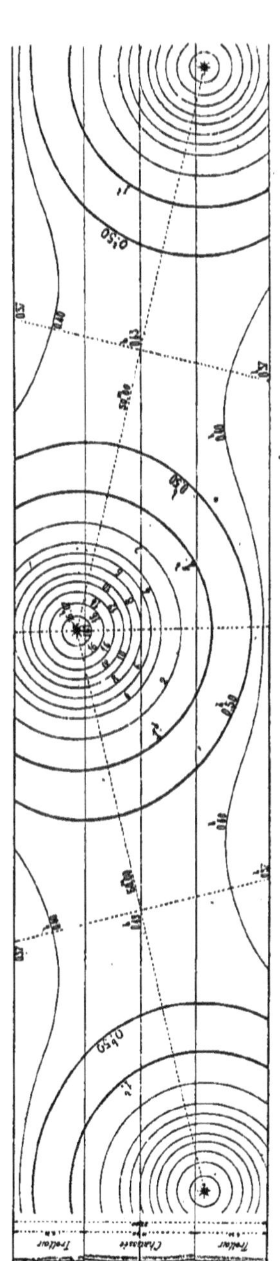

Figure 207.

Eclairement avec des lampes à arc. — Avenue de Clichy (hauteur des foyers $4^m,95$).

(*a*) **Avenue Clichy** — L'avenue Clichy est éclairée par des lampes à arc de 10 ampères placées en quinconce sur les trottoirs et distantes les unes des autres de 50 mètres, en moyenne. La hauteur des foyers au-dessus du sol est de $4^m,45$ dans une partie et de $4^m,95$ dans le reste de l'avenue. On n'a pu adopter la hauteur plus satisfaisante de $5^m,95$ en raison des plantations existant sur les trottoirs.

Nous avons calculé les éclairements correspondant aux deux hauteurs de foyer.

1° *Hauteur de foyer de $4^m,45$* (figure 206). — Par raison de symétrie il a suffi de graduer le trapèze ABCD. Les courbes d'égal éclairement sont des cercles jusqu'à 1 bougie. Avec cette disposition la lumière est surtout concentrée vers le pied du candélabre. La dernière courbe tracée celle de $0^{\text{bougie}},2$ embrasse encore une surface assez notable. Néanmoins on voit combien ce minimum est supérieur aux éclairements minima obtenus avec des foyers à gaz ordinaires.

L'éclairement moyen est de 2 bougies 19.

2° *Hauteur de foyer de $4^m,95$* (figure 207). — L'accroissement pourtant bien faible de la hauteur du foyer entraîne une amélioration sensible de l'éclairage. La courbe de $0^{\text{bougie}},2$ a disparu. La dernière est celle de $0^{\text{bougie}},4$. Pour une voie aussi excentrique que l'est l'avenue de Clichy, un tel éclairage est évidemment très satisfaisant.

L'éclairement moyen est, dans cette partie, de $2^{\text{bougies}},22$. On voit qu'il ne diffère pas beaucoup de celui qui correspond à la première partie de l'avenue. Ceci vient à l'appui de la remarque précédemment faite relativement au degré d'importance qu'il convient d'attribuer à l'éclairement moyen.

Si, comme nous avons conseillé de le faire, on considère non plus l'éclairement moyen mais le rapport de l'éclairement minimum à l'éclairement moyen, on trouve $\frac{0^{\text{bougie}},18}{2^{\text{bougies}},19}$ pour la première partie et $\frac{0^{\text{bougie}},37}{2^{\text{bougies}},22}$ pour la seconde.

On voit bien ainsi que les deux éclairages ne sont pas équivalents.

(*b*) **Grands boulevards.** — Les foyers électriques sont placés sur les boulevards de différentes façons. Nous représentons (figure 208) l'une des dispositions adoptées. Elle comporte une ligne de candélabres placés sur refuge dans l'axe de la chaussée et espacés d'environ 80 mètres et, à moitié distance entre deux refuges consécutifs, deux foyers sur trottoir montés l'un en face de l'autre. Les candélabres ont une hauteur commune de $5^m,50$ correspondant à une hauteur de foyer de $5^m,95$. Les foyers débitent uniformément 10 ampères.

Cet éclairage est très convenable. La dernière courbe tracée sur la chaussée est celle de 0bougie,75. Remarquons, toutefois, qu'il existe sur les trottoirs des zones relativement obscures (0bougie,49). Il serait tout indiqué, si l'on

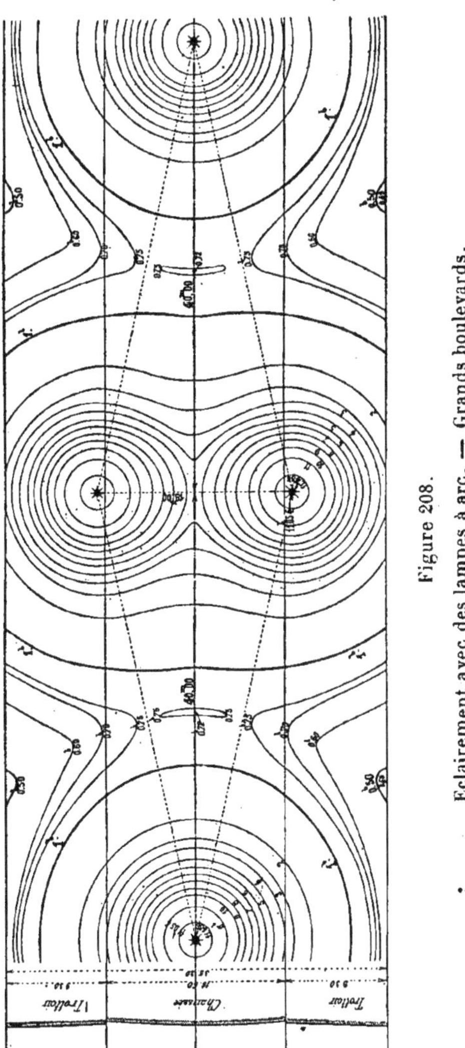

Figure 208.
Eclairement avec des lampes à arc. — Grands boulevards.

voulait améliorer encore l'éclairage général, de le renforcer en ces points par des becs à récupération.

L'éclairement moyen correspondant aux dispositions indiquées est de 3bougies,35.

(*c*) **Rue Royale**. — La rue Royale est éclairée de deux façons.

1° *Entre la place de la Concorde et la rue Saint-Honoré* les candélabres sont placés en quinconce, sur trottoir, et il existe une distance de 30 mètres, en moyenne, entre deux candélabres consécutifs.

2° *Entre la rue Saint-Honoré et la place de la Madeleine*, partie beaucoup plus large que la première, les candélabres se font face deux à deux. Leur écartement est de 29 mètres en largeur et de 35 mètres en longueur. Ils sont placés sur trottoir.

Nous allons étudier les éclairements correspondant à ces deux dispositions.[1]

Les foyers débitant 10 ampères et leur hauteur au-dessus du sol étant en moyenne de 5m,50 nous devons d'abord calculer la courbe représentative des éclairements produits par l'un quelconque d'entre eux (figure 209). Cette

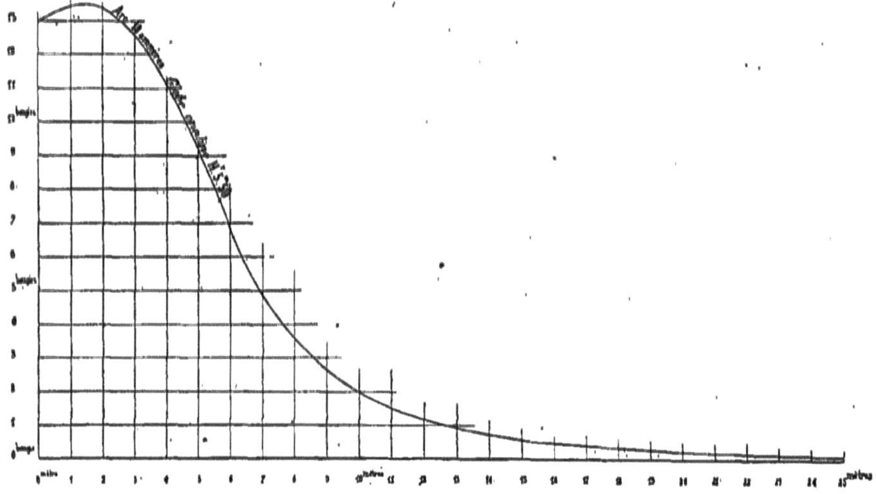

Figure 209.
Courbe d'éclairement d'une lampe à arc (hauteur du foyer 5m,50).

courbe étant connue nous opérons, pour la détermination des éclairements, comme précédemment.

1° *De la place de la Concorde à la rue Saint-Honoré*. Dans cette partie l'éclairement rappelle beaucoup celui de la rue du Quatre-Septembre. Mais

[1] Il existe aussi, de ci de là, quelques candélabres placés sur refuge. Nous n'en tiendrons pas compte car ils ne font pas partie de l'éclairage régulier de la rue.

il est bien plus brillant. Partout il est supérieur à 0^bougie^,50 et, comme le montre la figure 210, la chaussée a un éclairement dépassant généralement 1 bougie.

L'éclairement minimum a lieu sur les trottoirs.

L'éclairement moyen est de 3^bougies^,40, valeur très élevée.

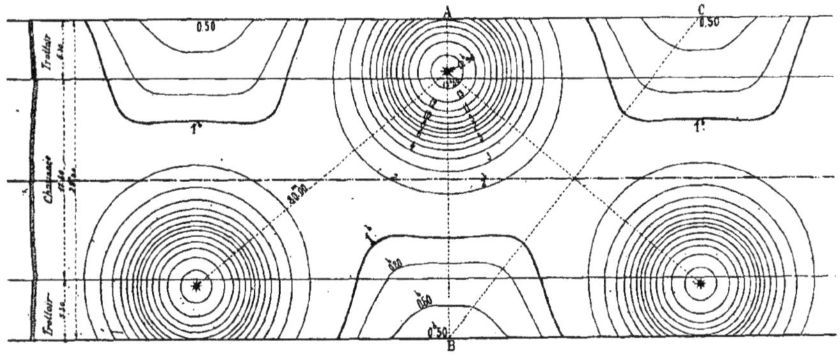

Figure 210.

Eclairement avec des lampes à arc. — Rue Royale (partie comprise entre la place de la Concorde et la rue Saint-Honoré).

2° *De la rue Saint-Honoré à la place de la Madeleine.* La zone éclairée à moins de 1 bougie forme une bande allongée perpendiculaire à l'axe de la chaussée et située à moitié distance des rangées de candélabres. Mais, dans cette zone, on dispose encore d'un éclairement supérieur à 0^bougie^,70 (figure 211).

L'éclairement moyen atteint 3^bougies^,38.

Prix de revient de l'éclairement. — Le prix de revient de l'éclairement s'obtient, pour une voie quelconque, en divisant, par l'éclairement moyen de la voie, la somme que coûte l'éclairage par unité de surface, pendant l'unité de temps.

Afin d'arriver à des chiffres faciles à retenir nous considérerons une surface égale à un décamètre carré (un are) et nous prendrons l'heure pour unité de temps. L'éclairement moyen étant exprimé en bougies-mètre nous obtiendrons de cette façon le prix de revient, pendant une heure, d'un décamètre carré dont tous les points sont éclairés à raison de 1 bougie-mètre. Ce sera le prix de l'*are-bougie-mètre-heure*, locution à l'adoption de laquelle il faut nous résigner, en l'absence d'une unité pratique d'éclairement et qui, d'ailleurs, n'est compliquée qu'en apparence.

Nous avons indiqué plus haut comment se calculait l'éclairement moyen. Rien n'est plus facile, d'autre part, que d'évaluer la dépense horaire d'éclairage. On devra naturellement opérer sur des surfaces qui se reproduisent symétriquement et autant que possible sur les plus petites d'entre elles. On passera de là au décamètre carré par une simple division.

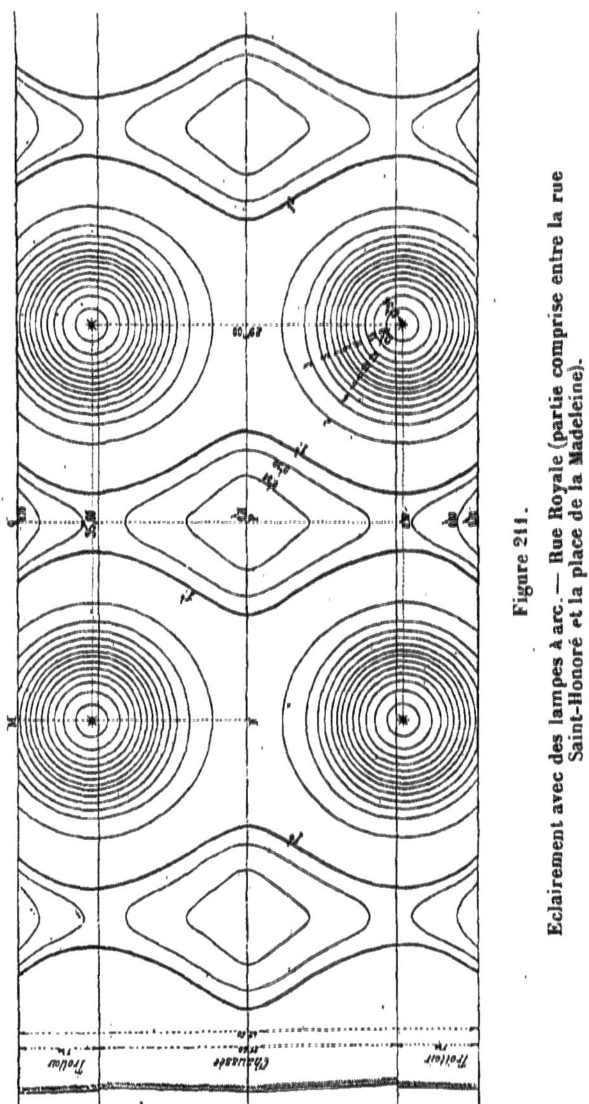

Figure 241.

Eclairement avec des lampes à arc. — Rue Royale (partie comprise entre la rue Saint-Honoré et la place de la Madeleine).

Nous allons appliquer la méthode à quelques exemples.

1° *Eclairement avec le bec papillon de* 140 *litres.* — Considérons une rue de

15 mètres de largeur (cas de la figure 199). L'éclairement moyen du trapèze ABCD est de 0bougie,12. Or cet écairement est produit par un demi-foyer coûtant par heure $\frac{2^{\text{centimes}},78}{2}$[1] $= 1^{\text{centime}},39$ et, par heure et par décamètre carré $\frac{1^{\text{centime}},39 \times 100}{\text{surface ABCD}} = 0^{\text{centime}},818.$

Le prix de l'are-bougie-mètre-heure est par suite de

$$\frac{0^{\text{centime}},818}{0^{\text{bougie}},12} = 6^{\text{centimes}},81.$$

2° *Eclairement avec le bec à récupération de 750 litres.* — Soit la rue du Quatre-Septembre précédemment étudiée (figure 203). Le trapèze ABCD a un éclairement moyen de 1bougie,29. Il est éclairé par un demi-foyer coûtant par heure $\frac{13^{\text{centimes}},87}{2}$[2] $= 6^{\text{centimes}},935$ et par heure et par décamètre carré $\frac{6^{\text{centimes}},935 \times 100}{\text{surface ABCD}} = 4^{\text{centimes}},71.$

Le prix de l'are-bougie-mètre-heure revient donc à

$$\frac{4^{\text{centimes}},71}{1^{\text{bougie}},29} = 3^{\text{centimes}},65.$$

C'est environ la moitié du prix de revient de l'éclairement avec le bec papillon de 140 litres.

3° *Eclairement avec des lampes à arc.* — Revenons à la figure 207 qui représente l'éclairage de l'avenue de Clichy dans la partie où les foyers sont à 4m,95 au-dessus du sol. L'éclairement moyen du trapèze ABCD est de 2bougies,22. Or il est produit par un demi-foyer coûtant par heure $\frac{40^{\text{centimes}},21}{2}$[3] $= 20^{\text{centimes}},105$ et, par heure et par décamètre carré

$$\frac{20^{\text{centimes}},105 \times 100}{\text{surface ABCD}} = 3^{\text{centimes}},59.$$

[1] Savoir :

Gaz	2centimes,10
Allumage, extinction, entretien de la lanterne	0 63
Entretien du cuivrage du candélabre	0 05
	2centimes,78

[2] Savoir :

Gaz	11centimes,25
Entretien du récupérateur	1 94
Allumage, extinction et entretien de la lanterne	0 63
Entretien du cuivrage du candélabre	0 05
Total	13centimes,87

[3] Savoir :

Fourniture du courant et entretien de la lampe (prix payé aux Secteurs)	40centimes,00
Entretien du candélabre peint à raison de 8 fr. par candélabre et par an, pour une durée d'éclairage de 3737 heures 55 minutes	0 21
Total	40centimes,21

Le prix de l'arc-bougie-mètre-heure ressort, par suite, à

$$\frac{3^{\text{centimes}},59}{2^{\text{bougies}},22} = 1^{\text{centime}},62.$$

On voit que ce chiffre est encore plus satisfaisant que celui que nous venons d'obtenir avec les becs à récupération.

Sur la partie des Grands Boulevards que représente la figure 208 nous avons obtenu un éclairement moyen de $3^{\text{bougies}},35$. Or, si on considère la surface comprise entre deux refuges on voit qu'elle est éclairée par 3 foyers coûtant par heure $3 \times 40^{\text{centimes}}, 46$[1] $= 121^{\text{centimes}},38$ et par heure et par décamètre carré $\frac{121^{\text{centimes}},31}{28^{\text{d. carrés}},16} = 4^{\text{centimes}},38$. Cela met l'arc-bougie-mètre-heure à

$$\frac{4^{\text{centimes}},31}{3^{\text{bougies}},35} = 1^{\text{centime}},28.$$

Nous pouvons opérer de même pour la rue Royale (figures 210 et 211). Nous trouverons que

1° dans la partie comprise entre la place de la Concorde et la rue Saint-Honoré, (éclairement moyen de $3^{\text{bougies}},40$) on dépense par heure et par décamètre carré $6^{\text{centimes}},22$ soit, pour l'arc-bougie-mètre-heure.

$$\frac{6^{\text{centimes}},22}{3^{\text{bougies}},40} = 1^{\text{centime}},83$$

et que 2° dans la partie allant de la rue Saint-Honoré à la place de la Madeleine (éclairement moyen de $3^{\text{bougies}},38$) l'éclairage coûte par heure et par décamètre carré $5^{\text{centimes}},42$, ce qui met l'arc-bougie-mètre-heure à

$$\frac{5^{\text{centimes}},42}{3^{\text{bougies}},38} = 1^{\text{centime}},60.$$

Ces quatre prix de revient de l'arc-bougie-mètre-heure par arc voltaïque sont intéressants à comparer. Ils montrent, en effet, que le mode de répartition des foyers a sur le prix final de l'éclairement une influence assez sensible. Ainsi sur les Grands Boulevards, nous avons trouvé un prix très bas parce que les candélabres sont placés sur de larges trottoirs ou sur refuges et qu'il y a très peu de lumière perdue. Dans la première partie de la rue Royale, au contraire, nous avons obtenu un prix élevé parce que les candélabres sont très rappro-

[1] Savoir : (pour un foyer)

Fourniture du courant et entretien de la lampe (prix payé aux Secteurs) . . .	$40^{\text{centimes}},00$
Entretien du candélabre (cuivré) à raison de 12 fr. par candélabre et par an pour une durée d'éclairage de 2.616 heures 40 minutes (extinction à 2h du matin) .	0 46
Total. . . .	$40^{\text{centimes}},46$

chés des maisons [1]. La rue Royale (2e partie) et l'avenue de Clichy sont intermédiaires.

Le tableau ci-après résume les différents calculs auxquels nous venons de procéder.

NATURE DES FOYERS	VOIES ÉCLAIRÉES	ÉCLAIREMENT moyen (en bougies)	PRIX DE REVIENT, pendant une heure, d'un décamètre carré dont tous les points sont éclairés à raison de 1 bougie-mètre (are-bougie-mètre-heure).	OBSERVATIONS
Bec papillon de 140 litres.	Rue ordinaire de 15m de largeur.	0bougie,12	6centimes,81	Moyenne 5centimes,23
Bec à récupération de 750 litres.	Rue du Quatre-Septembre.	1bougie,29	3centimes,65	
Lampe à arc de 10 ampères avec globe en opaline.	Avenue de Clichy.	2bougies,22	1centime,62	Moyenne 1centime,58
Id	Grands Boulevards (partie).	3bougies,35	1centime,29	
Id.	Rue Royale (partie comprise entre la Place de la Concorde et la rue Saint-Honoré).	3bougies,40	1centime,83	
Id.	Rue Royale (partie comprise entre la rue Saint-Honoré et la place de la Madeleine)	3bougies,38	1centime,60	

On voit combien, quand il s'agit d'éclairer de larges voies publiques, l'éclairage électrique par arc voltaïque l'emporte, au point de vue de l'économie, sur l'éclairage au gaz.

Le résultat serait encore plus frappant si, au lieu de payer la lampe à arc à raison de 0f,40 par heure — comme elle le fait actuellement en s'adressant aux Sociétés d'éclairage électrique — la Ville n'avait à compter que sur une dépense de 0f,20, prix obtenu par elle-même pour l'éclairage du parc Monceau.

On peut objecter, il est vrai, que les calculs faits pour les becs à récupération s'appliquent à des becs de 750 litres, alors qu'il existe des becs plus économiques de 1.000, 1.200 et même 2.000 litres à l'heure. Mais, jusqu'ici,

[1] On peut dire, dans ce cas, qu'il y a une certaine partie de la lumière qui est renvoyée sur le sol par les façades des maisons. Mais on ne peut en tenir compte dans un calcul d'éclairement. D'abord elle est très faible ; ensuite elle varie trop avec la couleur ou la nature des surfaces réfléchissantes.

des becs de ce débit n'ont été employés que pour renforcer l'éclairage de quelques points isolés.

Nous avons dit que l'on procédait actuellement à des essais d'éclairage public avec le bec Auer[1]. Il serait intéressant de savoir quel est, avec ce bec, le prix de revient de l'éclairement. Mais l'expérience a trop peu duré pour que l'on puisse donner des chiffres rigoureusement exacts. Il est indispensable, au préalable, que l'on soit complètement fixé sur les dépenses d'entretien du bec et particulièrement sur celle de renouvellement des manchons.

Un prix est à retenir. C'est celui de l'éclairement correspondant au bec papillon de 140 litres. Il est extraordinairement élevé. Ainsi se trouve corroborée la remarque précédemment faite sur la nécessité de remplacer ce bec, par trop rudimentaire, par un bec plus perfectionné.

Il y a, encore de ce côté, bien des progrès à réaliser.

[1] Un des essais les plus importants est celui de l'Avenue de la Grande-Armée. Les becs papillons de 140 litres en service, au nombre de 120, ont été remplacés chacun par un bec Auer de 115 litres. Les candélabres existants ont été conservés ; on n'a eu qu'à modifier légèrement les lanternes, afin de protéger les becs contre le vent et de faciliter leur allumage. L'éclairement moyen a été considérablement augmenté.

Le nouvel éclairage a commencé à fonctionner le 16 mai 1894.

TABLE DES MATIÈRES

CHAPITRE IV

ÉCLAIRAGE AU GAZ

Pages

CHAPITRE V

LA VILLE DE PARIS ET LA COMPAGNIE PARISIENNE DU GAZ

CHAPITRE VI

SECTEURS ÉLECTRIQUES ET STATIONS CENTRALES

CHAPITRE VII

SECTEURS ÉLECTRIQUES ET STATIONS CENTRALES

(*Suite.*)

Pages

CHAPITRE VIII

CANALISATIONS ÉLECTRIQUES

CHAPITRE IX

CANALISATIONS ÉLECTRIQUES

(*Suite.*)

CHAPITRE X

DISTRIBUTION ET VENTE DE L'ÉLECTRICITÉ

CHAPITRE XI

ÉCLAIRAGE ÉLECTRIQUE

CHAPITRE XII

LA VILLE DE PARIS ET LES SOCIÉTÉS D'ÉLECTRICITÉ

CHAPITRE XIII

ECLAIRAGES DIVERS

CHAPITRE XIV

ECLAIREMENT DES VOIES PUBLIQUES

Bar-le-Duc. — Imprimerie COMTE-JACQUET, rue de la Rochelle, 58.

CATALOGUE DE LIVRES

SUR

L'ÉLECTRICITÉ ET LES TRAVAUX PUBLICS

PUBLIÉS PAR

LA LIBRAIRIE POLYTECHNIQUE, BAUDRY ET Cie

15, RUE DES SAINTS-PÈRES, A PARIS

Le catalogue complet est envoyé sur demande.

Traité d'électricité et de magnétisme.

Traité d'électricité et de magnétisme. Théorie et applications, instruments et méthodes de mesure électrique. Cours professé à l'école supérieure de télégraphie, par A. VASCHY, ingénieur des télégraphes, examinateur d'entrée à l'école Polytechnique. 2 volumes grand in-8° avec de nombreuses figures dans le texte . . . . 25 fr.

Traité pratique d'électricité.

Traité pratique d'électricité à l'usage des ingénieurs et constructeurs. Théorie mécanique du magnétisme et de l'électricité, mesures électriques, piles, accumulateurs et machines électrostatiques, machines dynamo-électriques génératrices, transport, distribution et transformation de l'énergie électrique, utilisation de l'énergie électrique, par Félix LUCAS, ingénieur en chef des ponts et chaussées, administrateur des chemins de fer de l'Etat. 1 volume grand in-8° avec 278 figures dans le texte . . . . 15 fr.

Électricité industrielle.

Traité pratique d'électricité industrielle. Unités et mesures; piles et machines électriques, éclairage électrique; transmission électrique de la force; galvanoplastie et électro-métallurgie; téléphonie, par E. CADIAT et L. DUBOST. 4e édition. 1 volume grand in-8°, avec 257 gravures dans le texte, relié . . . . 16 fr. 50

Manuel pratique de l'électricien.

Manuel pratique de l'électricien. Guide pour le montage et l'entretien des installations électriques, par E. CADIAT. 2e édition, 1 volume in-12 avec de nombreuses figures dans le texte, relié 7 fr. 50

Électricité industrielle.

Électricité industrielle. Production et applications. Induction électro-magnétique : méthodes de mesures; étude théorique et expérimentale des machines électriques; piles; canalisation électrique; application à l'électrolyse, à la métallurgie, au transport de la force et à la production de la lumière; distribution de l'énergie électrique. Cours professé à l'école des arts et manufactures, par D. MONNIER, ingénieur. 1 volume grand in-8°, avec 388 figures dans le texte. . . . 20 fr.

Pile électrique.

Traité élémentaire de la pile électrique, par ALFRED NIAUDET 3e édition revue par HIPPOLYTE FONTAINE et suivie d'une notice sur les accumulateurs, par E. HOSPITALIER. 1 volume grand in-8°, avec gravures dans le texte . . . . 7 fr. 50

Electrolyse.

Electrolyse; renseignements pratiques sur le nickelage, le cuivrage, la dorure, l'argenture, l'affinage des métaux et le traitement des minerais au moyen de l'électricité, par HIPPOLYTE FONTAINE. 2e édition. 1 volume grand in-8°, avec gravures dans le texte, relié . . . . . 15 fr.

Machines dynamo-électriques.

Traité théorique et pratique des machines dynamo-électriques, par R.-V. PICOU, ingénieur des arts et manufactures. 1 volume grand in-8°, avec 198 figures dans le texte . . . . . 12 fr. 50

Les Moteurs électriques à champ magnétique tournant.

Les moteurs électriques à champ magnétique tournant, par R.-V. Picou. *Supplément au Traité des Machines dynamo-électriques du même auteur.* 1 brochure grand in-8° avec figures dans le texte . . . . 1 fr. 50

Machines dynamo-électriques.

Traité théorique et pratique des machines dynamo-électriques, par Sylvanus Thompson, traduit par E. Boistel, 2e édition. 1 volume grand in-8° avec 558 gravures dans le texte. Relié . 30 fr.

Machines dynamo-électriques.

La machine dynamo-électrique, par Frœlich, traduit de l'allemand par E. Boistel. 1 volume grand in-8°, avec 62 figures dans le texte . . . . 10 fr.

Éclairage électrique.

Éclairage électrique de l'Exposition universelle de 1889. Monographie des travaux exécutés par le syndicat international des électriciens, par Hippolyte Fontaine. 1 volume in-4° avec 29 planches tirées à part et 32 gravures dans le texte, relié . . . . 25 fr.

Éclairage électrique.

Manuel pratique d'éclairage électrique pour installations particulières, maisons d'habitation, usines, salles de réunion, etc., par Emile Cahen, ingénieur des ateliers de construction des manufactures de l'Etat. 1 vol. in-12 avec de nombreuses figures dans le texte. Prix relié . . 7 fr. 50

Les courants alternatifs d'électricité.

Les courants alternatifs d'électricité, par T. H. Blakesley, professeur au Royal Naval Collège de Greenwich, traduit de la 3e édition anglaise et augmentée d'un appendice, par W. C. Rechniewski. 1 vol. in-12, avec figures dans le texte, relié. . . . . 7 fr. 50

Problèmes sur l'électricité.

Problèmes sur l'électricité. Recueil gradué comprenant toutes les parties de la science électrique, par le Dr Robert Weber, professeur à l'Académie de Neuchâtel. 2e édition. 1 volume in-12, avec figures dans le texte . . . . 6 fr.

Tramway électrique.

Notes sur le tramway électrique de Marseille, et bases d'une comparaison des différents systèmes de traction mécanique des tramways, par F. Denizet, ingénieur des ponts et chaussées. 1 volume grand in-8°, avec 5 planches . . . . 5 fr.

L'Accumulateur voltaïque.

Traité élémentaire de l'accumulateur voltaïque, par Emile Reynier. 1 volume grand in-8°, avec 62 gravures dans le texte et un portrait de M. Gaston Planté . . . . 6 fr.

Les Voltamètres-régulateurs.

Les voltamètres-régulateurs zinc-plomb. Renseignements pratiques sur l'emploi de ces appareils, leur combinaison avec les dynamos et les circuits d'éclairage, par Emile Reynier. 1 brochure in 8° avec gravure et schémas d'installation . . . . 1 fr. 25

Le Téléphone.

Le Téléphone, par William-Henri Preece, électricien en chef du *British Post Office*, et Julius Maier, docteur ès sciences physiques, traduit de l'anglais par G. Floren 1 volume grand in-8° avec 290 gravures dans le texte . . . . 15 fr.

Télégraphie électrique.

Traité de télégraphie électrique. Production du courant électrique. — Organes de réception. — Premiers appareils. — Appareil Morse. — Appareils accessoires. — Installation des postes. — Propriétés électriques des lignes. — Lois de la propagation du courant. — Essais électriques, recherches des dérangements. — Appareils de translation, de décharge et de compensation. — Description des principaux appareils et des différents systèmes de transmission. — Etablissement des lignes aériennes, souterraines et sous-marines par H. Thomas, ingénieur des télégraphes. 1 volume grand in-8° avec 702 figures dans le texte. Relié . . . . 25 fr.

Épuration des eaux.

Traité de l'épuration des eaux naturelles et industrielles ; analyse et essais des eaux, inconvénients de l'impureté des eaux, examen des procédés physiques employés à l'épuration des eaux, épuration ou correction chimique, systèmes mixtes, corrections des eaux dans les chaudières, description et examen critique des appareils, épuration des eaux résiduelles, par Delhotel. 1 volume grand in-8°, avec 147 figures dans le texte, relié . . . . 15 fr.

Fabrication du gaz.

Traité théorique et pratique de la fabrication du gaz et de ses divers emplois, à l'usage des ingénieurs, directeurs et constructeurs d'usines à gaz, par Edmond Bobias, ingénieur des arts et manufactures, directeur d'usines à gaz. 1 volume in-8°, avec figures dans le texte, relié. . 25 fr.

Distribution du gaz.

Calcul des conduites de distribution du gaz d'éclairage et de chauffage, par D. Monnier. 1 volume in-4° . . . . 10 fr.

Annales de la construction.

Nouvelles Annales de la construction, fondées par Oppermann. — 12 livraisons par an, formant 1 beau volume de 50 à 60 planches et 200 colonnes de texte

Abonnements : Paris, 15 francs. — Départements et Belgique, 18 francs. — Union postale, 20 francs.

Prix de l'année parue, reliée, 20 francs..

Table des matières des années 1876 à 1887, 1 brochure in-12° . . . . 50 c.

Agenda Oppermann.

Agenda Oppermann paraissant chaque année. Élégant carnet de poche contenant tous les chiffres et tous les renseignements techniques d'un usage journalier. Rapporteur d'angles, coupe géologique du globe terrestre, guide du métreur. — Résumé de géodésie. — Poids et mesures, monnaies françaises et étrangères. Renseignements mathématiques et géométriques. — Renseignements physiques et chimiques. — Résistance des matériaux. — Électricité. — Règlements administratifs. — Dimensions du commerce. — Prix courants et séries de prix. — Tarifs des Postes et Télégraphes.

Relié en toile, 3 fr.; en cuir, 5 fr. — Pour l'envoi par la poste, 25 c. en plus.

Aide-Mémoire de l'ingénieur.

Aide-mémoire de l'ingénieur. Mathématiques, mécanique, physique et chimie, résistance des matériaux, statique des constructions, éléments des machines, machines motrices, constructions navales, chemins de fer, machines-outils, machines élévatoires, technologie, métallurgie du fer, constructions civiles, législation industrielle. Deuxième édition française du Manuel de la Société « Hütte », par Philippe Huguenin. 1 volume in-12° contenant plus de 1200 pages avec 500 figures dans le texte, solidement relié en maroquin . . . . 15 fr.

Aide-Mémoire des conducteurs des ponts et chaussées.

Aide-mémoire des conducteurs et commis des ponts et chaussées, agents-voyers, chefs de section, conducteurs et piqueurs des chemins de fer, contrôleurs des mines, adjoints du génie, entrepreneurs et, en général, de toute personne s'occupant de travaux, par J.-Eug. Petit, conducteur des ponts et chaussées. 1 volume in-12 avec de nombreuses figures dans le texte, solidement relié en maroquin . . . . 15 fr.

Cours de construction.

Cours pratique de construction, rédigé conformément au programme officiel des connaissances pratiques exigées pour devenir ingénieur, par Prudhomme.

Terrassements, — ouvrages d'art, — conduite des travaux, — matériel, — fondations, — dragage, — mortiers et bétons, — maçonnerie, — bois, — métaux, — peinture, jaugeage des eaux, — règlement des usines, etc. 4ᵉ édition. 2 volumes in-8°, avec 370 figures dans le texte . 16 fr.

Maçonnerie.

Architecture et constructions civiles. Maçonnerie ; pierres et briques ; leur emploi dans les maçonneries ; proportion des murs ; fondations ; murs de cave et murs en élévation ; des moulures et des ordres ; décoration des murs extérieurs des édifices ; cloisons, planchers, voûtes ; escaliers en maçonnerie ; éléments de décoration intérieure ; revêtements des sols ; roches naturelles ; chaux et ciments ; du plâtre, produits céramiques, par J. Denfer, architecte, professeur à l'École centrale. 2 volumes grand in-8°, avec 794 figures dans le texte . . . . . . 40 fr.

Charpente en bois et menuiserie.

Architecture et constructions civiles. Charpente en bois et menuiserie ; les bois, leurs assemblages ; résistance des bois ; tableaux, calculs faits ; linteaux et planchers ; pans de bois ; combles ; étaiements, échafaudages, appareils de levage ; travaux hydrauliques, cintres, ponts et passerelles en bois ; escaliers ; menuiserie en bois ; parquets, lambris, portes, croisées, persiennes, devantures, décoration, par J. Denfer, architecte, professeur à l'École centrale. 1 volume grand in-8°, avec 680 figures dans le texte . . . . 25 fr.

Terrassements, tunnels, etc.

Procédés généraux de construction. Travaux de terrassement, tunnels, dragages et dérochements, par Ernest Pontzen. 1 volume grand in-8°, avec 234 figures dans le texte. . . . 25 fr.

Mesurage et Métrage.

Traité pratique et complet de tous les mesurages, métrages, jaugeages de tous les corps, appliqué aux arts, aux métiers, à l'industrie, aux constructions, aux travaux hydrauliques, aux nivellements pour construction de routes, de canaux et de chemins de fer, drainage, etc., enfin à la rédaction de projets de toute espèce de travaux du ressort de l'architecture et du génie civil et militaire, terminé par une analyse et série de prix avec détails sur la nature, la qualité, la façon et la mise en œuvre des matériaux, par E. Sergent, 8ᵉ édition, 2 volumes grand in-8° et 1 atlas de 47 planches in-folio . . . . 50 fr.

Coupe des pierres.

Traité pratique de la coupe des pierres, précédé de toute la partie de la géométrie descriptive qui trouve son application dans la coupe des pierres, par Lejeune. 1 volume in-8° et 1 atlas in-4° de 59 planches, contenant 381 figures. . . . . 40 fr.

Coupe des pierres.

Coupe des pierres, précédée des principes du trait de stéréotomie, par Eugène Rouché, examinateur de sortie à l'École Polytechnique, professeur au Conservatoire des Arts et Métiers, et Charles Brisse, professeur à l'École centrale et à l'École des Beaux-Arts, répétiteur à l'École Polytechnique. 1 volume grand in-8° et 1 atlas in-4° de 33 planches . . . . 25 fr.

Matériaux de construction.

Connaissance, recherche et essais des matériaux de construction et de ballastage, par Emile Baudson, chef de section des travaux neufs au chemin de fer du Nord. 1 volume grand in-8°. 6 francs.

Ciments et chaux hydrauliques.

Ciments et chaux hydrauliques. Fabrication, propriétés, emploi, par E. Candlot, ingénieur de la Société des ciments français de Boulogne-sur-Mer. 1 volume grand in-8°, avec figures dans le texte. 12 fr. 50

Chaux et sels de chaux.

Chaux et sels de chaux appliqués à l'art de l'ingénieur, par Grange, agent-voyer en chef du département de la Vienne. 1 volume grand in-8° avec figures dans le texte. . . . . . 18 fr.

Matériaux hydrauliques.

Note sur l'emploi des matériaux hydrauliques, par Ed. Candlot, ingénieur chimiste de la Société des ciments hydrauliques de Boulogne-sur-Mer. 1 brochure grand in-8° . . . . 2 fr. 50

Carrières de pierre de taille.

Recherches statistiques et expériences sur les matériaux de construction. Répertoire des carrières de pierre de taille exploitées en 1889, publié par le Ministère des Travaux publics et contenant pour chaque carrière : sa désignation et le nom de la commune où elle est située, le mode d'exploitation, le nombre et la hauteur des bancs, la désignation usuelle de la pierre, la nature de la pierre, la position géologique de la carrière, le poids moyen par mètre cube et la résistance à l'écrasement par centimètre carré des échantillons essayés. 1 volume in-4°. 10 francs.

Murs de soutènement.

Etudes théoriques et pratiques sur les murs de soutènement et les ponts et viaducs en maçonnerie, par Dubosque. 4e édition, revue, corrigée et augmentée. 1 volume grand in-8°, avec 12 planches et 100 figures . . . . 10 fr.

Ouvrages d'art.

Recueil de types d'ouvrages d'art, profils en long et en travers, avec métrés détaillés et expliqués, graphique du mouvement des terres, etc., par A. Descamps, conducteur des ponts et chaussées. 1 volume in-folio, contenant 20 planches gravées dont 4 en 2 couleurs et 1 modèle de dessin au lavis, chromolithographié en 15 couleurs. Prix, relié. . . . . 25 fr.

Statique graphique.

Eléments de statique graphique, par Eugène Rouché, examinateur de sortie à l'Ecole Polytechnique, professeur de statique graphique au Conservatoire des Arts et Métiers. 1 volume grand in-8°, avec de nombreuses gravures dans le texte . . . . 12 fr. 50

Statique graphique.

Applications de la statique graphique. Charges des ponts et des charpentes, poutres droites, courbes, pleines, à treillis, continues ; arcs métalliques ; fermes métalliques ; piles métalliques ; influence du vent sur les constructions ; déformations ; calcul des poutres pour le lançage et le montage ; piles en maçonnerie ; calcul des joints des poutres ; formules et tables usuelles, par Koechlin, ingénieur de la maison Eiffel. 1 volume grand in-8° et 1 atlas de 30 planches. 30 fr.

Statique graphique.

Eléments de statique graphique appliquée aux constructions. 1re *partie* : Poutres droites, poussée des terres, voûtes, par Muller-Breslau (traduction par Seyrig). 2e *partie* : Poutres continues, applications numériques par Seyrig, ingénieur-constructeur du pont du Douro. 1 volume grand in-8° et 1 atlas in-4° de 29 planches en 3 couleurs . . . . 20 fr.

Statique graphique.

Traité de statique graphique appliquée aux constructions, toitures, planchers, poutres, ponts, etc. — Eléments du calcul graphique ; des forces de leur résultante, des moments fléchissants, des efforts tranchants, recherche des maxima, charge permanente, surcharge uniformément répartie, surcharge mobile, données pratiques sur le poids propre des toitures et sur leur surcharge accidentelle, poutres pleines, poutres à treillis simples et multiples, centre de gravité, moment d'inertie, exemples et applications, par Maurice Maurer, 2e édition 1 volume grand in-8°, avec figures dans le texte, et 1 atlas de 20 planches in-4°. . . . . 12 fr. 50.

Résumé des connaissances mathématiques.

Résumé des connaissances mathématiques nécessaires dans la pratique des travaux publics et de la construction par E. Mussat, ingénieur des ponts et chaussées. 1 volume grand in-8° avec 133 figures dans le texte. . . . . 10 fr.

Carnet du conducteur de travaux.

Carnet du conducteur de travaux, par Vasselon. Recueil de formules, tables, renseignements pratiques et documents concernant la construction, à l'usage des ingénieurs, conducteurs, agents-voyers, etc. 1 volume relié. . . . . 6 fr. 75

Traité de Topographie.

Traité de Topographie. — Appareils d'optique, applications de la géodésie à la topographie, instruments de mesure, levé des plans de surface, levés souterrains, théorie des erreurs, par André Pelletan, ingénieur en chef des mines, professeur à l'École des mines. 1 volume grand in-8° avec 235 figures dans le texte. Relié. . . . . 15 fr.

Traité des chemins de fer d'intérêt local.

Traité des chemins de fer d'intérêt local. Chemins de fer à voie étroite, tramways, chemins de fer à crémaillère et funiculaires, par G. Humbert, ingénieur des ponts et chaussées. 1 volume grand in-8° avec 212 figures dans le texte. Relié. . . . . 20 fr.

Chemins de fer à voie de 0,60 centimètres.

Construction et exploitation des chemins de fer à voie de 0,60 centimètres. Voie, terrassements, ouvrages d'art, machines et matérel roulant avec étude d'un tracé entre deux points donnés, par R. Tartary, conducteur des ponts et chaussées. 1 volume grand in-8°, avec 97 figures dans le texte . . . . 10 fr.

Chemins de fer d'intérêt local et Tramways.

Chemins de fer d'intérêt local et tramways établis sous le régime de la loi du 11 juin 1880. Résumé des résultats obtenus et critique des différents systèmes employés, par H. Heude, ingénieur en chef des ponts et chaussées. 1 volume in-8°. . . . . 3 fr. 50

Barème des poutres métalliques.

Barème des poutres métalliques à âmes pleines et à treillis, par Pascal, ingénieur civil. 1 volume in-4° avec figures dans le texte. Relié. . . . . 12 fr. 50

Constructions métalliques.

Constructions métalliques. — Élasticité et résistance des matériaux : fonte, fer et acier, par Jean Résal, ingénieur des ponts et chaussées. 1 volume grand in-8°, avec figures dans le texte 20 fr.

Ponts métalliques.

Traité pratique des ponts métalliques ; calcul des poutres et des ponts par la méthode ordinaire et par la statique graphique, par M. Pascal, ingénieur, ancien élève de l'École d'arts et métiers d'Aix. 1 volume grand in-8° et 1 atlas de 12 planches. . . . . 12 fr.

Ponts métalliques.

Ponts métalliques, par Jean Résal, ingénieur des ponts et chaussées.

Tome premier.— Calcul des pièces prismatiques ; renseignements pratiques ; formules usuelles ; poutres droites à travées indépendantes ; ponts suspendus ; ponts en arc. 1 volume grand in-8° avec de nombreuses gravures dans le texte. . . . . 20 fr.

Tome second. — Poutres à travées solidaires : Théorie générale des poutres à section constante ; calcul des poutres symétriques ; poutres continues à section variable ; théorie générale des poutres de hauteur variable ; montage des ponts par encorbellement ; ponts-grues ; calcul des systèmes articulés ; piles métalliques ; tables numériques. 1 volume grand in-8° avec de nombreuses figures dans le texte. . . . . 20 fr.

Ponts et viaducs métalliques.

Calculs de résistance des ponts et viaducs métalliques à poutres droites, d'après la circulaire ministérielle du 29 août 1891, par Maurice Hulewicz, ingénieur, ancien élève de l'École des ponts et chaussées. 1 volume grand in-8°, avec 1 planche. . . . . 10 fr.

Ponts métalliques.

Calcul des ponts métalliques à une ou plusieurs travées. Charges mobiles et applications pratiques d'après l'ordonnance pour la construction des ponts du ministère I. R. du Commerce de l'Empire d'Autriche, en date du 15 septembre 1887, avec commentaires à l'appui et tables numériques publiés par le rapporteur Maximilien de Leber, inspecteur au corps I. R. du contrôle des chemins de fer, ancien élève de l'École des ponts et chaussées de Paris. Édition française, avec une introduction et des notes par Charles Bricka, ingénieur en chef des ponts et chaussées, ingénieur en chef de la voie et des bâtiments aux chemins de fer de l'État. 2 volumes grand in-8°, avec figures et planches, cartonnés. 30 fr.

Ponts métalliques.

Etudes théoriques et pratiques sur les ponts métalliques à une travée et à poutres droites et pleines, par E. Dumetz, commis des ponts et chaussées, attaché au service vicinal du Pas-de-Calais. 1 volume grand in-8°, avec 117 figures dans le texte. . . . . 10 fr.

Ponts métalliques.

Ponts métalliques à travées continues. Méthode de calcul satisfaisant aux nouvelles prescriptions du règlement ministériel du 29 août 1891, avec tables numériques pour en faciliter l'emploi, par Bertrand de Fontviolant, ingénieur à la Compagnie de Fives-Lille, répétiteur de mécanique appliquée à l'Ecole centrale. 1 volume grand in-8° avec 3 planches. . . . . . 10 fr.

L'Acier dans les constructions.

De l'emploi de l'acier dans les constructions navales, civiles et mécaniques, par Périssé, ingénieur. 1 brochure grand in-8°. . . . . 3 fr.

Serrurerie et Constructions en fer.

Traité pratique de serrurerie. Constructions en fer et serrurerie d'art. — Planchers en fer, linteaux, filets, poutres ordinaires et armées. — Colonnes en fonte, consoles en fonte, colonnes en fer creux, pans de fer, montants en fer composés. — Charpentes en fer, combles, hangars, marchés couverts. — Passerelles et petits ponts. — Escaliers en fer. — Châssis de couche, bâches, serres, jardins d'hiver, chauffage, vitrerie. — Volières, tonnelles, kiosques. — Auvents, marquises, verandahs, bow-windows. — Grilles, panneaux de portes, rampes. — Éléments divers de serrurerie et de ferronnerie d'art. — Principaux assemblages employés en serrurerie, etc., etc., par E. Barberot. 2e édition. 1 volume grand in-8° avec 972 figures dans le texte . . . . . 25 fr.

Chauffage et Ventilation.

Traité pratique du chauffage, de la ventilation et de la distribution des eaux dans les habitations particulières, à l'usage des entrepreneurs et des propriétaires, par Joly. 1 volume grand in-8°, avec 375 figures dans le texte. . . . . 10 fr.

Distribution d'eau. — Assainissement.

Distribution d'eau, salubrité urbaine, assainissement, par J. Bechmann, ingénieur en chef des ponts et chaussées, ingénieur en chef du service municipal des eaux de Paris. 1 volume grand in-8° avec 624 figures dans le texte. 30 fr.

Histoire des styles d'architecture.

Histoire des styles d'architecture dans tous les pays, depuis les temps les plus anciens jusqu'à nos jours, par E. Barberot, architecte. 2 volumes grand in-8° jésus, avec 928 gravures dans le texte . . . . 40 fr.

Art architectural.

L'art architectural en France, depuis François Ier jusqu'à Louis XVI, par Rouyer, architecte, avec texte par Alfred Darcel, directeur du Musée de Cluny. Motifs de décoration intérieure et extérieure, dessinés d'après des modèles exécutés et inédits des principales époques de la Renaissance, comprenant : salons, chambres à coucher, vestibules, cabinets de travail, bibliothèques, lambris, plafonds, voûtes, cheminées, portes, fenêtres, fontaines, grilles, stalles, chaires à prêcher, tombeaux, vases, glaces, etc. 2 volumes grand in-4°, contenant 200 planches et texte. . 200 fr.

Décorations intérieures.

Décorations intérieures de l'époque de la Renaissance (de François Ier à Louis XIII), boiseries, panneaux, meubles, relevés, mesurés et dessinés, avec cotes, échelles, profils et détails d'exécution, par Eugène Rouyer, architecte, auteur de l'Art architectural en France, etc. 1 volume in-folio contenant 100 planches et texte. . . . . 125 fr.

Architecture moderne.

L'architecture moderne en France. Plans, coupes, élévations, profils et détails de construction et d'ornementation comprenant, outre les plans et les façades des maisons, une quantité énorme de détails de portes, fenêtres, corniches, balcons, vestibules, chapiteaux, entablements, etc., par F. Barqui, architecte. 1 volume in-folio, contenant 120 planches et texte. . . . . . 100 fr.

Bar-le-Duc. — Imprimerie Comte-Jacquet.

www.ingramcontent.com/pod-product-compliance
Ingram Content Group UK Ltd.
Pitfield, Milton Keynes, MK11 3LW, UK
UKHW021840190726
13855UKWH00001B/70

9 782013 439756